动物营养与饲料科学研究及实践应用丛书

[希] Panagiota Florou-Paneri（帕纳吉奥塔·弗洛洛-帕纳里）
[希] Efterpi Christaki（埃夫特皮·克里斯塔基）
[希] Ilias Giannenas（伊利亚斯·格兰尼纳斯）

饲料添加剂：用于动物营养与保健的芳香和草本植物及其提取物

金立志　李　平　邵彩梅　魏宏逵　主译

中国农业出版社
北　京

图书在版编目（CIP）数据

饲料添加剂：用于动物营养与保健的芳香和草本植物及其提取物 /（希）帕纳吉奥塔·弗洛洛-帕纳里（Panagiota Florou-Paneri），（希）埃夫特皮·克里斯塔基（Efterpi Christaki），（希）伊利亚斯·格兰尼纳斯（Ilias Giannenas）主编；金立志等译．—北京：中国农业出版社，2024.5

（动物营养与饲料科学研究及实践应用丛书）

书名原文：Feed Additives：Aromatic Plants and Herbs in Animal Nutrition and Health

ISBN 978-7-109-31937-0

Ⅰ.①饲…　Ⅱ.①帕…②埃…③伊…④金…　Ⅲ.①饲料添加剂—研究　Ⅳ.①S816.7

中国国家版本馆CIP数据核字（2024）第088908号

著作权合同登记号：图字01-2024-2455

SILIAO TIANJIAJI：YONGYU DONGWU YINGYANG YU BAOJIAN DE FANGXIANG HE CAOBEN ZHIWU JIQI TIQUWU

中国农业出版社出版

地址：北京市朝阳区麦子店街18号楼

邮编：100125

责任编辑：周晓艳

版式设计：杨　婧　　责任校对：吴丽婷

印刷：北京通州皇家印刷厂

版次：2024年5月第1版

印次：2024年5月北京第1次印刷

发行：新华书店北京发行所

开本：787mm×1092mm　1/16

印张：21　　插页：1

字数：511千字

定价：198.00元

译 者 名 单

主　译　金立志　广州美瑞泰科生物工程技术有限公司
　　　　李　平　广东省农业科学院动物科学研究所
　　　　邵彩梅　禾丰食品股份有限公司
　　　　魏宏逵　华中农业大学动科动医学院

参　译（以姓氏笔画为序）

　　　　王云凌　禾丰食品股份有限公司
　　　　白　海　山西大同大学农学与生命科学学院
　　　　伍代勇　禾丰食品股份有限公司
　　　　任　鹏　中国农业科学院北京畜牧兽医研究所
　　　　汝应俊　新加坡 Diasham Resources Pte Ltd.
　　　　李　珊　广州美瑞泰科生物工程技术有限公司
　　　　初　雷　禾丰食品股份有限公司
　　　　张　劲　广西壮族自治区农业科学院葡萄与葡萄酒研究所
　　　　张小宇　甘肃农业大学动物医学院
　　　　张淑枝　禾丰食品股份有限公司
　　　　陈　宁　深圳市药品检验研究院（深圳市医疗器械检测中心）
　　　　陈子鸽　河南省农药兽药饲料检验技术研究院
　　　　范　磊　浙江工业大学莫干山研究院
　　　　金顺顺　加拿大曼尼托巴大学农业与食品科学学院
　　　　周忠新　华中农业大学动科动医学院
　　　　周晓艳　中国农业出版社
　　　　郑溜丰　南昌大学食品科学与资源挖掘全国重点实验室
　　　　洪宗羽　香港澳斯嘉国际有限公司
　　　　姚　欢　广州美瑞泰科生物工程技术有限公司
　　　　殷跃帮　荷兰鹿特丹伊拉斯姆斯大学动物科学院
　　　　郭耀棋　禾丰食品股份有限公司
　　　　黄志敏　美国 DPI 配送加工有限公司
　　　　董会龙　广西扬翔股份有限公司
　　　　韩彦明　美国大豆出口协会
　　　　谢正露　广州美瑞泰科生物工程技术有限公司
　　　　黎先伟　艾迪威（青岛）生物科技有限公司

译者的话

15年前在奥地利的一次国际会议上，我结识了本书主编之一亚里士多德大学的Ilias Giannenas博士，此后我们成了好朋友。在2011年，我们携手与华中农业大学的彭健教授一起申获欧盟-中国的国际科技合作专项；并在2017年，又与南京农业大学的朱伟云教授和王晶博士的研究团队合作，申获家禽方面的欧盟-中国的国际合作项目。Ilias Giannenas博士及其研究团队在2019年邀请了全球植物提取物应用于动物营养与饲料方面的教授、学者和专家，共同编著了该书的英文版，正如主编所言“作者都是国际公认的专家”。翻译本书时，我非常有幸地邀请到了行业优秀的专家禾丰食品股份有限公司的邵彩梅博士，以及两位年轻才俊——广东省农业科学院的李平博士和华中农业大学的魏宏逵博士一起作为本书主译。我也非常有幸地邀请到了在植物提取物方面颇有研究的中国科学院亚热带生态研究所的印遇龙院士，以及华中农业大学的彭健教授作为本书主审，以保证本书的翻译质量。

本书共十九章，全面深入地论述了芳香和草本植物及其提取物在猪、家禽、反刍动物、水生动物养殖上的应用研究及作用机制的最新进展，从芳香和草本植物及其提取物和生物活性物质的化学特性、提取工艺、成分分析，到在动物营养与消化生理、药代动力学，对肠道菌群的影响，以及机体的消化吸收、免疫调控，减轻炎症等方面进行了深入细致的讨论。同时，探讨了芳香和草本植物及其提取物作为替代抗生素促生长剂、抗氧化剂、抗菌剂、抗病毒药物、免疫刺激剂及调味剂等方面的作用机制和具体应用，并对其可能存在的有害成分及毒性、使用风险和政策法规作了简单介绍。由于原版图书的作者多达40多位，分别来自世界20多个国家的不同学科和研究领域，基本上都是各个专家根据自己的研究而编写的真知灼见；本书翻译人员也有40多位，来自大学、研究院或工业界的不同领域，因此本书章节内容可能会出现重复，观点也可能会不一致，甚至冲突或谬误，敬请读者取其精华，去其糟粕。

我们非常感谢在芳香和草本植物及其提取物研究方面的专家学者所做的

杰出贡献！感谢本书原著者与 ELSEVIER 出版社授予我们版权，感谢每位译者朋友尽心尽力、孜孜不倦、一丝不苟的、认真的翻译态度！中国农业出版社周晓艳编辑的责任心、有效沟通和严格要求，这些都确保了本书的翻译质量和读者阅读的愉悦性！

衷心希望这本书能推动对天然宝藏——芳香和草本植物的探索及对人类美好生活做出更大的贡献！

金立志

2022 年 11 月 28 日

前言

数千年来，大自然一直都是芳香和草本植物的来源之地，这些植物用于药物、调味增香剂、防腐剂或化妆品，从古至今广为流传。在当今，芳香和草本植物因其天然、安全、生态、友善、环保的特点而越来越受到人们的重视，其具有的多种保健功能令它们成为科学前沿的一个新兴研究领域。值得一提的是，2 500 年前就有饮食与健康之间关系的报道，正如欧洲医学之父希波克拉底（Hippocrates）所言："让食物成为您的药物，让药物成为您的食物。"

芳香和草本植物的作用在很大程度上取决于其生物活性物质（主要是酚类和萜类）的多样性和含量。消费者越来越意识到饮食健康与疾病预防之间的关系。在全球卫生保健服务中，使用芳香和草本植物取代合成物质的前景可期，也为人类或动物营养与健康的研究打开了新的视角。

本书涵盖十九章，全面论述了芳香和草本植物及其提取物作为家禽、猪、反刍动物（如奶牛）及水生动物饲料添加剂的使用，如替代抗生素促生长剂、抗氧化剂、抗菌剂、抗病毒药物、免疫调节剂及调味剂等。同时，还关注了芳香和草本植物的历史、用途、生产种植、自繁自种或栽培的可持续生产及其在全球的分布。此外，介绍了其生物活性物质的药代动力学及它们在小众细分市场与食品包装中的广泛应用，对芳香和草本植物的毒性、有害成分、使用风险和政策法规作了讨论。最后，对芳香和草本植物中的活性成分对细菌、真菌和寄生虫的耐药作用，以及各植物中天然活性成分之间的互作作了分析。

营养基因组学引起了人们的极大兴趣，这更有助于探讨芳香植物作为营养上功能成分的作用，进一步加强芳香植物及其提取物在人类医学、兽医学、药物、饲料和食品行业中的创新应用。

我们非常感谢世界各地的所有作者，他们都是国际公认的专家，感谢他们在芳香和草本植物领域所做的伟大的科学研究和杰出贡献。我们衷心希望这本书能推动对天然宝藏——芳香和草本植物的探索和使用，造福动物和人类！

The Editors 主编
Panagiota Florou-Paneri 教授
Efterpi Christaki 教授
Ilias Giannenas 副教授
（姚欢，译；金立志，校）

目录

第一章
草本、药用和芳香植物及其提取物：过去、现状和展望

Ilias Giannenas[1]，*E. Sidiropoulou*[1]，*Eleftherios Bonos*[2]，
E. Christaki[1]，*P. Florou-Paneri*[1]

[1]Laboratory of Nutrition，School of Veterinary Medicine，Faculty of Health Sciences，Aristotle University of Thessaloniki，Thessaloniki，Greece；[2]Department of Agriculture，School of Agriculture，University of Ioannina，Arta，Greece

芳香和草本植物已广泛应用于人类及动物医学。药用植物主要是指用于官方和传统医学研究的植物，而芳香植物则是用于调节气味和滋味的植物。

一、引言

世界卫生组织（World Health Organization，WHO）对“草药”的定义为，含有从一种或多种植物或从其中提取的原料或加工过的成分，且具有治疗疾病或其他对人类健康有益的植物。药用植物和芳香植物的特定术语包括以下内容（Inoue 和 Craker，2014；美国植物理事会，2019）：

（1）“烹调用草药”，是指任何来自温带地区的芳香植物，在食品或饮料中少量使用，但几乎没有已知的营养价值。

（2）“香料”，是指源于热带地区的芳香植物，少量用于调味食品或饮料，但有极少或没有已知的营养价值。

（3）“药用植物”，是指用于治疗疾病或其他身体异常症状的各种植物。

（4）“精油”，是指通过蒸馏、萃取或挤压等方式从植物中提取的挥发油。

（5）“有毒植物”，是指含有对人体可能产生毒性作用的生物碱或其他有毒物质的植物。

人们已经证明，芳香植物、草本植物及其精油对各种疾病具有有益作用（Zollman 和 Vickers，1999；Giacometti 等，2018；Oliveira 等，2018）。芳香和草本植物是古代最早用于治疗疾病或其他异常状况的具有药理学性质的物质，也在民间传统医术或民族医学中使用（Wesley Schultz，2001；Giannenas，2008；Christaki 等，2012；Giannenas 等，2013，2018）。几乎所有古代文明都存在使用药用植物的历史。在古代文明中，原始部落不仅使用芳香和草本植物治疗身体疾病，还治疗精神疾病。彼时，人们认为疾病出于一种

超自然的原因或源于邪恶。因此，医师受到高度尊重，并在社区医疗中发挥重要作用（Voliotis，1998；Kankara 等，2015）。目前，生活在卫生设施不足的偏远地区、农村和山区的人们，仍然依赖并重视芳香植物的使用（Sen 和 Chakraborty，2016；Solomou 等，2016）。

草药是医师治疗病人时主要使用的传统药物。中国、美国和印度的阿育吠陀从业者在原籍国受到重视和追捧。他们经常使用未被纯化的植物提取物治疗病人，并认为这些未被纯化的植物提取物各成分之间具有协同作用，其功效优于单体成分的复合功效，且完整的草本植物的毒性比单一活性成分更低（Zollman 和 Vickers，1999）。同样，在兽医学领域使用植物性疗法也与传统有关，并取决于实践经验和以口头、书面形式代代相传的观察结果（WHO，2001）。

20 世纪 90 年代以来已经确认，在动物饲料中使用抗生素作为添加剂可以逐渐导致病原菌产生耐药性。细菌耐药性的出现及对药物的毒性可能进入食物链的担忧，引起了人们对健康和安全的严重关注（Dhama 等，2015）。据 WHO（2018）报告，大量使用某些抗生素会造成微生物的耐药性，从而出现难以治疗的传染病，如肺炎或沙门氏菌病已经成为需要面对的主要问题。自 1998 年以来，欧盟开始逐步停止使用抗生素作为畜禽的促生长剂，并于 2006 年完全禁止使用抗生素促生长剂。在美国仍允许使用抗生素作为畜禽的促生长剂。但随着全球市场对禁抗的需求增加，各国开始升级对抗生素的使用限制（Gaucher 等，2015）。近年来，韩国、越南和中国等亚洲国家及澳大利亚，甚至拉丁美洲国家，都已经禁止抗生素作为促生长剂来使用（Hart 等，2004；Suresh 等，2018）。

当前在动物生产中，由于限制使用抗生素，特别是禁止其作为饲料添加剂，故芳香植物、草本植物和精油作为抗生素替代品的应用大幅度增加（Franz 等，2010；Stevanovic 等，2018）。饲料添加剂是指添加在动物饲料中以改善动物健康状况及提高动物生长速度、生产效率、生产性能的任何物质。饲料添加剂一般具有特定的有益作用，如提高动物的消化率、维持和稳定肠道有益菌群、改善动物产品质量和对环境产生积极影响（Huyghebaert 等，2011）。因此，人们已经付出巨大努力去研究使用天然植物产品替代动物营养中的抗生素促生长剂，并希望在改善动物生长性能和健康状况方面收到与抗生素相似的效果。

本章的写作内容是，芳香和草本植物在人类、动物健康中的传统使用和现代研究进展，以及对未来的发展进行综述与展望。

二、世界芳香植物使用通史

人类首次使用植物作为药物的时间和地点目前难以断定（图 1-1）。距今 60 000 年前，在位于伊拉克北部尼安德特人的墓中发现，人们用麻黄等至少 7 种药用植物包裹尸体，这可能是人类最早使用植物的证据（Sephecki 和 Shanidar，1975；Jamshidi-Kia 等，2018）。公元前 1 000—前 500 年，查拉图士特拉（Zarathustra）在文献中回顾记载了公元前 6500 年伊朗雅利安文明时期的药用植物。琐罗亚斯德教的圣书《阿维斯陀经》（Avesta）中详细记载了关于多种植物的药用特性（Jamshidi-Kia 等，2018）。苏美尔文明紧随其后，在那格浦尔地区（Nagpur area）发现了 5 000 年前记录在黏土上的草药配方（Kelly，2009；Guidi 和 Landi，2016）。这些配方涉及 12 种植物制剂，以 200 多种草药为基础，包括罂粟、天仙子、甘草和茄参等常见的富含生物碱的草药（Duke，2002；Kelly，2009）。众所周知，亚述人、巴比伦人和美索不达米亚人等对传统的信仰和习俗进行了融会贯通（Elgood，2010），这从楔形文字铭文（公元前 2500 年美索不达米亚地区在黏土板上书写的一种文字）中得到了证实，这种铭文也记载了治疗各种疾病的 1 000 种植物（Hassan，2015）。《圣经·出埃及记》（Exodus 32：22-26）和犹太书籍《塔木德》（*Talmud*）中记载，人们用肉桂油、桃金娘（香桃木）和熏香植物等制作成宗教仪式用的膏油（Smith 等，2005；Solomou 等，2016）。《圣经》中提到的许多其他芳香植物包括茴香、莳萝、胡芦巴、马郁兰、薄荷、乳香、大蒜、杜松、芥末、没药、藏红花和罂粟，并提到“智者献给新生儿耶稣的乳香和没药”（Tucker，1986；Duke，2002）。

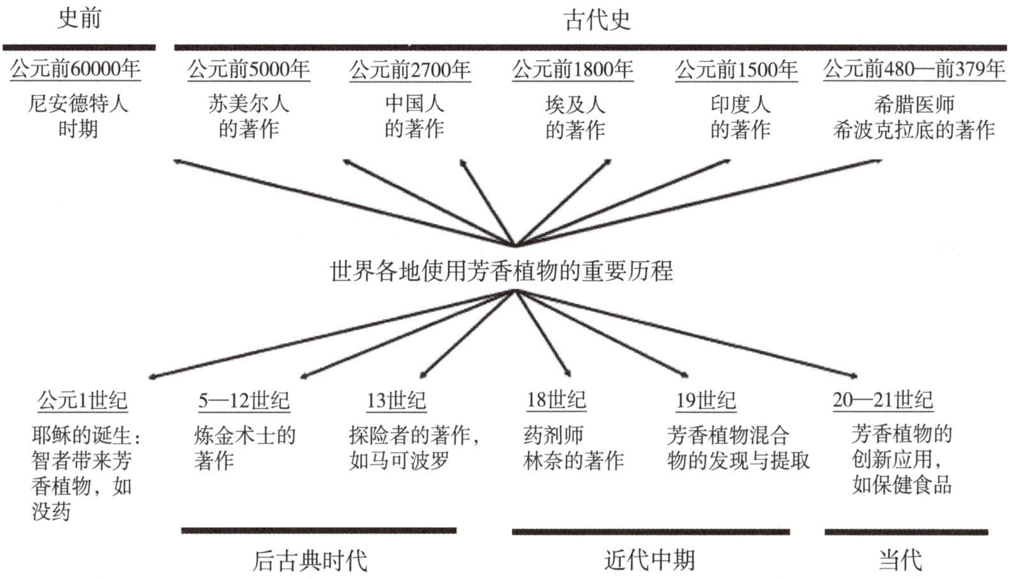

图 1-1　公元前（基督时代之前）和公元（基督纪元）时期芳香植物在世界范围内的使用

在古波斯时期，人们把许多植物和草药用作药物、消毒剂及烹饪调味料（Jamshidi-Kia 等，2018）。在 9—13 世纪，迪奥斯科里德（Dioscorides）和其他希腊医师的手稿被翻译成阿拉伯语，从而使阿拉伯人的医学知识和医术得到了进一步发展（Duke，2002；Castleman，2017）。尽管苏美尔人和古希腊人长期以来一直使用罂粟提取物作为药物，但在公元 40—90 年首先是阿拉伯人注意到了鸦片的成瘾性。在 8—9 世纪，医师阿维森纳（Avicenna）和拉齐（Razi）进一步发展了伊朗医学，他们分别编著了两部医学典籍《医典》（*Canon of Medicine*）和《哈威》（*Al-Hawi*）（Jamshidi-Kia 等，2018）。阿维森纳（Avicenna）是著名的波斯药剂师、诗人和哲学家，他在《药典》一书中将希腊-罗马著作和更为先进的医学技术进行了整理和分类（Jamshidi-Kia 等，2018）。因此，阿拉伯人在 8 世纪时期创建了世界上第一家私人药店（Cragg 和 Newman，2013；Jamshidi-Kia 等，2018）。另一位重要的草药学家是伊本·拜塔尔（Ibnal-Baitar，1197—1248 年），他在 13 世纪的著作《药用植物大全》（*Corpus of Simples*）中广泛描述了包括罗望子和伏牛在内的 1 400 种植物的特性（Gurib-Fakim，2006；Jamshidi-Kia 等，2018）。

在印度，自古以来就有将植物和香料作为药物使用的深厚文化，在《梨俱吠陀》

（*Rig Veda*）及《妙闻集》（*Susrutha Samhita*，被称为“外科手术之父”的印度人 Maharishi Shushrata 所著）书中均记载了将植物和香料作为药物使用的内容。梵文著作是印度最古老的文化之一，其历史可追溯到公元前 1500 年（Sumner，2000），其中提到最受欢迎的植物之一是蛇根（*Rauvolfia serpentina*）。几个世纪以来，人们已经将这种植物用于镇静和治疗蛇咬伤或精神疾病，而其主要活性化合物——利血平（reserpine）在 20 世纪才被西方药剂师发现。自公元前 2 年起，印度最古老的医疗系统之一是阿育吠陀（Ayurveda），其结合了“生命与科学”之意（Jaiswal 和 Williams，2016）。这种整体疗法是根据《梨俱吠陀》著作创立的，至今不仅在印度教徒社区，而且仍在西方国家使用。在印度和尼泊尔，芳香植物罗勒（*Ocinum* spp.）被称为图尔西（Tulsi），广泛用于印度草药疗法中，用来治疗各种呼吸道、胃肠道、肾脏、血液、皮肤疾病（Singletary，2018）。另一个重要的草药姜黄（turmeric），包含多酚类化合物姜黄素，仍在全世界范围内用于制备很多药物（Henrotin 等，2013）。尤纳尼（Unani）是另一种基于芳香植物的整体疗法系统，在波斯语-阿拉伯语国家中得到了蓬勃发展，其参考了医师阿维森纳（Avicenna）书中的内容（Rahman，1994）。但是，正如它的名称所示，“Unani”的意思是“希腊人”，因此该疗法最初源自古希腊医学，在亚历山大大帝东征时亚里士多德（世界上影响力最大的哲学家之一）将其带到了波斯。13 世纪，在印度和亚洲的伊斯兰国家开始以尤纳尼用作治疗，并由古印度的医生舒拉克鲁塔（Sushruta）与查拉卡（Charaka）进一步发展（Rahman，1994；Cragg 和 Newman，2013）。长期以来，人们用丁香（*Syzygium aromaticum*）和姜黄（Haldi）等芳香植物治疗口腔疾病（Hongal 等，2014）。如今，印度、巴基斯坦、孟加拉国等南亚国家，以及英国、加拿大、德国和美国的西方国家，仍在使用尤纳尼医学（Hongal 等，2014）。

众所周知，中医对自然疗法有重大贡献。公元前 2700 年神农氏所著的相关书籍所记载的 300 多种药物，形成了本草相关著作的雏形（Zhu，1998；Wiart，2006）。在古代记载根茎和植物的《神农本草经》书中提到了 365 种干草药，其中的一些至今仍在使用，包括大黄（*Rhei rhisoma*）、樟脑（camphor）、大叶艾叶（*Theae folium*）、鬼臼（*Podophyllum*）、大黄龙胆（the great yellow gentian）、人参（ginseng）、曼陀罗（jimson weed）、肉桂皮（cinnamon bark）和麻黄（*ephedra*）等（Wiart，2006）。中医普遍认为，协同作用对中草药的治疗效果至关重要。在中国，草药已经存在了 5 000 多年，如今有 3 000 多种草药。尽管每种草药都有各自的作用，但在传统的中医药临床中通常将多种草药混合成复方来治疗疾病。在明朝（公元 1368—1644 年）初期，医学著作记载了 60 000 多种中草药处方（复方）。著名的中医药学家李时珍（公元 1518—1593 年）写出的医学典籍《本草纲目》被誉为“东方医学巨典”。书中总结了直到 16 世纪后期有关草药的知识，并介绍了 1 800 多种植物及其药用特性和应用，其中包含 365 种在古代使用的干草药，有大黄、樟脑、大叶艾叶、鬼臼、大黄龙胆、人参、曼陀罗草、肉桂皮和麻黄等（Zhu，1998；Wiart，2006）。中医普遍认为，复方的协同作用让中草药的疗效得到了充分发挥，至今人们还在普遍使用许多传统的中药复方。例如，一种名为“十全大补汤”的配方含有 11 种中草药，可用于治疗关节炎性关节痛；另一种名为“活络效灵丹”的药方由 10 种中草药组成，其中包括肉桂皮和人参根，通常用于缓解疲劳和补充精力，尤其适用于老年人。如今，正在运用现代科学技术来开展中药复方的研究探索（Yu 等，

2010）。

此外，古埃及也是最早使用芳香植物药方的国家之一。在公元前 2900 年，古埃及人就意识到芳香植物的医用价值。在公元前 1800 年的《埃伯斯纸莎草书》（*Ebers Papyrus*）中，记载了关于不同种类药用植物的丰富知识（Jones，1996）。具体来说，大约有 800 种处方，包括大蒜、洋葱、芦荟、石榴、香菜和杜松等在内的 700 种植物（Glesinger，1954），以及利用蜂蜜、牛奶、葡萄酒或啤酒制备的各种剂型，如丸剂、输液剂、软膏和含漱剂（Duke，2002；Cragg 和 Newman，2013；Jamshidi-Kia 等，2018）。肉桂及其精油具有良好的防腐性能，古埃及人通常将其用于防腐（Smith 等，2005；Saad 和 Said，2011）。

在欧洲，首次证明有人类用植物作为药物是在冰人奥兹（Ötzi）的身上发现的，距今 5 000 年前在阿尔卑斯山的奥兹山谷中发现了他的冰冻尸体。人们相信，他食用蘑菇来治疗鞭虫感染（Capasso，1998）。在公元前 800 年的古希腊时期，荷马史诗《伊利亚特》（*Iliad*）和《奥德赛》（*Odyssey*）中记载了许多药用植物及其治疗效果，这在米诺斯和亚述文明中也有记载。其中的一些药用植物，如青蒿素（*Artemisia* 属），以希腊语单词 artemis 命名，意为“健康”，是森林和狩猎女神的名字，而土木香（*Inula helenium*）则是为了纪念特洛伊战争的埃莱妮（Eleni）而命名的。其他希腊智者，如希罗多德斯（Herodotus）记载了蓖麻是一种强烈毒性的植物；奥菲厄斯（Orpheus）记载了嚏根草和大蒜；毕达哥拉斯（Pythagoras）则记载了白菜、芥末和海葱。地中海盆地其他著名的芳香植物如藏红花（*Crocus sativus* L.），自古以来就用于治疗心血管疾病，并用作着色剂和调味剂（Khorasanchi 等，2018）。值得注意的是，现在的文献证明了有关自古以来使用的鹿食草和大蒜具有显著的抗癌功效（Blowman 等，2018；Tsiftsoglou 等，2018）。

希腊医生希波克拉底（Hippocrates，公元前 460—前 377 年）被称为医学之父，他很早就把可能引起疾病的本质归结为自然原因，而非神灵巫术之类的因果关系（Jones，1996）。他认为疾病是由人体内四种体液（即血液、黄胆汁、黑胆汁和黏液——译者注）的不平衡造成的（Sumner，2000）。他的研究包括了解疾病的形成和治疗方案，通过使用超过 400 种植物，主要是各种芳香型药用植物，促进了西医的建立（Jones，1996；Solomou 等，2016）。在这些芳香及药用植物中大部分是催吐剂和泻药，目的是将人体的毒素排出体外。他很早就认识到在食物中使用草药的重要性，并提出“让食物成为您的药物，让药物成为您的食物”的看法（Solomou 等，2016）。不得不提的是，在公元前 2 世纪前后，尼坎德（Nikander，古希腊医生——译者注）是最早记载毒药及其对应草药解毒剂的人之一。紧随其后的是本都国（黑海南岸古王国——译者注）国王埃普塔，他在这方面做出了巨大贡献（Jones，1996）。另一位则是盖伦（Galen，公元 130—200 年），其是希腊重要的哲学家和医生，他在罗马工作时进一步研制了“盖伦制剂”，把鸦片做成制剂以治疗疾病（Rocca，2003）。公元前 3 世纪前后，亚历山大医学院创立，表明希腊人、埃及人、罗马人和地中海文明积累了大量芳香植物药物的知识，这进一步影响了西医的建立（Solomou 等，2016）。

在古代的专家中，人们将西奥弗拉斯塔（Theophrastus，公元前 371—前 287 年，希腊的哲学家、自然科学家、亚里士多德之后逍遥派的领导人——译者注）奉为植物学之父，因为他撰写的《植物的本源》（*De Causis Plantarium*）和《植物志》（*De Historia Plantarium*）

两部书，对当时的500多种植物进行了分类，包括肉桂、薄荷、石榴、嚏根草、黑胡椒等。另外，他还指出，某种植物摄入过量可能会导致上瘾（Hall，2011）。

另外，佩达努思·迪奥斯科里德斯（Pedanious Dioscorides）被认为第一位真正的药用植物学家（Jones，1996），因为他撰写了一本名为《药物志》（*De Materia Medica*）的植物百科全书，本书记载了超过600种药用植物的治疗特性（Jamshidi-Kia等，2018）。这本书不仅包含了对药物植物进行的阐释和插图，而且对药用植物的制备、使用和可能的毒副作用也进行了介绍（Sumner，2000）。早在公元50年，他就已经发现肉桂是一种口气清新剂和消化增强剂，并认识到它在肠道和肾脏中有抗炎特性及利尿和抗毒作用（Sumner，2000；Smith等，2005）。此外，人们将欧芹用作利尿剂，将茴香用作催乳药，将白玉菊与蜂蜜混合使用作为祛痰剂（Ody，2017）。另一种在远古时期就已为人们所知的芳香植物——百里香，可以作为防腐剂（Halmai，1972），罗马士兵在沐浴时添加百里香，以此获得勇气和力量（Basch等，2004）。在希腊语中百里香的意思为“熏蒸”，大概是因为古希腊神庙祈祷仪式中将它用作熏香（Singletary，2016）。

在中世纪和欧洲“黑暗时代”的数百年间，炼金术士们经常提及《药物论》（*De Materia Medica*）。当时，人们已经意识到芳香植物和草药所带来的益处，虽然这方面的知识并没有取得重大进展，缺乏进一步的实质性文献或其他有用的信息（Guidi和Landi，2016），但后来情况发生了变化。著名的意大利萨莱诺医学院编写了药物教科书《解毒方汇》（*Antidotarium Nikolai*），其中一位学者迈克尔·斯科特（Michael Scott，公元1175—1230年）发明了吸入麻醉剂，其用曼德拉草、鸦片和天仙子复配而成（Sumner，2000）。在当时的亚洲，中国人已经使用神农氏编写的与草药有关的书籍，而阿拉伯人正在翻译希腊和罗马的书籍（Castleman，2017）。在中世纪，内科医生遵循《药效形象说》（*Doctrine Signatures*）中介绍的理论，认为植物的“形状、颜色和质地”决定了它适合治疗的身体器官。但遗憾的是，在4世纪末亚历山大图书馆的大部分书籍被烧毁，那个时期关于草药的大部分知识已不复存在。

直到中世纪（5—12世纪），僧侣、炼金术士、巫师开始着手保存和进一步推进包括英国、爱尔兰、法国、德国在内的世界上已知的植物学文献及科学信息（Guidi和Landi，2016）。另外，是阿拉伯人设法保存了来自西方世界的大量与希腊和罗马草药有关的典籍，结合他们的经验进一步提升，并将其与从东方（主要是中国和印度文化）收集的知识相结合（Cragg和Newman，2013）。

马可·波罗（Marco Polo，公元1254—1324年）和瓦斯科·德·伽马（Vasco De Gama）分别在亚洲（波斯、中国、印度）和美洲（公元1492年）进行旅行，并将新的植物物种和香料引入了西方世界。在《植物志》（*De Historia Stirpium*）一书中，内科医生伦纳德·富克斯（Leonhart Fuchs，公元1501—1566年）描述和解释了超过500种植物，还包括从新大陆进口的南瓜和玉米（Sumner，2000）。这一时期的其他重要著作还包括英国草药学家约翰·杰拉德（John Gerard）的《草本植物通史》（*The Herbal or General History of Plants*，1597），尼古拉斯·卡尔佩尔（Nicholas Culpeper）的《英国内科医生》（*English Physician Enlarged*）（Singer，1923）。

在18世纪，卡尔·林奈（Carl Linnaeus）摸索出了一种系统的植物分类学方法，在他的著作《植物种志》（*Species Plantarum*）中，用拉丁文对包括当时已知草药在内的许多可识别的植物进行了分类和命名。至今，该书仍然是植物学领域的重要参考书籍。而在此书以前，《本草学》（*Materia Medica*，1749）中记载了许多草药的用途，该书对内科和临床医生来说非常有价值（Sumner，2000）。

美洲印第安人习惯相信和遵从医师或巫师的治疗方法。巫师使用各种植物的烟雾，如烟草或佩奥特掌（仙人掌的一种——译者注），并结合其他仪式，以治愈病人的灵魂（Ody，2017）。即使在现在南美洲的一些地区，医师仍使用植物藤蔓治疗病人，这种植物在哥伦比亚被称为卡披木（yage），在秘鲁和厄瓜多尔被称为死藤（ayahuasca）。新大陆的美洲印第安人已经知道林奈花［twinflower，以林奈（*Linnaea borealis*）命名的林地野花］具有药用效果，通常在妇女妊娠期间使用或用于治疗儿童发热。这种著名的植物广泛分布在北美洲地区包括美国、格陵兰岛、拉布拉多半岛、阿拉斯加、纽芬兰和新斯科舍（Sumner，2000）。到 19 世纪，植物学家阿萨·格雷（Asa Gray）在其著作中描述了关于美国东北部和镇教（Shakers）宗教社区信徒曾经系统地种植和采集药用植物，但一次只种植一种植物以避免混淆，准确生产并只出售给药剂师和医生；他们成功编写了 200 多种植物的分类手册，并发现了奥斯维戈茶和美国蜜蜂油，由于二者均含有百里香酚，因此都具有治疗消化性疾病、杀菌以及温和的镇静效果。此外，他们还种植有毒的植物，如黑天仙子（*Hyoscyamus niger*）和刺苹果（*Datura stramonium*），这些植物属于处方药，只有在医生开处方后方可使用（Sumner，2000；Priyanka 等，2012）。在 20 世纪 90 年代早期，塞缪尔·汤姆森（Samuel Thomson）在《汤姆森的植物医学实践改进体系》（*Thomson's Improvement System of Botanic Practice of Medicine*）著作中建立了基于传统和草药的植物治疗方案，当时拥有众多追随者（Ody，2017）。

直到 10 世纪，俄罗斯才有使用草药的记录，主要是由希腊修道院来访的传教士带来的药用植物文献（Shikov 等，2014）。草药在俄罗斯发展的速度很快，在公元 1010 年，第一家药房便由阿托斯圣山（Athos）的修道士在基辅医院开设。俄罗斯的草药医生认为，早在英格兰发现青霉素之前，他们就知道了青霉素的特性，并用它来治疗感染的伤口（Solovieva，2005）。在 15—16 世纪，俄罗斯帝国兴盛，更多的草药知识从亚洲、阿拉伯和西欧文化中引入。直到 19 世纪，欧洲医生抛弃了草药，转而使用合成药物；彼时中国医生主要使用传统的中医药，而俄罗斯医生则结合了传统医学和西医（Shikov 等，2014）。现今植物疗法在俄罗斯医学中仍然扮演着重要的角色，而草药制剂被视为官方推荐药物。

在非洲国家，如尼日利亚已经使用草药很长时间，而关于草药的知识主要通过口传心授的方式代代相传，并没有书面记载（Kankara 等，2015）。时至今日，在非洲的一些地区，占很大比例的农村人口仍然将药用植物用于他们的主要医疗保健中（Kankara 等，2015）。

在 18 世纪的欧洲，有位名叫斯通的学者（Reverend Edward Stone）在《伦敦皇家学会哲学会刊》（*Philosophical Transactions of the Royal Society of London*）上发表了柳树皮（*Cortix salignus*）对疾病治疗作用的文章。他注意到这种树皮和秘鲁树皮有相似的苦味，对一种疾病（即我们现在知道的疟疾）有治疗作用。早在 1775 年，威廉·威瑟林（William Withering）就注意到毛地黄（foxglove）草药茶的治病效果。在 19 世纪，百里香的主要活性物质——百里香酚和香芹酚，用于治疗口腔脓肿和其他疾病，直到现在依然添加在漱口水、化妆品和杀虫剂中，并且也常被用于烹饪和饲料添加剂（Meeker 和 Linke，1988）。

1897 年，德国化学家艾兴格林（Eichengrun）和霍夫曼（Hoffmann）在植物衍生物自然疗法的基础上，合成了乙酰水杨酸。与水杨酸相比，乙酸水杨酸对胃的刺激较小。它是世界知名的合成药物之一，即由德国拜耳公司生产的阿司匹林（Schmidt 等，2008）。这也标志着制药行业一个新时代的开端，即重点转为创造新的合成药物。此外，亚历山大·弗莱明（Alexander Fleming）在 1928 年发现，微生物具有生产青霉素等药物的能力，展现了微生物可作为药物来源的广阔使用前景（Schmidt 等，2008）。

另一个重要发现是，茄科曼德拉草中的生物碱化合物——东莨菪碱（hyoscine），可以用作手术前的麻醉药物，具有止痛作用。但它也具有毒性，过量服用可能会导致病人死亡，因此其使用受到了严格限制（Jones，1996）。许多毒品也在 19 世纪从药用植物中被发现并提取或合成，诸如鸦片、可卡因、可待因、洋地黄毒素、奎宁和吗啡等（Balunas 和 Kinghorn，2005）。目前，人们从草药毛地黄（*Digitalis purpurea*）中提取有效成分洋地黄毒素和地高辛，以治疗顽固性心力衰竭。最为重要的发现是青蒿素（一种从植物中提取的纯天然产品），其可显著降低疟疾患者的死亡率，彰显了草药在医学中的重要性（Tu，2011）。到 20 世纪末，工业革命以及化学和机械工程的发展使得化学合成药物的生产占主要地位。

三、芳香和草本植物在人类医学和动物医学中的使用现状、安全问题及植物的可持续性

现代医学起源于利用植物进行疾病治疗的历史。几个世纪以来，世界各地的史书均证实，很多植物用于药物和现代制药业的原料（Schmidt 等，2008）。一个世纪前，人们使用的大多数有效药物是植物源的，如阿司匹林（来自柳树皮）、地高辛（来自毛地黄）、奎宁（来自金鸡纳树皮）和吗啡（来自罂粟）（Vickers 和 Zollman，2001）。而在如今，研发新的植物源药物和植物提取物饲料添加剂，应该有效结合草药知识和最新的科学技术手段（Shen，2015）。

基于遗传知识和几个世纪以来治疗各种疾病长期积累的经验，人们认为天然的芳香和草本植物比化学合成药物更为安全。然而，也有人认为，与任何其他疗法相比，以植物和草药为基础的药物可能具有更大的副作用和药物相互干扰的风险。关于植物提取物是绝对安全的这一观点，一些科学证据表明其存在局限性（Raskin 等，2002）。在古代有迹象表明，人们很早就知道了各种草药的毒性。有报道指出，使用草药产品会产生严重的副作用。研究发现，许多有药用价值的植物有潜在的毒性、诱变性和致癌性（Fennel 等，2004）。使用药用植物中毒的原因可能是鉴别错误、制剂使用错误或给药剂量不当。如果植物和草药使用不当，则会造成危险和致命的影响，尤其是在发展中国家（Rodriguez-Fragoso 等，2008）。有毒植物是指能够产生直接或间接干扰生物体新陈代谢及毒副作用的植物。在 1 000 多种植物中有 750 多种会自然产生毒性物质（Frohne 和 Pfander，2005），而只有一小部分植物在摄入过量后可能导致严重中毒（Frohne 和 Pfander，2005），大多数有毒植物通常只在特定情况下才会引起中毒（Kankara 等，2015）。因此，研究人员建议，应该利用药代动力学（包括药物的吸收、分布、代谢和排泄）的方法来研

究食物和药物之间的相互作用，以及药物对食物营养价值的影响（Genser，2008；Ribeiro dos Santos 等，2017）。

在动物医学中，芳香和草本植物提取物可能很容易得到推广，因为它们不是合成产品。然而它们的作用机制、有效使用剂量和临床使用效果还需要深入研究。例如，动物养殖中使用的常山酮就是来自常山的一种提取物，该提取物最初因其具有抗疟疾和抗球虫的功效而闻名；但剂量安全范围（3mg/kg）非常小（Youn 和 Noh，2001），上市不久就被停售。因此，药用植物在广泛添加到饲料之前，应该对其安全性、毒性和副作用进行标准化研究，并进行适当的安全与质量控制（Chang，2000；Giannenas 等，2003）。动物不会主动食用有毒植物，因为通常情况下其味道是苦的（Sumner，2000；Vickers 和 Zollman，2001）。大多数报道的动物中毒是由于意外摄入药物、重金属或其他有毒物质。

在过去的几十年里，植物提取物作为饲料添加剂的使用快速增长。欧洲已经禁止在饲料中添加抗生素促生长剂，将来也可能在世界范围内禁止使用，所以人们迫切需要为养殖动物特别是肉鸡和猪寻找抗生素的替代品。40 年前的一项开创性研究发现，饲料中添加药用植物和香料能够显著提高肉鸡的生长性能（Vogt 等，1989）。30 年前已经有人推断，养鸡不再需要添加抗球虫药（Ekstrand 等，1994）。有关这方面的研究一直在持续进行中（Giannenas 等，2003，2018；Gaucher 等，2015）。芳香和草本植物不仅可以预防与治疗疾病，还可以改善畜禽的生长性能（Windisch 等，2008；Franz 等，2010）。目前的研究重点是，将芳香植物用作饲料添加剂以减轻由于停止使用抗生素促生长剂和抗球虫药引起的相关问题（Florou-Paneri 等，2004；Christaki 等，2012；Giannenas 等，2013）。因此，对各种芳香植物及其提取物的潜在特性、添加剂量及其抗寄生虫和细菌的功效，需要进行更多的研究和评估（Christaki 等，2012；Giannenas 等，2018；Oliveira，2018）。再者，对草药提取物的组成、活性成分的鉴定及其相应的作用机制应深入探索，推动使用草本植物和草药作为饲料添加剂的进程，以提高畜禽的食欲和采食量。另外，前瞻性的多学科研究，为有效结合使用芳香植物或其提取物预防疾病提供了替代方案。美国卫生部门确定，根据《人类膳食补充剂健康和教育法案》（*Congress of the Human Dietary Supplement Health and Education Act*），将植物类产品归类为食品补充剂，自 1994 年起，它们的使用不再需要处方。而在欧洲，饲料添加剂公司和制造商仍需申请欧盟委员会和欧洲食品安全局（European Food Safety Authority，EFSA）的许可。虽然产品的质量控制指标由制造商制定，但标签上的医用声明在很大程度上使得产品的使用受到了限制（Stevanovic 等，2018）。

传统上，药用和草本植物都是从自然生长的野外采集的。然而，由于受到人类活动的影响，环境遭到破坏，如过度采伐、森林砍伐、荒漠化和全球变暖等，药用植物一直面临严重的灭绝风险，尤其是在近 10 年内。由于植被受到了破坏、过度采伐和全球商业的极大需求，大约有 15 000 种药用植物濒临绝种（Naguib，2011）。许多药用植物也可用作烹饪、化妆品、纺织和生物能等的原料，这进一步加重了药物植物濒临灭绝的可能。因此，药用植物的多样性面临着极大的压力。其他有关使用药用植物及其产品的问题还包括污染、掺假或辨识错误等（Posadzki 等，2013）。从欧洲和北美洲以外进口的草本植物，其副作用似乎更为常见。野生芳香植物的使用与需求量的增加，促使制药企业和相关供应商加大了对芳香植物栽培的投入。人工种植野生植物物种的优势包括可靠的植物品种鉴定、基因型严格把控、供应充足、质量和安全问题易于控制等（Posadzki 等，2013）。但人工种植野生植物可能导致环境平衡的破坏或植物遗传动态趋向的改变。此外，人工种植与栽培不仅会影响植物物种的保护，也会对当地人民的收入和生活产生重大影响。不仅如此，如果制药公司停止从当地社区收购，这些植物物种就会被野外采集者放弃，有可能面临灭绝的危险。因此，可持续性采集野生植物对其品种保护至关重要（Schippmann 等，2006）。

鉴于许多种类的野生芳香与植物作为药物被过度开发，一些监管机构和科学组织建议人工栽培此类野生物种。“濒危植物”一词是指那些几乎绝种的或处于灭绝危险的、通常受到法律保护和贸易限制的植物物种。再者，部分植物学家和经济学家指出，对栽培的野生植物进行可持续采集是野生植物最重要的保种措施，不仅有助于当地经济发展，而且也可为农户提供更大的长期利益。除贫穷和传统控制措施崩溃之外，可持续采集栽培的野生植物面临的主要挑战还包括：缺乏可持续采集的收益率和具体操作的实际知识、土地使用权不明确、缺乏相关的立法与政策指导。研究芳香和草本植物保护的不同生产系统的效益和成本，有助于选择合适的植物物种保护政策，有效确定植物物种的保护应在野外、苗圃或两者兼用。在发达国家，高价值药用与芳香植物的生产和贸易受到当地文化和经济的影响（Lambert 等，1997；BAH，2002；Jones 等，2002）。植物种群的可持续性应该从生态的角度来看待，对药用与芳香植物是进行人工栽培还是野外采集，需要考虑可持续性方面的因素（Schippmann 等，2006）。

芳香和草本植物，如茶、牛至、姜黄、大蒜、生姜、人参具有较高的商业价值，因为它们具有一些优良特性，尽管尚未得到相关文献的证明。在大多数情况下，都是基于从初步研究中推断出的结论或基于细胞系的体外试验结果，而不是通过临床试验获得的。

（1）大蒜　含有重要的营养成分，包括类黄酮、低聚糖、硒和高含量的硫，可用于治疗糖尿病和炎症，或调节血压和增强免疫系统功能（Bongiorno 等，2008）。

（2）生姜　使用最广泛的膳食补充品，含有姜辣素，而姜辣素是一种高效抗氧化剂和抗炎剂（Grzanna 等，2005）。

（3）姜黄　含有姜黄素，使用已有近 4 000 年的历史，具有消炎、抗氧化、抗诱变、抗菌和抗癌的作用（Garg，2018）。

（4）人参　在亚洲和北美洲最受欢迎的草本植物之一，可用于治疗糖尿病、应激综合征和肺功能障碍，增强免疫系统功能和减少炎症（Shergis 等，2013）。

（5）银杏　用作中药已有数千年的历史，用于治疗各种疾病，包括神经损伤、焦虑和抑郁（Mahadevan 和 Park，2008）。

（6）芦荟　在西方世界被用于化妆品、医药和食品工业中，在印度医学中可以用来治疗皮肤病，中医常用其治疗真菌疾病（Ahlawat 和 Khatkar，2011）。

（7）藏红花　含有强抗氧化剂，如藏花醛，有助于维持心理健康和良好的消化功能，有助于防止机能退化、护肤、促进呼吸系统功能和保护心脏健康（Melnyk 等，2010）。

（8）牛至　富含百里香酚和香芹酚，在全球广泛用于强效抗菌、抗氧化、抗炎（Giannenas 等，2018；Mathesus，2018）。

（9）茶　主要用作茶汤，可以促进消化（Chandrasekara 和 Shahidi，2018）。

四、展望

对芳香和草本植物作为药物的历史回顾表明，它们对人类和动物医学具有重要意义，作为治疗药物被广泛与深度运用。据报道，50%以上的现有药物来自植物（Jamshidi-Kia 等，2018）。尽管当今制药业专注于发展新型化学合成药物，但天然产物仍然是新合成药物的来源（Schmidt 等，2008）。药用植物是重要的自然资源，是药物开发中新产品和生物活性化合物的潜在来源（Cragg 和 Newman，2013）。传统医学中大量使用植物源药物促进了新药物的研发。事实上，药用植物不仅作为在不同文化中使用的传统药物，而且作为贸易商品以满足远方市场的需求。世界卫生组织报告称，80%的世界人口使用传统药物（主要是植物）治疗各种疾病，约 60%的世界人口和 80%的发展中国家人口依靠传统药物满足初级卫生保健需求（WHO，2018）。

几个世纪以来，许多芳香和草本植物及其提取物用于保障动物健康，尤其是在民族兽医实践中（Franz 等，2010）。在过去的 20 年中，随着畜牧业的发展和消费者的需求，相对于合成饲料添加剂而言，天然抗生素替代品的使用量迅速增长。生产无抗生素的动物产品是畜牧业发展的下一个大目标，如何实现这一目标在当今世界备受关注。畜牧业实现无抗生产需要新的动物管理和育种措施，尤其是在动物的应激期。众所周知，为了保证动物体内的有益菌群能够正常快速生长，建立和维持动物肠道菌群平衡至关重要，而肠道菌群容易受到饲料组成的影响。再者，研发具有有效抗菌和抗氧化作用的新型天然植物产品前景可期，因为这类产品不仅对环境友好，而且更受消费者欢迎。

植物提取物作为饲料添加剂已被大量使用（Windisch 等，2008；Christaki 等，2012）。在过去的 10 年，对它的研究越来越广泛和深入（图 1-2）。据观察，市场上正逐渐正式或非正式销售植物、草药及其提取物。它们不仅作为调味剂，而且还用于法规未涵盖的其他用途，包括作为饲料添加剂用于提高动物的生长速度或饲料转化率，改善肉类质量和预防疾病。在过去的 10 年中，植物提取物作为抗生素促生长剂替代品的使用量也显著增加（Pena 等，2005）。调查结果发现，来自 80 个国家的超过一半的受访者都表示在动物养殖中使用了植物性饲料添加剂；大多数被调查者还表示，将来打算增加植物性饲料添加剂的使用量。预计植物性添加剂使用量的增加不仅基于未来人口的增长，还基于天然和环保产品的日益普及与备受欢迎。

在欧洲，使用芳香和草本植物的主要挑战之一是，如何保护这些植物并同时保持农业的可持续发展。因此，从国家层面制定策略以期保护自然芳香植物物种势在必行（Haslett 等，2010）。大多数芳香和草本植物是从野外采集的。对于较普遍的芳香植物物种，应该编制成物种清单，以增加我们对其遗传特性和丰富度的了解，并对植物物种尤其是濒危物种加以保护，以提供分类与数据信息（Haslett 等，2010）。关于使用芳香和草本植物的另一个重要问题是如何在保证安全、功效和质量的前提下发展传统医学，这不仅有助于保护传统遗产（传统医学），而且还将确保在人类和动物保健中合理使用草药（Mukherjeee 等，2018）。目前急需能够保证动物生长性能的安全、有效、实用和廉价的方法与措施。

总体而言，芳香和草本植物将以各种形式（全草的、磨碎的、提取物或精油）作为治疗性化合物应用到制药工业中，或作为调味剂、抗菌物质、抗氧化剂应用到食品工业和化

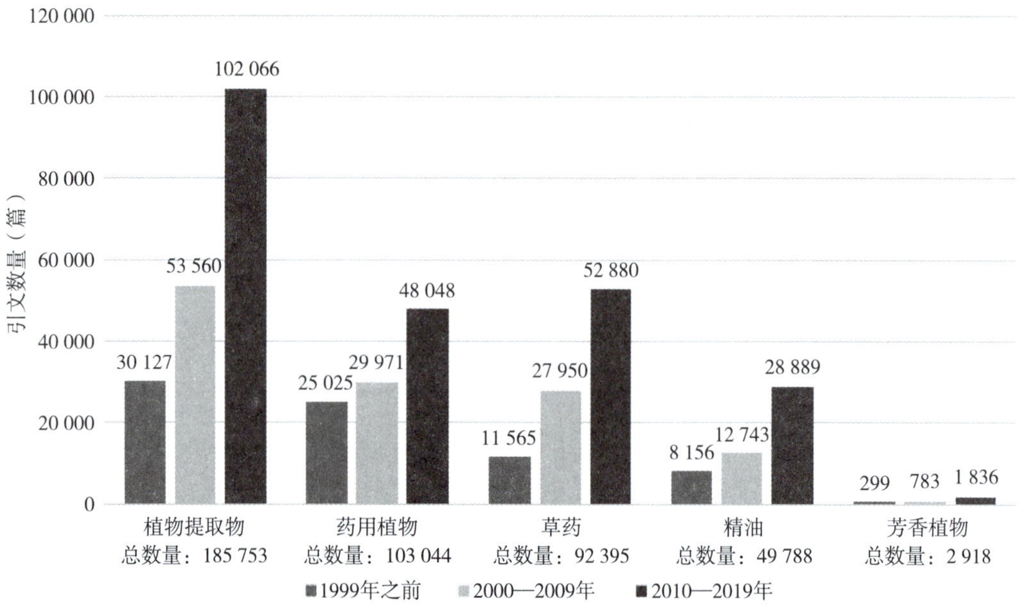

图 1-2　在 Scopus 摘要和引文数据库（www. scopus. com）中收录的以药用和芳香植物及其提取物为主题的论文（在标题、摘要和关键词列表中检索的关键词）

妆品行业中。未来几年，随着饲料行业对新产品应用需求的不断增加，它们的用途将被进一步扩大。一些科技论文中所提供的科学研究成果，将成为畜禽养殖中使用芳香植物及其提取物作为抗生素替代品的主要理论依据。芳香植物的提取、生产应该在可控和规范的方法下进行，以获得数据准确和效果可重复的产品。另外，体内外试验和药理学研究应集中在如何将芳香植物及其提取物成功转化为替抗产品上，应用民族兽医经验和知识为现代动物生产系统做出新的贡献。更好地了解芳香植物及其提取物的作用机制和评估它们与食物、饲料和其他药物可能的相互作用，将有助于全面了解和开发此类产品。目前，药用植物学仍然是一个有待发掘的巨大领域。

（殷跃帮，译；金立志，校）

参 考 文 献

Ahlawat, K. S., Khatkar, B. S., 2011. Processing, food applications and safety of aloe vera products: a review. J. Food Sci. Technol. 48, 525-533.

American Botanical Council, 2019. Terminology [Online]. Available from: http://abc.herbalgram.org/site/ PageServer? pagename Terminology.

Bah, 2002. Pflanzliche arzneimittel heute. Wissenschaftliche erkenntnisse und arzneirechtliche rahmenbedingungen.

Bestandsaufnahme and perspektiven. Bundesfachverband der Arzneimittelhersteller, Bonn, Germany, Bonn.

Balunas, M. J., Kinghorn, A. D., 2005. Drug discovery from medicinal plants. Life Sci. 78, 431-441.

Basch, E., Ulbricht, C., Hammerness, P., Bevins, A., Sollars, D., 2004. Thyme (Thymus vulgaris L.)，thymol. J. Herb. Pharmacother. 4，49-67.

Biomin，2018. Phytogenic Feed Additives Survey. BIOMIN Know. Cent. [Online]. Available from：https：//www. biomin. net/en/articles/2018-biomin-phytogenic-feed-additives-survey.

Blowman，K.，Magalhaes，M.，Lemos，M. F. L.，Cabral，C.，Pires，I. M.，2018. Anticancer properties of essential oils and other natural products. Evid. Based Complement. Alt. Med，3149362.

Bongiorno，P.，Fratellone，P. M.，LoGiudice，P.，2008. Potential health benefits of garlic (Allium sativum)：a narrative review. J. Complem. Integr. Med. 5，1553-3840.

Capasso，L.，1998. 5300 years ago，the Ice Man used natural laxatives and antibiotics. Lancet 352.

Castleman，M.，2017. The New Healing Herbs：The Essential Guide to More than 130 of Nature’s Most Potent Herbal Remedies. Rodale Books，New York，USA.

Chandrasekara，A.，Shahidi，F.，2018. Herbal beverages：bioactive compounds and their role in disease risk reduction-a review. J. Tradit. Complement. Med. 8，451-458.

Chang，J.，2000. Medicinal herbs：drugs or dietary supplements? Biochem. Pharmacol. 59，211-219.

Christaki，E.，Bonos，E.，Giannenas，I.，Florou-Paneri，P.，2012. Aromatic plants as a source of bioactive compounds. Agriculture，2，228-243.

Cragg，G. M.，Newman，D. J.，2013. Natural products：a continuing source of novel drug leads. Biochim. Biophys. Acta，1830，3670-3695.

Dhama，K.，Latheef，S. K.，Mani，S.，Samad，H. A.，Karthik，K.，Tiwari，R.，Khan，R. U.，Alagawany，M.，Farag，M. R.，Alam，G. M.，Laudadio，V.，Tufarelli，V.，2015. Multiple Beneficial applications and modes of action of herbs in poultry health and production-A review. Int. J. Pharmacol. 11，152-176.

Ekstrand，C.，Algers，B.，Thebo，P.，Hooshmand-Rad，P.，1994. Rearing broilers without coccidiostats. In：Proceedings of the Eighth International Congress on Animal Hygiene. Minessota，USA.

Elgood，C.，2010. A Medical History of Persia and the Eastern Caliphate：From the Earliest Times until the Year A. D. 1932. Cambridge Library Collection，Cambridge，UK.

Fennel，C. W.，Lindsey，K. L.，McGaw，L. J.，Sparg，S. G.，Stafford，G. I.，Elgorashi，E. E.，Grace，O. M.，Van Staden，J.，2004. Assessing African medicinal plants for efficacy and safety：pharmacological screening and toxicology. J. Ethnopharmacol. 94，205-217.

Florou-Paneri，P.，Christaki，E.，Giannenas，I.，Papazahariadou，M.，Botsoglou，N. A.，Spais，A. B.，2004. Effect of dietary Olympus tea (*Sideritis scardica*) supplementation on performance of chickens challenged with Eimeria tenella. J. Anim. Feed Sci. 13，301-311.

Franz，C.，Baser，K. H. C.，Windisch，W.，2010. Essential oils and aromatic plants in animal feeding-a European perspective. A review. Flavour Frag. J. 25，327-340.

Frohne，D.，Pfander，H. J.，2005. Poisonous Plants：A Handbook for Doctors，Pharmacists，Toxicologists，Biologists and Veterinarians. Timber Press，Portland，USA.

Garg，M.，2018. Vitamin and mineral supplements：curcumin：the golden nutraceutical：turmeric and curcumin：the journey from traditional medicine to current clinical trials. Australian J. Pharm. 99，58-65.

Gaucher，M. L.，Quessy，S.，Letellier，A.，Arsenault，J.，Boulianne，M.，2015. Impact of a drug-free program on broiler chicken growth performances，gut health，Clostridium perfringens and Campylobacter jejuni occurrences at the farm level. Poult. Sci. 94，1791-1801.

Genser，D.，2008. Food and drug Interaction：consequences for the nutrition/health status. Ann. Nutr. Metab. 52，

29-32.

Giacometti, J., Kovacevic, D.B., Putnik, P., Gabric, D., Bilusic, T., Kresic, G., Stulic, V., Barba, F.J., Chemat, F., Barbosa-Canovas, G., Jambrak, R., 2018. Extraction of bioactive compounds and essential oils from Mediterranean herbs by conventional and green innovative techniques: a review. Food Res. Int. 113, 245-262.

Giannenas, I., 2008. How to use plant extracts and phytogenics in animal diets. In: Binder, E.M., Schatzmayr, G. (Eds.), World Nutrition Forum, the Future of Animal Nutrition. Nottingham University Press, Nottingham.

Giannenas, I., Bonos, E., Christaki, E., Florou-Paneri, P., 2013. Essential oils and their applications in animal nutrition. Med. Arom. Plant. 2, 140.

Giannenas, I., Bonos, E., Christaki, E., Florou-Paneri, P., 2018. Oregano: a feed additive with functional properties. In: Holban, A.M., Grumezescu, A.M. (Eds.), Therapeutic Foods, Handbook of Food Engineering, vol. 8. Elsevier Academic Press, London, UK.

Giannenas, I., Florou-Paneri, P., Papazahariadou, M., Christaki, E., Botsoglou, N.A., Spais, A.B., 2003. Dietary oregano essential oil supplementation on performance of broilers challenged with Eimeria tenella. Arch. Animal Nut. 57, 99-106.

Grzanna, R., Lindmark, L., Frondoza, C.G., 2005. Ginger-an herbal medicinal product with broad anti-inflammatory actions. J. Med. Food. 8, 125-132.

Guidi, L., Landi, M., 2016. Aromatic plants: use and nutraceutical properties. In: Gurib-Fakim, A. (Ed.), Novel Plant Bioresources: Applications in Food, Medicine and Cosmetics. Wiley-Blackwell, Indianapolis, USA.

Gurib-Fakim, A., 2006. Medicinal plants: traditions of yesterday and drugs of tomorrow. Mol. Aspect. Med. 27, 1e93. Hall, M., 2011. Plants as Persons: A Philosophical Botany. Suny Press, Albany, USA. Halmai, J., 1972. Common thyme (*Thymus vulgaris*) as employed for the ancient methods for embalming. Ther. Hung. 20, 162-165.

Hart, W.S., Heuzenroeder, M.W., Barton, M.D., 2004. Antimicrobial resistance in Campylobacter spp., Escherichia coli and enterococci associated with pigs in Australia. J. Vet. Med. B. Infect. Dis. Vet. Public Health 51, 216-221.

Haslett, J.R., Berry, P.M., Bela, G., Jongman, R.H.G., Pataki, G., Samways, M.J., Zobel, M., 2010. Changing conserva-tion strategies in Europe: a framework integrating ecosystem services and dynamics. Biodivers. Conserv. 19, 2963.

Hassan, H.M.A., 2015. A short history of the use of plants as medicines from ancient times. Chimia 69, 622e623. Henrotin, Y., Priem, F., Mobasheri, A., 2013. Curcumin: a new paradigm and therapeutic opportunity for the treatment of osteoarthritis: curcumin for osteoarthritis management. Springer Plus. 2, 56.

Hongal, S., Torwane, N.A., Pankaj, G., Chandrashekhar, B.R., Gouraha, A., 2014. Role of Unani system of medicine in management of orofacial diseases: a review. J. Clin. Diagn. Res. 8, 12-15.

Huyghebaert, G., Ducatelle, R., Van Immerseel, F., 2011. An update on alternatives to antimicrobial growth promoters for broilers. Vet. J. 187, 182-188.

Inoue, M., Craker, L.E., 2014. Medicinal and aromatic plantsduses and functions. In: Dixon, G.R., Aldous, D.E. (Eds.), Horticulture: Plants for People and Places, Environmental Horticulture, vol. 2. Springer, Sherborne, UK.

Jaiswal, Y.S., Williams, L.L., 2016. A glimpse of Ayurveda e the forgotten history and principles of

Indian traditional medicine. J. Tradit. Complement. Med. 7，50-53.

Jamshidi-Kia，F.，Lorigooini，Z.，Amini-Khoei，H.，2018. Medicinal plants：past history and future perspective. J. Herbmed. Pharmacol. 7，1-7.

Jones，E. T.，McLain，R. J.，Weigand，J.，2002. Nontimber Forest Products in the United States. University Press of Kansas，Kansas，USA.

Jones，F. A.，1996. Herbs-useful plants. Their role in history and today. Eur. J. Gastroenterol. Hepatol. 8，1227-1231.

Kankara，S. S.，Ibrahim，M. H.，Mustafa，M.，Go，R.，2015. Ethnobotanical survey of medicinal plants used for traditional maternal healthcare in Katsina state，Nigeria. S. Afr. J. Bot. 113，245-262.

Kelly，K.，2009. The History of Medicine：Early Civilizations，Prehistoric Times to 500 C. E. Facts on File，Inc，New York，USA.

Khorasanchi，Z.，Shafiee，M.，Kermanshahi，F.，Khazaei，M.，Ryzhikov，M.，Parizadeh，M. R.，Kermanshahi，B.，Ferns，G. A.，Avan，A.，Hassanian，S. M.，2018. Crocus sativus a natural food coloring and flavoring has potent anti-tumor properties. Phytomedicine. 1，21-27.

Lambert，J.，Srivastava，J.，Vietmeyer，N.，1997. Medicinal Plants. Rescuing a Global Heritage. World B. T.，p. 355 Mahadevan，S. Y.，Park，Y. K.，2008. Multifaceted therapeutic benefits of Ginkgo biloba L.：chemistry，efficacy，safety，and uses. J. Food Sci. 73，R14-R19.

Mathesius，U.，2018. Flavonoid functions in plants and their interactions with other organisms. Plants 7，E30.

Meeker，H. G.，Linke，H. A.，1988. The antibacterial action of eugenol，thyme oil，and related essential oils used in dentistry. Compedium. 9，34-35.

Melnyk，J. P.，Wang，S. Y.，Marcone，M. F.，2010. Chemical and biological properties of the world' s most expensive spice：Saffron. Food Rev. Int. 43，1981-1989.

Mukherjeee，P. K.，Bahadur，S.，Harwansh，R. K.，Biswas，S.，Banerjee，S.，2018. Paradigm shift in natural product research：traditional medicine inspired approaches. Phytochem. Rev. 16，803-826.

Naguib，N. Y. M.，2011. Organic vs chemical fertilization of medicinal plants：a concise review of researches. Adv. En-viron. Biol. 5，394-400.

Ody，P.，2017. The Complete Medicinal Herbal：A Practical Guide to the Healing Properties of Herbs. Skyhorse Publishing，Inc，New York，USA.

Oliveira，M. S.，Almeida，M. M.，Salazar，M. L. A. R.，Pires，F. C. S.，Bezerra，F. W. F.，Cunha，V. M. B.，COrdeiro，R. M.，Urbina，G. R. O.，Silva，M. P.，Silva，A. P. S.，Pinto，R. H. H.，Carvalho Junior，R. N.，2018. Potential of medicinal use of essential oils from aromatic plants. In：El-Shemy，H. （Ed.），Potential of Essential Oils. IntechOpen，London，UK.

Pena，A.，Pelantova，N.，Lino，C. M.，Silveira，M. I.，Solich，P.，2005. Validation of an analytical methodology for determination of oxytetracycline and tetracycline residues in honey by HPLC with fluorescence detection. J. Agric. Food Chem. 53，3784-3788.

Posadzki，P.，Watson，L.，Ernst，E.，2013. Contamination and adulteration of herbal medicinal products（HMPs）：an overview of systematic reviews. Eur. J. Clin. Pharmacol. 69，295-307.

Priyanka，S.，Siddiqui，A. A.，Dwivedi，J.，Soni，V.，2012. Pharmacological properties of Datura stramonium L. as a potential medicinal tree：an overview. Asian Pac. J. Trop. Biomed. 2，1002-1008.

Rahman，H. S. Z.，1994. Unani Medicine in India during 1901e1947. Studies in History of Medicine and Science，Unani Medicine in India. IHMMR，New Delhi，India.

Raskin，I.，Ribnicky，D. M.，Komarnytsky，S.，Ilic，N.，Poulev，A.，Borisjuk，N.，Brinker，

A., Moreno, D. A., Ripoll, C., Yakoby, N., O' Neal, J. M., Cornwell, T., Pastor, I., Fridlender, B., 2002. Plants and human health in the twenty-first century. Trends Biotechnol. 20, 522-531.

Ribeiro dos Santos, R., Andrade, M., Sanches-Silva, A., De Melo, N. R., 2017. Essential oils for food application: natural substances with established biological activities. Food Bioprocess Technol. 11, 43-71.

Rocca, J., 2003. Galen on the Brain: Anatomical Knowledge and Physiological Speculation in the Second Century A. D. Brill Academic Publishers, Boston, USA, Leiden/Boston.

Rodriguez-Fragoso, L., Reyes-Esparza, J., Burchiel, S. W., Herrera-Ruiz, D., Torres, E., 2008. Risks and benefits of commonly used herbal medicines in Mexico. Toxicol. Appl. Pharmacol. 227, 125-135.

Saad, B., Said, O., 2011. Greco-Arab and Islamic Herbal Medicine: Traditional System, Ethics, Safety, Efficacy, and Regulatory Issues. Wiley, New Jersey, USA.

Schippmann, U., Leaman, D., Cunningham, A. B., 2006. A comparison of cultivation and wild collection of medicinal and aromatic plants under sustainability aspects. In: Bogers, R. J., Craker, L. E., Lange, D. (Eds.), Medicinal and Aromatic Plants. Springer, Amsterdam, The Netherlands.

Schmidt, B., Ribnicky, D. M., Poulev, A., Logendra, S., Cefalu, W. T., Raskin, I., 2008. A natural history of botanical therapeutics. Metabolism 57, S3-S9.

Sen, S., Chakraborty, R., 2016. Revival, modernization and integration of Indian traditional herbal medicine in clinical practice: importance, challenges and future. J. Tradit. Complement. Med. 7, 234-244.

Shen, B., 2015. A new golden age of natural products drug discovery. Cell. 163, 1297-1300.

Shergis, J. L., Zhang, A. L., Zhou, W., Xue, C. C., 2013. Panax ginseng in randomised controlled trials: a systematic review. Phytother Res. 27, 959-965.

Shikov, A. N., Pozharitskaya, O. N., Makarov, V. G., Wagner, H., Verpoorte, R., Heinrich, M., 2014. Medicinal plants of the Russian Pharmacopoeia; their history and applications. J. Ethnopharmacol. 154, 481-536.

Singer, C., 1923. Herbals. Edinburgh Rev. 237, 95-112.

Singletary, K. W., 2016. Thyme: history, applications, and overview of potential health benefits. Nutr. Today. 51, 40-49.

Singletary, K. W., 2018. Basil: a brief summary of potential health benefits. Nutr. Today. 53, 92-97.

Smith, R. L., Cohen, S. M., Doull, J., Feron, V. J., Goodman, J. I., Marnett, L. J., Portoghese, P. S., Waddell, W. J., Wagner, B. M., Hall, R. L., Higley, N. A., Lucas-Gavin, C., Adams, T. B., 2005. A procedure for the safety evaluation of natural flavor complexes used as ingredients in food: essential oils. Food Chem. Toxicol. 43, 345-363.

Solecki, R., Shanidar, I. V., 1975. Neanderthal flower burial in Northern Iraq. Science 190, 880-881.

Solomou, A. D., Martinos, K., Skoufogianni, E., Danalatos, N. G., 2016. Medicinal and aromatic plants diversity in Greece and their future prospects: a review. Agric. Sci. 4, 9-21.

Solovieva, V. A., 2005. Traditional Methods of Health Promotion. Izdatelsky dom 'Neva', St-Petersburg, p. 352. Stevanovic, Z. D., Bosnjak-Neumuller, J., Pajic-Lijakovic, I., Raj, J., Vasijevic, M., 2018. Essential oils as feed additives-future perspectives. Molecules. 23, 1717.

Sumner, J., 2000. The Natural History of Medicinal Plants. Timber Press, Portland, USA.

Suresh, G., Das, R. K., Kaur Brar, S., Rouissi, T., Avalos Ramirez, A., Chorfi, Y., Godbout,

S.，2018. Alternatives to antibiotics in poultry feed：molecular perspectives. Crit. Rev. Microbiol. 44，318-355.

Tsiftsoglou，O. S.，Stefanakis，M. K.，Lazari，D.，2018. Chemical constituents isolated from the rhizomes of Helleborus odorus subsp. cyclophyllus (Ranunculaceae) . Biochem. Syst. Ecol. 79，8-11.

Tu，Y.，2011. The discovery of artemisinin (qinghaosu) and gifts from Chinese medicine. Nat. Med. 17，1217e1220. Tucker，A. O.，1986. Frankincense and myrrh. Econ. Bot. 40，425-433.

Vickers，A.，Zollman，C.，2001. Herbal medicine. West. J. Med. 175，125-128.

Vogt，H.，Harnisch，S.，Rauch，H. W.，Heil，G.，1989. Dried natural spices in broiler rations. Archiv. Geflug. 53，144-150.

Voliotis，D.，1998. Economic Botany. Psichalos Press，Athens，Greece.

Wesley Schultz，P.，2001. The structure of environmental concern：concern for self，other people，and the biosphere. J. Environ. Psychol. 21，327-339.

WHO，2001. Legal Status of Traditional Medicine and Complementary/Alternative Medicine：A Worldwide Review. World Health Organization，Geneva，Switzerland.

WHO，2018. Antibiotic Resistance. World Health Organization，Geneva，Switzerland.

Wiart，C.，2006. Ethnopharmacology of Medicinal Plants：Asia and the Pacific. Humana Press，New Jersey，USA.

Windisch，W.，Schedle，K.，Plitzner，C.，Kroismayr，A.，2008. Use of phytogenic products as feed additives for swine and poultry. J. Anim. Sci. 86，E140-E148.

Youn，H. J.，Noh，J. W.，2001. Screening of the anticoccidial effects of herb extracts against Eimeria tenella. Vet. Parasitol. 96，257-263.

Yu，Y. B.，Dosanjh，L.，Lao，L.，Tan，M.，Shim，B. S.，Luo，Y.，2010. Cinnamomum cassia bark in two herbal formulas in-creases life span in Caenorhabditis elegans via insulin signaling and stress response pathways. PLoS One 5，e9339.

Zhu，Y. P.，1998. Chinese Materia Medica. Hardwood Academic Publishers，Reading，UK.

Zollman，C.，Vickers，A.，1999. ABC of complementary medicine. What is complementary medicine? BMJ. 319，693-696.

第二章

芳香植物作为食物与饲料天然营养补充剂的创新用途

E. Christaki[1]，*I. Giannenas*[1]，*E. Bonos*[2]，*P. Florou-Paneri*[1]

[1] Laboratory of Nutrition，School of Veterinary Medicine，Faculty of Health Sciences，Aristotle University of Thessaloniki，54124 Thessaloniki，Greece；[2] Department of Agriculture，School of Agriculture，University of Ioannina，Kostakioi Artas，47100，Arta，Greece

一、引言

目前，消费者对安全、天然且高营养价值的动物源性食品的需求日益增加，这对动物营养研究提出了更高的要求。使用天然来源的饲料添加剂已成为一种新的趋势，而芳香和草本植物由于其含有多种有效成分引起了研究者的关注，针对这类植物的研究也在不断深入。

草本植物及其提取物，也称为“植物提取物”“植生素”“植物化学物质”“香料或植物性药物”，其含有丰富的生物活性物质。尽管目前这些有效成分的作用尚不明确，但它们对动物生长和健康可以产生积极的影响（Hashemi 和 Davoodi，2011；Lavecchia 等，2013；Zeng 等，2015；Gadde 等，2017）。植物提取物成分的含量较低，通常占干物质的1%～5%（Hashemi 和 Davoodi，2011）。并且其含量会受环境因素的影响，如地理位置、收获季节、肥料使用、温度变化、光密度以及大气中二氧化碳浓度等（Jimenez-Garcia 等，2013；Hunter，2014；Diaz-Sanchez 等，2015）。

芳香和草本植物分布广泛，种类丰富，且使用形式多样。原产于地中海地区的野生或栽培植物，如牛至、迷迭香、鼠尾草、百里香、薄荷、茴香和大蒜等既可以干基和粉末的形式被使用，也可以使用其提取物（Hunter，2014；Martinez-Gracia 等，2015；Gadde 等，2017）。同时，芳香植物还可以通过蒸馏的方式提取出一类具有气味、挥发性、疏水性和高浓度的物质而加以使用（Ghanmi 等，2014）。这些物质也称为“挥发油”，是气味与香味的来源，分布在植物的分泌细胞、腔、管、表皮细胞或腺毛中，因此可以从花、芽、种子、树叶、嫩枝、树皮、果实和根等中加以提炼（Bakkali 等，2008；Brenes 和 Roura，2010；Christaki 等，2012；Rehman 等，2016）。通常提取出精油的芳香植物可来源于不同的科，如葱科、菊科、唇形科、桃金娘科、禾本科和芸香科等（Raut 和 Karuppayil，2014）。

自古以来，芳香和草本植物用途广泛，并且这些植物本身具有药用价值，可用来治疗多种疾病，对人类的健康及保健起着至关重要的作用（Efferth 和 Greten，2012）。时至今日，这些植物在医学上仍被广泛使用，特别是在一些发展中国家，80%的人依赖于草药，而发达国家也有超过 25%的药物源于植物（Chen 等，2016）。此外，芳香植物及其提取物还可用于动物健康管理以及生产性能的提高（Franz 等，2010；Yang 等，2015；Prakash 和 Kiran，2016）。在生产中，健康的动物可提供安全、优质的动物产品，以满足消费者对优质可靠产品的需求。

芳香和草本植物除了作为当代医学的候选药物以外，还可作为添加剂或抗氧化剂用于化妆品行业（如芳香疗法、洗发和护肤）、食品行业（如软饮、糖果等）和饲料行业（如促生长剂）（Christaki 等，2012；Ismail 和 Imam，2014；Antolak 和 Kregiel，2017）。

二、芳香植物的生物活性物质

根据生物合成途径，芳香植物及其提取物通常属于不同种类的有机分子。研究发现，芳香植物及其提取物不是单一的化合物，而是以酚类化合物（如香芹酚、百里香酚）与萜类化合物（如芳樟醇和薄荷醇）组成的混合物。

酚或多酚是由含 1 个羟基（酚）或多个羟基（多酚）取代基酯、甲酯等的芳香环组成的成分。酚类化合物可分为两类：①不溶性化合物，如浓缩单宁酸和木质素；②可溶性化合物，如酚酸（棓酸、迷迭香酸等）、类黄酮（儿茶素、槲皮素等）、醌类化合物、二萜酚类化合物（迷迭香）（Jimenez-Garcia 等，2013；Puvaca 等，2015；Jiang 和 Xiong，2016；Rahman 等，2017）。一些芳香植物及其提取物中普遍存在含氧芳香族化合物，如醇类（冰片）、醛类（肉桂醛）和酮类（香芹酮）（Sharopov 等，2015；Pandini 等，2018）。

萜烯和萜类是另一类生物活性物质，也是许多芳香植物提取物的基本成分（Bakkali 等，2008；Raut 和 Karuppayil，2014）。它们是脂溶性的碳氢化合物，其结构中具有 1 个或多个 5-碳异戊二烯。5-碳异戊二烯可通过两种途径来合成：甲戊酸途径和脱氧-D-木酮糖途径。这些化合物根据其含有的异戊二烯数量可划分为半萜、单萜、倍半萜、二萜、二倍半萜、三萜和四萜（Jimenez-Garcia 等，2013；Raut 和 Karuppayil，2014）。

芳香植物及其提取物中的生物活性物质含量通常较低，并且含量也会受到所提取植物部位及提取方法的影响（Jimenez-Garcia 等，2013；Hunter，2014；Diaz-Sanchez 等，2015）。由于所含生物活性物质的种类复杂多样，因此准确分析其中有效成分的难度较大。目前，常用的提取技术包括传统法和创新法。传统法主要使用水蒸气蒸馏或水蒸馏。近年来，通过加压液体萃取、亚临界和超临界萃取、微波、超声波、酶辅助萃取等物理方法对其进行了改进（Gil-Chavez 等，2013；Ribeiro dos Santos 等，2017）。目前，利用组学技术对生物活性物质进行分离纯化，最常用的分析方法是气相色谱法（GC）和质谱法（MS）。此外，还通过其他生物技术进行分离纯化，如超高效液相色谱（UHPLC）、毛细管区带电泳（CZE）、毛细管点色谱（CEC）、DNA 条形码技术以及核磁共振（NMR）光谱等（Efferth 和 Greten，2012；Ghanmi 等，2014；Ribeiro dos Santos 等，2017；Sanchez-Vidana 等，2017）。值得注意的是，新一代测序（NGS）技术揭示了营养和基因之间的联系，利用新的 RNA 测序分析技术同样也可以用来研究已知的和未知的转录单位，这些技术为了解动物的生长、健康和性能提供了新的工具（Sabino 等，2018）。

三、芳香植物的生物学特性、功能及作用方式

芳香植物及其提取物可作为具有生物活性物质的补充剂添加到动物日粮中，主要功能包括抗菌、抗病毒、抗氧化、抗炎和进行免疫刺激等（Diaz-Sanchez 等，2015；Adaszynska-Skwirzynska 和 Szczerbinska，2017；Ribeiro dos Santos 等，2017）。如何利用芳香植物中有价值的活性物质是成功开发新型健康食品和功能性食品的关键。在人类医学上，芳香植物及其提取物除了本身具有营养作用外，还可以改善人类的健康状况，降低患心血管疾病、神经退行性变性疾病、骨代谢疾病和癌症等慢性疾病的风险，并可用于治疗呼吸道和炎症性疾病，以及过敏和糖尿病（Prescott 和 Saffery，2011；Ismail 和 Imam，2014）。近年来，随着遗传学的发展，人们对膳食中使用芳香植物提取物作为功能性成分或保健品的研究日益增多。膳食中的营养成分和基因组之间存在相互作用，这是影响人体代谢途径和体内稳态的必要条件。因此，人们提出了一个新的概念——营养基因组学。许多疾病都有遗传倾向，而芳香植物所发挥的营养功能可作为优化健康、延缓慢性疾病发展或将其强度或严重性降至最低的一种预防性的新方法（Simopoulos，2010；Ismail 和 Imam，2014；Carrasco-Lopez，2015；Pavlidis 等，2015；Elsamanoudy 等，2016）。

尽管有关芳香植物及其提取物的确切作用方式尚未明了，但其对动物的生长性能、肉质具有积极作用。一般来说，发挥芳香植物及其提取物的作用在很大程度上取决于其活性物质的含量与成分的多样性、各活性成分间的协同作用、植物来源、在日粮中的添加量及药代动力学（Franz 等，2010；Diaz-Sanchez 等，2015；Gadde 等，2017；Sanchez-Vidana 等，2017）。

四、芳香植物作为膳食补充剂

在最新的动物营养研究中，为满足消费者对安全、健康的天然产品和功能性食品日益增长的需求，芳香植物已经是促生长剂、抗菌剂、免疫增强剂、抗氧化剂、调味剂、色素和防腐剂的主要来源（图 2-1）。

图 2-1　芳香植物作为天然营养补充剂的创新使用

（一）芳香植物作为促生长剂

抗生素等药物作为饲料添加剂在动物饲料中的使用，对于促进动物生长及预防某些疾病曾经发挥了重要作用。亚治疗剂量的抗生素可减少胃肠道微生物，提高动物的生长性能和改善饲料转化率。然而，将抗生素作为促生长剂长期使用，一方面通过食物链孳生、传播和增殖耐药性细菌；另一方面也引起消费者对抗生素使用的潜在负面健康影响和环境问题严重性的担忧。因此，自2006年欧盟禁止使用抗生素作为饲料添加剂后，全球范围内都在逐渐减少抗生素添加剂的使用量，并开始着眼于研发促进动物生长性能的新途径。芳香植物及其提取物作为解决方案之一，在传统或无抗动物生产的应用前景十分广阔（Diaz-Sanchez 等，2015；Steiner 和 Syed，2015；Gadde 等，2017；Valenzuela-Grijalva 等，2017）。

芳香植物提取物改善了饲料的风味和适口性，可显著提高动物的增重、采食量和饲料转化率，降低发病率和死亡率，提高动物的采食量和生长性能。芳香植物及其提取物产品以单相（如精油）或分离化合物（如槲皮素）的形式添加时，可以维持动物的最佳胃肠道功能，使益生菌与潜在病菌保持最佳比例（Franz 等，2010；Christaki 等，2012；Adaszynska-Skwirzynska 和 Szczerbinska，2017；Gadde 等，2017；Giannenas 等，2018）。然而，日粮中补充芳香植物及其提取物对动物生长性能的影响与其添加剂量、日粮组成和环境条件等多种因素有关（Botsoglou 等，2002；Khattak 等，2014；Diaz-Sanchez 等，2015；Valenzuela-Grijalva 等，2017）。

作为动物的促生长剂，芳香植物主要通过增加消化道分泌物（内源性消化酶、唾液、胆汁和黏液），减少胃肠道中的菌群数量，或通过抗氧化和抗炎活性来改善肠道形态（图2-2）（Hashemi 和 Davoodi，2011；Criste 等，2017；Gadde 等，2017；Gheisar 和 Kim，2017；Valenzuela-Grijalva 等，2017）。

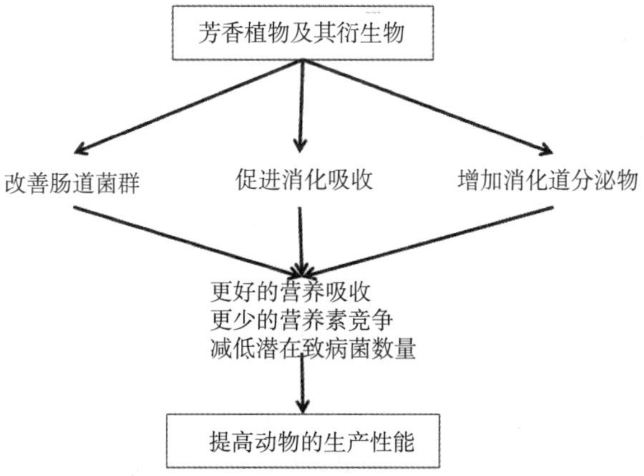

图2-2 芳香植物作为促生长剂的作用方式

在反刍动物营养中，关于芳香植物作为促生长剂及对采食量与饲料适口性影响的研究较少（Franz 等，2010）。反刍动物对粗饲料的选择与其健康水平相关（Faehnrich 等，2015）。植物提取物可通过调节神经递质来影响神经元活动，从而调节反刍动物的采食行为和采食量，进一步影响其生长性能（Kolling 等，2016）。研究发现，在反刍动物饲料中添加高水平的草本植物可调节多种微生物的生长和反刍动物的瘤胃发酵过程，从而提高饲料转化率和生产性能（Christaki 等，2012；Valenzuela-Grijalva 等，2017）。但另一项研究报道，牛至对牛及羔羊的生产性能并没有积极影响（Bampidis 等，2005；Valenzuela-Grijalva 等，2017）。这些试验结果差异可能是由于反刍动物胃肠道复杂，以及使用各种不同植物化学物质的生物活性存在差异（kolling 等，2016）。

此外，芳香植物可提高动物胴体与胸肌重量，改善肉质的嫩度和多汁性，并且降低肉质的脂质氧化速度（家禽和猪），以及降低腹部脂肪含量（主要是猪和牛），以更好地满足消费者对瘦肉的偏好。不过，芳香植物及其提取物对动物肉质和胴体质量的影响有待进一步深入研究（Steiner 和 Syed，2015；Valenzuela-Grijalva 等，2017）。

（二）芳香植物作为抗菌剂

芳香植物及其提取物对食源性致病菌和腐败微生物具有抗菌能力（无论是抑菌还是杀菌）（Franz 等，2010；Giannenas 等，2013；Gheisar 和 Kim，2017）。芳香植物及其提取物对革兰氏阴性菌（如大肠杆菌、空肠弯曲菌等）和革兰氏阳性菌（如枯草芽孢杆菌、大肠梭菌等）都能表现出广谱的抑制作用。一般来说，革兰氏阴性菌对抗菌药物的敏感性较低，因其脂多糖外膜限制了酚类物质的扩散；而革兰氏阳性菌因其细胞膜会受到亲脂成分的直接作用，往往更容易受到植物提取物的影响（Martinez-Gracia 等，2015）。芳香植物提取物成分复杂，其作用机理尚未完全阐明。研究发现，芳香植物提取物的抗菌活性不是某一特定的作用机制，而是所含的不同活性成分对微生物细胞不同靶点协同作用的结果（Burt，2004；Giannenas 等，2018）。由于植物提取物中的酚类物质具有亲脂性，因此可聚集在细菌细胞膜和线粒体的脂质双层中，使细胞的渗透性增强，从而破坏细胞的正常功能。此外，一些植物提取物会破坏细胞的稳态，造成离子和细胞内容物损失，最终导致细胞凋亡。其原因可能是酚类化合物中的羟基（—OH）基团对微生物产生了抑制作用，另外细胞质蛋白和酶变性也会导致细菌细胞死亡（Raut 和 Karuppayil，2014；Yang 等，2015；Gheisar 和 Kim，2017）。

研究认为，芳香植物可以使宿主动物肠道内的不良菌群（包括大肠菌群、梭状芽孢杆菌、葡萄球菌等）减少，有助于有益菌（包括乳酸杆菌）生长，从而阻止病原菌在肠道中定殖（Steiner 和 Syed，2015；Gheisar 和 Kim，2017；Valenzuela-Grijalva 等，2017），这与益生元具有类似的功效。

研究发现，由于酚类化合物（如香芹酚和百里香酚）具有抗菌作用，故日粮中添加植物提取物（单独或混合）可减少大肠杆菌和产气荚膜梭菌在肉鸡肠道内定殖（Christaki 等，2012；Steiner 和 Syed，2015）。另外，非酚类化合物（如柠檬烯、肉桂醛等）也表现出抗菌活性（Diaz-Sanchez 等，2015；Gheisar 和 Kim，2017）。植物提取物可防止人工攻毒感染艾美耳球虫（堆型艾美耳球虫、巨型艾美耳球虫和毒害艾美耳球虫）后对肉鸡产生的负面影响（Giannenas 等，2003；Christaki 等，2004；Bozkurt 等，2013；Adaszynska-Skwirzynska 和 Szczerbinska，2017；Giannenas 等，2018）。因此，植物提取物（主要是牛至提取物）是一种新型有效的抗肠道寄生虫（尤其是隐孢子虫）感染的生物活性物质（Gaur 等，2018）。蒲公英对家禽中的金黄色葡萄球菌和大肠杆菌也具有高效的抗菌活性（Qureshi 等，2017）。为延长植物提取物抗菌活性成分的存留时间，通过微胶囊的方式可用来保护香精油中生物活性物质免受环境因素的影响，同时也可减轻对适口性或强烈气味的负面影响（Diaz-Sanchez 等，2015）。

（三）芳香植物作为免疫增强剂

当动物处于免疫抑制状态时，芳香植物及其提取物可促进多种免疫调节，包括增强细胞的吞噬作用、调节免疫球蛋白和细胞因子的分泌，以及促进淋巴细胞表达和 γ-干扰素的释放，从而改善十二指肠功能，提高营养物质的吸收利用率，改善动物的健康状况，让动物生长性能的遗传潜力得到充分发挥（Adaszynska-Skwirzynska 和 Szczerbinska，2017；Sheoran 等，2017；Valenzuela-Grijalva 等，2017）。例如，日粮中添加蒲公英或姜黄素可通过抑制坏死因子（TNF），来达到抑制肿瘤细胞增殖的效果（Kim 等，2012；Rajput 等，2013；Qureshi 等，2018）。

（四）芳香植物作为抗氧化剂

芳香植物由于含有酚类化合物，因此具有抗氧化能力，可以清除诱导氧化的自由基和活性氧（ROS），如单氧、超氧或羟基自由基、氢供体、金属螯合剂和酶系统抑制剂（Babbar 等，2011；Mimica-Dukic 等，2016；Rahman 等，2017）。氧化反应不仅可以导致营养成分损失，还可以形成潜在的有毒化合物，因此，保护食物基质不受氧化损伤显得尤为重要。由于化工合成的抗氧化剂对人类和动物健康可能带来风险，因此研究采用天然抗氧化剂来替代传统的化工合成抗氧化剂具有重要意义（Prakash 等，2015；Jiang 和 Xiong，2016）。

动物源性食品中添加牛至、迷迭香、百里香、藏红花和鼠尾草等芳香植物作为天然抗氧化剂是一种简单而传统的使用方法，这些芳香植物可以阻止氧化反应链的开始或传播，抑制或延缓脂质氧化反应（氧化酸败作用）（Christaki 等，2012；Loizzo 等，2016；Wilson 等，2017）。植物活性物质也可逆转膜磷脂双层中的内源性 α-生育酚，将其回转到活性抗氧化形式（Rice-Evans 等，1996；Botsoglou 等，2009）。日粮中添加芳香植物或提取物可提高生鲜鸡肉、火鸡肉、猪肉、兔肉，冷藏或长期冷冻储存的肉制品，以及蛋黄的氧化稳定性（Botsoglou 等，2003；Franz 等，2010；Jiang 和 Xiong，2016；Adaszynska-Skwirzynska 和 Szczerbinska，2017；Alarcon-Rojo 等，2017）。在绵羊和山羊日粮中添加芳香植物可提高肉质的氧化稳定性，并增加肉、奶和奶酪中多酚类抗氧化物质的含量（Franz 等，2010）。

芳香植物清除自由基的能力主要与其高含量的酚类物质有关。酚类物质具有很强的抗氧化能力，可单独或协同预防与氧化应激相关的动物慢性疾病，如癌症、糖尿病、心血管疾病、神经退行性变性疾病（如痴呆）和骨代谢紊乱（图 2－3）。营养基因组学旨在探讨动物基因与植物源生物活性物质之间的相互作用，目前这些植物性添加剂及其有效成分的保健功能通过营养基因组学的研究结果得到了证实（Brewer，2011；Ismail 和 Imam，2014；Piroddi 等，2016；Gheisar 和 Kim，2017）。

此外，植物提取物可通过改善抗氧化酶（如超氧化物歧化酶、谷胱甘肽过氧化物酶和过氧化氢酶）的活性，进而影响生物体组织的脂质代谢（Christaki 等，2012；Gheisar 和 Kim，2017；Qureshi 等，2017）。由于家禽寿命较短，不易产生氧化应激，故目前有关草本植物或芳香植物等植物源抗氧化剂在家禽营养健康应用的体内试验研究相对较少，但氧化应激仍是导致生物损伤和影响家禽生长的原因之一（Florou-Paneri 等，2006）。

植物提取物可减少奶牛代谢紊乱，如脂肪肝和酮症，或通过降低乳腺炎的发病率而整体改善其健康状况（Faehnrich 等，2015）。值得注意的是，在反刍动物营养中，植物提取

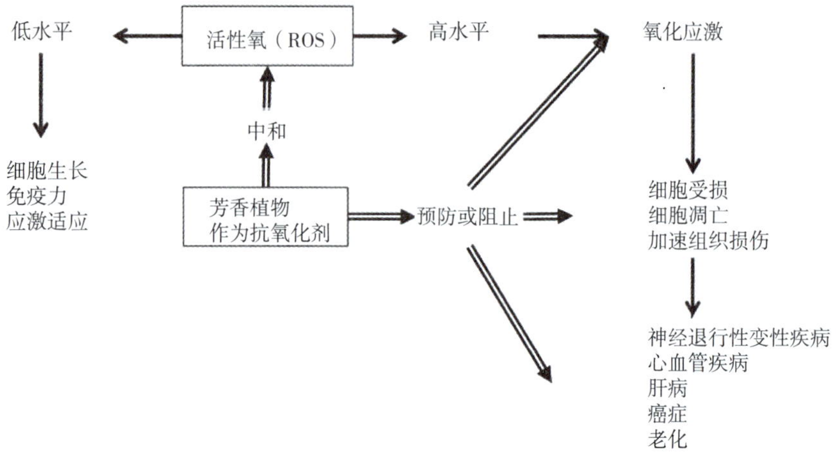

图 2-3 芳香植物作为抗氧化剂减轻活性氧的破坏作用

物的抗氧化活性与瘤胃的 pH 有关，研究认为只有在 pH 较低的情况下才能发挥作用（Valenzuela Grijalva 等，2017）。

芳香植物及其提取物除了含有次生代谢产物以外，还含有其他化合物，如维生素（维生素 E 或 α-生育酚、维生素 C 或抗坏血酸）、还原糖（葡萄糖和果糖）及多不饱和脂肪酸（亚油酸和 α-亚麻酸），也可作为天然抗氧化剂；单独或与植物活性化合物一起使用，可用于治疗与预防多种与氧化应激相关的疾病（Guimaraes 等，2010；Jiang 和 Xiong，2016；Alarcon-Rojo 等，2017；Mohiseni，2017）。

天然抗氧化剂中含有的类黄酮在一些情况下，尤其是在含有多个羟基时具有促氧化作用（Miguel，2010；Eghbaliferiz 和 Iranshahi，2016）。当抗氧化剂进入细胞膜内时，类黄酮被活性氧（ROS）氧化，形成促氧化状态，氧化脂质和蛋白质，导致细胞核 DNA 损伤。这种机制与受影响细胞的晚期凋亡有关，机体通过杀死潜在的突变体而发挥“保护”作用（Bakkali 等，2008；Christaki 等，2012）。维生素 C 也具有抗氧化和促氧化作用，并且氧化程度与其摄入量有关。如果浓度相对较高，则参与启动氧化反应，产生促氧化效应，导致长期有害的影响（Finley 等，2011；Christaki 等，2012）。

（五）芳香植物作为调味剂

食物的感官特性是影响消费者购买倾向的重要因素。自古以来，草本植物、香料和植物提取物在动物营养中发挥着重要作用，可增强饲料风味，改善适口性（Diaz-Sanchez 等，2015；Steiner 和 Syed，2015；Valenzuela-Grijalva 等，2017）。在饲料中添加混合植物提取物（如罗勒、焦糖、月桂、柠檬、牛至、鼠尾草、茶和百里香）可提高单胃动物的增重，这主要是因为植物提取物改善了饲料的风味和适口性。然而，这在不同种类动物之间存在差异。与猪或牛相比，家禽对味觉的敏感性较低（Valenzuela-Grijalva 等，2017）。同样，对风味和适口性改善的程度也不尽相同，这取决于所用植物提取物的类型和使用剂量（Upadhaya 和 Kim，2017）。

世界各地普遍使用香料作为食物的天然调味品。众所周知，肉桂、香草、牛至、胡椒、迷迭香、百里香等常用于烹饪。天然香料为消费者提供了感官体验、风味的一致性和安全性（Burt，2004；De La Torre Torres 等，2017）。芳香植物及其提取物的感官特性主要取决于酚类化合物（Burt，2004）。在饲料加工过程中，需要考虑植物性添加剂的稳定性，如制粒可能会破坏其生物活性（Upadhaya 和 Kim，2017）。至于对食物中使用芳香植物及其香精料的法规，欧盟委员会（EC）和美国食品药品监督管理局（FDA）均将其归为“公认安全产品 GRAS”（Ribeiro dos Santos 等，2017）。有关芳香植物及其提取物与食品成分之间的协同或拮抗作用，以及高浓度植物提取物作为调味剂的相关研究仍需深入。

（六）芳香植物作为色素

在过去的几十年里，食品工业主要通过化工合成色素来改善食物颜色，但现在这种化工合成色素的添加会引起人们对食品安全的担忧。天然色素作为新型食品添加剂越来越受到人们的关注，并为食品工业的发展增添新的活力。作为食品和饲料的可再生天然色素增强剂，这些天然植物色素还可以作为天然抗氧化剂来改善动物产品质量，同时也有益于动物健康（Faehnrich 等，2015）。

一些植物色素属于黄酮类化合物，如花青素是研究最广泛的天然色素，其颜色可从红色到紫色和蓝色不等，具体取决于 pH、光照、氧气、酶、金属离子和贮存温度等（Martins 等，2016；Rodriguez-Amaya，2016；Cortez 等，2017）。其他具有着色特性的化合物是类胡萝卜素，如从藏红花中提取的藏红素是类胡萝卜素中含量最高的香料之一，由于其具有强大的抗氧化活性而备受追捧（Botsoglou 等，2005；Martins 等，2016）。

许多草本植物和香料可作为人和动物营养的色素，如以黄色芹菜素为主要成分的欧芹，以及以亮黄色姜黄素为主要活性物质的姜黄等。这类物质在哺乳动物中还有许多其他生物活性，主要包括抗炎、抗氧化和抗癌（Kim 等，2012；Faehnrich 等，2015；Vikram 等，2015）。

动物采食含芳香植物色素的饲料后，这些色素通过消化道吸收和代谢沉积在动物组织中，或通过尿液或粪便排出体外（图 2－4）。目前，有关植物色素在动物体内试验的研究相对较少。在饲料加工（如制粒）过程中，植物色素的稳定性较低，植物色素可以与食品中的其他成分相互作用，而真正被利用的植物色素非常有限（Lubbe 和 Verpoorte，2011；Zeng 等，2015；Rodriguez-Amaya，2016；Cortez 等，2017）。生产中可以通过一些技术措施来克服稳定性的问题，如添加金属离子（铁）或使用微胶囊和纳米囊化技术。天然色素的另一个缺点是使用成本比合成色素高 2～10 倍。因此，植物色素从“缝隙”市场到大规模应用之前，仍有很多问题需要解决。

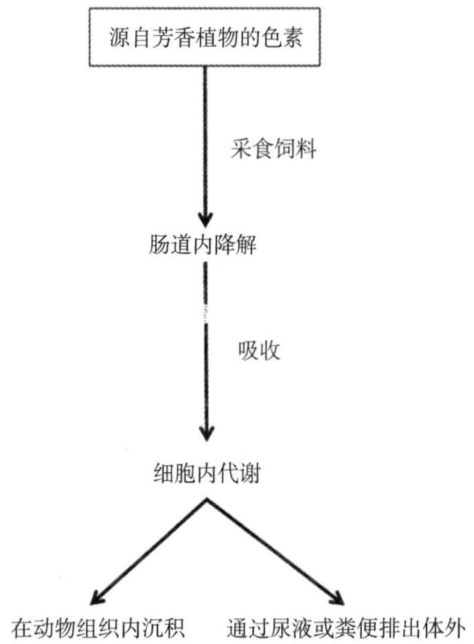

图 2－4　芳香植物色素在动物体内的代谢

（七）芳香植物作为防腐剂

防腐剂可以防止肉类等生鲜食品和园艺产品免受各种致病微生物污染（引起食源性疾病）或变质（因对食品特性的不良影响，会造成重大经济损失）。目前，天然生物活性化合物作为安全的防腐剂用来延长食品的保鲜期，从而成为合成防腐剂的安全替代品已经成为新的趋势。芳香植物及其提取物除具有抗菌和抗氧化特性外，还可抑制微生物的生长和防止食品氧化变质，在食品保鲜方面发挥了积极作用（Martinez-Gracia 等，2015；Pandey 等，2016；Prakash 和 Kiran，2016）。

但目前芳香植物及其提取物作为防腐剂的应用仍然有限，主要是因为这类提取物想要达到足够的抗菌活性则需要较高的浓度，这会影响消费者在感官上的接受度。因此，这类植物防腐剂可与其他抗菌物质联合使用，从而来缓解植物防腐剂的刺激性气味。未来，可以尝试通过利用现代微胶囊技术解决此类问题（Burt，2004；Hyldgaard 等，2012；Martinez-Gracia 等，2015；Prakash 等，2015）。

五、结论

芳香植物及其提取物是新型营养补充剂的重要自然来源。与化工合成物质相比，植物源性饲料添加剂（促生长剂、抗菌剂、免疫刺激剂、抗氧化剂、调味剂、着色剂和防腐剂等）的应用越来越受到关注与认可。这些植物源性添加剂不仅对人类和动物健康具有特殊的积极作用，还可满足消费者对功能性天然产品日益增长的需求，具有广阔的应用前景。目前，有关芳香植物的相关研究在不断深入。

（黎先伟，范磊，陈子鸽，译；金立志，校）

参　考　文　献

Adaszynska-Skwirzynska，M.，Szczerbinska，D.，2017. Use of essential oils in broiler chicken production-a review. Ann. Anim. Sci. 17，317-335.

Alarcon-Rojo，A. D.，Janacua-Vidales，H.，Renteria-Monterrubio，A.，2017. Oregano essential oil in animal production. In：El-Shemy，H.（Ed.），Active Ingredients from Aromatic and Medicinal Plants. IntechOpen Limited，London，UK.

Antolak，H.，Kregiel，D.，2017. Food preservatives from plants. In：Karunaratne，D. N.（Ed.），Food Additives. IntechOpen，London，UK.

Babbar，N.，Oberoi，H. S.，Sandhu，S. K.，2011. Therapeutic and nutraceutical potential of bioactive compoundsextracted from fruit residues. Crit. Rev. Food Sci. Nutr. 55，319-337.

Bakkali，F.，Averbeck，S.，Averbeck，D.，Idaomar，M.，2008. Biological effects of essential oils-a review. Food Chem. Toxicol. 46，446-475.

Bampidis，V. A.，Christodoulou，V.，Christaki，E.，Florou-Paneri，P.，Spais，A. B.，2005. Effect of dietary garlic bulb and garlic husk supplementation on performance and carcass characteristics of growing lambs. Anim. Feed Sci. Tech-nol. 121，273-283.

Botsoglou，N. A.，Fletouris，D. J.，Florou-Paneri，P.，Christaki，E.，Spais，A. B.，2003. Inhibition of lipid oxidation in long-term frozen stored chicken meat by dietary Oregano essential oil and a-tocopheryl acetate supplementation. Food Res. Int. 36，207-213.

Botsoglou，N. A.，Florou-Paneri，P.，Christaki，E.，Fletouris，D. J.，Spais，A. B.，2002. Effect of dietary oregano essential oil on performance of chickens and on iron-induced lipid oxidation of breast，thigh and abdominal fat tissues. Br. Poult. Sci. 43，223-230.

Botsoglou, N. A., Florou-Paneri, P., Nikolakakis, I., Giannenas, I., Dotas, V., Botsoglou, E. N., Aggelopoulos, S., 2005. S. Effect of dietary saffron (*Crocus sativus* L.) on the oxidative stability of egg yolk. Br. Poult. Sci. 46, 701-707.

Botsoglou, N. A., Taitzoglou, I. A., Botsoglou, E., Zervos, I., Kokoli, A., Christaki, E., Nikolaidis, E., 2009. Effect of long-term dietary administration of oregano and rosemary on the antioxidant status of rat serum, liver, kidney and heart after carbon tetrachloride-induced oxidative stress. J. Sci. Food Agric. 89, 1397-1406.

Bozkurt, M., Giannenas, I., Kucukyilmaz, K., Christaki, E., Florou-Paneri, P., 2013. An update on approaches to con-trolling coccidia in poultry using botanical extracts. Br. Poult. Sci. 54, 713-727.

Brenes, A., Roura, E., 2010. Essential oils in poultry nutrition: main effects and modes of action. Anim. Feed Sci. Tech-nol. 158, 1-14.

Brewer, M. S., 2011. Natural antioxidants: sources, compounds, mechanisms of action, and potential applications. Compr. Rev. Food Sci. Food Saf. 10, 221-247.

Burt, S., 2004. Essential oils: their antibacterial properties and potential applications in foods-a review. Int. J. Food Microbiol. 94, 223-253.

Carrasco Lopez, C. A., 2015. The role of nutrigenomics in food safety: the future perspective in personalized foods. J. Food Qual. Hazard Contr. 2, 30-31.

Chen, S. L., Yu, H., Luo, H. M., Wu, Q., Chun-Fang, L., Steinmetz, A., 2016. Conservation and sustainable use of me-dicinal plants: problems, progress, and prospects. Chin. Med. 11, 37.

Christaki, E., Bonos, E., Giannenas, I., Florou-Paneri, P., 2012. Aromatic plants as a source of bioactive compounds. Agriculture 2, 228-243.

Christaki, E., Florou-Paneri, P., Giannenas, I., Papazahariadou, M., Botsoglou, N. A., Spais, A. B., 2004. Effect of a mixture of herbal extracts on broiler chickens infected with Eimeria tenella. Anim. Res. 53, 137-144.

Cortez, R., Luna-Vital, D. A., Margulis, D., De Mejia, E. G., 2017. Natural pigments: stabilization methods of anthocy-anins for food applications. Compr. Rev. Food Sci. Food Saf. 16, 180-198.

Criste, R. D., Panaite, T. D., Tabuc, C., Saracila, M., Soica, C., Olteanu, M., 2017. Effect of oregano and rosehip supple-mentson broiler (14-35 days) performance, carcass and interval organs development and gut health. Agrolife Sci. J. 6, 75-83.

De La Torre Torres, J. E., Gassara, F., Kouassi, A. P., Brar, S. K., 2017. Spice use in food: properties and benefits. Crit. Rev. Food Sci. Nutr. 57, 1078-1088.

Diaz-Sanchez, S., D' Souza, D., Debrabrata, B., Hanning, I., 2015. Botanical alternatives to antibiotics for use in organic poultry production. Poultry Sci. 94, 1419-1430.

Efferth, T., Greten, H. J., 2012. Medicinal & aromatic plant research in the 21st century. Med. Aromatic Plants. 1, 1000-1100.

Eghbaliferiz, S., Iranshahi, M., 2016. Prooxidant activity of polyphenols, flavonoids, anthocyanins and carotenoids: updated review of mechanisms and catalyzing metals. Phytother Res. 30, 1379-1391.

Elsamanoudy, A. Z., Neamat-Allah, M. A. M., Mohammad, F. A. H., Hassanien, M., Nada, H. A., 2016. The role of nutri-tion related genes and nutrigenetics in understanding the pathogenesis of cancer. J. Microsc. Ultrastr. 4, 115-122.

Faehnrich, B., Lukas, B., Humer, E., Zebeli, Q., 2015. Phytogenic pigments in animal nutrition: potentials and risks. J. Sci. Food Agric. 96, 1420-1430.

Finley, L. W., Carracedo, A., Lee, J., Souza, A., Egia, A., Zhang, J., Teruya-Feldstein, J.,

Moreira, P. I., Cardoso, S. M., Clish, C. B., Pandolfi, P. P., Haigis, M. C., 2011. SIRT3 opposes reprogramming of cancer cell metabolism through HIF1a destabilization. Cancer Cell. 19, 416-428.

Florou-Paneri, P., Giannenas, I., Christaki, E., Govaris, A., Botsoglou, N., 2006. Performance of chickens and oxidative stability of the produced meat as affected by feed supplementation with oregano, vitamin C, vitamin E and their combinations. Archiv Geflügelkunde. 70, 232-240.

Franz, C., Baser, K. H. C., Windisch, W., 2010. Essential oils and aromatic plants in animal feeding-a European perspective. A review. Flavour Fragrance J. 25, 327-340.

Gadde, U., Kim, W. H., Oh, S. T., Lillehoj, H. S., 2017. Alternatives to antibiotics for maximizing growth performanceand feed efficiency in poultry: a review. Anim. Health Res. Rev. 18, 26-45.

Gaur, S., Kuhlenschmidt, T. B., Kuhlenschmidt, M. S., Andrade, J. E., 2018. Effect of oregano essential oil and carvacrolon Cryptosporidium parvum infectivity in HCT-8 cells. Parasitol. Int. 67, 170-175.

Ghanmi, M., Aafi, A., Satrani, B., Aberchane, M., Khia, A., Yakhlef, S. E. B., 2014. Aromatic and medicinal plants in North Africa: opportunities, constraints and prospects. In: Gurib-Fakim, A. (Ed.), Novel Plant Bioresources: Applications in Food, Medicine and Cosmetics. John Wiley & Sons Ltd, London, UK.

Gheisar, M. M., Kim, I. H., 2017. Phytobiotics in poultry and swine nutrition-a review. Ital. J. Anim. Sci. 17, 92-99.

Giannenas, I., Bonos, E., Christaki, E., Florou-Paneri, P., 2013. Essential oils and their applications in animal nutrition. Med. Aromatic Plants. 2, 140.

Giannenas, I., Bonos, E., Christaki, E., Florou-Paneri, P., 2018. Oregano: a feed additive with functional properties. In: Holban, A. M., Grumezescu, A. M. (Eds.), Therapeutic Foods, Handbook of Food Engineering, vol. 8. Elsevier Academic Press, London, UK.

Giannenas, I., Florou-Paneri, P., Papazahariadou, M., Christaki, E., Botsoglou, N. A., Spais, A. B., 2003. Dietary oregano essential oil supplementation on performance of broilers challenged with Eimeria tenella. Arch. Anim. Nutr. 57, 99-106.

Gil-Chavez, G. J., Villa, J. A., Ayala-Zavala, J. F., Heredia, J. B., Sepulveda, D., Yahia, E. M., Gonzalez-Aguilar, G. A., 2013. Technologies for extraction and production of bioactive compounds to be used as nutraceuticals andfood ingredients: an overview. Compr. Rev. Food Sci. Food Saf. 12, 5-23.

Guimaraes, R., Barros, L., Barreira, J. C., Sousa, M. J., Carvalho, A. M., Ferreira, I. C., 2010. Targeting excessive free rad-icals with peels and juices of citrus fruits: grapefruit, lemon, lime and orange. Food Chem. Toxicol. 48, 99-106.

Hashemi, S. R., Davoodi, H., 2011. Herbal plants and their derivatives as growth and health promoters in animal nutrition. Vet. Res. Commun. 35, 169-180.

Hunter, M., 2014. New natural aromatic products: search, evaluation and the development issues. In: Gurib-Fakim, A. (Ed.), Novel Plant Bioresources: Applications in Food, Medicine and Cosmetics. John Wiley & Sons Ltd, Oxford, UK.

Hyldgaard, M., Mygind, T., Meyer, R. L., 2012. Essential oils in food preservation: mode of action, synergies, and in-teractions with food matrix components. Front. Microbiol. 3, 12.

Ismail, M., Imam, M. U., 2014. Plant bioresources and their nutrigenomic implications on health. In: Gurib-Fakim, A. (Ed.), Novel Plants Bioresources. John Wiley & Sons Ltd, London, UK.

Jiang, J., Xiong, Y., 2016. Natural antioxidants as food and feed additives to promote health benefits and quality of meat products: a review. Meat Sci. 120, 107-117.

Jimenez-Garcia, S. N., Vazquez-Cruz, M. A., Guevara-Gonzalez, R. G. G., Torres-Pacheco, I., Cruz-Hernandez, A., Feregrino-Perez, A. A., 2013. Current approaches for enhanced expression of secondary metabolites as bioactive compounds in plants for agronomic and human health purposes-a review. Pol. J. Food Nutr. Sci. 63, 67-78.

Khattak, F., Ronchi, A., Castelli, P., Sparks, N., 2014. Effects of a natural blend of essential oil on growth performance, blood biochemistry, cecal morphology, and carcass quality of broiler chickens. Poultry Sci. 93, 132-137.

Kim, J. H., Gupta, S. C., Park, B., Yadav, V. R., Aggarwal, B. B., 2012. Turmeric (Curcuma longa) inhibits inflammatory nuclear factor (NF) -kB and NF-kB-regulated gene products and induces death receptors leading to suppressed proliferation, induced chemosensitization, and suppressed osteoclastogenesis. Mol. Nutr. Food Res. 56, 454-465.

Kolling, G. J., Panazzolo, D. M., Gabbi, A. M., Stumpf, M. T., Dos Passos, M. B., Da Cruz, E. A., Fischer, V., 2016. Oregano extract added into the diet of dairy heifers changes feeding behavior and concentrate intake. Sci. World J.

Lavecchia, T., Rea, G., Antonacci, A., Giardi, M. T., 2013. Health and adverse effects of plant-derived functional me-tabolites: the need of revealing their content and bioactivity in a complex food matrix. Crit. Rev. Food Sci. Nutr. 53, 198-213.

Loizzo, M. R., Sicari, V., Tuenuta, M. C., Leporini, M. R., Falco, T., Pellicano, T. M., Menichini, F., Tundis, R., 2016. Phy-tochemicals content, antioxidant and hypoglycaemic activities of commercial nutmeg mace (*Myristica fragrans* L.) and pimento (Pimenta dioica (L.) Merr). Int. J. Food Sci. Technol. 51, 2057-2063.

Lubbe, A., Verpoorte, R., 2011. Cultivation of medicinal and aromatic plants for specialty industrial materials. Ind. Crops Prod. 34, 785-801.

Martinez-Gracia, C., Gonzalez-Bermudez, C. A., Cabellero-Valcarcel, A. M., Santaella-Pascual, M., Frontela-Saseta, C., 2015. Use of herbs and spices for food preservation: advantages and limitations. Curr. Opin. Food Sci. 6, 38-43.

Martins, N., Roriz, C. L., Morales, P., Barros, L., 2016. Food colorants: challenges, opportunities and current desires ofagro-industries to ensure consumer expectations and regulatory practices. Trends Food Sci. Technol. 52, 1-15.

Miguel, M. G., 2010. Antioxidant activity of medicinal and aromatic plants. A review. Flavour Fragrance J. 25, 291-312.

Mimica-Dukic, N., Orcic, D., Lesjak, M., Sibul, F., 2016. Essential oils as powerful antioxidants: misconception or sci-entific fact? In: Jeliazkov, V. D., Cantrell, C. L. (Eds.), Medicinal and Aromatic Crops: Production, Phytochemistry, and Utilization, ISBN 9780841231276. Oregon, USA.

Mohiseni, M., 2017. Medicinal herbs: strong source of antioxidant in aquaculture: a mini review. Mod. Appl. Pharm. Pharmacol. 1.

Pandey, A. K., Kumar, P., Singh, P., Tripathi, N. N., Bajpal, V. K., 2016. Essential oils: sources of antimicrobials and food preservatives. Front. Microbiol. 7, 2161.

microbial and antioxidant potential of the essential oil of Guarea kunthiana A. Juss. Braz. J. Biol. 78, 53e60. Pavlidis, C., Patrinos, G. P., Katsila, T., 2015. Nutrigenomics: a controversy. Appl. Transl. Genom. 4, 50-53.

Piroddi, M., Albini, A., Fabiani, R., Giovannelli, L., Luceri, C., Natella, F., Rosignoli, P.,

Rossi, T., Taticchi, A., Servili, M., Galli, F., 2016. Nutrigenomics of extra-virgin olive oil: a review. Biofactors. 43, 17-41.

Prakash, B., Kedia, A., Mistra, P.K., Dubey, N.K., 2015. Plant essential oils as food preservatives to control moulds, mycotoxin contamination and oxidative deterioration of agri-food commodities-potentials and challenges. Food Control. 47, 381-391.

Prakash, B., Kiran, S., 2016. Essential oils: a traditionally realized natural resource for food preservatives. Curr. Sci. 110, 10.

Prescott, S., Saffery, R., 2011. The role of epigenetic dysregulation in the epidemic of allergic disease. Clin. Epigenet. 2, 28.

Puvača, N., Ljubojevic, D., Kostadinović, L.J., Levic, J., Nikolova, N., Miscevic, B., Konyves, T., Lukac, D., Popović, S., 2015. Spices and herbs in broiler nutrition: hot red pepper (Capsicum annuum L.) and its mode of action. World's Poult. Sci. J. 71, 683-688.

Qureshi, M., Al-Suhaimi, E.A., Wahid, F., Shehzad, O., Shehzad, A., 2018. Therapeutic potential of curcumin for mul-tiple sclerosis. Neurol. Sci. 39, 207-214.

Qureshi, S., Adil, S., Abd El-Hack, M.E., Alagawany, M., Farag, M.R., 2017. Beneficial uses of dandelion herb (*Taraxacum officinale*) in poultry nutrition. World's Poult. Sci. J. 73, 591-602.

Rahman, M.J., De Camargo, A.C., Shahidi, F., 2017. Phenolic and polyphenolic profiles of chia seeds and their in vitro biological activities. J. Functional Foods. 35, 622-634.

Rajput, N., Naeem, M., Ali, S., Zhang, J.F., Zitang, L., Wang, T., 2013. The effect of dietary supplementation with the natural carotenoids curcumin and lutein on broiler pigmentation and immunity. Poultry Sci. 92, 1177-1185.

Raut, J.S., Karuppayil, S.M., 2014. A status review on the medicinal properties of essential oils. Ind. Crops Prod. 62, 250-264.

Ribeiro dos Santos, R., Andrade, M., Sanches-Silva, A., De Melo, N.R., 2017. Essential oils for food application: nat-ural substances with established biological activities. Food Bioprocess Technol. 11, 43-71.

Rice-Evans, C., Miller, N.J., Paganga, G., 1996. Structure-antioxidant activity relationships of flavonoids and phenolic acids. Free Radical Biol. Med. 20, 933-956.

Rodriguez-Amaya, D.B., 2016. Natural food pigments and colorants. Curr. Opin. Food Sci. 7, 20-26.

Sabino, M., Capomaccio, S., Cappelli, K., Verini-Supplizi, A., Bomba, L., Ajmone-Marsan, P., Cobellis, G., Olivieri, O., Pieramati, C., Trabalza-Marinucci, M., 2018. Oregano dietary supplementation modifies the liver transcriptome profile in broilers: RNAeq analysis. Res. Vet. Sci. 117, 85-91.

Sharopov, F., Braun, M.S., Gulmurodov, I., Khalifaev, D., Isupov, S., Wink, M., 2015. Antimicrobial, antioxidant, and anti-inflammatory activities of essential oils of selected aromatic plants from Tajikistan. Foods. 4, 645-653.

Sheoran, N., Kumar, R., Kumar, A.A., Batra, K., Sihag, S., Maan, S., Maan, N.S., 2017. Nutrigenomic evaluation of garlic (*Allium sativum*) and holy basil (*Ocimum sanctum*) leaf powder supplementation on growth performanceand immune characteristics in broilers. Vet. World 10, 121-129.

Simopoulos, A.P., 2010. Nutrigenetics/nutrigenomics. Annu. Rev. Public Health. 31, 53-68.

Steiner, P., Syed, B., 2015. Phytogenic feed additives in animal nutrition. In: Mathe, A. (Ed.), Medicinal and Aromatic Plants of the World. Springer, London, UK.

Upadhaya, S.D., Kim, I.H., 2017. Efficacy of phytogenic feed additive on performance, production and health statusof monogastric animals-a review. Ann. Anim. Sci. 17, 929-948.

Valenzuela-Grijalva，N. V.，Pinelli-Saavedra，A.，Muhlia-Almazan，A.，Dominguez-Diaz，D.，Gonzalez-Rios，H.，2017. Dietary inclusion effects of phytochemicals as growth promoters in animal production. J. Anim. Sci. Technol. 59，8.

Vikram，N.，Kewat，R. N.，Singh，R. P.，Ramesh，P. S.，Singh，P.，2015. Natural edible colour and flavours used as human health. Int. J. Pharm. Sci. Res. 6，4622-4628.

Wilson，D. W.，Nash，P.，Buttar，H. S.，Griffiths，K.，Singh，R.，De Meester，F.，Horiuchi，R.，Takahashi，T.，2017. The role of food antioxidants，benefits of functional foods，and influence of feeding habits on the health of the order person：an overview. Antioxidants. 6，81.

Yang，C.，Chowdhury，K.，Hou，Y.，Gong，J.，2015. Phytogenic compounds as alternatives to in-feed antibiotics：potentials and challenges in application. Pathogens. 4，137-156.

Zeng，Z.，Zhang，S.，Wang，H.，Piao，X.，2015. Essential oil and aromatic plants as feed additives in non-ruminant nutrition：a review. J. Anim. Sci. Biotechnol. 6，1-10.

第三章
草药和芳香植物饲料添加剂的成分及安全性鉴定

Ch M. Franz[1], *K. H. C. Baser*[2], *I. Hahn-Ramssl*[1]

[1]WG Functional Plant Compounds, University of Veterinary Medicine, Vienna, Austria;[2]Department of Pharmacognosy, Faculty of Pharmacy, Near East University, Nicosia, North Cyprus

一、引言

草本和草药制剂在动物健康、福利、营养等领域中的应用大概可追溯到农畜和宠物的早期驯化。有文献记载了古代关于马匹动物疾病的植物性疗法（Dum-Tragut，2005），并建立了第一批用于军事、运输和骑行方面的兽医学校（Lorenz 等，1997）。另外，民族兽医植物学主要研究如何将草药制剂在传统兽医中进行科学而广泛的使用。

在过去的 50 多年里，畜牧业生产中关于动物营养的研究与人类营养类似，主要侧重于对一些常量和微量营养元素及粗纤维等成分。实际生产中，随着人们对动物生长性能，特别是增重及其他生产性能等需求的不断提高，饲用抗生素作为生长增强剂或促生长剂在动物生产中的应用也越来越多。精准饲料（日粮）配方及加工技术的不断提高，使畜禽采食量和生产性能都得到了不断优化，也为伴侣动物提供了更加便利的食品，但同时草药和芳香植物在动物生产中的应用及价值也被逐渐忽视。然而近 20 年来，抗生素的使用带来的一些负面影响使得植物的价值被再次引起关注：植物中被视为抗营养物质的次生产品（如食品或饲料中高浓度的单宁、皂苷或有毒生物碱等）被重新审视，一些非营养物质是否具有不同附加值也正在被深入印证，如从最初的调味和开胃，到改善动物的消化和生长性能，再到缓解压力、改善动物福利（包括稳定气味和气候改善），最后到抗菌（如精油可以替代饲料中的抗生素）等（Franz 等，2010）。

人们对植物的价值和应用正在不断探索和尝试。在过去的 20 年里，抗生素在人类和动物医学中发挥着重要作用，这一度使其在动物营养（作为促生长剂）及动物疾病治疗中普遍存在过度及不当使用等问题（WHO，2015），特别是因此而导致病原微生物产生抗生素耐药性（antimicrobial resistance，AMR）的问题日益严重，最终使欧盟发布禁令，要求自 2006 年 1 月 1 日起禁止在动物饲料生产中使用饲用抗生素 EC 1831/2003。禁令的实施一方面促进了抗生素替代品的产生，而另一方面也在一定程度上增加了抗生素作为兽药的使用。在规模化养殖过程中，应激往往会降低动物的免疫力，影响动物肠道微生物菌群。不应该忽视的是，应激因子也导致动物不适，并影响动物福利和抵抗力，而最常见并有争议的解决方案是使用抗生素或抗菌药物（Wegener，2012）。

随着抗生素的耐药性问题日益凸显，许多植物（特别是药用和芳香植物）代谢物作为微生物天然（温和）生物防治剂引起了研究者的关注，人们开始对这类植物代谢物在动物健康及疾病治疗中的应用进行深入研究与探索。这类植物主要是含有精油的植物（如牛至、百里香、迷迭香、茶树和丁香）。在动物营养中，使用这些植物及其提取物的原因，除了利用其抗菌活性来替代饲用抗生素之外，其所含的植物（如啤酒花、龙胆草、荨麻和甘草）活性化学物质对动物具有多方面的有益作用（如提高营养物质的消化和吸收），因此其本身也是生长和生产性能的增强剂。同时，这类植物（如茴香、香菜、甘菊和水飞蓟）可能具有镇静、抗炎、免疫调节或保护肝脏的作用，可以抑制菌膜的形成；有的植物（如胡芦巴、石榴、人参和辣椒）也具有抗黏剂的作用，从而影响肠道微生物菌群，此外还能减少自由基的氧化应激。由于植物性食品添加剂被越来越多地应用于人类医学及营养领域，故有关这类植物的价值及重要性日益凸显（Restani 等，2017）。在动物营养领域，草药和草药产品也逐渐被广泛应用。尽管现在已有几种产品和已发表的一些研究成果（Christaki 等，2012），但就笔者所知，即使在欧洲，有关草药及草药产品在畜禽养殖生产及伴侣动物中的应用及相关处方的汇编和研究也未曾有相关报道。一项对欧洲兽医研究的综述报告称，欧盟对来自 100 多个不同科、属的近 600 种植物分别进行了动物试验研究，但只有极少数被注册用于畜牧业生产（Mayer 等，2014）。因此，在实际生产中，允许使用的草药产品种类比较有限。即使在有机农业中，欧盟相关法规（EC 889/2008）规定最好使用草药产品治疗。但由于经济原因和对兽药使用的级联调控，与抗生素或抗寄生虫药相比，草药的使用量依然非常少。

根据欧盟法规 EC 1831/2003，草药产品用于动物保健的唯一合法注册情形是作为植物性饲料添加剂；在 EC 94/39 条款下可作为饲料或膳食添加剂以提供特定营养；或者根据欧盟法规 EU 2017/745，可注册在植物衍生物医用物质，用作动物保健品。

二、植物和草药饲料添加剂

（一）植物种类

自从根据法规（EC 1831/2003）建立饲料添加剂共同体登记册以来，欧盟已经通报了种类繁多的草药和香料及其提取物、酊剂和精油等产品。最初，登记册统计了“植物学定义的天然产品”下的 500 多个条目，从秋葵属（*Abelmoschus*）到枣属（*Zizyphus japonicus*）。但在实际的 7/2018 版本中只发现了 156 个条目，从欧洲冷杉属（*Abies alba*）到姜属（*Zingiber officinale*），其他条目由于经济、功能、安全或欧盟监管等方面的原因已被全部清除。在美国、印度和中国都无法找到类似的登记册或药典。但是，由于传统药物（中医和印度传统医术）和相关食品添加剂被广泛使用，因此在各个国家都有很多的草药和草药产品被用作饲料添加剂。除了饲料添加剂目录外，还存在一份官方的欧盟饲料原料目录（EU 2017/1017），以及代表欧洲饲料企业的欧盟组织饲料原料登记册（www. feedmaterialsregister. eu）。在此可以找到更多作为单一物质使用的草药材料，从而增加了动物营养中草药和草药产品的总数。考虑到这些文件、相关文献及一些市场观察结果，目前最常用和最重要的物种包括：唇形科的牛至属（*Origanum* sp.）、百里香属

(*Thymus* sp.)、迷迭香（*Rosmarinus officinalis*）、薄荷属（*Mentha* sp.）、丹参属(*Salvia* sp.）等，伞形科的藏茴香（*Carum carvi*）、小茴香（*Foeniculum vulgare*）、欧当归（*Levisticum officinale*）、茴芹属（*Pimpinella* sp.）等，菊科的蒿属（*Artemisia* sp.）、菜蓟属（*Cynara* sp.）、紫锥菊属（*Echinacea* sp.）、土木香（*Inula helenium*）、水飞蓟（*Silybum marianum*）、甜叶菊（*Stevia rebaudiana*）、万寿菊属（*Tagetes* sp.）、蒲公英（*Taraxacum officinale*）等，以及蔷薇科的山楂属（*Crataegus* sp.）、旋果蚊草子（*Filipendula ulmaria*）、野苹果（*Malus sylvestris*）、李属（*Prunus* sp.）、蔷薇属(*Rosa* sp.)、黑莓（*Rubus fruticosus*）等。在许多其他植物科中只有极少数物种用作饲料添加剂，如葱科的葱属（*Allium* sp.），十字花科的辣根属（*Armoracia* sp.）和芸苔属(*Brassica* sp.)，大麻科的大麻属（*Cannabis* sp.）和蛇麻（*Humulus lupulus*），豆科的甘草（*Glycyrrhiza glabra*）和胡芦属（*Trigonella* sp.）等，龙胆科的龙胆（*Gentiana* sp.），樟科的樟属（*Cinnamomum* sp.）和月桂（*Laurus nobilis*），桃金娘科的白千层(*Melaleuca alternifolia*)、多香果属（*Pimenta* sp.）和蒲桃属（*Syzygium* sp.），罂粟科的花菱草（*Eschscholtzia californica*）、博落回（*Macleaya cordata*）和罂粟属（*Papaver* sp.），云香科的柑橘属（*Citrus* sp.），茄科的辣椒属（*Capsicum* sp.）等，姜科的姜黄属(*Curcuma* sp.)、豆蔻（*Elettaria cardamomum*）和生姜（*Zingiber officinale*）。此外，在草药饲料添加剂中还发现了一些单一的分散物种，如问荆（*Equisetum arvense*）、银杏(*Ginkgo biloba*)、油橄榄（*Olea europaea*）、石榴（*Punica granatum*）、五味子(*Schisandra chinensis*)或毛钩藤（*Unicaria tomentosa*）。有趣的是，有些草药作为饲料添加剂具有悠久的使用传统，如洋甘菊（德国洋甘菊，*Matricaria recutita*）、亚麻子（亚麻，*Linum usitatissimum*）和荨麻（大荨麻，*Urtica dioica*）。这些草药中，有的是新的或外来的民族植物，如紫锥花属（*Echinacea* sp.）、五味子（*Schisandra chinensis*）和钩藤（*Uncaria tomentosa*），有的则是被重新挖掘利用，特别是作为抗微生物剂和抗氧化剂的几种精油（如牛至精油、百里香精油、肉桂精油和丁香精油）。考虑到种间和种外差异，饲料添加剂中各种植物所含的化学物质也具有显著的多样性。

（二）草药制剂

通常使用的草药有两种形态：①固体，干燥，粉碎或研磨形态（草药原料）；②提取物形态（粗制、浓缩或干燥）。

根据提取方式的不同还可将其细分为以下 3 种：①精油（仅通过压榨或蒸汽蒸馏等物理手段获得的挥发性亲脂性物质）；②油性树脂（极性、非极性溶剂或超临界 CO_2 的提取物）；③提取物/酊剂（亲水性或亲脂性，通常通过浸渍、渗透或超临界 CO_2 萃取获得）。

此外，有一类非常有用但常常被忽视的草药原料，是草药或其他植物原料在加工过程中产生的残留物、副产品和废弃物。尤其应考虑提取和蒸馏后的残留物，这些残留物作为植物性饲料添加剂已显示出非常有趣的结果。Stockhammer 等（2009）对一些植物原料（如紫锥菊、胡萝卜果肉、蓝莓皮、葡萄籽）加工后残留物和副产物的抗氧化活性进行了研究；Tedesco 等（2015）研究了落叶松木屑对奶牛的影响；Monino 等（2008）研究了迷迭香蒸馏废弃物对羔羊肉品质和肉质保质期的影响；Hagmueller 等（2011）研究了植物性工业废弃物对断奶后关键阶段仔猪健康状况的影响。

用作植物性饲料添加剂的草药成分、提取物及植物制剂必须符合国家食品和饲料法规中有关成分和安全性的所有要求。如果对提取物的植物成分或特定成分做出定量声明，则提取物质量和生产的一致性就尤为重要。可见，在实际应用中，提取物标识量和质量控制非常重要。

在过去的20年，植物性饲料添加剂的使用被快速用到更多范围，但其质量和安全控制并没有得到有效改善。现在，越来越多的标准和参考方法用于分析植物中的化学成分和污染物及有害物质，最常见的有国际标准化组织（International Standardization Organization，ISO）标准、国际食品法典、现行欧洲药典方法（2016）和世界卫生组织（World Health Organization，WHO）质量控制方法（2011）。考虑到植物性饲料添加剂的多组分特点和生物活性的变异，进行适当而有意义的质量控制需要对各种潜在的具有生理活性植物化学物质和生物标志物进行分析，包括其有害物质（Restani等，2017）。

2017年，欧盟食品安全局（European Food Safety Authority，EFSA）发布了关于饲料添加剂的鉴定、特征描述和使用条件的安全指南，其中对植物性添加剂的相关鉴定、特征描述和使用条件具有如下要求：

（1）对于植物性添加剂的特征描述应包括来源植物的科学名称及分类（科、属、种和亚种）。

（2）需明确用于获取活性物质的植物部位（如叶子、花朵、种子、果实、块茎和根）。

（3）植物的鉴定标准和其他相关方面。

（4）对于通过萃取获得的复杂混合物，建议遵循相关术语（如精油、纯的提取物、酊剂、提取物），以及广泛用于植物学定义的香料的相关术语来描述萃取过程，以尽可能更准确地识别和量化混合物的所有成分。此外，应选择一种或几种标记化合物，以便在不同的研究中识别添加剂。

（5）可以通过参考已出版的文献提供有关类似产品成分变化的信息。

考虑到大量的芳香植物、草药及其产品（植物制剂或植物提取物）以多种用途在动物营养学中的广泛应用，并以多种分销渠道推向市场，关于此类产品的质量及安全问题需重点关注以下几个方面：①原材料的鉴定；②植物材料的自然变异；③农业耕作和收获；④污染或掺假；⑤“活性物质”的鉴定；⑥产品的一致性和稳定性；⑦危害辨识和特性描述；⑧风险特征。

1. 原材料的鉴定

植物提取物的特点是用于不同产品制剂的植物种类繁多，且不同植物种类间只有微小差异，因此容易被错误识别。处理植物和草药产品时，如何正确识别物种和化学类型显得尤为重要。通常，密切关联的物种具有不同的化学成分，如百里香酚（百里香属，*Thymus* sp.）由几个不同染色体倍性水平的亚种组成，具有不同的化学成分。但同时，一个物种可能会存在多种化学型，并且只有一种是有效的，如洋甘菊（*Matricaria recutita*）或大麻（*Cannabis sativa*）。如果由于这种化学成分不同而带来相反的结果，则可能就需要引起格外关注。如唇形科中的苦味物质可能存在很大差异，用这种苦味物质饲喂动物可能降低动物（特别是鸡）的采食量和体重（Crawford和Rudgers，2012）。

此外，来自异国的草药通常以不同的通用名或用当地语言名称来命名，这为准确判断其来源增加了难度，如Lawrence和Reynolds（1984）所示的用于商业用途的牛至。同时，这种名称的差异可能会带来与有毒植物混淆的风险，如洋甘菊与致敏性春黄菊属

(*Anthemis* sp.)。有时原材料被类似的、便宜的材料故意替代，这个特定问题与野生采摘草药有关［如龙胆（*Gentiana*）和藜芦根（*Veratrum*）］。因此，为了避免混淆，清晰描述以确保其真实性是必不可少的先决条件（Orhan 等，2016）。

植物提取物经常会面临质量低劣、混入杂物、掺假或作为非法添加剂的偏见，甚至被认为是植物性饲料添加剂中的伪劣产品（O' Connor，2013）。基于 DNA 的鉴定（DNA 条形码）是近年来鉴定生物材料的"黄金标准"，用以避免错误识别、掺和及掺假（Hebert 等，2003）。虽然这种方法在草本材料的鉴定中非常重要，但目前对于许多植物物种还未有合适的具体操作方法。

植物提取物的原材料以天然原料药或提取物的形式加以管控，而这需要特殊制备。植物提取物的 DNA 条形码由 Novak 等（2007）引入。对于洋甘菊，可利用 PCR 和高分辨率熔解曲线分析方法用以区分密切相关的物种，而西番莲（*Passiflora incarnata*）可通过使用内部转录间隔区（internal transcribed spacer，ITS）序列的邻居连接树（Neighbor-Joining tree，NJT）与其他西番莲属（*Passiflora* sp.）清晰地区分开来（Novak 等，2018；Schmiderer 和 Novak，2014）。然而，对分子方法的接受取决于结果的可重复性，如果所调查的个体和群体的数量很少，那么这种可重复性就常常受到质疑。此外，必须从每个植物基因组的标准化保守区确定特定的引物。从对 Newmaster 等（2013）论文热烈而深刻的讨论就可以看出这个话题的复杂性和前瞻性（Gafner 等，2013）。鉴于以上原因，必须要有明确的鉴别方法。基于 DNA 条形码能够对一些通过形态学或化学方法难以识别的植物物种加以鉴定，如对根茎类药物或已加工材料的鉴定（Novak 等，2007），因此该法作为食品或饲料中植物种类鉴定的方法引起了越来越多的关注。这种方法不仅可以用来鉴定植物品种，同时也可以确保材料中不含任何有毒混合物。为此，美国植物委员会在 2011 年底开始了植物掺假预防计划（Foster，2011）。

在植物化学方面，通过对同一种属不同批次的样品进行检测发现，通常存在较大的亚光谱差异，这大大影响了植物提取物的质量和效价。如果所涉物种中含有对健康有害的物质，则对安全存在巨大隐患，如烯基苯或吡啶生物碱，相关有害物质可参照欧盟食品安全局植物名录（2016 年版）。因此，决定草药产品质量好坏的不仅是植物种类，还有化学类型、植物部位和生长阶段，另外产品批次间也会有差异，必须分别考虑。还有一种热发光检测方法用于检测是否对植物原材料进行了辐射，以减少未按照药用和芳香植物良好的农业操作规程进行生产和贮存的草药物质的微生物数量（Restani 等，2017）。

综上，有关植物提取原材料及提取物的质量安全问题曾经在欧洲饲料添加剂协会会议及 ISEO 和 HerbAn 等会议上进行过多次探讨，最终需要在各方的参与下制定一个相对统一的指导方针。

2. 植物材料的自然变异

众所周知，植物的化学成分每年都在变化。因此要达到批次间的一致性，前提是设法获得相似的植物成分。由于许多植物（特别是含油植物），不仅种间具有较高的植物化学多样性，而且种内也具有较高的植物化学多样性。因此，应特别注意精准选择植物种类。此外，这些不同的植物化学物质并不是均匀分布在植物中，而是积累在植物的特定部位、器官或组织中。因此，有必要对所使用的植物部位进行清晰描述和说明。例如，水飞蓟（*Silybum marianum*）果壳中含有有效的黄酮木脂素，而蓟油和蓟草则是完全不同的产品。在肉桂（*Cinnamomum zeylanicum*）的根部、树皮和叶中，油的成分差异也很大（Wijesekera，1974）。

草本植物的化学成分与生长期也有关。在植物的整个生长周期，植物次级代谢组分在数量或质量上并不固定，而是取决于植物的发育阶段。特别是质量会受到环境（如日照长度、温度、水和营养）的影响，如早春或深秋从植物中获取的牛至精油中含有更多的对伞花烃而不是香芹酚（Kokkini 等，1997）。因此，产品的质量因收获期和收获现场的生态环境不同而有差异（Franz 和 Novak，2016）。这些因素应该由生产者记录下来，供客户和终端用户参考。

3. 农业耕作和收获

如上所述，由于不同批次的变异性已是药用和芳香植物所公认的问题，因此欧洲草药生产者协会早在 20 世纪 90 年代就制定了《农业操作规范指南》和《野生药用和芳香植物采集规范指南》（GAP/GCP-Guidelines 8.0，EUROPAM，2018），这些指南也被中东、非洲地区和世界卫生组织采纳。相应的指南涉及的项目有（本文仅列项，不做详细介绍）：种子和繁殖材料；栽培，包括土壤、施肥、灌溉、作物维护和植物保护（产品）；野生植物采集；收割；初级加工和包装；贮存和分配；质量保证；人员和教育；建筑和设施；设备；档案。

因此，这些指南也应该用于作为动物营养添加剂的植物或草药。

4. 污染或掺假

使用草药饲料添加剂（植物添加剂）必须考虑所有食品和饲料中可能的污染物、残留物的有关国家法规，包括重金属、植物保护产品、微生物和植物污染、霉菌毒素、多环芳烃、二噁英和类二噁英多氯联苯，这些是最重要的项目。现在正讨论有关尼古丁和尤其由有毒杂草［猪屎豆属（*Crotalaria* sp.）、蓝蓟属（*Echium* sp.）、天芥菜属（*Heliotropium* sp.）、勿忘草属（*Myosotis* sp.）、千里光属（*Senecio* sp.）等］污染所带来的吡咯里西啶生物碱的限量。

5. “活性物质”的鉴定

一般而言，用作感官饲料添加剂或饲料（包括提高动物福利的产品）的植物成分通常与所含的主要物质有关。然而，有时具有活性的主要成分还有待进一步确定，如缬草中的活性物质可能是其他充当前体的化合物（如柳树皮中的水杨酸首先被代谢为水杨酸衍生物）。与活性没有直接关系但具有物种特征的标记物质也经常用于产品识别中。在植物制剂中，通常不止是一种化合物具有功能性，而是几种物质间存在显著的互作效应。这种互作效应可能是叠加效应，也可能是负效应。因此，将一种或几种活性成分含量的标准化提取物视为“主要活性成分”。特别是那些已知有不良作用的成分应该按照标准化指标进行评估。在既不知道适当的标记物也不知道活性化合物的情况下，应该有一个化学指纹图谱分析，并对其可变性进行限制（Wallace 等，2010）。

质量评估通常依据色谱技术对材料进行充分描述。薄层色谱（thin layer chromatography，TLC）是一种可能适用于验证真实性和检测任何掺假的分析方法。但对于更详细的信息（包括残留物的测定）则需要使用一系列分析技术（如红外光谱、紫外光谱、气液色谱、高效液相色谱和质谱联用）。为了鉴定饲料混合物中的草本化合物，需要用新的分子生物学方法，如聚合酶链式反应（Heubl，2010）。

6. 产品的一致性和稳定性

只有对原材料进行了充分的定义，才能保证草药产品的稳定性和一致性。特别是对所用植物材料的特定种属和植物化学成分应该准确鉴定。同时，主要组分应该在不同批次中可重复检出，特别需要注意不同来源（环境、品种等），以及同一来源不同植物部分（如草药的叶片、茎、花）的原材料可能会导致主要组分发生变异。

稳定性一般通过对活性成分、效应指标或活性单位和效果在一段时间内的跟踪分析来测量。如果添加剂包含一种以上的活性物质/效应指标时，就应评估每种活性物质/效应指标的稳定性。如果添加剂产品声称其特定效果是在某特定形态下才能产生（如螯合），则应遵循添加剂该特定形态的稳定性。对于某些化学混合物或提取物，可以通过监测一种或多种合适标记物的浓度来评估稳定性。稳定性数据至少应在贮存期开始和结束时分别做一次检测。在适当的情况下，应该对潜在的降解或分解产物进行描述（EFSA，2017）。

影响芳香植物成分稳定性的最重要因素包括破碎程度（切割、破碎和粉碎）、贮存条件和活性物质类型。因此，草药产品应在室温下贮存。为避免微生物孳生，产品中的水分含量不应超过 14%。需要特别考虑的因素是，对于草药（一般由叶片、茎、花组成）和花卉，其所含精油作为挥发性化合物在贮存期间会减少。但果实、种子和根不存在此问题。产品被加工和粉碎的次数越多，粒径越小，则挥发性物质的损失就越多。另一种饲料添加剂加工方法是微胶囊化。对不经处理的不稳定产品，为了确保其成分及含量的稳定性和有效性，需要在短期内尽快使用（消费）。尽管氧化过程可能影响类黄酮、生物碱和糖苷等非挥发性化合物的质量，但它们通常有较好的稳定性（Thakur 等，2011）。

7. 危害辨识和特性描述

必须先鉴定材料固有的生物学活性，并评估与动物和人类的相关性，然后才能确定接触的风险。目前，大多数草药都涉及人类安全数据。然而，关于这类草药在动物生产中的活性和代谢，特别是关于单个化合物进入食物链的研究数据较少。尽管有关草药在畜禽体内的吸收、分布、代谢及排泄（ADME）的研究数据较少，但在原料可能含有有害物质的情况下，这些信息的意义非凡。特别是各组分综合效应在评价动物营养中所用芳香植物和中草药制剂的安全性中发挥重要作用。如上所述，草药本身是由各种常量和微量分子的营养物质、风味化合物和其他次生代谢产物组成的复合物，这些组分会产生有益或有害的影响。复杂组分的相互作用，使得 ADME 研究分离出的单个物质的试验结果与实际所含的复合物所产生的结果具有差异性。因此，试验研究的深度、广度取决于产品是否有足够长的应用时间及其与传统饲料成分的可比性。对于提取物和精油，需确保其产品中可能涉及的毒性物质不因萃取方式而增量（Schilter 等，2003）。

另一个要考虑的问题是植物和草药产品的致敏性引起的安全性问题。由于此问题已经在人类使用的草药上有详细记载，因此在将其用作草药饲料添加剂时也应采取相应的预防措施（Schilter 等，2003）。

8. 风险特征

任何风险特征都必须从动物生产及消费者安全的角度来考虑。虽然有草药产品和次生植物物质在实验动物上的药理学数据，但对目标动物的毒理学研究相对较少。在传统用途（依据实地经验到试验数据，再到有充分证据证明的科学结果）中，人们对草本和芳香植物产品对目标动物的活性和安全性有着广泛的认知。然而，大多数已发表的数据可能仅限于动物生产指标（增重和饲料转化率）。如果有数据能充分证明草药和芳香植物产品在动物生长代谢、微生物变化，甚至药理及作用效果，那么将有利于其被更加广泛接受和使用。随着应用的不断深入和推进，我们需要更加全面的证据来进一步揭示草药产品对动物及人类可能存在的任何风险及有益作用（Franz 等，2006；Restani 等，2017）。

芳香和草本植物产品在人类食品、食品添加剂、膳食产品或医疗领域中应用的研究结果和数据，将对其在动物营养中的应用决策和法规制定具有相关参考价值。因此，在现有指南的基础上，欧盟食品安全局还发布了一份新的指南，用于评估草药及植物产品作为饲料添加剂在动物营养中的应用（EFSA，2017）。

三、精油和其他植物性提取物的化学特征及活性

（一）香芹酚和百里香酚

当给肉鸡饲喂 200mg/kg 合成的香芹酚或百里香酚时，香芹酚降低了采食量、增重和饲料转化率，而百里香酚没有效果（Lee 等，2003）。百里香酚或百里香精油对衰老大鼠各组织的抗氧化酶、超氧化物歧化酶和谷胱甘肽过氧化酶及多不饱和脂肪酸组成均产生有益作用（Youdin 和 Deans，1999）。

香芹酚（200mg/kg）降低了羔羊瘤胃的 pH 和增加了挥发性脂肪酸的浓度，对其他瘤胃参数（乙酸和丙酸比、氨氮）、干物质采食量、平均日增重、胴体指标和肉质没有影响（Chaves 等，2008a）。

百里香酚提高了鸡蛋的氧化稳定性（Botsoglou 等，1997；Liu 等，2009）。牛至（Radwan 等，2009）、鼠尾草（Lopez-Bote 等，1998）、姜黄（Radwan 等，2009）、迷迭香（Lopez-Bote 等，1998；Florou-Paneri 等，2005；Radwan 等，2009）、茶儿茶素（Yilmaz，2006）、桑叶、日本金银花和金丝（Liu 等，2009）具有同样效果。类似研究也发现，尽管壳蛋在贮存期间会保持稳定，但丙二醛的形成表明藏红花组分减缓了壳蛋中的脂质氧化。在贮存的壳蛋中，虽然 pH 和铁会对于脂质氧化产生影响，但藏红花组分的抗氧化能力取决于使用剂量（Botsoglou 等，2005）。

香芹酚和丁香酚对几种微生物，如金黄色葡萄球菌（*Staphylococcus aureus*）、梭状芽孢杆菌（*Clostridia* spp.）、大肠杆菌（*E. coli*）和鸡白痢沙门氏菌（*Salmonella pullorum*）均有有效的抗菌活性（Dahiya 等，2006）。与芳樟醇相比，富含香芹酚和百里香酚的精油对禽大肠杆菌有更强的抑制能力（Penalver 等，2005a）。

百里香酚、香芹酚和丁香酚的混合物，以及从血球藻（*Haematococcus pluvaris*）和蛇麻酮中分离出来的虾青素可有效控制产气荚膜梭菌（*Clostridium perfringens*）在肉鸡肠道中的定殖和增殖（Mitsch 等，2004；Siragusa 等，2008）。香芹酚还通过阻止鞭毛蛋白的合成，进而使细菌无法活动来发挥抗菌作用（Burt 等，2007）。从香樟（*Cinnamomum aromaticum*）叶、柑橘（*Citrus limon*）果皮和大蒜（*Allium sativum*）鳞茎中提取的精油对鸡四毛滴虫（*Tetratrichomonas gallinarum*）和黑组织单胞菌（*Histomonas meleagridis*）也有抗鞭毛蛋白合成的作用（Burt 等，2007）。

香芹酚与其前体物质伞花烯之间有协同作用，肉桂醛与丁香酚之间也有协同作用。精油的疏水性使其分布在细胞膜和线粒体的脂质之间，从而产生渗透性，引起细胞内含物的渗出，最终导致细胞死亡（Burt，2004）。香芹酚及其异构体百里香酚具有不同水平的疏

水性。

香芹酚、姜黄素或紫锥菊（echinacea purpurea，EP）提取物能抑制柔嫩艾美耳球虫（*Eimeria tenella*）孢子体侵染牛肾上皮细胞（Madine-Darby bovine kidney，MDBK），并且甜菜碱会增强这种抑制作用。香芹酚与紫锥菊提取物的复合使用对柔嫩艾美耳球虫的抑制效果优于单独使用，而再添加姜黄素不能进一步增强对柔嫩艾美耳球虫的抑制效果（Burt 等，2012）。现已证明，体外试验是一种快速、廉价的筛选天然物质的工具，可以快速发现有效的天然抗球虫药物并证明其抑制作用（Hessenberger 等，2016）。

牛至精油与抗生素联合使用能治疗以产生广谱内酰胺酶（extended-spectrum beta-lactamase，ESBL）为特征的大肠杆菌感染。牛至精油与抗生素联合使用降低了抗生素的使用量，从而降低了对产 ESBL 的大肠杆菌使用抗生素的不良影响（Si 等，2006）。

香芹酚、肉桂醛、牛至精油和百里香酚能抑制速冻火鸡体内的产气荚膜梭菌孢子的萌发和生长（Juneja 和 Friedman，2007）。香芹酚、百里香酚、转氨醛和焦磷酸四钠能降低鸡胸肉中大肠杆菌和伤寒沙门氏菌（*Salmonella typhi*）的放射致敏作用效果，显著减少这些病原体的数量（Lacroix 等，2004）。

富含香芹酚的牛至精油对延长新鲜包装鸡腿保质期的研究证明，牛至精油延长了产品保质期约 2d（Oral 等，2009）。对希腊牛至精油的研究也证实了这一点（Giannenas 等，2005，2016）。同样，在饲料中添加希腊山奥林匹斯山茶（*Sideritis scardica*）对感染了艾美耳球虫的鸡具有正面效果（Florou-Paneri，2005）。

（二）樟脑和 1,8-桉树脑

樟脑和 1,8-桉树脑的使用减少了由柔嫩艾美耳球虫引起的溃疡，但对增重没有影响。此外，也有用樟脑治疗由堆型柔嫩艾美耳球虫引起的溃疡的报道（Allen 等，1997，1998）。

（三）肉桂醛

与其他植物衍生物相比，肉桂醛在低浓度下（0.5%）对最高冷冻速率下的火鸡肉中的产气荚膜梭菌的抑制作用更强（Juneja 和 Friedman，2007）。

给羔羊饲料中添加肉桂醛（200mg/kg），可降低羔羊瘤胃 pH，增加挥发性脂肪酸的浓度，但对其他瘤胃参数（乙酸和丙酸比、氨）、干物质采食量、平均日增重、胴体指标和肉质无显著影响（Chaves 等，2008a）。另一项研究发现，饲料中补充肉桂醛可提高羔羊的平均日增重（Chaves 等，2008b）。

用肉桂醛和丁香酚饲喂后，奶牛对干物质采食量、饲料转化率、挥发性脂肪酸浓度、氨、A∶P（acetic acid∶propionic acid，乙酸∶丙酸）、瘤胃 pH、营养物质消化率和泌乳量均无影响（Tager 和 Krause，2011）。

（四）丁香酚

研究发现，用丁香酚（50mg/kg）饲喂奶牛后，对干物质采食量、营养物质消化率、瘤胃参数和泌乳量无影响（Benchaar 等，2012）。

（五）精油或香料混合物

用牛至精油、月桂叶油、鼠尾草叶油、桃金花叶油、茴香籽油和柑橘皮油组成的混合料（每千克全价料中含有 24mg/kg）饲喂蛋鸡，提高了产蛋量，降低了破蛋率（Cabuk 等，2006）。但是，另外两项研究表明，相同的混合物（24mg/kg 和 36mg/kg）对蛋鸡的体重、存活率、产蛋量、蛋重、蛋质量、饲料采食量、饲料转化率和破蛋率均无显著影响，但蛋重有增加趋势；并且鸡蛋蛋白含量和哈式单位（36mg/kg）及蛋壳重量都得到了显著改善（24mg/kg）（Özek 等，2011；Bozkurt 等，2012）。

研究发现，鸡日粮中添加八角茴香、迷迭香、百里香和牛至精油的混合物，或者皂树皮皂苷混合物，或者这两类混合物混合，可显著提高粗蛋白质和氨基酸的表观回肠消化率（Zentek 等，2017）。

在 800 只 Ross-308 肉鸡（公）日粮中分别添加迷迭香、茴香和牛至精油及其复合物后，对肉鸡的生产性能和回盲肠菌群产生了显著影响。日粮中添加较高浓度（400mg/kg）的牛至、迷迭香和茴香精油的混合物，可提高肉鸡的生长性能，改善肠道微生物平衡，减少大肠杆菌的数量，增加乳酸菌的数量（Cetin 等，2016）。

在奶山羊日粮中添加芳樟醇、α-蒎烯、β-蒎烯和对伞花烯（0.043g/kg 或 0.43g/kg）的混合物，对奶山羊的干物质采食量、营养物质消化率、挥发性脂肪酸浓度、A∶P 和产奶量均没有显著影响（Malecky 等，2009）。

（六）有机酸

1. 苯甲酸

在日粮中添加苯甲酸（0.1%～0.2%）可抑制肉鸡生长，使嗉囊和盲肠中食糜的干物质增加，乳酸菌和大肠杆菌数量增加（Jozefiak 等，2010）。然而，苯甲酸与香芹酚和百里香酚的混合物可显著提高肉鸡和火鸡的生长性能，同时可通过增加有益乳酸菌的数量和增强肠道细胞的功能而改变肠道菌群的平衡（Giannenas 等，2014a，204b）。

2. 迷迭香酸

鼠尾草、百里香和迷迭香等富含迷迭香酸的提取物对肉鸡的饲料转化率和采食量没有显著影响，但可以显著提高 14～21 日龄肉鸡的生长速度（Hernández 等，2004）。

（七）脂肪酸

月桂酸作为饲料添加剂可通过减少鸡肉中结肠弯曲杆菌（*Campylobacter coli*）的数量来提高食品安全性（Zeiger 等，2017）。

（八）菊粉

在家禽日粮中添加菊粉后，可使消化道中的双歧杆菌和乳杆菌迅速增殖，通过促进有益微生物和抑制病原微生物的生长对肠道菌群产生积极的调节作用。但是，有关菊粉对家禽机体和生产性能影响的研究结果经常不一致，因为这种功效在很大程度上取决于其类型、添加剂量和持续时间（Buclaw，2016）。

（九）迷迭香

迷迭香可提高鸡蛋的氧化稳定性（Lopez-Bote 等，1998；Florou-Paneri 等，2005；Radwan 等，2009）。

（十）辣椒素

肉鸡日粮中添加辣椒素（5～20mg/kg）可减少鼠伤寒沙门氏菌（*Salmonella typhimurium*）的数量（Orndorff 等，2005）。

（十一）类黄酮

含有异黄酮的提取物可显著提高公鸡的血清睾丸激素水平，并降低血清尿酸和腹部脂肪（Zhengkang 等，2006）。日粮中补充大豆黄酮 3mg/kg 可显著提高蛋鸡和蛋鸭的产蛋率、平均蛋重和蛋胆固醇水平（Wang 等，1994）。儿茶素及其复合物、原花青素、黄烷醇、丹宁酸、酚酸、绿茶（茶树）提取物（含有儿茶素及其没食子酸酯）降低了由皮质酮处理引起的肉鸡的高脂血症和氧化应激（Eid 等，2003）。

日粮中添加 300mg/kg 黄酮类化合物（芦丁、黄酮类、槲皮素、柚皮素）和甘露寡糖，可显著改善饲料转化率（Batista 等，2007；Burda 和 Oleszek，2001）。橙皮苷和柚皮苷对鸡肉的抗氧化性能有正面影响，对家禽的生长性能和肉质没有负面影响（Goliomytis 等，2015）。在肉鸡日粮中添加染料木素（木黄酮）和橙皮苷改善了肉质，这与添加剂量有关，二者混合使用效果更好（Kamboh 和 Zhu，2013a，2013b）。

日粮中添加不同水平的水飞蓟素（40mg/kg、80mg/kg）对肉鸡的生长性能没有产生显著影响，但会降低屠宰率及胸部和大腿的脂肪含量（Schiavone 等，2007）。水飞蓟素磷脂复合物可以保护肉鸡免受黄曲霉毒素 B_1 的不良影响（Tedesco 等，2004）。

日粮中添加葡萄籽原花青素提取物（12mg/kg），可显著提高肉鸡的增重，降低病变评分，并恢复寄生虫感染后的抗氧化/氧化系统平衡（Wang 等，2008）。

（十二）单宁酸

单宁酸是一种源于植物的化合物，已被用于家禽的饲料添加剂，单宁酸可能控制疾病和提高家禽的生产性能。栗子（水解）和白坚木的浓缩单宁可能是最易获得的商业产品，可满足使用者的一些需求并已有数据支持其应用（Redondo 等，2014）。

儿茶素改善了鸡蛋的氧化稳定性（Yilmaz，2006）。

（十三）甜菜碱

日粮中使用甜菜碱，可防止家禽发生热应激，抑制艾美耳球虫感染，并且提高营养物质的消化率和家禽的生长性能（Metzler-Zebeli 等，2009）。

（十四）多糖

补充黄芪多糖提取物改善了感染柔嫩艾美耳球虫鸡的细胞免疫反应和体液免疫反应，特别是与疫苗一起使用（Guo 等，2004a，2004b）。从红松木（*Pinus brutia*）中提取的半乳糖葡甘露聚糖（galactoglucomannan oligosaccharide，GGM）对肉鸡鼠伤寒沙门氏菌的定殖、肉鸡的生长性能和肠道形态均有一定的影响。与正对照相比，饲喂 GGM 或商品化甘露聚糖寡糖（MOS）的肉鸡生长性能更好，绒毛高度和绒毛表面积均增加，定殖的鼠伤寒沙门氏菌数量减少（Rajani 等，2016）。

（十五）白藜芦醇

白藜芦醇对绵羊的干物质采食量、瘤胃 pH、氨和挥发性脂肪酸浓度均无显著影响，对营养物质的消化率、甲烷产量和 A∶P 均有正面影响（Ma 等，2015）。

（十六）青蒿素

青蒿素可降低由柔嫩艾美耳球虫导致的损伤并降低卵母细胞的产量（Allen 和 Fetterer，2002；Arab 等，2006；Allen 等，2000）。

（十七）生育酚和姜黄

日粮中添加 g-生育酚和姜黄或姜黄素减少了小肠堆型艾美耳球虫和巨型艾美耳球虫感染期间的小肠病变评分并提高了体增重。1,8-桉树脑和樟脑也提高了增重，减少了由堆型艾美耳球虫和巨型艾美耳球虫引起的损伤（Allen 和 Fetterer，2002）。姜黄可改善鸡蛋的氧化稳定性（Radwan 等，2009）。

（十八）藏红花

藏红花（*Crocus sativus*）提高了鸡蛋的氧化稳定性（Botsoglou 等，2005）。给蛋鸡饲喂藏红花后，蛋黄中的丙二醛含量降低，而丙二醛是在贮存过程中或在铁诱导的油脂氧化过程中所产生的一种标志性化合物。

（十九）鼠尾草

鼠尾草可显著提高鸡蛋的氧化稳定性（Lopez-Bote 等，1998）。

（二十）桑叶、金银花、黄连

桑叶、金银花、黄连可提高鸡蛋的氧化稳定性（Liu 等，2009）。

四、与饲料添加剂有关的法规

使用饲料添加剂的目的是补充营养不足，维持某些营养物质的足够摄入量，或支持某些特定的生理功能。所以饲料添加剂不是药品，其使用目的不应是治疗或预防动物疾病，因此不能声称其“具有任何药理”“免疫或代谢作用”。

虽然草本和芳香植物在很大程度上被用作饲料添加剂，有时甚至被用作饲料原料、日粮补充剂或其他影响肠道微生物种群或增强和改善动物福利的产品，但不同产品的法规状况和注册情况尚不清楚。原则上，人们给健康动物使用饲料添加剂的目的是在更长的时期甚至整个生命周期中实现上述正面作用之一。相反，药品和草药只能在兽医的监督下短期使用，用以治疗病畜。因此，植物性饲料添加剂的病理学相关药理健康主张是不允许的。然而，根据 EC 94/39 的规定，植物性饲料添加剂被授权作为特殊营养用途的饲料/日粮添加剂时需依照以下 4 项强制性条款，即营养目的、特定营养生理干扰、品种、使用/应用期限。实际上，获批准的声明条目共有 35 项，其中典型的包括肝脏、肾脏、皮、肠的功能；营养不耐受性、代谢问题、肥胖、腹泻和便秘；心脏功能不全、肾脏结石和其他结石。

首先是欧盟法规（EC 1831/2003）对饲料添加剂的加工、营销和使用作了规定，其次是根据 EC 429/2008 条例实施的详细规则，最后是《食品安全局关于饲料添加剂的标识、特性和使用条件的指导意见》（2017）和《食品安全局关于饲料添加剂功效评估的指导意见》（2018）。任何饲料添加剂都需要获得欧盟委员会的授权，并遵守以下前提：对动物或人类健康或环境没有负面影响，对用户或最终消费者没有误导或伤害。

然而，饲料添加剂应是：

（1）对饲料的特性产生有利的影响（如抗氧化剂是指通过防止饲料及原料氧化变质而延长其保质期的物质）。

（2）对动物产品的特性产生有利的影响（如着色剂是要求在饲料中增加或恢复颜色的物质，在饲喂动物时可为动物来源的食物增色的物质）。

（3）对观赏鱼和鸟类的颜色产生有利的影响。

（4）对动物的生产环境产生有利的影响。

（5）通过影响动物胃肠道菌群、饲料消化率，对动物生产、生长性能或福利产生有利的影响。

（6）具有杀灭球虫与组织滴虫（单孢菌）的作用。

根据草药饲料添加剂的功能和特性，以下几类尤其重要：

（1）技术型添加剂　为达到技术目的而添加到饲料中的任何物质。

（2）感官型添加剂　饲料中添加的任何可改善或改变饲料的感官特性或动物来源食品的视觉特性的物质。

（3）动物用技术型添加剂　用于改善健康动物的生产性能或用于改善环境的添加剂。

根据规定，任何添加剂都必须经过充分的鉴定和详细的描述。对不能识别其所有成分的添加剂，特别是植物提取物，应以有助于其活性的次生植物产品加以描述。此外，根据饲料添加剂的类别和功能组别，应标明经研究证明每种建议用途的功效并至少满足一项特性的活性。

由于法规 EC 1831/2003 正在修订中，因此有关类别和功能组的讨论正在进行。动物福利是一个热门话题，它的定义是动物健康、舒适、营养良好、安全，能够表达先天的行为，并且不会遭受痛苦、恐惧和困扰等不愉快状态。对于改善动物福利的添加剂，选择长期或短期研究来证明其功效将取决于该物质的特性及其预期用途（EFSA，2018）。是否将一个新的类别（如动物福利产品、动物福利稳定剂或动物福利增强剂）纳入欧洲法规，或者规定一个生理状况稳定剂/增强剂的功能组仅属于动物用技术添加剂，仍需要进一步观察。但无论如何，这都不该阻碍创新，而是促进创新。

五、结论

草本植物、芳香植物和草药在动物营养中发挥着重要的作用，同时对动物的健康、生产性能和福利具有重要影响。因此，有关此类产品的鉴定、质量、活性、效价、安全性，以及最终的市场营销等方面，有许多相应的法规加以约束和指导，以帮助产品注册申请人能够满足所有实际要求。然而，由于分析方法的不断发展和研究的不断深入，我们必须牢记，研发草药饲料添加剂的关键基本要点是：①对动物、使用者安全及对消费者安全；②符合动物福利和生态环境的可持续发展。

在禁止使用饲用抗生素而必须研发促进动物健康的饲料添加剂的大环境下，以及需要研究迄今为止的非常规或“特殊”的植物方面，现在应该有足够的研发与创新空间。

（金顺顺，汝应俊，译；金立志，校）

参　考　文　献

Allen，P. C.，Fetterer，R. H.，2002. Recent advances in biology and immunobiology of Eimeria species and in diagnosis and control of infection with these coccidian parasites of poultry. Clin. Microbiol. Rev. 15，58-65.

Allen，P. C.，Danforth，H. D.，Augustine，P. C.，1998. Dietary modulation of avian coccidiosis. Int. J. Parasitol. 28，1131-1140.

Allen，P. C.，Danforth，H. D.，Stitt，P. A.，2000. Effects of nutritionally balanced and stabilized flaxmeal-based diets on Eimeria tenella infections in chickens. Poultry Sci. 79，489-492.

Allen，P. C.，Lydon，J.，Danforth，H. D.，1997. Effects of components of Artemisia annua on coccidia infections in chickens. Poultry Sci. 76，1156-1163.

Arab，H. A.，Rahbari，S.，Rassouli，A.，Moslemi，M. H.，Khosravirad，F.，2006. Determination of artemisinin in Artemisia sieberi and anticoccidial effects of the plant extract in broiler chickens. Trop. Anim. Health Prod. 38, 497-503.

Batista, L. S., Garcia, E. A., Faitarone, A. B. G., Sherer, M. R., Mori, C., Pelicia, K., Pizzolante, C. C., 2007. Flavonoids and mannanoligosaccharides in broiler diets. Braz. J. Poultry Sci. 9, 33-37.

Benchaar, C., Lettat, A., Hassanat, F., Yang, W. Z., Forster, R. J., Petit, H. V., Chouinard, P. Y., 2012. Eugenol for dairy cows fed low or high concentrate diets: effects on digestion, ruminal fermentation characteristics, rumen microbial populations and milk fatty acid profile. Anim. Feed Sci. Technol. 178, 139-150.

Botsoglou, N. A., Florou-Paneri, P., Nikolakakis, I., Giannenas, I., Dotas, V., Botsoglou, E. N., Aggelopoulos, S., 2005. Effect of dietary saffron (Crocus sativus L.) on the oxidative stability of egg yolk. Br. Poult. Sci. 46 (6), 701-707.

Botsoglou, N. A., Yannakopoulos, A. L., Fletouris, D. J., Tserveni-Goussi, A. S., Fortomaris, P. D., 1997. Effect of dietary thyme on the oxidative stability of egg yolk. J. Agric. Food Chem. 45 (10), 3711-3716.

Bozkurt, M., Küçükyilmaz, K., Catli, A. U., Çınar, M., Bintas, E., Çöven, F., 2012. Performance, egg quality, and im-mune response of laying hens fed diets supplemented with mannan-oligosaccharide or an essential oil mixture under moderate and hot environmental conditions. Poultry Sci. 91, 1379-1386.

Buclaw, M., 2016. The use of inulin in poultry feeding: a review. J. Anim. Physiol. Anim. Nutr. 100, 1015e1022. Burda, S., Oleszek, W., 2001. Antioxidant and antiradical activities of flavonoids. J. Agric. Food Chem. 49, 2774-2779.

Burt, S. A., van der Zee, R., Koets, A. P., de Graaff, A. M., van Knapen, F., et al., 2007. Carvacrol induces heat shockprotein 60 and inhibits synthesis of flagellin in Escherichia coli O157: H7. Appl. Environ. Microbiol. 73, 4484-4490.

Burt, S., 2004. Essential oils: their antibacterial properties and potential applications in foods e a review. Int. J. Food Microbiol. 94, 223-253.

Burt, S. A., Tersteeg-Zijderveld, M. H., Jongerius-Gortemaker, B. G., Vervelde, L., Vernooij, J. C., 2012. In vitro inhibi-tion of Eimeria tenella invasion of epithelial cells by phytochemicals. Vet. Parasitol. 191 (3-4), 374-378.

Çabuk, M., Bozkurt, M., Alcicek, A., Çatli, A. U., Baser, K. H. C., 2006. Effect of a dietary essential oil mixture on per-formance of laying hens in the summer season. S. Afr. J. Anim. Sci. 36, 215-221.

Cetin, E., Yibar, A., Yesilbag, D., Cetin, I., Cengiz, S. S., 2016. The effect of volatile mixtures on the performance and ilio-caecal microflora of broiler chickens. Br. Poult. Sci. 57, 780-787.

Chaves, A. V., Stanford, K., Gibson, L. L., McAllister, T. A., Benchaar, C., 2008a. Effects of carvacrol and cinnamalde-hyde on intake, rumen fermentation, growth performance, and carcass characteristics of growing lambs. Anim. Feed Sci. Technol. 145, 396-408.

Chaves, A. V., Stanford, K., Dugan, M. E. R., Gibson, L. L., McAllister, T. A., VanHerk, F., Benchaar, C., 2008b. Effects of cinnamaldehyde, garlic and juniper berry essential oils on rumen fermentation, blood metabolites, growth perfor-mance, and carcass characteristics of growing lambs. Livest. Sci. 117, 215-224.

Christaki, E., Bonos, E., Giannenas, I., Florou-Paneri, P., 2012. Aromatic plants as a source of bioactive compounds. Agriculture. 2, 228-243.

Crawford, K. M., Rudgers, J. A., 2012. Plant species diversity and genetic diversity within a dominant species interac-tively affect plant community biomass. J. Ecol. 100 (6), 1512-1521.

Dahiya, J. P., Wilkie, D. C., Van Kessel, A. G., Drew, M. D., 2006. Potential strategies for controlling necrotic enteritis in broiler chickens in post-antibiotic era. Anim. Feed Sci. Technol. 129, 60-88.

Dum-Tragut, J., 2005. Kilikische Heilkunst für Pferde. Documenta Hippologica. Olms Zurich. EFSA FEEDAP Panel, 2017a. Guidance on the identity, characterisation and conditions of use of feed additives. EFSAJ. 15, 10.

EFSA FEEDAP Panel, 2017b. Panel on Additives and Products or Substances used in Animal Feed Guidance on the assessment of the safety of feed additives for the target species. EFSA J. 15 (10), 5021-5050.

EFSA FEEDAP Panel, 2018. Guidance on the assessment of the efficacy of feed additives. EFSA J. 16 (5), 5274.

Eid, Y. Z., Ohtsuka, A., Hayashi, K., 2003. Tea polyphenols reduce glucocorticoid-induced growth inhibition and oxidative stress in broiler chickens. Br. Poult. Sci. 44, 127-132.

EUROPAM, 2018. GACP-guidelines (Guidelines for Good Agricultural and Wild Collection Practice of Medicinal and Aromatic Plants) Version 8. 0. www. europam. net.

Florou-Paneri, P., Nikolakakis, I., Giannenas, Koidis, A., Botsoglou, E., Dotas, V., Mitsopoulos, I., 2005. Hen perfor-mance and egg quality as affected by dietary oregano essential oil and a-tocopheryl acetate supplementation. Int. J. Poult. Sci. 4 (7), 449-454.

Foster, S., 2011. A brief history of adulteration of herbs, spices and botanical drugs. HerbalGram. 92, 42-57.

Franz, C., Novak, J., 2016. Sources of essential oils. In: Baser, K. H. C., Buchbauer, G. (Eds.), Handbook of Essential Oils, second ed. CRC Press Taylor & Francis Group, Boca Raton, 43-86.

Franz, C., Baser, K. H. C., Windisch, W., 2010. Essential oils and aromatic plants in animal feeding e a European perspective. Flavour Fragrance J. 25 (5), 327-340.

Franz, C., Bauer, R., Carle, R., Tedesco, D., Tubaro, A., Zitterl, K., 2006. Assessment of Plants/Herbs, Plant/Herb Ex-tracts and Their Naturally or Synthetically Produced Components as "Additives" for Use in Animal Production. EFSA Parma, p. 297. CFT/EFSA/FEEDAP/2005/01.

Gafner, S., Blumenthal, M., Reynaud, D. H., Foster, S., Techen, N., 2013. ABC review and critique of the research article "DNA barcoding detects contamination and substitution in North American Herbal Products" by New-master et al. Herbal. EGram. 10 (11) .

Giannenas, I. A., Papaneophytou, C. P., Tsalie, E., Triantafillou, E., Tontis, D., Kontopidis, G. A., 2014b. The effects of benzoic acid and essential oil compounds in combination with protease on the performance of chickens. J. Anim. Feed Sci. 23, 73-81.

Giannenas, I., Florou-Paneri, P., Botsoglou, N. A., Christaki, E., Spais, A. B., 2005. Effect of supplementing feed with oregano and/or a-tocopheryl acetate on growth of broiler chickens and oxidative stability of meat. J. Anim. Feed Sci. 14, 521-535.

Giannenas, I., Papaneophytou, C., Tsalie, E., Mavridis, S., Triantafillou, E., Kontopidis, G., Tontis, D., 2014a. Effect of benzoic acid and essential oil compounds on performance of turkeys, intestinal microbiota, intestinal morphology and antioxidant status. Asian Aust. J. Anim. Sci. 27, 225-236.

Giannenas, I., Tzora, A., Sarakatsianos, I., Karamoutsios, A., Skoufos, S., 2016. The effectiveness of the use of oregano and laurel essential oils in chickens' feeding. Ann. Anim. Sci. 16, 779-796.

Goliomytis, M., Kartsonas, N., Charismiadou, M. A., Symeon, G. K., Simitzis, P. E., Deligeorgis, S. G., 2015. The influ-ence of naringin and hesperidin dietary supplementation on broiler meat quality and oxidative stability. PLoS One 10 (10), e0141652. https://doi. org/10. 1371/journal. pone. 0141652.

Guo, F. C., Kwakkel, R. P., Williams, B. A., Li, W. K., Li, H. S., Luo, J. Y., Li, X. P., Wei, Y. X., Yan, Z. T., Verstegen, M. W. A., 2004b. Effects of mushroom and herb polysaccharides, as alternatives for an antibiotic, on growth performance of broilers. Br. Poult. Sci. 45, 684-694.

Guo, F. C., Kwakkel, R. P., Williams, B. A., Parmentier, H. K., Li, W. K., Yang, Z. Q., Verstegen, M. W. A., 2004a. Effects of mushroom and herb polysaccharides on cellular and humoral immune responses of Eimeria tenella infected chickens. Poultry Sci. 83, 1124-1132.

Hagmüller, W., Stockhammer, S., Vielhaber, B., Gallnböck, M., Wagner, E., Tichy, A., Franz, C., Zitterl-Eglseer, K., 2011. Effects of phytogenous industrial waste originating from Echinacea, larch and carrot in the prophylaxisof E. -coli-diarrhoea in weaner piglets. Wiener Tierarztliche Monatsschrift, Vet. -Med. 98 (7), 166-174.

Hebert, P. D., Cywinska, A., Ball, S. L., deWaard, J. R., 2003. Biological identifications through DNA barcodes. Proc. R. Soc. Biol. Sci. Ser. B 270, 313e321. https://doi. org/10. 1098/rspb. 2002. 2218.

Hernández, F., Madrid, J., Garcia, V., Orengo, J., Megias, M. D., 2004. Influence of two plant extracts on broilers per-formance, digestibility, and digestive organ size. Poultry Sci. 83, 169-174.

Hessenberger, S., Schatzmayr, G., Teichmann, K., 2016. In vitro inhibition of Eimeria tenella sporozoite invasion into host cells by probiotics. Vet. Parasitol. 229, 93-98.

Heubl, G., 2010. New aspects of DNA-based authentication of Chinese medicinal plants by molecular biological tech-niques. Planta Med. 76 (17), 1963-1974.

Józefiak, D., Kaczmarek, S., Rutkowski, A., 2010. The effects of benzoic acid supplementation on the performance of broiler chickens. J. Anim. Physiol. Anim. Nutr. 94 (1), 29-34.

Juneja, V. K., Friedman, M., 2007. Carvacrol, cinnamaldehyde, oregano oil, and thymol inhibit Clostridium perfringens spore germination and outgrowth in ground Turkey during chilling. J. Food Prot. 70, 218-222.

Kamboh, A. A., Zhu, W. Y., 2013a. Effect of increasing levels of bioflavonoids in broiler feed on plasma anti-oxidative potential, lipid metabolites, and fatty acid composition of meat. Poult. Sci 92, 1085-1090.

Kamboh, A. A., Zhu, W. Y., 2013b. Individual and combined effects of genistein and hesperidin supplementation on meat quality in meat-type broiler chickens. J. Sci. Food Agric. 93 (13), 3362-3367.

Kokkini, S., Karousou, R., Dardioti, A., Krigas, N., Lanaras, T., 1997. Autumn essential oils of Greek oregano. Phyto-chemistry. 44 (5), 883-886.

Lacroix, M., Chiasson, F., 2004. The influence of MAP condition and active compounds on the radiosensitization of Escherichia coli and Salmonella typhi present in chicken breast. Radiat. Phys. Chem. 71, 69-72.

Lawrence, B. M. ,Reynolds, R. J., 1984. The botanical and chemical aspects of oregano. Perfum. Flavor. 9, 41-51.

Lee, K. W., Everts, H., Kappert, H. J., Yeom, K. H., Beynen, A. C., 2003. Dietary carvacrol lowers body weight gain but improves feed conversion in female broiler chickens. J. Appl. Poult. Res. 12, 394-399.

Liu, X. D., Jang, A., Lee, B. D., Lee, S. K., Lee, M., Jo, C., 2009. Effect of dietary inclusion of medicinal herb extract mix in poultry ration on the physico-chemical quality and oxidative stability of eggs. Asian Aust. J. Anim. Sci. 22, 421-427.

Lopez-Bote, C. J., Gray, J. I., Gomaa, E. A., Flegal, C. J., 1998. Effect of dietary administration of oil extracts from rose-mary and sage on lipid oxidation in broiler meat. Br. Poult. Sci. 39，235-240.

Lorenz，S.，Zitterl-Eglseer，K.，Franz，C.，1997. A critical evaluation of historical prescriptions for horses in the 18th and 19th century in view of the development of a modern phytotherapy. Hist. Med. Vet. 22，43.

Ma，T.，Chen，D.D.，Tu，Y.，Zhang，N.F.，Si，B.W.，Deng，K.D.，Diao，Q.Y.，2015. Effect of dietary supplementation with resveratrol on nutrient digestibility，methanogenesis and ruminal microbial flora in sheep. J. Anim. Physiol. Anim. Nutr. 99，676-683.

Malecky，M.，Broudiscou，L.P.，Schmidely，P.，2009. Effects of two levels of monoterpene blend on rumen fermenta-tion，terpene and nutrient flows in the duodenum and milk production in dairy goats. Anim. Feed Sci. Technol. 154，24-35.

Mayer，M.，Vogl，C.R.，Amorena，M.，Hamburger，M.，Walkenhorst，M.，2014. Treatment of organic livestock with medicinal plants：a systematic review of European Ethnoveterinary research. Forschende Komplementärmed. 21，375-386.

Metzler-Zebeli，B.U.，Eklund，M.，Mosenthin，R.，2009. Impact of osmoregulatory and methyl donor functions of betaine on intestinal health and performance in poultry. World' s Poult. Sci. J. 65，419-441.

Mitsch，P.，Zitterl-Eglseer，K.，Kohler，B.，Gabler，C.，Losa，R.，Zimpernik，I.，2004. The effect of two different blends of essential oil components on the proliferation of Clostridium perfringens in the intestines of broiler chickens. Poultry Sci. 83，669-675.

Monino，I.，Martìnez，C.，Sotomayor，J.A.，Lafuente，A.，Jordàn，M.A.，2008. Polyphenolic transmission to Segureño lamb meat from ewes diet supplemented with the distillate from rosemary (*Rosmarinus officinalis*) leaves. J. Agric. Food Chem. 56，3363-3367.

Newmaster，S.G.，Grguric，M.，Shanmughanandhan，D.，Ramalingam，S.，Ragupathy，S.，2013. DNA barcoding de-tects contamination and substitution in North American herbal products. BMC Med. 11，222.

Novak，J.，Ruzicka，J.，Schmiderer，C.，2018. How far advanced is the DNA-based identification of the BELFRIT-list? In：Restani，P.（Ed.），Food Supplements Containing Botanicals：Benefits，Side Effects and Regulatory Aspects. Springer，Berlin，227-301.

Novak，J.，Grausgruber-Gröger，S.，Lukas，B.，2007. DNA-based authentication of plant extracts. Food Res. Int. 40，388-392.

O' Connor，A.，November 3，2013. Herbal supplements are often not what they seem. The New York Times.

Oral，N.，Vatansever，L.，Sezer，C.，Aydin，B.，Guven，A.，Gulmez，M.，Baser，K.H.C.，Kurkcuoglu，M.，2009. Effect of absorbent pads containing oregano essential oil on the shelf life extension of overwrap packed chicken drumsticks stored at four degrees Celsius. Poultry Sci. 88，1459-1465.

Orhan，I.E.，Senol，F.S.，Skalicka-Wo'zniak，K.，Georgiev，M.I.，2016. Adulterations and safety issues in nutraceuticals and dietary supplements：innocent or risky？. In：Grumezescu，A.M.（Ed.），Nutraceuticals，Nanotechnology in the Agri-Food Industry，vol. 4. Academic Press，Amsterdam，The Netherlands，153-182.

Orndorff，B.W.，Novak，C.L.，Pierson，F.W.，Caldwell，D.J.，McElroy，A.P.，2005. Comparison of prophylactic or ther-apeutic dietary administration of capsaicin for reduction of Salmonella in broiler chickens. Avian Dis. 49，527-533.

Özek，K.，Wellmann，K.T.，Ertekin，B.，Tarım，B.，2011. Effects of dietary herbal essential oil mixture and organic acid preparation on laying traits, gastrointestinal tract characteristics, blood parameters and immune response of laying hens in a hot summer season. J. Anim. Feed Sci. 20, 575-586.

Penalver, P., Huerta, B., Borge, C., Astorga, R., Romero, R., Perea, A., 2005. Antimicrobial activity of five essential oils against origin strains of the Enterobacteriaceae family. APMIS. 113, 1-6.

Pieroni, A., 1999. Herbs, Humans and Animals. Experiences Publ, Cologne, 198.

Radwan, N. L., Hassan, R. A., Quota, E. M., Fayek, H. M., 2009. Effect of natural antioxidant on oxidative stability of egg and productive and reproductive performance of laying hens. Int. J. Poult. Sci. 7, 134-150.

Rajani, J., Dastar, B., Samadi, F., Karimi Torshizi, M. A., Abdulkhani, A., Esfandyarpour, S., 2016. Effect of extracted galactoglucomannan oligosaccharides from pine wood (*Pinus brutia*) on Salmonella typhimurium colonisation, growth performance and intestinal morphology in broiler chicks. Br. Poult. Sci. 57, 682-692.

Redondo, L. M., Chacana, P. A., Dominguez, J. E., Miyakawa, M. E. F., March 27, 2014. Perspectives in the use of tannins as alternative to antimicrobial growth promoter factors in poultry. Front. Microbiol. Accessed date: 16 May 2019 https://doi.org/10.3389/fmicb.2014.00118.

Regulation (EC) No 1831/2003 of the European Parliament and of the Council of 22 September 2003 on Additives for Use in Animal Nutrition.

Regulation (EC) No 429/2008 of 25 April 2008 on Detailed Rules for the Implementation of Regulation (EC) No 1831/ 2003 of the European Parliament and of the Council as Regards the Preparation and the Presentation of Applica-tions and the Assessment and the Authorization of Feed Additives.

Restani, P., 2017. In: Restani, P. (Ed.), Food Supplements Containing Botanicals: Benefits, Side Effects and Regulatory Aspects. The Scientific Inheritance of the EU Project PlantLIBRA. Springer, Berlin, 467.

Schiavone, A., Righi, F., Quarantelli, A., Bruni, R., Serventi, P., Fusari, A., 2007. Use of Silybum marianum fruit extract in broiler chicken nutrition: influence on performance and meat quality. J. Anim. Physiol. Anim. Nutr. 91, 256-262.

Schilter, B., Andersson, C., Anton, R., Constable, A., Kleiner, J., O' Brien, J., Renwick, A. G., Korver, O., Smit, F., Walker, R., 2003. Guidance for the safety assessment of botanicals and botanical preparations for use in food and food supplements. Food Chem. Toxicol. 41 (12), 1625-1649.

Schmiderer, C., Novak, J., 2014. PCR-basierende Identitätsprüfung von Kamille (Matricaria recutita L.) und Nachweis von Verunreinigungen mit Anthemis-Arten in Kamillenprodukten, 7.

Si, W., Gong, J., Tsao, R., Zhou, T., Yu, H., Poppe, C., Johnson, R., Du, Z., 2006. Antimicrobial activity of essential oils and structurally related synthetic food additives towards selected pathogenic and beneficial gut bacteria. J. Appl. Microbiol. 100, 296-305.

Siragusa, G. R., Haas, G. J., Matthews, P. D., Smith, R. J., Buhr, R. J., Dale, N. M., Wise, M. G., 2008. Antimicrobial activity of lupulone against Clostridium perfringens in the chicken intestinal tract jejunum and caecum. J. Antimicrob. Che-mother. 61, 853-858.

Stockhammer, S., Stolze, K., Rohr-Udilova, N., Chizzola, R., Zitterl, K., Franz, C., 2009. Antioxidant activity of phy-togenous industrial waste and derived extracts for the production of feed and food additives. Food Sci. Technol. 44, 703-710.

Tager, L. R., Krause, K. M., 2011. Effects of essential oils on rumen fermentation, milk production, and feeding behavior in lactating dairy cows. J. Dairy Sci. 94, 2455-2464.

Tedesco, D., Steidler, S., Galletti, S., Tameni, M., Sonzogni, O., Ravarotto, L.,

2004. Efficacy of silymarin-phospholipid complex in reducing the toxicity of aflatoxin B-1 in broiler chicks. Poultry Sci. 83, 1839-1843.

Tedesco, D., Garavaglia, L., Spagnuolo, M. S., Pferschy-Wenzig, E. M., Bauer, R., Franz, C., 2015. In vivo assessment of an industrial waste product as a feed additive in dairy cows: effects of larch (*Larix decidua* L.) sawdust on blood parameters and milk composition. Vet. J. 206, 322-326.

Thakur, L., Ghodasra, U., Patel, N., Dabhi, M., 2011. Novel approaches for stability improvement in natural medi-cines. Pharmacogn. Rev. 5 (9), 48-54.

Wallace, R. J., Oleszek, W., Franz, C., Hahn, I., Baser, K. H. C., Mathe, A., Teichmann, K., 2010. Dietary plant bioactives for poultry health and productivity. Br. Poult. Sci. 51 (4), 461-487.

Wang, G. J., Han, Z. K., Chen, J., Chen, W. H., 1994. Effect of daidzein on muscle growth in broilers and mechanism involved. Sci. Technol. Anim. Husbandry Vet. Med. 19, 4-6.

Wang, M. L., Suo, X., Gu, J. H., Zhang, W. W., Fang, Q., Wang, X., 2008. Influence of grape seed proanthocyanidin extract in broiler chickens: effect on chicken coccidiosis and antioxidant status. Poultry Sci. 87, 2273-2280.

Wegener, H. C., 2012. Antibiotic resistance-linking human and animal health. In: Improving Food Safety through a One Health Approach: Workshop Summary. National Academies Press.

WHO, 2015. Global Action Plan on Antimicrobial Resistance. World Health Organization.

Wijesekera, R. O. B., Jajewardene, A. I., Rajapakse, I. S., 1974. Composition of the essential oil from leaves, stem bark and root bark of two chemotypes of cinnamon. J. Sci. Food Agric. 25, 1211-1218.

Yılmaz, Y., 2006. Novel uses of catechins in foods. Trends Food Sci. Technol. 17, 64-71.

Youdim, K. A., Deans, S. G., 1999. Beneficial effects of thyme oil on age related changes in phospholipid C20 and C22 polyunsaturated fatty acid composition of various rat tissues. Biochim. Biophys. Acta. 1438, 140-146.

Zeiger, K., Popp, J., Becker, A., Hankel, J., Visscher, C., Klein, G., Meemken, D., 2017. Lauric acid as feed additive e an approach to reducing Campylobacter spp. in broiler meat. PLoS One 12 (4), e0175693. https: //doi. org/10. 1371/ journal. pone. 0175693.

Zentek, R. H., Maenner, K., Youssef, I. M. I., Aumiller, T., Weghuber, J., Wimmers, K., Mueller, A. S., 2017. Possible mo-lecular mechanisms by which an essential oil blend from star anise, rosemary, thyme and oregano and saponinsincrease the performance and ileal protein digestibility of growing broilers. J. Agric. Food Chem. 16, 6821-6830.

Zhengkang, H., Wang, G., Yao, W., Zhu, W. Y., 2006. Isoflavonic phytoestrogens d new prebiotics for farm animals: a review on research in China. Curr. Issues Intest. Microbiol. 7, 53-60.

延 伸 阅 读

Baser, K. H. C., Franz, C., 2016. Essential oils used in veterinary medicine. In: Handbook of Essential Oils, second ed. CRC Press, 655-668.

Bento, M. H. L., Ouwehand, A. C., Tiihonen, K., Lahtinen, S., Nurminen, P., Saarinen, M. T., Schulze, H., Mygind, T., Fischer, J., 2013. Essential oils and their use in animal feeds for monogastric animals e effects on feed quality, gut microbiota, growth performance and food safety: a review. Vet. Med. 58 (9), 449-458.

Blanco-Penedo, I., Fernández González, C., Tamminen, L. M., Sundrum, A., Emanuelson, U., 2018. Priorities and future actions for an effective use of phytotherapy in livestockdoutputs from an expert workshop. Front. Vet. Med. 4，248.

Chao，S. C.，Young，D. G.，Oberg，C. J.，2000. Screening for inhibitory activity of essential oils on selected bacteria，fungi and viruses. J. Essent. Oil Res. 12，639-649.

Dhama，K.，Latheef，S. K.，Mani，S.，Samad，H. A.，Karthik，K.，Tiwari，R.，Khan，R. U.，Alagawany，M.，Farag，M. R.，Alam，G. M.，Laudadio，V.，Tufarelli，V.，2015. Multiple beneficial applications and modes of action of herbs in poultry health and production e a review. Int. J. Pharmacol. 11，152-176.

Diaz Carrasco，J. M.，Redondo，L. M.，Redondo，E. A.，Dominguez，J. E.，Chacana，A. P.，Fernandez Miyakawa，M. E.，2016. Use of plant extracts as an effective manner to control Clostridium perfringens induced necrotic enteritis in poultry. BioMed Res. Int. 2016，3278359. https：//doi. org/10. 1155/2016/3278359.

Fink-Gremmels，J.，2017. Recent Challenges in Veterinary Pharmacotherapy e Could Medicinal Plants Be an Option?

Plenary Lecture，GA-Congress Sept. 2017 Basel/CH.

Florou-Paneri，P.，Christaki，E.，Giannenas，I. A.，Papazahariadou，M.，Botsoglou，N. A.，Spais，A. B.，2004. Effect of di-etary Olympus tea（*Sideritis scardica*）supplementation on performance of chickens challenged with Eimeria tenella. J. Anim. Feed Sci. 13，301-311.

Franz，C.，Hahn，I.，2010. Veterinärmedizin und Tierernährung. In：Handbuch des Arznei-und Gewürzpflanzenbaus，vol. 1. Saluplanta，Bernburg，438-471.

Granados-Chinchilla，F.，2017. A review on phytochemicals（including essential oils and extracts）inclusion in feed and their effects on food producing animals. Dairy Vet. Sci. J. 3（4），555-620.

Hahn-Ramssl，I.，Franz，C.，Kranzl，A.，2014. Einsatz von Malventee bzw. NaCl bei Vollhautwunden im klinisch-experimentellen Mäuseversuch zum Vergleich der Heilungsdauer. In：Internationale Tagung Phytotherapie 2014，Klinik und Praxis，Winterthur，Switzerland，June 18e21，2014. Forschende Komplementärmed. /Res. Com-plementary Med.，63-64.

Lillehoj，H.，Liu，Y.，Calsamiglia，S.，Fernandez-Miyakawa，M. E.，Chi，F.，Cravens，R. L.，Oh，S.，Gay，C. G.，2018. Phy-tochemicals as antibiotic alternatives to promote growth and enhance host health. Vet. Res. 49（1），76.

Máthé，Á.，1997. Essential oils as phytogenic feed additives（PFA）. In：Franz，C.，Máthé，Á.，Buchbauer，G.（Eds.），Essential Oils：Basic and Applied Research. Proc. 27th ISEO 1996. Allured Publ. Carol Stream，315-321.

Saranraj，P.，Veerajan，D. D.，2017. Essential Oils and its Antibacterial Properties e A Review researchgate. net/pub-lication/319302027.

Yang，C.，Chowdhury，M. A. K.，Hou，Y.，Gong，J.，2015. Phytogenic compounds as alternatives to in-feed antibiotics：potentials and challenges in application. Pathogens，4，137-156.

第四章
地中海药用芳香植物的可持续开发利用

Katerina Grigoriadou[1]，*Nikos Krigas*[1]，
Diamanto Lazari[2]，*Eleni Maloupa*[1]

[1]Laboratory of Conservation and Evaluation of Native and Floricultural Species-Balkan Botanic Garden of Kroussia，Hellenic Agricultural Organization-DEMETER，Thessaloniki，Greece；[2]Laboratory of Pharmacognosy，School of Pharmacy，Faculty of Health Sciences，Aristotle University of Thessaloniki，Thessaloniki，Greece

一、药用芳香植物和草药产品具有的价值特性

自古以来，天然植物一直被人类用作食物的营养来源和传统疗法的药物。人们把植物作为传统食物来获取营养并保持健康。许多现代药物也是基于一些植物具有治疗价值的传统知识开发而成的。世界上大部分人口（约 80%），特别是不发达国家的大多数人现仍将植物性传统药物作为初级卫生保健的一部分（世界卫生组织，2008）。此外，发达国家的大多数人也将植物性产品用于初级卫生保健，或者将其作为替代或补充药物使用（世界卫生组织，2008）。

次生代谢产物是植物在代谢过程中合成的化合物，其不直接参与机体正常生长、发育或繁殖过程，有时会贮存在特定的器官或部位。植物会产生大量的此类有机化合物，超过 100 000 种，但目前只有其中的 10%被分离出来。这些有机化合物主要分为三类：萜类、酚类和具有药用特性的生物碱（含氮化合物）。

药用芳香植物（MAP）中的活性成分源自植物代谢途径，且它们的化学组成会随着植物部位（花、叶、茎）的发育阶段，在一天或一年（季节性变化）中的时间，以及种植地或野外栖息地环境（如土壤和气候）的不同而出现很大差异（Kokkini 等，1997；Gora 等，2002）。已发现从几种药用芳香植物中提取的精油成分在质量和数量上均有差异，这种差异可能出现在同一物种的不同种群之间，甚至也可能出现在同一种群的不同个体之间（Kokkini 等，1991，1997；Karousou 和 Kokkini，1997；Karousou 等，1998，2012）。此外，加工和提取方法也可能影响到提取物的组成和浓度（Azmir 等，2013；Moore 等，2014；Bruni 等，2009）。

自古以来，地中海地区天然药用芳香植物就被用作营养物质或是治疗人和动物的多种疾病等。一些药用芳香植物已有确切功效，并且有足够数量的研究证明其具有益于健康的特性（即便尚无长期使用功效验证的证据）。欧盟植物药品委员会（HMPC）是欧洲药品管理局（EMA）（www. ema. europa. eu）的一个下属机构，专门负责汇编和评估有关草

药物质、制剂和组方的科学数据，该机构把草药产品（包括其预制剂）归类在“传统药物”或“确切疗效药物”的标签下。《欧盟草药专论》[*European Union*（EU）*Herbal Monographs*，之前的名称为 *Community Herbal Monographs*] 是针对特定物种或特定药物的专著，内容包括 HMPC 在安全性和有效性方面的科学观点，并提供与特定草药及其制剂相关的严格的可用数据。HMPC 会对现有知识和数据进行评估，同时会参考欧盟来自临床和非临床的长期使用记录数据及传统经验。草药产品被定义为“任何包含专有活性成分的药物产品，这些成分可以是一种或多种草药物质，或者是一种或多种草药制剂，也可以是一种或多种草药物质和草药制剂的联合组方”。供人类使用的传统草药产品需满足下列条件：

——由传统草药产品制成，诊疗时无需医师监督和开处方。

——按照规定强度和剂量进行给药，通常是口服、外用和/或吸入制剂。在正式申请使用许可之前，该草药产品已经被使用至少 30 年，其中在欧盟使用至少 15 年。

——申请表中包含的信息足以证明该草药产品属于传统使用药物（特别是在某些使用条件下不会造成任何形式的损害），此外，根据上述时间长期使用的经验，该产品有其合理的功效。

药用芳香植物和草药产品及其制剂已被越来越多地用于治疗、缓解、预防人或动物疾病。地中海植物区系，特别是希腊本土植物区系包括多种药用芳香植物，这些植物中含有大量重要的生物活性成分（如酚类衍生物）。许多研究表明，这些成分具有潜在的健康益处，因为它们可以起到保护机体的作用，且能预防糖尿病、心血管疾病、退行性老化等严重疾病（Lazari 等，2006；Matta 等，2007；Papaioannou 等，2007；Kontogiorgis 等，2016a，2016b；Vartholomatos 等，2016）。迄今为止，超过 75 种希腊本土植物被欧洲药品管理局（EMA）收录并公布（表 4－1）。这些植物大都具有祛痰、软化、溶解和抗炎的作用，因其确切的疗效而常用于治疗多种疾病。其中的一些只有限分布在较小的地理区域内，如希腊的伯罗奔尼撒［分别是 *Sideritis clandestina* 的 *clandestina* 和 *peloponnesiaca* 亚种、泰格图斯山茶（Taygetus Mountain Tea）、基利尼山茶（Kyllini Mountain Tea）］，或克里特岛（单岛特有）的 *Origanum dictamnus*（白藓牛至，Dittany of Crete）和 *Sideritis syriaca* 的 *syriaca* 亚种（马洛蒂拉，Malotira；克里特山茶，Cretan Mountain Tea）。

表 4－1 在草药专著中出现的及欧洲药品管理局批准的有确定适应证的希腊本土植物

植物学名称	草药名称	批准的适应证
蓍草（*Achillea millefolium* L.）	欧蓍草花；欧蓍草［Millefolii flos（Yarrow flower）；Millefolii herba（Yarrow）］	A，E，F，K
欧洲七叶树（*Aesculus hippocastanum* L.）	七叶树皮（七叶树皮）/七叶树子（七叶树籽）［Hippocastani cortex（Horse-chestnut bark）/Hippocastani semen（Horse-chestnut seed）］	F，H/H
仙鹤草（*Agrimonia eupatoria* L.）	仙鹤草（龙牙草）［Agrimoniae herba（Agrimony）］	B，E，K
Elytrygia repens（L.）Nevski［=*Agropyron repens*（L.）P. Beauv.］	冰草（茅草粉末）［Agropyri repentis rhizoma（Couch grass rhizome）］	F

（续）

植物学名称	草药名称	批准的适应证
药用蜀葵（*Althaea officinalis* L.）	蜀葵（药用蜀葵根）［Althaeae radix（Marshmallow root）］	B，G，K
牛蒡（*Arctium lappa* L.）	牛蒡（牛蒡根）［Arctii radix（Burdock root）］	A，E，F
Arctostaphylos uva-ursi（L.）Spreng.	熊果叶（熊果叶）［Uvaeursi folium（Bearberry leaf）］	F
中亚苦蒿（洋艾、苦艾）（*Artemisia absinthium* L.）	苦艾（苦艾）［Absinthii herba（Wormwood）］	A，K
燕麦草（*Avena sativa* L.）	燕麦草/燕麦果［Avenae herba（Oat herb）/Avenae fructus（Oat fruit）］	C，J/E
荠菜花［*Capsella bursa-pastoris*（L.）Medikus.］	荠菜（荠菜）［Bursae-pastoris herba（Shepherds purse）］	F
百金花（*Centaurium erythraea* Rafn. s. l.）	百金花（矢车菊）［Centaurii herba（Centaury）］	K
菊苣草（*Cichorium intybus* L.）	菊苣根［Cichorii intybi radix（Chicory root）］	A，K
山楂（*Crataegus* spp.）	山楂叶（山楂叶和花）［Crataegi folium cum flore（Hawthorn leaf and flower）］	H，J
柳兰或小花柳叶菜（*Epilobium angustifolium* L. or *E. parviflorum* Schreb.）	淫羊藿（柳兰）［Epilobii herba（Willow herb）］	F
问荆（*Equisetum arvense* L.）	马尾草（马尾草）［Equiseti herba（Horsetail herb）］	F
绣线菊［*Filipendula ulmaria*（L.）Maxim.］	绣线菊红花（绣线菊属植物花）；绣线菊草（绣线菊）［Filipendulae ulmariae flos（Meadowsweet flower）；filipendulae ulmariae herba（Meadowsweet）］	D，G
大叶茴香｛*Foeniculum vulgare* Mill.［var. *dulce*（Miller）Thellung.］/［var. *vulgare*］.｝	小茴香（甜茴香）、小茴香（苦茴香）/苦茴香油［Foeniculi dulcis fructus（Sweet fennel）、foeniculi amari fructus（Bitter fennel）/Foeniculi amari fructus aetherolaeum（Bitter fennel fruit oil）］	F，G，K/G
白蜡或窄叶白蜡（*Fraxinus excelsior* L. or *F. angustifolia* Vahl.）	白蜡叶［Fraxini folium（Ash leaf）］	D，F
球果紫堇（*Fumaria officinalis* L.）	延胡索草（球果紫堇）［Fumariae herba（Fumitory）］	K
龙胆一品黄（*Gentiana lutea* L.）	龙胆（龙胆根）［Gentianae radix（Gentian root）］	k
光果甘草（*Glycyrrhiza glabra* L.）	甘草（甘草根）［Liquiritiae radix（Liquorice root）］	K
常春藤（*Hedera helix* L.）	栀子叶（常青藤叶）［Hederae helicis folium（Ivy leaf）］	G

（续）

植物学名称	草药名称	批准的适应证
蛇麻 （*Humulus lupulus* L.）	蛇麻花（跳球果）[Lupuli flos（Hop strobile）]	A，C，J
贯叶连翘 （*Hypericum perforatum* L.）	金丝桃（金丝桃）[Hyperici herba（St. John' s Wort）]	E，J，K
核桃 （*Juglans regia* L.）	核桃叶（核桃叶）[Juglandis folium（Walnut leaf）]	E
杜松子 （*Juniperus communis* L.）	杜松（杜松油）[Juniperi aetherolaeum（Juniper oil）]	D，F，K
杜松子 （*Juniperus communis* L.）	杜松子果（杜松果）[Juniperi pseudo-fructus（Juniper berry）]	F，K
益母草 （*Leonurus cardiaca* L.）	益母草（益母）[Leonuri cardiacae herba（Motherwort）]	H，J
亚麻 （*Linum usitatissimum* L.）	胡麻粉末（亚麻籽）[Lini semen（Linseed）]	I，K
苦薄荷 （*Marrubium vulgare* L.）	夏至草（有机苦薄荷）[Marrubii herba（White horehound）]	A，G，K
洋甘菊 （*Matricaria recutita* L.）	母参花（母参花）/母参油（母参油）[Matricariae flos（Matricaria flower）/Matricariae aetherolaeum（Matricaria oil）]	B，E，G，K/E
草木樨 [*Melilotus officinalis*（L.）Lam.]	Meliloti heraba（Melilot）	E，H
香蜂花 （*Melissa officinalis* L.）	Melissae folium（Melissa leaf）	C，J，K
油橄榄 （*Olea europaea* L.）	橄榄叶（橄榄叶）[Oleae folium（Olive leaf）]	F
白鲜状牛至 （*Origanum dictamnus* L.）	白芷（克里特岛白鲜）[Origani dictamni herba（Dittany of crete herb）]	E，G，K
甘牛至 （*Origanum majorana* L.）	甘牛至草 [Origani majoranae herba（Majoram）]	E，K
车前草 （*Plantago afra* L. or *P. indica* L.）	车前子 [Psyllii semen（Psyllium seed）]	I
长叶车前 （*Plantago lanceolata* L.）	车前草（车前草）[Plantaginis lanceolatae folium（Ribwort plantain）]	G
扁蓄 （*Polygonum aviculare* L.）	红叶蓼 [Polygoni avicularis herba（Knotgrass herb）]	B，F，G
洋委陵菜 [*Potentilla erecta*（L.）Raeusch.]	Tormentillae rhizoma（Tormentil）	K
报春花 [*Primula veris* L. or *P. elatior*（L.）Hill.]	报春花 [Primulae radix（Primula root）；Primulae flos（Primula flower）]	G

（续）

植物学名称	草药名称	批准的适应证
夏栎、无梗花栎、柔毛栎［*Quercus robur* L.，*Q. petraea*（Matt.）Liebl.，*Q. pubescens* Willd.］	栎皮（橡树皮）［Quercus cortex（Oak bark）］	E，H，K
欧鼠李（1/4 药炭鼠李）［*Frangula alnus* Mill.（=*Rhamnus frangula* L.）］	弗朗鼠李皮［Frangulae cortex（Frangula bark）］	I
迷迭香（*Rosmarinus officinalis* L.）	迷迭香叶、迷迭香（迷迭香油）［Rosmarini folium（Rosemary leaf）、Rosmarini aetherolaeum（Rosemary oil）］	D，H，K
红树莓（*Rubus idaeus* L.）	红莓叶（覆盆子叶）［Rubi idaei folium（Raspberry leaf）］	B，D，K
假叶树（*Ruscus aculeatus* L.）	金缕梅（屠户扫帚）［Ruscii rhizoma（Butcher's broom）］	H
鼠尾草（*Salvia officinalis* L.）	鼠尾草叶［Salviae officinalis folium（Sage leaf）］	B，E，K
紫柳或脆弱柳（*Salix purpurea* L. or *S. fragilis* L.）	柳树皮［Salicis cortex（Willow bark）］	D，G
欧洲接骨木（*Sambucus nigra* L.）	接骨木花［Sambuci flos（Elder flower）］	G
希腊山茶［*Sideritis scardica* Griseb.，*S. clandestina*（Bory & Chaub.）Hayek，*S. raeseri* Boiss. & Heldr.，*S. syriaca* L.］	毒马草（矿石草）［Sideritis herba（Ironwort）］	G，K
钻果大蒜芥［*Sisymbrium officinale*（L.）Scop.］	钻果大蒜芥草（海芥菜）［Sisymbrii officinalis herba（Hedge mustard）］	G
欧白英（*Solanum dulcamara* L.）	茄木（木本茄茎）［Solani dulcamarae stipites（Woody nightshade stem）］	E
寡毛变种（*Solidago virgaurea* L.）	黄花一枝黄花（欧洲黄花）［Solidaginis virgaureae herba（European goldenrod）］	F
小白菊、艾菊［*Tanacetum parthenium*（L.）Schultz Bip.］	紫荆菊（小白菊）［Tanaceti parthenii herba（Feverfew）］	D
心叶椴（*Tilia cordata* Mill. or *T. platyphyllos* Scop.）	椴花（酸橙花）［Tiliae flos（Lime flower）］	G，J
胡芦巴（*Trigonella foenum-graecum* L.）	胡芦巴［Trigonellae foenugraeci semen（Fenugreek）］	A，E
大荨麻（*Urtica dioica* L. or *U. urens* L.）	荨麻叶（荨麻叶）、荨麻草（荨麻）/荨麻根［Urticae folium（Nettle leaf），Urticae herba（Nettle herb）/Urticae radix（Nettle root），Urticae folium（Nettle leaf），Urticae herba（Nettle herb）］	D，E/F
欧洲越橘（*Vaccinium myrtillus* L.）	Myrtilli fructus siccus（Dried bilberry fruit）/Myrtilli fructus recens（Fresh bilberry fruit）	B，K/H
缬草（*Valeriana officinalis* L.）	缬草、缬草精油［Valerianae radix（Valerian root）；Valerianae aetherolaeum（Valerian essential oil）］	C，J

（续）

植物学名称	草药名称	批准的适应证
密花毛蕊花（*Verbascum densiflorum* Bertol. or *V. phlomoides* L.）	毛蕊花［Verbasci flos（Mullein flower）］	B，G
三色堇［*Viola macedonica* Boiss. & Heldr. in Boiss.（=*V. tricolor* L.）or *V. arvensis* Murray.］	三色堇（野生三色堇）［Violae tricoloris herba cum flore（Wild pansy）］	E
穗花牡荆（*Vitex agnus-castus* L.）	穗花牡荆果［Agni-Casti fructus（Agnus-Castus fruit）］	F
Vitis vinifera L.	Vitis viniferae folium（Grapevine leaf）	H
组合：缬草和啤酒花（*Combination*：*Valeriana officinalis* L. and *Humulus lupulus* L.）	"缬草和狼疮花（缬草和跳链体）"［Valerianae radix and lupuli flos（Valerian root and hop strobile）］	C，J

注：A. 食欲不振；B. 口腔和咽喉疾患；C. 睡眠障碍和暂时性失眠；D. 疼痛和炎症；E. 皮肤不适和轻伤；F. 泌尿系统和生殖系统疾病；G. 咳嗽和感冒；H. 循环障碍；I. 便秘；J. 心理应激和心境障碍；K. 胃肠道功能紊乱。

二、欧洲药用芳香植物市场的趋势、挑战和价值链

世界各地的消费者对健康的生活方式越来越感兴趣，这使得有益健康的食品或非食品产品备受青睐。"天然"产品往往宣称为"无添加剂/无防腐剂""有机""全谷物""纯天然"（Barata 等，2016）。由于其"天然"的特性，故药用芳香植物（MAP）被广泛用于功能性食品、化妆品、保健品、农药、兽药或饲料生产。如今，它们在许多食品生产领域被作为天然防腐剂使用。例如，牛至和迷迭香作为添加剂在香肠和其他肉制品中被广泛使用，不仅增加了肉制品的风味，而且还具有抗氧化性能（Krishnaiah 等，2011；Lucera 等，2012）。在非食品领域，药用芳香植物作为替代药物，在大多数国家的使用量也在逐年增加。

当今消费者注重价值、彼此互动、文化多元、健康驱动、社会责任等，并且总是相互链接。在发达国家，生活质量、个人形象和健康的生活方式都是因获得商品而得以实现。随着药用芳香植物产品的益处和功效被更加深入了解，其相关产品需求量也随之加大，由此，世界各地消费者对其的接受度越来越高。此外，消费者对生物多样性、植物资源保护和可持续利用植物资源的意识也在不断提高。一个新兴的消费者群体正在迅速崛起，他们坚定地崇尚健康和可持续的生活方式。这个群体越来越大，被称为"健康与可持续生活方式（LOHAS）"消费者（CBI 市场调研，2009）。他们关注健康、健身、个人发展、可持续生活，并关心环境问题和社会正义。这一新兴消费群体的出现，将是有机和公平贸易市场增长的主要潜在力量之一。"公平贸易"是一种基于对话、透明和尊重的商业和发展模式，旨在国际贸易体系和整体市场中，可以为"良心（合乎道德）产品"创造更大的公平性（Witkowski，2014；Dragusanu 等，2014）。

"价值链"可以定义为相依存企业之间的一种战略合作关系，这些企业通过相互协作，逐步为终端消费者创造价值，从而形成集体竞争优势（Poter 和 Kramer，2011）。药用芳香植物的价值链是复杂的，因为它由几个中介所构成。此外，它还涉及许多不同行业，分

别接收初级产品和次级加工产品，以及最终的、更复杂的和创新产品。通常，价值链以线性形式呈现，而药用芳香植物的价值链涉及多个不同行业，有些涉及初级产品深加工（原材料、天然成分、精油等），有些涉及次级加工产品（化妆品、食品、饮料、饲料、农药、药品、兽药等），还有些涉及贸易模式和配套服务，它们之间存在着复杂和互补的联系（图 4－1）。

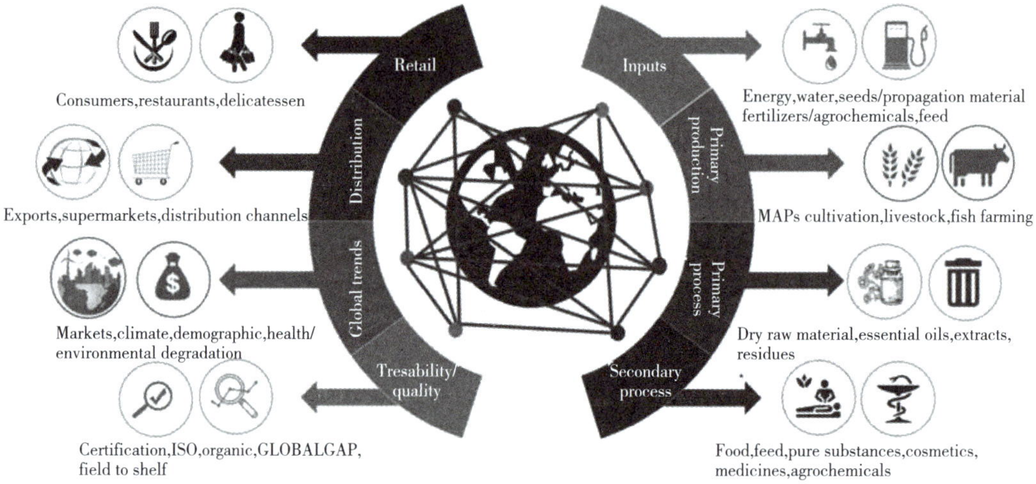

图 4－1　药用芳香植物（MAP）的价值链。投入、初级及二级生产和加工（原材料、天然成分、精油、化妆品、食品、饮料、动物饲料、农药、药品、兽药等）与道德、环境、贸易和服务，以一种复杂的、互补的、全球性的方式联合成一体

注：Consumers，restaurants，delicatessen，消费者、餐厅、熟食；Retail，零售；Inputs，投入；Energy，water，seeds/propagation material，fertilizers/agrochemilcals，animal feed，能量、水、种子/繁殖材料、化肥/农药、动物饲料；Exports，supermarkets，distribution channels，出口、超市、分销、渠道；Distribution，分销；Primary production，初级产品；MAPs cultivation，livestock，fish farming，种植药用芳香植物、畜牧、水产；Markets，climate，demographic，health/environmental degradation，市场、气候、人口统计、健康/环境破坏；Global trends，全球趋势；Primary process，初级加工；Dry raw material，essential oils，extracts，residues，干燥原料、精油、提取物、残留物；Certification，ISO，organic，GLOBALGAP，field to shelf，认证、ISO、有机、全球良好农业规范、田间到货架；Tresability/quality，可追溯性/质量；Secondary process，二级加工；Food，feed，pure substances，cosmetics，medicines，agrochemicals，食品、饲料、纯物质、化妆品、药品、农药。

在诸如《生物多样性公约》《全球植物保护战略》《名古屋议定书》《欧洲条例 511/2014》《欧洲指令 92/43/EEC》等国际倡议的框架内，确立了以下主要目标：保护生物多样性，可持续地利用其组成物种，以及公平、和平等地分享利用遗传资源所带来的惠益。优先考虑保护区内珍稀濒危野生种群的就地保护，以及优先保护种子库和植物园内对它们的迁地（非就地）保护（https：//www. cbd. int/convention/articles/default. shtml？a＝cbd-09）。

药用芳香植物在全球范围内所面临的威胁主要来自过度开发、破坏性采收、栖息地的丧失和改变，这在很大程度上是受过去 100～200 年城市化进程的加快和农业生产实践改变的影响（Misra，2009）。此外，药用芳香植物的贸易也很难被准确评估和规范。欧洲的很多国家，如果发现一些物种在近几年出现种群减少的情况，就会对其贸易进行管制或禁止；然而也有一些国家，即使发现药用芳香植物已经受到威胁，也不能出台足够有效的立法，甚至对现有法律也往往执行不力（Marshal，2012）。

野外可持续开发药用芳香植物很难实现且难以认证，现有的几个认证体系主要是关于食品质量、环境保护、职业安全和员工关怀方面。药用芳香植物的这些认证体系侧重于降低初级生产中的食品安全风险，最大限度地减少对环境的不利影响，并提高农业初级生产活动在价值链中的有效性。若想获得有助于赢得供应商与客户协议的竞争优势，最好能获得以下 4 个与药用芳香植物产品最相关的 4 个认证：森林管理认证［如森林管理委员会认证（FSC）］、社会认证［如公平贸易联盟认证（FTF）］、有机认证［如国际有机农业联合会认证（IFOAM）］和产品质量认证（图 4－1）。良好采收规范（GHP）是一个旨在植物材料野外采收的过程中保护环境，并且最大限度地减少对生物多样性破坏的特殊认证。然而，为更加确保其可持续性，以上几方面的认证也需要给予更多关注（Walter，2002）。既要保护生态系统，又要对可再生资源加以利用，需要农民不仅认证其产品，还要认证整个生产流程（Schippmann 等，2006；Lubbe 和 Verpoorte，2011）。

药用芳香植物的人工驯化和引种栽培，被认为是确保提供可靠原材料供应的最重要方法之一。此外，这是所能选择的最重要的保护方法之一，因为从野生种群中不断流失的芳香物质数量远高于其年产量（Maloupa 等，2008）。

三、地中海药用芳香植物的价值、独特性和风险

地中海地区目前被认为是一个自然保护区和全球生物多样性的热点地区（Myers 等，2000），这个仅占地球表面积 1.6%的区域，却生长着占全世界 10%的维管植物（Medail 和 Quézel，1999）。在地中海国家，天然存在大约 25 000 个物种，其中至少一半属于地中海地区的特有物种（Heywood，1999；Greuter，1991）。作为地中海国家之一的希腊，拥有至少 6 620 个类群（种和亚种），其中 1 459 个为希腊特有物种（Dimopoulos 等，2013，2016），其单位国土面积特有物种的分布比例在欧洲地区和地中海盆地均为最高（Georghiou 和 Delipetrou，2010）。

这一如此突出的生物多样性中心，却因为人类活动的影响，恰恰成为最受威胁的地区。地中海药用芳香植物构成了独特的、高度多样性的且极具价值的植物遗传资源，自古以来就被大量开发利用。自然资源的过度采收通常伴随着非法活动，这已被确认为生物多样性丧失的主要原因之一（Bradshaw 等，2009；St John 等，2012）。目前，药用芳香植物的年贸易总量达 40 万 t，且需求量仍在快速增长，对自然资源造成了巨大压力。在欧洲的 1 200～1 300 种不同的药用芳香植物中，有 90%仍然是通过野外采收获得的；这种情况再加上土地转换为其他用途，以及栖息地丧失的影响，目前有 25%的药用芳香植物物种濒临灭绝。日益增长的需求也导致了野外采收原料成色不一和质量下降。迄今为止，已不止一个欧洲国家报道，过度采收已导致约 150 种药用植物物种受到威胁。地中海地区无节制的采收，已被确证是对药用芳香植物种群的主要威胁，已导致一些物种濒临灭绝，如撒丁岛的迷迭香（Mulas 和 Mulas，2005）、克罗地亚的龙胆草（*Gentiana acaulis*）和山金车（*Arnica montana*）（Šatović，2004）。在克罗地亚，至少 17 种药用芳香植物已经受到过度野外采收的威胁（Šatović，2004）。而其他研究表明，希腊至少有 30%的稀有和受威胁植物实际上受到了不受控制的采收（Krigas 等，2014a）。事实上，这些植物种群在希腊和塞浦路斯目前所遭受的过度野外采收，加上放牧、土地转换为其他用途和城市发展，一起构成了影响药用芳香植物生存的主要外来威胁（Krigas 等，2014a；Tsintides

等，2007）。在希腊及巴尔干地区的其他国家，有与希腊 10 个常年生植物类群一样的遭遇，如报春花属（*Primula* spp.）、龙胆属（*Gentiana* spp.）和毒马草属（*Sideritis* spp.）植物在野外经常被非法过度采收（Krigas 等，2014b）。例如，在巴尔干当地特有野生种群 *Sideritis scardica*（未查到准确中文译法，其余未翻译为中文的皆是如此——译者注）植物（希腊山茶，"Tsai Olympou"，在希腊和保加利亚也有种植）已经被国际自然保护联盟（IUCN）列入全球红色名录，被评估为濒临受威胁物种，而克里特岛地方特有植物 *Sideritis syriaca* 亚种（克里特山茶或 Molatira）的数量自 2017 年也开始严重减少，使得克里特岛在近几年启动了一个种群监测项目。一些野生兰科植物，如兰花属（*Orchis* spp.）、凹舌兰属（*Dactylorrhiza* spp.）和倒距兰属（*Anacamptis* spp.），在巴尔干半岛和土耳其也出现被过度野外采收，以及在当地或局部区域内存在非法交易情况（用它们干燥的块茎做成的一种叫做"salepi"的传统饮品在当地广受欢迎，在土耳其也称作"salep"）。此外，某些国家唯一特有植物的电子贸易有所增加，这些特有植物大多为药用芳香植物（MAP），其中还有许多属于濒危物种，如希腊特有物种 *Origanum dictamnus* 和 *O. calcareous*（Krigas 等，2014b），以及塞浦路斯特有物种牛至草（*Origanum cordifolium*）、*Scutellaria cypria* subsp. *cypria* 和 *Sideritis cypria*（Krigas 等，2017）。

这些贸易中的大多数药用芳香植物来自野外采收（Lange 和 Schippmann，1997；Srivastava 等，1996；Xiao，1991）。根据《国际药用芳香植物野外可持续采收标准》（Plant Specialist Group，2007）预测，这一趋势可能会长期持续，影响因素如下：

• 大多数药用芳香植物与主要农作物物种分属不同的植物类群，导致对前者的栽培经验不足，对其发育和繁殖所需特殊要求的认知有限。

• 只有有限数量的药用芳香植物物种具有足够的市场影响力，才能支撑野外采集、驯化及开发高效栽培方案的高额成本。

• 在某些地理区域可耕土地不足的情况下，从野外采收药用植物的传统做法也是当地居民的重要收入来源。

与之相比，国际贸易中属于人工栽培的药用芳香植物非常有限。在国际市场交易的药用芳香植物超过 3 000 种，但更多的品种是在当地或局部地区销售。这里存在一个矛盾，禁止野外采收可能会减少老年人或家庭主妇等社会弱势群体的宝贵收入，特别是在发展中国家。用栽培种植代替野外采收的方式并非易事，而且可能无法达到后者同样的经济效益（Schippmann 等，2006）。人工种植某些药用芳香植物，无疑为野生采收方式提供了一种替代方法。但是由于两种方式的最终产品感官特征不一致，故消费者抱怨人工种植的产品失去典型的风味和香气，从而严重影响了人工种植方式的推广。其原因推测如下，培育过程中无性繁殖植株的随意选择，栽种技术的非标准化差异，农民、零售商、贸易商的采收及采后处理方式不同。尽管在原地（野生栖息地和保护区）和迁地遗传资料库（植物园、基因库、种子库）中存在着明显的遗传变异和表型变异，但这些变异确实可作为栽培、选种和适宜育种的供体材料来源（Krigas 等，2016）。然而，这只是部分特征，实际情况却是不同采收批次之间的数据资料缺乏统一性和标准化（Schippmann 等，2006）。尽管如此，从长远考虑，特别是在大量药用芳香植物被用作动物饲料添加剂的情况下，人工种植似乎是其可持续利用遗传资源的唯一可行方法。

目前，有必要建立不同国家/地区药用芳香植物分布清单，并附上当地野生种群状况的注释。此类保护措施的具体事宜尚未确定，也尚未纳入国际组织、公共机构、研究基金会和非政府组织的植物保护相关议程。在药用芳香植物资源的保护和可持续利用工作中，迫切需要地方、区域、国际的采收企业和贸易市场，以及政府和医疗保健提供商合作参与的野外采收方法。另外，还需要可持续的保护计划，将新引进的药用芳香植物以低成本和高附加值快速驯化和种植。

四、从野生到种植：药用芳香植物遗传资源的保护和可持续开发

药用芳香植物可持续野外采收的主要挑战包括：缺乏可持续收获率和采收实践的相关知识，土地使用权不明确，以及缺乏立法和政策指导（Blackmore 和 Rae，2011）。故应查明药用芳香植物在不同生产系统下的保护效益和成本，制定相关指导政策，以便决定是否对物种进行迁地保护（Schippmann 等，2006）。将药用芳香植物原料引入工业最可行的方法是对其进行人工种植。与野外采收相比，人工种植还具有质量优势。由于存在环境和遗传差异，故野生采收的植物通常在质量和组成上有所不同。人工栽种可大幅减少这种差异，并使之更加可控。这些植物可以生长在具有相似气候和土壤条件的区域，可以通过灌溉提高产量，并可以在适当的时间采收。人工栽培也大大降低了错误鉴定和掺假的可能性（Marshal，2012）。

本地和花卉物种保护与评价实验室（LPENFS）和库鲁西亚巴尔干植物园（BBGK）隶属于希腊农业组织 DEMETER 植物育种和遗传资源研究所，专门从事希腊外来物种迁地保护和本土植物保护。他们的方法在国家和国际层面均具有创新性（Maloupa 等，2008），并围绕着“文献—保护—评价—植物遗传资源可持续开发”这一轴线发展（图 4-2）。LPENFS-BBGK 优先考虑的是重要的植物物种，即特有的、受威胁的（极度濒危、濒危和易濒危）和受国家立法或国际公约保护的植物，以及具有芳香药物特性的植物，可食用部分、养蜂用途和潜在的观赏园艺价值的植物（Maloupa 等，2008）。

只有需要使用专门的采收许可证，才能从自然环境中采收目标植物，希腊环境与能源部（森林管理和森林环境部）每年会复审一次该许可证。为此，希腊每年都会在不同地区组织几次专门的植物考察活动，以探索特定植物物种的自然种群，在此期间收集适合的植物繁殖材料（种子、插枝、根茎、块茎、活体植物）。将植物材料转移至 LPENFS 进行样品分类，并为每个样品分配一个唯一且特异的“登录代码”。该代码将伴随植物材料之后的历程，如试验、维护、贮存、繁殖、栽培、评估和销售等所有环节。

为确保以前未知的药用芳香植物在迁地能成功种植，建议在引种前使用 GIS（地理信息系统）生态剖面图进行生态概况分析（Krigas 等，2010，2012）。在 GIS 环境下，特定药用芳香植物的地理坐标参考种群可以相应地与专题地图联系起来。专题地图是基于使用开放访问的地理数据库［如 Worldclim 地理数据库、欧洲土壤地理数据库（European Soil geodatabase）］制作而成的，通过跨多个专题地图生成的植物分布地点之间的联系，可以利用点采样技术对特定物种的生态信息进行数据挖掘。提取的生态信息可以定量和定性地反映野外优势植物生长所处的土壤及气候特征（温度和降水属性），并可用于概述其物种特有的就地生长环境需求（Krigas 等，2010，2012）。如果能合理利用这些信息，则会对优选药用芳香植物在人工栖息地（如植物园和田间种植）的迁地保护非常有利。

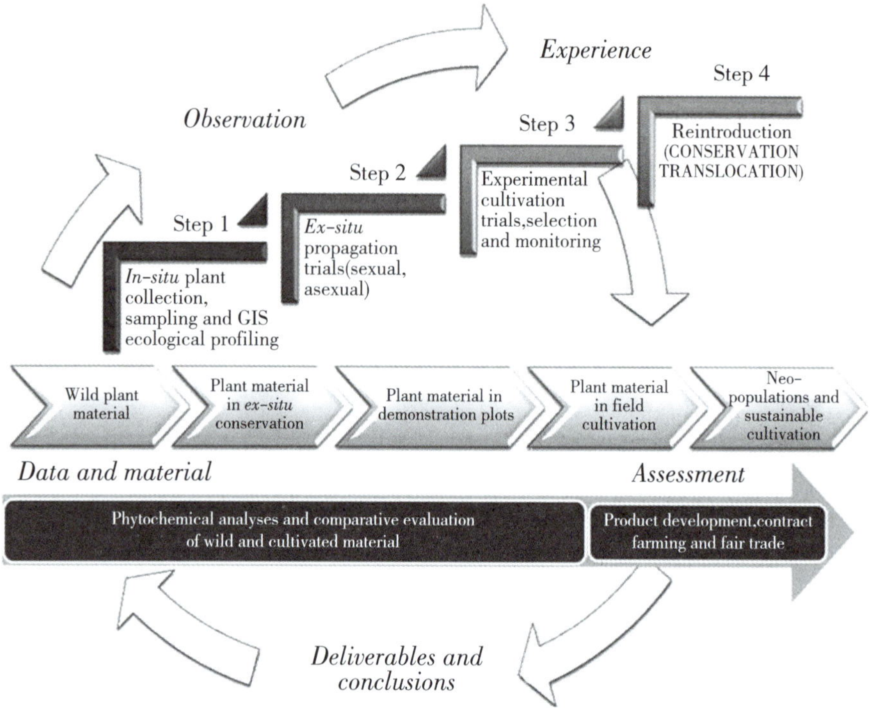

图 4-2　药用芳香植物可持续开发综合-分步方法概念图，展示了药用芳香植物相互关联的保护行动（就地保护和迁地保护），与可持续管理活动的并行发展关系。先决步骤 1～3 可导致：①在保护区建立受威胁物种的保护移植区（新种群），可为将来植物材料重新引入野生栖息地提供条件，或②在对野生种群、栽培材料进行植物化学分析和比较评价后，进行迁地保护、试验栽培、驯化过程的开发、克隆株的记录和挑选、合同种植和公平贸易及新产品的开发。

注：Observation，观察；Experience，经验；*In-situ* plant collection，sampling and GIS ecological profiling，本地植物采收、样本采集和地理信息系统采集；*Ex-situ* propagation trials (sexual，asexual)，迁地繁育试验（有性繁育、无性繁育）；Experimental cultivation trails，selection and monitoring，试验性培育试验、选种和监测；Reintroduction（CONSERVATION TRANSLOCATION），重新引进（保存、移位）；Wild plant material，野生植物材料；Plant material in *ex-situ* conservation，植物材料在迁地保存；Plant material in demonstration plots，植物材料在示范地；Plant material in field cultivation，植物材料在野外培植；Neo-population and sustainable cultivation，新种群和可持续培植；Date and material，数据和材料；Assessment，评估；Phytochemical analyses and comparative evaluation of wild and cultivated material，野生与培植材料的植物化学分析与比较评估；Product development，contract farming and fair trade，产品开发、合约农场和公平贸易；Deliverables and conclusions，交付物和结论。

五、野外收集的本土物种将在以下一种或多种条件下贮存

1. 种质贮存中心

旨在对稀有和受威胁物种种群的活体植物进行贮存。对这些采集的活体植物的贮存有助于实施《生物多样性公约》（*Convention on Biological Diversity*）第 9 条和《全球植物保护战略》（*Global Plant Conservation Strategy*）第 8 条的目标，它们有可能被用于在自然

环境中进行再引种试点活动。目前，LPENFS-BBGK 贮存中心保存了数千个植物个体（超过540 个登录代码），对应于 300 多个希腊物种和亚种，是希腊独一无二的植物种质贮存中心。

2. 种子库

每年从贮存中心取出或是考察期间采集到的野外种群的种子，经清洁和除湿后贮存在4℃种子库中。种子库可提供长期的贮存服务，满足有性繁殖的试验需求（包括育种程序），还可以与从事植物遗传资源保护的其他研究机构或植物园进行种子交换。目前，有超过 1 500 个登录代码，涉及 800 多种希腊本土物种和亚种被贮存在种子库中。

3. 组织培养

将一些重要（包括稀有、特有、受威胁的）和具有研究价值的物种在体外得以维持。共在体外建立了 25 个登录代码，对应于 23 个希腊本土分类群。组织培养方法可用于健康植物材料的快速繁殖，以及逆境胁迫条件下（高盐、极端温度等）的试验。

4. 植物园

在属于 LPENFS 的两个植物园中，环保意识植物园（Garden of Environmental Awareness，简称 GEA，占地 0.8 ha，位于 LPENFS 周围区域，海拔接近海平面）和库鲁西亚巴尔干植物园（BBGK，占地 30 ha，位于基尔基斯地区，靠近 FUROM 边界，海拔 600m），有超过 760 种希腊本土分类群得到迁地保存，因此代表了希腊本土多年生植物最丰富的保存区。

六、本土药用芳香植物繁殖研究是可持续开发的关键

尽管许多药用芳香植物具有独特的特性，可用于不同用途的商业栽培。但不论是在天然药用芳香植物的种植，还是从野外采收的植物材料处理，相关知识仍存在很多不足。为了尽可能地了解和模拟人为环境下收集的植物对土壤、气候的需求，事实证明，前面提到的 GIS 应用程序足够快速，可在不到 2 年的时间内完成野外采收药用芳香植物有效繁殖试验和试点栽培（Krigas 等，2010；Grigoriadou 等，2011，2014；Gkika 等，2013）。这些数据也被用来研究本土植物的生物周期和繁殖（育种）过程。

植物材料会用于开发物种特定繁育的多个方案中（Grigoriadou 等，2011，2014；Tsoktouridis 等，2013；Sarropoulou 和 Maloupa，2015）。根据其特殊需要（灌溉、土壤、光密度、温度），可将所收集物种的母本以盆栽或田间育苗的方式放置于苗圃的不同区域。制定具体的繁育方案取决于物种自身的性质，并通过以下方式实现（步骤 2，图 4－2）：

1. 有性繁殖（种子）

主要用于一年生植物，通过培育母本植物以达到保护植物的目的，以及保护很难或不可能通过其他方式实现繁育的植物。研究表明，温度、湿度和光照是影响种子萌发的条件，而来自 GIS 应用程序的数据可用来修正和改进繁育方案（Grigoriadou 等，2014）。

2. 无性繁殖（扦插、压条、根茎、块茎）

广泛用于保持所选物种的基因型。在培植和生产药用芳香植物的母本（初始）材料时，有必要选择相同的物种克隆。分析研究的重点是繁殖过程中影响根和芽形成的生理因素，并且每个物种都是不同的研究对象（图 4－3）。

3. 组织培养

用于不易生根的植物。这种繁殖在无菌条件下进行，没有病原体，因此无论环境条件

如何，都能在有限的时间内产生大量的植株。优先考虑特定植物类别（如受威胁物种或出现繁殖障碍的物种）使用该技术（图 4-3）。当难以模拟某些特定物种生长所需要的环境条件（如高海拔生境下的亚高山物种）时，这种生物技术繁育方法可提供解决方案（Grigoriadou 等，2014）。

图 4-3　通过成功的驯化程序，对选定的希腊药用芳香植物进行可持续开发。第一排图：海茴香 *Crithmum maritimum*（rock samphire，伞形科，Apiaceae family），从野生栖息地（A_1），通过扦插繁育和驯化试验种植（B_1 和 C_1），再到大规模田间种植（希腊北部哈尔基迪基地区）（D_1）。第二排图：*Thymus sibthorpii*（西布索普野生百里香，Sibthorp's wild thyme，唇形科，Lamiaceae family），从本土野生种群（A_2），通过体外繁育和驯化（B_2 和 C_2），再到小规模种植（希腊北部的塞勒斯地区）（D_2）。

迄今为止，为了开发药用芳香植物生物多样性的潜力，一些希腊原产的有价值的本土药用芳香植物正在被调查或试点栽培，以期作为替代作物进行可持续开发（表 4-2）。

表 4-2　正在调查研究商业唇形科药用芳香植物和其他密切相关的希腊植物的例子或在希腊试点栽培自然分布范围受限的本地分类群（粗体字母）

商业名称	有商业价值的分类单元	其他分布范围受限的希腊本土分类群
希腊牛至（Greek oregano）	*Origanum vulgare* subsp. *hirtum*	*O. onites*
白藓牛至（Cretan dittany）	白藓状牛至（*Origanum dictamnus*）	***O. calcaratum*** *，*O. lirium* *，*O. scabrum* *，*O. sipyleum* ^，*O. symes* *，*O. vetteri* *
西班牙牛至（Spanish oregano）	廷布拉头序蝇子草（*Thymbra capitata*）	*Thymbra calostachya* *
马郁兰草（Majoram）	甘牛至（*Origanum majorana*）	***O. microphyllum*** *
柠檬香蜂草（Lemon balm）	蜜蜂花芦荀亚系——芦荀（*Melissa officinalis* subsp. *ofiicinalis*）	蜜蜂花芦荀亚系——高臭草（***Melissa officinalis* subsp. *altissima***）

（续）

商业名称	有商业价值的分类单元	其他分布范围受限的希腊本土分类群
希腊山茶（Greek mountain Tea）	*Sideritis scardica*/*S. raeseri* subsp. *raeseri*	*Sideritis euboea**，***S. clandestina* subsp. *clandestina****，*S. clandestina* subsp. *peloponnesiaca**，***S. perfoliata* subsp. *perfoliata***$^{\wedge}$，***S. perfoliata* subsp. *athoa***$^{\wedge}$，*S. raeseri* susbp. *attica**，***S. sipylea***$^{\wedge}$，***S. syriaca* subsp. *syriaca****
百里香（Thyme）	银斑百里香（*Thymus vulgaris*）	***Thymus degenii***$^{\vee}$，***T. holosericeous****，***T. longicaulus* subsp. *chaubardii***$^{\vee}$，***T. plasonii****，***T. sibthorpii***$^{\vee}$，*T. sipyleus*$^{\wedge}$，*T. striatus*$^{\vee}$，*T. thracicus*
冬季香薄荷（Winter savory）	冬季香薄荷亚系——蒙大拿（*Satureja montana*）subsp. *montana*	*Satoureja athoa*$^{\wedge}$，***S. cuneifolia***$^{\vee}$，***S. hellenica****，***S. horvatii* subsp. *macrophylla****，*S. icarica**，***S. montana* subsp. *macedonica****，*S. paranassica* subsp. *parnassica**，***S. pilosa***$^{\vee}$，*S. spinosa*$^{\vee}$

注：*希腊地方病；$^{\wedge}$东地中海地方病；$^{\vee}$巴尔干地方病或巴尔干地方病蔓延到土耳其的安纳托利亚以及意大利；无标识，地中海区域地方病。

七、试点栽培：推动产生新的芳香植物品种

建立选定药用芳香植物及基因型的试点栽培区，并遵循通过种植实践得来的特定物种的栽培方案（图 4－2 中的步骤 3，图 4－3）；记录表型数据及植物对非生物和生物因素的反应，对收集的植物材料做植物化学筛选和分析，对所产生的次级代谢产物进行定性和定量评价；评估精油、植物提取物和其他产物，以便生产其他产品；药用芳香植物生产过程中形成的残留物，通常被用作饲料工业中的饲料添加剂。以上这些工作是可持续开发药用芳香植物的遗传资源，是创造新产品和替代作物的必要步骤（图 4－2 和图 4－3）。

自 2015 年至今，已有 80 多种具有芳香、药用价值和（或）蜜源价值的希腊植物区系品种或亚种被选择出来，并将其出售给商业苗圃，供种植者进一步扩繁和使用，它们都带有登录代码、学名、种源信息（采集信息）和由 LPENFS-BBGK 制定的特定的繁殖和栽培方案。

（张小宇，译；洪宗羽，李平，校）

参　考　文　献

Azmir，J.，Zaidul，I. S. M.，Rahman，M. M.，Sharif，K. M.，Mohamed，A.，Sahena，F.，2013. Techniques for extraction of bioactive compounds from plant materials：a review. J. Food Eng. 117，426-436.

Barata，A. M.，Rocha，F.，Lopes，V.，Carvalho，A. M.，2016. Conservation and sustainable uses of medicinal and aro-matic plants genetic resources on the worldwide for human welfare. Ind. Crops Prod. 88，8-11.

Blackmore，S.，Rae，M. G. D.，2011. Strengthening the scientific contribution of botanic gardens to the second phase of the Global Strategy for Plant Conservation. Bot. J. Linn. Soc. 166 (3)，267-281.

Bradshaw，C. J. A.，Sodhi，N. S.，Brook，B. W.，2009. Tropical turmoil：a biodiversity tragedy in progress. Front. Ecol. Environ. 7，79-87.

Bruni，R.，Sacchetti，G.，2009. Factors affecting polyphenol biosynthesis in wild and field grown St. John' s Wort (*Hypericum perforatum* L. Hypericaceae/Guttiferae) . Molecules 14，682-725.

CBI Market Survey，2009. The Spices and Herbs Market in EU 2009. https://www. scribd. com/document/75195767/ The-Spices-and-Herbs-Market-in-the-Eu-2009.

Dimopoulos，P.，Raus，T.，Bergmeier，E.，Constantinidis，T.，Iatrou，G.，Kokkini，S.，Strid，A.，Tzanoudakis，D.，2013. Vascular Plants of Greece：An Annotated Checklist. Berlin：Botanic Garden and Botanical Museum Berlin-Dahlem，Athens：Hellenic Botanical Society.

Dimopoulos，P.，Raus，T.，Bergmeie，r E.，Constantinidis，T.，Iatrou，G.，Kokkini，S.，Strid，A.，Tzanoudakis，D.，2016. Vascular plants of Greece：an annotated checklist. Supplement. Willdenowia 46，301-347.

Dragusanu，R.，Giovannucci，D.，Nunn，N.，2014. The economics of fair trade. J. Econ. Perspect. 28，217-236.

Ekor，M.，2013. The growing use of herbal medicines：issues relating to adverse reactions and challenges in moni-toring safety. Front. Pharmacol. 4，177.

Georghiou，K.，Delipetrou，P.，2010. Patterns and traits of the endemic plants of Greece. Botanical Journal of the Linnaean Society. 162 (2)，130-422.

Gkika，P. I.，Krigas，N.，Menexes，G.，Eleftherohorinos，I. G.，Maloupa，E.，2013. Conservation of the rare *Erysimum nax-ense* Snogerup and the threatened *Erysimum krendlii* Polatschek：effect of temperature and light on seed germina-tion. Open Life Sciences (Central European Journal of Biology) 8 (12)，1194-1203.

Góra，J.，Lis，A.，Kula，J.，Staniszewska，M.，Wołoszyn，A.，2002. Chemical composition variability of essential oils in the ontogenesis of some plants. Flavour Fragrance J. 17，445-451.

Greuter，W.，1991. Botanical diversity，endemism，rarity，and extinction in the Mediterranean area：an analysis based on the published volumes of Med-Checklist. Botanika Chronika. 10，63-79.

Grigoriadou，K.，Krigas，N.，Maloupa，E.，2011. GIS-facilitated *in vitro* propagation and *ex situ* conservation of *Achillea occulta*. Plant Cell Tissue Organ Cult. 107，531-540.

Grigoriadou，K.，Krigas，N.，Maloupa，E.，2014. GIS-facilitated *ex situ* conservation of the rare Greek endemic *Campanula incurva* Aucher：seed germination requirements and effect of growth regulators on *in vitro* proliferation and rooting. Plant Biosyst. 14 (6)，1169-1178.

Heywood，V. H.，1999. The Mediterranean region a majorcentre of plant diversity. In：Heywood，V. H.，Skoula，M. (Eds.)，Wild Food and Non-food Plants：Information Networking. CIHEAM-IAMC，Chania，5-13.

Karousou，R.，Kokkini，S.，1997. Distribution and clinal variation of *Salvia fruticosa* Mill. (Labiatae) on the island of Crete (Greece) . Willdenowia. 27，113-120.

Karousou，R.，Vokou，D.，Kokkini，S.，1998. Variation of *Salvia fruticosa* essential oils on the island of Crete (Greece) . Bot. Acta，111，250-254.

Karousou，R.，Efstathiou，C.，Lazari，D.，2012. Chemical diversity of wild growing *Origanum majorana* in Cyprus. Chem. Biodivers. 9 (10)，2210-2217.

Kokkini，S.，Karousou，R.，Dardioti，A.，Krigas，N.，Lanaras，T.，1997. Autumn essential oils of Greek oregano. Phyto-chemistry. 44，883-886.

Kokkini，S.，Vokou，D.，Karousou，R.，1991. Morphological and chemical variation of *Origanum vulgare* L. in Greece. Botanica Chronika. 10，337-346.

Kontogiorgis, C., Ntella, M., Mpompou, L., Karalaaki, F., Papadopoulos, A., Hadjipavlou-Litina, D., Lazari, D., 2016a. Study of the antioxidant activity of *Thymus sibthorpii* Bentham (Lamiaceae). Journal of Enzyme Inhibition and Me-dicinal Chemistry. 31 (S4), 154-159.

Kontogiorgis, C., Mpompou, E. M., Papajani-Toska, V., Hadjipavlou-Litina, D., Lazari, D., 2016b. Chemical composi-tion and antioxidant activity of the essential oils isolated from Greek and Albanian *Thymus* species. J. Chem. Pharm. Res. 8 (9), 180-184.

Kreziou, A., de Boer, H., Gravendee, B., 2016. Harvesting of salep orchids in north-western Greece continues to threaten natural populations. Oryx. 50 (3), 393-396.

Krigas, N., Mouflis, G., Grigoriadou, K., Maloupa, E., 2010. Conservation of important plants from the Ionian islands at the Balkan Botanic Garden of Kroussia, N Greece: linking with GIS the *in situ* collection data with plant prop-agation and the *ex situ* cultivation. Biodivers. Conserv. 19, 3583-3603.

Krigas, N., Papadimitriou, K., Mazaris, A. D., 2012. GIS and *ex situ* plant conservation. In: Alam, B. M. (Ed.), Appli-cation of Geographic Information Systems. InTechopen. com, Rijeka, Croatia, 153-174.

Krigas, N., Bandi, A., Vokou, D., 2014a. Identified threats and proposed protection measures for the Rare and Threat-ened Plants of Greece: classification, ranking and mismatches. In: Krigas, N., Tsoktouridis, G., Cook, C. M., Mylona, P., Maloupa, E. (Eds.), Botanic Gardens in a Changing World: Insights into Eurogard VI. Botanic Gardens Conservation International, 43-52.

Krigas, N., Mendeli, V., Vokou, D., 2014b. The electronic trade in Greek endemic plants: biodiversity, commercial and legal aspects. Econ. Bot. 68 (1), 85-95.

Krigas, N., Mendeli, V., Vokou, D., 2016. Analysis of the *ex situ* conservation of the Greek endemic flora at national European and global scales and of its effectiveness in meeting GSPC Target 8. Plant Biosyst. 150 (3), 573-582.

Krigas, N., Mendeli, V., Chrysanthou, P., Vokou, D., 2017. The electronic trade in endemic plants of Cyprus through the Internet. Plant Biosyst. 151 (3), 383-393.

Krishnaiah, D., Sarbatly, R., Nithyanandam, R., 2011. A review of the antioxidant potential of medicinal plant species. FoodBioprod. Process. 89 (3), 217-233.

Lange, D., Schippmann, U., 1997. Trade Survey of Medicinal Plants in Germany: A Contribution to International Plant Species Conservation. BundesamtfürNaturschutz, Bonn.

Lazari, D. M., Matta, M. K., Sylignaki, G. I., Panagiotidis, C. A., 2006. Evaluation of the antiherpetical activities of *Side-ritis perfoliata* subsp. *perfoliata* (Lamiaceae). Planta Med. 72 (11), 90.

Lubbe, A., Verpoorte, R., 2011. Cultivation of medicinal and aromatic plants for specialty industrial materials. Ind. Crops Prod. 34, 785-801.

Lucera, A., Costa, C., Conte, A., Del Nobile, M. A., 2012. Food applications of natural antimicrobial compounds. Front. Microbiol. 3, 287.

Maloupa, E., Krigas, N., Grigoriadou, K., Lazari, D., Tsoktouridis, G., 2008. Conservation strategies for native plant species and their sustainable exploitation: case of the Balkan Botanic Garden of Kroussia, N. Greece. In: Teixeira da Silva, J. A. (Ed.), Floriculture Ornamental Plant Biotechnology: Advances and Topical Issues, vol. 4. Global Sci-ence Books, Isleworth, UK, 37-56.

Marshall, E., 2012. Health and Wealth from Medicinal Aromatic Plants. FAO. http://www.fao.org/3/a-i2473e.pdf. Matta, M. K., Paltatzidou, K., Triantafyllidou, H., Lazari, D. M., Karioti, A., Skaltsa, H., Panagiotidis, C. A., 2007. Eval-uation of the anti-herpes simplex virus activity of

Thymus longicaulis L. (Lamiaceae). Planta Med. 73 (9), 988-998.

Medail, F., Quézel, P., 1999. Biodiversity hotspots in the Mediterranean Basin: setting global conservation priorities. Conserv. Biol. 13 (6), 1510-1513.

Medicinal Plant Specialist Group, 2007. International Standard for Sustainable Wild Collection of Medicinal andAr-omatic Plants (ISSC-MAP). Version 1.0. Bundesamtfür Naturschutz (BfN). MPSG/SSC/IUCN, WWF Germany, and TRAFFIC, Bonn, Gland, Frankfurt, and Cambridge (BfN-Skripten 195).

Misra, A., 2009. Studies on biochemical and physiological aspects in relation to phyto-medicinal qualities and efficacy of the active ingredients during the handling, cultivation and harvesting of the medicinal plants. J. Med. Plants Res. 3 (13), 1140-1146.

Moore, B.D., Andrew, R.L., Kulheim, C., Foley, W.J., 2014. Explaining intraspecific diversity in plant secondary me-tabolites in an ecological context. New Phytol. 201, 733-750.

Mulas, M., Mulas, G., 2005. Cultivar selection from rosemary (*Rosmarinus officinalis* L.) spontaneous populations in the Mediterranean area. Acta Horticulturae. 676, 127-133.

Myers, N., Mittermeier, R.A., Mittermeier, C.G., da Fonseca, G.A.B., Kent, J., 2000. Biodiversity hotspots for conser-vation priorities. Nature. 403, 853-858.

Papaioannou, P., Lazari, D., Karioti, A., Souleles, C., Heilmann, J., Hadjipavlou-Litina, D., Skaltsa, H., 2007. Phenolic compounds with antioxidant activity from *Anthemis tinctoria* L. subsp. *tinctoria* var. pallida DC. (Asteraceae). Z. Naturforsch. C Biosci. 62c, 326-330.

Porter, E., Kramer, M., 2011. The big idea: creating shared value. Harv. Bus. Rev. 1, 2e17. Sarropoulou, V., Maloupa, E., 2015. Effect of exogenous dikegulac on *in vitro* shoot proliferation of *Sideritis raeseri* L. Greek mountain tea species. Agric. For. 61 (4), 153-159.

Šatovíc, Z., 2004. Legal protection, conservation and cultivation of medicinal and aromatic plants in Croatia. In: In-ternational Plant Genetic Resources Institute (Ed.), Report of a Working Group on Medicinal and Aromatic Plants, 34-38.

Schippmann, U.D., Leaman, B., Cunnigham, D., 2006. Cultivation and wild collection of medicinal and aromatic plants under sustainability aspects. In: Bogers, R.J., Craker, L.E., Lange, D. (Eds.), Medicinal and Aromatic Plants. Springer, Dordrecht. http://library.wur.nl/frontis/medicinal_aromatic_plants/05_schipmann.pdf.

Srivastava, J., Lambert, J., Vietmeyer, N., 1996. Medicinal Plants: An Expanding Role in Development. World Bank, Washington, DC. World Bank Technical Paper, 320.

St John, F.A.V., Edwards-Jones, G., Jones, J.P.G., 2012. Opinions of the public, conservationists and magistrates on sentencing wildlife trade crimes in the UK. Environ. Conserv. 39, 154-161.

Tsintides, T., Christodoulou, C.S., Delipetrou, P., Georghiou, K. (Eds.), 2007. The Red Data Book of the Flora of Cyprus. Cyprus Forest Association, Lefkosia, Cyprus.

Tsoktouridis, G., Grigoriadou, K., Doua, E., Nikolaidou, A., Menexes, G., Maloupa, E., 2013. *In vitro* shoot prolifer-ation, rooting, and acclimatization of four diverse *Dianthus petraeus* W.ET K. genotypes using TDZ, NAA, and IBA. Propagation of Ornamental Plants. 13 (4), 181-188.

Vartholomatos, E., Lazari, D., Alexiou, G., Tsiftsoglou, O., Galani, V., Markopoulos, G., Kyritsis, A., 2016. Study on the effect of Polypodin-B in cell lines of glioblastoma. In: 14th Panhellenic Congress of Clinical Chemistry and Clinical Biochemistry Society, 29/9-1/10/2016, Ioannina, Greece.

Walter, S., 2002. Certification and benefit-sharing mechanisms in the field of non-wood forest products: an overview. Medicinal Plant Conservation. 8, 3-9.

Witkowski, T. H., 2014. Fair Trade Marketing: an alternative system for globalization and development. J. Mark. Theory Pract. 13, 22-33.

World Health Organization (WHO), 2008. Traditional Medicine.

Xiao, P. G., 1991. The Chinese approach to medicinal plants e their utilization and conservation. In: Akerle, O., Heywood, V., Synge, H. (Eds.), Conservation of Medicinal Plants. Cambridge University Press, Cambridge, UK.

第五章
芳香植物及其提取物的药代动力学和体内外作用机制

Ivana čabarkapa[1]，*Nikola Puvača*[2]，*Sanja Popović*[1]，
Dušica čolović[1]，*Ljiljana Kostadinović*[3]，
Eleanor Karp Tatham[4]，*Jovanka Lević*[1]

[1] University of Novi Sad，Institute of Food Technology，Novi Sad，Serbia；[2]University Business Academy，Faculty of Economics and Engineering Management，Department of Engineering Management in Biotechnology，Novi Sad，Serbia；[3]Planet Fresh d. o. o，Nikšić，Montenegro；[4]University of London，Royal Veterinary College，London，United Kingdom

一、引言

在过去的 60 年里，抗生素在食用动物饲养中被用作一种抗菌促生长剂，用以提高动物的生产性能和预防疾病。然而，作为促生长剂的抗生素的过量使用不仅会导致细菌产生耐药性，也会导致动物源性食品存在药物残留。因此，从动物饲料中去除促生长类的抗生素成为当下的主要目标（Bampidis 等，2005；Stanacev 等，2012；Puvača 等，2013；Popovič 等，2016）。在 2006 年，欧盟根据 2003 年制定的 EC1831 法规，禁止在动物饲养中使用促生长类的抗生素。因此，寻找可用于预防疾病并替代促生长类抗生素的天然产物添加剂变得非常重要。畜牧业生产中倾向于通过调节肠道菌群来改善动物的生产性能，确保产品（如肉、蛋、奶）质量安全，并最大程度地减少经济损失（Levic 等，2011；Kostadinović和 Lević，2018）。其中，许多能够改善动物生产性能和动物健康状况的微生物及生物活性物质日益受到重视，如益生菌、益生元、酶、有机酸和植物提取物（Levic 等，2011；Puvača 等，2015；Puvača，2018）。从药用、芳香和香料植物（大蒜、牛至、百里香、迷迭香、香菜和肉桂）的种子、根及叶中提取的精油（essential oil，EO），通常被称为植物性添加剂或植物抗生素（Windisch 等，2008）。生物活性物质，如香芹酚、百里香酚、桉树脑、芳樟醇、茴香脑、大蒜素、辣椒素、异硫氰酸烯丙酯和胡椒碱是有益的活性物质，这些活性物质也使得相应的植物本身成为自然界中非常宝贵的资源。在过去的 30 年中，为了验证这些活性物质的抗菌和抗氧化作用，学者们开展了不同的体内外试验，但都尚未能完全阐明它们的作用机制（Burt，2004；Windisch 等，2008；Puvača 等，2018）。除了以上这些特性外，Burt 等（2004）研究证实，生物活性物质还具有抗毒素、

抗病毒、抗寄生虫、杀螨等的作用。目前，人们对植物精油比对植物及其提取物在食用动物营养方面的作用更感兴趣，因为与提取植物精油的原料相比，植物精油具有更强的生物活性。植物精油具有复杂的成分及多变的化学成分和浓度（Puvača，2018），基本上由两类化合物组成，即萜烯和苯丙烯（Lee 等，2004）。在植物原料和植物精油生产过程中，许多因素及其相互作用都会影响植物精油中各组分的含量和组成。例如，植物种类、生长阶段、环境和生长地区都会影响粗提物中植物精油的含量及组成（Daferera 等，2003；Mert，2002；Popović等，2018）。因此，如果用于生产植物精油的原材料存在很大的差异，则获得的植物精油成分也会存在很大差异（Lević等，2011）。植物精油生产中采用的加工工艺，如水蒸气蒸馏或溶剂提取，也会对其产量和组成产生显著影响（Russo 等，1998）。在过去的 20 年中，植物提取物或精油作为动物食品营养中抗生素促生长剂的天然替代品，已经成为科学研究的焦点。在此期间，植物提取物或精油作为家禽、猪、牛、水产动物养殖的天然饲料添加剂得到了广泛的应用。

二、芳香植物及其提取物的抗菌作用

植物提取物是用蒸汽蒸馏的方法，从植物的不同部位（如花、根、叶片、种子、果皮、果实或整株植物）中，提取的芳香性和挥发性液体（Roldan 等，2010）。植物提取物是由各种有机小分子化合物组成的混合物，其抗菌活性存在很大差异。根据化学结构的不同，可以将活性化合物分为不同的组分，如醇类、酚类、醛类、酮类、烃类和醚类等。植物提取物中各组分的浓度差异很大，其主要成分达到 85%以上，而其他成分只占极少的比例（čabarkapa 等，2011）。植物提取物的生物学特性往往取决于其主要成分。芳香植物中提取物的化学成分会随季节的变化而变化。此外，化学组成和含量还可能受环境因素（气候和产地条件）及处理方法（干燥方法、提取技术、蒸馏时间）的影响（Bakkali 等，2008；čabarkapa 等，2016）。

酚类在植物中的比例最高，也是主要的抗菌成分，其次是醇类、醛类、酮类和醚类，而碳氢化合物的抗菌能力较低（Dorman 和 Deans，2000）。尽管植物提取物的抗菌效果主要归功于酚类物质，但其他成分的作用也不可忽视，因为各个成分之间可能存在协同作用，进而影响其抗菌活性。大量的研究表明，植物提取物或其各组分之间形成的混合物，与其单体成分相比，具有更强的抗菌效果（Bassole 等，2010；čabarkapa 等，2016；Pei 等，2009；Zhou 等，2007）。尽管这些研究支持植物提取物的抗菌活性是各个组分协同作用的结果，但是也有研究认为植物提取物的主要成分对抗菌效果起主导作用（Burt，2004；čabarkapa 等，2016）。植物提取物各组分的相互作用分为相加、拮抗和协同三种方式。据 Bassole 和 Juliani（2012）研究表明，当各组分的组合效应接近或等于各单一化合物的效应之和，即表明存在相加效应；当组合物质的活性高于单个活性的总和时，即表明存在协同作用；而当组合物质活性低于它们各自组分的活性时，则表明存在拮抗作用。čabarkapa 等（2016）总结了各种植物提取物及其活性单体成分体外测试的最低抑菌浓度（minimum inhibitory concentration，MIC）数据（表 5－1 和表 5－2）。Burt（2004）认为，植物提取物抗菌作用的原理之一是它们具有疏水亲脂的特性，能够更容易地结合到细菌的细胞膜中，改变其膜结构、通透性及氢离子的流动方向，从而降低膜电位、细胞内 pH 及阻碍 ATP 的合成。Sikkema 等（1995）提出，当细胞渗透平衡受到干扰后会导致细胞死亡。植物提取物的这种作用模式已在大肠杆菌的电子显微镜观察试验中得到了证实(Burt 和 Reinders，2003)。

表 5-1　植物提取物对不同细菌病原体的体外 MIC 测试结果

来源	细菌种类	MIC 大致范围 (μL/mL)[a]	资料来源
止痢草/牛至	肠炎沙门氏菌	0.025～0.625	Roldán 等 (2010) Stanković等 (2011)
止痢草/牛至	鼠伤寒沙门氏菌	0.312～1.2	Hammer 等 (1999) Derwich 等 (2010) Roldán 等 (2010)
罗勒	大肠杆菌	1.6～2.6	Hssain 等 (2008)
	金黄色葡萄球菌	0.9～1.5	
	枯草芽孢杆菌	0.8～1.4	
	铜绿假单胞菌	1.7～2.3	
肉桂属植物	大肠杆菌	1.0	Zhang 等 (2016)
	金黄色葡萄球菌	1.0	
迷迭香	大肠杆菌	1.25	Saric 等 (2014)
	肠炎沙门氏菌	0.63	
	鼠伤寒沙门氏菌	0.63	
	猪霍乱沙门氏菌	0.63	
	金黄色葡萄球菌	0.63	
丁香	金黄色葡萄球菌	0.39	Budri 等 (2016)

注：[a]资料来源中 MIC 指标的单位有 mg/mL 和 μg/mL 两种，为了便于比较，这里统一转换为 μL/mL，转换的前提是假设植物精油与水的密度相同。表 5-2 注释于此同。

表 5-2　植物提取物单体成分对食源性病原体的体外 MIC 测试结果

成分	细菌种类	MIC 大致范围 (μL/mL)[a]	资料来源
百里香酚	肠炎沙门氏菌	0.2	Trombetta 等 (2005)
	金黄色葡萄球菌	0.31	Lu 和 Wu (2010)
	大肠杆菌	0.4～5.0	
香芹酚	鼠伤寒沙门氏菌	0.2	Pei 等 (2009)
	大肠杆菌	0.4	Lu 和 Wu (2010)
丁香酚	大肠杆菌	1.6	Pei 等 (2009)
	金黄色葡萄球菌	0.2	Budri 等 (2016)
肉桂醛	大肠杆菌	0.4	Pei 等 (2009)
	金黄色葡萄球菌	0.19	Budri 等 (2016)
芳樟醇	大肠杆菌	0.4	Kubo 等 (2004) Hussain 等 (2008)
	金黄色葡萄球菌	0.9	
	枯草芽孢杆菌	0.3	
	铜绿假单胞菌	0.9	
	猪霍乱沙门氏菌	0.4	

植物提取物的抗菌作用机制是近几十年来的重点研究主题，但是抗菌活性与其化学结构之间的联系仍未被完全阐明。植物提取物由大量不同的化合物组成，其抗菌活性可能不仅仅是基于某一种特定的化合物。先前的研究已经提出并阐述了几种植物提取物抗菌方式的靶点及其机制，如阻断细菌细胞壁的合成、影响菌体蛋白质的合成、损伤细胞膜，造成细胞内容物的渗漏、细胞质凝结及增加膜势能等（Burt，2004；čabarkapa 等，2012）。

植物提取物主要的抗菌成分是酚类物质，所以针对酚类的抗菌活性和作用机理的研究具有重要意义。由于精油的抗菌成分主要以酚类化合物为主，因此植物提取物的抗菌作用机制可能也与酚类化合物类似。酚类化合物以浓度依赖的方式表现其抗菌活性，在较低的浓度下，酚类物质可能抑制酶活性；而在高浓度下，它通常会引起蛋白质变性。另外，酚类物质也能引起细菌细胞膜渗透性发生改变，从而导致大分子物质损失。而大分子物质的损失会抑制微生物的生长和能量的产生，进而导致细胞死亡（Carson 等，2002）。

香芹酚是一种单萜酚，其羟基（—OH）和离域电子系统有助于发挥抗菌效果。香芹酚作为牛至和百里香提取物的主要成分之一，其抗菌机理受到了研究人员的极大关注。百里香酚与香芹酚相似，对细胞膜的渗透性均有影响，二者的区别在于酚环上的—OH 所处的位置不同（Lambert 等，2001）。

香芹酚与其异构体百里香酚相比，也含有羟基基团和离域电子（双键）系统，二者的抗菌活性没有明确的差异。而香芹酚甲酯（由乙酯替代—OH）和 p-香芹酚未表现出明显的抗菌效果。相对于香芹酚而言，薄荷醇的活性较低，薄荷醇在其环中具有—OH，但是未表现出抗菌活性。从这一点可以看出羟基和离域电子系统对于抗菌活性的重要性。虽然薄荷醇环中含有羟基，但其并未表现出抗菌活性，可能的原因是薄荷醇上—OH 不能释放氢离子，使其缺乏离域电子（双键）系统（Ultee 等，2002）。

Veldhuizen 等（2006）研究比较了香芹酚与香芹酚类似物 2-氨基-对伞花烃的活性，证实了—OH 对香芹酚活性的重要性。这项研究发现香芹酚的活性比 2-氨基-对伞花烃高出 3 倍，并表明—OH 影响了香芹酚的抗菌活性。许多研究表明，植物酚对细胞膜上的蛋白质结构以及蛋白质在膜上的转运均有影响。植物酚和膜蛋白之间的相互作用使膜蛋白活性被抑制。因此，提出了植物酚抑菌作用的其他可能机制：第一种机制是亲脂性分子的积累导致细胞膜脂质双分子层发生变性，从而破坏脂质-蛋白质的相互作用；第二种机制是植物酚亲脂性成分与细胞膜蛋白疏水部分直接作用，进而发挥抗菌活性（Burt，2004）。

烃类单萜烯对伞花烃和 γ-萜品烯是香芹酚和百里香酚的合成前体，它们没有抗菌活性，但是它们的存在会提高香芹酚和百里香酚的抗菌效果（Burt 等，2005）。与用香芹酚处理过的细菌相比，添加对伞花烃后细菌细胞膜的膨胀效果更明显。由于混合物的抗菌活性大于单个组分的抗微生物效果，故这两种成分之间也存在协同作用。

值得注意的是，对伞花烃能结合到细菌细胞膜中，导致细胞膜膨胀，并促进香芹酚在细胞膜的转运。这两种化合物的联合作用导致细胞膜不稳定、膜电位下降、细胞内 pH 降低和 ATP 合成中断等一系列反应，进而导致细菌死亡。而 Ultee 等（2000）的研究表明，在没有香芹酚的情况下，对伞花烃会导致细胞膜膨胀，但仅会造成膜外电位的轻微下降。苯丙烯、丁香酚和肉桂醛由苯丙氨酸合成。丁香酚与百里香酚和香芹酚类似，也具有抗菌活性。当细菌暴露于丁香酚后，丁香酚能结合到细菌细胞膜中，改变细胞膜表面蛋白和结构蛋白（Budri，2016）。丁香酚和百里香酚都能抑制细胞代谢，并有可能作为 ATP 酶的抑制剂。肉桂醛也可能通过破坏细胞膜而产生抗菌作用（Gill 和 Holley，2006；Hyldgaard 等，2012）。另一种理论则认为植物提取物是通过抑制酶合成、能量合成和 ATP 的产生过程以及消耗现有的 ATP 等方式来发挥抗菌效果（Helander 等，1998）。此外，值得注意的是，从食品安全的角度来看，大部分植物提取物都被归类为“公认安全”（generally recognized as safe，GRAS）。

三、芳香植物及其提取物的抗氧化作用

许多芳香植物及其提取物以抗氧化能力强的特点而受到广泛的关注，其强大的抗氧化能力主要得益于提取物中含有的酚类化合物和其他化学成分（Kostadinović，2013）。此外，一些非酚类化合物也可能具有较强的抗氧化能力（Puvača，2016；Puvaca 等，2018）。很多酚类化合物是防止饲料氧化腐败的主要功能物质，并作为维生素 E 醋酸酯（$C_{31}H_{52}O_3$）的替代品在饲料添加剂或食品防腐剂中使用。另外，植物提取物还可能影响动物体内的脂质代谢。例如，在实验动物中添加百里香提取物或百里香酚，可以提高超氧化物歧化酶（SOD）、谷胱甘肽过氧化物酶（GPx）等抗氧化物酶的活性并增加组织中多不饱和脂肪酸（PUFA）的含量。与对照组相比，日粮中添加百里香提取物或百里香酚，能显著提高实验动物大脑磷脂酶和 PUFA 的含量（Youdim，2000）。在鸡日粮中添加 0.005%～0.01%的牛至提取物，能提高鸡白肉和红肉的抗氧化能力且改变腹部脂肪的脂肪酸组成（Lee 等，2003；Popović，2016）。此外，该研究发现了日粮中添加香芹酚在鸡营养中的有益作用，其能降低血浆中总甘油三酯的浓度。这种功效对食用动物产品如肉类和鸡蛋的品质很重要，不仅能够使食品的食用价值得到提高，也能使其具有更强的氧化稳定性和更长的保质期（Nikolova 和 Kocevski，2018；Popović等，2018）。在鸡日粮中添加 0.05%迷迭香和鼠尾草提取物，冷藏 9d 后的鸡肉品质和膜磷脂的氧化率显著低于日粮中添加 0.02%的维生素 E 的处理组和对照组（Botsoglou 等，1997；Govaris 等，2005）。Lopez-Bote 等（1998）的研究显示，经芳香植物饲养后家禽的总胆固醇氧化产物浓度降低，组织匀浆的脂质过氧化率（肌红蛋白/过氧化氢）也显著低于饲喂基础日粮的对照组。研究者在猪的日粮中添加 1%的鼠尾草或 1%的牛至草或二者的混合物发现，用牛至草组猪肉制作的培根在贮存 34 周后，其氧化稳定性显著提高，胆固醇氧化物含量显著降低（Bauer，2001），而鼠尾草的作用却不明显。Botsoglou 等（1997）评估了蛋鸡日粮中添加百里香（以百里香磨碎草药的形式，浓度为 3%）对在冰箱中贮存 60d 以上的鸡蛋的氧化稳定性时发现，百里香可显著降低蛋黄中的脂质氧化程度，而对蛋黄中的抗氧化活性物质含量没有显著影响。事实上，除植物提取物成分外的其他物质，迷迭香酸、鼠尾草酚和鼠尾草酸与抗氧化剂具有同样的功效，这一点在喂养小型反刍动物蒸馏残渣的试验中得到了充分证明（Jordan 等，2007）。用迷迭香或百里香饲喂山羊和绵羊后，其肉质具有较强的抗氧化稳定性。这表明肉类多酚类抗氧化剂的含量较高，同时乳汁中多酚类抗氧化剂含量也较高。Martinez 等（2007）和 Monin 等（2007）也发现，山羊羔羊对氧化应激的敏感性降低，乳汁中抗氧化多酚的含量增加。

由欧盟资助的研发项目获得的结果表明，几种芳香植物蒸馏后的残留物可用作动物饲料的添加物（Franz 等，2008）。传统的做法是在奶牛饲料中加入欧芹叶以达到提高牛奶产量的目的。然而，这种添加物的种类和添加量需要慎重考量，因为植物提取物和其他化

合物，如酚类物质可能影响产品的风味和适口性，甚至产生异味（Puvača 等，2016）。

四、植物提取物对动物生产性能、消化率和肠道功能的影响

许多芳香植物及其提取物被用于改善饲料的风味和适口性，或者被用于提高动物的生产性能（Puvača 等，2013；Puvača，2016）。很多研究学者都对这类添加剂进行了大量的饲养试验，但大部分结果都被归结为采食量、日增重和饲料转化率等促进生长的参数（表 5-3）。

表 5-3 几种植物性添加剂对肉鸡生产性能的影响

饲料添加剂	饲喂剂量（%）	体重（g）	饲料转化率	欧洲肉鸡指数
草药和香料				
大蒜	0.5	2 371.0	1.8	295
黑胡椒	0.5	2 077.0	1.9	244
红辣椒	0.5	2 461.0	1.9	299
植物提取物				
牛至、百里香和迷迭香的混合提取物	0.05	2 087.8	1.55	298.2
	0.1	2 096.0	1.56	289.2

资料来源：Puvača 等（2015）；Popović 等（2016）。

在肉鸡中的很多研究表明，芳香植物及其提取物会促进生长并提高饲料转化率，但不会影响采食量（表 5-3）。由于家禽具有因能而食的特点，因此用饲料转化率来衡量促生长剂的效果是较好的选择。然而，与之矛盾的研究结果表明，在日粮中添加 0.02%的纯香芹酚或纯百里香酚或二者混合物会导致肉鸡的采食量和日增重降低，饲料转化率变差（Halle 等，2001）。值得注意的是，在每千克日粮中添加 2～20g 牛至或 100～1 000mg 牛至精油均能提高肉鸡的生产性能（Halle，2004）。Westendarp 等（2006）进行的另一项试验也发现，日粮中添加纯香芹酚（50 mg/kg）或 25 mg/kg（萜品烯、对伞花烃）没有显示出任何效果（Haselmeyer 等，2015）。他们研究了在肉鸡日粮中添加 4 个不同剂量（0.1%～1.0%）的纯百里香酚，在 35d 的试验期内，添加组与对照组在生产性能上没有表现出显著差异。相比之下，Bampidis 等（2005）在火鸡日粮中添加 1.25～3.75 g/kg 干牛至叶，饲料转化率得到了明显的改善。Denli（2004）的一项研究表明，在日粮中添加 60 mg/kg 的百里香提取物，可显著提高鹌鹑的日增重和饲料转化率，并减少腹部脂肪的沉积量。同样，在日粮中添加 250 mg/kg 啤酒花可显著提高所有年龄段肉鸡的饲料转化率（Cornelison 等，2006）。

植物提取物的来源和类型、添加量及试验的环境条件均可能影响试验结果。一般而言，与在具有较高卫生水平的受控试验条件下完成的研究相比，常规生产条件下大规模的动物试验更能体现添加植物提取物对生产性能的改善作用（Kyriakis 等，1998；Tsinas 等，1998；Gollnisch 等，2001）。植物提取物对育成仔猪日增重和日采食量的影响见图 5-1。

此外，在规模化的育肥猪场中，每千克全价饲料中添加 250～500 mg 牛至提取物可提高生产性能 20%，并显著降低断奶仔猪的死亡率（Kyriakis 等，1998）。相反，在试验

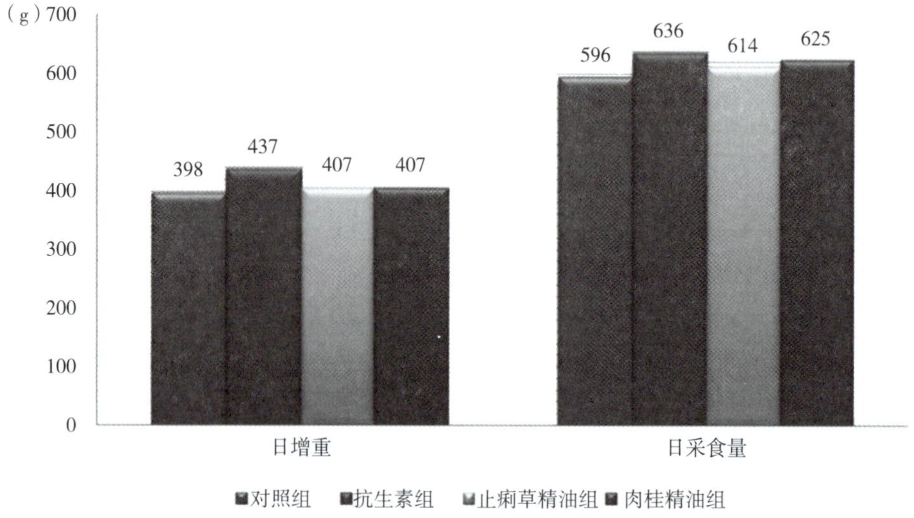

图 5-1　植物提取物对育成仔猪日增重（g）和日采食量（g）的影响

（资料来源：Puvača，2016）

场条件下，与对照组相比，添加抗生素或植物提取物均未表现任何显著性的变化（Gollnisch 等，2001）。药用和芳香植物、香料和草药及其植物提取物常被添加在饲料中，以改善风味和适口性，进而提高动物的生产性能。事实上，有报道称，饲料中添加调味剂会增加仔猪的采食量、降低饲料转化率、提高饲料消化率。通常来说，促生长类添加剂能够使猪的采食量增加，其主要原因可能是，与对照组相比，添加组体重较大，所以采食量更多；而可能并非猪的食欲提高而导致采食量增加。但非常有限的关于动物对饲料的接受性、偏好性和适口性受调味添加剂影响的试验评估研究显示，逐渐增加饲料中小茴香和香菜提取物或百里香和牛至植物的添加量，能够观察到仔猪的采食量减少（Schone 等，2006；Jugl-Chizzola 等，2006）。

关于芳香植物及其提取物或精油提高动物生产性能的研究有很多报道。从科学的角度来看，在缺乏试验中有关所用配方详细信息的情况下，我们很难通过这些报道得出一个正确的结论。然而，即使存在着一些不确定性，大量的研究结果也证明，芳香植物及其提取物能够提高仔猪和家禽的生产性能。

鉴于目前反刍动物日益受到关注，研究者针对芳香植物或挥发性化合物对反刍动物采食量和适口性的影响也进行了研究（Greathead，2007；Rochfort 等，2008）。结果表明，萜类挥发物可能会影响绵羊的采食量，这对于地中海牧场的牧民来说具有很重要的参考价值（Estell 等，1998）。因为更好地了解采食量与某些特定化学物质之间的相互作用，有利于他们采取合理的饲养管理措施。此外，植物提取物作为潜在的瘤胃代谢调控因子具有重要应用价值。促生长饲料添加剂可能是通过延长饲料保质期和调节胃肠道微生物区系而发挥作用的。尤其是处于发育关键阶段的动物，如在仔猪断奶阶段、家禽的早期生长发育阶段及犊牛育肥阶段，它们更容易受到消化系统疾病的威胁。饲料添加剂能够改善动物肠道健康，使动物较少接触微生物毒素或氨和生物胺等有害代谢物。在这些动物生产中的关键时期，使用天然的饲料添加剂，如芳香植物、药用植物、草药和香料，可以增强免疫系统的防御能力和抗病能力，增加肠道绒毛表面积，提高肠道营养吸收利用率，改善动物生产性能，并使其发挥最大的繁殖潜力。许多芳香植物、香料和植物提取物具有促消化和驱风寒的功效，主要是因为它们能够刺激唾液、胆汁、黏液分泌，提高消化酶的活性（Puvača 等，2013）。有研究表明，植物提取物和芳香族化合物对肠道功能具有积极影响，在仔猪饲粮中添加植物提取物（香芹酚和肉桂醛为主要成分）辣椒素复合物可以延长饲料在胃中的滞留时间，从而促进养分吸收，防止消化不良，有利于肠道健康。Manzanilla 等（2004）表明，植物提取物和芳香族化合物可能有利于肠道功能的发挥。植物提取物作为饲料添加剂可以提高肉鸡胰腺组织匀浆中胰蛋白酶和淀粉酶的活性，并且能增加空肠食糜的含量（Lee 等，2003）。日粮中添加生物活性物质，如香芹酚、肉桂醛和辣椒素也可以刺激肠黏液分泌。Jamroz 等（2006）研究表明，添加香芹酚、肉桂醛和辣椒素后，雏鸡腺胃和空肠中的黏液释放量增加，并在消化道壁上形成厚厚的黏液层，这意味着大肠杆菌和产气荚膜梭菌等病原体对肠上皮的黏附将会减少。关于芳香植物及其提取物对瘤胃代谢影响的研究和发表的相关论文较少。Broudiscou 等（2000）在体外试验中发现，薰衣草能促进瘤胃发酵，丹参则可能对甲烷的产生有抑制作用。据报道，植物提取物能很好地抑制某些酶的活性，如百里香酚是一种很强的脱氨酶抑制剂（Perry 等，2000）。Cardozo 等（2006）还发现，高剂量的肉桂醛可以降低瘤胃中 L-乳酸的浓度。

（周忠新，译；魏宏逵，校）

参　考　文　献

Bakkali，F.，Averbeck，S.，Averbeck，D.，Idaomar，M.，2008. Biological effects of essential oils-a review. Food Chem. Toxicol. 46，446-475.

Bampidis，V. A.，Christodoulou，V.，Florou-Paneri，P.，Christaki，E.，Chatzopoulou，P. S.，Tsiligianni，T.，Spais，A. B.，2005. Effect of dietary dried oregano leaves on growth performance，carcase characteristics and serum cholesterolof female early maturing turkeys. Br. Poult. Sci. 46，595-601.

Bassolé，I. H. N.，Juliani，H. R.，2012. Essential oils in combination and their antimicrobial properties. Molecules. 17，3989-4006.

Bassolé，I. H. N.，Lamien-Meda，A.，Bayala，B.，Tirogo，S.，Franz，C.，Novak，J.，Nebié，R. C.，Dicko，M. H.，2010. Composition and antimicrobial activities of Lippia multiflora Moldenke，Mentha x piperita L. And Ocimum basilicum L. Essential oils and their major monoterpene alcohols alone and in combination. Molecules. 15，7825-7839.

Bauer，F.，Siller，D.，Kleineisen，S.，Luf，W.，2001. The influence of feeding sage and oregano on the oxidative stability of raw belly bacon. In：Pfannhauser，W.，Fenwick，G. R.，Khokhar，S.（Eds.），11th Eurofoodchem Meeting on Biologically-Active Phytochemicals in Food. Biologically Active Phytochemicals in Food：Analysis Metabolism，Bioavailability and Function. Roy. Soc. Chem.，September 26-28，2001，Norwich，UK，388.

Botsoglou，N. A.，Yannakopoulos，A. L.，Fletouris，D. J.，Tserveni-Gousi，A. S.，Fortomaris，P. D.，1997. Effect of dietarythyme on the oxidative stability of egg yolk. Agric. Food Chem. 45，3711-3716.

Broudiscou，L. P.，Papon，Y.，Broudiscou，A. F.，2000. Effects of dry plantextracts on fermentation and methanogenesis in continuous culture of rumen microbes. Anim. Feed Sci. Technol. 87，263-277.

Budri，P. E.，Silva，N. C. C.，Bonsaglia，E. C. R.，Fernandes，A. J.，Araújo，J. P. J.，Doyama，J. T.，Gonçalves，J. L.，Santos，M. V.，Fitzgerald-Hughes，D.，Rall，V. L. M.，2016. Effect of essential oils of Syzygium aromaticum and Cinnamomum zeylanicum and their major components on biofilm production in Staphylococcus aureus strains isolated from milk of cows with mastitis. J. Dairy Sci. 98，5899-5904.

Burt，S.，2004. Essential oils：their antibacterial properties and potential applications in foods-a review. Int. J. Food Microbiol. 223-253，2004/07/13 ed.

Burt，S. A.，Reinders，R. D.，2003. Antibacterial activity of selected plant essential oils against Escherichia coil O157：H7. Lett. Appl. Microbiol. 36，162-167.

Burt，S. A.，Vlielander，R.，Haagsman，H. P.，Veldhuizen，E. J. A.，2005. Increase in activity of essential oil components carvacrol and thymol against Escherichia coli O157：H7 by addition of food stabilizers. J. Food Prot. 68，919-926.

čabarkapa，I.，Duragi c，O.，Lj，K.，2016. Essential oils：mode of antimicrobial activity and potential application in food systems. Agro Food Ind. Hi-Tech. 27，61-64.

čabarkapa，I.，Skrinjar，M.，Milovanovi c，I.，Plav si c，D.，Pali c，D.，Koki c，B.，Arsi c，I.，2012. Antimicrobial activity of Origanum heracleoticum L. essential oil from Serbia. Agro Food Ind. Hi-Tech. 23，55-58.

čabarkapa，I.，Skrinjar，M.，Nemet，N.，Milovanovi c，I.，2011. Effect of Origanum heracleoticum L. essential oil on foodborne Penicillium aurantiogriseum and Penicillium chrysogenum isolates. Proc. Nat. Sci. 120，83-93.

Cardozo，P. W.，Calsamiglia，S.，Ferret，A.，Kamel，C.，2006. Effects of alfalfa extract，anise，capsicum，and a mixture of cinnamaldehyde and eugenol on ruminal fermentation and protein degradation in beef heifers fed a high concentrate diet. J. Anim. Sci. 84.

Carson，C. F.，Mee，B. J.，Riley，T. V.，2002. Mechanism of action of Melaleuca alternifolia（tea tree）oil on Staphylococcus aureus determined by time-kill，lysis，leakage，and salt tolerance assays and electron microscopy. Antimicrob. Agents Chemother. 46，1914-1920.

Cornelison，J. M.，Yan，F.，Watkins，S. E.，Rigby，L.，Segal，J. B.，Waldroup，P. W. E.，2006. Evaluation of hops（*Humulus lupulus*）as an antimicrobial in broiler diets. Int. J. Poult. Sci. 5，134-136.

Daferera，D. J.，Ziogas，B. N.，Polissiou，M. G.，2003. The effectiveness of plant essential oils on the growth of Botrytis cinerea，Fusarium sp. and Clavibacter michiganensis subsp. michiganensis. Crop Protect. 22，39-44.

Denli，M.，Okan，F.，Uluocak，A. N.，2004. Effect of dietary supplementation of herb essential oils on the growth performance，carcass and intestinal characteristics of quail（Coturnix coturnix japonica）. S. Afr. J. Anim. Sci，174-179.

Derwich，E.，Zineb，B.，Boukir，A.，Abdellatif，M.，Taouil，R.，2010. Phytochemical analysis and in vitro antibacterial activity of the essential oil of *Origanum vulgare* from Morocco. Am-Eurasian J. Sci. Res. 5（2），120-129.

Dorman，H. J. D.，Deans，S. G.，2000. Antimicrobial agents from plants：antibacterial activity of plant volatile oils. J. Appl. Microbiol. 88，308-316.

Estell，R. E.，Fredrickson，E.，Tellez，M.，Havstad，K.，Shupe，W.，Anderson，D. M.，Remmenga，M. D.，1998. Effects of volatile compounds on consumption of alfalfa pellets by sheep. J. Anim. Sci. 76, 228-233.

Franz, C., Bauer, R., Jongbloed, A., Carle, R., Kyriakis, S.C., Stefanon, B., Tedesco, D., Erler, J., Bruggeman, G., Schatzmayr, G., Oleszek, W., Moser, A., 2008. Evaluating Physiological and Environmental Consequences of Using Organic Wastes after Technological Processing in Diets for Livestock and Humans e SAFEWASTES. Final Report FOODCT-2005-513949.

Gill, A.O., Holley, R.A., 2006. Disruption of Escherichia coli, Listeria monocytoge and Lactobacillus sakei cellular membranes by plant oil aromatics. Int. J. Food Microbiol. 108, 1-9.

Gollnisch, K., Wald, C., Berk, A., 2001. Effect of various essential oils on the performance of piglets. Proc. Soc. Nutr. Physiol. 10, 155.

Govaris, A., Bostoglou, E., Florou Paneri, P., Moutas, A., Papageorgiou, G., 2005. Dietary supplementation of oregano essential oil and e tocopheryl acetate on microbial growth and lipid oxidation of Turkey breast fillets during storage. Int. J. Poult. Sci. 4, 969-975.

Greathead, H., 2007. Plants and plant extracts for improving animal productivity. Proc. Nutr. Soc. 62, 279-290.

Halle, I., Schubert, R., Flachowsky, G., Jahreis, G., Bitsch, R., 2001. Effects of essential oils and herbal mixtures on the growth of broiler chicks. In: Vitamine und Zusatzstoffe in der Ernahrung von Mensch aund Tier. 8 Symposium, September 26-27, Jena Thuringen, Germany, 440-442.

Halle, I., Thomann, R., Bauermann, U., Henning, M., Köhler, P., 2004. Effects of a graded supplementation of herbs and essential oils in broiler feed on growth and carcass traits. Landbauforsch. Völkenrode. 54, 219-229.

Hammer, K., Carson, C.J., Riley, T.V., 1999. Antimicrobial activity of essential oils and other plant extracts. J. Appl. Microbiol. 86 (6), 985-990.

Haselmeyer, A., Zentek, J., Chizzola, R., 2015. Effects of thyme as a feed additive in broiler chickens on thymol in gut contents, blood plasma, liver and muscle. J. Sci. Food Agric. 95, 504-508.

Helander, I.K., Alakomi, H.L., Latva-Kala, K., Mattila-Sandholm, T., Pol, I., Smid, E.J., von Wright, A., 1998. Characterization of the action of selected essential oil components on Gram-negative bacteria. J. Agric. Food Chem. 46, 3590-3595.

Hussain, A.I., Anwar, F., Hussain Sherazi, S.T., Przybylski, R., 2008. Chemical composition, antioxidant and antimicrobial activities of basil (Ocimum basilicum) essential oils depends on seasonal variations. Food Chem. 108, 986-995.

Hyldgaard, M., Mygind, T., Meyer, R.L., 2012. Essential oils in food preservation: mode of action, synergies, and interactions with food matrix components. Front. Microbiol. 3.

Jamroz, D., Wertelecki, T., Houszka, M., Kamel, C., 2006. Influence of diet type on the inclusion of plant origin active substances on morphological and histochemical characteristics of the stomach and jejunum walls in chicken. J. Anim. Physiol. Anim. Nutr. 90, 255-268.

Jordán, M.J., Martinez, C., Monino, M.I., Lopez, M.B., Ferrandini, E., Lafuente, A., Sotomayor, J.A., 2007. MurcianoGranadina goat feeding with aromatic plant by-products. Effect on the milk production and presence of polyphenols in "Al Vino" Murciano goat cheese. Planta Med. 73, 922.

Jugl-Chizzola, M., Ungerhofer, E., Gable, C., Hagmüller, W., Chizzola, R., Zitterl-Eglseer, K., Franz, C., 2006. Testing of the palatability of Thymus vulgaris L. and Origanum vulgare L. as flavouring feed additive for weaner pigs on the basis of a choice experiment. Berl. Münchener Tierärztliche Wochenschr. 119, 238-243.

Kostadinovi ć, L., 2013. Uticaj Lekovitog Bilja Na ZdravljeZivotinja. Nau cni institut za prehrambene tehnologije, Novi Sad.

Kostadinović, L., Lević, J., 2018. Effects of phytoadditives in poultry and pigs diseases. J. Agron. Technol. Eng. Manag. 1, 1-7.

Kubo, I., Fujita, K., Kubo, A., Nihei, K., Ogura, T., 2004. Antibacterial activity of coriander volatile compounds against Salmonella choleraesuis. Agric. Food Chem. 52 (11), 3329-3332.

Kyriakis, S. C., Sarris, K., Lekkas, S., Tsinas, A. C., Giannakopoulos, C. G., Alexopolos, C., Saoulidis, K., 1998. Proceedings of the 15th Int. Pig Vet. Soc. (IPVS) Congress, Birmingham, UK, 106.

Lambert, R. J. W., Skandamis, P. N., Coote, P. J., Nychas, G. J. E., 2001. A study of the minimum inhibitory concentration mode of action of oregano essential oil, thymol and carvacrol. J. Appl. Microbiol. 91, 453-462.

Lee, K. W., Everts, H., Beynen, A. C., 2004. Essential oils in broiler nutrition. Int. J. Poult. Sci. 3, 738-752.

Lee, K. W., Everts, H., Kappert, H. J., Yeom, K. H., Beynen, A. C., 2003. Dietary carvacrol lowers body weight gain but improves feed conversion in female broiler chickens. J. Appl. Poult. Res. 12, 394-399.

Lević, J., čabarkapa, I., Todorovic, G., Pavkov, S., Sredanovic, S., Coghill -Galonja, T., Kostadinović, L., 2011. In vitro antibacterial activity of essential oils from plant family Lamiaceae. Romanian Biotechnol. Lett. 16, 6034-6041.

Lopez-Bote, C. J., Gray, J. I., Gomaa, E. A., Flegal, C. J., 1998. Effect of dietary administration of oil extracts from rose mary and sage on lipid oxidation in broiler meat. Br. Poult. Sci. 39, 235-240.

Lu, Y., Wu, C., 2010. Reduction of Salmonella enterica contamination on grape tomatoes by washing with thyme oil, thymol, and carvacrol as compared with chlorine treatment. J. Food Prot. 12 (73), 2270-2275.

Manzanilla, E. G., Perez, J. F., Martin, M., Kamel, C., Baucells, F., Gasa, J., 2004. Effect of plant extracts and formic acid on the intestinal equilibrium of early-weaned pigs. Anim. Sci. J. 82, 3210-3218.

Martinez, C., Jordán, M. J., Monino, M. I., Lafuente, A., Quilez, M., Sotomayor, J. A., 2007. Identification of polyphenolic components in Murciano-Granadina goat milk and suckling goat kid plasma. Planta Med. 73, 923.

Mert, A., 2002. The effects of different plant densities on yield, yield components and quality of Artemisia annua L. ecotypes. J. Herbs Spices Med. Plants 9, 413-418.

Monino, M. I., Martinez, C., Sotomayor, J. A., Lafuente, A., Gamaza, A. M., Jordan, M. J., 2007. Segurena sheep feeding with the distillate from rosemary (*Rosmarinus officinalis* L.). Polyphenolic components in lamb meat and their effect on the meat stability. Planta Med. 73, 922-923.

Nikolova, N., Kocevski, D., 2018. Quality of hen's egg shell in conditions of high temperatures. J. Agron. Technol. Eng. Manag. 1, 84-90.

Pei, R.-S., Zhou, F., Ji, B.-p., Xu, J., 2009. Evaluation of combined antibacterial effects of eugenol, cinnamaldehyde, thymol, and carvacrol against E. coli with an improved method. J. Food Sci. 74, 379-383.

Perry, N. S., Houghton, P. J., Theobald, A., Jenner, P., Perry, E. K., 2000. In-vitro inhibition of human erythrocyte acetylcholinesterase by salvia lavandulaefolia essential oil and constituent terpenes. J. Pharm. Pharmacol. 52, 895-902.

Popović, S., Kostadinović, L., Duragić, O., Aćimović, M., Čabarkapa, I., Puvača, N., Ljubojević Pelić, D., 2018. Influence of medicinal plants mixtures (*Artemisia absinthium*, *Thymus vulgaris*, *Menthae piperitae* and *Thymus serpyllum*) in broilers nutrition on biochemical blood status. J. Agron. Technol. Eng. Manag. 1, 91-98.

Popović, S., Puvača, N., Kostadinović, L., Dzinic, N., Bosnjak, J., Vasiljevic, M., Duragic, O., 2016. Effects of dietary essential oils on productive performance, blood lipid profile, enzyme activity and immunological response of broiler chickens. Eur. Poult. Sci. 80.

Puvača, N., 2016. Uticaj Za cinskog Bilja Na Proizvodne Karakteristike, Lipidni Status, Svarljivost Hranjivih Materija iKvalitet Trupa Pili ca Hibrida Hubbard. Johan Naisbitt, Belgrade, 181.

Puvača, N., 2018. Bioactive compounds in selected hot spices and medicinal plants. J. Agron. Technol. Eng. Manag. 1, 8-17.

Puvača, N., Čabarkapa, I., Bursić, V., Petrović, A., Aćimović, M., 2018. Antimicrobial, antioxidant and acaricidal properties of tea tree (*Melaleuca alternifolia*). J. Agron. Technol. Eng. Manag. 1, 29-38.

Puvača, N., Kostadinović, L., Popović, S., Lević, J., Ljubojević, D., Tufarelli, V., Jovanović, R., Tasić, T., Ikonić, P., Lukać, D., 2016. Proximate composition, cholesterol concentration and lipid oxidation of meat from chickens fed dietary spice addition (*Allium sativum*, *Piper nigrum*, *Capsicum annuum*). Anim. Prod. Sci. 56, 1920-1927.

Puvača, N., Kostadinović, L., Ljubojević, D., Lukać, D., Lević, J., Popović, S., Novakov, N., Vidović, B., Duragić, O., 2015. Effect of garlic, black pepper and hot red pepper on productive performances and blood lipid profile of broiler chickens. Eur. Poult. Sci. 79.

Puvača, N., Stanaćev, V., Glamočić, D., Lević, J., Perić, L., Stanaćev, V., Milić, D., 2013. Beneficial effects of phytoadditives in broiler nutrition. World Poultry Sci. J. 69, 27-34.

Rochfort, S., Parker, A. J., Dunshea, F. R., 2008. Plant bioactives for ruminant health and productivity. Phytochemistry. 69, 299-322.

Roldán, L. P., Díaz, G. J., Duringer, J. M., 2010. Composition and antibacterial activity of essential oils obtained from plants of the Lamiaceae family against pathogenic and beneficial bacteria. Rev. Colombiana Ciencias Pecuarias. 23, 451-461.

Russo, M., Galletti, G. C., Bocchini, P., Carnacini, A., 1998. Essential oil chemical composition of wild populations of Italian oregano spice (*Origanum vulgare* ssp. hirtum (link) Ietswaart): a preliminary evaluation of their use in chemotaxonomy by cluster Analysis. 1. Inflorescences. J. Agric. Food Chem. 46, 3741-3746.

Saric, Lj., Čabarkapa, I., Sarić, B., Plavsić, D., Lević, J., Pavkov, S., Kokić, B., 2014. Composition and antimicrobial activity of some essential oils from Serbia. Agro Food Ind. Hi-Tech 25 (1), 40-43.

Schöne, F., Vetter, A., Hartung, H., Bergmann, H., Biertüpfel, A., Richter, G., Müller, S., Breitschuh, G., 2006. Effects of essential oils from fennel (*Foeniculi aetheroleum*) and caraway (*Carvi aetheroleum*) in pigs. J. Anim. Physiol. Anim. Nutr. 90, 500-510.

Sikkema, J., De Bont, J. A. M., Poolman, B., 1995. Mechanisms of membrane toxicity of hydrocarbons. Microbiol. Rev. 59, 201-222.

Stanaćev, V., 2012. Influence of garlic (*Allium sativum* L.) and copper as phytoadditives in the feed on the content of cholesterol in the tissues of the chickens. J. Med. Plants Res. 6, 2816-2819.

Stankovič, N., Comič, L., Kocič, B., Nikolič, D., Mihajilov-Krstev, T., Ilič, B., Miladinović,

D.，2011. Antibacterial activity chemical composition relationship of the essential oils from cultivated plants from Serbia. Chem. Ind. 65 (5)，583-589.

Trombetta，D.，Castelli，F.，Sarpietro，M. G.，Venuti，V.，Cristani，M.，Daniele，C.，Saija，A.，Mazzanti，G.，Bisignano，G.，2005. Mechanisms of antibacterial action of three monoterpenes. Antimicrob. Agents Chemother. 49，2474-2478.

Tsinas，A. C.，Giannakopoulos，C. G.，Papasteriades，A.，Alexopoulos，C.，Mavromatis，J.，Kyriakis，S. C.，1998. Use of Origanum essential oil as growth promoter in pigs. In：Proc. 15th IPVS Congr，Birmingham，UK，221.

Ultee，A.，Bennik，M. H.，Moezelaar，R.，2002. The phenolic hydroxyl group of carvacrol is essential for action against the food-borne pathogen Bacillus cereus. Appl. Environ. Microbiol. 68，1561-1568.

Ultee，A.，Slump，R. A.，Steging，G.，Smid，E. J.，2000. Antimicrobial activity of carvacrol toward Bacillus cereus on rice. J. Food Prot. 63，620-624.

Veldhuizen，E. J.，Tjeerdsma-van Bokhoven，J. L.，Zweijtzer，C.，Burt，S. A.，Haagsman，H. P.，2006. Structural requirements for the antimicrobial activity of carvacrol. J. Agric. Food Chem. 54，1874-1879.

Westendarp，H.，Klaus，P.，Halle，I.，Köhler，P.，2006. Effect of carvacrol，g-terpinene and p-cymene-7-ol in broiler feed on growth traits and N-metabolism. Landbauforschung Volkenrode. 56，149-157.

Windisch，W.，Schedle，K.，Plitzner，C.，Kroismayr，A.，2008. Use of phytogenic products as feed additives for swine and poultry. J. Anim. Sci. 86，140-148.

Youdim，K. A.，Deans，S. G.，2000. Effect of thyme oil and thymol dietary supplementation on the antioxidant status and fatty acid composition of the ageing rat brain. Br. J. Nutr. 83，87-93.

Zhang，Y.，Liu，X.，Wang，Y.，Jiang，P.，Quek，S.-Y.，2016. Antibacterial activity and mechanism of cinnamon essential oil against Escherichia coli and Staphylococcus aureus. Food Cont. 59，282-289.

Zhou，F.，Ji，B.，Zhang，H.，Jiang，H. U. I.，Yang，Z.，Li，J.，Li，J.，Yan，W.，2007. The antibacterial effect of cinnamaldehyde，thymol，carvacrol and their combinations against the foodborne pathogen *Salmonella typhimurium*. J. Food Saf. 27，124-133.

第六章 世界芳香植物的分布及其特性

Amit Kumar Pandey[1]，*Prafulla Kumar*[1]，
M. J. Saxena[1]，*Prabhakar Maurya*[2]

[1] Ayurvet Limited Office，Delhi，India；[2] CEHTRA Chemical Consultants Pvt Ltd，Delhi，India

一、引言

药用与芳香植物（medicinal and aromatic plant，MAP）可为人类提供药物或帮助人类保持健康。随着科学的发展，人类对这类植物物种的科学知识有了较多认识，并在很多行业（如化妆品、医药产品、食品和饲料添加剂）开辟了新的用途。根据世界卫生组织（World Health Organization，WHO）的数据，全球销售的药物中有 30%包含了 21 000 多种来源于植物材料的化合物（Orzechowski 等，2002；Giananenas，2008）。

药用与芳香植物广泛分布在全球各地，包括南亚和东南亚，以及美洲、欧洲、非洲和澳大利亚。在印度的民族药（ethnomedicines）中，药用芳香植物超过 7 500 种（Shankar 和 Majumdar，1997），占印度本土植物的一半。中国大约有 6 000 种药用与芳香植物（Xiao，1991）。在非洲，有 5 000 多种植物用作药物（Iwu，1993）。在欧洲，至少使用了 2 000 种药用芳香植物，其中约 2/3 是欧洲大陆的本土植物。这些植物中的大多数仍通过野外采集（采伐）获得。

药用与芳香植物有药理活性，是由于它们具有四类生物活性成分，分别为：生物碱、糖苷、精油和其他各种活性物质。次级代谢产物是植物代谢过程的最终产物，可以通过颜色、味道或气味觉察到，并可以通过化学分析确定。药用与芳香植物及其代谢产物的生长、发育和产生，受光、温度、降水和土壤性质等物理环境的影响。变化可能会在植物周期性的生长过程中发生，有时甚至在一天内发生，这种在一天内的变化称为日间变化。这些药用与芳香植物分布在世界各地，根据其栽培区域可分为热带、赤道和温带等不同的气候带。即使是同一种植物，由于其微观和宏观环境有变化，故其化学性质/活性成分在不同的气候带也会有所不同。

二、历史回顾

植物是长久以来人类在地球上赖以生存的基本生命线。人类自古以来都在研究植物，

认识到植物是生态系统中不可或缺的一部分，是食物链的基本生产者，从而使地球上的生命循环得以延续。对植物科学知识的了解，是人类在地球上赖以生存的基础。植物用于我们日常生活的各个方面，人类也几乎在生活的每个方面都依赖植物——从呼吸的空气、食用的食物、穿着的衣服，到药物中使用的物质。但植物为人类提供的这些必要保障却常常被人类认为是理所当然的［《世界植物报告》（*World' s Plant Report*，2017）］。具有讽刺的是，人类为了自身利益，常常对植物进行滥用。毫无疑问，植物界的物种不管是灭绝还是消失，人类和世界都会失去大量的科学知识和自然资源。众所周知，植物是发现某些最有价值药用化合物的关键“钥匙”，因此必须认识到，驯化植物及野生植物的保护和繁殖，对于人类的延续和生存都至关重要（表 6－1）。

表 6－1　人类利用与记录药用芳香植物的历史

时期	论著/文献名称	作者	重要内容	国家
1000—800 BC	《苏斯鲁塔本集》（或《妙闻集》）(*Sushrut Sutra*)	苏斯鲁塔 (Sushruta)	根据开花模式结构和寿命，将植物分为四类，即 Vanspataya、Vruksha、Virudh、Aushodh	印度
500—300 BC	《希波克拉底全集》(*Hippocratic corpus*)	希波克拉底 (Hippocrates)	诊断和治疗方面的规范化医疗实践；药用植物及其应用清单	希腊
372—287 BC	《植物的本原》和《植物志》(*De Causis Plantarum and Historia Plantarum*)	西奥弗拉斯脱 (Theophrastus)	诊断和治疗方面的规范化医疗实践；药用植物及其应用清单	希腊
150—100 BC	《黄帝内经》(*Huangdi Neijing*)	未知	中医理论基础、诊断方法和针灸	中国
100 BC—100 AC	《论医学》(*De Medicina*)	塞尔苏斯 (Celsus)	亚历山大时期医药、药典中涉及的草药和药物	希腊
40—90 AD	《药物论》或《药物学》(*Materia Medica*)	迪奥斯克里德斯 (Dioscorides)		
23—79 AD	《自然史》(又称《博物志》)(*Naturalis* or *Historia*)	普林尼(Pliny)	一本 160 卷的著作，作者描述了一些植物并给它们起了拉丁名。其中，许多名字我们仍然可以认出和使用，如 *Populus alba* 和 *Populus nigra*，由于拉丁语后来被保留为植物学，我们可以称他为植物学拉丁语之父	罗马
200—300 AD	《神农本草经》(*Shennong Bencaojing*)	未知	农业和药用植物，113 个中药处方和疾病的六个阶段	中国
	《伤寒论》(*Shanghan Lun*)	张仲景 (Shang Zhongjing)		
500 AD	《农业论》(*Treatise on Agriculture*)	帕拉萨拉 (Parasara)	将植物分成许多科（ganas 或 families），以清楚地描绘花和果实的形态	印度
750—800 AD	《茶经》(*The Classic of Tea*)	陆羽 (Lu Yu)	茶树、泡茶和茶道	中国
800—1000 AD	《医典》(*Book of Healing and Canon of Medicine*)	阿维森纳 (Avicenna)	药物临床试验；医疗实践百科全书；各种植物的科学和药用特性；医学百科全书	阿拉伯国家和德国

（续）

时期	论著/文献名称	作者	重要内容	国家
	《医学手册》（医疗方法）(*Kitab al-Tasrif*)	阿尔布卡西斯（Albucasis）		阿拉伯国家和德国
	Ohysica（未查明相应中文译名——译者注）	宾根的赫德嘉（Hildegard of Bingen）		
	《医学原理》(*Kulliyat*)	阿维罗斯（Averroes）		
1000—1500 AD	《药物学集成》(*Compendium on Simple Medicaments and Foods*)	伊本·贝塔尔（Ibn al-Baitar）	列出了1 400种植物	阿拉伯国家
1100 AD	*Upaban Vinoda*（未查明相应中文译名——译者注）	萨朗珈陀罗（Sarangadhara）	讨论了植物生命和植物分类的不同方面	印度
1200—1300 AD	《植物》(*De Vegetabilis*)	阿尔伯特·马格努斯（Albert Magnus）	指出双子叶植物和单子叶植物的茎结构存在差异，并给这两组植物赋予了"被囊化（Tunicate）"和"皮质化（Corticate）"这两个术语	德国
1530—1536 AD	《本草图谱（3卷）》[*Herbarium vivae Eiconis* (*3 volumes*)]	奥托·布朗菲斯（Otto Brunfels）	使用了大量精良的插画	德国
1498—1554 AD	《新草药书》(*Nue Kreuterbuch*)	杰洛米·博克（Jerome Bock）	对约600种开花植物进行了准确描述。试图追溯植物的自然关系，并将其分为草本、灌木和乔木三大类，并记录每一种植物的原始分布	德国
1519—1603 AD	《植物》（共16卷）(*De plants in 16 volumes*)	安德烈亚·凯沙尔宾罗（Andrea Caesalpino）	根据植物的习性特征，即乔木、灌木和草本植物进行分类，同时也考虑了子房、果实和种子的特征	意大利
1545—1612 AD	《草药书》或《植物通志》(*Herball* or *Generall Historie of Plantes*)	约翰·杰拉德（John Gerard）	详述了1 000种植物	英格兰
1541—1631 AD	《世界植物历史》(*Historia Plantarum Universalis*)	博安兄弟之一，让·博安[Bauhin brothers Jean（Johna）Bauhin]	利用植物的习性特征对其进行分类	法国和瑞士
1560—1624 AD	*3 botanical treatises the third one of which, viz., Pinax theatri Botanic*（未查明相应中文译名——译者注）	博安兄弟之一，加斯帕尔·博安[Gaspard（Casper）Bauhin]	阐述了属的概念，并在许多情况下给植物提供了二元命名法。作者还收集了在他那个时代不同的植物学著作中发表的所有植物的名称，并把它们作为同义词和作者使用过的正确名称一起引用	
1628—1705 AD	《植物的历史》(*Historia Plantarum*)	约翰·雷（John Ray）	首次认识到开花植物的两个主要分类群，即双子叶植物和单子叶植物。作者还试图把植物分成几个科，并称之为"纲（classes）"	英格兰

（续）

时期	论著/文献名称	作者	重要内容	国家
1707—1778 AD	《自然系统，植物种志，植物哲学》（*Systema Naturae*，*Species Plantarum*，*Philosophia Botanica*）	卡罗勒斯·林尼厄斯（卡尔·林奈）（Carolus Linnaeus）	作者利用雄蕊的特性，即雄蕊的数量和性质，将植物界划分为 20 个类。他还用心皮（carpels）的数量和性质来划分等级，作为类之后的细分依据	瑞典
1862—83 AD	《植物属志》（*Genera Plantarum*）	乔治·边沁和约瑟夫·道尔顿·胡克（George Bentham and Joseph Dalton Hooker）	对每一个属和目进行详细描述，并给出了每个属下的所有物种的名称、同义词、地点和文献资料	英国
1887—99 AD	《植物科属自然系统》（*Die Naturlichen Pflanzenfamilien*）	阿道夫·恩格勒和卡尔·普兰特（Adolf Engler and Karl Prantl）	系统整理和描述了植物的所有属。在此过程中，作者提出了一种新的植物分类系统，用于整个植物界真正的系统发育系统	德国
1900—2000 AD	《芳香疗法》（*Aromathérapie*）	雷内·摩利斯·盖特佛赛（René-Maurice Gattefossé）	药用香料和精油	法国

注：BC，公元前；AD，公元后。

古代的农学家、牧民、农民、草药学家等收集了一些关于植物的知识，并世代相传。然而，植物学作为一门学科则是在很久以后才出现的。在古代的美索不达米亚（Mesopotamian）（Milton-Edwards，2003）和哈拉帕文明（Harappa civilizations）（Weber，1991）中，就有关于植物及其特性知识的证据。根据植物的外观、用途、性质、地理位置等要素，古人提出应将植物划分为不同的种类，以便于识别有用的可食用植物和规避有毒植物。希腊哲学家、科学家西奥弗拉斯脱（Theophrastus）于公元前 372—前 287 年提出，植物的知识应置于科学的基础之上。在其著作《植物的本原》（*De Causis Plantarum*）或《植物志》（*Historia Plantarum*）中，他广泛研究了大批植物，并尝试将植物进行分类。由于在这方面做出了突出贡献，西奥弗拉斯脱被后人尊称为“植物学之父”。希波克拉底（公元前 500—前 300 年）在其著作《希波克拉底全集》（*Hippocratic Corpus*）中，对诊断和治疗中的医学实践进行了规范，并列出了药用植物及其应用清单。在他之后，许多哲学家、学者等都试图理解植物，并通过某些合理的分类方法将植物进行分类。

普林尼（Pliny）撰写了《自然史》（又称《博物志》）（*Naturalis* 或 *Historia*），迪奥斯克里德斯（Dioscorides）撰写了《药物论》（*Materia Medica*），后者在书中描述了大约 600 种植物，其中提到了这些植物的当地名称和药用特性，并且附以插图，从而使植物鉴定变得更加容易，这是一个重大的贡献。13 世纪，在阿尔伯特·马格努斯（Albert Magnus）撰写的《植物》（*De Vegetabilis*）一书中，提到了双子叶植物和单子叶植物茎结构的差异。到 15 世纪末期，已经有关于植物的印刷书籍供人们使用，这使得对植物学的研究变成了热点。查尔斯·达尔文（Charles Darwin）的《有机进化》（*Organic Evolution*），以及瑞典博物学家卡罗勒斯·林奈（Carolus Linnaeus）（1707—1778）和惠特克（Whittaker）提出的分类系统是历史上理解植物科学的最重要的里程碑。

人类利用药用植物进行治疗的历史，几乎与人类历史自身一样悠久（Petrovska，2012）。在古代，人类就已意识到药用芳香植物的价值和魅力，人们从历史书籍中可以检索到指导有效利用这些植物材料的知识。最初有关药用芳香植物使用方法的书籍来自世界各地，如中东、希腊、中国和印度，表明在分享各自的思想之前，古人都在用本土的药用芳香植物来改善自己的生活（Inoue 等，2017）。在《圣经》（*Bible*）和犹太圣书《塔木德》（*Talmud*）中都提到过，人们会在各种仪式中使用香桃木（myrtle）和香（incense）等芳香植物（Dimitrova，1999）。在波斯，植物通常被用作药物、消毒剂和芳香剂（Hamilton，2004）。据估计，在 20 世纪 90 年代，有 70 000 种植物被用于传统医学（Farnsworth 和 Soejarto，1991）。如今，这一数字已大幅增加。

三、药用芳香植物的定义

顾名思义，芳香植物是指散发香气的植物。芳香植物通常与药用植物联系在一起，它们构成了一个特殊的类别，被民族植物学家（ethnobotanist）称为药用芳香植物（medicinal and aromatic plant），缩写为 MAP。不同的作者试图在不同的基础之上来描述芳香植物。本文对芳香植物的标准定义进行了描述。芳香植物是一类特殊的植物，人们主要利用其香气和风味，它们中的许多还专门用于芳香疗法及各种医学系统中（Maiti 等，2007）。用这些植物生产和浸提出（主要通过乙醚油）的芳香物质，可用于香水生产、烹饪、食品生产、制药和造酒。许多芳香植物是月桂科（Lauraceae）、伞形科（Umbelliferae）、桃金娘科（Myrtaceae）和唇形科（Labiatae）的物种。在苏联，玫瑰（roses）、天竺葵（geraniums）、月桂树（laurel）、薰衣草（lavender）和迷迭香（rosemary）被归为工业用植物（《大苏联百科全书》，*The Great Soviet Encyclopedia*，2010）。一些芳香植物具有特殊的香气，这样的特殊香气是因为其含有被称为“精油”的挥发性化合物。因此，芳香植物、草药和草药提取物一直是构成地中海美食的最典型元素。在这一地区，主要用于当地传统美食的有罗勒（*Ocimum basilicum*，basil）、迷迭香（*Rosmarinus officinalis*，rosemary）、鼠尾草（*Salvia officinalis*，sage）、北葱（*Allium schoenoprasum*，chives）、牛至（*Origanum majorana*，oregano）和大蒜（*Allio sativum*，译者推测应为 *Allium sativum*，aglio——译者注）（Orto Botanico di Napoli，2018）。

芳香植物是一种主要用其香气和风味的植物，其中许多还具有药用价值，这些植物代表了大量具有重要经济意义的植物。在过去的 20 年中，世界市场对植物化合物、精油、芳香族化学品和药品的需求不断增长，这些需求也包括使用植物来源的药物来替代性质相同的化学药物。用芳香植物制作的食物具有强烈而又令人愉悦的香草［《柯林斯英语词典》，*Collins English Dictionary*，2018］。芳香植物含有气味挥发性物质，以精油、树胶渗出液、香脂和油性树脂的形式，出现在植物的根、木质部分、树皮、茎、叶、花和果实的一个或多个部位之中（Joy 等，2001a，2001b，2014）。虽然芳香植物是具有香气的植物，我们可以闻到其具有芳香气味，但并非所有芳香植物都是精油作物（Jeljazkov 和 Cantrell，2016）。1997 年，国际标准组织（International Standards Organization，ISO）将精油定义为“从植物原料中用水或水蒸气蒸馏得到的产品，也可以是通过机械方法或通过干馏法从柑橘类水果的果皮中获得的产品”。目前已发现一系列具有不同程度抗菌活性的精油，并被认为具有抗病毒、抗真菌、杀虫和抗氧化特性。

自古以来药用芳香植物就被作为医药用途，并具有某些香气，且大多数是令人愉悦的香气，可用于精油和盥洗用品。“药用芳香植物”的命名是基于传统和常规的用法。有趣的是，这个命名并没有科学基础作为先决条件，因为一些非芳香植物也可以被归类为药用植物，而一些芳香植物也可能没有任何药用用途。药用芳香植物在人们的生活中扮演着重要的角色，关于它们的使用可以追溯到远古时代。然而由于远古时代没有清晰的记录，因此很难确定具体开始使用的时间。根据 2017 的 *World' s Plants Report* 所述，科学界已知3 900 900个植物物种，其中约有 3 690 400 个（超过 94%）为有花植物（flowering plants），目前至少有 28 187 个（超过 7%）植物物种被记录为药用植物，但这似乎是非常保守的数字。科学家们说，根据现有最可靠的估计，所有植物物种中有 21%（或 1/5 的植物物种）可能面临灭绝的威胁。该报告着重指出，药用法规出版物中引用的用于植物性药物的物种有 4 478 个（不到 16%）。有意思的是，目前每个药用物种（平均）有 15 个替代名称，这引起了该领域的混乱和风险。该报告还提议如何在英国皇家植物园的药用植物命名服务（Kew' s Medicinal Plant Names Service，MNPS）等数据库中优化和改进植物的统一命名功能。

然而，对于“药用芳香植物”的定义这一难以解决的问题至今仍没有明确的答案。其中一种定义为：药用芳香植物是植物性原料，也称为草药（herbal drugs），主要作为化妆品、药品、保健食品和其他天然保健品的成分来源，用于芳香、治疗和烹饪。此外，它们也可作为植物精油、植物固态和液态提取物、含油树脂等高附加值加工天然成分的基础原料（International Trade Center，2018）。药用植物较早的一个定义为：在医学或兽医实践中用于治疗或预防目的的一大类植物（The Great Soviet Encyclopedia，2010）。

按照现代的定义，药用植物可以被视为“是指在世界各地的官方和各种传统医药体系中使用的植物”。以类似的方式，其他定义有“药用植物是为人们提供药物，用以预防疾病、保持健康或治愈疾病的植物”（Maiti 和 Geetha，2007）。药用植物是被用作天然药物的植物，许多现代药物都起源于药用植物，如从柳树皮（*Salix* spp.）中提取的阿司匹林、从毛地黄（*Digitalis purpurea*）中提取的洋地黄，以及从马达加斯加长春花（*Vinca rosea*）中提取的用于治疗儿童白血病的长春碱（The Columbia Electronic Encyclopedia，2013）。

四、分类

芳香植物精华为再生、恢复活力和愈合提供了无限的可能性。

——*鲁道夫·巴尔兹（Rodolphe Balz）*

依照传统，由于除其他用途外，大多数芳香植物还在药物中有作用，因此将芳香植物与药用植物归为了一类。由于能产生丰富的香气，故传统上芳香植物被用于制造香水等化妆品，原因是这些植物成分中包含精油。芳香植物正是由于具有如此特性而在商业和贸易中具有重要意义，而不断的科学研究又为芳香植物开辟了新的途径。

芳香植物最重要的用途仍然是在制药行业中，当细菌的耐药性出现之时，要不断地寻找新的有效药物分子来迎接这一新挑战。芳香植物在传统医学系统中，如印度的阿育吠陀、中国古代医学体系和许多其他传统医学体系中都有丰富的用途。芳香疗法是天然药物的一种替代疗法，它完全依靠芳香植物，使用精油进行治疗。美国国家整体芳香疗法协会（The National Association for Holistic Aromatherapy，NAHA）将芳香疗法定义为“芳香物质（精油）用于整体医疗或药物应用”。芳香疗法的应用包括按摩、局部应用和吸入。然而，我们不要忘记天然产物也是化学物质，如果使用不当，也可能会造成危险。

由于芳香植物在鉴定和分类上已与药用植物归为了一类，因此在“药用芳香植物”这一类别下，一般分类变得更可行。研究和利用药用芳香植物，首要步骤是对植物进行鉴定，然后对其进行分类学分类。较早之前，由于没有其他先例，植物的鉴定仅根据视觉、嗅觉和触觉，因此，对芳香植物进行分类的主要依据是其外部形态。随着科学的发展和对大量具有相似形态植物的鉴定，不仅很难再对其进行形态学分类，而且还推动了对更标准分类系统的需求，新系统应可以容纳将来鉴定出的新物种并对其进行分类。新系统还使用了其他特征，如化学特性中的植物化学谱、DNA 标记、化学分化的生物合成原因，现在甚至也将植物代谢组纳入用作鉴定和分类的工具。因此，在其他科学成果的辅助下，植物学似乎为培育新的、高效的药用芳香植物类群化学栽培品种开辟了广阔的前景（Shukla 等，2009；Mathe，2015）。

在已知的大约 1 500 种芳香植物中，只有 500 多种被详细研究过。在最终用作精油和香气来源的 50 个物种中，常规和大规模利用的物种总数不超过 20 个（Joy 等，2014；Inoue 等，2017）。我们无法确定世界上正在使用的芳香植物或药用芳香植物物种的确切数量。这是因为：首先，一些药用芳香植物的使用量很少，因此不会在贸易商的目录中列出。其次，药用芳香植物的商品可能来自数个物种，但仍使用商品名称进行交易，而商品名称掩盖了各个物种的来源。最后，许多物种只在当地使用，它们的使用没有得到全面的记录（Lange，1998）。

有学者建议对包括芳香草药或芳香植物在内的药物进行全面分类（Alamgir，2017），其多种的分类方式详见图 6 - 1。

也有学者根据另一种专门针对芳香植物提出了另外的分类体系（图 6 - 2）（Joy 等，2014）。

该体系对药用芳香植物（MAP）进行分类的要点如下：

1. 根据主次重要性

将专门提取用于化妆品生产中芳香成分来源的植物归类为主要芳香植物，而以挥发油和芳香成分为副产品或次级产品的植物归类为次要芳香植物。

（1）主要芳香植物　如甘菊、香根草、柠檬草、广藿香、茶树、桉树。

（2）次要芳香植物　如肉桂、万寿菊、莳萝、龙葵、芹菜。

2. 根据利用的部位

（1）草本　如广藿香、香茅、罗勒、天竺葵、迷迭香。

（2）根　如香根草、白檫木、檀香、樟脑。

（3）木质部分　如 *Ocotea cymbarum*（甜樟属的一种）、*Ocotea pretiosa*（甜樟属的一种）、檀香、樟脑、裂榄木。

（4）树皮　如斯里兰卡肉桂（*Cinnamomum verum*）、阴香（*C. burmannii*）。

（5）叶　如桉树、茶树、月桂茵芋（*Skimmia laureola*）、矛蕊檫（*Doryphora sassafras*）、月桂（*Laurus nobilis*）、柠檬草、薄荷、樟脑。

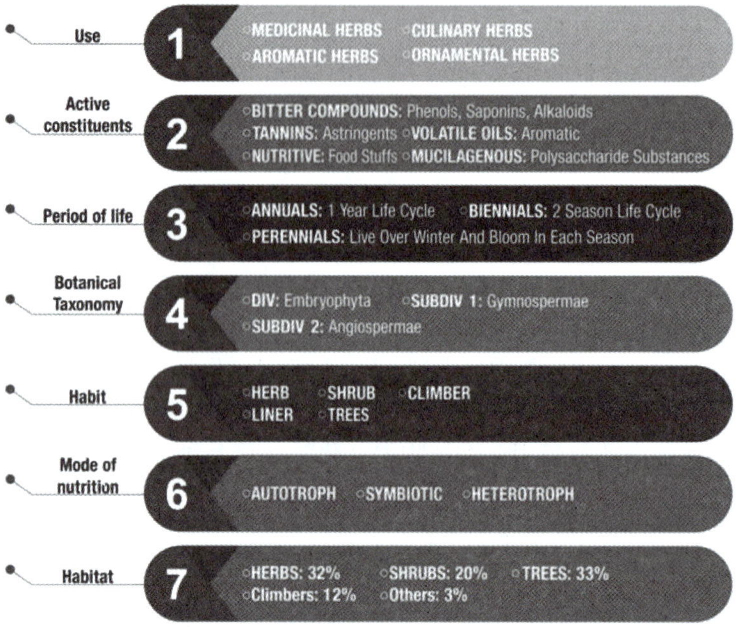

图 6-1 药用芳香植物的分类系统

（资料来源：Alamgir，2017）

注：Use，用途；MEDICINAL HERBS，药用；CULINARY HERBS，调味用；AROMATIC HERBS，香味剂；ORNAMENTAL HERBS，观赏；Active constituents，活性成分；BITTER COMPOUNDS：Phenols，Saponins，Alkaloids，苦味物质：酚类、皂苷类、生物碱；TANNINS：Astringents，单宁/鞣质：收敛剂；VOLATILE OILS：Aromatic，挥发油：芳香剂；NUTRITIVE：Food Stuffs，营养成分：食物；MUCILAGENOUS：Polysaccharide Substances，黏性成分：多糖类物质；Period of life，生命周期；ANNUALS：1 Year Life Cycle，1年生植物：1年完成生命周期；BIENNIALS：2 Season Life Cycle，2年生植物：2年完成生命周期；PERENNIALS：Live Over Winter And Bloom In Each Season，多年生植物：可越冬，大多每年都会开花；Botanical Taxonomy，植物分类学；DIV：Embryophyta，门：有胚植物门；SUBDIV 1：Gymnospermae，亚门1：裸子植物；SUBDIV 2：Angiospermae，亚门2：被子植物；Habit，习性；HERB，草本植物；SHRUB，灌木；CLIMBER，攀缘植物；LINER，苗圃栽培；TREES，树木；Mode of nutrition，营养获取方式；AUTOTROPH，自养生物；SYMBIOTIC，共生生物；HETEROTROPH，异养生物；Habitat，栖息地；HERBS：32%，草本植物：32%；SHRUBS：20%，灌木：20%；TREES：33%，树木：33%；Climbers：12%，攀缘植物：12%；Others：3%，其他：3%。

（6）花　如茉莉、玫瑰、金盏花、洋甘菊、香槟花、晚香玉、依兰。

（7）花的顶部　如印蒿、马丁香、百里香。

（8）果实　如莳萝、山鸡椒、裂榄木。

（9）种子　如龙葵、阿米糙果芹、芹菜、紫菜。

3. 根据生长生境

（1）草　如马丁香、蔷薇草、柠檬草、香根草、香茅。

（2）草本植物　如甜罗勒、晚香玉、百里香、迷迭香、洋甘菊、阿米糙果芹、印蒿、万寿菊、薄荷。

（3）灌木　如月桂茴芋、广藿香、玫瑰、天竺葵、茉莉。

（4）树木　如桉树、茶树、樟脑、香柏、桂皮、裂榄木、依兰。

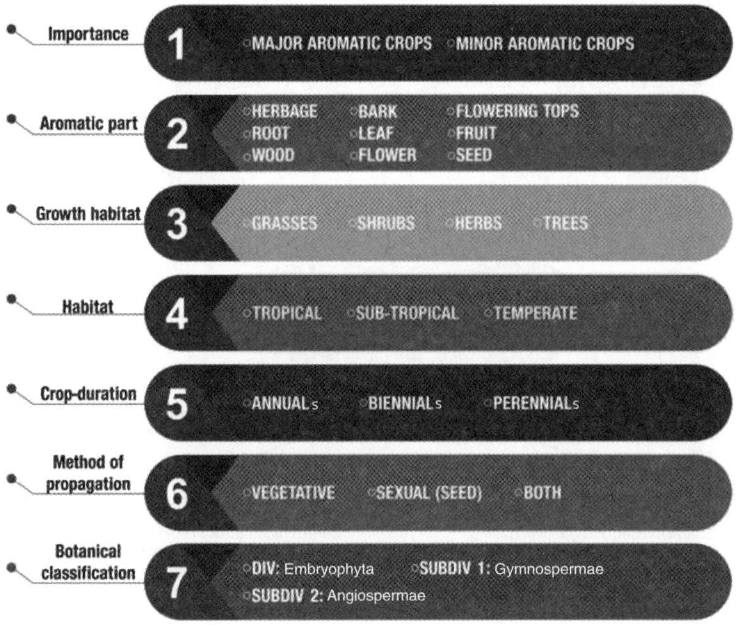

图 6－2 芳香植物分类系统

（资料来源：Joy 等，2014）

注：Importance，重要性；MAJOR AROMATIC CROPS，主要芳香植物；MINOR AROMATIC CROPS，次要芳香植物；Aromatic part，产香部位；HERBAGE，草本；BARK，树皮；FLOWERING TOPS，花的顶部；ROOT，根；LEAF，叶；FRUIT，果实；WOOD，木质部分；FLOWER，花；SEED，种子；Growth habitat，生长生境；GRASSES，草；SHRUBS，灌木；HERBS，草本植物；TREES，树木；Habitat，栖息地；TROPICAL，热带地区；SUB-TROPICAL，亚热带地区；TEMPERATE，温带地区；Crop-duration，植物的生命周期；ANNUALs，1 年生植物；BIENNIALs，2 年生植物；PERENNIALs，多年生植物；Method of propagation，繁殖方法；VEGETATIVE，无性繁殖；SEXUAL（SEED），有性繁殖（种子）；BOTH，同时可以无性繁殖和有性繁殖；Botanical classification，植物学分类；DIV：Embryophyta，门：有胚植物门；SUBDIV 1：Gymnospermae，亚门 1：裸子植物；SUBDIV 2：Angiospermae，亚门 2：被子植物。

4. 根据栖息地

（1）热带地区 如柠檬草、香茅、肉桂、裂榄木、檀香、桉树、香茅、马丁香、广藿香、香根草、依兰。

（2）亚热带地区 如香根草、薄荷、桉树、阿米糙果芹、百里香、迷迭香、香茅、印蒿、茴香、日本薄荷。

（3）温带地区 如洋甘菊、阿米糙果芹、茴香、胡椒薄荷、留兰香、柠檬留兰香。

5. 根据植物的生命周期

（1）一年生植物 如洋甘菊、罗勒（*Ocimum basilicum*）、阿米糙果芹、印蒿。

（2）两年生植物 如香根草、芹菜。

（3）多年生植物 如柠檬草、天竺葵、薄荷、马丁香、玫瑰、桂皮、依兰（*Ylang ylang*）、茶树。

6. 根据繁殖方法

（1）无性繁殖 如香茅、天竺葵、茉莉、广藿香、玫瑰、晚香玉。

（2）有性繁殖（种子） 如紫杉、小茴香、印蒿、樟脑、桉树、檀香、马丁香、依兰（*Ylang ylang*）。

（3）同时可以无性繁殖和有性繁殖 如柠檬草、裂榄木、万年菊、马丁香、迷迭香、百里香、香根草。

7. 根据植物学分类

图 6－3 简要说明了植物分类系统，详细的植物学分类见表 6－2。

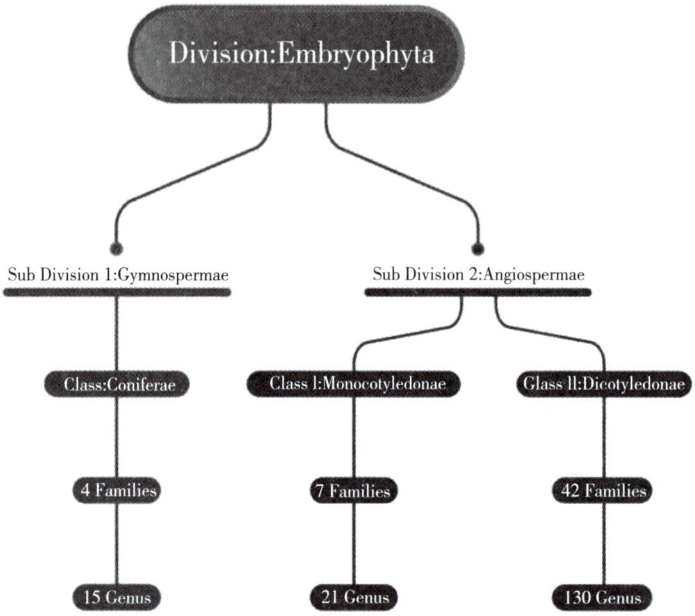

图 6－3 芳香植物的简明植物学分类

注：Division：Embryophyta，门：有胚植物门；Sub Division 1：Gymnospermae，亚门 1：裸子植物；Class：Coniferae，科：松柏科；4 Families，4 个科；15 Genus，15 个种；Sub Division 1：Angiospermae，亚门 1：被子植物；Class I：Monocotyledonae，科 I：单子叶植物纲；7 Families，7 个科；21 Genus，21 个种；Class II：Dicotyledonae，科 II：双子叶植物亚纲；42 Families，42 个科；130 Genus，130 个种。

表 6－2 芳香植物的详细植物学分类

种子植物门	
科	属[a]
亚门：I. 裸子植物	
纲：松柏科	
罗汉松科（Podocarpaceae）	泪柏属（*Dacrydium*）（*franklini*）
松科（Pinaceae）	云杉属（*Picea*）（*abies*、*alba*、*canadensis*、*excelsa*、*glauca*、*jezoensis*、*mariana*、*nigra*、*obovata*、*vulgaris*） 铁杉属（*Tsuga*）（*canadensis*、*douglasii*、*heterophylla*） 黄杉属（*Pseudotsuga*）（*douglasii*、*glauca*、*mucronata*、*taxifolia*）

（续）

种子植物门	
松科（Pinaceae）	冷杉属（*Abies*）（*alba*、*balsamea*、*balsamifera*、*douglasii*、*excelsa*、*mayriana*、*mucronata*、*pectinata*、*picea*、*sachalinensis*、*sibirica*） 雪松属（*Cedrus*）（*atlantica*、*deodara*、*libani*、*libanotica*） 松属（*Pinus*）（*albicaulis*、*aristata*、*attenuata*、*ayacahuite*、*balfouriana*、*balsamea*、*banksiana*、*caribaea*、*cembra*、*clausa*、*contorta*、*coulteri*、*echinata*、*edulis*、*flexilis*、*glabra*、*jeffreyi*、*lambertiana*、*longifolia*、*monophylla*、*montana*、*monticola*、*mugo*）
杉科（Taxodiaceae）	日本金松属（*Sciadopitys*）（*verticillata*） 柳杉属（*Cryptomeria*）（*japonica*）
柏科（Cupressaceae）	北美金柏属（*Callitropsis*）（*araucarioides*） 罗汉柏属（*Thujopsis*）（*dolabrata*） 岩柏属（*Thuja*）（*plicata*） 柏木属（*Cupressus*）（*fastigiata*、*glauca*、*japonica*、*lambertiana*、*lawsoniana*、*lusitanica*、*macrocarpa*、*pendula*、*sempervirens*、*sinensis*、*torulosa*） 花柏属（*Chamaecyparis*）（*lawsoniana*、*obtusa*、*taiwanensis*、*thyoides*） 桧属（*Juniperus*）（*communis*、*exicana*、*oxycedrus*、*phoenicea*、*procera*、*sabina*、*thurifera*、*virginiana*）
亚门：Ⅱ. 被子植物	
纲：1. 单子叶植物	
禾本科[Graminae（Poaceae）]	胶鳞禾属（*Elyonurus*）（*latiflorus*、*tripsacoides*） 岩兰草属（*Vetiveria*）（*zizanioides*） 香茅属（*Cymbopogon*）（*afronardus*、*caesius*、*citratus*、*clandestinus*、*coloratus*、*confertiflrus*、*densiflorus*、*exaltatus*、*flexuosus*、*georingii*、*giganteus*、*jwarancusa*、*rectus*、*martinii*、*nardus*、*nervatus*、*polyneuros*、*procerus*、*proximus*、*schoenanthus*、*senaarensis*、*stipulatus*、*virgatus*、*winterianus*） 须芒草属（*Andropogon*）（*aciculatus*、*connatus*、*fragrans*、*intermedius*、*kuntzeanus*、*muricatus*、*nardoides*、*odoratus*、*versicolor*）
莎草科（Cyperaceae）	莎草属（*Cyperus*）（*rotundus*）
棕榈科[Palmae(Palmaceae)]	椰子属（*Cocos*）（*nucifera*）
天南星科（Araceae）	菖蒲属（*Acorus*）（*calamus*）Liliaceae 葱属（*Allium*）（*cepa*、*sativum*） 百合属（*Lilium*）（*candidum*） 风信子属（*Hyacinthus*）（*non-scriptus*、*orientalis*） 铃兰属（*Convallaria*）（*majalis*）
石蒜科（Amaryllidaceae）	水仙属（*Narcissus*）（*jonquilla*、*poeticus*、*tagetta*） 多花属（*Polyanthes*）（*tuberosa*）
小二仙草科（Irridaceae）	番红花属（*Crocus*）（*sativus*）

（续）

种子植物门	
小二仙草科（Irridaceae）	鸢尾属（*Iris*）（*florentina*、*germanica*、*pallida*）
姜科（Zingiberaceae）	姜花属（*Hedychium*）（*flavum*） 山柰属（*Kaempferia*）（*galanga*、*rotunda*） 姜黄属（*Curcuma*）（*amada*、*aromatica*、*caesia*、*domestica*、*longa*、*xanthorrhiza*、*zedoaria*、*zerumbet*） 山姜属（*Alpinia*）（*alleghas*、*galanga*、*officinarum*、*calcarata*、*khulanjan*、*malaccensis*、*nutans*） 姜属（*Zingiber*）（*mioga*、*nigrum*、*officinale*） 豆蔻属（*Amomum*）（*angustifolium*、*aromaticum*、*cardamom*、*globosum*、*hirsutum*、*korarima*、*melegueta*） 小豆蔻属（*Elettaria*）（*cardamomum*）
纲：2. 双子叶植物	
胡椒科（Piperaceae）	胡椒属（*Piper*）（*acutifolium*、*angustifolium*、*asperifolium*、*camphoriferum*、*clusii*、*crassipes*、*cubeba*、*guineense*、*lineatum*、*longum*、*lowong*、*mollicomum*、*molissimum*、*nigrum*、*officinarum*、*ribesioides*）
桦木科（Betulaceae）	桦属（*Betula*）（*alba*、*brea*、*dulce*、*lenta*、*papyrifera*、*pendula*、*pubescens*）
桑科（Moraceae）	葎草属（*Humulus*）（*americanus*、*lupulus*）
檀香科（Santalaceae）	沙针属（*Osyris*）（*tenuifolia*） 檀香属（*Santalum*）（*album*、*lanceolatum*、*preissianum*、*spicatum*、*zygnorum*） 扁枝沙针属（*Fusanus*）（*spicatus*）
马兜铃科（Aristolochiaceae）	细辛属（*Asarum*）（*canadense*、*europaeum*）
藜科（Chenopodiaceae）	藜属（*Chenopodium*）（*ambrosioides*）
石竹科（Caryophyllaceae）	石竹属（*Dianthus*）（*caryophyllus*）
毛茛科（Ranunculaceae）	黑种草属（*Nigella*）（*damascena*）
木兰科（Magnoliaceae）	木兰属（*Magnolia*）（*grandiflora*） 含笑属（*Michelia*）（*champaca*、*longifolia*、*excels*、*flgo*、*kisopa*、*nilagirica*、*rheedi*） 八角属（*Illicium*）（*anisatum*、*japonicum*、*religiosum*、*verum*）
番荔枝科（Anonaceae）	依兰属（*Cananga*）（*odorata*）
肉豆蔻科（Myristicaceae）	肉豆蔻属（*Myristica*）（*argentea*、*fragrans*、*malabarica*、*succedanea*）
樟科（Lauraceae）	樟属（*Cinnamomum*）（*aromaticum*、*infers*、*glanduliferum*、*camphora*、*cassia*、*culilawan*、*kanahirai*、*loureirii*、*micranthum*、*obtusifolium*、*xanthoneuron*、*zeylanicum*、*tamala*） 樟桂属（*Ocotea*）（*caudata*、*cymbarum*、*parviflora*、*pretiosa*、*sassafras*） 檫木属（*Sassafras*）（*albidum*） 厚壳桂属（*Cryptocaria*）（*massoia*） 月桂属（*Laurus*）（*nobilis*） 伞桂属（*Umbellularia*）（*californica*）

（续）

种子植物门	
樟科（Lauraceae）	安尼巴木属（*Aniba*）（*parviflora*、*rosaeodora*）
十字花科（Cruciferae）	辣根属（*Cochlearia*）（*armoracia*） 芸薹属（*Brassica*）（*alba*、*juncea*、*napus*、*nigra*） 萝卜属（*Raphanus*）（*sativus*）
木犀草科（Resedaceae）	木犀草属（*Reseda*）（*odorata*）
虎耳草科（Saxifragaceae）	山梅花属（*Philadelphus*）（*coronarius*）
金缕梅科（Hamamelidaceae）	金缕梅属（*Hamamelis*）（*virginiana*） 枫香属（*Liquidambar*）（*orientalis*、*styraciflua*）
蔷薇科（Rosaceae）	绣线菊属（*Spiraea*）（*ulmaria*） 蔷薇属（*Rosa*）（*alba*、*canina*、*centifolia*、*damascena*、*gallica*、*indica*、*glandulifera*、*moschata*、*pubescens*） 李属（*Prunus*）（*amygdalus*、*laurocerasus*）
豆科（Leguminosae）	金合欢属（*Acacia*）（*cavenia*、*dealbata*、*decurrens*、*farnesiana*、*flribunda*） 香脂树属（*Copaifera*）（*coriacea*、*glycycarpa*、*guianensis*、*martii*、*multijuga*、*officinalis*、*reticulata*） 香脂豆属（*Myroxylon*）（*balsamum*、*pereirae*） 羽扇豆属（*Lupinus*）（*luteus*） 染料木属（*Genista*）（*sibirica*、*tinctoria*） 鹰爪豆属（*Spartium*）（*junceum*） 紫藤属（*Wistaria*）（*sinensis*） 哈氏豆属（*Hardwickia*）（*mannii*） 香荚豆属（*Myrocarpus*）（*fastigiatus*、*frondosus*）
牻牛儿科（Geraniaceae）	老鹳草属（*Geranium*）（*lugubre*、*macrorrhizum*） 天竺葵属（*Pelargonium*）（*capitatum*、*fragrans*、*graveolens*、*odoratissimum*、*radula*、*roseum*、*terebinthinaceum*）
蒺藜科（Zygophyllaceae）	玉檀木属（*Bulnesia*）（*sarmienti*）
芸香科（Rutaceae）	花椒属（*Xanthoxylum*）（*piperitum*） 芸香属（*Ruta*）（*angustifolia*、*bracteosa*、*graveolens*、*montana*） 毛果芸香属（*Pilocarpus*）（*jaborandi*、*microphyllus*、*racemosus*、*spicatus*） 苦笛香属（*Cusparia*）（*trifoliata*） 波罗尼亚属（*Boronia*）（*megastigma*） 锯芸木属（*Barosma*）（*betulina*、*crenulata*、*serratifolia*） 阿米香树属（*Amyris*）（*balsamifera*） 黄皮属（*Clausena*）（*anisata*、*anisum-olens*、*excavata*） 柑橘属（*Citrus*）（*acida*、*aurantifolia*、*decumana*、*aurantium*、*deliciosa*、*limetta*、*limon*、*medica*、*nobilis*、*paradisi*、*reticulata*、*sinesis*、*unshiu*）
橄榄科（Burseraceae）	乳香属（*Boswellia*）（*carterii*）

（续）

种子植物门	
橄榄科（Burseraceae）	裂榄属（*Bursera*）（*aloexylon*、*delpechiana*、*fragroides*、*glabrifolia*） 没药属（*Commiphora*）（*abyssinica*、*erythraea*、*myrrha*、*schimperi*） 橄榄属（*Canarium*）（*luzonicum*）
大戟科（Euphorbiaceae）	巴豆属（*Croton*）（*eluteria*）
漆树科（Anacardiaceae）	黄连木属（*Pistacia*）（*lentiscus*） 秘鲁乳香属（*Schinus*）（*molle*）
椴树科（Tiliaceae）	未查明（*Tilea*）（*cordata*、*platyphyllos*、*tomentosa*）
锦葵科（Malvaceae）	木槿属（*Hibiscus*）（*abelmoschus*）
龙脑香科（Dipterocarpaceae）	龙脑香属（*Dryobalanops*）（*aromatica*、*camphora*） 古云香属（*Dipterocarpus*）（*tuberculatus*、*turbinatus*）
半日花科（Cistaceae）	岩蔷薇属（*Cistus*）（*ladaniferus*）
堇菜科（Violaceae）	堇菜属（*Viola*）（*odorata*）
桃金娘科（Myrtaceae）	香桃木属（*Myrtus*）（*aeris*、*caryophyllata*、*communis*、*pimenta*） 多香果属（*Pimenta*）（*acris*、*citrifolia*、*officinalis*、*racemosa*） 番樱桃属（*Eugenia*）（*acris*、*caryophyllata*、*pimenta*） 狭籽属（*Leptospermum*）（*citratum*、*flavescens*） 白千层属（*Melaleuca*）（*alternifolia*、*bracteata*、*cajeputi*、*leucodendron*、*linariifolia*、*maideni minor*、*smithii*、*trichyostachya*、*viridiflora*） 桉树属（*Eucalyptus*）（*amygdalina*、*australiana*、*bicostata*、*citriodora*、*cneorifolia*、*dives*、*dumosa*、*elaeophora*、*fruticetorum*、*globulus*、*leucoxylon*、*lindleyana*、*macarthuri*、*maculosa*、*numerosa*、*phellandra*、*polybractea*、*radiata*、*sideroxylon*、*smithii*、*viridis*）
伞形科[Umbelliferae（Apiaceae）]	芫荽属（*Coriandrum*）（*sativum*） 孜然芹属（*Cuminum*）（*cyminum*） 芹属（*Apium*）（*graveolens*、*petroselinum*） 欧芹属（*Petroselinum*）（*hortense*、*sativum*） 葛缕子属（*Carum*）（*ajowan*、*bulbocastanum*、*carvi*、*copticum*、*petroselinum*、*verticillatum*） 茴芹属（*Pimpinella*）（*anisum*、*diversifolia*、*saxifragra*） 茴香属（*Foeniculum*）（*vulgare*） 莳萝属（*Anethum*）（*graveolens*、*sowa*） 水芹属（*Oenanthe*）（*phellandrium*） 欧当归属（*Levisticum*）（*officinale*） 当归属（*Angelica*）（*archangelica*、*atropurpurea*、*glabra*、*levisticum*） 阿魏属（*Ferula*）（*alliacea*、*asafoetida*、*badra-kema*、*ceratophylla*、*foetida*、*galbaniflua*、*rubricaulis*、*suaveolens*、*sumbul*） 前胡属（*Peucedanum*）（*ostruthium*） 胡萝卜属（*Daucus*）（*carota*） 海茴香属（*Crithmum*）（*maritimum*）

（续）

种子植物门	
杜鹃花科（Ericaceae）	白珠树属（*Gaultheria*）（*procumbens*）
报春花科（Primulaceae）	仙客来属（*Cyclamen*）（*europaeum*）
木犀科（Oleaceae）	丁香属（*Syringa*）（*vulgaris*） 素馨属（*Jasminum*）（*officinale*、*grandiflorum*、*auriculatum*、*sambac*、*undulatum*）
马鞭草科（Verbenaceae）	过江藤属/橙香木属（*Lippia/Aloysia*）（*citriodora*）
唇形科[Labiatae(Lamiaceae)]	迷迭香属（*Rosmarinus*）（*flexuosus*、*lavandulaceus*、*laxiflorus*、*officinalis*、*tournefortii*） 薰衣草属（*Lavandula*）（*barmanni*、*dentata*、*hybrida*、*intermedia*、*latifolia*、*officinalis*、*pedunculata*、*spica*、*stoechas*、*vera*、*viridis*） 荆芥属（*Nepeta*）（*cataria*、*liniaris*、*spicata*） 鼠尾草属（*Salvia*）（*carnosa*、*espanola*、*hiemalis*、*hispanorum*、*lavandulaefolia*、*leucophylla*、*moscatel*，*officinalis*、*sclarea*、*triloba*、*verbenaea*） 马薄荷属（*Monarda*）（*citriodora*、*fistulosa*、*menthaefolia*、*pectinata*、*punctata*） 蜜蜂花属（*Melissa*）（*officinalis*） 穗花薄荷属（*Hedeoma*）（*pulegioides*） 塔花属（*Satureia*）（*hortensis*、*montana*） 神香草属（*Hyssopus*）（*officinalis*） 牛至属（*Origanum*）（*compactum*、*elongatum*、*fort-queri*、*grossi*、*majorana*、*virens*、*vulgare*） 甘牛至属（*Marjorana*）（*silvestre*、*hortensis*） 百里香属（*Thymus*）（*capitatus*、*cephalotus*、*hiemalis*、*hirtus*、*loscossi*、*mastichina*、*serpyllum*、*virginicus*、*vulgaris*、*zygis*） 薄荷属（*Mentha*）（*aquatica*、*arvensis*、*cablin*、*canadensis*，*citrata*、*japonica*、*longifolia*、*piperita*、*pulegium*、*rotundifolia*、*spicata*、*sylvestris*、*verticillata*、*viridis*） 紫苏属（*Perilla*）（*citriodora*、*frutescens*、*nankinensis*、*ocymoides*） 刺蕊草属（*Pogostemon*）（*cablin*、*heyneanus*、*hortensis*、*patchouli*） 罗勒属（*Ocimum*）（*americanum*、*basilicum*、*canum*、*carnosum*、*gratissimum*、*kilimandscharicum*、*album*、*anisatum*、*menthaefolium*、*micranthum*、*minimum*、*nakurense*、*pilosum*、*sanctum*、*suave*、*viride*） 石荠苧属（*Mosla/Orthodon*）（*angustifolia*、*chinesis*、*formosana*、*hadai*、*japonica*、*lanceolata*、*lysimachiiflora*、*punctata*、*thymolifera*） 密花薄荷属（*Pycnanthemum*）（*incanum*、*lanceolatum*、*muticum*、*pilosum*） 头香草属（*Coridothymus*）（*capitatus*）
苦槛蓝科（Myoporaceae）	角百灵属（*Eremophila*）（*mitchelli*）
茜草科（Rubiaceae）	栀子属（*Gardenia*）（*citriodora*、*florida*、*grandiflora*、*longistyla*、*resinifera*、*floribunda*、*latifolia*）

（续）

种子植物门	
茜草科（Rubiaceae）	沙星花属（*Leptactina*）（*senegambica*）
忍冬科（Caprifoliaceae）	忍冬属（*Lonicera*）（*caprifolium*、*gigantea*、*japonica*）
败酱科（Valerianaceae）	缬草属（*Valeriana*）（*celfica*、*officinalis*、*wallichii*、*brunoniana*、*hardwickii*）
菊科（Compositae）	一枝黄花属（*Solidago*）（*odora*）
菊科（Asteraceae）	飞蓬属（*Erigeron*）（*canadensis*） 艾纳香属（*Blumea*）（*balsamifera*、*lacera*、*ampletectens*、*densiflora*、*aurita*、*glabra*） 蜡菊属（*Helichrysum*）（*angustifolium*、*arenarium*、*italicum*、*stoechas*） 旋覆花属（*Inula*）（*helenium*） 万寿菊属（*Tagetes*）（*glandulifera*、*minuta*、*erecta*、*patula*） 银香菊属（*Santolina*）（*chamaecyparisus*） 春黄菊属（*Anthemis*）（*nobilis*） 蓍属（*Achillea*）（*millefolium*、*moschata*） 母菊属（*Matricaria*）（*chamomilla*、*inodora*） 蒿属（*Artemisia*）（*absinthium*、*cina*、*dracuculus*、*maritima*、*pallens*、*pontica*、*tridentata*、*vulgaris*、*vestita*、*scoparia*、*parviflora*） 羊菊属（*Arnica*）（*montana*） 风毛菊属（*Saussurea*）（*lappa*） 菊蒿属（*Tanacetum*）（*vulgare*）

资料来源：*The Essential Oils*（Guenther，1952），在原文的基础上进行了修改。
注：第一个括号中指的是属名，第二个括号中指的是种名。

五、世界市场的分布格局

重要草药的相关知识、在日常生活中的用法及其在治疗常见疾病中的重要性，由书面文件或实践形式世代相传。在早期社会，人类完全依靠野外采集来满足对药用芳香植物的需要。

当我们讨论芳香植物或药用芳香植物时，野外采集（采伐）对其的影响不容忽视。即使在今天，野外采集（采伐）也占据了药用芳香植物中的很大比例。在发展中国家，根据用途，野外采集（采伐）可分为两种类型。

（1）以当地使用为目的的小规模野生植物采集（健康从业人员采集植物供自己使用，或依靠采集植物来改善生计）。

（2）为满足全球商业市场需求的大规模野生植物采集（采伐）。

在印度的古老文献中，记录使用了 7 500～8 000 种药用芳香植物（Sati，2013）。为了满足芳香植物的大多数需求，供应商主要依赖于采伐高原地区的野生植物。尽管目前芳香植物的驯化栽培有所增加，但与野生植物相比，所占比例仍然很低。仅在皮托拉加尔（Pithoragarh，位于喜马拉雅地区），每年野外采伐量就达 1 300 多 t。而印度（原文未具体说明是印度，译者根据参考文献补充——译者注）每年从野外采伐的干燥原料超过

50 万 t（Tandon，2006）。由于可以提高收入，因此会刺激低收入者采伐野生植物。然而，需求与供应之间的差距仍然很大，缺口为（约 162 个物种）200 000～400 000t（Sati，2013）。

在药用植物丰富多样的中国云南省，当地记录了 216 种药用植物，隶属于 98 科 194 属（Lee 等，2008）。其中，野生植物有 173 种（80.1%），栽培植物或野生环境中半栽培植物有 43 种（19.9%）。这些野生植物物种，已列入中国红色濒危物种清单。

非洲的芳香植物种类也非常丰富。非洲出口了许多野生植物，如法鲁芦荟（*Aloe faro*）、辛卡特芦荟（*Aloe sinkatana*）、糙叶芦荟（*Aloe scabrifoli*——译者注）、非洲李（*Prunus africana*）、*Garcinia afzelii*（藤黄属的一个物种）、*Randia acuminate*（蓝茜树属的一个物种）、椒皮樟（*Warburgia salutaris*）、*Warburgia ugandensi*（十数樟属的一个物种）等。根据《国际濒危野生动植物种贸易公约》(CITES)，一些物种现已受到国际贸易管制（Maundu 等，2006）。在南非，共使用了近 4 000 种芳香植物。约 700 种本地物种在当地交易，每年销售 2 万 t 植物材料（McGaw 等，2005）。仅西非的加纳一年就出售了 133 951t 药用芳香植物，价值约 780 万美元，另外还有 6t 供当地使用（Van Andel 等，2012）。另外，还销售包括一些热带雨林物种和在官方保护区内采伐的物种，而这些物种也已被列入国际自然保护联盟（The International Union for Conservation of Nature，IUCN）加纳的红色名录。

此外，在拉丁美洲，特别是在秘鲁北部，市场上出售的最多的植物材料大部分是从野生采伐的，种植的可以忽略不计（Bussmann 和 Sharon，2009）。该地区超过 2/3 的物种起源于高原，其中超过 40%的区域由 7 个本地物种［龙血巴豆（*Croton lechleri*）、绒毛钩藤（*Uncaria tomentosa*）、巨木贼（*Equisetum giganteum*）、解醉茶（*Peumus boldus*）、刺桐树（*Erythrina* spp.）、*Buddleja utilis* 和树胡椒（*Piper aduncum*）］，以及 3 种外来物种［*Chamomilla recutita*、芸香（*Ruta graveolens*）、蓝桉（*Eucalyptus globulus*）］所覆盖。

但在乌克兰却是另一种情况，药用芳香植物的贸易量在减少，部分原因是过去过度采伐造成了自然资源的枯竭。生态系统的变化也导致药用芳香植物的贸易量下降。根据一项研究，乌克兰使用了大约 600t 野生材料和 400t 种植材料（Minarchenko，2011）。而在土耳其，在保护区（如国家公园）内进行采集仍然合法（Baser 和 Franz，2009），但收集者须向颁发许可证的林业总局支付一笔费用（Cetinkaya，2010）。仅在土耳其的卡尼扬国家公园（Kanyon National Park），2005 年就从野外采伐（据报道是可持续的）了约 472t 药用与芳香植物（Baricevic 等，2015）。

六、芳香植物的用途

在世界范围内，芳香植物主要用于精油提取。精油也被称为挥发油，顾名思义，它们在蒸汽中易挥发。精油（挥发油）积聚在植物的油细胞、分泌管、空腔或腺毛（glandular hair）中（Mathe，2015）。

由于精油用途广泛，如用于香料、食品工业、家用工业、调味品工业、糖果和饮料中，以及植物源性医药和芳香治疗产品中，故其生产和消费量正在迅速增长（Bernath，2009）。药用芳香植物包含许多具有生物活性的化合物，这些化合物具有抗菌、抗氧化、抗寄生虫和其他促进健康的生物学特性（Christaki 等，2012；Giannenas 等，2013）。药用芳香植物及其提取物精油或草药成分的有益用途在图 6-4 作了详细展示。

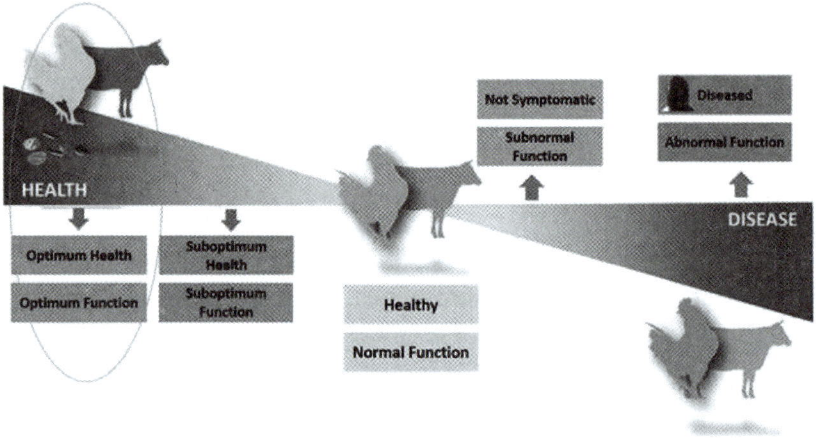

图 6-4 Ayurvet 有限公司展示的理念：草药饲料添加剂对动物健康和生产性能的支持作用

注：HEALTH，健康；Optimum Health，最佳健康；Optimum Function，最佳功能；Suboptimum Health，次最佳健康；Suboptimum Function，次最佳功能；Healthy，健康；Normal Function，正常功能；Not Symptomatic，无症状；Subnormal Function，低于正常功能；Diseased，患病；Abnormal Function，异常功能；DISEASE，疾病。

表 6-3 中列出了一些药用芳香植物精油及其主要成分。表中各种植物都可以用来生产精油，并可以根据它们所属的气候带进行分类。这些植物生长所处的不同气候和生态条件是其分类的基础。从这一分类角度考虑，这 3 个气候带是热带、温带和地中海气候带。基于这些气候和生态条件，表 6-3 对一些重要的植物物种及其重要的植物化学成分进行了分类。

表 6-3 药用芳香植物精油及其主要成分（Bernath，2009）

常用名	学名	精油的主要成分
热带来源的精油生产物种		
依兰	*Cananga odorata*	芳樟醇、β-石竹烯、金合欢烯
天竺葵	*Pelargonium* spp.	芳樟醇、异薄荷酮、香茅醇、香叶醇、甲酸香茅酯
香茅	*Cymbopogon* spp.	香茅醛、香茅醇、香叶醇
柠檬草	*Cymbopogon citratus* *Cymbopogon flexuosus*	橙花醛、香叶醛
马丁香	*Cymbopogon martinii*	芳樟醇、乙酸香叶酯、香叶醇
岩兰草	*Vetiveria zizamoides*	香根草醇
绿叶刺蕊草	*Pogostemon cabin*	广藿香醇、去甲藿香烯醇、甘菊环烃
樟脑	*Cinnamomum camphora*	莰酮、黄樟素、桉油精
肉桂	*Cinnamomum cassia*	肉桂醛
锡兰肉桂	*Cinnamomum verum*	丁香油酚、β-石竹烯
白檫木	*Sassafras albidum*	黄樟素、水芹烯、蒎烯
山鸡椒	*Litsea cubeba*	柠檬醛

（续）

常用名	学名	精油的主要成分
肉豆蔻	*Myristica fragrans*	α-蒎烯、β-蒎烯、桧萜
丁香	*Syzygium aromaticum*	丁香油酚、β-石竹烯
桉树	*Eucalyptus* spp.	桉树脑、水芹烯、胡椒酮
互叶白千层	*Melaleuca alternifolia*	萜品烯-4-醇、γ-萜品烯
白千层	*Melaleuca cajuputi*	桉树脑
茉	*Jasminum* spp.	醋酸苄酯、叶绿醇、异植醇
胡椒	*Piper nigrum*	柠檬烯、桧萜、蒎烯、石竹烯
来檬	*Citrus aurantifolia*	柠檬烯、γ-萜品烯、α-萜品醇
甜橙	*Citrus sinensis*	柠檬烯、月桂烯
檀香	*Santalum album*	檀香醇、乙酸檀香酯、檀香萜
生姜	*Zingiber officinale*	类单萜和倍半萜烃类、姜烯、香叶醇、橙花醇
地中海产精油的物种		
香桃木	*Myrtus communis*	α-蒎烯、柠檬烯、芳樟醇
突厥蔷薇	*Rosa damascena*	硬脂萜、橙花醇、香叶醇、香茅醇
酸橙	*Citrus aurantium*	芳樟醇、醋酸里哪酯、香叶醇、柠檬烯
香柠檬	*C. aurantium* subsp. *bergamia*	醋酸里哪酯、芳樟醇、D-柠檬烯、蒎烯
柠檬	*Citrus limon*	柠檬烯、β-蒎烯、γ-萜品烯
茴香[a]	*Foeniculum vulgare*	茴香脑、葑酮、甲基胡椒酚
薰衣草[a]	*Lavandula* spp.	醋酸里哪酯、冰片、莰酮、香叶醇
鼠尾草[a]	*Salvia officinalis*	侧柏酮、桉油精、莰酮、冰片
普通百里香/麝香草	*Thymus vulgaris*	百里香酚、香芹酚、冰片、伞花烃
南欧丹参[a]	*Salvia sclarea*	醋酸里哪酯、香紫苏醇、芳樟醇、橙花醇、蒎烯、侧柏酮冰片
芫荽[b]	*Coriandrum sativum*	α-芳樟醇、香叶醇、乙酸香叶酯
莳萝[b]	*Anethum graveolens*	D-香芹酮、D-柠檬烯、水芹烯
茴芹	*Pimpinella anisum*	甲基胡椒酚（原文为 methylcavicol，原文可能存在笔误，应为 methyl chavicol——译者注）、茴香醛等
欧白芷	*Angelica archangelica*	α-蒎烯、α-水芹烯、莰烯
欧当归	*Levisticum officinale*	n-丁烯基太内酯苯酞、α-萜品醇、香芹酚、丁香油酚
葛缕子[b]	*Carum carvy*	D-香芹酮、柠檬烯、二氢香芹酮
辣薄荷	*Mentha piperita*	薄荷醇、薄荷酮、蒎烯、乙酸薄荷酯
留兰香	*Mentha spicata*	L-香芹酮
母菊[b]	*Matricaria recutita*	洋甘菊薁烃、α-红没药醇、pharnesene（未查明其中文含义，英文可能为 farnesene，金合欢烯——译者注）、甜没药萜醇氧化物
龙蒿	*Artemisia dracunculus*	甲基胡椒酚、茴香脑、莰烯、罗勒烯、桧萜、苯甲醚

注：[a] 也种植在温带地区；[b] 也种植在地中海地区。

芳香植物的香气是由于在其不同部位存在微量的精油。大量芳香物质存在于根、茎、树皮、叶、花、果实和心材中，树胶、香脂和含油树脂也因其有持久而柔和的气味而成为制作香水的宝贵原料。芳香物质的提取方法有蒸馏、水扩散、熏蒸、浸渍（maceration）、挤压和溶剂萃取等。这些方法可单独或组合使用，具体使用方法取决于材料和精油的性质，以及想要达到的回收率。

1. 蒸馏法

大多数精油是通过蒸馏提取的，蒸馏过程分为水蒸馏、水蒸气蒸馏和蒸汽蒸馏 3 种。

2. 绝对花精油提取法

花精油是通过浸渍、挤压、浸渍和用挥发性溶剂萃取而获得的。

3. 超临界流体萃取法

这是一种灵活而重要的方法，能分离易受热降解的组分，用于从多种天然产品中提取香水、香料和香精。这种提取方法比蒸馏法更好，耗时更短。

4. 天然芳香产品

精油的生产有助于将农业产业发展成具有高盈利能力的极具成本效益的业务，它为农业部门提供了更多种的选择，并在农村地区变得非常流行。这是因为发达国家对天然产品的需求增加了，同时发展中国家对天然产品的消费也在不断增加。

由于在市场上可以更自由地获得精油，因此精油不仅可直接用作香料、花露水、芳香水剂、香料级酒精和香料胶囊生产，而且其最终用途还在不断扩大。如前所述，如今精油被用于肥皂、香水、化妆品、消毒剂、除臭剂、驱蚊剂、食品、药品的香料，以及一系列相关产品中。

七、现状和保护措施

为了保护药用芳香植物，世界各地的研究人员、学者和科学家采取了很多措施，并组织了许多会议来讨论和审议该问题。致力于药用芳香植物的研究机构也一直在进行突破性研究，以揭示植物中存在的有效成分。虽然每年都有新的植物物种被发现，但与此同时，许多物种由于灭绝而消失。快速的城市化、工业化和日益严重的污染，正在造成森林砍伐和植物栖息地丧失，并通过引起土壤和水化学成分的变化，而使植物的自然栖息地不再具有可持续性。

在《全球植物保护战略》（*The Global Strategy for Plant Conservation*，GSPC）中，共有 16 个植物保护目标，最初由《生物多样性公约》（*The Convention on Biological Diversity*，CBD）缔约方于 2002 年通过，并设定了到 2020 年实现的目标。随着 GSPC 第二阶段于 2020 年结束，未来应重点考虑如何提高植物保护的公众影响力并获得支持。

2015 年，国际社会在联合国通过了《2030 年可持续发展议程》（*The 2030 Sustainable Development Agenda*）和与之相关的《可持续发展目标》（*Sustainable Development Goals*，SDGs）。预计《可持续发展目标》将为政府未来采取的行动提供具体的形式。《可持续发展目标》框架表明了植物对地球的重要性，为实现《全球植物保护战略》（GSPC）目标，以及实现《可持续发展目标》等都提供了支撑参考并发挥了重要作用，有时甚至是核心作用。在一份有关“国际植物园保护组织（Botanic Gardens Conservation International）（BGCI，2019）”的最新评论中，报道了植物保护行动如何及在何处促进实现《可持续发展目标》。

其中与《可持续发展目标 15》（*SDG15*）——“陆地上的生命”的联系最为紧密，也与《可持续发展目标 1、2 和 3》（*SDGs 1*，*2 and 3*）中的消除贫困和饥饿，确保身体健康以及关注清洁水明确相关，同时也聚焦于《可持续发展目标 6、7、11、12 和 13》（*SDGs 6*，*7*，*11*，*12 and 13*）中的可再生能源、可持续城市、负责任的消费和气候行动。各国植物种类数量如图 6－5 所示。

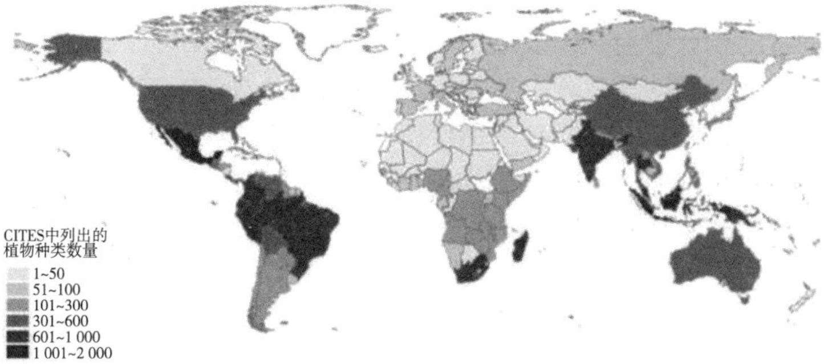

图 6－5 《濒危野生动植物种国际贸易公约》（CITES）中列出的各国植物种类数量
［资料来源：《世界植物报告》（*World' s Plants Report*，2017）］

稀有植物物种的贸易并没有减弱的迹象，2014 年欧盟的植物贸易额为 2.86 亿美元，进口了 2 320 种植物类群。各国政府之间签订了国际协议，如《濒危野生动植物种国际贸易公约》（*The Convention on International Trade in Endangered Species of Wild Fauna and Flora*）（CITES）被称为《华盛顿公约》（*The Washington Convention*），其目的是确保在国际贸易中动植物的生存不会被交易所威胁。每 3 年，在 183 个国家（或《华盛顿公约》缔约方）之间举行一次会议，以增加、删除或修改 CITES 附录中的物种清单。CITES 根据 3 个附录对濒危植物物种的贸易进行了规范，物种必须符合某些生物学和贸易标准才能被列入清单。第 17 次缔约方会议的结果，是在《华盛顿公约》附录中目前已列出的 31 517 个植物物种中又增加了 304 个物种。在欧盟成员国中，这些新的《濒危物种名录》中的物种受到新欧盟法规的合法保护，其他国家也有类似的法律（《世界植物报告》，2017）。

但是必须注意到，在国际上努力的同时，地方政府也有必要采取进一步的措施来保护和保存芳香植物。还应该建立一个包含所有此类信息的数字资源库，让全世界的研究人员都可以访问该数字资源库，以便可以开展合作研究项目和推进有关该主题的研究。让世界许多地方的原住民和部落居民，都可以更好地获取有关当地和广泛存在的药用芳香植物的信息，让他们利用传统知识也可以对这些植物进行记录。但是他们只有得到援助，才能发展基金会或项目，才能得以努力实现保护和发展药用芳香植物行业。此外，从知识产权中受益可能有助于帮助这些社区在经济上得到提升。

八、结论及未来之路

科学是一种能让人类更好地理解自然的工具，其为人类提供了一个了解自然资源中隐藏宝藏的机会。无论是古老的阿育吠陀（Ayurveda）知识，还是现代研究，都为人们提供了正确的方法，即通过对不同草药的科学加工和功效评估，来启发人们发现植物成分的有益特性。当前，全球激进而又广泛的贸易已成为威胁芳香植物生存的主要因素之一；对野生采伐的过度依赖和芳香植物的无序种植，也已成为芳香植物生存的主要威胁之一。

为了有效保护和管理芳香植物，有必要对芳香植物的生物地理分布进行合理确定和探索。我们还可以使用诸如全球定位系统（global positioning system，GPS）这样的科学工具，来准确研究濒危物种的损失和植物入侵的发生率。对于保护有濒临灭绝危险的重要芳香植物而言，必须做这样的调查工作，才能成功制订出战略计划。

各利益相关者的积极参与，以及运用现代技术进行干预，可以有效管理世界芳香植物资源。芳香植物自古以来就被发现，并被用于造福人类。近500年来，分类学家、植物学家和其他各类科学家都试图对芳香植物进行标准的分类，芳香植物与药用植物因其相似的性质、特性和用途而被归为一类。然而，由于缺乏协调与国际共同行动，缺乏芳香植物的标准分类，以及由于芳香植物的自然生境存在丰富的地理多样性，故目前仍无法得到芳香植物的分布格局。

收集汇总芳香植物的有关信息很有必要，但由于这些信息常以许多不同的概念表示，而且散布在许多信息资源之中，因此，对最终用户而言，想要获得新的全球基础综合信息，是一项艰巨的任务。需要一种全面的科学方法，来分类记录世界各地驯化种植以及在野外生长的芳香植物，并通过详细的植物化学和基因组分析，建立活性成分库。芳香植物可能有一些尚未开发的药用特性，这些特性在不久的将来可能对人类大有用处。为了挖掘芳香植物的潜力，我们需要一种协调的方法和跨学科的研究计划。

总之，芳香植物具有独特且大部分是令人愉悦的香气，自古以来就已有多种用途，如用于药物和香料生产，用作汤剂、散剂和其他形式。芳香植物具有挥发性气味，在植物的一个或多个部位，即根、木、树皮、茎、枝、叶、花或果实中，以精油、树胶渗出液、香脂和油性树脂的形式存在，其中的许多专门用于芳香疗法及各种医疗体系中，这些甚至在古代文献中就被提到过。“精油”一词是与香味或香水相伴而来，因为这些香味在本质上是油性的而得名，它们代表了植物活性成分的精华。当精油在常温下暴露在空气中挥发时，被称为挥发性油（volatile oils）或香精油（ethereal oils）。精油是高度浓缩、小体积和高价值的产品，它们具有很大的贸易价值，在21世纪的贸易已有巨大的增长。

芳香植物已经与药用植物一起被归类为药用芳香植物。大多数芳香植物都在野外生长，目前人们对已驯化栽培芳香植物的了解仍然有限，芳香植物的分类和地理分类也有待进一步推进。为了保护芳香植物，需要战略性政策干预及全世界研究人员的科学协同。在过去的20年，芳香草药和精油的使用量已大大增加，芳香疗法也已作为一种自然疗法被推广。最近的研究证明了几种精油和油类化合物对肠道致病菌的抗菌作用。此外，由于具有抗氧化作用，故芳香植物和精油化合物的抗氧化活性有助于产品稳定和用于化妆品生产，并提高产品货架期和质量。尽管如此，精油和芳香草药的整体功效，尤其是它们的非营养价值，对动物和人类的健康及对人类的福祉所产生的影响仍需进一步研究和开发。

（李平，译；周晓艳，校）

参 考 文 献

Alamgir，A. N. M.，2017. Therapeutic use of medicinal plants and their extracts. Prog. Drug Res. 1，73.

Baricevic，D.，Mathe，A.，Bartol，T.，2015. Conservation of wild crafted medicinal and aromatic plants and their habitats. In：Máthé，Á.（Ed.），Medicinal and Aromatic Plants of the World，vol. 1. Springer，Amsterdam，The Netherlands，131-144，7.

Baser，K. H. C.，Franz，C.，2009. Essential oils used in veterinary medicine. In：Hüsnü，K. C. B.，Buchbauer，G.（Eds.），Handbook of Essential Oils，second ed. CRC Press，pp. 655-668.

Bernath，J.，2009. Cultivated plants，primarily as food sources. In：Fuleky，G.（Ed.），Aromatic Plants，329，2.

Botanic Gardens Conservation International，2019. Accessible at：https：//www. bgci. org/poli-cy/plantconservation- sdgs/.

Bussmann，R. W.，Markets，D. S.，2009. Healers，vendors，collectors：the sustainability of medicinal plant use in North- ern Peru. Mt. Res. Dev. 29（2），128-134.

Cetinkaya，G.，2010. Conservation and sustainable wild-collection of medicinal and aromatic plants in Keoprülü Kan- yon National Park，Turkey. J. Med. Plants Res. 4（12），1108-1114.

Collins English Dictionary，2018. Accessible at：https：//www. collinsdictionary. com/dictiona-ry/english/aromatic. Christaki，E.，Bonos，E.，Giannenas，I.，Florou-Paneri，P.，2012. Aromatic plants as a source of bioactive compounds. Agriculture 2，228e243. https：//doi. org/10. 3390/agriculture，2030228.

Dimitrova，Z.，1999. The History of Pharmacy. St Clement of Ohrid，Sofija，13-26.

Farnsworth，N. R.，Soejarto，D. D.，1991. Global importance of medicinal plants. In：Akereb，O.，Heywood，V.，Synge，H.（Eds.），Conservation of Medicinal Plants，362. Cambridge University Press，Cambridge.

Giannenas，I.，2008. How to use plant extracts and phytogenics in animal diets. In：Binder，E. M.，Schatzmayr，G.（Eds.），World Nutrition Forum，the Future of Animal Nutrition. Nottingham University Press，Nottingham.

Guenther，E.，1952. The Essential Oils，vol. 5. Van Nostrand Co. Inc.，New York. Giannenas，I.，Bonos，E.，Christaki，E.，Florou-Paneri，P.，2013. Essential oils and their applications in animal nutrition. Med. Aromat. Plants. 2，1-12.

Hamilton，A. C.，2004. Medicinal plants，conservation and livelihoods. Biodivers. Conserv. 13（8），1477-1517. Inoue，M.，Hayashi，S.，Craker，L. E.，2017. Culture，History and Applications of Medicinal and Aromatic Plants in Japan. 5，95-110.

International Trade Centre，2018 accessible at：http：//www. intracen. org/itc/sectors/medicinal-plants/. Iwu，M. M.，1993. Handbook of African Medicinal Plants. CRC Press，Boca Raton.

Jeliazkov，V. D.，Cantrell，C. L.，2016. Overview of medicinal and aromatic crops，medicinal and aromatic crops：pro- duction，phytochemistry，and utilization. In：ACS Symposium Series. American Chemical Society，Washington，DC.

Joy，P. P.，Thomas，J.，Mathew，S.，Jose，G.，Joseph，J.，2001a. Aromatic plants. In：Bose，T. K.，Kabir，J.，Das，P.，Joy，P. P.（Eds.），Tropical Horticulture，2. Naya Prokash，Calcutta，India，633-733.

Joy，P. P.，Thomas，J.，Mathew，S.，Skaria，B. P.，2001b. Medicinal plants. In：Bose，T. K.，Kabir，J.，Das，P.，Joy，P. P.（Eds.），Tropical Horticulture. Naya Prokash，Calcutta，449-632.

Joy，P. P.，Thomas，J.，Mathew，S.，Jose，G.，Johnson，J.，2014. Aromatic and Medicinal Plants，Research Station. Odak- kali Asamannoor - 683 549，Kerala，India.

Lange，D.，1998. Europe' s Medicinal and Aromatic Plants：Their Use，Trade and Conservation. TRAFFIC，Europe. Lee，S.，Xiao，C.，Pei，S.，2008. Ethnobotanical survey of medicinal plants atperiodic markets of Honghe Prefecture in Yunnan Province，SW China. J. Ethnopharmacol. 117，362-377.

Maiti，S.，Geetha，K. A.，2007. FLORICULTURE（Ornamental，Medicinal & Aromatic Crops）- Medicinal and Aromatic Plants in India.

Mathe，A.，2015. Botanical Aspects of Medicinal and Aromatic Plants，Medicinal and Aromatic Plants of the World，vol. 1，13-33. Ch：2.

Maundu，P.，Kariuki，P.，Eyog-Matig，O.，2006. Threats to medicinal plant speciesdan African perspective. In：Miththapala，S.（Ed.），Conserving Medicinal Species：Securing a Healthy Future，184. IUCN：Ecosystems and Live- lihoods Group，Asia，47-63.

McGaw，L.，Jäger，A.，Grace，O.，Fennel，C.，van Staden，J.，2005. Medicinal plants. In：van Niekerk，A.（Ed.），Ethics in AgricultureeAn African Perspective. Springer，Nether-lands，67-83.

Medicinal and Aromatic Plants，2018. Accessible at：https：//www. omicsonline. org/scholarly/-aromatic-crops- journals-articles-ppts-list. php.

Milton-Edwards，B.，2003. Iraq，Past，Present and Future：A Thoroughly-Modern Mandate? History & Policy，United Kingdom. History & Policy.

Minarchenko，V.，2011. Medicinal plants of Ukraine：diversity，resources，legislation. In：Medicinal Plant Conserva- tion，Medicinal Plant Specialist Group of the IUCN Species Survival Commission，pp. 7-13. Ottawa，Canada.

Orto Botanico di Napoli，2018. Università degli Studi di Napoli Federico II. Accessible at：http：//www. ortobotanico. unina. it/ApprofondimentiE/PianteOfficinali _ aromaticheE. htm.

Orzechowski，A.，Ostaseweski，P.，Jank，M.，Berwid，S. J.，2002. Bioactive substances of plant origin in food-impact on genomics. Reprod. Nutr. Dev. 42，461-477.

Petrovska，B. B.，2012. Historical review of medicinal plants' usage. Pharmacogn. Rev. 6（11），1-5.

Sati，V. P.，2013. Cultivation of medicinal plants and its contribution to livelihood enhancement in the Indian Central Himalayan Region. Adv. Med. Plant. Res. 1（1），17-23.

Shankar，D.，Majumdar，B.，1997. Beyond the biodiversity convention：the challenge facing the biocultural heritage of India' s medicinal plants. In：Bodeker，G.，Bhat，K. K. S.，Burley，J.，Vantomme，P.（Eds.），Medicinal Plants for Forest Conservation and Health Care. FAO，Rome，87-99.

Shukla，Y. M.，Dhruve，J. J.，Patel，N. J.，Bhatnagar，R.，Talati，J. G.，Kathiria，K. B.，2009. Plant Secondary Metabolites. New India Publishing，2009-2306.

Tandon，V.，2006. The risks of the loss of medicinal plants for livelihood and health security in South Asia. In：Miththapala，S.（Ed.），Conserving Medicinal Species：Securing a Healthy Future，184. IUCN：Ecosystems and Live- lihoods Group，Asia，32-39.

The Columbia Electronic Encyclopedia，2013. Columbia University Press，Licensed from Columbia University Press. Accessible at：www. cc. columbia. edu/cu/cup/.

Van Andel，T.，Myren，B.，Van Onselen，S.，2012. Ghana' s herbal market. J. Ethnopharmacol. 140，

368-378. Weber, S. A., 1991. Plants and Harappan Subsistence. Westview, Washington State University.

World's Plants Report, 2017. Royal Botanic Gardens, Kew accessible at: https://stateoftheworldsplants.org/2017/report/SOTWP_2017.pdf.

Xiao, P., 1991. The Chinese approach to medicinal plants-their utilization and conservation. In: Akerele, O., Heywood, V., Synge, H. (Eds.), The Conservation of Medicinal Plants. Cambridge University Press, Cambridge, 305-313.

第七章
草本植物提取物作为抗病毒药物

A. R. Yasmin[1], S. L. Chia[2], Q. H. Looi[3], A. R. Omar[1,3], M. M. Noordin[1], A. Ideris[1]

[1]Faculty of Veterinary Medicine, University Putra Malaysia, Serdang, Selangor, Malaysia;[2]Faculty of Biotechnology and Biomolecular Sciences, University Putra Malaysia, Serdang, Selangor, Malaysia;[3]Institute of Bioscience, University Putra Malaysia, Serdang, Selangor, Malaysia

一、引言

在世界范围内，将植物作为传统药物来治疗动物的病毒性疾病有广泛记载和实践。第二次世界大战后，欧洲开始使用草本植物提取物作为抗病毒药物，随后在全世界范围内得到推广和发展。在本章中，我们将简要讨论那些常用来治疗或预防家禽、猪和反刍动物等农场动物病毒性疾病的草本植物（表 7－1）。

表 7－1　可抗畜禽病毒性疾病的草本植物

序号	物种	常见疾病	草本植物
1	家禽	新城疫	芦荟、印楝、*Commiphora swynnertonii* (Burtt)*、其他
		禽流感	绿茶、海南蒲桃（羊屎果/肯氏蒲桃/印度蒲桃树/乌墨蒲桃）、那氏制剂（NAS 制剂）、紫锥菊（紫松果菊）、黑接骨木（黑接骨本果）、其他
		传染性法氏囊病	圣罗勒、蓟罂粟及绵马贯众和乌梅根茎联合提取物（RDCFM）、其他
2	猪	猪流感	甘草、古杜奇（心叶青牛胆）、印楝、生姜、大蒜
		猪圆环病毒性相关疾病	三岛柴胡
		猪流行性腹泻	淫羊藿
		猪繁殖和呼吸综合征	茶籽
3	反刍动物	口蹄疫	康普茶、蜂蜜
		牛病毒性腹泻	罗勒
		小反刍兽疫	藿香蓟

译者注：* 橄榄科没药属中的一种，尚无中文名。

二、家禽

家禽业在为全世界近70亿人提供食物，是最重要的农业产业之一。人们对鸡肉的需求一直在稳步增长，预计到2026年将达到13 160.73万t（https://data.oecd.org/agroutput/meat-consumption.htm）。家禽养殖中最危险的病原体是病毒，它可以通过各种基因修饰（如突变、重组或与疫苗共同进化）而不断造成危害（Bagust，2008）。最具破坏性的禽病毒是新城疫病毒（Newcastle disease virus，NDV）、禽流感病毒（avian influenza virus，AIV）、传染性法氏囊病病毒（infectious bursal disease virus，IBDV）、传染性支气管炎病毒（infectious bronchitis virus，IBV）、鸡产蛋下降综合征禽腺病毒（egg drop syndrome avian adenovirus）和家禽痘病毒（fowl pox virus）。针对这些病毒的疫苗已在世界上许多国家得到接种和应用（Marangon和Busani，2006）。然而，疾病主要来自散养鸡的感染，由于散养鸡没有接种疫苗且散养方式依旧普遍存在，因此会导致病毒的不断传播，最终导致整个养殖区域暴发疾病（Bagust，2008）。对受感染家禽使用现代的治疗方法既费力又昂贵，而传统上使用药用植物来治疗早已得到大量实践。在这一章节中，我们将简要讨论3种主要的禽病毒，即新城疫病毒、禽流感病毒和传染性法氏囊病病毒，主要包括病毒感染后症状、一些用于治疗的草本植物及它们可能的作用机理等方面。

（一）新城疫

1. 概述

新城疫病毒（Newcastle disease virus，NDV），又称禽副黏病毒Ⅰ型（avian paramyxovirus 1，APMV 1），属单分子负链RNA病毒目/单股反链病毒目（Mononegavirales）、副黏病毒科（Paramyxovirinae）、副黏病毒亚科（subfamily Paramyxovirinae）、新城疫样病毒属或称禽副黏病毒属（*Avulavirus*）（Yusoff和Tan，2001）。该病毒可感染超过50%的禽类物种，是引发禽类病毒性疾病的最常见的病毒之一。根据毒力可将病毒分为3种类型：引起无症状感染的缓发型毒株（用作疫苗毒株）；引起呼吸道感染、死亡率中等的中发型菌株；以及导致胃肠道病变（嗜内脏）或神经系统感染的速发型菌株，死亡率为100%。在许多国家，特别是在东南亚地区新城疫病毒流行，商业化的家禽养殖公司会接种疫苗。然而，由于散养的家禽没有接种疫苗，故导致多年来连续发生零星疫情。养殖户（农场主）在治疗病禽时使用了几种药用植物，下文将对此进行讨论。

2. 治疗用草本植物

（1）芦荟　虽然已有不同品种的芦荟应用于包括新城疫（NVD）在内的禽类疾病的防治，但目前对这些不同品种差异的科学分析还比较少。2002年，Waihenya等评估了芦荟粗提物对试验条件下新城疫病毒感染鸡的疗效。试验使用了无新城疫病毒抗体的4月龄鸡，结果表明，添加和未添加芦荟粗提物的两个处理组之间，鸡的最终死亡率没有显著差异。虽然一般而言，感染鸡的存活主要取决于抗体水平的高低，但芦荟对抗体水平并无显著影响。然而，与新城疫病毒处理组相比，芦荟处理组显示了其可能是一种潜在的防治新城疫的候选药物。Abd-Alla等（2012）在无特定病原体（specific-pathogen-free，SPF）的鸡胚中使用芦荟的不同部位来对抗血凝性病毒，如新城疫病毒（NDV）、H5N1型禽流感病毒（AIV-H5N1）和减蛋综合征病毒（egg-drop syndrome virus，EDSV）。根据他们的报告，芦荟的花和叶显示出比其他部位更强的抗病毒活性。

（2）印楝　印楝，学名为 *Azadirachta indica*，已被证明具有包括抗菌活性在内的广泛的治疗效果（Kumar 和 Navaratnam，2013；Gupta 等，2017）。已有报道称使用这种植物可治疗由多种病毒，如脊髓灰质炎病毒（poliovirus）、牛疱疹病毒-1 型（bovine herpesvirus type-1）、鸭鼠疫病毒（duck plague virus）和单纯疱疹病毒-Ⅰ型（herpes simplex virus type-Ⅰ）所引起的感染（Kumar 和 Nayaratnam，2013）。Helmy 等（2007）发现，印楝不同部位的提取物在 SPF 鸡胚中能表现出不同的抗病毒活性，其 IC_{50}（半抑制浓度）范围为 4～8μg/500 EID_{50}（EID_{50} 为鸡胚半数感染量），但不清楚其具体的作用机制。2014 年，Gupta 等分别在体外和体内研究了印楝叶对新城疫病毒感染细胞的免疫作用时发现，印楝叶的提取物可显著减少新城疫病毒刺激小鼠脾细胞的增殖，与未感染的对照组水平相当，表明该提取物具有抗新城疫病毒的活性。

（3）*Commiphora swynnertonii*（Burtt）　*Commiphora swynnertonii*（橄榄科没药属中的一种，尚无中文名——译者注）是一种热带树木，广泛分布于亚洲和非洲，已被证明具有抗真菌、抗体外寄生虫和抗病毒活性。Bakari 等（2012）研究了该植物对新城疫病毒的抗性，先使用二甲基亚砜（DMSO）提取该植物组织的不同部位，然后与新城疫病毒共同孵育后注入鸡胚中。DMSO 提取物的浓度在 250μg/mL 和 500μg/mL 时，胚胎的存活率显著提高，胚胎的血凝素（hemagglutinin，HA）效价明显降低。2013 年，作者进一步研究了其树脂提取物对鸡新城疫病毒的抑制作用，使用不同浓度的提取物分别对鸡攻毒前（预防效果）或攻毒后（治疗效果）进行试验。结果显示，鸡感染后的临床症状、症状的严重程度，以及抗体滴度均显著降低，从而降低了死亡率。这些结果表明，该植物的树脂提取物对新城疫病毒有很强的抗性。

（二）禽流感

1. 概述

禽流感病毒（avian influenza virus，AIV）属于正黏病毒科，由 8 个分节段的单股负链 RNA 组成，可编码至少 11 种蛋白质。根据病毒表面负责病毒附着和释放的血凝素（HA）和神经氨酸酶（neuraminidase，NA）蛋白，可将病毒划分为多种亚型（Abdelwhab 和 Hafez，2012）。禽类是禽流感病毒所有亚型的天然宿主。HA 和 NA 与其他亚型的重组可能导致在人类中的灾难性大流行，如 H1N1、H2N2 和 H3N2（Abdelwhab 和 Hafez，2012）。根据病毒在家禽中的致病性，将其分为高致病性禽流感病毒（HPAIV）和低致病性禽流感病毒（LPAIV）。由于多种亚型（如 H5、H7 和 H9）在同时流行，所以针对禽流感病毒的疫苗接种并不十分成功；因此，需要能应对多种血凝素（HA）亚型的疫苗。此外，导致病毒进化速度加快的免疫压力也是影响疫苗效果的因素之一。诸如 M2 离子通道阻断剂（M2 blocker）和神经氨酸酶抑制剂等治疗手段，可用于感染后破坏病毒的生命周期。另外，药用植物也可以用来防止禽流感病毒感染。

2. 治疗用草本植物

（1）茶（绿茶）　儿茶素是绿茶中的主要酚类化合物，具有抗病毒和抗菌活性。Song 等于 2005 年发现，表没食子儿茶素没食子酸酯（epigallocatechin gallate，EGCG）、表儿茶素没食子酸酯（epicatechin gallate，ECG）和表没食子儿茶素（epigallocatechin，

EGC），均可以抑制禽流感病毒在各阶段的复制。EGCG 和 ECG 可通过与血凝蛋白的相互作用，来有效抑制病毒附着。Kim 等（2013）报道了类似的结果，即 EGCG 不影响蛋白与受体的结合，但抑制了病毒与细胞膜之间的半融合。此外，有研究发现茶多酚可以通过抑制禽流感病毒 RNA 聚合酶的核酸内切酶活性来抑制 RNA 的合成（Song 等，2005；Kuzuhara 等，2009）。另外，儿茶素还可通过与神经氨酸酶蛋白的相互作用来抑制病毒的释放（Song 等，2005）。作者认为儿茶素骨架中的 3-没食子酰基（3-galloyl group of the catechin skeleton）可能在抗病毒活性中发挥重要作用。Lee 等（2012b）研究了绿茶副产物对抗鸡禽流感病毒感染的潜力时发现，以 10g/kg 的添加剂量饲喂鸡时，其抗病毒效果具有剂量依赖性。攻毒后，在盲肠扁桃体中排出禽流感病毒的 SPF 鸡的数量显著减少。作者认为绿茶副产物提取物能有效抑制鸡肠中的禽流感病毒。

（2）海南蒲桃（羊屎果/肯氏蒲桃/印度蒲桃树/乌墨蒲桃）　海南蒲桃（*Eugenia jambolana*）是一种大型常青树，广泛分布在印度、斯里兰卡、马来西亚和澳大利亚。据报道，其树的不同部位，如树皮和叶子等可用于治疗慢性腹泻、痢疾、咽喉痛，以及抗菌和抗病毒感染（Sood 等，2012）。该报道中试验人员测试了海南蒲桃叶和树皮的粗提物对高致病性禽流感病毒 H5N1 的抗性发现，提取物可 100%抑制由病毒引起的 Madin-Darby 犬肾（Madin-Darby Canine Kidney，MDCK）细胞的病变作用（cytopathic effect，CPE），并进一步证实可使鸡胚中的病毒量减少 99%。

（3）那氏制剂（NAS 制剂）　NAS 制剂是由中国云南省生态农业研究所研制的中药制剂，由白花蛇舌草（*Hedyotic diffusa*）、红景天（a common stonecrop herb）、青蒿（*Abrotani herba*）和大青叶（*Folium isatidis*）等组成（Shang 等，2010）。用 H9N2 感染 28 日龄的鸡，在感染 48h 后用不同浓度的 NAS 制剂进行了为期 4d 的治疗结果发现，这些鸡在感染后的第 7 天（第一次治疗后 5d）不会再感染禽流感病毒，而阳性对照组和金刚烷胺对照组在感染 9d 后，仍然可以检测到病毒的存在。这一发现表明，NAS 制剂可能是一个潜在的、可控制 H9N2 亚型鸡禽流感病毒的候选药物。

（4）紫锥菊（*Echinacea purpurea*）（紫松果菊，purple coneflower）　紫锥菊含有咖啡因酸衍生物、烷基酰胺和多糖等化合物，已被证明在体内外均具有抗菌、抗氧化和调节免疫活性的作用（Hudson，2012）。Karimi 等（2014）研究了该植物提取物对鸡胚中禽流感病毒的抗性时发现，禽流感病毒在接种到鸡胚之前就被混合的提取物显著中和，当他们对病毒基因进行荧光定量逆转录聚合酶链反应（qRT-PCR）以确定病毒滴度时也得到了类似的结果。然而，当病毒进入细胞后，提取物的抗病毒活性失效，这表明提取物是通过抑制病毒的受体结合活性来发挥作用的。

（5）黑接骨木（黑接骨木果）　黑接骨木（*Sambucus nigra* L.），或常称之黑接骨木果（elderberries），在体内外均具有抗菌、抗氧化和抗炎作用（Krawitz 等，2011）。黑接骨木富含酚酸、类黄酮、儿茶素和原花青素，其中的一些类黄酮已被证明可在体外显著阻断流感病毒粒子（Roschek 等，2009）。与紫锥菊的研究结果相似，Karimi 等（2014）发现，在接种前将黑接骨木的提取物与病毒混合时，该混合物抑制了病毒的侵袭，而当病毒进入细胞后则没有效果。通过荧光定量逆转录聚合酶链反应（qRT-PCR）对病毒分子进行基因检测发现，病毒滴度显著降低。

（三）传染性法氏囊病

1. 概述

传染性法氏囊病病毒（IBDV）属于双股 RNA 病毒科（Birnaviridae）、禽双股 RNA 病毒属（*Avibirnavirus*），是一种无囊膜、双股 RNA 分子病毒。3～6 周龄的鸡感染此病毒后，会导致法氏囊淋巴细胞数量减少，从而导致免疫抑制性疾病。该病毒按毒力分为三类，即弱毒株、强毒株（死亡率为 30%～60%）和超强毒株（死亡率在 70%以上）。鸡很容易受到传染性法氏囊病病毒的感染，这对家禽业可造成巨大的经济损失。接种传染性法氏囊病病毒疫苗的工作在世界范围内都已经开展。然而，如果没有适当的生物安全和有效的疫苗接种计划，传染性法氏囊病仍将在养殖场复发（Bagust，2008）。目前，还没有有效的治疗传染性法氏囊病病毒感染的方法。研究人员正在不断地寻找药用植物的替代品，希望能获得一种可抑制病毒复制的治疗性化合物。

2. 治疗用草本植物

（1）圣罗勒、蓟罂粟　据报道，圣罗勒（*Ocimum sanctum*）、蓟罂粟（*Argemone mexicana*）的提取物具有抗病毒的活性。Varshney 等（2013）测定了这两种植物叶子的提取物在体内外是否具有抗病毒效果。结果显示，在不同浓度下，提取物均成功降低或抑制了传染性法氏囊病病毒（IBDV）和新城疫病毒（NDV）感染鸡胚成纤维细胞（chick embryo fibroblast，CEF）的病变作用（CPE）。此外，与未添加提取物的对照组相比，添加组检测到了更低的血凝素滴度。提取物以 250mg/kg 的剂量连续饲喂鸡 21d，在第 22 天口服传染性法氏囊病病毒和新城疫病毒，与未添加组相比，添加组的临床症状更轻，表现出了良好的保护效果。

（2）绵马贯众和乌梅根茎复合提取物　有研究表明，绵马贯众（rhizoma *Dryopteridis crassirhizomatis*，RDC）和乌梅（*Fructus mume*，FM）分别都具有抗病毒的特性（Lee 等，2008；Yingsakmongkon 等，2008）。Ou 等（2013）评价了绵马贯众和乌梅复合提取物（RDCFM）对感染传染性法氏囊病病毒的 SPF 鸡的联合治疗效果发现，添加不同浓度的复合提取物后，传染性法氏囊病病毒感染鸡（病毒的施用量为 $10^{2.5}$ EID_{50}）的存活率从 66.7%提高到了 75%，而未添加组为 50%。使用实时逆转录聚合酶链反应（real time RT-PCR）对传染性法氏囊病病毒进行定量分析，与未添加组相比，添加复合提取物组的法氏囊中病毒载量显著降低，且传染性法氏囊病病毒的抗体水平有所提高。

（3）其他　包含甘草酸二钾（dipotassium glycyrrhizinate）和盐酸川芎嗪（ligustrazine hydrochloride），它们可以通过抑制病毒复制和（或）直接灭活鸡胚成纤维细胞内的病毒，从而抑制传染性法氏囊病病毒感染（Sun 等，2013）。当刺角瓜（*Cucumis metuliferus*）果肉中的生物碱浓度高于 6.25mg/mL 时，可以抑制鸡胚成纤维细胞中由病毒引起的细胞病变作用（Anyanwu 等，2017）。有学者研究了南非醉茄（*Withania somnifera*，Ashwagandha plant）的块根提取物是否具有抗传染性法氏囊病病毒的特性。结果显示，用 25μg 的南非醉茄处理传染性法氏囊病病毒感染鸡胚成纤维细胞时，最多可减少 99.9%的病毒滴度（Pant 等，2012）。此外，辣木（*M. oleifera* Lam，MOL）叶、余甘子（*Phyllanthus emblicus* Linn，PEL）干果、甘草（*Glycyrrhiza glabra* Linn，GGL）根和海南蒲桃（*E. jambolana* Lam，EJL）叶，在不同浓度下均能显著抑制 Vero 细胞中的传染性法氏囊病病毒（Ahmad 等，2014）。

三、猪

在过去的20年里，世界猪肉产量几乎翻了一番（Godfray等，2010）。然而，伴随着这一迅速发展，许多国家报道了一系列导致猪饲料转化效率降低、生长速度下降、死亡率显著增加，以及需要持续用药的相关疾病。更糟糕的是，目前已建立的许多生猪生产系统都是基于传统的从出生到育成的养殖系统，这种系统由于涉及不同日龄猪群的混合，以及极少的管理机会，因此增加了新型疾病暴发的风险。以往有几种病毒引发了毁灭性疫情的暴发，如美国的猪呼吸道综合征病毒及亚洲国家的流感病毒、猪繁殖和呼吸综合征病毒（*Porcine reproductive and respiratory syndrome virus*，PRRSV）和冠状病毒等。

畜禽疾病一般通过疫苗接种并结合在饲料或水中连续使用抗生素的方法来控制。但不幸的是，这种方法并不成功，往往导致高昂的生产成本和耐药菌的地方性流行。传统上，天然草药被用于缓解和治疗由许多病毒感染引起的症状，包括流感和其他病毒相关疾病（Samy等，2008）。尽管这些治疗方法的有效性尚未得到证实，但有科学研究表明，草本植物提取物具有显著的抗病毒特性，有可能在养殖业中被用作病毒性疾病的替代疗法之一。

（一）猪流感

1. 概述

猪流感是一种由A型流感病毒引起的猪呼吸道疾病。猪流感病毒是一种新型的病毒，猪感染该病毒后会导致发热、嗜睡、打喷嚏、咳嗽、呼吸困难和食欲下降（Shah和Krishnamurthy，2013）。

2. 治疗用草本植物

（1）甘草　甘草（*Glycyrrhiza glabra*，liquorice）在传统医学中被广泛用于降低胆固醇水平、治疗呼吸道疾病和提高免疫力（Samy等，2008）。科学家们一直在重新发现甘草的益处。甘草的味道主要来自一种叫茴香醚和甘草酸的甜味化合物，甘草酸是一种比蔗糖甜得多的抗病毒化合物（Singh等，2003）。甘草粉是一种有效的祛痰药，可促进呼吸道痰液的分泌，自古以来就被用于治疗咳嗽。甘草的根部含有许多酚类和活性化合物，特别是甘草酸，具有抗病毒、抗炎、抗氧化和免疫调节的特性（Kapil和Sharma，1997）。这些特性使得甘草成为一种可预防流感的重要植物。动物试验研究表明，甘草能够阻止病毒复制（Nose等，1998；Curreli等，2005）。一项研究发现，甘草根可以保护细胞不受A型流感病毒的感染，并使得已感染细胞中的病毒数量急剧减少（Wagner和Jurcic，2002）。

（2）心叶青牛胆/古杜奇　心叶青牛胆（*Tinospora cordifolia*），也被称为古杜奇（Guduchi），是一种草本藤本植物，属于防己科（Menispermaceae），原产于印度、缅甸和斯里兰卡的热带地区。印度传统草药医学（阿育吠陀医学，Ayurvedic Medicine）认为，古杜奇能够通过维持白细胞（如巨噬细胞）的最佳水平来刺激身体的免疫系统。另外，这种植物还用于治疗消化不良和各种类型的发热。传统医学认为30.48cm长的吉洛伊（Giloy）草药和7片圣罗勒（Tulsi）叶子混合后，可以有效预防猪流感（Shah和Krishnamurthy，2013）。虽然这个配方没有科学依据，但通过对其化合物和元素的分析表明，古杜奇含有多种二萜化合物，包括丁孢酮、丁孢酸、丁香、小檗碱、吉罗银及阿拉伯半乳聚糖之类的多糖（Subhose等，2005；Sanchez-Lamar等，1999）。这些化合物具有适应性和免疫调节活性。研究表明，古杜奇提取物除了可促进体液免疫和刺激细胞介导的免疫外（Winston 和 Maimes，2007），还可引起血清中 IgG 抗体的显著增加和巨噬细胞的活化（Fortunatov，1952）。该植物具有强大的免疫刺激作用，因此具有抗新型 H1N1 流感的巨大潜力。

（3）印楝　印楝（*Azadirachta indica*，neem）是桃花心木楝科的一种。在印度传统草药医学中，印楝树的提取物已被使用了数千年，用来保持身体健康和总体幸福感。印楝树的根、树皮、树胶、叶子、果实、籽粒和籽油都已用于各种治疗制剂生产中。印楝叶中含有多种黄酮类化合物，如槲皮素、印楝甾醇和类柠檬素，还包括印楝甾醇、印楝素、印楝定等，它们是天然药物产品中常用的抗病毒药（Choudhary 等，2013；Sahoo，2015）。一项体外试验表明，剂量和浓度是影响印楝提取物抗病毒效果的重要因素（Shah 和 Krishnamurthy，2013）。印楝常被用作抗病毒药物，动物试验和实验室研究均有较好的结果。尽管研究人员尚未确定楝树植物成分的确切作用模式，但有证据表明它们可以通过干扰病毒繁殖，从而将病毒感染造成的影响降至最低（Sahoo，2015）。因此，印楝是一种很有前景的抗病毒药物的来源。

（4）生姜　生姜（*Zingiber officinale*，图 7-1）属于姜科（Zingiberaceae），是预防猪流感的天然药物之一。传统医学从业者经常使用生姜来提高身体的免疫水平，缓解胃肠疾病、治疗咳嗽和流感、防止恶心、抗炎和帮助消化。

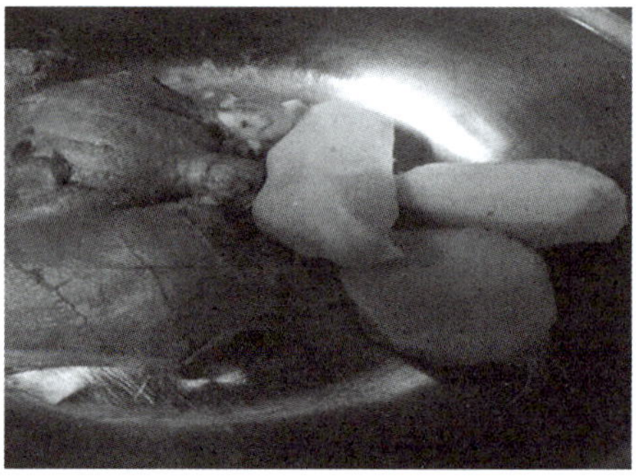
图 7-1　生姜（被认为可以增强免疫系统、帮助消化和缓解流感症状）

生姜根的特殊气味和风味来自姜油酮（zingerone）、松果油（shogaols）和姜辣素（gingerols）的混合物及挥发油（volatile oils）。生姜中含有姜辣素，姜辣素是生姜挥发油中的一种辛辣成分，并含有含硫化合物［大蒜素（allicin）、蒜氨酸（alliin）、阿焦烯（ajoene）］，以及多种酶［蒜氨酸酶（allinase）、过氧化物酶（peroxidase）、芥子酶（myrosinase）］，具有抗生素的特性（Shah 和 Krishnamurthy，2013）。大蒜素具有纤维蛋白溶解活性，可通过抑制前列腺素 E2 来减少血小板聚集。生姜中的化合物还可提高两种抗氧化酶——超氧化物歧化酶和谷胱甘肽过氧化物酶的水平，从而减轻由病毒感染引发的炎症反应。对生姜的生物活性成分进行分析后发现，生姜中含有多种抗流感药物，如一种可抗流感病毒的细胞因子 TNF-α（Chopra 和 Nayar，1956）。进一步的动物试验也显示了类似的发现，生姜提取物中的姜辣素能够增加胃肠道的蠕动，并具有强大的抗菌特性（Shah 和 Krishnamurthy，2013）。

（5）大蒜　大蒜（*Alium sativum*），又名 lahsan（印地语）或 garlic（英语），属于蒜科。大蒜不仅已经广泛用于烹饪和医学（图 7-2），而且也是一种强大的天然抗菌素。大蒜具有天然的抗病毒、抗菌和增强免疫力的特性。在过去的几十年里，传统医学使用大蒜来治疗真菌、寄生虫和包括流感病毒在内的感染（Hornun 等，1994）。Kim 等（2005）利用组织培养技术、蚀斑减少中和试验和早期抗原测定方法，研究了大蒜对人巨细胞病毒（HCMV）的抗特性。当两者同时存在时，可观察到随着提取物（GE）剂量的升高，大蒜对人巨细胞病毒（HCMV）的抑制作用增强（Kim，2005）。此外，过去的体外研究也表明，大蒜有抗副流感病毒 3 型和人鼻病毒 2 型的作用（Wang 等，2006）。

图 7－2 大蒜（传统上用于治疗病毒、细菌、寄生虫和真菌等微生物感染）

（二）猪圆环病毒性相关疾病

1. 概述

猪圆环病毒（porcine circovirus，PCV）是已知的最小的动物病毒，属于圆环病毒科（Circoviridae）、圆环病毒属（*Circovirus*）（Chen 等，2012）。猪圆环病毒 2 型（PCV2）被证明是猪环状病毒相关疾病（PCVAD）的致病因素，其中包括断奶仔猪多系统衰竭综合征（postweaning multisystemic wasting syndrome，PMWS）、猪皮炎肾病综合征（porcine dermatitis and nephropathy syndrome，PDNS）、猪呼吸道疾病综合征（porcine respiratory disease complex，PRDC）、先天性震颤（congenital tremors，CT）和繁殖障碍等多种疾病（Lü 等，2013；Duan 等，2014）。

2. 治疗用草本植物

三岛柴胡（sickle-leaved hare's ear）：三岛柴胡（*Bupleurum falcatum*）是伞形科（Apiaceae）的一种开花植物，作为一种名为“保肝丸（liver tonic）”中药的来源，已有 2 000 多年的使用历史。三岛柴胡是中国和日本传统医学中治疗炎症和传染病的常用药物。尽管其确切的作用机制尚不清楚，但已发现其具有抗炎和抗病毒特性（Lee 等，2012a）。Yang 等（2017）的研究报告称，在三岛柴胡中提取出了几种主要的三萜皂苷，其中包括柴胡皂苷 A（saikosaponin A，SSA）和柴胡皂苷 D（saikosaponin D，SSD）。据报道，这些活性成分具有免疫调节、抗炎、抗菌、抗病毒和抗癌作用（Na-Bangchang 和 Karbwang，2014）。此外，已有研究表明，柴胡皂苷 D（SSD）可通过抑制 NF-κB、NF-AT 和 AP-1 信号通路，对活化的 T 淋巴细胞具有抗增殖的作用（Tundis 等，2009）。许多研究集中在使用中药治疗或预防由猪圆环病毒 2 型（PCV2）引起的健康失调上（Sun 等，2016）。现有数据显示，三岛柴胡可通过调节免疫球蛋白和血红蛋白（HGB）的含量，减轻由猪圆环病毒 2 型（PCV2）导致的多种蛋白水平和细胞数量失衡的病理作用（Darwich 等，2003；Sipos 等，2004；Pejsak 等，2011）。

（三）猪流行性腹泻

1. 概述

猪流行性腹泻病毒（porcine epidemic diarrhea virus，PEDV）是导致猪流行性腹泻的病原体（Debouck 等，1981）。感染 PEDV 的新生仔猪大多会死亡，通常会出现大规模的腹泻、脱水等严重症状，给养猪业造成重大的经济损失（Turgeon 等，1980；Knowles 和 Reuter，2012）。

2. 治疗用草本植物

朝鲜淫羊藿（horny goat weed）：朝鲜淫羊藿（*Epimedium koreanum*），又称中井（Nakai），是小檗科（Berberidaceae）的一种开花植物。朝鲜淫羊藿除被用作壮阳药外，还用于治疗低血压和神经衰弱。朝鲜淫羊藿含有淫羊藿苷（icariin）、淫羊藿次苷Ⅱ（icariside Ⅱ）、朝藿定（epimedin）、淫羊藿新苷（epimedosides）、金丝桃苷（hyperoside）、槲皮素（qercetin）和绿原酸（chlorogenic acid）等黄酮类化合物。报告显示，朝鲜淫羊藿中的淫羊藿苷可以刺激血管生成（Chung 等，2008）。另有研究报道，朝鲜淫羊藿中的黄酮和淫羊藿苷可促进成骨细胞发育（Zhang 等，2008）。此外，还发现淫羊藿次苷Ⅱ可诱导人前列腺癌细胞凋亡（Lee 等，2009）。但朝鲜淫羊藿的抗病毒作用直到 2012 年才被报道（Cho 等，2012）。Cho 等（2012）通过体外和体内动物模型证明，朝鲜淫羊藿的水提物对猪流行性腹泻病毒具有强大的抗性。尽管朝鲜淫羊藿抗病毒力的潜在作用机制尚不清楚，然而试验结果表明，朝鲜淫羊藿可通过刺激巨噬细胞和淋巴细胞等来调节免疫反应，从而发挥抗病毒作用。

（四）猪繁殖与呼吸综合征

1. 概述

猪繁殖与呼吸综合征病毒（PRRSV）是猪繁殖与呼吸综合征的主要病原体之一，该病毒给养猪业造成了重大的经济损失（Neumann 等，2005），这种单股 RNA 病毒可导致妊娠母猪繁殖障碍、仔猪呼吸道疾病、免疫抑制和各种继发感染（Rossow，1998）。

2. 治疗用草本植物

茶籽（tea seed）：除了被广泛用于烹饪之外，茶籽提取物以往常被中国人用来治疗烧伤。研究表明，从茶籽中提取的茶籽皂苷（tea seed saponins，TS）具有抗真菌（Kuo 等，2010）、抗过敏（Matsuda 等，2010）、抗菌和保护心脏的作用（Liao 等，2009）。Hayashi 等（2000）报道，茶籽皂苷可以直接杀灭人类 A 型和 B 型流感病毒，但其潜在的抗病毒机制尚不清楚。有学者通过体外模型系统研究了茶籽皂苷对猪繁殖与呼吸综合征病毒的抑制作用及其潜在的作用机制（Li 等，2015）。猪繁殖与呼吸综合征病毒感染通常会导致持续传播和继发感染。而 Li 等（2015）证明，茶籽皂苷可以通过多种途径有效抑制猪繁殖与呼吸综合征病毒复制，包括直接杀灭病毒或阻止病毒进入细胞，以及通过调节多聚腺苷酸结合蛋白［poly（A）-binding protein，PABP］间接抑制病毒（PRRSV）复制。茶籽皂苷所具有的这种独特特性，可能会减少产生耐药菌株的机会。

四、反刍动物

反刍动物，如牛、山羊、绵羊，在消化生理上与其他家畜有着明显不同（McAnally 和 Phillipson，1944）。不论规模大小，反刍动物都以肉和奶的形式为人类提供了蛋白质食物来源，对农业生产的影响巨大。然而，反刍动物面临着一个主要威胁，就是病毒感染，特别是由于受到应激和免疫应答不良等多种因素影响后的病毒感染。反刍动物受病毒感染后可能会影响生产性能，导致经济效益水平降低。有几种方法可以克服反刍动物的病毒感染，如接种疫苗、使用药物等（Lin 等，2014）。如今，传统医学已经成为治疗的选择之一，因为其更安全、费用更低且更有效（Jassim 和 Naji，2003）。本部分将讨论已被证实对反刍动物常见病毒性疾病，如口蹄疫（foot and mouth disease，FMD）、牛病毒性腹泻（BDV）和小反刍兽疫（peste des petits ruminants，PPR）等有积极效果的常见草药。

（一）口蹄疫

1. 概述

口蹄疫是由小核糖核酸病毒科（Picornaviridae）的口蹄疫病毒（aphthovirus）引起的，具有高度接触传染性，被认为对所有反刍动物和猪都是致命的（Grubman 和 Berry，2004）。口蹄疫病毒在自然界具有高度传染性，可通过气溶胶、无生命物体和密切接触进行传播（Bayry 和 Kavery，2001）。受感染的动物通常在口腔和蹄部有水疱样的病变，会导致食欲不振和跛行。大多数患病动物的产奶量会下降，且其肉类也会被禁止出口。可用来预防口蹄疫的草药如下。

2. 治疗用草本植物

（1）康普茶　康普茶（kombucha）是一种流行的中国传统药物，由酵母和醋酸杆菌培养，并与红茶和中国草本植物提取物［绿茶（green tea）、菊花（chrysanthemum）、甘草（liquorice）和罗汉果（*Grosvenor momordica*）］一起发酵而成。这种混合物被认为是一种有效的益生菌（Greenwalt 等，2000）。其本身呈酸性，pH 为 2.5～4.6。由于口蹄疫病毒对酸性条件或低 pH 条件敏感，故这种混合物可有效预防口蹄疫（Teoh 等，2004）。经 BHK21 细胞体外试验发现，康普茶可以抑制口蹄疫病毒的生长。另外，体内试验研究表明，康普茶能够杀灭口蹄疫病毒，而对小鼠无毒副作用（Fu 等，2014）。此外，在口蹄疫疫区的大规模田间试验中，可通过向牛喷洒康普茶来防止感染（Fu 等，2015）。

（2）蜂蜜　有报道称，在肯尼亚曾经有一个奶牛场暴发口蹄疫，其中 57.2%的牛被感染，使用蜂蜜、龙爪稷和 97%碳酸氢钠治疗 3d 后（Gakuya 等，2011），局部的溃疡和水疱病变得到了改善。早在细菌被发现之前，蜂蜜被用于治疗感染的伤口就已有超过 2 000年的历史。蜂蜜现已被证明对大约 60 种细菌有抑制作用（Molan，1992）。蜂蜜之所以具有抗菌性能，是因为它会产生过氧化氢，而过氧化氢是在蜂蜜被稀释时，蜂蜜中的葡萄糖酸与葡萄糖酶发生反应缓慢形成和释放的。

（二）牛病毒性腹泻

1. 概述

牛病毒性腹泻（bovine viral diarrhea，BVD）是一种由来源于黄病毒科（Flaviviridae）的瘟病毒（pestivirus）引起的反刍动物疾病。根据引起细胞病变作用（CPE）的能力不同，将病毒分为 2 种生物型（Ridpath，2010）。由瘟病毒引起的牛病毒性腹泻通常在牛群中通过密切接触者进行传播，但也可能通过垂直传播，这意味着病毒很有可能会从母牛传播到胎儿。受感染的胎儿可能会出现死产、流产，或引起出生后犊牛的持续感染。一些感染牛可能发生黏膜病变，导致严重腹泻和厌食症，并可能最终导致死亡（Thiel 等，1996）。罗勒是一种被试验证明可以减少和治疗牛病毒性腹泻的草本植物。

2. 治疗用草本植物

罗勒（basil）：罗勒（*Ocimum basilicum* L.），来自唇形科（Lamiaceae），常被用于烹饪（Sartoratto 等，2004）。除此之外，罗勒还是治疗呼吸道和胃肠道疾病的传统药物之一（Chiang 等，2005）。罗勒已在许多研究中被证明具有抗病毒、抗菌和抗真菌特性（Pozzatti 等，2008；Suppakul 等，2003）。有学者研究了罗勒及其精油（主要为单萜类）对不同时间点感染病毒性腹泻牛的影响，结果表明，该化合物可直接作用于病毒颗粒，从而大大降低了蚀斑试验中的病毒含量（Kubica 等，2014）。

（三）小反刍兽疫

1. 概述

小反刍兽疫（pestedes petits ruminants，PPR）主要发生于绵羊、山羊等小反刍动物，这种疾病是由一种 RNA 病毒——麻疹病毒（morbillivirus）引起的。该病的表现与胃肠道和呼吸系统有关，临床症状包括发热（发热）、口炎（口腔炎症）、呼吸道症状（包括眼和鼻有分泌物）和胃肠道症状（包括腹泻和溃疡）（Parida 等，2015）。

2. 治疗用草本植物

藿香蓟（goat weed）：藿香蓟（*Ageratum conyzoides* Linn）以代谢物或油的提取物形式时，具有抗炎、镇痛、解热、抗抑郁的作用（Shekhar 和 Anju，2012）。其与小反刍兽疫疫苗联合使用来治疗小反刍兽疫（PPR）时，取得了显著的效果（Saliu 等，2008）。此外，溶解于乙醇中的藿香蓟代谢物和提取物，具有解痉挛和保护胃黏膜免受溃疡侵害的作用。

五、结论

本章概述了传统草药作为抗病毒药物在家畜中的应用。研究表明，草药除了可以作为更安全、更经济的替代药物外，在动物上也表现出了积极的治疗效果，表明其可以抑制病毒复制，减轻不同生产动物病毒性疾病的临床症状。尽管草药的使用对减少畜禽病毒感染产生了深远的影响，但若要彻底消除病毒危害，仍有赖于良好的管理规范和生物安全。

（白海，译；黄志敏，李平，校）

参 考 文 献

Abd-Alla，H. I.，Abu-Gabal，N. S.，Hassan，A. Z.，El-Safty，M. M.，Shalaby，N. M.，2012. Antiviral activity of *Aloe hijazensis* against some haemagglutinating viruses infection and its phytoconstituents. Arch. Pharmacol. Res. 35，1347-1354.

Ahmad，W.，Ejaz，S.，Anwar，K.，Ashraf，M.，2014. Exploration of the *in vitro* cytotoxic and antiviral activities of different medicinal plants against infectious bursal disease (IBD) virus. Cent. Eur. J. Biol. 9 (5)，531-542.

Abdelwhab，E. M.，Hafez，H. M.，2012. Insight into alternative approaches for control of avian influenza in poultry，with emphasis on highly pathogenic H5N1. Viruses. 5，3179-3208.

Anyanwu，A. A.，Jimam，N. S.，Omale，S.，Wannang，N. N.，2017. Antiviral activities of *Cucumis metuliferus* fruits alka-loids on infectious bursal disease virus (IBDV). J. Phytopharmacol. 6 (2)，98-101.

Bagust，T. J.，2008. Poutlry health and disease control in developing countries. Poult. Dev. Rev. 1e5. http://www. fao. org/docrep/013/al729e/al729e00. pdf.

Bakari，G. G.，Max，R. A.，Mdegela，H. R.，Phiri，E. C. J.，Mtambo，M. M. A.，2013. Efficacy of resinous extract from *Com-miphora swynnertonii* (Burtt) against Newcastle infection in chickens. Int. J. Methods Psychiatr. Res. 2，156-161.

Bakari，G. G.，Max，R. A.，Mdegela，H. R.，Phiri，E. C. J.，Mtambo，M. M. A.，2012. Antiviral activity of crude extracts from *Commiphora swynnertonii* against Newcastle disease virus in ovo. Trop. Anim. Health Prod. 44, 1389e1393. Bayry, J., Kaveri, S., 2001. Foot and mouth disease: a revised policy is required. J. Clin. Microbiol. 39, 3808.

Chen, X., Ren, F., Hesketh, J., Shi, X., Li, J., Gan, F., Huang, K., 2012. Reactive oxygen species regulate the replication of porcine circovirus type 2 via NF-kB pathway. Virology. 426 (1), 66-72.

Chiang, L. C., Ng, L. T., Cheng, P. W., Chiang, W., Lin, C. C., 2005. Antiviral activities of extracts and selected pure con-stituents of *Ocimum basilicum*. Clin. Exp. Pharmacol. Physiol. 32 (10), 811-816.

Cho, W. K., Kim, H., Choi, Y. J., Yim, N. H., Yang, H. J., Ma, J. Y., 2012. Epimedium *koreanum* Nakai water extract ex-hibits antiviral activity against porcine epidermic diarrhea virus in vitro and in vivo. Evid. Based Complement Altern. Med. 985151.

Chopra, R. N., Nayar, S. L., 1956. Glossary of Indian Medicinal Plants. Council of Scientific and Industrial Research, New Delhi.

Chung, B. H., Kim, J. D., Kim, C. K., Kim, J. H., Won, M. H., Lee, H. S., et al., 2008. Icariin stimulates angiogenesis by activating the MEK/ERK-and PI3K/Akt/eNOS-dependent signal pathways in human endothelial cells. Biochem. Biophys. Res. Commun. 376 (2), 404-408.

Choudhary, N., Siddiqui, M. B., Azmat, S., Khatoon, S., 2013. Tinospora cordifolia: ethnobotany, phytopharmacology and phytochemistry aspects. Int. J. Pharm. Sci. Res. 4 (3), 891.

Curreli, F., Friedman-Kien, A. E., Flore, O., 2005. Glycyrrhizic acid alters Kaposi sarcomaeassociated herpesvirus la-tency, triggering p53-mediated apoptosis in transformed B lymphocytes. J. Clin. Investig. 115 (3), 642-652.

Darwich, L., Balasch, M., Plana-Duran, J., Segales, J., Domingo, M., Mateu, E., 2003. Cytokine profiles of peripheral blood mononuclear cells from pigs with postweaning multisystemic wasting syndrome in response to mitogen, super antigen or recall viral antigens. J. Gen. Virol. 84 (12), 3453-3457.

Debouck, P., Pensaert, M., Coussement, W., 1981. The pathogenesis of an enteric infection in pigs, experimentally induced by the coronavirus-like agent, CV 777. Vet. Microbiol. 6 (2), 157-165.

Duan, D., Zhang, S., Li, X., Guo, H., Chen, M., Zhang, Y., et al., 2014. Activation of the TLR/MyD88/NF-kB signal pathway contributes to changes in IL-4 and IL-12 production in piglet lymphocytes infected with porcine circo-virus type 2 in vitro. PLoS One. 9 (5), e97653.

Fortunatov, M. N., 1952. Experimental use of phytoncides for therapeutic and prophylactic purpose. Voprosy Pedia-trii i Okhrany Materinstva. 20 (2), 55-58.

Fu, N., Wu, J., Lv, L., He, J., Jiang, S., 2015. Anti-foot-and-mouth disease virus effects of Chinese herbal kombucha in vivo. Braz. J. Microbiol. 46 (4), 1245e1255.

Fu, N., Wu, J., Fu, Q., et al., 2014. Chinese herbal Kombucha preparation and its anti-viral activity of FMDV in vitro. J. Anhui Agric. Sci. 42, 5500-5502.

Gakuya, D. W., Mulei, C. M., Wekesa, S. B., 2011. Use of ethnoveterinary remedies in the management of foot and mouth disease lesions in a diary herd. Afr. J. Tradit., Complementary Altern. Med. 8 (2), 165-169.

Godfray, H. C. J., Beddington, J. R., Crute, I. R., Haddad, L., Lawrence, D., Muir, J. F., Pretty, J., Robinson, S., Thomas, S. M., Toulmin, C., 2010. Food security: the challenge of feeding 9 billion people. Science. 327 (5967), 812-818.

Greenwalt, C. J., Steinkraus, K. H., Ledford, R. A., 2000. Kombucha, the fermented tea: microbiology, composition, and claimed health effects. J. Food Prot. 63, 976-981.

Grubman, M. J., Barry, B., 2004. Foot-and-mouth disease. Clin. Microbiol. Rev. 17, 465-493.

Gupta, S. C., Prasad, S., Tyagi, A. K., Kunnumakkara, A. B., Aggarwald, B. B., 2017. Neem (*Azadirachta indica*): an In-dian traditional panacea with modern molecular basis. Phytomedicine. 34, 14-20.

Hayashi, K., Sagesaka, Y. M., Suzuki, T., Suzuki, Y., 2000. Inactivation of human type A and B influenza viruses by tea-seed saponins. Biosci. Biotechnol. Biochem. 64 (1), 184-186.

Helmy, W. A., Abd-Alla, H. I., Amer, H., El-Safty, M. M., 2007. Chemical composition and in vitro antiviral activity of *Azadirachta indica* A. Juss (Neem) leaves and fruits against Newcastle disease virus and infectious bursal disease virus. Australian J. Basic Appl. Sci. 1 (4), 801-812.

Hornung, B., Amtmann, E., Sauer, G., 1994. Lauric acid inhibits the maturation of vesicular stomatitis virus. J. Gen. Virol. 75 (2), 353-361.

Hudson, J. B., 2012. Applications of the phytomedicine *Echinacea purpurea* (Purple Coneflower) in infectious diseases. J. Biomed. Biotechnol, 769896.

Jassim, S. A., Naji, M. A., 2003. Novel antiviral agents: a medicinal plant perspective. J. Appl. Microbiol. 95 (3), 412-427.

Karimi, S., Mohammadi, A., Dadras, H., 2014. The effect of Echinacea purpurea and Sambucus nigra L. on H9N2 avian influenza virus in infected chicken embryo. Vet. Arh. 84 (2), 153-165.

Kapil, A., Sharma, S., 1997. Immunopotentiating compounds from Tinospora cordifolia. J. Ethnopharmacol. 58 (2), 89-95.

Kim, M., Kim, S.-Y., Lee, H. W., Shin, J. S., Kim, P., Jung, Y.-S., Lee, C.-K., 2013. Inhibition of influenza virus internal-ization by (-) -epigallocatechin3-gallate. Antivir. Res. 100, 460-472.

Kim, S. O., Kundu, J. K., Shin, Y. K., Park, J. H., Cho, M. H., Kim, T. Y., Surh, Y. J., 2005. [6] -Gingerol inhibits COX-2 expression by blocking the activation of p38 MAP kinase and NF-kB in phorbol ester-stimulated mouse skin. Oncogene. 24 (15), 2558.

Knowles, N. J., Reuter, G., 2012. Porcine Caliciviruses. Diseases of Swine, tenth ed. Wiley-Blackwell, Chichester.

Krawitz, C., Mraheil, M. A., Stein, M., Imirzalioglu, C., Domann, E., Pleschka, S., Hain, T., 2011. Inhibitory activity of a standardized elderberry liquid extract against clinically-relevant human respiratory bacterial pathogens and influ-enza A and B viruses. BMC Complement Altern. Med. 11, 16-21.

Kubiçal, T. F., Alves, S. H., Weiblen, R., Lovato, L. T., 2014. In vitro inhibition of the bovine viral diarrhoea virus by the essential oil of *Ocimum basilicum* (basil) and monoterpenes. Braz. J. Microbiol. 45 (1), 209-214.

Kumar, V. S., Navaratnam, V., 2013. Neem (*Azadirachta indica*): Prehistory to contemporary medicinal uses to human-kind. Asian Pac. J. Trop. Biomed. 3 (7), 505-514.

Kuo, P. C., Lin, T. C., Yang, C. W., Lin, C. L., Chen, G. F., Huang, J. W., 2010. Bioactive saponin from tea seed pomace with inhibitory effects against *Rhizoctonia solani*. J. Agric. Food Chem. 58 (15), 8618-8622.

Kuzuhara, T., Iwai, Y., Takahashi, H., Hatakeyama, D., Echigo, N., 2009. Green tea catechins inhibit the endonuclease activity of influenza A virus RNA polymerase. PLoS Curr. 1, RRN1052.

Lee, B. B., Shim, I. S., Hahm, D. H., 2012a. *Bupleurum falcatum* prevents depression and anxiety-like behaviors in rats exposed to repeated restraint stress. J. Microbiol. Biotechnol. 22 (3), 422-430.

Lee, H. J., Lee, Y. N., Youn, H.-N., Lee, D. H., Kwak, J. H., Seong, B. L., et al., 2012b. Anti-influenza virus activity of green tea by-products in vitro and efficacy against influenza virus infection in chickens. Poultry Sci. 91 (1), 66-73.

Lee, K. S., Lee, H. J., Ahn, K. S., Kim, S. H., Nam, D., Kim, D. K., et al., 2009. Cyclooxygenase-2/prostaglandin E2 pathway mediates icariside II induced apoptosis in human PC-3 prostate cancer cells. Cancer Lett. 280 (1), 93-100.

Lee, J. S., Miyashiro, H., Nakamura, N., Hattori, M., 2008. Two new triterpenes from the Rhizome of *Dryopteris cras-sirhizoma* and inhibitory activities of its constituents on human immunodeficiency virus-1 protease. Chem. Phar-maceut. Bull. 56, 711-714.

Li, E., Sun, N., Zhao, J. X., Sun, Y. G., Huang, J. G., Lei, H. M., et al., 2015. In vitro evaluation of antiviral activity of tea seed saponins against porcine reproductive and respiratory syndrome virus. Antivir. Ther. 20, 743-752.

Liao, Z., Yin, D., Wang, W., Zeng, G., Liu, D., Chen, H., et al., 2009. Cardioprotective effect of sasanquasaponin pre-conditioning via bradykinin-NO pathway in isolated rat heart. Phytother Res. 23 (8), 1146-1153.

Lin, L. T., Hsu, W.-C., Lin, C. C., 2014. Antiviral natural products and herbal medicines. J. Trad. Complement. Med. 4 (1), 24-35.

Lv, Y., Zhang, X., Sun, Y., Zhang, S., 2013. Activation of NF-kB contributes to production of pig-major acute protein and serum amyloid A in pigs experimentally infected with porcine circovirus type 2. Res. Vet. Sci. 95 (3), 1235-1240.

Marangon, S., Busani, L., 2006. The use of vaccination in poultry production. Rev. Sci. Tech. Off. Int. Epiz. 26 (1), 265-274.

Matsuda, H., Nakamura, S., Fujimoto, K., Moriuchi, R., Kimura, Y., Ikoma, N., et al., 2010. Medicinal Flowers. XXXI. Acylated oleanane-type triterpene saponins, sasanquasaponins IdV, with antiallergic activity from theflower buds of *Camellia sasanqua*. Chem. Pharm. Bull. 58 (12), 1617-1621.

McAnally, R. A., Phillipson, A. T., 1944. Digestion in the ruminant. Biol. Rev. 19 (2), 41-54.

Molan, P. C., 1992. The antibacterial activity of honey. 1. The nature of the antibacterial activity. Bee World. 73 (1), 5-28.

Na-Bangchang, K., Karbwang, J., 2014. Traditional herbal medicine for the control of tropical diseases. Trop. Med. Health. 42 (2), 3-13.

Neumann, E. J., Kliebenstein, J. B., Johnson, C. D., Mabry, J. W., Bush, E. J., Seitzinger, A. H., et al., 2005. Assessment of the economic impact of porcine reproductive and respiratory syndrome on swine production in the United States. J. Am. Vet. Med. Assoc. 227 (3), 385-392.

Nose, M., Oguri, K., Ogihara, Y., Yoshimatsu, K., Shimomura, K., 1998. Activation of macrophages by crude poly-saccharide fractions obtained from shoots of glycyrrhiza blabra and hairy roots of *Glycyrrhiza uralensis* in vitro. Biol. Pharm. Bull. 21 (10), 1110-1112.

Ou, C., Shi, N., Pan, Q., Tian, D., Zeng, W., He, C., 2013. Therapeutic efficacy of the combined extract of herbal med-icine against infectious bursal disease in chickens. Pak. Vet. J. 33, 304-308.

Pant, M., Ambwani, T., Umapathi, V., 2012. Antiviral activity of Ashwagandha extract on infectious bursal disease virus replication. Indian J. Sci. Technol. 5 (5), 2750-2751.

Parida, S., Muniraju, M., Mahapatra, M., Muthuchelvan, D., Buczkowski, H., Banyard, A.C., 2015. Peste des petits ruminants. Vet. Microbiol. 181 (1-2), 90-106.

Pejsak, Z., Markowska-Daniel, I., Pomorska-Mól, M., Porowski, M., Kołacz, R., 2011. Ear necrosis reduction in pigs after vaccination against PCV2. Res. Vet. Sci. 91 (1), 125-128.

Pozzatti, P., Scheid, L.A., Spader, T.B., Athayde, M.L., Santurio, J.M., Alves, S.H., 2008. In vitro activity of essential oils extracted from plants used as spices againstfluconazole-resistant and fluconazole-susceptible *Candida* spp. Can. J. Microbiol. 54 (11), 950-956.

Ridpath, J.F., 2010. Bovine viral diarrhea virus: global status. Vet. Clin. Food Anim. Pract. 26 (1), 105e121. Roschek Jr., B., Fink, R.C., Mcmichael, M.D., Li, D., Alberte, R.S., 2009. Elderberryflavonoids bind to and prevent H1N1 infection in vitro. Phytochemistry 70, 1255-1261.

Rossow, K.D., 1998. Porcine reproductive and respiratory syndrome. Vet. Pathol. 35 (1), 1-20.

Sahoo, M., 2015. Elucidating Molecular Interactions of Natural Inhibitors against Human Influenza Causative Pro-teins of H1N1 Virus (Doctoral dissertation).

Saliu, O.J., Audu, S.I., Sanda, M.E., Aribido, S.O., Olaolu, M., 2008. Adoption of Vaccination and ethoveterinary treat-ment for peste des petits ruminants (ppr) among sheep and goat farmer in Ijumu local government area of Kogi state, Nigeria. Agric. J. 3 (5), 404-408.

Samy, R.P., Pushparaj, P.N., Gopalakrishnakone, P., 2008. A compilation of bioactive compounds from Ayurveda. Bioinformation 3 (3), 100.

Sanchez-Lamar, A., Fiore, M., Cundari, E., Ricordy, R., Cozzi, R., De Salvia, R., 1999. *Phyllanthus orbicularis* aqueous extract: cytotoxic, genotoxic, and antimutagenic effects in the CHO cell line. Toxicol. Appl. Pharmacol. 161 (3), 231-239.

Sartoratto, A., Machado, A.L.M., Delarmelina, C., Figueira, G.M., Duarte, M.C.T., Rehder, V.L.G., 2004. Composition and antimicrobial activity of essential oils from aromatic plants used in Brazil. Braz. J. Microbiol. 35, 275-280.

Shah, A., Krishnamurthy, R., 2013. Swineflu and its herbal remedies. Int. J. Eng. Sci. 2 (2), 68-78.

Shang, R.F., Liang, J.P., Na, Z.Y., Yang, H.J., Lu, Y., Hua, L.Y., 2010. In vivo inhibition of NAS preparation on H9N2 subtype AIV. Virol. Sin. 25 (2), 145-150.

Shekhar, T.C., Anju, G., 2012. A comprehensive review on *Ageratum conyzoides* Linn (Goat weed). Int. J. Pharmaceut. Phytopharmacol. Res. 1 (6), 391-395.

Singh, S.S., Pandey, S.C., Srivastava, S., Gupta, V.S., Patro, B., Ghosh, A.C., 2003. Chemistry and medicinal properties of *Tinospora cordifolia* (Guduchi). Indian J. Pharmacol. 35 (2), 83-91.

Sipos, W., Duvigneau, J.C., Willheim, M., Schilcher, F., Hartl, R.T., Hofbauer, G., et al., 2004. Systemic cytokine profile in feeder pigs suffering from natural postweaning multisystemic wasting syndrome (PMWS) as determined by semiquantitative RTePCR and flow cytometric intracellular cytokine detection. Vet. Immunol. Immunopathol. 99 (1-2), 63-71.

Song, J.M., Lee, K.H., Seong, B.L., 2005. Antiviral effect of catechins in green tea on influenza virus. Antivir. Res. 68, 66-74.

Sood, R., Swarup, D., Bhatia, S., Kulkarni, D.D., Dey, S., Saini, M., Dubey, S.C., 2012. Antiviral activity of crude ex-tracts of Eugenia jambolana Lam. against highly pathogenic avian influenza (H5N1) virus. Indian J. Exp. Biol. 50, 179-186.

Subhose, V., Srinivas, P., Narayana, A., 2005. Basic principles of pharmaceutical science in Ayurvēda. Bull. Indian Inst. Hist. Med. 35 (2), 83-92.

Sun, N., Sun, P., Lv, H., Sun, Y., Guo, J., Wang, Z., et al., 2016. Matrine displayed antiviral activity in porcine alveolar macrophages co-infected by porcine reproductive and respiratory syndrome virus and porcine circovirus type 2. Sci. Rep. 6, 24401.

Sun, Y., Song, M., Niu, L., Bai, X., Sun, N., Zhao, X., et al., 2013. Antiviral effects of the constituents derived from Chinese herb medicines on infectious bursal disease virus. Pharmaceut. Biol. 51 (9), 1137-1143.

Suppakul, P., Miltz, J., Sonneveld, K., Bigger, S. W., 2003. Antimicrobial properties of basil and its possible application in food packaging. J. Agric. Food Chem. 51 (11), 3197-3207.

Teoh, A. L., Heard, G., Cox, J., 2004. Yeast ecology of Kombucha fermentation. Int. J. Food Microbiol. 95, 119-126.

Thiel, H. J., Plagemann, P. G. W., Moennig, V., 1996. Pestiviruses. In: Fields, B. N., Knipe, D. M., Howley, P. M. (Eds.), Virology. Lippincott-Raven Publishers, Philadelphia, New York, 1059-1073.

Tundis, R., Bonesi, M., Deguin, B., Loizzo, M. R., Menichini, F., Conforti, F., et al., 2009. Cytotoxic activity and inhibitory effect on nitric oxide production of triterpene saponins from the roots of *Physospermum verticillatum* (Waldst & Kit) (Apiaceae). Bioorg. Med. Chem. 17 (13), 4542-4547.

Turgeon, D. C., Morin, M., Jolette, J., Higgins, R., Marsolais, G., DiFranco, E., 1980. Coronavirus-like particles associ-ated with diarrhea in baby pigs in Quebec. Can. Vet. J. 21 (3), 100.

Varshney, P., Dash, S. K., Bhatia, A. K., 2013. *In vitro* and *in vivo* antiviral potential of hot aqueous extract of *Ocimum sanctum* and *Argemone mexicana* leaves. Med. Plant Res. 3 (11), 78-86.

Wagner, H., Jurcic, K., 2002. Immunological studies of Revitonil®, a phytopharmaceutical containing*Echinacea pur-purea* and *Glycyrrhiza glabra* root extract. Phytomedicine. 9 (5), 390-397.

Waihenya, R. K., Mtambo, M. M. A., Nkwengulila, G., 2002. Evaluation of the efficacy of the crude extract of *Aloe secun-diflora* in chickens experimentally infected with Newcastle disease virus. J. Ethnopharmacol. 79 (3), 299-304.

Wang, X., Jia, W., Zhao, A., Wang, X., 2006. Anti-influenza agents from plants and traditional Chinese medicine. Phytother Res. 20 (5), 335-341.

Winston, D., Maimes, S., 2007. Adaptogens: Herbs for Strength, Stamina, and Stress Relief. Healing Arts Press, Rochester.

Yang, H., Chen, X., Jiang, C., He, K., Hu, Y., 2017. Antiviral and immunoregulatory role against PCV2 in vivo of Chi-nese herbal medicinal ingredients. J. Vet. Res. 61 (4), 405-410.

Yingsakmongkon, S., Miyamoto, D., Sriwilaijaroen, N., Fujita, K., Matsumoto, K., Jampangern, W., et al., 2008. In vitro inhibition of human influenza A virus infection by fruit-juice concentrate of Japanese plum (*Prunus mume* SIEB. et ZUCC). Biol. Pharm. Bull. 31, 511-515.

Yusoff, K., Tan, W. S., 2001. Newcastle disease virus: Macromolecules and opportunities. Avian Path. 30 (5), 439-455.

Zhang, D. W., Cheng, Y., Wang, N. L., Zhang, J. C., Yang, M. S., Yao, X. S., 2008. Effects of totalflavonoids and flavonol glycosides from *Epimedium koreanum* Nakai on the proliferation and differentiation of primary osteoblasts. Phytomedicine. 15 (1-2), 55-61.

第八章
从芳香植物中提取的功能性成分

Sonia A. Socaci[1,2]，*Anca C. Fărcas*[1]，*Maria Tofană*[1]

[1]Faculty of Food Science and Technology，University of Agricultural Sciences and Veterinary Medicine，Cluj-Napoca，Romania；[2]Inatitute of Life Sciences，University of Agricultural Science and Veterinary Medicine，Cluj-Napaca，Romania

一、引言

药用芳香植物在人类历史上一直扮演着重要的角色，被用于烹饪、传统医学、宗教仪式等领域。人们对这些植物的兴趣在逐年增加，其主要原因是消费者对这些与有益健康的食品和非食品相关产品的认识及需求在不断提高。为了满足消费者的新需求和提高市场竞争力，食品行业正致力于寻找天然化合物以替代用于食品保存方面的人工合成防腐剂和抗氧化剂。

另外，在畜牧业生产领域，饲料中预防性地添加抗生素以改善动物生长和降低因临床疾病引起的动物的死亡率，引起了人们对耐药菌通过食物链传播和扩散的担忧。因此，自2006年起，欧盟禁止在家畜饲料中添加抗生素促生长剂。美国食品药品协会（Food Drug Association）发布的指南中，对美国在不久的将来实施抗生素相关禁令施加了压力（Brenes和Roura，2010；Bento等，2013）。因此，人们开发出基于芳香植物天然化合物（包括纯化化合物、植物提取物或精油）的新型食品和饲料添加剂，对其功效进行评估，并与现有的添加剂进行了比较。这些植物源性添加剂的主要优点包括：公认是安全的，与普通抗生素（单分子实体，single molecular entity）相比，细菌对多组分精油或植物提取物产生耐药性的可能性较小，具有许多功能性作用，对食品和饲料质量及人类和动物健康都有积极影响（Calo等，2015）。

因此，关于药用芳香植物化学成分的科学研究，特别是对可用作开发创新产品中功能成分的生物活性物质的鉴定研究，在过去几十年掀起了高潮。

本章综述了芳香植物精油和提取物的主要生物活性及其与功能成分的关系，以及在开发有益于人和动物健康产品中的应用。

二、精油

所有的植物都能产生挥发性化合物，但在大多数情况下，这些挥发性化合物的产量很少，约有10%的植物物种可以在某些分泌细胞的细胞质中合成、分泌和贮存少量的挥发性芳香物质，这些植物被称为芳香植物（aromatic plants）或精油植物（essential oil-bearing plants）。来自唇形科（Lamiaceae）的植物，如迷迭香（rosemary）、鼠尾草（sage）、薰衣草（lavender）、罗勒（basil）等；桃金娘科（Myrtaceae）的植物，如桉树（eucalyptus）和丁香（clove）等；芸香科（Rutaceae）的植物，如柑橘（citrus），均含有丰富的挥发性芳香物质（Başer 和 Buchbauer，2010）。

精油是芳香植物产生的次生代谢产物，其功能包括：保护植物，驱赶草食动物的化学防御物质；吸引昆虫，作为促进植物间授粉和化感作用的信息素（Rozza 等，2012）。精油是一种有黏性的亲脂液体，浓缩了芳香植物的特征气味。由于环境和遗传因素，如植物品种、营养期、收获时间、地理来源、使用的植物部位和提取方法不同，故其成分在定性和定量方面具有很大的变异性（Brenes 和 Roura，2010；Socaci，2017）。

根据《欧洲药典》（*European Pharmacopoeia*，2004 年第 5 版）所述，精油可通过蒸汽法、共水蒸馏法或机械加工法（仅对柑橘）从植物的不同部位获得。

根据不同部位，常用于提取精油的芳香植物有：花［薰衣草（lavender）、大根香叶（geranium）、洋甘菊（hamomille）、依兰（ylang-ylang）、啤酒花（hop）、丁香（clove）］、叶子［薄荷（mint）、百里香（thyme）、鼠尾草（sage）、迷迭香（rosemary）］、根茎［生姜（ginger）］、种子［香菜（coriander）］、果实［小茴香（fennel）、茴芹（anise）、柑橘外皮（citrus epicarp）］，以及树皮和木材［肉桂（cinnamon）、檀香（sandalwood）、紫檀木（rosewood）］（Dhifi 等，2016）。传统提取技术（如用不同的有机溶剂进行溶剂提取）或更现代的提取技术（如超临界流体提取、微波辅助提取、超声波辅助提取和离子液体提取）所获得的提取物不被视为精油，尽管这些提取物具有与原料相似的香气特征（Başer 和 Buchbauer，2010）。此外，通过提取过程中使用的溶剂不同，还可以从植物中提取其他生物活性物质（如多酚、类胡萝卜素等）。在人们不断寻找有益健康功能成分新原料的当下，植物提取物得到了制药和食品工业越来越多的关注。精油和植物提取物的主要提取技术如图 8－1 所示。

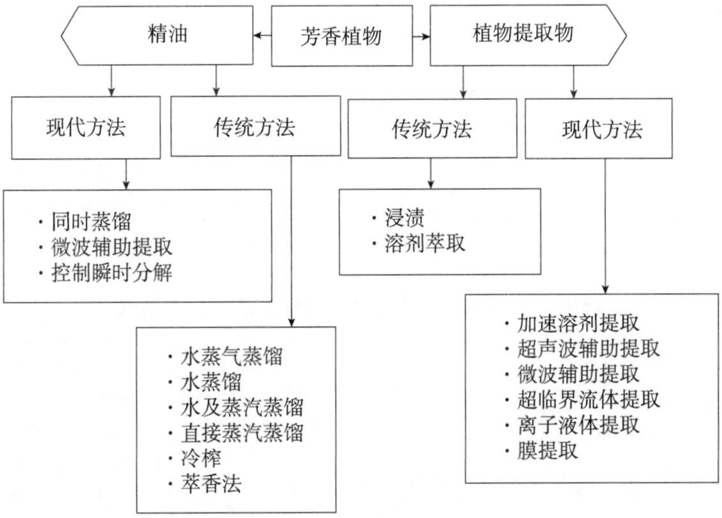

图 8－1　精油和植物提取物的主要提取技术

（一）精油的化学成分

所有植物都会产生两种主要的代谢物：初级代谢物和次级代谢物。初级代谢物包括构成生命基本组成部分的化学物质，即蛋白质、碳水化合物、脂质和核酸。次级代谢物是存在于某些物种而非其他物种的代谢物，通常分为萜类（terpenoids）、莽草酸类（shikimates）、聚酮类（polyketides）和生物碱类（alkaloids）。精油是由数十种甚至数百种挥发性和半挥发性化合物组成的复杂的混合物，相对分子质量较低（低于300），在常压和室温下的蒸汽压就足够高到使部分精油处于气态。精油的主要成分是萜类，其次是莽草酸类和聚酮类的化合物（Başer 和 Buchbauer，2010）。目前，利用气相色谱和质谱法已在精油中鉴定出数千种化合物，包括单萜（monoterpenes）[柠檬烯（limonene）、月桂烯（myrcene）、α-蒎烯（α-pinene）、β-蒎烯（β-pinene）]、倍半萜（sesquiterpenes）[腐竹烯（humulene）、法尔奈烯（farnesene）、卡丁烯（cadinene）]，以及醇类的功能性衍生物[（芳樟醇（linalool）、香叶醇（geraniol）、薄荷醇（menthol）、α-甜没药萜醇（α-bisabolol）]、酮类[薄荷酮（menthone）、樟脑（camphor）、马鞭草酮（verbenone）、α-苏云烯（α-thujone）、6-甲基-5-庚烷-2-酮（6-methyl-5-hepten-2-one）]、醛类[香叶醛（geranial）、己醛（hexanal）、香茅醛（citronellal）、肉桂醛（cinnamaldehyde）]、酯类[γ-松油脂（γ-terpinyl acetate）、乙酸芳樟酯（linalyl acetate）、龙脑酯（bornyl acetate）]、酚类[百里香酚（thymol）、丁香酚（eugenol）、香芹醇（carvacrol）]、酸类（acids）、脂肪烃（aliphatic hydrocarbons）；另外，还包括很少量含氮或含硫化合物（Brenes 和 Roura，2010；Nazzaro 等，2013；Dhifi 等，2016）。

精油成分的复杂性决定了其生物活性的多样性（如抗菌、抗氧化、抗炎、镇痛、镇静、解痉、局部麻醉等），但同时也难以确定及解释精油的特定生物活性归因于某些特定的化合物（Brenes 和 Roura，2010；Bento 等，2013；Nazzaro 等，2013；Dhifi 等，2016；Games 等，2016）。

（二）精油的生物活性

精油的作用机理尚未完全阐明。过去几十年的研究已经证明，精油中的化合物可能作用于细胞中的多个靶点。例如，在细胞透性化或细胞膜的破坏过程中，允许非特异性化合物通过或释放细胞质内容物，或者它们可能会抑制负责细胞能量生成的ATP酶，从而导致细胞死亡（Zhang 等，2016；Gouvea 等，2017）。此外，由于精油成分的化学结构和性质多样，故可以合理地认为，精油的生物活性不能归因于单一化合物或特定的机制。因此，以抗菌活性为例，很难预测某一菌株对精油作用的敏感性（Bento 等，2013）。表8-1总结了一些热门的精油的生物活性研究结果。

表8-1　精油的植物来源、提取方法及生物活性

植物来源	提取方法	生物活性	资料来源
牛至	水蒸气蒸馏	针对植物病原菌的抗菌剂，用来抗真菌和抗寄生虫；包装薄膜和食品保鲜中的活性抗菌剂；食品中油脂氧化的保护	Martucci 等（2015）；Adame-Gallegos 等（2016）；Gormez 等（2016）；Ghadermazi 等（2017）；Mateo 等（2017）；Granata 等（2018）

（续）

植物来源	提取方法	生物活性	资料来源
薰衣草/狭叶	水蒸气蒸馏	针对植物病原菌的抗菌剂，用来抗真菌和抗寄生虫；包装薄膜、食品保鲜及生物医学应用中的活性抗菌剂	Martucci 等（2015）；Adame-Gallegos 等（2016）；Gormez 等（2016）；Predoi 等（2018）
长叶薄荷/胡椒	水蒸气蒸馏、微波辅助水蒸气蒸馏、无溶剂微波提取	强效抗菌和抗真菌特性；适度的体外抗癌活性	Desam 等（2017）；Abdel-Hameed 等（2018）
迷迭香	微波辅助水蒸气蒸馏	抗氧化、抗菌活性和保肝潜力	Karakaia 等（2014）；Rašković等（2014）
芫荽	微波辅助水蒸气蒸馏、水蒸气蒸馏	抗氧化和抗菌活性	Sourmaghi 等（2015）
丹参	水蒸气蒸馏	食品中油脂氧化的保护	Ghadermazi 等（2017）；Pop 等（2016）
锡兰肉桂	水蒸气蒸馏	抗真菌和抗霉菌毒素活性	Manso 等（2015）；Mateo 等（2017）
奥勒冈草	水及蒸汽蒸馏	用在食品保鲜中聚合物纳米胶囊中的活性抗菌剂	Teixeira 等（2014）；Granata 等（2018）
柠檬桉	水蒸气蒸馏	有效的抗真菌毒性、抗黄曲霉毒素和抗非植物毒性，强的抗氧化和抗菌性能	Hassine 等（2012）；Sebei 等（2015）；Lu 等（2016）；Pandey 等（2016）
丁香	水及蒸汽蒸馏	用在创新的食品包装中，如食品保鲜	Teixeira 等（2014）；Ghadermazi 等（2017）
柑橘	水蒸气蒸馏	对多种微生物病原具有抗真菌和食品防腐活性及抗诱变和强抗氧化活性	Pandey 等（2016）；Hsouna 等（2017）；Toscano-Garibay 等（2017）

1. 抗细菌和抗真菌活性

精油的抗细菌和抗真菌活性是许多科学研究的主题，并通过体内外试验来加以证明（Ouwehand 等，2010；Bento 等，2013；Nazzaro 等，2013；Radaelli 等，2016）。精油的亲脂性使其能改变细菌细胞膜上的脂质，破坏其结构，使其更具有渗透性，使非特异性化合物得以通过，并导致离子和其他细胞分子泄漏，最终导致细胞活性丧失甚至死亡（Dhifi 等，2016；Gouvea 等，2017）。一般来说，革兰氏阳性菌比革兰氏阴性菌对精油的作用更敏感，这种易感性是由细菌细胞壁结构的差异造成的。革兰氏阴性菌的细胞壁更为复杂，并具有额外的外膜，外膜几乎不能渗透疏水分子，而小的亲水分子可以通过丰富的孔蛋白通过。这也是为什么革兰氏阴性菌对精油和其他有抗菌活性的天然提取物更具有抵抗力的原因之一（Nazzaro，2013；Diao 等，2014；Zhang 等，2016）。

测试证明许多精油具有灭活或抑制不同微生物的能力。Radaelli 等（2016）开展了一项从罗勒（*Ocimum basilicum* L.，basil）、迷迭香［*Rosmarinus officinalis* L.（rosemary）］、牛至［*Origanum majorana* L.（marjoram）］、薄荷［*Mentha* × *piperita* L. var. Piperita（peppermint）］、百里香［*Thymus vulgaris* L.（thyme）］和

茴芹［*Pimpinella anisum* L.（anise）］中提取的精油对A型产气荚膜梭菌菌株（食源性疾病的主要病原体之一）抗菌活性的研究。他们的研究结果表明，所有被测试的精油在其最低抑制浓度下都具有抑菌或杀菌活性，能成为化学防腐剂和抗生素的适宜替代品。但由于化学结构、官能团不同及浓度、成分间可能的协同作用等均会影响抗菌活性，故萜类化合物不具有很强的抗菌活性。柠檬烯（limonene）、α-蒎烯（α-pinene）、β-蒎烯（β-pinene）、γ-松油烯δ-3-蒈烯（γ-terpinene δ-3-carene）、（+）-桧萜［（+）-sabinene］或α-松油烯（α-terpinene）对25种细菌均表现出极低或无抗菌活性，这25种中的部分细菌包括：嗜水气单胞菌（*Aeromonas hydrophila*）、枯草芽孢杆菌（*Bacillus subtilis*）、产孢梭菌（*Clostridium sporogenes*）、粪肠球菌（*Enterococcus faecalis*）、大肠杆菌（*Escherichia coli*）、肺炎克雷伯菌（*Klebsiella pneumoniae*）、植物乳杆菌（*Lactobacillus plantarum*）、克氏明串珠菌（*Leuconostoc cremoris*）、普通变形杆菌（*Proteus vulgaris*）、金黄色葡萄球菌（*Staphylococcus aureus*）、白痢沙门氏菌（*Salmonella pullorum*）和小肠结肠炎耶尔森菌（*Yersinia enterocolitica*）（Dorman和Deans，2000）。相反，萜类化合物（添加氧分子或去除甲基的萜类）的抑菌活性取决于它们的官能团（Chouhan等，2017）。例如，对伞花烯（*p*-cymene，一种单萜）的抑菌活性低于其含氧衍生物香芹酚和百里香酚，但与香芹酚一起使用时可增强香芹酚的抑制作用（Rattanachaikunsopon等，2010；Marchese等，2017）。此外，香芹酚和百里香酚中的官能团（—OH）在分子中的位置似乎并不影响其抑菌活性。根据Ultee等（2002）的研究，香芹酚及其异构体百里香酚对蜡状芽孢杆菌（*B. cereus*）、金黄色葡萄球菌（*S. aureus*）和铜绿假单胞菌（*P. aeruginosa*）具有相似的抗菌活性。由于薄荷醇缺乏离域电子（双键）系统，羟基与苯环持续结合导致羟基无法释放质子，因而其抗菌活性较低。在香芹酚甲酯中也观察到了同样的结果，其不具有释放质子的能力，因此被认为不具抗菌能力。

苯丙素类是另一类研究其抗菌活性的精油功能性成分，其含有一个六碳芳香酚基和一个来自肉桂酸的三碳丙烯尾部结构，最为人熟知的包括丁香酚、异丁香酚、香兰素（vanillin）、黄樟素（safrole）和肉桂醛。与酚类、萜类化合物一样，苯丙素类化合物的抗菌活性不仅取决于游离羟基，还取决于芳香环上取代物的种类和数量。一般来说，异丁香酚比丁香酚对酵母菌、霉菌和细菌更有效，但两者对革兰氏阴性菌的抗菌活性都比革兰氏阳性菌强，且肉桂醛的抗菌效果通常不如丁香酚（Nazzaro等，2013；Chouhan等，2017）。然而，Sharma等（2016）对肉桂属植物中苯丙素主要特性的研究表明，肉桂醛对蜡样芽孢杆菌（*Bacillus cereus*，MTCC 6840）、变形链球菌（*Streptococcus mutans*，MTCC 497）、寻常变形杆菌（*Proteus vulgaris*，MTCC 7299）、伤寒沙门氏菌（*Salmonella typhi*，MTCC 3917）和支气管败血症博德特菌（*Bordetella bronchiseptica*，MTCC 6838）均具有良好的抗菌活性（抑菌圈直径为32～42mm），丁香酚在80μmol/盘时可产生中等抑菌活性。它们的作用机制不同，抗菌能力取决于所测试的微生物菌株。肉桂醛的作用类似于大肠杆菌和鼠伤寒沙门氏菌的生长抑制剂，而不会分解细菌外膜或耗尽细胞内ATP库。但丁香酚会破坏细胞膜，使细胞裂解，抑制产气肠杆菌（*Enterobacter aerogenes*）中的酶，并改变不同种类细菌的脂肪酸组成（Nazzaro等，2013；Vergis等，2015）。

2. 抗氧化活性

与抗菌活性一样，精油的抗氧化能力与其成分有关，酚类物质和具有共轭双键的次级代谢物的存在有助于提高精油的抗氧化能力（Dhifi 等，2016）。丁香、肉豆蔻、肉桂、牛至、百里香、欧芹、罗勒等精油中含有百里香酚、丁香酚、香芹酚等酚类成分，具有很强的自由基清除能力，可使相应的精油成为良好的抗氧化剂（Vergis 等，2015）。其他非酚类成分，如 β-石竹烯（β-caryophyllene）、松油烯-4-醇（terpinen-4-ol）、α-松油烯（α-terpinene）、芳樟醇（linanlool）、1，8-桉叶醇（1，8-cineol）、香叶醛/白杨醛（geranial/neral）、薄荷酮（menthone）、香茅醛（citronellal）等也可能有助于精油抗氧化活性的发挥（Franz 等，2010）。

在饲料添加剂中，精油可以参与动物的脂质代谢，提高鸡肉（也包括火鸡肉）的氧化稳定性（Botsoglou 等，2002，2005；Papageorgiou 等，2003；Giannenas 等，2005；Govaris 等，2005）。牛至、百里香、迷迭香和鼠尾草等由于具有抗氧化和抗菌特性，故在动物营养领域最为常用（Zeng 等，2015）。在日粮中添加牛至精油（100mg/kg）可能会提高肉鸡中肉的抗氧化水平，这可能是因为精油中含有抗氧化化合物，这些化合物可能进入循环系统并保留在肌肉和（或）其他组织中（Botsoglou 等，2002）。同一研究小组对 6 300 只 1 日龄 Cobb-500 鸡进行了研究，评估日粮中添加牛至和（或）α-生育酚乙酸酯的影响。日粮中添加牛至（5 g/kg）可延缓鸡胸肉和鸡腿肉的脂质氧化速度，但效果不如添加 α-生育酚乙酸酯。当联合使用牛至（5g/kg）和 α-生育酚乙酸酯补充剂时，会出现累加效应（Giannenas 等，2005）。在日粮中添加精油的效果也反映在产品质量上，其可提高脂肪、肉和蛋的食用价值、更好的氧化稳定性和更长的货架期（Botsoglou 等，2005；Govaris 等，2005）。然而，精油延缓肉类中脂质氧化速度的功效似乎取决于动物种类。就猪肉而言，在日粮中添加不同浓度的牛至精油时没有发现胴体和肉品质得到改善（Simitzis 等，2010）。作者认为，效果不佳的原因可能是其成分没有渗透到猪肉的细胞磷脂膜中。尽管如此，禽肉和猪肉之间脂肪酸组成的差异也值得考虑。禽肉的脂肪含量较低，但与猪肉相比，其多不饱和脂肪酸含量相对较高（分别占总脂肪含量的 60%和 17%），因此更容易氧化。日粮中的精油可能会对鸡肉的氧化稳定性产生更明显的反应（Zeng 等，2015）。

精油具有抗氧化活性，其除了在食品工业中具有重要作用外，在预防由氧化应激引起的慢性疾病，如心脏病、脑功能障碍、免疫系统衰退方面也发挥着重要作用。Sharma 等（2016）在体外评估了两种苯丙素类化合物丁香酚和肉桂醛的抗氧化、抗恶性细胞增殖、抗菌活性时发现，丁香酚具有较强的自由基清除能力，其 IC50 值为 0.495mmol/mL；肉桂醛也显示出强大的金属离子螯合能力，以及对乳腺癌（T47D）和肺癌（NCI-H322）细胞系的抗增殖潜力。

三、应用

精油可作为日粮添加剂用于畜禽养殖中，提高日粮的利用率和畜禽产量。作为促生长剂，其功效取决于日粮形态、营养浓度和组成、精油成分和质量、剂量，以及动物年龄、生长性能水平等因素。在家禽中，精油还用于抗菌、抗球虫、提高抗氧化活性和促进胴体卫生。球虫病是一种常见的寄生虫病，由艾美耳球虫属原生动物引起，可导致禽类营养不良和生长性能下降。在家禽日粮中使用精油可以减少球虫卵囊排泄，减轻肠道病变，从而减少对常规抗球虫药的需求，但其作用机制仍有待进一步阐明。一种假说是精油能促进黏液分泌，并在腺胃和空肠壁上形成一层厚厚的黏液层，表明某些精油化合物具有消化道绒毛相关的保护作用（Franz 等，2010；Giannenas 等，2003；Zhai 等，2018）。

沙门氏菌病是欧盟报告的最常见的人兽共患疾病之一（Bento 等，2013）。因此，家禽业的关注点在于寻找适当的“绿色”和自然的解决方案，以减少肉鸡胴体受沙门氏菌污染的发生率。Alali 等（2013）评估了饮用水中添加精油混合物（香芹酚、麝香草酚、桉叶醇、柠檬），对海德堡沙门氏菌在肉鸡肠道定殖和粪便排菌的影响。尽管精油的添加没有显著减少肉鸡盲肠中的海德堡沙门氏菌定殖或在粪便的排出量，但它可以控制肉鸡中的海德堡沙门氏菌感染，因此可以减少加工禽类时屠体交叉污染的可能性。Bento 等（2013）发现，在日粮中添加百里香酚和肉桂醛混合物，对单胃动物的肠道微生物群、生长性能、福利及维持日粮稳定性（作为面粉甲虫的驱避剂）均具有积极的作用。此外，该混合物通过降低沙门氏菌在农场水平传播的发生率，提高了食品安全性。百里香酚和肉桂醛的组合显示出了选择性的抗菌特性，有效抑制了酵母菌、真菌、沙门氏菌和大肠杆菌等细菌，同时保留了有益于调节肠道微生物群的细菌。根据现有同行评议研究和试验所得科学数据并进行开发，市场上已经有添加混合精油而功能增强的家禽和猪日粮。

脂肪氧化是肉类加工和冷藏过程中存在的一个主要问题，它会影响产品质量（如失去理想的颜色、气味和风味），并缩短肉品货架期。一些研究表明，在动物日粮中添加精油可以对肉品质产生正面的影响。Rivaroli 等（2016）将不同浓度的混合精油（包括牛至、大蒜、柠檬、迷迭香、百里香、桉树和甜橙）添加到青年公牛的日粮中，结果显示，精油对牛肉的化学成分和脂肪酸组成、肉色、持水力、质地均没有影响，但每日添加 3.5g 精油可降低脂肪的氧化速度。de Oliveira Monteschio 等（2017）的一项研究结果显示，在动物日粮中使用精油时，可以降低肉类在货架期内的脂质氧化和颜色损失。另外，精油还可作为食品添加剂用于不同的肉制品中。Nieto 等（2013）表明，添加迷迭香和牛至精油可减少猪肉饼在冷藏过程中因蛋白质氧化导致的硫醇基因的损失。

因食用肠出血性大肠杆菌（O157：H7）污染产品所引发的食物中毒，可能会导致严重疾病甚至死亡。精油具有抗氧化性和抗菌特性，其功能性化合物可用于提高原果汁的安全性和保质期。当低温贮存时，在未经巴氏杀菌的苹果汁中添加低浓度（0.5～1.25mmol/L）的香芹酚和百里香素（*p*-cymene）（单独或组合），可对腐败酵母和大肠杆菌（O157：H7）具有杀灭作用（Kisko 等，2005）。

从精油中提取的抗菌剂可用于抗菌包装，这种保存方法可替代食品中的气调包装或添加合成防腐剂。在抗菌包装中，添加挥发性（精油）或非挥发性（酚类提取物）抗菌剂和抗氧化剂于包装材料中，可降低目标微生物的生长速度，使目标微生物生长最大化，以及延长目标微生物的延滞期，或通过接触微生物使其灭活。添加适量精油，除了可抑制食源性致病菌，如李斯特菌、沙门氏菌、产气单胞菌、肉毒梭菌、肠杆菌、葡萄球菌及其毒素外，还可以改善食品的感官特性（Vergis 等，2015）。

芳香植物是天然生物活性物质的来源，具有广泛的特性，其中抗肿瘤、抗细菌、抗真菌、抗炎和抗氧化活性是研究最多的。由于可以替代以往具有副作用的药物，故将精油或其纯化成分用于医疗，已成为寻求天然和安全药物替代品的热点。由于具有抗炎和抗氧化特性，Games 等（2016）评估了对伞花烯、香芹酚和麝香草酚在治疗慢性阻塞性肺病中的潜力。他们的研究结果表明，这些功能性化合物可以减轻小鼠肺气肿和炎症。精油或芳香植物提取物的其他应用如表 8－2 所示。

表 8－2　精油或芳香植物提取物在食品和非食品产品中的应用实例

精油或芳香植物提取物	应用	资料来源
迷迭香精油（215mg/L）	防止梭状芽孢杆菌在绵羊奶酪中生长	Moro 等（2015）
姜精油（0.4%）	益生菌酸奶——活菌数最多（8.01CFU/g）	Yangilar 和 Yildiz（2018）
孜然和丁香精油（75～225μL/g）	对牛肉浆中的 5 种病原菌［大肠杆菌（O157：H7）、肠炎沙门氏菌（*Salmonella enteritidis*）、蜡样芽孢杆菌（*Bacillus cereus*）、金黄色葡萄球菌（*Staphylococcus aureus*）、单核增生李斯特菌（*Listeria monocytogenes*）］具有抑制作用（原书可能有误，译者查原文后订正——译者注）	Hernández-Ochoa 等（2014）
百里香精油（0、0.5%、1%、2%）	带有百里香精油的壳聚糖薄膜，用于包装即食肉类，可减少酵母菌数量，增强保色性（颜色保持）	Quesada 等（2016）
丁香精油（4 500mg/L 和 9 000mg/L）	37℃贮存 7d，能降低西瓜汁中嗜温性菌的数量（mesophilic count）	Siddiqua 等（2014）
柠檬精油（0.08%、0.12%、0.16%）	可完全抑制冷藏 11d 的浓缩柠檬汁中嗜酸耐热菌（*Alicyclobacillus acidoterrestris*）的萌发和生长（原书有误，将 *Alicyclobacillus* 写成 *Acinetobacter*——译者注）	Maldonado 等（2013）
香桃木（*Myrtus communis*）和薰衣草（*Lavandula angustifolia*）精油	对玉米象（*Sitophilus zeamais* Motsch）（鞘翅目鞘虫科，*Coleoptera dryophthoridae*）有驱避活性	Bertoli 等（2012）
德国洋甘菊溶液（每天 2 次敷布）	对造口周围皮肤病变有抗炎止痒作用	Charousaei 等（2011）
红松（*Pinus koraiensis*）精油	显著降低 HCT116 结直肠癌细胞的增殖和迁移	Cho 等（2014）
大蒜提取物（3%）和茶树油（0.2%）	抗变形链球菌（*Streptococcus mutans*）的牙刷消毒剂	Chandrdas 等（2014）
5 种蒿属植物（78.63nL/cm²、15.73nL/cm²、3.15nL/cm²、0.63nL/cm²、0.13nL/cm²）精油的提取	对赤拟谷盗（*Tribolium castaneum*）（鞘翅目拟步甲科，*Coleoptera*：Tenebrionidae）有驱避活性	Liang 等（2017）

四、结论

现有的关于精油或其主要生物活性物质的组成、性质和多种应用的科学文献，进一步说明了功能性植物次生代谢产物的重要性和实用性。尽管如此，我们仍然需要更好地了解精油在动物体内的作用和代谢机制，阐明它们在混合使用时的协同或拮抗作用，以及它们与其他化合物之间的相互作用。尽管有些研究表明精油能给动物或人类的健康带来益处，但已证实的体外试验效果并不总能与动物的体内试验效果一致，因此，该领域的研究仍需进一步深入分析。

（洪宗羽，译；白海，李平，校）

参考文献

Abdel-Hameed, E. S., Salman, M. S., Fadl, M. A., et al., 2018. Chemical composition of hydrodistillation and solvent free microwave extraction of essential oils from *Mentha piperita* L. growing in Taif, Kingdom of Saudi Arabia, and their anticancer and antimicrobial activity. Orient. J. Chem. 34 (1), 222-233.

Adame-Gallegos, J. R., Andrade-Ochoa, S., Nevarez-Moorillon, G. V., 2016. Potential use of Mexican Oregano essential oil against parasite, fungal and bacterial pathogens. J. Essential Oil Bearing Plants. 19 (3), 553-567.

Alali, W. Q., Hofacre, C. L., Mathis, G. F., Faltys, G., 2013. Effect of essential oil compound on shedding and coloniza-tion of *Salmonella enterica serovar* Heidelberg in broilers. Poultry Sci. 92 (3), 836-841.

Ba, ser, K. H. C., Buchbauer, G., 2010. Handbook of Essential Oils e Science Technology and Applications. CRC Press, Boca Raton.

Bento, M. H. L., Ouwehand, A. C., Tiihonen, K., et al., 2013. Essential oils and their use in animal feeds for monogastric animals e effects on feed quality, gut microbiota, growth performance and food safety: a review. Vet. Med. 58 (9), 449-458.

Bertoli, A., Barbara, C., Mazzoni, V., et al., 2012. Volatile chemical composition and bioactivity of six essential oils against the stored food insect Sitophilus zeamais Motsch. (Coleoptera Dryophthoridae). Nat. Prod. Res. 26 (22), 2063-2071.

Botsoglou, N. A., Florou-Paneri, P., Christaki, E., et al., 2002. Effect of dietary oregano essential oil on performance of chickens and on iron-induced lipid oxidation of breast, thigh and abdominal fat tissues. Br. Poult. Sci. 43 (2), 223-230.

Botsoglou, N., Florou-Paneri, P., Botsoglou, E., et al., 2005. The effect of feeding rosemary, oregano, saffron and a-tocopheryl acetate on hen performance and oxidative stability of eggs. S. Afr. J. Anim. Sci. 35, 143-151.

Brenes, A., Roura, E., 2010. Essential oils in poultry nutrition: main effects and modes of action. Anim. Feed Sci. Tech-nol. 158, 1-14.

Calo, J. R., Crandall, P. G., O'Bryan, C. A., Ricke, S. C., 2015. Essential oils as antimicrobials in food systems e a review. Food Control. 54, 111-119.

Chandrdas, D., Jayakumar, H. L., Chandra, M., et al., 2014. Evaluation of antimicrobial efficacy of garlic, tea tree oil, cetylpyridinium chloride, chlorhexidine and ultraviolet sanitizing device in the decontamination of toothbrush. Indian J. Dent. 5, 183-189.

Charousaei, F., Dabirian, A., Mojab, F., 2011. Using chamomile solution or a 1% topical hydrocortisone ointment in the management of peristomal skin lesions in colostomy patients: results of a controlled clinical study. Ostomy/ Wound Manag. 57, 28-36.

Cho, S. M., Lee, E. O., Kim, S. H., Lee, H. J., 2014. Essential oil of *Pinus koraiensis* inhibits cell proliferation and migration via inhibition of p21-activated kinase 1 pathway in HCT116 colorectal cancer cells. BMC Complement Altern. Med. 14, 275. https: //doi. org/10. 1186/1472-6882-14-275.

Chouhan, S., Sharma, K., Guleria, S., 2017. Antimicrobial activity of some essential oilsdpresent status and future perspectives. Medicines 4 (58) . https: //doi. org/10. 3390/medicines4030058.

Desam, N. R., Al-Rajab, A. J., Sharma, M., et al., 2017. Chemical composition, antibacterial and antifungal activities of Saudi Arabian *Mentha longifolia* L. essential oil. J. Coast. Life Med. 5 (10), 441-446.

Dhifi, W., Bellili, S., Jazi, S., et al., 2016. Essential oils' chemical characterization and investigation of some biological activities: a critical review. Medicines. 3 (25). https://doi.org/10.3390/medicines3040025.

Diao, W. R., Hu, Q. P., Zhang, H., Xu, J. G., 2014. Chemical composition, antibacterial activity and mechanism of action of essential oil from seeds of fennel (*Foeniculum vulgare* Mill.). Food Control. 35, 109-116.

Dormans, H. J. D., Deans, S. G., 2000. Antimicrobials agents from plants: antibacterial activity of plant volatile oils. J. Appl. Microbiol. 88, 308-316.

Franz, C., Baser, K. H. C., Windisch, W., 2010. Essential oils and aromatic plants in animal feeding e a European perspective. A review. Flavour Fragrance J. 25, 327-340.

Games, E., Guerreiro, M., Santana, F. R., et al., 2016. Structurally related monoterpenes p-cymene, carvacrol and thymol isolated from essential oil from leaves of *Lippia sidoides* Cham. (*Verbenaceae*) protect mice against elastase-induced emphysema. Molecules 21, 1390. https://doi.org/10.3390/molecules21101390.

Ghadermazi, R., Keramat, J., Goli, S. A. H., 2017. Antioxidant activity of clove (*Eugenia caryophyllata* Thunb), oregano (*Oringanum vulgare* L) and sage (*Salvia officinalis* L) essential oils in various model systems. Int. Food Res. J. 24 (4), 1628-1635.

Giannenas, I. A., Florou-Paneri, P., Botsoglou, N. A., et al., 2005. Effect of supplementing feed with oregano and/or alpha-tocopheryl acetate on growth of broiler chickens and oxidative stability of meat. J. Anim. Feed Sci. 14, 521-535.

Gormez, A., Bozari, S., Yanmis, D., et al., 2016. The use of essential oils of *Origanum rotundifolium* as antimicrobial agent against plant pathogenic bacteria. J. Essential Oil Bearing Plants, 19 (3), 656-663.

Gouvea, F. d. S., Rosenthal, A., da Rocha Ferreira, E. H., 2017. Plant extract and essential oils added as antimicrobials to cheeses: a review. Ciencia Rural Santa Maria, 47 (8), e20160908.

Govaris, A., Botsoglou, E., Florou-Paneri, P., et al., 2005. Dietary supplementation of oregano essential oil and a-toco-pheryl acetate on microbial growth and lipid oxidation of Turkey breast fillets during storage. Int. J. Poult. Sci. 4, 969-975.

Granata, G., Stracquadanio, S., Leonardi, M., et al., 2018. Essential oils encapsulated in polymer-based nanocapsules as potential candidates for application in food preservation. Food Chem, 269: 286-292.

Hassine, D. B., Abderrabba, M., Yan Yvon, Y., et al., 2012. Chemical composition and in vitro evaluation of the anti-oxidant and antimicrobial activities of *Eucalyptus gillii* essential oil and extracts. Molecules. 17 (8), 9540-9558.

Hernández-Ochoa, L., Aguirre-Prieto, Y. B., Nevárez-Moorillón, G. V., 2014. Use of essential oils and extracts from spices in meat protection. J. Food Sci. Technol. 51 (5), 957-963.

Hsouna, A. B., Halima, N. B., Smaoui, S., Naceur Hamdi, N., 2017. Citrus lemon essential oil: chemical composition, antioxidant and antimicrobial activities with its preservative effect against *Listeria monocytogenes* inoculated in minced beef meat. Lipids Health Dis. 16, 146. https://doi.org/10.1186/s12944-017-0487-5.

Karakaya, S., Nehir El, S., Karagozlu, N., et al., 2014. Microwave-assisted hydrodistillation of essential oil from rose-mary. J. Food Sci. Technol. 51 (6), 1056-1065.

Kisko, G., Roller, S., 2005. Carvacrol and p-cymene inactivate *Escherichia coli* O157: H7 in apple juice. BMC Microbiol. 5 (36). https: //doi. org/10. 1186/1471-2180-5-36.

Liang, J. Y., Gu, J., Zhu, J. N., et al., 2017. Repellent activity of essential oils extracted from five *Artemisia* species against *Tribolium castaneum* (Coleoptera: Tenebrionidae). Bol Latinoam Caribe Plant Med Aromat. 16 (5), 520-528.

Lu, H., Shao, X., Cao, J., et al., 2016. Antimicrobial activity of eucalyptus essential oil against *Pseudomonas in vitro* and potential application in refrigerated storage of pork meat. Int. J. Food Sci. Technol. 51, 994-1001.

Maldonado, M. C., Aban, M. P., Navarro, A. R., 2013. Chemicals and lemon essential oil effect on *Alicyclobacillus acid-oterrestris* viability. Braz. J. Microbiol. 44 (4), 1133-1137.

Manso, S., Becerril, R., Nerín, C., Gómez-Lus, R., 2014. Influence of pH and temperature variations on vapor phase action of an antifungal food packaging against five mold strains. Food Control. 47, 20-26.

Marchese, A., Arciola, C. R., Barbieri, R., et al., 2017. Update on monoterpenes as antimicrobial agents: a Particular Focus on p-Cymene. Materials 10 (8). https: //doi. org/10. 3390/ma10080947.

Martucci, J. F., Gende, L. B., Neira, L. M., Ruseckaite, R. A., 2015. Oregano and lavender essential oils as antioxidant and antimicrobial additives of biogenic gelatinfilms. Ind. Crops Prod. 71, 205-213.

Mateo, E. M., Gómez, J. V., Domínguez, I., et al., 2017. Impact of bioactive packaging systems based on EVOHfilms and essential oils in the control of aflatoxigenic fungi and aflatoxin production in maize. Int. J. Food Microbiol. 254, 36-46.

Moro, A., Librán, C. M., Berruga, M. I., et al., 2015. Dairy matrix effect on the transference of rosemary (*Rosmarinus officinalis*) essential oil compounds during cheese making. J. Sci. Food Agric. 95 (7), 1507e1513.

Nazzaro, F., Fratianni, F., De Martino, L., et al., 2013. Effect of essential oils on pathogenic bacteria. Pharmaceuticals. 6, 1451-1474.

Nieto, G., Jongberg, S., Andersen, M. L., Skibsted, L. H., 2013. Thiol oxidation and protein cross-link formation during chill storage of pork patties added essential oil of oregano, rosemary, or garlic. Meat Sci. 95, 177-184.

Oliveira Monteschioa, J., Souzaa, K. A., Pelaes Vitalb, A. C., et al., 2017. Clove and rosemary essential oils and encap-suled active principles (eugenol, thymol and vanillin blend) on meat quality of feedlot-finished heifers. Meat Sci. 130, 50-57.

Ouwehand, A. C., Tiihonen, K., Kettunen, H., et al., 2010. In vitro effects of essential oils on potential pathogens and beneficial members of the normal microbiota. Vet. Med. 55, 71-78.

Pandey, A. K., Sonker, N., Singh, P., 2016. Efficacy of some essential oils against *Aspergillus flavus* with special refer-ence to *Lippia alba* oil and inhibitor of fungal proliferation and aflatoxin B_1 production in green gram seeds during storage. J. Food Sci. 81 (4). https: //doi. org/10. 1111/1750-3841. 13254.

Papageorgiou, G., Botsoglou, N., Govaris, A., et al., 2003. Effect of dietary oregano oil and a-tocopheryl acetate sup-plementation on iron-induced lipid oxidation of Turkey breast, thigh, liver and heart tissues. J. Anim. Physiol. Anim. Nutr. 87, 324-335.

Pop (Cuceu), A. V. , Bobeanu, C. , Fărcas, A. , Tofană, M. , Varban, D. , Bogatean, C. , Socaci, S. A. , 2016. Study regarding the use of *Salvia officinalis* essential oil in food products with a high fat content (mayonnaise) . Bull. UASVM Food Sci. Technol. 73 (2), 171-172.

Predoi, D. , Iconaru, S. L. , Buton, N. , et al. , 2018. Antimicrobial activity of new materials based on lavender and basil essential oils and hydroxyapatite. Nanomaterials 8 (291) . https://doi.org/10.3390/nano8050291.

Quesada, J. , Esther, S. , Casilda Navarro, C. , Sayas-Barberá, E. , 2016. Antimicrobial active packaging including chito-sanfilms with *Thymus vulgaris* L. essential oil for ready-to-eat meat. Foods. 5 (57) . https://doi.org/10.3390/ foods5030057.

Radaelli, M. , Silvaa, B. P. , Weidlich, L. , et al. , 2016. Antimicrobial activities of six essential oils commonly used as con-diments in Brazil against *Clostridium perfringens*. Braz. J. Microbiol. 47, 424-430.

Rašković, A. , Milanović, I. , Pavlović, N. , et al. , 2014. Antioxidant activity of rosemary (*Rosmarinus officinalis* L.) essen-tial oil and its hepatoprotective potential. Complement. Altern. Med. 14. https://doi.org/10.1186/1472-6882-14-225.

Rattanachaikunsopon, P. , Phumkhachorn, P. , 2010. Assessment of factors influencing antimicrobial activity of carva-crol and cymene against *Vibrio cholerae* in food. J. Biosci. Bioeng. 110, 614-619.

Rivaroli, D. C. , Guerrero, A. , Valero, M. V. , et al. , 2016. Effect of essential oils on meat and fatqualities of crossbred young bulls finished in feedlots. Meat Sci. 121, 278-284.

Rozza, A. L. , Pellizzon, C. H. , 2012. Essential oils from medicinal and aromatic plants: a review of the gastroprotective and ulcer-healing properties. Fundam. Clin. Pharmacol. https://doi.org/10.1111/j.1472-8206.2012.01067.x.

Sebei, K. , Sakouhi, F. , Herchi, W. , et al. , 2015. Chemical composition and antibacterial activities of seven Eucalyptus species essential oils leaves. Biol. Res. 48 (7) . https://doi.org/10.1186/0717-6287-48-7.

Sharma, U. K. , Sharma, A. K. , Pandey, A. K. , 2016. Medicinal attributes of major phenylpropanoids present in cinna-mon. BMC Complement Altern. Med. 16 (156) . https://doi.org/10.1186/s12906-016-1147-4.

Siddiqua, S. , Anusha, B. A. , Ashwini, L. S. , Negi, P. S. , 2014. Antibacterial activity of cinnamaldehyde and clove oil: effect on selected foodborne pathogens in model food systems and watermelon juice. J. Food Technol. 52 (9), 5834-5841.

Simitzis, P. E. , Symeon, G. K. , Charismiadou, M. A. , et al. , 2010. The effects of dietary oregano oil supplementation on pig meat characteristics. Meat Sci. 84, 670-676.

Socaci, S. A. , 2017. Tehnici de extractie, separare şi analiză cromatografică a uleiurilor volatile. AcademicPres, Cluj-Napoca.

Sourmaghi, M. H. S. , Kiaee, G. , Golfakhrabadi, F. , et al. , 2015. Comparison of essential oil composition and antimicro-bial activity of*Coriandrum sativum* L. extracted by hydrodistillation and microwave-assisted hydrodistillation. J. Food Sci. Technol. 52 (4), 2452-2457.

Teixeira, B. , Marques, A. , Pires, C. , et al. , 2014. Characterization offish protein films incorporated with essential oils of clove, garlic and origanum: physical, antioxidant and antibacterial properties. Food Sci. Technol. 59 (1), 533-539.

Toscano-Garibay, J. D. , Arriaga-Alba, M. , Sánchez-Navarrete, J. , et al. , 2017. Antimutagenic and antioxidant activity of the essential oils of *Citrus sinensis* and *Citrus latifolia*. Sci. Rep. 7 (1).

https：//doi. org/10. 1038/s41598-017-11818-5.

Ultee，A.，Bennik，M. H. J.，Moezelaar，R.，2002. The phenolic hydroxyl group of carvacrol is essential for action against the food-borne pathogen *Bacillus cereus*. Appl. Environ. Microbiol. 68（4），1561-1568.

Vergis，J.，Gokulakrishnan，P.，Agarwal，R. K.，Kumar，A.，2015. Essential oils as natural food antimicrobial agents：a review. Crit. Rev. Food Sci. Nutr. 55，1320-1323.

Yangilar，F.，Yildiz，P. O.，2018. Effects of using combined essential oils on quality parameters of bio-yogurt. J. Food Process. Preserv. 42. https：//doi. org/10. 1111/jfpp. 13332.

Zeng，Z.，Zhang，S.，Wang，H.，Piao，X.，2015. Essential oil and aromatic plants as feed additives in non-ruminant nutrition：a review. J. Anim. Sci. Biotechnol. 6（7）. https：//doi. org/10. 1186/s40104-015-0004-5.

Zhai，H.，Liu，H.，Shikui，W.，et al.，2018. Potential of essential oils for poultry and pigs. Animal Nutrit. 4，179e186. Zhang，Y.，Liu，X.，Wang，Y.，et al.，2016. Antibacterial activity and mechanism of cinnamon essential oil against *Escherichia coli* and *Staphylococcus aureus*. Food Control. 59，282-289.

延 伸 阅 读

http：//animalnutrition. dupont. com/productsservices/essential-oil-feed-solutions/.

第九章 动物营养中芳香植物的有毒或有害成分

Maria Grazia Cappai[1]，*Sabine Aboling*[2]

[1]Department of Veterinary Medicine，University of Sassari，Sassari，ITALY；[2]Institute of Animal Nutrition，University of Veterinary Medicine，Hannover，Foundation，Hanover，Germany

一、芳香植物：基于生态功能的毒理学特性

芳香植物次级代谢物（aromatic secondary plant metabolities，ASPM）是活体植物在特定的代谢活动中合成的生物活性物质。从植物的角度来看，ASPM主要是作为保护植物的有机化合物，来对抗食草性的昆虫或哺乳动物（Brodie，2009）。精油就是芳香化合物具有两面性的典型例子，如蒿属（*Artemisia*）产生的丁香酮（Thujone）。作为一种酚类分子，丁香酮由于本身会阻碍植物细胞的生理活动，因此存在于植物的液泡中（图9-1）。

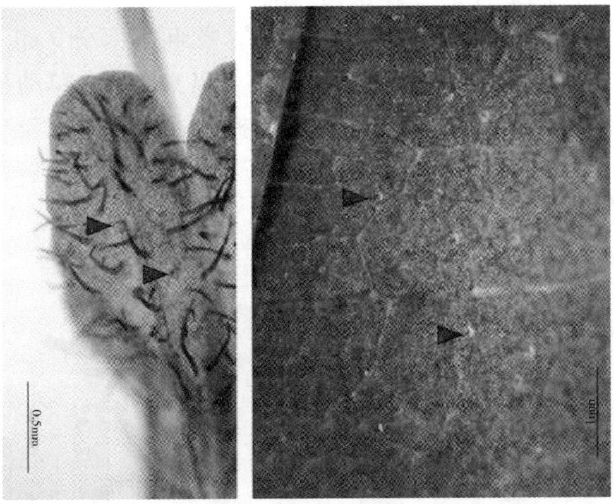

图9-1 薄荷（*Mentha arvensis*）（左）和啤酒花（*Humulus lupulus*）（右）中分泌精油的腺体（箭头所指处）。这些腺体是带有大液泡的单细胞，酚类化合物蓄积在其中。它们位于植物表面，很容易被破坏。当被破坏后，苯酚立即被释放出来，并能被动物的嗅觉、味觉所感知（Czarnecki和Fontanini，2018）。

丁香酮是一种挥发性化合物，在被食入之前就能被动物的嗅觉器官所感知。因此，丁香酮至少在与动物口腔或鼻子的第一次直接接触时，就会起到防止被动物食入的作用。当

食草动物要摄食植物时，丁香酮也会被动物最前部摄食器官的味觉感受器所感知。从最初的接触开始，动物就能够通过气味甚至形状将这种味道与蒿属植物建立联系。也就是说，第一次接触后，丁香酮可能已将其信号特征从食入后抗食效应（postingestion effect）变为防止被动物食入的食入前抗食效应（antipastoral effect）。然而，对于非挥发性化合物如酚类化合物，我们并不确切知道其如何被动物识别。但可以想象，在某些情况下，食草动物在摄入接触植物之前，闻到了植物液泡中的芳香植物次级代谢物中的酚类化合物，或者闻到了植物角质层释放的一定量的挥发性萜烯（如倍半萜），它们可能是作为食入信号物质，从而影响动物的摄食行为（Catanese 等，2016）。

对于植物和食草动物的共生有两种机制至关重要：条件性味觉厌恶（conditioned taste aversion，CTA）和条件性味觉嗜好（conditioned taste preference，CTP）（Provenza 等，1994）。这两种严格的物种特异性机制意味着动物摄食芳香植物后存负效应和正效应（Pfister，1992）。例如，马作为食草动物要避免食用蒿属植物，因为其中的酚类物质会破坏小肠的肠黏膜（Anderson 等，1983）。据一些有趣的新闻报道，家养马通常被当作休闲马饲养，它们会避开牧场上某些种类的植物，并且只接受干燥过的和与其他原料混合后的饲料。相反，野生马可食入蒿属植物，尽管只是少量食入（Davies 等，2014）。山羊作为一种中间型取食动物（intermediate feeder，可兼食草和树叶），其对蒿属植物的耐受能力要强得多。它们的瘤胃微生物菌群能够将这些化合物降解成既不损害肠黏膜，也不损害肝脏的组分。有趣的是，一项长期的研究表明（Aboling，2014），在自由选择条件下，山羊对蒿属植物有夏末和秋季的季节性偏好觅食策略，但与非芳香草类相比，蒿属植物食入量呈现数量少且每月不规律的情况（图 9－2）。此外，野生食草动物，如鹿和野兔几乎全年都在吃蒿属植物，但也只是作为一种补充食物的植物（Aboling，2003）。一般来说，像蒿属这样的芳香植物，既可以作为中间型取食动物（intermediate feeders）和食草动物（browsers）天然食物的主要组成部分，也可以是食树叶动物（grazers）食物的补充成分。在自由选择条件下，可以推测，食草动物可以明智地选择蒿属植物中 ASPM 的某些饮食特性。例如，有文献提供了 ASPM 对反刍动物具有抗寄生虫特性的报告（Yarnell，2007）。从生态学的角度来看，ASPM 可以解释自然植被和食草动物之间的成功相互作用：互容互存。

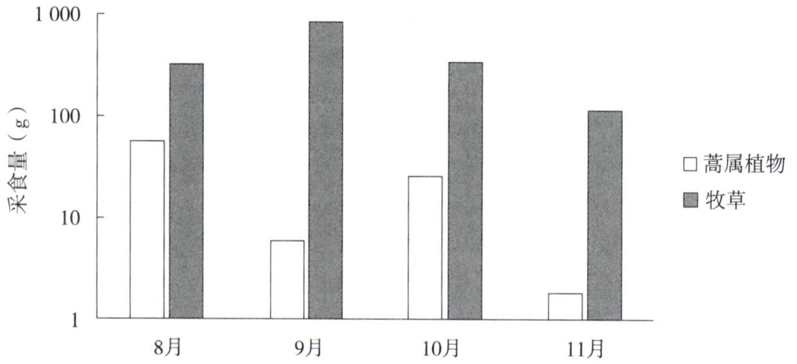

图 9－2　在自由选择条件下，5 只散养山羊食用蒿属植物和不含酚类牧草的情况

（资料来源：Aboling，2004）

几乎所有植物都含有 ASPM（表 9-1）。与物种特有生态功能相关的食入前抗食效应或食入后抗食效应无处不在。的确，如果从植物的角度来看，ASPM 可能是为了让食草动物第一次见识到植物的“厉害”，并将其视为一种自然“红绿灯”——绿色：享受吧！（无 ASPM，可以放心吃）；黄色：警告（少量 ASPM，小心食用）；红色：当心（含大量 ASPM，不要食用）。实际上，由于植物与动物具有协同进化机制，故植物与动物之间的相互作用导致了一种可持续的共生关系。与此同时，动物也可以利用植物的这种特性治疗疾病。植物中的 ASPM 就像是一种天然的“进食制动器”，其合成的目的可能不是简单地要致动物于死地，而是要在植物和动物之间建立一种复杂的化学通信机制，告诉动物是否需要小心食用某些植物。这种植物和动物之间的生态协调关系，使得根据适当的剂量来定义和管理 ASPM，既能避免动物中毒，又可对其益处进行开发。

表 9-1 展示 ASPM 发生的广泛系统范围及具有动物可识别芳香成分的经典代表性植物物种

植物物种	科	次级代谢物	治疗应用
浆草（酸模，*Rumex acetosa*）	蓼科（Polygonaceae）	乙酸	促进唾液分泌
胡芦巴（*Trigonella foenum-graecum*）	豆科（Fabaceae）	甾体皂苷	增进食欲
豆瓣菜（*Nasturtium officinale*）	十字花科	苯基芥末油	驱虫
蒿属（*Artemisia*）	菊科	丁香酮、侧柏酮	驱虫
大蒜（*Allium sativum*）	百合科	烯丙基油	驱虫
薄荷（*Mentha x piperita*）	唇形科（Lamiaceae）	薄荷油	肌无力症的治疗

二、“感觉-选择行为-共存”是植物与动物相互作用的基本要素

共存意味着植物的生物量和食用植物者之间存在着生态平衡。ASPM 的作用就像某些植物在使用化学手段告诉动物，可以长时间安全食用或避免食用。实际上，动物具有惊人的选择能力，可以从自然植被中挑选出不同的植物物种，来最小化或完全排除中毒风险。这种成功共存的例子有很多（图 9-3）。

图 9-3 感觉和选择行为的例子。A. 公山羊的犁鼻器，能感知到最低浓度的芳香分子。B. 马不会选择采食菊科芳香植物新疆千里光（*Senecio jacobaea*），是由于马可察觉其中的倍半萜——内酯。这样可以 100% 地避免误食伤害，挽救天然牧场上马的生命。C. 山羊由于食入樟子松（*Pinus sylvatica*）中的酚类化合物而出现树脂斑。松树的叶子和树皮是山羊冬季的重要食物来源。由于 ASPM 的协同进化解毒机制开始于唾液，结束于肝脏，因此食入这些物质并没有导致食草动物的健康问题。D. 驴不会选择食入含有挥发性苯基芥末油的十字花科植物。对于千里光和马而言，动植物之间的相互作用也是如此：尽管没有其他饲料，但牧场动物不会采食含有毒 ASPM 的植物。

植物和动物具有严格的物种特异性，能够接受或回避产生 ASPM 的植物物种。例如，千里光（*Senecio*）可产生吡咯里西啶生物碱（pyrrolizidine alkaloids）和芳香倍半萜（aromatic sesquiterpenes），它们具有食入前抗食效应。该植物被马拒食，但可被放牧绵羊大量食用（Berendonk 等，2010）。与马和牛不同的是，绵羊表现出了排毒能力，这要得益于它们前胃里的微生物菌群。这样，有毒的吡咯就不会进入肝脏，因为它们在离开瘤胃之前会被分解成无毒的化合物（Brügmann 等，2006；图 9－4）。通常，肝脏中的加氧酶类（oxygenases）是食草动物最重要的排毒系统。如果动物既受过训练，又能够在正常生态条件下进行选择，则该系统可以在植物与动物之间"友好相处"的情况下运行。马肝脏有单氧酶（mono-oxygenases），可以将吡咯里西啶（pyrrolizidine）降解成更小的化合物。这些有毒的吡咯类物质（pyrrols）会损害肝细胞的代谢。如果长时间少量摄入或一次摄入大量千里光，马不会中毒，因为健康马的肝细胞会应对这些有毒物质并逐渐再生。与之相反，尽管绵羊等食草动物能够在一定程度上耐受吡咯里西啶生物碱，但如果牧场中缺乏饲料来源而大量摄入千里光，则可能会超过其肝脏解毒代谢途径的能力。对于其他更敏感的食草动物，如马，由于无法成功地对千里光中的生物碱进行内源性解毒，因此会极少食入这种植物，或者会试图完全避开（比较图 9－2，原文为图 3－2，可能为笔误——译者注）。如前所述，与马和牛相比，绵羊可以在没有明显危害的情况下更大程度地食用千里光。因为在绵羊的瘤胃微生物菌群中，有一些菌株可以通过对吡咯里西啶生物碱的降解产生未知但无毒的代谢物。它们的代谢产物可以到达肝脏，通过消化系统以胆汁的形式安全排出。有趣的是，还是以绵羊为例，其还会表现出采食受到抑制的迹象。似乎它们（就像对待蒿属植物的山羊一样）通过自我抑制能接受一定量的千里光。事实上，有体外试验表明，如果瘤胃液中生物碱的浓度大于1 000mg/mL，则微生物菌群的解毒系统将无法再应对（Craig 等，1992）。

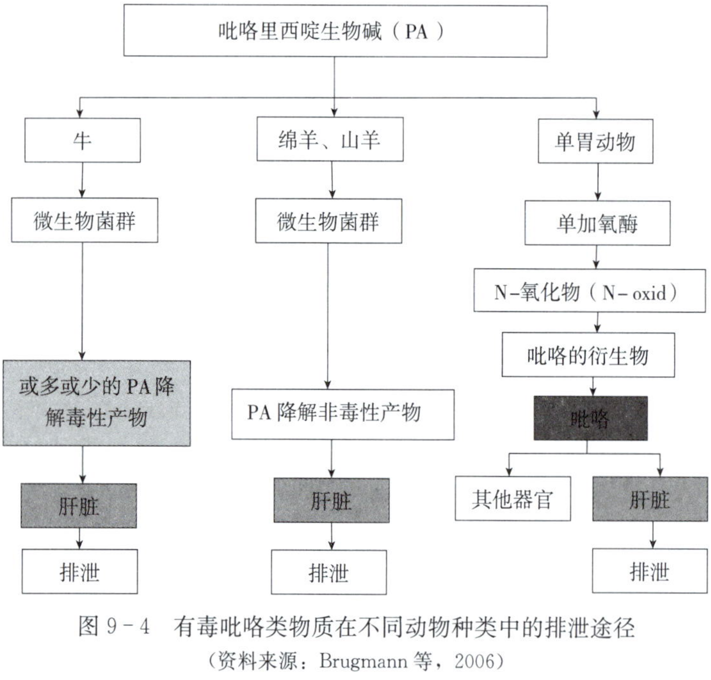

图 9－4　有毒吡咯类物质在不同动物种类中的排泄途径

（资料来源：Brugmann 等，2006）

三、芳香植物在动物营养中的潜在不利原则与特征

这一概念以毒理学为基础，考虑外源性物质的不良影响，它能够干扰生物体内的生化途径并对动物造成损害（有时可能是致命的）。“xenobiotic”一词源于希腊语“*xenos*”，以此来看，其含义表示为外来的（身体外部的）异物，以区别于动物自身合成的内源性物质。根据这样的定义，APSM是动物体内无法合成的外源化学物质，因而不能被动物识别为自身分子。动物摄食后，其代谢系统会以不同的方式对外源物做出反应，尽量减少对动物自身生化过程的干扰（Egea等，2016）。在共同进化的过程中，不同的动物演变出不同的生物化学机制，从而导致当其他动物可以安全地食用含有一定量APSM的某些植物时，一些动物仍然比其他物种对APSM更为敏感。一般而言，食草动物比食树叶动物对APSM更为敏感。据文献报道，有些生物活性物质具有正作用（驱虫）和副作用（生理功能受损）。换句话说，它们是植物对抗食草动物的手段，成为防止被动物食用的一条界线。这样一来，动物面临的问题就可能是“吃还是不吃?”，并应考虑外源性物质和动物的生化过程之间相互作用的潜在影响（Marks等，1988）。鉴于这种生物活性，在选择构成动物天然饮食的植物物种时，有意识地采食应基于适度食用的风险和益处的评估。

然而，自然界中芳香植物和动物共存的复杂性，使得这一逻辑论证既有趣又微妙（Brodie，2009）。一方面，芳香植物及其产生的化合物种类繁多；另一方面，由于食草动物和杂食动物的摄食习惯不同，故芳香物质在物种间特定的代谢特征不同，特别是植物与脊椎动物之间高度复杂的相互作用与功能多样性相关（Bradshaw等，2003）。因此，曾经普适的生物学概念就会不断地被科学推导、证明和否定。实际上，鉴于植物和动物之间长期相互作用形成的自然生态系统的多样性，这种共生的微妙平衡可能让人们认为，其建立在一种非常完善的野外生存互助机制基础之上，并非“就是如此简单（*sic et simpliciter*）”的毒性（Varga等，2016）。

动物营养中的有毒植物这一话题，同时涵盖了科学领域和田间应用最重要的方面，因之改进了耕作方式，也拓展了利益相关者在该方面的知识（Senn和Suter，2003）。首先，动物福利和健康方面的问题应受到关注（Heiman和Greenway，2016）。不幸的是，有的实证报告必须以尸检来解释动物死亡的原因（Gonzalez-Medina等，2017）。而动物有意摄入危险数量的有毒植物背后的原因最难以解释。但在实践中这些情况很少见到报道（Andersen等，2010），除非食草动物和食树叶动物在未知的环境，或在特别极端（如饲料来源多样性稀缺）的情况下放牧时才会出现。在这种情况下，毫不奇怪，可能会发生致命的中毒。在人为或异常条件下，食物中大量有毒物质的摄入由不同因素决定的，而不是仅凭动物所经历过的、对某些有害植物相关的嗅觉或味觉体验决定的。例如，在地中海的许多地区，羊群以天然牧草为食，尽管有毒植物大量存在于自然植被中，羊群照样可以安全地吃草，规避有毒植物。然而，当干旱季节过后，在犁地时，植物根部这样的地下器官会被翻到地面。通常情况下，这种饲料不适合绵羊，因此不会发生协同进化过程。但有一个案例是，当一群绵羊食入了毒胡萝卜（*Thapsia garganica* L.，一种伞形科植物）的根时，并不意外地发生了致命的中毒事件。显然对于绵羊而言，毒胡萝卜可口且多肉，尤其是在干旱季节后饲料稀少的情况下更是如此。在这种生态环境条件下，羊由于饥饿选择采食有毒物质的临界水平降低，导致ASPM［毒胡萝卜素（thapsigargin）和丝裂霉素

(thapsigargicin)］等具有物种特异性的食入前抗食效应，或者没有被羊感知到，或者“红灯：当心!”这一“自然交通红绿灯”警示失效。最终，导致所有摄入了毒胡萝卜根的羊死亡率为100%（Cappai等，2013）。但如果以植物与动物之间存在正反相互作用的观点来看，有毒的物质也可能有其益处，毒胡萝卜素和丝裂霉素也可能成为抗前列腺癌的药物，从而具有医学价值（Jakobsen等，2001；Denmeade等，2003；Denmeade和Isaacs，2005；Janssen等，2006）。

与芳香植物相关的特定营养作用及其在动物营养中的使用（本书其他章节将对此进行广泛讨论），意味着基于APSM对不同代谢过程具有调节功能，可促进和对APSM进行开发并实现不同目的。近年来，已有越来越多的研究阐明了APSM和精油在动物营养中的潜在益处。综上，本章着重强调了生物的多样性，这是理解植物与动物相互关系中，共存的微妙平衡和营养动力学的基础。

当谈到动物营养中的芳香植物时，植物合成的挥发性化合物就非常重要。但是如果考虑到人类和其他动物物种之间的差异，则对此类气味的感知会有所不同。例如，人们会在化妆品中或厨房的食谱中使用精油，而不仅仅只用于营养保健。动物的嗅觉功能在解剖学上存在差异，它们可能会以不同的方式来感知环境中的芳香植物（Frazier，1992；Shipley，1999；Pain和Revell，2009；Goz'dziewska-Harajczuk等，2015；Kohl和Dearing，2017）。

通常可根据对环境中气味分子产生信号的感知和传导效率的不同，来对动物物种进行分类。首先，分布在鼻腔鼻甲嗅觉黏膜的外周末梢所收集到的信号，将通过第一对颅神经到达大脑的初级嗅觉皮层。然后，信号从初级嗅觉皮层传输到前脑的其他区域，让动物个体意识到这种感觉，并协调对嗅觉刺激的反应。这种反应将认知通路连接起来，并创建一个信息数据库，通过该数据库，分子与特定植物的气味得以关联。在我们的试验案例中，即使没有看到植物，这种认知行为也可以让我们从挥发性化合物和特定气味中感知到芳香植物的存在（Bortolami和Callegari，1999）。

嗅觉上皮外周神经末梢的密度及延伸范围因物种而异，甚至不同动物大脑的初级嗅觉皮层发育也不同。鉴于大脑初级嗅觉皮层的发育情况可能可以反映嗅觉功能，根据这种解剖学上的差异，通常将动物分为嗅觉敏锐（macrosmatic）动物和嗅觉不敏锐（microsmatic）动物两类。人们普遍认为食肉动物是嗅觉敏锐动物，这种特性也被人类用于其他用途（如侦缉犬可以锁定远处物体的气味）。在自然界中，食肉动物会利用这些特征来捕食猎物。食草动物可以高效利用犁鼻器（图9-1，原文为图3-1，可能为笔误——译者注）来发现挥发性分子，感知植物的气味。从这一角度讲，芳香植物似乎有助于动物对饲料进行选择（Aboling，2014；Egea等，2016；Marks等，1988；Iason和Palo，1991；Frazier，1992；Molyneux和Ralphs，1992；Rogosic等，2006）。

杂食动物，如猪（无论是家养的还是野生的）能嗅出地下树根和昆虫的气味，找到挖掘的地点，甚至能通过嗅觉找到松露，这与猪拥有发达的嗅觉皮层是密不可分的。

将动物的不同解剖生理功能和摄食行为，与几种芳香植物（或其中部分芳香植物）产生的大量挥发性化合物联系起来是很有趣的。在这种情况下，也许就能解释动植物协同进化的复杂性了。一般来说，当有毒物质到达动物体内的靶器官或组织时就会发挥作用。要做到这一点，这些外源性物质必须被摄入、吸收、散布，最终到达靶器官。在整个过程中，动物机体可能会做出反应，以减少毒物的存在，并将由毒物造成的不良反应的风险降到最低。然而，机体处理有毒物质的方式取决于动物物种特有的措施，这些措施是通过适应构成自然饮食的季节性食物来源而制定的。在描述动物摄食后阶段的文献中，第一道防御机制是基于唾液分泌的调节（Cappai 等，2014）。这种情况可能是芳香植物在被动物啃咬后会产生苦味或涩味。苦味或涩味能刺激唾液的产生，以去除导致这种感觉的原因。这种基于味觉的学习可以看作是饲料选择行为过程的第一步，可以避免将来重复相同的经历。但是，另有一些情况下，有的动物可以成功适应特定物种的某些食物来源，它们可以继续以这些植物或其中的部分植物为食。实际上，如果唾液一开始大量分泌是为了稀释口腔内的外源性物质的浓度，那么唾液成分的改变则可能会解决过量有害化合物的问题。结合有毒化合物可以产生稳定的复合物的目的是减少有毒物质在胃肠道中的吸收，从而降低有毒物质的活性剂量。由于改变唾液成分的可能性是由基因编码的，所以很容易理解为什么这种策略是具有物种特异性的原因（Juntheikki，1996；Fickel 等，1998；Clauss 等，2002，2004；Gehrke 等，2002；Cappai 等，2014）。其他动物能将毒性降到最低可能是它们有解毒能力。肝脏可视为动物机体的主要生化实验室，但用于解毒的酶的合成还是要由基因控制，因此解毒能力也取决于动物种类。通过这种方式，一些毒物可能在某些动物身上不具有毒性，而另一些毒物则可能不被动物分解。然而，对外源性物质进行解毒的可能性还取决于外源性物质的化学结构，因此，对摄入有害物质的不同耐受程度也可能取决于有毒物质的来源。食物中有毒物质的存在可能导致肝脏负荷过重，并伴有变性过程，在超急性病例中可能最终导致肝脏坏死。如果肝脏生化活性超出正常功能，可能是由于有毒物质的存在，并且两者可能具有剂量依赖性。因此，如果动物了解食物中有毒物质的食入后效应，在自我调节每日摄入量时可能会考虑肝脏的解毒效率，以及如何应对一定的毒物剂量。如前所述，反刍动物的前胃中存在的大量微生物群落可以帮助肝脏排毒。绵羊的一些瘤胃细菌菌株能够代谢含杂环芳香环的物质，如对肝脏和神经系统有毒的吡啶。通过这种方式，活性毒物极少到达靶器官，因为生物转化发生在肝后循环的系统性分布之前。此外，唾液分泌物和后续肠道中的分泌物也具有结合毒物（如单宁）并与蛋白质共沉淀的功能。通过形成稳定的复合物，这些分泌物能够减少单宁直接与肠道黏膜接触的机会，同时限制单宁在肠道被吸收。

脊椎食草动物不容易接受含有不同数量和特定有毒成分的植物。仅在某些情况下，少数含有或部分含有 APSM 的植物才可能会作为食树叶动物和食草动物的天然食物。不应忽视的是，芳香植物也包含宝贵的营养物质，动物在必要时可补充相关营养，但要谨慎食入。例如，酚类化合物会警告马不要食入梧桐枫（*Acer pseudoplatanus*）的有毒幼苗，尽管这些幼苗很有吸引力，蛋白质含量高达 497mg/g DM（即：每克干物质中的蛋白质含量为 497mg）（Aboling 等，2019）（原文为 497g/mg DM，疑为笔误——译者注）。马在采食时所能感知到的酚类物质含量阈值为 56.5mg/g DM，而且只有较老的苗才能被马通过嗅觉感知。因此，马未能识别出其中较低含量的酚类物质，从而会食入致命的幼苗。动物根据摄食有毒植物后的经验，明智地选择与自己物种特异性解毒策略相匹配且安全剂量的芳香植物，从而达不到中毒剂量（选择干燥的植物时，会限制一些水溶性有毒化合物的毒性）。如前所述，CTA（条件性味觉厌恶）和 CTP（条件性味觉嗜好）（Provenza 等，1994）涉及芳香植物食入后的负效应和正效应，因而在饲料选择中起着关键作用。在山羊和绵羊上有许多研究，将 ASPM 和有毒植物与高蛋白质植物的摄入平衡相关联（Ralphs，1992；Provenza 等，1993，1994；Provenza，2004）。

在现代饲料工业中，研究和开发的目标是实现对这些天然有生物活性的化合物的安全使用，以发挥其有益的作用。但是，需要详细测试每种外源性物质，评估其在动物营养中能否被安全使用，以避免任何有害情况的发生。

目前，植物界 APSM 的多样性使得尚无法制定统一的规则。此外，与肠道微生物群落协同作用的动物物种的生物多样性及其各自遗传编码的代谢过程，可导致动物对食物中的异生物质和潜在毒性作用有不同程度的应对能力。

（陈宁，译；洪宗羽，李平，校）

参 考 文 献

Aboling，S.，Scharmann，F.，Bunzel，D.，Kulling，S.，2019. Negative Selection of Sycamore Maple Seedlings (*Acer pseu-doplatanus*) in Pasture Horses is Mediated Through Phenolic Compounds. Manuscript in preparation.

Aboling，S.，2003. Flora und Äsung auf Wildäckern der Feldflur in Niedersachsen. (German). Z. Jagdwiss. 49，161. Aboling，S.，2014. Long-term Survey of Natural Diet of Goats on Plant-Species Level During the Year Under Free-Choice Conditions in Middle Europe. Laufendes Projekt，noch unveröffentlicht.

Andersen，K. B.，Skaanild，M. T.，Bertelsen，M. F.，Brimer，L.，2010. Yew intoxication in brown bears; a novel approach to diagnosis. Eur. J. Wildl. Res. 56，915-921.

Anderson，G. A.，Mount，M. E.，Vrins，A. A.，Ziemer，E. L.，1983. Fatal acorn poisoning in a horse：pathologic findings and diagnostic considerations Quercus. J. Am. Vet. Med. Assoc. 1105.

Berendonk，C.，Cerff，D.，Hünting，K.，Wiedenfeld，H.，Becerra，J.，Kuschak，M.，2010. Pyrrolizidine alkaloid level in Senecio jacobaea and Senecio erraticus-the effect of plant organ and forage conservation. In：Schnyder，H.，Isselstein，J.，Taube，F.，Auerswald，K.，Schellberg，J.，Wachendorf，M.，Herrmann，A.，Gierus，M.，Wrage，N.，Hopkins，A. (Eds.)，Grassland in a Changing World. Proceedings of the 23rd General Meeting of the European Grassland Federation，Kiel，Germany，29th August-2nd September 2010. Mecke Druck und Verlag，Duderstadt，Germany.

Bortolami，R.，Callegari，E.，1999. Neuroanatotmia ed Estesiologia Degli Animali Domestici. Edagricole，Italy. Bradshaw，R. H. W.，Hannon，G. E.，Lister，A. M.，2003. A long-term perspective on ungulateevegetation interactions. For. Ecol. Manag. 181，267-280.

Brodie，E. D.，2009. Toxins and venoms. Curr. Biol. 19.

Brügmann，M.，Niemann，U.，Wiedenfeld，H.，Geburek，F.，Jünnemann，D. F.，2006. Fallbericht aus der Pathologie：Tod eines Norwegers. In：N. L. f. V. u. Lebensmittelsicherheit.

Cappai，M. G.，Garau，G.，Aboling，S.，Kamphues，J.，Pinna，W.，2013. Fatal poisoning of sheep from roots of Drias plants (*Thapsia garganica* L.)：a seasonal risk associated with soil management practices in a Mediterranean area. Large Animal Rev. 19，292-294.

Cappai，M. G.，Wolf，P.，Dimauro，C.，Pinna，W.，Kamphues，J.，2014. The bilateral parotidomegaly (hypertrophy) induced by acorn consumption in pigs is dependent on individual's age but not on intake duration. Livest. Sci. 167 (1), 263-268.

Catanese, F., Fernández, P., Villalba, J. J., Distel, R. A., 2016. The physiological consequences of ingesting a toxic plant (*Diplotaxis tenuifolia*) influence subsequent foraging decisions by sheep (*Ovis aries*). Physiol. Behav. 167, 238-247.

Clauss, M., Gehrke, J., Fickel, J., Lechner-Doll, M., Flach, E. J., Dierenfeld, E. S., Hatt, J. M., 2002. Induction of salivary tannin-binding proteins in captive black rhinoceros (*Diceros bicornis*). In: Proceedings of the Joint Nutrition Sym-posium, 131.

Clauss, M., Gehrke, J., Hatt, J. M., Dierenfeld, E. S., Flach, E. J., Hermes, R., Castell, J., Streike, J., Fickel, J., 2004. Tannin-binding salivary proteins in three captive rhinoceros species. Comp. Biochem. Physiol. A 140, 67-72.

Craig, A. M., Latham, C. J., Blythe, L. L., Schmotzer, W. B., O'Connor, O. A., 1992. Metabolism of toxic pyrrolizidine al-kaloids from tansy ragwort (*Senecio jacobaea*) in ovine ruminal fluid under anaerobic conditions. Appl. Environ. Microbiol. 58, 2730-2736.

Czarnecki, L., Fontanini, A., 2018. Gustation and olfaction: the importance of place and time. Curr. Biol. 29, 18-20.

Czerny, M., Brueckner, R., Kirchhoff, E., Schmitt, R., Buettner, A., 2011. The influence of molecular structure on odor qualities and odor detection thresholds of volatile alkylated phenols. Chem. Senses. 36, 539-553.

Davies, K. W., Collins, G., Boyd, C. S., 2014. Effects of feral free-roaming horses on semi-arid rangeland ecosystems: an example from the sagebrush steppe. Ecosphere. 5, 127.

Denmeade, S. R., Isaacs, J. T., 2005. The SERCA pump as a therapeutic target. Cancer Biol. Ther. 4, 69-77.

Denmeade, S. R., Jakobsen, C. M., Janssen, S., Khan, S. R., Garrett, E. S., Lilja, H., Christensen, S. B., Isaacs, J. T., 2003. Prostate-specific antigen-activated thapsigargin prodrug as targeted therapy for prostate cancer. J. Natl. Cancer Inst. 95, 990-1000.

Egea, A. V., Allegretti, L. I., Paez Lama, S. A., Grilli, D., Fucili, M., Guevara, J. C., Villalba, J. J., 2016. Diet mixing and condensed tannins help explain foraging preferences by Creole goats facing the physical and chemical diversity of native woody plants in the central Monte desert (Argentina). Anim. Feed Sci. Technol. 215, 47-57.

Fickel, J., Göritz, F., Joest, B. A., Hildebrandt, T., Hofmann, R. R., Breves, G., 1998. Analysis of parotid and mixed saliva in roe deer. J. Comp. Physiol. 168, 257-264.

Frazier, J. L., 1992. How animals perceive secondary plant compounds. In: Rosenthal, G., Berenbaum, M. R. (Eds.), Herbivores. Their Interactions with Secondary Plant Metabolites. Academic Press, Inc, San Diego, 89-134.

Gehrke, J., Fickel, J., Lechner-Doll, M., Lason, K., Clauss, M., 2002. Salivary tannin-binding proteins are not affected by mid-term feeding history in captive roe deer (*Capreolus capreolus*). In: Proceedings of the Joint Nutrition Sym-posium, 132.

Gonzalez-Medina, S., Piercy, R. J., Ireland, J. L., Newton, J. R., Votion, D. M., 2017. Equine atypical myopathy in the UK: epidemiological characteristics of cases reported from 2011 to 2015 and factors associated with survival. Equine Vet. J. 49, 746-752.

Gózdziewska-Harajczuk, K., Klećkowska-Nawrot, J., Janeczek, M., Zawadzki, M., 2015. Morphology of the lingual and buccal papillae in alpaca (*Vicugna pacos*) -light and scanning electron microscopy. Anat. Histol. Embryol. 44, 345-360.

Heiman, M. L., Greenway, F. L., 2016. Review: a healthy gastrointestinal microbiome is dependent on dietary diver-sity. Mol. Metabol. 5, 317-320.

Iason, G. R., Palo, R. T., 1991. Effects of birch phenolics on a grazing and a browsing mammal: a comparison of hares. J. Chem. Ecol. 17, 1733-1743.

Jakobsen, C. M., Denmeade, S. R., Isaacs, J. T., Gady, A., Olsen, C. E., Christensen, S. B., 2001. Design, synthesis, and pharmacological evaluation of Thapsigargin analogues for targeting apoptosis to prostatic cancer cells. J. Med. Chem. 44, 4696-4703.

Janssen, S., Rosen, D. M., Ricklis, R. M., Dionne, C. A., Lilja, H., Christensen, S. B., Isaacs, J. T., Denmeade, S. R., 2006. Pharmacokinetics, biodistribution, and antitumor efficacy of a human glandular kallikrein 2 (hK2) -activated thap-sigargin prodrug. Prostate. 66, 358-368.

Juntheikki, M. R., 1996. Comparison of tannin-binding proteins in saliva of Scandinavian and North American moose (*Alces alces*). Biochem. Syst. Ecol. 24, 595-601.

Kohl, K. D., Dearing, M. D., 2017. Intestinal lymphatic transport: an overlooked pathway for understanding absorp-tion of plant secondary compounds in vertebrate herbivores. J. Chem. Ecol. 43, 290-294.

Marks, D. L., Swain, T., Goldstein, S., Richard, A., Leighton, M., 1988. Chemical correlates of rhesus monkey food choice: the influence of hydrolyzable tannins. J. Chem. Ecol. 14, 213-235.

Molyneux, R. J., Ralphs, M. H., 1992. Plant toxins and palatability to herbivores. J. Range Manag, 13-18.

Pain, S., Revell, D. K., 2009. Fodder Quality Specifications: Identifying Predictors of Preference between Hays. King-ston, ACT, Australia.

Pfister, J. A., C, C. D., Provenza, F. D., 1992. Behavioral toxicology of livestock ingesting plant toxins. J. Range Manag. 45, 30-36.

Provenza, F. D., Lynch, J. J., Nolan, J. V., 1993. The relative importance of mother and toxicosis in the selection of foods by lambs. J. Chem. Ecol. 19, 313-323.

Provenza, F. D., Lynch, J. J., Burritt, E. A., Scott, C. B., 1994. How goats learn to distinguish between novel foods that differ in postingestive consequences. J. Chem. Ecol. 20, 609-624.

Provenza, F. D., 2004. Behavioural mechanisms influencing use of plants with secondary metabolites. In: Sandoval-Castro, C. A., Hovell, F. D., Torres-Acosta, J., Ayala-Burgos, A. (Eds.), Herbivores-the Assessment of Intake, Di-gestibility and the Roles of Secondary Compounds. BSAS Publication Nottingham: University Press, pp. 183-195.

Ralphs, M. H., 1992. Continued food aversion: training livestock to avoid eating poisonous plants. J. Range Manag. 45, 46-51.

Rogosic, J., Estell, R. E., Skobic, D., Martinovic, A., Maric, S., 2006. Role of species diversity and secondary compound complementarity on diet selection of Mediterranean shrubs by goats. J. Chem. Ecol. 32 (6), 1279-1287.

Senn, J., Suter, W., 2003. Ungulate browsing on silverfir (*Abies alba*) in the Swiss Alps: beliefs in search of supporting data. For. Ecol. Manag. 181, 151-164.

Shipley, L. A., 1999. Grazers and browsers: how digestive morphology affects diet selection. Grazing behavior of live-stock and wildlife. Idaho Forest Bulletin, 70.

Varga, A., Molnár, Z., Biró, M., Demeter, L., Gellény, K., Miókovics, E., Molnár, Á., Molnár, K., Ujházy, N., Ulicsni, V., Babai, D., 2016. Changing year-round habitat use of extensively grazing cattle, sheep and pigs in East-Central Europe between 1940 and 2014: consequences for conservation and policy. Agric. Ecosyst. Environ. 234, 142-153.

Yarnell, E., 2007. Plant chemistry in veterinary medicine: medicinal constituents and their mechanisms of action A2-Wynn, S. G. In: Fougère, B. J. (Ed.), Veterinary Herbal Medicine. Mosby, Saint Louis, pp. 159-182. Chapter 11.

延 伸 阅 读

Appel, H. M., 1993. Phenolics in ecological interactions: the importance of oxidation. J. Chem. Ecol. 19, 1521e1552. Appel, H. M., Govenor, H. L., D' Ascenzo, M., Siska, E., Schultz, J. C., 2001. Limitations of folin assays of foliar pheno-lics in ecological studies. J. Chem. Ecol. 27, 761-778.

Custódio, L., Patarra, J., Albericio, F., Neng, N. d. R., Nogueira, J. M. F., Romano, A., 2015. Phenolic composition, anti-oxidant potential and in vitro inhibitory activity of leaves and acorns of Quercus suber on key enzymes relevant for hyperglycemia and Alzheimer' s disease. Ind. Crops Prod. 64, 45-51.

Dani, C., Oliboni, L. S., Agostini, F., Funchal, C., Serafini, L., Henriques, J. A., Salvador, M., 2010. Phenolic content of grapevine leaves (*Vitis labrusca* var. Bordo) and its neuroprotective effect against peroxide damage. Toxicol. Vitro. 24, 148-153.

Haslam, E., 1988. Plant polyphenols (syn. vegetable tannins) and chemical defenseda reappraisal. J. Chem. Ecol. 14, 1789-1805.

Scharmann, F., Bunzel, D., Kulling, S., Aboling, S., 2019. Phenolic Profiles of Acer Pseudoplatanus as Affected by Plant Developmental Stage in the Light of Equine Atypical Myopathy.

Stumpf, P. K., Conn, E. E., 1981. Secondary Plant Products. New York Academic Press, New York.

Sunnerheim, K., Palo, R. T., Theander, O., Knutsson, P.-G., 1988. Chemical defense in birch. Platyphylloside: a phenol from*Betula pendula* inhibiting digestibility. J. Chem. Ecol. 14, 549-560.

第十章
芳香和药用植物及其提取物在肉鸡日粮中的应用

Lizhi Jin[1]，*Yueming Dersjant-Li*[2]，*Ilias Giannenas*[3]

[1]Meritech Biotech Co. Ltd.，Guangzhou，China；[2]Consultant in Animal Nutrition，Nijkerk，The Netherlands；[3]Laboratory of Nutrition，School of Veterinary Medicine，Faculty of Health Sciences，Aristotle University of Thessaloniki，Thessaloniki，Greece

一、引言

自抗生素被发现后不久的 1949 年，人们又发现远低于治疗剂量的抗生素对养殖动物（主要是猪和家禽）的生长具有促进作用，并称之为“抗生素促生长剂（antibiotic growth promoter，AGP）”。AGP 的主要作用机制是抑菌，即抑制胃肠道微生物菌群的生长，从而使更多的营养素为动物生长所利用。大量文献指出，AGP 可以提高家禽的生产性能和饲料转化率，降低临床和亚临床疾病的死亡率，提高养殖效益。然而，细菌对由 AGP 产生的耐药性问题日益引起公众的广泛关注。因此，欧盟从 2006 年开始已全面禁止在动物饲料中使用 AGP，但是否在全球范围内禁止尚无定论。在无抗饲料养殖的背景下，我们需要对饲料营养和饲养管理策略进行更新，以维持动物的最佳生长性能和健康水平。在家禽生产中，替代 AGP 的饲料添加剂越来越多，其中包括植物性饲料添加剂，也称植物提取物（Alcicek 等，2003；Christaki 等，2012；Windisch 等，2008；Yang 等，2015）。植物提取物是公认的安全性饲料添加剂（generally considered as safe，GRAS），其优点是无残留。在饲料工业中，植物提取物经常用作天然抗菌剂，并已被证明是 AGP 的有效替代品（Brenes 和 Roura，2010；Christaki 等，2012；Giannenas 等，2018a，2018b，2018c）。

植物提取物（phytogenics）一词中的前缀“phyto-”指植物，因此植物提取物添加剂也称为“植物性饲料添加剂”或“药用植物”，主要由栽培或天然自生植物的地上部分提取出来的提取物或精油（essential oil，EO）及其他成分（如类黄酮和糖苷）组成。其中，精油是从植物中提取的油性液体，由含有芳香环的萜类化合物组成，具有相对较低的沸点。精油最能体现“香料和草药”中酚类化合物的序列与风味本质，通常使用蒸馏方法提取，并以提取的植物而命名。已有大量文献报道芳香和药用植物及其提取物和精油的作用，主要包括抗菌、抗氧化及提高动物的消化能力。此外，关于刺激免疫反应、增强抗炎特性及与抗生素类似的促生长作用等也有报道（Christaki 等，2012；Giannenas 等，2018a，2018c）。在多数情况下，植物提取物是由乙醇或水等溶剂提取植物原料而制成的，通常是液体、干粉或纯化的化合物，市场上出售的也是多种植物、香料、坚果、草药、水果及鲜花的提取物。

本章基于最新试验研究结果，综合评估含有植物提取物的植物性饲料添加剂产品对肉鸡生长性能和饲料转化率的影响，并对其作用机制和有效化合物成分进行讨论。鉴于止痢草（*Origanum vulgare* ssp.）［牛至属（*Oregano*）的一个亚种，中文译为“止痢草”——译者注］或牛至草提取物中含有高浓度的活性物质和较强的抗菌能力，且研究范围广泛，因此将重点围绕止痢草、牛至及相关产品的试验研究结果进行探讨。

二、芳香和药用植物、香料、草药及其提取物在家禽中的作用机制

已有报道表明，芳香植物及其提取物（如 EO）具有抗微生物、刺激消化和抗氧化性能（Shi 等，2012）。

（一）适口性和采食量

适口性是决定饲料综合性能的重要因素。植物性饲料添加剂对日粮的适口性（气味和滋味）可能会产生积极或负面的影响，这主要与使用的植物种类有关。一些研究表明，添加植物性添加剂（Botsoglou 等，2002；Tiihonen 等，2010）或磨碎的草药（Florou-Paneri 等，2005；Giannenas 等，2005）对肉鸡的采食量没有影响。一些综述文章也指出，日粮中添加植物性提取物对雏鸡的采食量没有影响（Bozkurt 等，2014；Brenes 和 Roura，2010；Franz 等，2010；Hashemi 和 Davoodi，2011；Hippenstiel 等，2011）。Amad（2011）研究发现，添加含有茴香（*Illicium verum*）、百里香（*Thymus mongolicus*）和 OEO 混合物的日粮对肉鸡的日采食量没有影响。在感染球虫的攻毒试验中，日粮中添加止痢草提取物（Giannenas 等，2003）或止痢草粉（Giannenas 等，2004）或奥林匹斯茶粉（Florou-Paneri 等，2004）或含有几种植物提取物［包括：紫锥菊（*Echinacea angustifolia*）、金鸡纳琥珀（*Acacia decurrens*）、黑醋栗（*Ribes nigrum*）和龙蒿（*Agrimonia eupatoria*）］活性成分的复合物（Christaki 等，2004）显著提高了用球虫攻毒肉鸡的采食量。但在一项原料选择试验中，高剂量 OEO 组降低了肉鸡的采食量（Symeon 等，2010）。有趣的是，在弧形杆菌（*Campylobacter*）的攻毒试验中，以香芹酚（止痢草或牛至草的主要活性成分）为主要成分的饲料添加剂提高了感染弧形杆菌肉鸡的采食量（Arsi 等，2014；Kelly 等，2017）；而在日粮中添加光秃爱沙木（*Eremophila glabra*）、下延金合欢（*Acacia decurrens*）和柠檬桃金娘（*Lemon myrtle*）及其次级化合物（桉树脑、α-萜品醇及萜品烯-4-醇），则对弧形杆菌感染肉鸡的采食量没有影响（Kurekci 等，2014）。

某些植物提取物降低采食量的原因可能是其刺激性的气味与滋味降低了日粮的适口性。Brenes 和 Roura（2010）指出，植物提取物中的一些化合物具有刺激性，可能会降低家禽的采食量。Cabuk 等（2006）将几种植物提取物的混合物（含有牛至、鼠尾草、月桂树、茴香、柑橘、桃金娘）加入雏鸡日粮中发现，雏鸡的采食量显著降低，且降低程度与添加量相关。目前，有关日粮适口性的研究主要集中在猪上，而在家禽方面的研究很少，这主要是因为猪作为哺乳动物具有灵敏的嗅觉与味觉，而禽类对气味和滋味的辨识度不如猪敏感。Roura 等（2008）也证实了禽类比哺乳动物更能适应大剂量的植物提取物。Giannenas 等（2018b）研究表明，几种复合植物提取物的添加剂能显著提高肉鸡的采食

量。还有研究指出，当给家禽饲喂植物提取物时，无论是否增加采食量，都有助于改善胃肠道结构和健康状况，有效抵抗细菌或病毒对家禽全身或局部危害，从而增强家禽的消化能力和对营养物质的吸收利用率，提高生长性能（Van Der Aar 等，2017）。

（二）生长性能

药用与芳香植物及其提取物对饲料风味及适口性的有益作用提高了家禽的生长性能（Windisch 等，2008）。过去 20 多年的很多研究表明，许多植物源的饲料添加剂可以促进肉鸡生长。Yakhkeshi 等（2011）研究了植物性饲料添加剂对饲喂无抗日粮肉鸡的影响，结果发现可以弥补无抗日粮中因不用抗生素添加剂而带来的负面影响。极少有发表的文献报道植物提取物对家禽生长有不利的影响。植物提取物常用作家禽的促生长剂，而其有效性与诸多因素（如植物品种与品质、家禽年龄、日粮组成）及试验条件、饲养环境有关（Zhang 等，2014）。

本章将详细讨论影响药用与芳香植物及其提取物作为促生长剂有效性的诸多因素。目前，已知全球有 3 000 多种不同植物种类的提取物，其中有 300 多种应用较多，主要是在芳香、调味品和香辛料方面（Brenes 和 Roura，2010）。在这些植物提取物中，牛至（止痢草）、迷迭香、百里香、肉桂和香菜的提取物在家禽上做过评估试验（Windisch 等，2008），其所含生物活性成分的组成和含量因多种原因而有所不同（Brenes 和 Roura，2010）。有文献指出，这些植物提取物对家禽的促生长效果，会因植物提取物的来源和添加量的不同而有差异（Brenes 和 Roura，2010；Giannenas 等，2018c；Lee 等，2004）。因此，不同研究报道的试验结果差异可能与其试验设计、基础日粮配方、添加量及其所含活性物质的组成和含量有关。植物提取物生物活性物质含量与其生产（提取）方法、植物原材料来源及其种植环境相关，不同的试验研究虽然使用名称相同的植物提取物，但其活性成分和含量也可能不同。例如，牛至草提取物中具有抗菌功能的主要活性物质是香芹酚和百里香酚，但其含量可能因品种不同而相差 5%～85%（Burt，2004）。有趣的是，欧洲有 60 种不同种类的植物都叫做“牛至”（Giannenas 等，2018a；Lawrence 和 Reynolds，1984），而只有希腊牛至（*Origanum heracleoticum* ssp.）中的抗菌活性物质（香芹酚）含量最高。

对于猪和家禽生产而言，饲料中添加抗生素主要用于维持健康、提高生长性能及改善饲料转化率。其作用机制包括：减少亚临床疾病及免疫系统的代谢成本、减少抑制生长的代谢物（如氨及其他含氮化合物和细菌降解胆汁的产物）、降低发酵成本、提高营养的吸收和利用（肠壁变薄）（Allen 等，2013；Giannenas 等，2018a，2018b，2018c）。所有这些机制都是基于一个公认的概念：肠道菌群能直接或间接降低生产性能，而抗生素能抑制肠道菌群生长（效果与其抑菌能力相关）。在无菌动物试验中，抗生素作为促生长剂完全无效。当接种细菌后，无菌动物的生长性能无法达到先前无菌状态时的表现。这些都是支持上述机制的最有力证据（Dibner 和 Richards，2005；Vondruskova 等，2010）。与抗生素促生长剂相比，植物提取物可能也是通过上述类似的作用维持动物健康和提高生长性能的，但更加具有优势，这是由于植物提取物主要源自用作传统食物调味品的天然药用芳香植物（De Smet，2002；Varel，2002）。

世界卫生组织宣称，将抗生素作为促生长剂用于畜禽生产会导致公共卫生问题，因为这些抗菌药物同时也用于治疗人类感染，对此全球必须同步采取紧急行动，以减少或完全停止饲用抗生素的添加量（WHO，2014）。目前，来自人类医学和兽医学界，监管机构和消费者的呼声都迫切要求减少或完全禁止在动物饲料中使用抗生素（Dibner 和 Richards，2005；Gaucher 等，2015；Sun 等，2005）。

（三）饲料转化率

有关药用与芳香植物及其提取物能提高家禽生长性能和改善饲料转化率的研究甚多，尽管对采食量的研究有限。其中一个作用机制可能是药用与芳香植物及其提取物能刺激家禽消化酶的分泌。研究结果一致表明，植物及其提取物可以促进肉鸡胰腺和肠黏膜消化酶的分泌（Basmacioðlu Malayoðlu 等，2010；Jamroz 等，2006；Jang 等，2007），营养物质消化率的提高也间接证实了这个结果。但对消化酶的刺激作用并非总能提高生长性能（Amad 等，2011；Botsoglou 等，2004；Garcia 等，2007；Hernández 等，2004；Lee 等，2003）。值得注意的是，在这些试验中，对试验条件没有足够清晰地进行描述。通常情况下，试验过程中不良的卫生条件会降低肉鸡的生长性能，但在这种情况下植物及其提取物对肉鸡生长性能的改善容易得到体现。

在过去的几十年中，植物及其提取物作为抗生素促生长剂替代品被广泛研究。Vogt 等（1989）发现，草药和香料用作饲料添加剂能提高肉鸡的生长性能。其对动物代谢具有正面影响的作用包括：增强消化（Hernández 等，2004）、刺激免疫反应（Gessner 等，2013）和介导炎症反应（Acamovic 和 Brooker，2005；Gessner 等，2013，2016）。这些作用主要基于植物及其提取物本身具有强大的抗菌、抗氧化、抗微生物和抗寄生虫的特性（Christaki 等，2012；Giannenas 等，2013）。长期以来，药用与芳香植物及其提取物由于含有多种次生代谢产物，如酚类（效力最强）、萜烯、类固醇和聚酮化合物（Franz 等，2010；Gessner 等，2016），一直是具有药用价值的生物活性物质的来源。尽管也有负面效果的报道，但家禽日粮中添加不同的植物及其提取物确实可以增加体重、改善胴体品质、降低死亡率和发病率（Christaki 等，2012；Giannenas 等，2003；Lee 等，2003，2004；Windisch 等，2008）。

研究发现，植物提取物可以改善营养物质的消化情况（Lee 等，2003；Basmacioðlu Malayoðlu 等，2010）。Betancourt 等（2010）报道，在日粮中添加 200mg/kg 的牛至提取物，可以改善肉鸡能量与脂肪的回肠表观消化率（AID），与添加抗生素促生长剂的结果相似（Betancourt 等，2010），21d 时较高的 AID 组其体重也比较高。然而在另外一项试验中，相同含量的牛至提取物并没改善脂肪的消化率，这可能与提取物中活性物质的含量有关。Basmacioðlu 等（2010）发现，在以小麦-豆粕为基础的肉鸡日粮中添加 250mg/kg 和 500mg/kg 的牛至提取物，无论日粮中是否添加外源酶，均可显著提高胃肠道胰凝乳蛋白酶的活性，改善粗蛋白的消化率，从而提高肉鸡的消化率。同样，Jang 等（2007）研究表明，生长肉鸡日粮中添加 50mg/kg 牛至提取物能提高肠道食糜中胰蛋白酶的总活性与比活和 α-淀粉酶、麦芽糖酶的总活性。在日粮中添加 100mg/kg 的百里香酚和肉桂醛对雌性肉鸡的酶活性有显著影响，胃肠道中的脂肪酶活性增加了 29%，胰蛋白酶活性增加了 18%（Lee 等，2003，2004）。

日粮中添加植物提取物可以提高脂肪酶和蛋白酶的活性，从而可能会提高肉鸡的消化能和代谢能（Basmacioðlu Malayoðlu 等，2010；Bozkurt 等，2014；Jamroz 等，2006；Lee 等，2004；Paraskeuas 等，2016，2017）。植物提取物可以促进酶的分泌，这可能由于其对胆盐分泌具有刺激作用所致。近年来的研究表明，在日粮中同时添加蛋白酶和植物提取物可以改善肉鸡的生长性能，并减少氨氮排放量和增加氮存留，这说明蛋白酶与植物提取物之间可能有协同作用（Giannenas 等，2014a，2014b；Park 和 Kim，2018）。因此，作为一个待开发的全球研究项目，对基于药用与芳香植物、草药、香料及其提取物的饲料添加剂的开发，不仅需要探索不同植物提取物及其有效之间的协同，也应该探索与其他类型产品的协同或互作。

（四）抗氧化和抗炎作用

植物及其提取物的抗氧化功能对肉鸡生产非常重要。大量文献指出，药用与芳香植物及其提取物的抗氧化活性表现在其提供氢或电子，以及其酚类芳香环中未配对电子的离位能力，清除自由基，从而保护其他生物分子免受氧化（Fernandez-Panchon 等，2008；Giannenas 等，2013），并可预防一些慢性疾病，如神经生成障碍或肝衰竭等（Kamatou 和 Viljoen，2009）。研究表明，多种植物及其提取物具有抗氧化功能，尤其是唇形科（Labiatae）的植物，如牛至（止痢草）、百里香、罗勒、薄荷、迷迭香、鼠尾草、香薄荷、马郁兰、牛膝草、薰衣草等。因为这些植物含有丰富的酚类萜类化合物，如香芹酚、百里香酚、迷迭香酸、迷迭香酚、薄荷醇、丁香酚等（Cuppett 和 Hall，1998；Brenes 和 Roura，2010；Christaki 等，2012）。另外，其他非酚类化合物（如糖苷）可能也有抗氧化功能（Milos 等，2000）。

Cherian 等（2013）发现，添加青蒿（*Artemisia carvifolia*）提取物降低了肉鸡胸肌及腿肌的硫代巴比妥酸反应性物质（thiobarbituric acid reactive substance，TBARS），表现出有效的抗氧化活性，这可能是由于青蒿中多酚类化合物与维生素 E 组合或单独作用的结果（Cherian 等，2013）。Placha 等（2014）报道，在肉鸡日粮中添加百里香酚降低了十二指肠黏膜中的丙二醛水平，从而降低了脂肪酸的氧化速度。Franz 等（2010）认为，植物提取物可以正面影响某些具有抗氧化活性的酶的活性，如超氧化物歧化酶、过氧化氢酶、氧化酶、谷胱甘肽过氧化物酶，进而影响脂质代谢。

含有酚类物质的唇形科（Labiatae）和菊科（Asteraceae）植物及其提取物可以提高禽肉的抗氧化能力（Botsoglou 等，2002，2004；Florou-Paneri 等，2005；Giannenas 等，2018c；Young 等，2003）。将含有百里香提取物的混合物添加到肉禽日粮中，可显著降低胸肌在氧化过程产生的 TBARS 值（Gheisar 等，2015，2017）。植物及其提取物的抗氧化功能之所以重要是因为：一是可以提高家禽的健康水平和生长性能；二是能延长禽肉的货架期。在家禽业除了关注提高生长性能之外，对禽肉的质量也格外关注，即在贮存过程中保持较长的保质期。脂质氧化不仅是肌肉质量下降的主要原因，并且与血红素铁含量和肉中的多不饱和脂肪酸密切相关（用酸败度测量）（Rhee 等，1996）。日粮中添加植物性抗氧化剂是提高肉鸡抗氧化能力的有效手段（Christaki 等，2012；Florou-Paneri 等，2005；Giannenas 等，2016d）。就此而言，药用与芳香植物、草药、香料及其提取物可以用作天然抗氧化剂，保护肉类免受氧化，并延长贮存时间。

对肉鸡的抗氧化功效而言，药用植物与芳香及其提取物之间可能存在协同作用。研究表明，含有大蒜（*Allium sativum*）、薄荷（*Mentha piperata*）、蓝桉树（*Eucalayptus globulus*）、樟树（*Cinnamomum camphora*）、胡芦巴（*Trigonella foenum graecum*）、菊苣（*Cichorium intybus*）、菊苣（*Trychyspermum ammi*）、芝麻菜（*Eruca sativa*）和姜

(*Zingiber officinale*) 的提取物混合物添加剂，能抑制鸡胸肉和鸡腿肉在冷藏保存 4 d 以后的脂质氧化（Giannenas 等，2018b）。该研究中，对照组的总酚含量为 0.4mg/L 没食子酸当量，添加提取物组为 15mg/L 没食子酸当量；当肉鸡日粮中添加 500mg/kg 该混合物添加剂时，对照组鸡胸肉和鸡腿肉中的总酚含量为 4.0mg/L 没食子酸当量，而添加组则提高到 6.0mg/L 没食子酸当量。另一项为期 42 d 的研究报道发现，在肉鸡日粮中添加 100mg/kg 墨西哥牛至提取物（含有 10%香芹酚和 31%百里香酚），鸡胸肉中百里香酚和香芹酚的含量分别增加了 552%和 648%（Ramos 等，2017）。该试验采用气相色谱-质谱联动法测定百里香酚和香芹酚的含量，目前更准确的测定方法可以定性与定量肌肉中的多酚源自添加剂或其他动物组织。植物及其提取物作为抗氧化添加剂的功效及关联因素有待进一步评估。

Zhang 等（2018）利用体外试验，采用 3 种不同的分析方法［包括 TBARS、2,2-二苯基-1-吡啶并肼基（2，2-diphenyl-1-picrylhydrazyl，DPPH）及清除羟基自由基的方法］，对茶树提取物的抗氧化活性进行了评估。结果发现，当 EC50（最大抑制浓度的 50%）为 48.35 μg/mL 时，茶树提取物可有效降低 DPPH；当 IC50（50%的抑制浓度）为 135.9 μg/mL 时，可显著降低脂质氧化反应速度。有趣的是，当 EC50 为 43.71 μg/mL 时，完全消除了羟基自由基。该研究表明，茶树提取物可能有效减轻鸡的氧化应激。但体外试验结果并非总是与体内试验结果一致，因为在体内还可能会发生其他生物化学反应，因此需要进行体内试验和大群动物试验进一步确认其功效。

药用与芳香植物及其提取物还有另外一个重要特性：抗炎或免疫调节。一些体内和体外的研究报道，槲皮素由于可以增强中性粒细胞功能及核细胞降解活性，从而可能会改善家禽的先天免疫功能（Hodek 等，2002；Saeed 等，2017）。含有槲皮素的植物提取物还可通过调节先天性和获得性免疫细胞（巨噬细胞和 T 细胞）产生的促炎和抗炎分子，来降低炎症反应，表现出抗炎症功能（Chirumbolo，2010；Hager-Theodorides 等，2014）。Giannenas 等（2016a）报道，植物提取物的活性成分及有机酸和益生菌的混合物可将血液淋巴细胞亚群从 $CD8^+$ 转化为 $CD4^+$。但该试验由于实验动物非常健康，故并没有发现免疫刺激作用。

植物及其提取物中的抗氧化物质可被胃肠道吸收，进而保护肉类脂质免受氧化，抑制氧化终产物的生成（如鸡胸肉和鸡腿肉氧化形成的醛类），这种天然抗氧化剂的保护作用非常明显。例如，百里香酚和香芹酚在消化道内会被代谢，但鸡胸肉中仍有大量百里香酚和香芹酚的沉积（Ramos 等，2017）。植物中酚类物质的生物活性及作用途径是决定抗氧化效果的主要因素（Fernandez-Panchon 等，2008；Sedaghat 和 Karimi Torshizi，2017）。在肉鸡日粮中添加 500mg/kg 或 1 000mg/kg 提取物（5%牛至和 0.5%鼠尾草提取物）所表现的抗氧化作用与其他研究者的结果一致（Giannenas 等，2016b，2016c，2016d；Van Eerden 和 Star，2010）。以薄荷醇和茴香脑为主要成分的添加剂在添加量为 100mg/kg 时，肉鸡的生长性能得到了改善（Paraskeuas 等，2017）；当添加量提高到 150mg/kg 时，血浆的总抗氧化剂能力显著提高，胆固醇水平显著降低，说明植物添加剂的有效性和稳健性与其活性成分组成及含量有关。

植物及其提取物作为饲料添加剂在动物营养中逐渐被广泛使用，主要用于提高适口性、刺激消化、着色、抗氧化，以及预防和治疗动物疾病等。从基础研究，到作为饲用抗生素添加剂替代品用于家禽生产，用以保障家禽肠道健康与正常功能，但其有效性与可靠性还需更多的研究证明（Vogt 等，1989；Christaki 等，2012；Giannenas 等，2003）。

（五）抗菌性能

植物提取物具有很强的抗菌能力，可以维持肠道菌群生态系统稳定及提高动物的生长性能。肠道菌群平衡可以提高饲料转化率，减少与消化代谢和抑制生长相关疾病的发生（Bento 等，2013；Franz 等，2010；Kurekci 等，2014；O'Bryan 等，2015；Williams 和 Losa，2001）。

有关植物提取物抗菌活性的大量研究发现，香芹酚和百里香酚是抗病原菌，如大肠杆菌（*Escherichia coli*）和沙门氏菌（*Salmonella typhimurium*）等最强的活性物质（Bassole 和 Juliani，2012；Franz 等，2010；Hippenstiel 等，2011）。丁子香酚也具有与香芹酚、百里香酚很强的抗菌活性，它们结构相似，并能一起协同使用，即使在较低的浓度下也具有很强的抑菌和杀菌活性（Bassole 和 Juliani，2012）。利用不同的体外抗菌试验及使用不同的病原菌，得到的植物提取物的抗菌性能结果与排序不尽相同。在家禽日粮中添加植物提取物，无论是单独添加还是组合使用，对家禽后肠产气荚膜梭菌（*Clostridium perfringens*）和大肠杆菌均具有明显的抑制作用，能减轻肠道损伤和减少家禽感染病原菌的体重损失（Jamroz 等，2006；Jerzsele 等，2012；Mitsch 等，2004）。众所周知，植物提取物活性成分的抗菌作用机制与其疏水性有关，通过破坏细胞膜的通透性和细胞稳态，导致细胞成分损失；或其他物质大量涌入细胞内，最终导致细胞死亡（Brenes 和 Roura，2010；O' Bryan 等，2015；Solorzano-Santos 和 Miranda-Novales，2012；Windisch 等，2008）；植物提取物大部分具有疏水特性，这种特性使得活性物质可以进入细胞壁和线粒体中的脂质层，从而扰乱其结构并使其更具有通透性。

有趣的是，革兰氏阳性菌由于外膜具有亲水性成分而比革兰氏阴性菌更耐受植物提取物的作用（Brenes 和 Roura，2010；Giannenas 等，2013；Seow 等，2014）。体外试验结果发现，不同植物来源的活性成分对空肠弯曲菌（*Campylobacter jejuni*）有抑制作用（Friedman 等，2002；Koollanoor Johny 等，2010）。而在动物试验中，植物源化合物并不能降低弯曲杆菌在盲肠中的定殖数量（Arsi 等，2014；Guyard-Nicodeme 等，2016；Hermans 等，2011；Kurekci 等，2014）。这可能是由于这些化合物在到达盲肠之前已被吸收或降解（Arsi 等，2014；Hermans 等，2011），或盲肠可以保护弯曲杆菌免受抗菌化合物的影响（Arsi 等，2014）。

植物提取物的抗菌特性已经被大量研究与报道（Brenes 和 Roura，2010；Lee 等，2004；Yang 等，2015）。Cowan 等（1999）指出，迄今为止所检测的植物提取物及其衍生物中的 60%对真菌有抑制作用，30%对细菌有抑制作用。通常来说，如果提取物中酚类成分（如香芹酚、百里香酚和丁子香酚）的浓度高，则对食源性病原菌的抗菌性能就越强。香芹酚和百里香酚都能破坏革兰氏阴性菌的外膜，释放脂多糖，增加细胞膜对三磷酸腺苷（ATP）的渗透性，以及使细胞膜去极化（Xu 等，2008）。Helander 等（1998）发现，两种异构酚（香芹酚和百里香酚）、苯丙烷和肉桂醛对大肠杆菌和沙门氏菌均具有较强的抗菌作用。香芹酚和百里香酚是以相似的方式破坏细菌外膜，使得细胞内物质流向细胞外；而肉桂醛虽然不影响细胞膜，但也有抑菌活性，可能是因为苯丙氨酸类的肉桂醛可以穿透细菌膜，并在细胞内产生影响。

很多研究也证明，完整的植物提取物的抗菌活性优于其单个的主要成分（如香芹酚）。这表明植物提取物的次要成分对其抗菌特性也至关重要，并可能与主要成分一起具有协同作用（Brenes 和 Roura，2010）。利用金黄色葡萄球菌（*Staphylococcus aureus*）和铜绿假单胞菌（*Pseudomonas aeruginosa*）进行测试的结果发现，牛至/止痢草提取物的两个主要成分香芹酚和百里香酚具有协同作用（Lambert 等，2001），香芹酚与其前体 π-肉桂烯之间也具有协同作用。尽管 π-肉桂烯是一种弱抗菌物质，但它可以使细胞膜更加膨胀；当二者同时存在时，π-肉桂烯可以使香芹酚更容易进入到细胞中，因此二者具有协同作用。通常来说，植物提取物抑菌或杀菌的效果比抗生素差（Christaki 等，2012；Florou-Paneri 等，2005；Giannenas 等，2003）。所以，在有效添加量的情况下，不一定具有很高的性价比，在使用饲料添加剂来优化健康和动物生产性能时需全面考虑投入成本。

大量研究结果表明，牛至提取物对大肠杆菌、沙门氏菌、金黄色葡萄球菌（Burt，2004；Hammer 等，1999；Mathlouthi 等，2012）和真菌（（Kocic-Tanackov 等，2012）的抑制作用最强，在家禽上也有很强的抗菌功能。Roofchaee 等（2011）研究了牛至提取物在肉鸡上的抗菌特性，日粮中添加 300mg/kg 或 600mg/kg 牛至提取物显著减少了盲肠中大肠杆菌的数量，且不影响肠道中乳酸杆菌的数量。在生长阶段的肉鸡日粮中添加 50mg/kg 牛至提取物，显著减少了回肠和盲肠中的大肠杆菌数量，而乳酸菌的数量不受影响；与添加抗生素的日粮相比，二者对大肠杆菌的抑制作用相似（Jang 等，2007）。研究也发现，肉鸡日粮中同时添加牛至提取物和蛋白酶具有协同作用，可以显著降低回肠中大肠杆菌的数量和增加乳酸菌的数量（Giannenas 等，2014a，2014b；Jang 等，2007；Park 和 Kim，2018）。几种酚类含量高的植物提取物组合添加使用时，其成分之间可能产生协同作用，进一步影响肠道菌群及促进动物生长（Giannenas 等，2018b，2018c）。植物提取物对小肠或盲肠肠道菌群的改变也证明了这类添加剂的抗菌性能（Giannenas 等，2016c，2017；Skoufos 等，2016；Tiihonen 等，2010；Tzora 等，2017）。

欧洲在完全禁止使用抗生素促生长剂并对治疗药物限制使用后，肉鸡的死亡率和消化系统的发病率增加（Hao 等，2014）。饲料中抗生素促生长剂的禁用导致动物肠道中多种病原体（如大肠杆菌 O157、芽孢梭菌、沙门氏菌和弯曲杆菌等）增加，动物食品中和污染环境的病原菌增多，人类感染这些病原菌的概率增加（Danmap，2011）。与饲喂饲料中添加抗生素促生长剂的肉鸡相比，饲喂无抗饲料的肉鸡其弧形杆菌数量要高 3 倍（Heuer 等，2001）。这种状况出乎意料，迫切需要研发新型的抗菌性强的抗生素替代品，以帮助提高肉鸡的生产性能，并维持最佳健康水平、降低死亡率。

（六）对肠道功能的影响

植物提取物对家禽的肠道形态和功能也有影响。除了提高消化酶活性和肠道消化吸收能力外，还能维持肠道正常形态，刺激肠道淋巴系统反应和黏液产生，抑制病原菌在肠道附着，从而减轻病原菌的感染（Tsirtsikos 等，2012）。尽管胃肠道生态系统建立起来很复杂，但组成稳定且处于动态平衡中，主要由上皮和内皮中的肠细胞、调节免疫系统的黏膜和肠道菌群组成，而肠道菌群则由共生菌和有益菌及条件性致病菌组成。

在日粮中添加植物提取物对肉鸡肠道形态结构的研究发现，与对照组相比，植物提取物增加了肉鸡的绒毛高度和杯状细胞数量（Giannenas 等，2016c，2017，2018c；Skoufos 等，2016）。绒毛高度是重要的消化功能指标，与肠道黏膜的吸收能力直接相关。研究也发现，降低绒毛高度可以降低小肠的吸收能力（Laudadio 等，2012；Yamauchi 等，2006）。日粮中毒素的含量即使很低，也会严重影响肠道功能或形态，从而对生长性能产生负面影响，尽管家禽的内部机制可以慢性抵抗或忍耐这些负面作用（Ghareeb 等，2015）。Wang 等（2015）研究发现，日粮中添加革兰氏阴性菌的脂多糖显著降低了小肠的绒毛高度。另外，肠杯状细胞可以分泌对肠道上皮和肠道功能有保护作用的黏蛋白（Antoni 等，2014；Kim 和 Ho，2010）。添加植物提取物混合物（香芹酚含量至少为15mg/kg）能显著增加杯状细胞数量和绒毛长度（Reisinger 等，2011）。使用牛至、凹凸棒石黏土和有机酸的复合物也可以显著增加小肠的绒毛高度和杯状细胞数量，从而增强肠细胞功能，对肉鸡肠道形态和功能有正面作用（Tzora 等，2017）。

综上所述，药用与芳香植物及其提取物可能具有多种功能，包括抗菌、抗氧化、增强消化吸收和免疫功能（Brenes 和 Roura，2010；Kostadinović等，2015），但是尚有很多方面缺乏了解，需进一步厘清，如肠道或肠细胞的改变是促进了消化吸收还是减少了免疫损伤？大多数试验使用的植物提取物都是商业产品，因此有必要使用系统方法对每一种植物及其提取物的功效、作用方式、有效添加量进行细致研究。还有，尽管植物及其提取物的效果得到了可靠的试验验证，但对作用机理仍缺乏全面了解，这也是限制开发抗生素替代品（包括植物提取物产品）的主要原因之一。还需注意的是，任何干扰肉鸡肠道平衡的因素都会改变肠道功能，从而损害肠道健康，甚至阻碍肉鸡生长（Giannenas，2008，2013）。因此，深入研究单一活性物质的特定作用和目标部位（动物宿主或其肠道菌群）仍很重要，这也能为植物饲料添加剂的广泛应用提供理论基础（Christaki 等，2012；Giannenas 等，2018a）。

（七）节省能量与降低日粮成本

日粮是家禽生产的主要成本，而能量原料占家禽总日粮成本的75%。动物日粮中的能量主要来源于谷物和油脂。2008年以后，粮食和石油价格迅速上涨，因此降低日粮能量水平并能保持动物生长性能不降低，从而减少日粮成本变得很有吸引力。研究表明，牛至（止痢草）提取物可改善动物的肠道健康和促进营养消化吸收，因此使用植物及其提取物能否节省能量和日粮成本值得进一步研究。10多年前就曾设想，止痢草提取物（oregano essential oil，OEO）通过提高营养物质的消化吸收，来补偿日粮中降低的能量水平，从而保证动物吸收利用的总能量保持不变，维持相同的生长性能。如今，该设想已在生产试验中得到了验证（Paraskeuas 等，2016）。

普遍认为，在家禽日粮中使用抗生素促生长剂可以提高2%～5%的饲料转化率。当日粮中禁止使用抗生素促生长剂时，可能需要更高的能量水平以维持原来的生产效率。植物提取物中的酚类物质通过破坏细菌细胞壁而发挥抗菌作用，同时加快肠上皮细胞更新和脱落的速度，减少感染病原菌的机会（Jin，2010；Van Eerden 和 Star，2010）。因此可以预测，家禽日粮中添加植物提取物可能会与抗生素促生长剂具有类似的节能效果。

三、OEO 对肉鸡生长和饲料转化率的影响

荷兰 SFR 饲料研究所研究了止痢草提取物对肉鸡生长和饲料转化率的影响，并在降低日粮能量的情况下对 OEO 的节能效果进行了评估（Van Eerden 和 Star，2010；Van Eerden 等，2012）。该研究使用的 OEO 来自止痢草（商品名：好力高），由香芹酚和百里香酚（占总提取物的 70%以上）及 30 多种其他物质（主要包括 π-肉桂烯和 γ-萜品烯）组成。试验采用 2×4 因子设计：OEO 分为 2 个水平（0、150mg/kg），日粮能量分为 4 个水平。试验分为 3 个阶段：开始阶段（第 0～15 天，所有日粮都具有相同的能量水平）、生长阶段（第 16～30 天）和育肥阶段（第 31～36 天）。不同代谢能水平处理设为：125kJ/kg、251kJ/kg 和 376kJ/kg。日粮营养成分与饲料原料根据荷兰 SFR 家禽数据库标准制定。试验基础日粮为小麦-豆粕颗粒日粮，且日粮中不含植酸酶或非淀粉多糖酶，肉鸡自由采食和饮水，开始阶段和生长阶段日粮中分别含有化学和离子载体的抗球虫药。

试验结果显示，在肉鸡日粮表观代谢能保持相同水平的第一阶段（0～15d），添加 OEO 会显著增加体重和提高饲料转化率（图 10-1），生长速率提高 2.4%，饲料转化率改善 1.1%，表明 OEO 可能提高了肉鸡对能量的利用。由于日粮中代谢能的减少导致日粮摄入量增加，故图 10-2 计算了肉鸡的能量转化效率（energy exchange efficiency，ECE）。在不添加 OEO 的情况下，不同代谢能日粮的能量转化效率大致保持相同的水平；而在添加 OEO 的情况下，肉鸡能量转化效率随日粮中代谢能的降低而成线性增加。由表 10-1 可知，添加 OEO 后肉鸡的肠道更健康，从而提高了平均增重。OEO 组肉鸡的日粮消耗较低，但增重更多，说明其饲料转化率更高。同时也说明，在降低日粮代谢能的情况下，添加 OEO 后肉鸡可能对维持能量的需求较低，因此可以节省能量。换而言之，对生长阶段的肉鸡，如果降低日粮代谢能，但通过添加 OEO 可以保持生长性能，并且维持甚至改善能量利用率。由表 10-2 可以看出，在肉鸡的生长阶段，随着日粮中代谢能的降低，肉鸡的日粮采食量成线性增加，体重不受日粮代谢能的影响，但饲料转化率变差；当添加 OEO 后，可以有效改善肉鸡的饲料转化率。

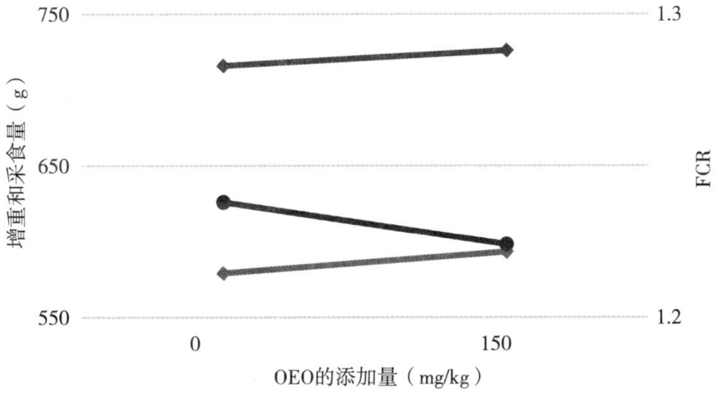

图 10-1　日粮中添加 OEO 对肉鸡前期（0～15d）的增重（g）、采食量（g）和 FCR 的影响（试验用植物提取物为好力高）

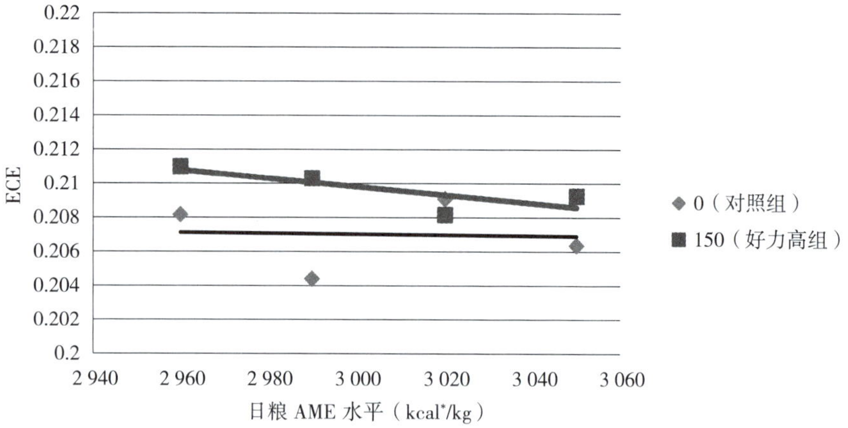

图 10-2　添加 OEO 对不同 AME 水平日粮肉鸡生长阶段能量利用效率的影响（15～30d）（试验用植物提取物为好力高）

表 10-1　OEO* 对肉鸡肠道健康、生长性能和 FCR 的影响（平均值±标准差）

处理组	对照组	OEO		
		（−0.7% AME）	（−1% AME）	（−2% AME）
肠道健康参数				
垫料湿度（%）	2.43±0.07[a]	2.14±0.02[c]	2.20±0.09[bc]	2.26±0.10[b]
软粪便（%）	3.38±0.08[a]	2.98±0.07[b]	3.03±0.09[b]	3.06±0.12[b]
生长性能				
日增重（g）	3 249±14[a]	3 298±27.6[c]	3 283±19.5[bc]	3 273±17.5[b]
FCR（g/g）	1.78±0.01[a]	1.61±0.02[c]	1.64±0.01[b]	1.65±0.02[b]
对应的饲料成本（元/千只）	3 621	3 579	3 577	3 550
每只的平均收益（元）	0.78[a]	1.52[b]	1.36[b]	1.40[b]

注：不同上标小写字母表示显著差异（$P<0.05$）；* 试验用 OEO 为好力高。

表 10-2　OEO* 对饲喂不同代谢能日粮的生长期肉鸡的采食量、增重和 FCR 的影响（15～30d）

OEO（mg/kg）	采食量（g）			增重（g）			FCR（g/g）		
	0	150	Dif（%）	0	150	Dif（%）	0	150	Dif（%）
AME（kJ/kg）									
12 761.20	2 005	2 007	100.1	1 262	1 281	101.5	1.590	1.567	98.6
12 635.68	2 035	2 017	99.1	1 285	1 268	98.7	1.584	1.593	100.6
12 510.16	2 055	2 018	98.2	1 256	1 269	101.0	1.637	1.590	97.1
12 384.64	2 066	2 083	100.8	1 273	1 301	102.2	1.625	1.602	98.6
平均值	2 040	2 031	99.6	1 269	1 280	100.9	1.609	1.588	98.7

注：* 试验用 OEO 为好力高。

从总体生产表现来看（0～36d），添加 OEO 组即使降低了日粮代谢能，但肉鸡的生长性能仍不受影响（表 10-3）。试验结果显示，日粮能量水平显著影响采食量。当日粮中不添加 OEO 时，饲料转化率随日粮中代谢能的减少而明显变差；而添加 OEO 时，使因为代谢能的降低而变差的 FCR 得到了恢复（图 10-3）。本研究的结论是，在肉鸡生长和出栏阶段使用 OEO，当配合饲料中 AME 降低 251.04～376.56kJ/kg 的情况下，对肉鸡的生长性能和饲料转化率没有不利的影响。

表 10-3　OEO* 对饲料不同 AME 日粮肉鸡的经济效益比较

项目	对照组	OEO（0.7%）	OEO（1%）	OEO（2%）
最初数量（只）	210	210	210	210
最终数量（只）	204	206	205	205
采购费用（元）	420	420	420	420
饲料成本（元）	3 621	3 579	3 577	3 550
最终体重（kg）	1 673.8	1 690.5	1 685.2	1 682.5
收入（元）	4 514.7	4 626.4	4 590.6	4 572.8
其他花费（元）	315	315	315	315
平均收益（元）†	0.78[a]	1.52[c]	1.36[c]	1.40[c]

注：* 试验用植物提取物为好力高；† 根据鸡的最终数量；同行上标不同小写字母表示差异显著（$P<0.05$）。

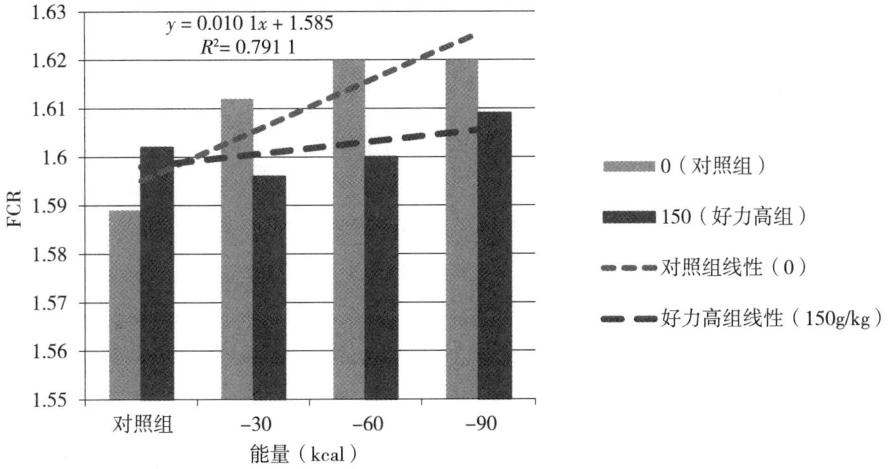

图 10-3　OEO 对饲喂不同 AME 日粮的 0～36 d 肉鸡 FCR 的影响

在不同日粮能量水平及是否添加 OEO 的各组之间，肉鸡的死亡率没有显著差异。但总体上，与不添加组相比，OEO 组肉鸡的死亡率降低 27%（OEO 组和对照组肉鸡的平均死亡率分别为 3.8%和 5.2%）。此外，添加 OEO 还显著减少了湿垫料和软粪便的发生率，这说明肠道健康得到了改善。添加 OEO 可提高饲料转化率，且以降低 1%～2%能量水平和添加 150mg/kg OEO 组的饲料转化率表现最佳。由表 10-3 可见，对照组的利润最低，OEO 添加组的经济效益显著提高，当日粮中能量降低 0.7%、OEO 添加量为 150mg/kg 时经济效益最佳。

Hu 等（2011）进行了两个应用性试验以确定 OEO 对肉鸡生长性能和经济效益是否有益。第一项试验在商业农场中进行，将 1 日龄雄性雏鸡随机分为对照组（47 700只）和试验组（42 000 只）。对照组以饲喂商业饲料为基础日粮，而试验组在阶段 1（1～14d）、阶段 2（15～35d）和阶段 3（36～43d）分别在商业饲料中添加 200mg/kg、150mg/kg、100mg/kg OEO。试验结果表明，所有处理组的增重相似，但 OEO 组的 FCR 改善

4.3%，经济效益增加了约1元（约0.14美元）。第二项试验也是在商业农场进行，试验组和对照组分别使用了9 100只和34 700只鸡。结果表明，OEO组的FCR得到了显著改善（5.5%），每只鸡的经济效益增加了0.54元（0.08美元）。如上所言，FCR的改善源自较好的肠道健康与消化吸收。这项研究间接说明，当日粮中添加OEO时，可以适当降低日粮的能量水平，而保持肉鸡生产与饲料转化率不变或略优，进而降低饲料成本和提高经济效益。

综上所述，肉鸡日粮中添加适量且含有丰富酚类活性物质的OEO可有效替代日粮中的AGP。肉鸡日粮中添加OEO可以使日粮配方中的能量水平降低1%～2%，从而减低饲料成本并同时维持生长性能和饲料转化率，提高养殖的经济效益。如表10-4所示的研究结果表明，OEO是促进肉鸡生长并提高饲料转化率的有效工具。

表10-4 不同文献中有关OEO对肉鸡FCR影响的比较

肉鸡品种	试验时间（d）	FCR的改善（%）	资料来源
Cobb	35	2.0	Saini等（2000）
Cobb	45	4.9	Saini等（2000）
Arbor Acres	42	4.0	Jin等（2012）
Arbor Acres	42	7.6	Jin等（2012）
Cobb-500	38	4.2	Botsoglou等（2002）
Cobb-500	42	2.6	Giannenas等（2003）
Ross	41	1.5	Waldenstedt（2003）
Cobb-500	35	3.5	Giannenas等（2004）
Cobb-500	42	4.7	Giannenas等（2004）
Three-yellow chicken	49	14.8	Jin等（2012）
Arbor Acres	35	4.1	Jin等（2012）
Ross 307	42	4.6	Jin等（2012）
Arbor Acres	44	4.3	Hu等（2011）
Ross	42	1.9	Tiihonen等（2010）
Cobb-500	35	13.3	Tsinas等（2011）
Ross 308	42	10.1	Giannenas等（2014b）
Ross 308	42	1.6	Bozkurt等（2014）
Ross 308	42	1.5	Giannenas等（2016a）
Ross 308	42	7.3	Giannenas等（2016c）
Ross 308	44	1.7	Skoufos等（2016）
Ross 308	42	8.9	Tzora等（2017）
Ross 308	42	9.2	Giannenas等（2018b）
Ross 308	42	5.5	Giannenas等（2018c）

注：由Jin等（2012）总结，并在2012—2018年进一步更正。

当日粮中的脂肪含量降低时，碳水化合物的使用可能会增加。对低能量水平的日粮，动物的采食量会增加，这样动物也同时食入了更多的蛋白质和碳水化合物，可能会增加肠道发酵并刺激肠道中细菌的生长。然而，OEO 可以抑制病原菌的生长，并保持有益乳酸菌的稳定，从而改善肠道健康和饲料转化率，这也解释了 OEO 在降低日粮能量时具有较好节能效果的原因（Jin，2010；Van Der Aar 等，2017）。

四、总结与展望

肉鸡产业的主要挑战之一是寻找有效的抗生素促生长剂替代品。就植物提取物及其活性成分而言，由于其成分复杂而多变，故其有效性和安全性需要全面而系统的研究。同时，一些植物成分或化合物也可能产生副作用或与其他饲料成分相互作用（Hao 等，2014；Yang 等，2015）。另外，尽管植物提取物及其活性成分通常被美国食品药品监督管理局列入食品和饲料添加剂的“GRAS”，欧洲食品安全局将其归类为调味剂类别，但是仍然需要对其潜在可能的毒性进行广泛而全面的评估，以确保植物及其提取物作为肉鸡抗生素促生长剂替代品的安全性（Christaki 等，2012；Giannenas 等，2013）。

大量文献表明，芳香和草本植物及其提取物已在全球范围内广泛用于动物生产。植物及其提取物不仅与抗生素具有一样的抗菌作用，而且还有其他重要的生物活性功能，包括刺激消化、抗氧化、刺激免疫，所以可以作为饲料抗生素促进剂的可能替代品。但是，植物及其提取物的有效性取决于其活性成分组成及有效含量。肉鸡营养的另一关键是其日粮能量水平，也是肉鸡生产中的主要成本因素。基于饲料原料价格越来越高，要配制最低成本的日粮，同时保持优异的生长性能和饲料转化率，获取最佳的养殖效益，对家禽营养学者来说是一个持续的挑战。尤其是在全面禁用饲用抗生素促进剂后，采用调整日粮营养的措施以改善家禽肠道健康越发重要。

市场上已经有不少用于抗生素替代品的饲料添加剂产品，但使用这些添加剂的试验结果并不一致，这可能与饲料组成、试验设计、试验环境条件及是否存在环境压力等因素有关（Gong 等，2014；Yang 等，2015）。究其原因，可能主要有 3 个方面：①植物种植地点、提取物生产方法、贮存条件的不同导致植物提取物的有效成分组成及其含量不同；②添加剂量不同，尤其是在没有达到有效剂量的情况下；③试验条件不同，如环境（温度、湿度和空气质量）、饲料组成、实验动物种类和年龄阶段及健康状况、试验场地的卫生状况和生物安全管理措施等。

欧盟从 2006 年开始已经禁止饲料中添加抗生素，亚洲和美洲等地区也随之而行。饲料中禁用抗生素给动物营养研究开辟了新的领域。为了防止可能出现的生产性能降低及死亡率和肠道疾病发生率增多，应该全方位研究植物提取物的功能和作用机制及具体应用。使用抗生素替代品需要解决的问题之一是性价比，这对长期的可持续性动物生产至关重要。植物及其提取物含有多种生物活性成分，是最有希望成为抗生素替代品的饲料添加剂之一。尽管植物及其提取物在动物生产中，特别是肉鸡生产中已经被广泛应用，但效果参差不齐，主要原因是不同的植物及其提取物的功效并不一致，我们对其作用机制也不完全了解。因此，将来需要更多的研究以进一步了解植物及其提取物对肠道功能和微生物区系的影响。

营养学者和家禽科技工作者在清楚了解植物及其提取物的作用机理后，能最有效地将这些添加剂用于可持续性的家禽生产和提高经济效益上。即使这些活性物质源于自然且含量不高，也需要评估其在动物生产和人类健康中可能存在的潜在风险。运用具有特定应激条件或病原微生物感染攻毒模型的试验，包括使用球虫（艾美耳球虫）感染和细菌（大肠杆菌、产气荚膜梭菌、支原体、沙门氏菌）攻毒感染进行大规模的系统研究，将为合理而有效地使用植物及其提取物提供更详细而深入的技术认知。

（金顺顺，韩彦明，译；金立志，校）

参 考 文 献

Acamovic，T.，Brooker，J. D. 2005. Biochemistry of plant secondary metabolites and their effects in animals. Proc. Nutr. Soc. 64，403-412.

Alcicek，A.，Bozkurt，M.，Cabuk，M. 2003. The effect of an essential oil combination derived from selected herbs growing wild in Turkey on broiler performance. South African Journal of Animal Sciences. 33，89-94.

Allen，H. K.，Levine，U. Y.，Looft，T.，Bandrick，M.，Casey，T. A. 2013. Treatment，promotion，commotion：antibiotic alternatives in food producing animals. Trends Microbiol. 21，114-119.

Amad，A. A.，Manner，K.，Wendler，K. R.，Neumann，K.，Zentek，J. 2011. Effects of a phytogenic feed additive on growth performance and ileal nutrient digestibility in broiler chickens. Poult. Sci. 90，2811-2816.

Antoni，L.，Nuding，S.，Wehkamp，J.，Stange，E. F. 2014. Intestinal barrier in inflammatory bowel disease. World J. Gastroenterol. 20，1165-1179.

Arsi，K.，Donoghue，A. M.，Venkitanarayanan，K.，Kollanoor-Johny，A.，Fanatico，A. C.，Blore，P. J.，Donoghue，D. J. 2014. The efficacy of the natural plant extracts，thymol and carvacrol against campylobacter colonization in broiler chickens. Journal of Food Safety. 34，321-325.

Basmacioðlu Malayoðlu，H.，Baysal，S.，Misirlioðlu，Z.，Polat，M.，Yilmaz，H.，Turan，N. 2010. Effects of oregano essential oil with or without feed enzymes on growth performance，digestive enzyme，nutrient digestibility，lipid metabolism and immune response of broilers fed on wheat-soybean meal diets. Br. Poult. Sci. 51，67-80.

Bassole，I. H.，Juliani，H. R. 2012. Essential oils in combination and their antimicrobial properties. Molecules. 17，3989-4006.

Bento，M. H. L.，Ouwehand，A. C.，Tiihonen，K.，Lahtinen，S.，Nurminen，P.，Saarinen，M. T.，Schulze，H.，Mygind，T.，Fishcher，J. 2013. Essential oils and their use in animal feeds for monogastric animals-Effects on feed quality，gut microbiota，growth performance and food safety：a review. Veterinarni Medicina. 58，449-458.

Betancourt，L.，Ariza-Nieto，C.，Afanador-Téllez，G. 2010. Effects of feeding oregano essential oil to broilers on ileal digestibility and performance under high altitude conditions. Poult. Sci. 89，384.

Botsoglou，N. A.，Christaki，E.，Florou-Paneri，P.，Giannenas，I.，Papageorgiou，G.，Spais，A. B. 2004. The effect of a mixture of herbal essential oils or α-tocopheryl acetate on performance parameters and oxidation of body lipid in broilers. South African Journal of Animal Sciences. 34，52-61.

Botsoglou，N. A.，Florou-Paneri，P.，Christaki，E.，Fletouris，D. J.，Spais，A. B. 2002. Effect of dietary oregano essential oil on performance of chickens and on iron-induced lipid oxidation of breast, thighand abdominal fat tissues. Br. Poult. Sci. 43, 223-230.

Bozkurt, M., Aysul, N., Kucukyilmaz, K., Aypak, S., Ege, G., Catli, A., Aksit, H., Coven, F., Seyrek, K., Cinar, M. 2014. Efficacy of in-feed preparations of an anticoccidial, multienzyme, prebiotic, probiotic, and herbal essential oil mixture in healthy and *Eimeria* spp.-infected broilers. Poult. Sci. 93, 389-399.

Brenes, A., Roura, E. 2010. Essential oils in poultry nutrition: Main effects and modes of action. Animal Feed Sci. Technol. 158, 1-14.

Burt, S. 2004. Essential oils: Their antibacterial properties and potential applications in foods - a review. Int. J. Food Microbiol. 94, 223-253.

Cabuk, M., Bozkurt, M., Alcicek, A., Akbap, Y., Kucukyllmaz, K. 2006. Effect of a herbal essential oil mixture on growth and internal organ weight of broilers from young and old breeder flocks. S. Afr. J. Anim. Sci. 36, 135-141.

Cherian, G., Orr, A., Burke, I. C., Pan, W. 2013. Feeding Artemisia annua alters digesta pH and muscle lipid oxidation products in broiler chickens. Poult. Sci. 92, 1085-1090.

Chirumbolo, S. 2010. The role of quercetin, flavonols and flavones in modulating inflammatory cell function. Inflammation and Allergy Drug Targets. 9, 263-285.

Christaki, E., Bonos, E., Giannenas, I., Florou-Paneri, P. 2012. Aromatic plants as a source of bioactive compounds. Agriculture. 2, 228-243.

Christaki, E., Florou-Paneri, P., Giannenas, I., Papazahariadou, M., Botsoglou, N. A., Spais, A. B. 2004. Effect of a mixture of herbal extracts on broiler chickens infected with Eimeria tenella. Animal Res. 53, 137-144.

Cowan, M. M. 1999. Plant products as antimicrobial agents. Clin. Microbiol. Rev. 12, 564-582.

Cuppett, S. l., Hall, C. A. 1998. Antioxidant activity of the Labiatae. Advances in Food and Nutrition Research. 42, 245-271.

DANMAP 2011. DANMAP 2010: Use of antimicrobial agents and occurrence of antimicrobial resistance in bacteria from food animals, food and humans in Denmark, Denmark, National Food Institute.

De Smet, P. A. G. M. 2002. Herbal remedies. N. Engl. J. Med. 347, 2046-2056.

Dibner, J. J., Richards, J. D. 2005. Antibiotic growth promoters in agriculture: history and mode of action. Poult. Sci. 84, 634-643.

Fernandez-Panchon, M. S., Villano, D., Troncoso, A. M., Garcia-Parrilla, M. C. 2008. Antioxidant activity of phenolic compounds: from in vitro results to in vivo evidence. Crit. Rev. Food Sci. Nutr. 48, 649-671.

Florou-Paneri, P., Christaki, E., Giannenas, I., Papazahariadou, M., Botsoglou, N. A., Spais, A. B. 2004. Effect of dietary Olympus tea (*Sideritis scardica*) supplementation on performance of chickens challenged with Eimeria tenella. J. Anim. Feed Sci. 13, 301-311.

Florou-Paneri, P., Palatos, G., Govaris, A., Botsoglou, D., Giannenas, I., Ambrosiadis, I. 2005. Oregano herb versus oregano essential oil as feed supplements to increase the oxidative stability of turkey meat. Int. J. Poult. Sci. 4, 866-871.

Franz, C., Baser, K. H. C., Windisch, W. 2010. Essential oils and aromatic plants in animal feeding - a European perspective. A review. Flavour Frag. J. 25, 327-340.

Friedman, M., Henika, P. R., Levin, C. E., Mandrell, R. E. 2002. Antibacterial activities of plant essential oils and their components against *Escherichia coli* O157 : H7 and *Salmonella enterica* in apple juice. J. Agric. Food Chem. 52, 6042-6048.

Garcia, V., Catala-Gregori, P., Hernandez, F., Megias, M. D., Madrid, J. 2007. Effect of formic acid and plant extracts on growth, nutrient digestibility, intestine mucosa morphology and meat yield of broilers. J. Appl. Poultry Res. 16, 555-562.

Gaucher, M.-L., Quessy, S., Letellier, A., Arsenault, J., Boulianne, M. 2015. Impact of a drug-free program on broiler chicken growth performances, gut health, Clostridium perfringens and Campylobacter jejuni occurrences at the farm level. Poult. Sci. 94, 1791-1801.

Gessner, D. K., Bonarius, M., Most, E., Fiesel, A., Eder, K. 2016. Effects of polyphenol-rich plant products from grape or hop as feed supplements on the expression of inflammatory, antioxidative, cytoprotective and endoplasmic reticulum stress-related genes and the antioxidative status in the liver of piglets. Animal Physiol. Animal Nutr. 101, 185-194.

Gessner, D. K., Fiesel, A., Most, E., Dinges, J., Wen, G., Ringseis, R., Eder, K. 2013. Supplementation of a grape seed and grape marc meal extract decreases activities of the oxidative stress-responsive transcription factors NF-κB and Nrf2 in the duodenal mucosa of pigs. Acta Vet. Scand. 55, 18.

Ghareeb, K., Awad, W. A., Bohm, J., Zebeli, Q. 2015. Impacts of the feed contaminant deoxynivalenol on the intestine of monogastric animals: poultry and swine. J. Appl. Toxicol. 35, 327-337.

Gheisar, M. M., Im, Y. W., Lee, H. H., Choi, Y. I., Kim, I. H. 2015. Inclusion of phytogenic blends indifferent nutrient density diets of meat-type ducks. Poult. Sci. 94, 2952-2958.

Gheisar, M. M., Kim, I. H. 2017. Phytobiotics in poultry and swine nutrition - a review. Ital. J. Anim. Sci. 17, 92-99.

Giannenas, I. 2008. How to use plant extracts and phytogenics in animal diets. In: Binder, E. M., Schatzmayr, G. (eds.) World Nutrition Forum, the future of animal nutrition. Nottingham: Nottingham University Press.

Giannenas, I., Bonos, E., Anestis, V., Filioussis, G., Papanastasiou, D., Bartzanas, T., Papaioannou, N., Tzora, A., Skoufos, I. 2017. Effects of protease addition and replacement of soybean meal by corn gluten meal on the growth of broilers and on the environmental performances of a broiler production system in Greece. PLOS One. 12, e0169511.

Giannenas, I., Bonos, E., Christaki, E., Florou- Paneri, P. 2013. Essential oils and their applications in animal nutrition. Medicinal & Aromatic Plants. 2, 140.

Giannenas, I., Bonos, E., Christaki, E., Florou - Paneri, P. 2018a. Oregano: A feed additive with functional properties. In: Holban, A. M., Grumezescu, A. M. (eds.) Therapeutic foods, Handbook of food engineering, Volume 8. London, UK: Elsevier Academic Press.

Giannenas, I., Bonos, E., Filliousis, G., Stylianaki, I., Kumar, P., Lazari, D., Christaki, E., Florou-Paneri, P. 2018b. Effect of a polyherbal or an arsenic-containing feed additive on growth performance of broiler chickens, intestinal microbiota, intestinal morphology and lipid oxidation of breast and thigh meat. J. Appl. Poultry Res., 59.

Giannenas, I., Bonos, E., Skoufos, I., Tzora, A., Stylianaki, I., Lazari, D., Tsinas, A., Christaki, E., Florou-Paneri, P. 2018c. Effect of herbal feed additives on performance parameters, intestinal microbiota, intestinal morphology and meat lipid oxidation of broiler chicken. Br. Poult. Sci. 59, 545-553.

Giannenas, I., Doukas, D., Karamoutsios, A., Tzora, A., Bonos, E., Skoufos, I., Tsinas, A.,

Christaki, E., Tontis, D., Florou-Paneri, P. 2016a. Effects of Enterococcus faecium, mannan oligosaccharide, benzoic acid and their mixture on growth performance, intestinal microbiota, intestinal morphology and blood lymphocyte subpopulations of fattening pigs. Animal Feed Sci. Technol. 220, 159-167.

Giannenas, I., Florou-Paneri, P., Botsoglou, N. A., Christaki, E., Spais, A. B. 2005. Effect of supplementing feed with oregano and/or a-tocopheryl acetate on growth of broiler chickens and oxidative stability of meat. J. Anim. Feed Sci. 14, 521-535.

Giannenas, I., Florou-Paneri, P., Papazahariadou, M., Botsoglou, N. A., Christaki, E., A. B., S. 2004. Effect of diet supplementation with ground oregano on performance of broiler chickens challenged with Eimeria tenella. Archiv. Geflug. 68, 247-252.

Giannenas, I., Florou-Paneri, P., Papazahariadou, M., Christaki, E., Botsoglou, N. A., A. B., S. 2003. Dietary oregano essential oil supplementation on performance of broilers challenged with Eimeria tenella. Arch. Animal Nutr. 57, 99-106.

Giannenas, I., Karamoutsios, A., Bartzanas, T., Tsinas, A., Tzora, A., Skoufos, I. 2016b. Oregano and sage essential oils improve antioxidant status of raw and cooked breast and thigh chicken meat. Agro Food Ind. Hi Tec. 27, 10-14.

Giannenas, I., Papaneophytou, C., Tsalie, E., Mavridis, S., Triantafillou, E., Kontopidis, G., Tontis, D. 2014a. Effect of benzoic acid and essential oil compounds on performance of turkeys, intestinal microbiota, intestinal morphology and antioxidant status. Asian Austral. J. Anim. Sci. 27, 225-236.

Giannenas, I., Tzora, A., Bonos, E., Sarakatsianos, I., Karamoutsios, A., Anastasiou, I., Skoufos, I. 2016c. Effects of dietary oregano essential oil, laurel essential oil and attapulgite on chemical composition, oxidative stability, fatty acid profile and mineral content of chicken breast and thigh meat. Eur. Poultry Sci. 80, 1-18.

Giannenas, I., Tzora, A., Sarakatsianos, I., Karamoutsios, A., Skoufos, S. 2016d. The effectiveness of the use of oregano and laurel essential oils in chickens' feeding. Ann. Animal Sci. 16, 779-796.

Giannenas, I. A., Papaneophytou, C. P., Tsalie, E., Triantafillou, E., Tontis, D., Kontopidis, G. A. 2014b. The effects of benzoic acid and essential oil compounds in combination with protease on the performance of chickens. J. Anim. Feed Sci. 23, 73-81.

Gong, J., Yin, F., Hou, Y., Yin, Y. 2014. Chinese herbs as alternative to antibiotics in feed for swine and poultry production: Potential and challenges in application. Can. J. Anim. Sci. 94, 223-241.

Guyard-Nicodeme, M., Keita, A., Quesne, S., Amelot, M., Pezevara, T., Le Berre, B., Sanchez, J., Vesseur, P., Martin, A., Medel, P., Chemaly, M. 2016. Efficacy of feed additives against Campylobacter in live broilers during the entire rearing period. Poult. Sci. 95, 298-305.

Hager-Theodorides, A. L., Goliomytis, M., Delis, S., Deligeorgis, S. G. 2014. Effects of dietary supplementation with quercetin on broiler immunological characteristics. Animal Feed Sci. Technol. 198, 224-230.

Hammer, K. A., Carson, C. F., Riley, T. V. 1999. Antimicrobial activity of essential oils and other plant extracts. J. Appl. Microbiol. 86, 985-990.

Hao, H., Cheng, G., Iqbal, Z., Ai, X., Hussain, H. I., Huang, L., Dai, M., Wang, Y. Z., Liu, Z., Yuan, Z. 2014. Benefits and risks of antimicrobial use in food-producing animals. Front Microbiol. 5, 288.

Hashemi, S. R., Davoodi, H. 2011. Herbal plants and their derivatives as growth and health promoters in animal nutrition. Vet. Res. Commun. 35, 169-180.

Helander, M., Alakomi, H., Latva-Kala, K., Mattila-Sandholm, T., Pol, I., Smid, E. J., Gorris, L. G. M., Wright, A. V. 1998. Characterization of the action of selected essential oil components on Gram-negative bacteria. J. Agric. Food Chem. 46, 3590-3595.

Hermans, D., Van Deun, K., Messens, W., Martel, A., Van Immerseel, F., Haesebrouck, F., Rasschaert, G., Heyndrickx, M., Pasmans, F. 2011. Campylobacter control in poultry by current intervention measures ineffective: urgent need for intensified fundamental research. Vet. Microbiol. 152, 219-228.

Hernandez, F., Madrid, J., Garcia, V., Orengo, J., Megias, M. D. 2004. Influence of two plant extracts on broilers performance, digestibility, and digestive organ size. Poult. Sci. 83, 169-174.

Heuer, O. E., Pedersen, K., Andersen, J. S., Madsen, M. 2001. Prevalence and antimicrobial susceptibility of thermophilic Campylobacter in organic and conventional broiler flocks. Lett. Appl. Microbiol. 33, 269-274.

Hippenstiel, F., Abdel-Wareth, A. A. A., Kehraus, S., Sudekum, K. H. 2011. Effects of selected herbs and essential oils, and their active components on feed intake and performance of broilers - a review. Archiv. Geflug. 75, 226-234.

Hodek, P., Trefil, P., Stiborova, M. 2002. Flavonoids-potent and versatile biologically active compounds interacting with cytochromes P450. Chemico-Biological Interactions. 139, 1-21.

Hu, W. Q., Li, Q. Y., Xiong, F., Deng, X. J. 2011. Effects of oregano essential oil on the performance and economy of broilers. Chinese Journal of Animal Science. 46, 60-61.

Jamroz, D., Wertelecki, T., Houszka, M., Kamel, C. 2006. Influence of diet type on the inclusion of plant origin active substances on morphological and histochemical characteristics of the stomach and jejunum walls in chicken. J. Anim. Physiol. Animal Nutr. 90, 255-268.

Jang, I. S., Ko, Y. H., Kang, S. Y., Lee, C. Y. 2007. Effect of a commercial essential oil on growth performance, digestive enzyme activity and intestinal microflora population in broiler chickens. Animal Feed Sci. Technol. 134, 304-315.

Jerzsele, A., Szeker, K., Csizinszky, R., Gere, E., Jakab, C., Mallo, J. J., Galfi, P. 2012. Efficacy ofprotected sodium butyrate, a protected blend of essential oils, their combination, and Bacillus amyloliquefaciens spore suspension against artificially induced necrotic enteritis in broilers. Poult. Sci. 91, 837-843.

Jin, J. Z. 2010. Phytogenic feed additives: nutritional functions and mechanism of action in monogastric animals. Chin. J. Anim. Nutr. 22, 1154-1164.

Jugl-Chizzola, Ungerhofer, E., Gabler, C., Hagmuller, W., Chizzola, R., Zitterl-Eglseer, K., Franz, C. 2006. Testing of the palatability of Thymus vulgaris L. and Origanum vulgare L. as flavouring feed additive for weaner pigs on the basis of a choice experiment. Berliner und Münchener Tierärztliche Wochenschrift. 119, 238-243.

Kamatou, P. P., Viljoen, A. M. 2009. A review of the application and pharmacological properties of a-bisabolol and a-bisabolol-rich oils. J. Am. Oil Chem. Soc. 87, 1-7.

Kelly, C., Gundoqdu, O., Pircalabioru, G., Cean, A., Scates, P., Linton, M., Pinkerton, L., Magowan, E., Stef, L., Simiz, E., Pet, I., Stewart, S., Stabler, R., Wren, B., Dorrell, N., Corcionivoschi, N. 2017. The in vitro and in vivo effect of carvacrol in preventing campylobacter infection, colonization and in improving productivity of chicken broilers. Foodborne Pathogens and

Disease. 14, 341-349.

Kim, Y. S., Ho, S. B. 2010. Intestinal goblet cells and mucins in health and disease: Recent insights and progress. Curr. Gastroenterol. Rep. 12, 319-330.

Kocic-Tanackov, S. D., Dimic, G. R., Tanackov, I. J., Pejin, D. J., Mojovic, L. V., Pejin, J. D. 2012. Antifungal activity of Oregano (Origanum vulgare L.) extract on the growth of Fusarium and Penicillium species isolated from food Hem. Ind. 66, 33-41.

Koollanoor Johny, A., Darre, M. J., Donoghue, A. M., Donoghue, D. J., Venkitanarayana, K. 2010. Antibacterial effect of trans-cinnamaldehyde, eugenol, carvacrol, and thymol on Salmonella Enteritidis and Campylobacter jejuni in chicken cecal contents in vitro. J. Appl. Poultry Res. 19, 237-244.

Kostadinović, L. J., Puvača, N., Popović, S., Lević, J. 2015. Botanical supplements as anti-coccidial alternatives in poultry nutrition. World's Poult. Sci. J. 71, 27-36.

Kurekci, C., Al Jassim, R., Hassan, E., Bishop-Hurley, S. L., Padmanabha, J., McSweeney, C. S. 2014. Effects of feeding plant-derived agents on the colonization of Campylobacter jejuni in broiler chickens. Poult. Sci. 93, 2337-2346.

Lambert, R. J. W., Skandamis, P. N., Coote, P. J., Nychas, G. J. E. 2001. A study of the minimum inhibitory concentration and mode of action of oregano essential oil, thymol and carvacrol. J. Appl. Microbiol. 91, 453-462.

Laudadio, V., Passantino, L., Perillo, A., Lopresti, A., Passantino, A., Khan, R. U., Tufarelli, V. 2012. Productive performance and histological features of intestinal mucosa of broiler chickens fed different dietary protein levels. Poult. Sci. 91, 265-270.

Lawrence, B. M., Reynolds, R. J. 1984. The botanical and chemical aspects of oregano. Perfumere et Flavorist. 9, 41-51.

Lee, K., Everts, W. H., Beynen, A. C. 2004. Essential oils in broiler nutrition. Int. J. Poult. Sci. 9, 738-752.

Lee, K. W., Everts, H., Kappert, H. J., Yeom, K. H., Beynen, A. C. 2003. Dietary carvacrol lowers body weight gain but improves feed conversion in female broiler chickens. J. Appl. Poultry Res. 12, 394-399.

Mathlouthi, N., Bouzaienne, T., Oueslati, I., Recoquillay, F., Hamdi, M., Urdaci, M., Bergaoui, R. 2012. Use of rosemary, oregano, and a commercial blend of essential oils in broiler chickens: In vitro antimicrobial activities and effects on growth performance. J. Anim. Sci. 90, 813-823.

Milos, M., Mastelic, J., Jerkovic, I. 2000. Chemical composition and antioxidant effect of glycosidically bound volatile compounds from oregano (*Origanum vulgare* L. ssp. hirtum). Food Control. 71, 79-83.

Mitsch, P., Zitterl-Eglseer, K., Kohler, B., Gabler, C., Losa, R., Zimpernik, I. 2004. The effect of two different blends of essential oil components on the proliferation of Clostridium perfringens in the intestines of broiler chickens. Poult. Sci. 83, 669-675.

O'Bryan, C. A., Pendleton, S. J., Crandall, P. G., Ricke, S. C. 2015. Potential of plant essential oils and their components in animal agriculture-in vitro studies on antibacterial mode of action. Frontiers in Veterinary Research. 2, 1-35.

Paraskeuas, V., Fegeros, K., Palamidi, I., Hunger, C., Mountzouris, K. C. 2017. Growth performance, nutrient digestibility, antioxidant capacity, blood biochemical biomarkers and cytokines expression in broiler chickens fed different phytogenic levels. Animal Nutr. 3, 114-120.

Paraskeuas, V., Fegeros, K., Palamidi, I., Theodoropoulos, G., Mountzouris, K. C. 2016. Phytogenic administration and reduction of dietary energy and protein levels affects growth performance, nutrient digestibility and antioxidant status of broilers. J. Poultry Sci. 53, 264-273.

Park, J. H., Kim, I. H. 2018. Effects of a protease and essential oils on growth performance, blood cellprofiles, nutrient retention, ileal microbiota, excreta gas emission, and breast meat quality in broiler chicks. Poult. Sci. 97, 2854-2860.

Placha, I., Takacova, J., Ryzner, M., Cobanova, K., Laukova, A., Strompfova, V., Venglovska, K., Faix, S. 2014. Effect of thyme essential oil and selenium on intestine integrity and antioxidant status of broilers. Br. Poult. Sci. 55, 105-114.

Ramos, F. A., Martinez, A. P., Montes, E. S., Gaytan, C. N., Cazarez, A. S. H., Tovar, J. C., Sanchez, J. G., Castillo, J. D. C. R. 2017. Oregano oil use in broiler diet increases accumulation of carvacrol and thymol in breast meat. Acta Univers. 27, 34-39.

Reisinger, N., Steiner, T., Nitsch, S., Schatzmayr, G., Applegate, T. J. 2011. Effects of a blend of essential oils on broiler performance and intestinal morphology during coccidial vaccine exposure. J. Appl. Poultry Res. 20, 272-283.

Rhee, K. S., Anderson, L. M., Sams, A. R. 1996. Lipid oxidation potential of beef, chicken, and pork. J. Food Sci. 61, 8-12.

Roofchaee, A., Irani, M., Ebrahimzadeh, M. A., Akbari, M. R. 2011. Effect of dietary oregano (*Origanum vulgare* L.) essential oil on growth performance, cecal microflora and serum antioxidant activity of broiler chickens. African J. Biotechnol. 10, 6177-6183.

Roura E, Humphrey, B., Tedo, G., Ipharraguerre, I. 2008. Unfolding the codes of short-term feed appetence in farm and companion animals. A comparative oronasal nutrient sensing biology review. Can. J. Anim. Sci. 88, 535-558.

Saeed, M., Naveed, M., Arain, M. A., Arif, M. 2017. Quercetin: Nutritional and beneficial effects in poultry. World's Poult. Sci. J. 73, 355-364.

Sedaghat, A., Karimi Torshizi, M. A. 2017. Immune responses, intestinal microbiota, performance and blood characteristics of Japanese quail fed on diets containing camphor. Animal. 11, 2139-2146.

Seow, Y. X., Yeo, C. R., Chung, H. l., Yuk, H. G. 2014. Plant essential oils as active antimicrobialagents. Crit. Rev. Food Sci. Nutr. 54, 625-644.

Shi, D. H., Chen, J. F., Ma, X. H., Xu, Y. H., Wang, J. L. 2012. Antioxidation and mechanism of Lamiaceae species extract in monogastric animals. Chin. J. Anim. Nutr. 3, 397-405.

Skoufos, I., Giannenas, I., Tontis, D., Bartzanas, T., Kittas, C., Panagakis, P., Tzora, A. 2016. Effects of oregano essential oil and attapulgite on growth performance, intestinal microbiota and morphometryin broilers. S. Afr. J. Anim. Sci. 46, 77-88.

Solorzano-Santos, F., Miranda-Novales, M. G. 2012. Essential oils from aromatic herbs as antimicrobial agents. Curr. Opin. Biotechnol. 23, 136-141.

Sun, X., McElroy, A., Webb, J. K. E., Sefton, A. E., Novak, C. 2005. Broiler performance and intestinal alterations when fed drug-free diets. Poult. Sci. 84, 1294-1302.

Symeon, G. K., Zintilas, C., Demiris, N., Bizelis, L. A., Deligeorgis, S. G. 2010. Effects of oregano essential oil dietary supplementation on the feeding and drinking behaviour as well as the activity of broilers. Int. J. Poult. Sci. 9, 401-405.

Tiihonen, K., Kettunen, H., Bento, M. H. L., Saarinen, M., Lahtinen, S., Ouwehand, A., Schulze, H., Rautonen, N. 2010. The effect of feeding essential oils on broiler performance and gut microbiota. Br. Poult. Sci. 51, 381-392.

Toghyani, M., Toghyani, M., Gheisari, A., Ghalamkari, G., Mohammadrezaei, M. 2010. Growth performance, serum biochemistry and blood hematology of broiler chicks fed different levels of black seed (*Nigella sativa*) and peppermint (*Mentha piperita*). Livestock Sci. 129, 173-178.

Tsirtsikos, P., Fegeros, K., Kominakis, A., Balaskas, C., Mountzouris, K. C. 2012. Modulation of intestinal mucin composition and mucosal morphology by dietary phytogenic inclusion level in broilers. Animal. 6, 1049-1057.

Tzora, A., Giannenas, I., Karamoutsios, A., Papaioannou, N., Papanastasou, D., Bonos, E., Skoufos, S., Bartzanas, T., Skoufos, I. 2017. Effects of oregano, attapulgite, benzoic acid and their blend on chicken performance, intestinal microbiology and Intestinal morphology. J. Poultry Sci. 54, 218-227.

Van Der Aar, P. J., Molist, F., Van Der Klis, J. D. 2017. The central role of intestinal health on the effect of feed additives on feed intake in swine and poultry. Animal Feed Sci. Technol. 233, 64-75.

Van Eerden, E., Star, L. 2010. The Efficacy of Orego-Stim® in broiler diets containing different energy levels. Schothorst Feed Res. Rep. 1021, 1-21.

Van Eerden, E., Star, L., Van Der Aar, L., Jin, L. Z. 2012. Effect of dietary oregano (*Origanum vulgare* L.) essential oil on growth performance of broiler chickens fed with diets of different metabolizable energy levels. J. Anim. Sci. 90, 559.

Varel, V. H. 2002. Livestock manure odor abatement with plant-derived oils and nitrogen conservation with urease inhibitors: a review. J. Anim. Sci. 80, E1-E7.

Vogt, H., Harnisch, S., Rauch, H. W., Heil, G. 1989. Dried natural spices in broiler rations. Archiv. Geflug. 53, 144-150.

Vondruskova, H., Slamova, R., Trckova, M., Zraly, Z., Pavlik, I. 2010. Alternatives to antibiotic growth promoters in prevention of diarrhoea in weaned piglets: a review. Veterinarni Medicina. 55, 199-224.

Wang, X., Li, Y., J., S., Wang, S. Y., Yao, J., Yang, X. 2015. Effect of Astragalus polysaccharide and its sulfated derivative on growth performance and immune condition of lipopolysaccharide-treated broilers. Int. J. Biol. Macromol. 76, 188-194.

Williams, P., Losa, R. 2001. The use of essential oils and their compounds in poultry nutrition. World Poult. 17, 14-15.

Windisch, W., Schedle, K., Plitzner, C., Kroismayr, A. 2008. Use of phytogenic products as feed additives for swine and poultry. J. Anim. Sci. 86, 140-148.

Xu, J., Zhou, F., Ji, B. P., Pei, R. S., Xu, N. 2008. Carvacrol and thymol had desired antimicrobial effect on *E. coli*. The antibacterial effects were attributed to their ability to permeabilize and depolarize the cytoplasmic membrane. Lett. Appl. Microbiol. 47, 174-179.

Yakhkeshi, S., Rahimi, S., Gharib Naseri, K. 2011. The effects of com-parison of herbal extracts, antibiotics, probiotics and organicacid on serum lipids, immune response, GIT microbial population, intestinal morphology and performance of broilers. Journal of Medicinal Plants. 10, 80-95.

Yamauchi, K., Buwjoom, T., Koge, K., Ebashi, T. 2006. Histological alterations of the intestinal villi and epithelial cells in chickens fed dietary sugar cane extract. Br. Poult. Sci. 47, 544-553.

Yang, C., Chowdhury, K., Hou, Y., Gong, J. 2015. Phytogenic compounds as alternatives to in-feed antibiotics: Potentials and challenges in application. Pathogens. 4, 137-156.

Young, J., Stagsted, J., Jensen, J., Karlsson, A., Heckel, P. 2003. Ascorbic acid, a-tocopherol, and oregano supplements reduce stress-induced deterioration of chicken meat quality. Poult. Sci. 82, 1343-1351.

Zhang, Y., Gong, J., Yu, H., Guo, Q., Defelice, C., Hernandez, M., Yin, Y., Wang, Q. 2014. Alginate-whey protein dry powder optimized for target delivery of essential oils to the intestine of chickens. Poult. Sci. 93, 2514-2525.

第十一章
芳香植物及其提取物在蛋鸡日粮中的应用

David Harrington，*Heidi Hall*，
David Wilde，*Wendy Wakeman*

Anpario plc，Nottinghamshire，United Kingdom

一、引言

数量遗传学和先进育种技术的应用，使得现代蛋鸡的生产性能显著提高。蛋鸡育种的主要目标是筛选出高产基因型的蛋鸡，以生产大量可销售的鸡蛋，即培育具有 100 周生产周期的“长寿蛋鸡”（Bain 等，2016）。蛋鸡生产周期可持久性延长，要求保证产蛋后期的蛋壳质量及蛋鸡骨骼的完整性和蛋鸡的存活率（Preisinger，2018）。

减少抗生素的使用和改善家禽福利逐渐成为全球关注的热点，营养、生物安全和管理是确保蛋鸡有最佳产蛋性能的关键因素。家禽业对抗生素使用的要求越来越严格，这限制了抗生素的使用种类和范围。由于蛋鸡生产有严格的休药期，使用抗生素期间的鸡蛋不能进入食品流通环节，这给企业造成巨大的经济损失，所以抗生素在蛋鸡上的使用一直受到限制。由于允许使用的药物被禁用的压力越来越大，因此可使用抗生素的种类正快速减少。研究表明，芳香植物及其提取物与抗生素之间的协同作用可能增强这些使用受限的抗生素的功效（Moussaoui 和 Alaoui，2016；Chouhan 等，2017）。此外，芳香植物的使用没有休药期，进一步增加了其作为抗菌替代品的可能性。

家禽福利更多地考虑鸡舍和传统笼养系统的替代，如富集笼或空间更大的系统，可以让家禽在地面上活动。这些系统虽然能改善家禽福利，但同时也增加了家禽患病或感染寄生虫的风险（Lay 等，2011）。比如，全球家禽红螨鸡皮刺螨（*Dermanyssus gallinae*）的感染率不断上升，严重感染时可导致蛋鸡的生产性能下降甚至引发蛋鸡死亡。尽管坊间报告显示了植物提取物局部用作驱螨虫剂的效果，但仍缺乏在蛋鸡体内使用的科学依据（Sparaganoe 等，2014）。在传统笼养替代饲喂系统中，家禽接触地面或室外环境的机会增加，加大了感染寄生虫，如蠕虫、组织滴虫和艾美耳球虫的风险。体内试验证实芳香植物具有很好的抗寄生虫特性（Dhama 等，2015），因此已经应用于蛋鸡生产中。

芳香植物产生、分泌有气味的挥发性芳香物质，其提取物包括植物精油、树胶分泌物、香脂和从植物任何部分提取的天然树脂。许多芳香植物属于樟科（Lauraceae）、伞形花科（Umbelliferae）、桃金娘科（Myrtaceae）和唇形科（Lamiaceae），其中包括肉桂、茴香、桉树和牛至等。其他植物，如毛茛科（Ranunculaceae）的黑种草（*Nigella* sativa），其种子可以产生一种芳香油，含有高水平的对伞花烃、百里香醌和百里香酚（Kazemi，2014）；鸢尾科（Iridaceae）的番红花（*Crocus sativus*）精油有高含量的藏花醛（Kanakis 等，2004），已经证实其具有抗惊厥作用；干的番红花（*C. sativus*）柱头被称作藏红花，富含藏红花素，是一种强的抗氧化剂（Botsoglou 等，2005a）。

目前已经有一些关于芳香植物在蛋鸡中应用的综述（Steiner，2009；Bozkurt 等，2014）。本章将回顾芳香植物，特别是樟科、伞形科、桃金娘科和唇形科植物在蛋鸡日粮中的应用，重点介绍它们在调节蛋鸡肠道微生物菌群、缓解应激和其他生理功能中的作用。

二、芳香植物与蛋鸡福利

（一）肠道微生物菌群的调节

芳香植物提取物在体外的抗菌特性已经有很多文献报道（Roldán 等，2010），体内的抗菌作用也有大量研究，特别是在肉鸡肠道健康不佳，如在由产气荚膜梭菌（*Clostridium perfringens*）增殖引起的病理性坏死性肠炎的情况下，芳香植物提取物对微生物菌群及特性的影响更是受到了广泛关注（Diaz-Carrasco 等，2016）。但有关其对蛋鸡肠道微生物菌群的研究则较为缺乏。蛋鸡肠道细菌的定殖模式似乎与肉鸡不同（Kers 等，2018），可能存在不同的作用机制。因此，了解芳香植物对蛋鸡微生物菌群的影响是很有价值的。

已有十几项有关芳香植物及其提取物对蛋鸡肠道微生物菌群影响的研究报道。在 7 周的试验期内，牛至精油微胶囊（100mg/kg）增加了蛋鸡肠道乳酸杆菌（*Lactobacilli*）和双歧杆菌（*Bifidobacteria*）的数量，同时降低了大肠杆菌（*Escherichia coli*）和沙门氏菌（*Salmonella*）的数量（He 等，2017）。Bölükbaşi 和 Erhan（2007）报道，罗曼蛋鸡日粮中添加 0.1%或 0.5%百里香，试验 12 周后确实观察到肠道中大肠杆菌数量减少，但是棒状杆菌数量没有显著差异。强制换羽后，蛋鸡盲肠微生物发生了显著变化，产气荚膜梭菌和大肠杆菌菌群数量增加，乳酸杆菌数量减少（Bozkurt 等，2016）。给换羽后的蛋鸡（82～106 周）饲喂以牛至精油（24mg/kg）为基础的商业添加剂后，大肠杆菌菌群有减少的趋势而乳酸杆菌有增加的趋势，但是盲肠微生物菌群没有显著的改变（Bozkurt 等，2016）。

肠炎沙门氏菌（*Salmonella enteritidis*）和鼠伤寒沙门氏菌（*S. typhimurium*）是引起人类肠道疾病的主要食源性病原菌，通过垂直或水平传播而受到污染的鸡蛋可能会成为感染源。Upadhyaya 等（2015）的研究表明，人工感染沙门氏菌的蛋鸡日粮中添加反式肉桂醛（1.5%体积/重量），66d 的试验期后，沙门氏菌阳性的蛋壳和蛋黄数量分别减少了 44%和 36%，沙门氏菌阳性的组织样本（盲肠、肝脏和输卵管）的比例也有所下降。蛋鸡在人工感染前 3 周饲喂含有丁香酚（250mg/kg）的商业产品，接种肠炎沙门氏菌（*S. enteritidis*）30d 后，盲肠、肝脏、脾脏和卵巢的沙门氏菌为阴性（Ordóñez 等，2008）。Arpášová 等（2013）报道，在 17 周龄的蛋鸡日粮中添加百里香酚 23 周后，可降低鸡蛋中的大肠杆菌、肠球菌、乳酸杆菌、酵母菌和真菌数量。

由短螺旋属（*Brachyspira*）的肠道螺旋体引起的盲肠炎是一种复合疾病，主要发生于蛋鸡和肉用种鸡中。Verlinden 等（2013）研究表明，香芹酚、百里香酚、芳樟醇、橙花叔醇、丁香酚、胡椒碱、辣椒提取物、肉桂醛等从芳香植物中提取的化合物，对中间短螺旋体（*Brachyspira intermedia*）的最小抑菌浓度是最低的。当在感染中间短螺旋体的蛋鸡日粮中添加反式肉桂醛（500mg/kg），则短螺旋体的数量比对照组显著减少。

包括丁香酚在内的多种芳香族提取物会影响免疫系统，丁香酚可以刺激黏液内层（针对微生物的关键黏膜屏障），增加梭菌属的细菌种类（Wlodarska 等，2015）。一个合理的假设是丁香酚调节肠道菌群导致黏膜层变厚，对定殖的病原菌的抵抗力提高（Wlodarska 等，2015）。丁香酚可以刺激黏液层，保护宿主，其他芳香植物衍生物或化合物很可能具有相似的作用方式。

（二）应激

应激的来源广泛，包括营养变化、动物处理、差的动物福利和不适的温度等。由应激反应产生的皮质酮能抑制卵泡发育，增加能量摄入。蛋鸡通过减少循环蛋黄前体的可利用率和阻止卵黄在卵泡中的沉积，从而降低产蛋量，增加可利用的能量（Mumma 等，2006；Wang 等，2017）。

1. 行为应激

应激会改变蛋鸡的正常行为，导致行为病态，如啄羽或更多的恐惧反应（Jones，1996）。给鹌鹑饲喂 80mg/d 当量的百里香酚 100d 后，可以显著减少鹌鹑的恐惧行为（Lábaque 等，2013）。百里香酚可作为 γ-氨基丁酸受体的正变构调节剂（Garcia 等，2006），当该受体被激活时会抑制神经元活性。镇静剂（如地西泮）或麻醉剂（如异丙酚，一种类似于百里香酚的化合物）以类似的方式起作用（Riss 等，2008；Bhandari 和 Kabra，2014）。低剂量的异丙酚也有抗焦虑的作用（Kurt 等，2003）。给肉鸡饲喂 200mg/kg 的百里香酚，可改善其采食行为，提高生产性能，减少恐惧反应，延长采食时间（Ramadan，2013）。日粮的变化会引起啄羽，并可能导致长期伤害性的啄癖，在日粮中添加牛至可以“掩盖”日粮的变化及其影响（Dixon 和 Nicol，2008）。Banu 等（2016）在进行蛋鸡因孵蛋而导致产蛋天数减少的试验时发现，50%薄荷溶液（20 mL/只）对于改变蛋鸡孵化行为有正向效果，薄荷可以将散养蛋鸡不产蛋的时间缩短 27d。

2. 温度应激

超出家禽的舒适温度范围，尤其是过热，会导致代谢和免疫功能受损及内分泌系统紊乱、肠道完整性破坏和组织损伤（Nidamanuri 等，2017）。此外，生殖器官也会受到不良影响，导致输卵管长度缩短和卵泡发育受损。在寒冷的应激下［(8.8 ± 3)℃］，给罗曼 LSL-Lite 蛋鸡饲喂添加肉桂（40mg/kg）的日粮 8 周，与对照组相比，产蛋量增加了 16%，而添加肉桂并额外补充锌的处理组产蛋量提高了 19%（Torki 等，2015）。Akbari 等（2016）也证明，在低温条件下［(6.8 ± 3)℃］，饲喂薄荷和百里香精油的蛋鸡，与对照组相比，可提高产蛋性能（提高产蛋率和产蛋量，改善饲料转化率）和蛋品质。在温和的热应激（24℃）条件下，给试验组蛋鸡饲喂牛至、月桂、鼠尾草、茴香籽、桃金娘和柑橘皮的精油混合物，在 16 周的试验期内，蛋壳质量得到了改善，但生产性能和蛋品质与对照组相比均无显著差异（Bozkurt 等，2012a）。与 24℃ 的环境温度相比，高温应激（34℃）下，茴香精油未能改善蛋鸡的生产性能（Gharaghani 等，2015）。在环境温度为 28℃时，添加植物精油混合物（牛至、月桂、鼠尾草、桃金娘、茴香和柑橘皮）对蛋鸡的生产性能没有影响（Ozek 等，2011）。然而在 Bozkurt 等（2012a）的研究中，平均温度

30℃，20 周的试验期内，上述相同的芳香植物混合物显著提高了蛋鸡的产蛋率和蛋重（Cabuk 等，2006）。

3. 氧化应激

氧化应激是生理应激反应的基础。内源抗氧化系统和胞内促氧化剂平衡状态的失衡，可导致活性氧过量和细胞损伤。环境应激，如高温会提高家禽的氧化应激程度（Nidamanuri 等，2017）。芳香植物，如唇形科植物的精油，在肉鸡体内外试验中均表现出良好的抗氧化活性（Matkowski 和 Piotrowska，2006）。

日粮中添加百里香、薄荷、迷迭香和莳萝混合物（200mg/kg），迷迭香和百里香（0.9%），百里香（9g/kg）或迷迭香（6g/kg），能显著降低蛋鸡血清和肝中的丙二醛水平（malondialdehyde，MDA）、血清谷胱甘肽（glutathione，GSH）活性及提高血清超氧化物歧化酶活性（super oxide dismutase，SOD）（Alagawany 和 El-Hack，2015；Alagawany 等，2017；El-Hack 等，2015；Mousavi 等，2017）。Torki 等（2018）研究表明，菊苣、迷迭香和莳萝对蛋黄的抗氧化能力有协同作用，饲喂蛋鸡后能提高蛋黄的谷胱甘肽过氧化物酶活性。有趣的是，Chen 等（2018）研究表明，日粮中添加 0.8g/kg 的桉树叶对正常条件下饲养的蛋鸡的总抗氧化能力没有显著影响，但是鸡肉的滴水损失比对照组低 3%。然而，当蛋鸡在乙醇诱导下引起氧化损伤时，其血清抗氧化水平会显著高于对照组，从而降低肝脏的损伤程度。虽然芳香植物及其提取物会影响蛋鸡的抗氧化能力，但很难推断其对生产性能的影响。表 11－1 汇总了芳香植物及其提取物影响蛋鸡的产蛋率、血清和鸡蛋抗氧化能力的试验结果，从中可以看出 50%的结果显示蛋黄或血清的抗氧化水平对蛋鸡的生产性能没有影响。虽然鸡蛋的抗氧化水平反映了蛋鸡血清的抗氧化水平（Sahin 等，2010），但产蛋后期抗氧化分子会优先沉积在鸡蛋中而不是蛋鸡体内（Loetscher 等，2014）。这可能是我们不易确定对蛋鸡生产性能有积极影响的芳香植物用量的一个原因。

表 11－1　芳香植物及其提取物对产蛋率、血清和鸡蛋抗氧化能力的影响

周龄[a]	试验期[b]（周）	添加物	样品形态	添加量	产蛋率	血清 MDA	蛋黄 MDA	资料来源
43	10	紫锥菊	粉末	5g/kg	↑	—	NC	Jahania 等（2015）
37.5	9	桉树	滤液	0.8g/kg	NC	NC	↓	Chen 等（2018）
28	12.9	牛至	干植物	1%	↑	—	↓	Radwan 等（2008）
82	25	牛至	植物精油	24mg/kg	↑	↓	—	Bozkurt 等（2016）
28	12.9	迷迭香	干植物	1%	↑	—	↓	Radwan Nadia 等（2008）
36	16	迷迭香	粉末	0.9%	↑	↓	—	Alagawany 等（2017）
28	12.9	百里香	干植物	1%	↑	—	↓	Radwan Nadia 等（2008）
36	16	百里香	粉末	0.9%	↑	↓	—	Alagawany 等（2017）
28	12.9	姜黄	干植物	1%	↑	—	↓	Radwan Nadia 等（2008）
42	4.3	茴香	未提及	20g/kg	NC	—	NC	Gharaghani 等（2015）
32	8.5	牛至	植物精油	100mg/kg	NC	—	↓	Florou-Paneri 等（2005）
32	8	牛至	干植物	5g/kg	NC	—	↓	Botsoglu 等（2005b）
32	8	迷迭香	干植物	5g/kg	NC	—	↓	Botsoglu 等（2005b）

（续）

周龄[a]	试验期[b]（周）	添加物	样品形态	添加量	产蛋率	血清MDA	蛋黄MDA	资料来源
78	4	鼠尾草	干树叶	2.5%	NC	↓	NC[c]	Loetscher 等（2014）
42	6	黄芩	乙醇提取物	0.5%	NC	—	↓	An 等（2010）
36	16	百里香	粉末	9g/kg	NC	↓	—	El-Hack 和 Alagawany（2015）

注：NC，没有影响；[a]试验开始时间；[b]试验持续时间；[c]冻干蛋黄。

今后需进一步研究芳香植物在调节应激反应（行为或环境）和相关抗氧化水平方面的作用。更深入地了解芳香植物与蛋鸡和鸡蛋的抗氧化水平之间的关系及对应激的影响，将有助于芳香植物的有效应用并最大程度地提高蛋鸡的生产性能。

（三）免疫调节

有关芳香植物对蛋鸡免疫系统影响的研究十分有限，虽然在肉鸡上有类似的研究，但是蛋鸡与肉鸡的免疫应答有所不同。肉鸡倾向于强烈的短期体液免疫应答（免疫球蛋白M，IgM），而蛋鸡则偏向于长期体液免疫应答（免疫球蛋白Y，IgY）与强烈的细胞免疫应答相结合（Koenen 等，2002）。饲喂迷迭香或百里香（0.9%）的蛋鸡，其循环抗体IgY 和 IgM 的水平高于对照组，迷迭香似乎可以刺激产生最高水平的循环抗体（Alagawany 等，2017）。在 Radwan Nadia 等（2008）的研究中也有相似的发现，1%迷迭香、牛至或百里香能提高血清抗体滴度。在 52～68 周龄和 36～51 周龄蛋鸡的两个试验中，牛至、月桂、鼠尾草、桃金娘、茴香和柑橘皮的精油混合物对免疫接种传染性支气管炎、新城疫或传染性法氏囊病疫苗的抗体滴度没有显著影响（Özek 等，2011；Bozkurt 等，2012a）。然而，用相关疾病病毒对蛋鸡进行攻毒时，由蛋鸡免疫应答产生的抗体滴度水平出现差异。相似的结果显示，芳香植物提取物对细胞的免疫影响很小。血细胞数量基本不受桉树、百里香或牛至的影响，但较高水平的桉树可显著改变嗜异细胞与淋巴细胞的比例（El-Motaal 等，2008；Ghasemi 等，2010；Bozkurt 等，2016）。茴香精油（300mg/kg）可提高蛋鸡单核细胞数量（Nasiroleslami 和 Torki，2010），给 32 周龄蛋鸡饲喂大蒜和百里香粉的混合物（0.2%）6 周，可提高淋巴细胞数量（Ghasemi 等，2010）。给蛋鸡饲喂桉树粉末（2～3g/kg）24～72h 后注射植物血凝素，则肉髯的肿胀程度显著增加，表明桉树粉末提高了细胞介导的免疫反应（El-Motaal 等，2008）。

肠道健康是宿主免疫调节的关键因素，芳香植物会影响肠道微生物菌群可能是其影响了免疫指标的作用模式。蛋鸡的生产周期长，以及从 1 日龄即开始密集的疫苗接种程序，芳香植物可能对其免疫系统的发育和功能有支持作用。确定芳香植物有效的生物活性物质是另外一项重要的课题。

（四）骨骼发育

蛋壳中的钙来自饲料和髓质骨，如龙骨的动员。蛋鸡龙骨骨折或畸形等病理学变化在某些鸡群的发生率高达 83%，鸡舍类型和蛋鸡日龄不同，这一数据差异很大（Käppeli 等，2011）。当钙的利用与从髓质骨和结构骨的动员不平衡时，会导致蛋鸡骨脆弱，引起骨折，不仅影响家禽福利，也导致蛋壳质量差和产蛋率低等问题（Whitehead，2004）。日粮缺钙时，添加茴香可提高蛋鸡血清的钙磷水平，同时增强胫骨钙磷的矿化与骨骼强度

（Hadavi 等，2017）。在 Olgun（2016）的研究中，也证明芳香植物对骨骼的生物力学特性和提高钙含量有积极作用。给 26～70 周龄蛋鸡饲喂大蒜、牛至和迷迭香的提取物及迷迭香和鼠尾草油性树脂和紫锥菊干提取物，增加了钙的相对保留率（保留钙占摄入钙的百分比），但不能提高磷的保留率（Światkiewicz 等，2018b）。尽管骨矿化无明显差异，但与对照组相比，骨骼抗断裂强度和承载力都得到了改善。但对于 82 周龄强制换羽的蛋鸡，在试验 14 周后进行骨骼生物力学分析，与对照组相比，骨骼矿化或抗断裂强度无任何差异（Bozkurt 等，2016）。

有证据表明，芳香植物可能会影响蛋鸡或青年鸡骨骼发育，但芳香植物和蛋鸡骨骼发育之间是否存在因果关系还需要更多的研究。

三、生产性能

（一）饲料转化率和采食量

对不同品种的蛋鸡通常设置不同的饲喂目标体重，以实现最高效的鸡蛋生产。尽管桉树叶（3g/kg）或植物提取物混合物（牛至、月桂、鼠尾草、茴香籽、桃金娘和柑橘皮）有增加蛋鸡体重的趋势，但是与饲料转化率（feed conversion ratio，FCR）或采食量相比，蛋鸡产蛋期体重的增加并不是最重要的养殖效益参数（El-Motaal 等，2008；Bozkurt 等，2012a）。

在一项蛋鸡偏好的研究中，牧场散养蛋鸡自由采食时，21.2%的蛋鸡偏好罗勒，而偏好牛至、欧芹、小茴香的蛋鸡比例分别为 5.2%、9.9%和 5.5%（Kosmidou 等，2006）。显然，蛋鸡能够区分和选择饲草；但在集约化育成和产蛋条件下，蛋鸡没有可供选择的芳香植物。给 64 周龄蛋鸡饲喂干薄荷叶（20g/kg）12 周，其 FCR 提高了 9%（Abdel-Wareth 和 Lohakare，2014），新鲜薄荷叶的滤液在 12 周的试验期内提高了蛋鸡的体重（Banu 等，2016）。饲喂 42 周龄蛋鸡 100mg/kg 薄荷和百里香提取物，在 8 周的试验期内，FCR 提高了 7%（Akbari 等，2016）。其他研究也报道了牛至、百里香、紫锥花、桉树和迷迭香或草本植物混合物对 FCR 的改善作用（Çabuk 等，2006；El-Motaal 等，2008；Radwan Nadia 等，2008；Abdel-Wareth 等，2013，2015；Jahanian 等，2015；Bozkurt 等，2016；Algawany 等，2017；He 等，2017）。使用上述相同的芳香植物（尽管以不同的形式呈现）或不同的芳香植物，对蛋鸡生产性能的影响见表 11－2。Bölükbasi 和 Erhan（2007）报道，给 24 周龄蛋鸡饲喂添加 1%百里香的日粮，采食量减少了 3%。

表 11－2　饲喂芳香植物或提取物对蛋鸡生产性能的影响

周龄[a]	试验期[b]（周）	添加物	添加量	样品形态	产蛋率	FCR	采食量	蛋重	资料来源
30	7	牛至	100mg/g	植物精油/微胶囊	↑	↓	NC	↑	He 等（2017）
46	8	桉树	3g/kg	粉末	↑	↓	↓	NC	El-Motaal 等（2008）
43	10	紫锥菊	5g/kg	粉末	↑	NC	NC	↑	Jahanian 等（2015）
64	12	薄荷	20g/kg	干植物	↑	↓	↑	NC	Abdel-Wareth 和 Lohakare（2014）

（续）

周龄[a]	试验期[b]（周）	添加物	添加量	样品形态	产蛋率	FCR	采食量	蛋重	资料来源
28	12.9	牛至	1%	干植物	↑	↓	NC	↑	Radwan Nadia 等（2008）
28	12.9	迷迭香	1%	干植物	↑	↓	NC	↑	Radwan Nadia 等（2008）
28	12.9	百里香	1%	干植物	↑	↓	NC	↑	Radwan Nadia 等（2008）
36	16	迷迭香	0.9%	粉末	↑	↓	NC	NC	Alagawany 等（2017）
36	16	百里香	1%	粉末	↑	↓	NC	NC	Alagawany 等（2017）
36	22	商业混合物[c]	24g/kg	植物精油	↑	NC	NC	↑	Bozkurt 等（2012b）
78	4	鼠尾草	2.5%	干树叶	NC	NC	NC	NC	Loetscher 等（2014）
42	4.3	薄荷	100mg/kg	植物精油	NC	NC	↑	↑	Akbari 等（2016）
42	6	黄芩	1%	乙醇提取物	NC	NC	NC	↑	An 等（2010）
32	8	牛至	5g/kg	干植物	NC	NC	NC	NC	Botsoglu 等（2005b）
32	8	迷迭香	5g/kg	干植物	NC	NC	NC	NC	Botsoglu 等（2005b）
32	8.5	牛至	100mg/kg	植物精油	NC	NC	NC	NC	Florou-Paneri 等（2005）
37.5	9	桉树	0.8g/kg	滤液	NC	↓	NC	NC	Chen 等（2018）
54	12	商业混合物[d]	150mg/kg	粉末	NC	NC	NC	NC	Ding 等（2017）
26	12	茴香	40mg/kg	乙醇提取物	NC	NC	NC	↑	Valkili 和 Heravi（2016）
26	12	百里香	40mg/kg	乙醇提取物	NC	NC	NC	↑	Valkili 和 Heravi（2016）
24	12	百里香	1%	粉末	NC	↑	↓	NC	Bölükbasi 等（2007）
36	16	百里香	9g/kg	粉末	NC	NC	NC	↑	El-Hack 和 Alagawany（2015）

注：NC，没有影响；[a]试验开始时间；[b]试验持续时间；[c]牛至、月桂、鼠尾草、茴香籽、桃金娘和柑橘皮，24g/kg植物精油；[d]包被的百里香酚（13.5%）和肉桂醛（4.5%）。

（二）产蛋率与蛋重

从已发表的研究来看，蛋鸡日粮中使用芳香植物及其提取物对产蛋率及蛋重的影响并不一致。Światkiewicz 等（2018a）研究发现，给蛋鸡饲喂草本植物提取物（大蒜、牛至和迷迭香）、油性树脂（迷迭香和鼠尾草）和紫锥菊干提取物的混合物，46 周后添加组的产蛋率提高了 3.6%。其他研究人员也报道了使用草本植物改善蛋鸡产蛋率和蛋重等生产性能的相似结果（表 11－2）。百里香及其提取物已被证实在许多情况下可以提高蛋鸡的产蛋参数（Bölükbasi 和 Erhan，2007；Abdel-Wareth，2015；El-Hack 等，2015）。然而，Radwan Nadia 等（2008）、Arpášová 等（2013）、Ding 等（2017）和 Roth-Maier 等（2005）的报告显示，给蛋鸡饲喂薄荷、百里香、牛至、迷迭香、姜黄或紫锥菊对产蛋量或蛋重均没有变化，这可能与蛋鸡日龄、试验周期和不同试验所用草本植物不同有关［原文有误，Radwan Nadia 等（2008）的试验为正结果 ——译者注］。

文献报道结果的不一致，使得确定芳香植物和生产性能之间的因果关系变得很困难，也反映出试验设计标准化的重要性。只有试验具有相当程度的严谨性，在可靠、可重复的条件下才能对芳香植物的使用效果进行有效评估。试验期的长短也会影响芳香植物在蛋鸡生产性能上的应用效果评估。表 11-2 根据是否对产蛋率有积极影响来排序，试验蛋鸡的平均日龄相同，平均试验期为 13 周（7～22 周）时产蛋率增加，而试验期为 9 周（4～16 周）时没有发现改善效果。表 11-2 是基于 22 个有限数量试验结果的评估，所以要证明芳香植物添加剂对生产性能的影响，试验期应该尽可能长。在当前的研究中，观察到对产蛋率有积极影响的最短试验期是 7 周。

四、鸡蛋特点

（一）抗氧化剂稳定性

鸡蛋因氧化而易出现异味，颜色和味道发生改变，因此，芳香植物作为天然抗氧化剂而受到广泛关注也就不足以为奇。选用 78 周龄蛋鸡进行为期 4 周的试验，对照组饲喂含 40 IU/kg 维生素 E 的基础日粮，试验组饲喂鼠尾草（2.5%），试验组鸡蛋蛋黄生育酚含量提高了 2.3 倍（Loetscher 等，2014）。蛋鸡日粮中添加牛至、紫锥菊、迷迭香和黄芩都可以降低新鲜蛋黄或长时间贮存后蛋黄的脂质氧化指标（Botsoglou 等，2005b；Florou-Paneri 等，2005；Radwan Nadia 等，2008；An 等，2010；Jahanian 等，2015；Algawany 等，2017；Batista 等，2017）。在 Chen 等（2018）报道中，给蛋鸡饲喂 0.8g/kg 的桉树叶提取物 63d，与对照组相比可使蛋黄中的 MDA 水平降低 11.32%。与此相反，Galobart 等（2001）指出，给蛋鸡饲喂 1 000mg/kg 商业迷迭香粉对鸡蛋脂质氧化指标没有改善效果；而 Torki 等（2018）则发现，热应激蛋鸡蛋黄中的 GSH 活性没有改变。我们推测，天然抗氧化剂，如芳香植物及其提取物能改善鸡蛋的抗氧化水平，是由其在肠道中发挥了保留维生素 E 的作用引起的（Loetscher 等，2014）。

（二）鸡蛋成分

有关芳香植物对鸡蛋成分（蛋白质、胆固醇和葡萄糖）影响的研究很多，但大多数结果表明没有显著性影响。Devi 等（2017）报道，日粮中添加薄荷叶粉会降低蛋黄中的胆固醇含量。更多研究表明，芳香族化合物，如百里香、紫锥菊或迷迭香对蛋鸡血清胆固醇有影响（El-Hack 和 Alagawany，2015；Jahanian 等，2015；Alagawany 等，2017）。有研究发现，薄荷或百里香影响鸡蛋中的蛋白质含量（Abdel-Wareth 和 Lohakare，2014；El-Hack 和 Alagawany，2015）。而 Vakili 和 Heravi（2016）报道，饲喂百里香酚的蛋鸡，与对照组相比，蛋黄中的胆固醇浓度没有显著差异（208.2mg 和 227.2mg），但蛋鸡血清胆固醇水平降低（对照组和百里香酚组分别是 153.3 mg/dL 和 102.5 mg/dL）。百里香酚和香芹酚等化合物通过刺激消化酶和抗氧化活性影响脂质消化，可能是芳香植物调节血清和鸡蛋中脂质如胆固醇的作用机理（Hashemipour 等，2013）。

鸡蛋的哈夫单位（蛋清质量的主要指标）、蛋黄评分和蛋黄比例等指标的试验结果与蛋白质、胆固醇的结果不一致。一些研究报道芳香族化合物，如迷迭香或百里香/百里香酚可以提高鸡蛋的哈夫单位（Abdel-Wareth，2015；Alagawany 等，2017）；紫锥菊能增加蛋黄颜色（Jahanian 等，2015）；牛至可以提高蛋黄指数（Radwan Nadia 等，2008）。而其他的研究结果表明，相同或不同的芳香植物，如桉树、薄荷对鸡蛋的成分没有影响（Botsoglou 等，2005b；Florou-Paneri 等，2005；El-Motaal 等，2008；Torki 等，2015；Bozkurt 等，2016；Devi 等，2017）。

（三）蛋壳

产蛋期内鸡蛋的尺寸会逐渐增加，但蛋壳重量却没有按比例增加，因此蛋壳会变薄，进而产生更多的脆壳蛋，增加鸡蛋被拒收的风险。给换羽后的蛋鸡（82～106 周龄）饲喂商业牛至产品对蛋壳厚度和比例没有显著影响（Bozkurt 等，2016）。给 28 周龄蛋鸡饲喂干牛至粉或迷迭香 90d 对蛋壳质量没有影响（Radwan Nadia 等，2008）。给 24～54 周龄蛋鸡分别使用百里香粉、百里香酚、肉桂醛、紫锥菊、桉树和牛至也没有观察到显著效果（Bölükbasi 和 Erhan，2007；Ding 等，2017；Jahanian 等，2015；El-Motaal 等，2008；He 等，2017）。当然也有不同的结果，给 36～52 周龄蛋鸡饲喂迷迭香或百里香粉（0.9%），与对照组相比可显著提高蛋壳比例和蛋壳厚度（Alagawany 等，2017）。El-Hack 和 Alagawany（2015）发现，添加 9g/kg 百里香粉后，蛋壳比例和蛋壳厚度分别提高了 17%和 20%。Abdel-Wareth 和 Lohakare（2014）发现，给 64 周龄蛋鸡饲喂薄荷叶（20g/kg）12 周，可提高蛋壳厚度和蛋壳比例。但 Akbari 等（2016）报道，冷应激条件下，给 42 周龄蛋鸡饲喂薄荷精油 8 周没有类似效果。在 8 周的试验期内，饲喂 36 周龄蛋鸡茴香提取物可减少裂纹蛋的数量（Hadavi 等，2017）。

（四）感官评定

感官品质影响鸡蛋的销售和消费者的接受程度。蛋鸡日粮中添加植物提取物如精油，在蛋鸡血浆和组织中能检测到低水平的化合物如百里香酚，其吸收率介于 0.027%（肝和肌肉）和 0.7%（血浆）之间（Haselmeyer 等，2015）。虽然芳香植物化合物从日粮到蛋黄中的沉积率很低，如百里香酚的沉积率<0.000 5%（Krause 和 Ternes，1999，2000），但在鸡蛋中很容易被检测到（Plagemann 等，2011）。根据排泄物中检测到的含量，37%的百里香酚被机体吸收（Fernandez 等，2017）。给蛋鸡饲喂百里香 4d 后，可以在蛋黄中检测到对异丙基-2，3-二醇和百里香酚，约 16d 后含量达到稳定（Krause 和 Ternes，1999）。当日粮中停止添加后，蛋黄中的植物精油化合物（如源自迷迭香的鼠尾草酸）含量会迅速下降，通常在停止饲喂 10d 后下降至最低水平（Krause 和 Ternes，1999，2000）。在这两项研究中，对异丙基-2，3-二醇、百里香酚或鼠尾草酸均未在蛋清中检出。

鸡蛋沉积芳香植物化合物的报道中，许多研究评估了这些化合物对鸡蛋感官品质的影响。给蛋鸡饲喂百里香、茴香籽、大蒜和万寿菊混合粉末最高至 12g/kg，与对照组相比，试验组鸡蛋的总体可接受度并无差别（Saki 等，2014）。有趣的是，与只含亚麻籽的日粮相比，给蛋鸡饲喂含有 10%亚麻籽和 2%百里香粉的日粮，鸡蛋的感官可接受度更高（Tserveni-Gousi，2001）。

使用芳香植物及其提取物的目的是改善动物福利和生产性能，但这些化合物对鸡蛋感官品质可能存在的影响也应受到关注。芳香植物中的各种化合物及其衍生物的生物活性不同，其在组织中的吸收率和在鸡蛋中的沉积率也可能不同。

五、结论

人们对于在青年鸡和蛋鸡中使用芳香植物的兴趣不断增加，但这方面的研究报道仍然很少。已发表的研究结果由于植物提取物类型、提取方法、添加水平及蛋鸡日龄、饲喂周期等影响因素不同，故对结果评估变得更加困难。芳香植物的使用似乎存在最大可耐受剂量，超过这个剂量就会观察到特定参数的下降，因此应该评估芳香植物及其提取物的适宜添加剂量。植物提取物/精油可能因为气候、收获时间、来源等不同而变化，在研究时对提取物进行分析就显得十分重要。使用多种芳香植物作为试验组，对其结果的解读变得更加复杂。目前尚无足够的试验证明，多种芳香植物复配有协同作用或累加效应。不同的芳香植物化合物对抗氧化活性的作用可能存在拮抗（Milugo 等，2013），而蛋鸡采食行为可能会受到芳香植物代谢产物互作的影响（Liu 等，2017），这说明使用多种芳香植物复配并不一定是最好的方法。

芳香植物及其提取物可以在蛋鸡日粮中使用，但目前面临的挑战是如何确定芳香植物及其提取物、选择适宜添加剂量和理想的饲喂时间，从而达到最佳的使用效果。此外，应建立有效的评估方法，准确地评估各种芳香植物及其提取物潜在的应用价值。

（郭耀棋，邵彩梅，译；金立志，校）

参 考 文 献

Abdel-Wareth, A., Ismail, Z. S. H., Südekum, K.-H., 2013. Effects of thyme and oregano on performance and egg quality characteristics of laying hens. World' s Poult. Sci. J. 69 (Suppl. 1).

Abdel-Wareth, A. A. A., 2015. Effect of dietary supplementation of thymol, synbiotic and their combination on performance, egg quality and serum metabolic profile of Hy-Line Brown hens. Br. Poult. Sci. 57, 114-122.

Abdel-Wareth, A. A. A., Lohakare, J. D., 2014. Effect of dietary supplementation of peppermint on performance, egg quality, and serum metabolic profile of Hy-Line Brown hens during the late laying period. Anim. Feed Sci. Technol. 197, 114-120.

Akbari, M., Torki, M., Kaviani, K., 2016. Single and combined effects of peppermint and thyme essential oils on productive performance, egg quality traits, and blood parameters of laying hens reared under cold stress condition (6.8±3℃). Int. J. Biometeorol. 60, 447-454.

Alagawany, M., El-Hack, M. A., 2015. The effect of rosemary herb as a dietary supplement on performance, egg quality, serumbiochemical parameters, and oxidative status in laying hens. J. Anim. Feed Sci. 24, 341-347.

Alagawany, M., El-Hack, M. E. A., Saeed, M., Arain, M. A., Bhutto, Z. Z., Faslani, S. A., Brohi, S. A., Arif, M., 2017. Effect of some phytogenic additives as dietary supplements on performance, egg quality, serum biochemical parameters and oxidative status in laying hens. Indian J. Anim. Sci. 87, 103, 100.

An, B. K., Hyuk, S. K., Bo, K. L., Jae, Y. K., Sun, J. Y., Jin, M. K., Chang, W. K., 2010. Effects of dietary skullcap (Scutellaria baicalensis) extract on laying performance and lipid oxidation of chicken eggs. Asian-Australas. J. Anim. Sci. 23, 772.

Arpášová, H., Kačániová, M., Hascík, P., Mellen, M., 2013. Effect of thyme essential oil addition on physical and microbiological quality of table eggs. J. Microbiol. Biotechnol. Food Sci. 2, 1092-1106.

Bain, M. M., Nys, Y., Dunn, I. C., 2016. Increasing persistence in lay and stabilising egg quality in longer laying cycles. What are the challenges? Br. Poult. Sci. 57, 330-338.

Banu, M. N., Rashid, M. B., Hasan, M. M., Aziz, F. B., Islam, M. R., Haque, M. A., 2016. Effect of anti-prolactin drug and peppermint on broodiness, laying performance and egg quality in indigenous hens. Asian J. Med. Biol. Res. 2，547-554.

Batista，N. R.，Garcia，E. R. M.，Oliveira，C. A. L.，Arguelo，N. N.，Souza，K. M. R.，2017. Trace mineral sources and rosemary oil in the diet of brown laying hens：egg quality and lipid stability. Rev. Bras. Ciência Avícola，19，663-672.

Bhandari，S. S.，Kabra，M. P.，2014. To evaluate anti-anxiety activity of thymol. J. Acute Dis. 3，136-140.

Bölükbasi，S. C.，Erhan，M. K.，2007. Effect of dietary thyme（Thymus vulgaris）on laying hens performance and *Escherichia coli*（*E. coli*）concentration in feces. Int. J. Nat. Eng. Sci. 1，55-58.

Botsoglou，N. A.，Florou-Paneri，P.，Nikolakakis，I.，Giannenas，I.，Dotas，V.，Botsoglou，E. N.，Aggelopoulos，S.，2005a. Effect of dietary saffron（*Crocus sativus* L.）on the oxidative stability of egg yolk. Br. Poult. Sci. 46，701-707.

Botsoglou，N.，Florou-Paneri，P.，Botsoglou，E.，Dotas，V.，Giannenas，I.，Koidis，A.，Mitrakos，P.，2005b. The effect of feeding rosemary，oregano，saffron and a-tocopheryl acetate on hen performance and oxidative stability of eggs. S. Afr. J. Anim. Sci. 35，143-151.

Bozkurt，M.，Bintas，E.，Kırkan，S.，Aksit，H.，Küçükyılmaz，K.，Erbas，G.，Çabuk，M.，Aksit，D.，Parın，U.，Ege，G.，Koçer，B.，Seyrek，K.，Tüzün，A. E.，2016. Comparative evaluation of dietary supplementation with mannan oligosaccharide and oregano essential oil in forced molted and fully fed laying hens between 82 and 106 weeks of age. Poultry Sci. 95，2576-2591.

Bozkurt，M.，Hippenstiel，F.，Abdel-Wareth，A. A. A.，Kehraus，S.，Küçükyilmaz，K.，Südekum，K. H.，2014. Effects of selected herbs and essential oils on performance，egg quality and some metabolic activities in laying hens - a review. Eur. Poult. Sci. 78. https：//doi. org/10. 1399/eps. 2014. 49.

Bozkurt，M.，Küçükyilmaz，K.，Catli，A. U.，Çınar，M.，Bintas，E.，Çöven，F.，2012a. Performance，egg quality，and immuneresponse of laying hens fed diets supplemented with mannan-oligosaccharide or an essential oil mixture under moderate and hot environmental conditions. Poultry Sci. 91，1379-1386.

Bozkurt，M.，Küçükyilmaz，K.，Pamukçu，M.，Çabuk，M.，Alçiçek，A.，Çatli，A. U.，2012b. Long-term effects of dietary supplementation with an essential oil mixture on the growth and laying performance of two layer strains. Ital. J. Anim. Sci. 11，5.

Çabuk，M.，Bozkurt，M.，Alçiçek，A.，Çatlı，A. U.，Baser，2006. Effect of a dietary essential oil mixture on performance of laying hens in the summer season. S. Afr. J. Anim. Sci. 36，215-221.

Chen，Y.，Chen，H.，Li，W.，Miao，J.，Chen，N.，Shao，X.，Cao，Y.，2018. Polyphenols in Eucalyptus leaves improved the egg and meat qualities and protected against ethanol-induced oxidative damage in laying hens. J. Anim. Physiol. Anim. Nutr. 102，214-223.

Chouhan，S.，Sharma，K.，Guleria，S.，2017. Antimicrobial activity of some essential oils - present status and future perspectives. Medicines. 4，58.

Devi，K. M.，Palod，J.，Singh，D. V.，Singh，C. B.，Dar，A. H.，Singh，P. K.，Singh，V. S.，2017. Effect of Pudina（*Mentha arvensis*）leaf powder on biochemical parameters in white leghorn. Int. J. Live. Res. 7，206-216.

Dhama，K.，Latheef，S. K.，Mani，S.，Samad，H. A.，Karthik，K.，Tiwari，R.，Khan，R. U.，Alagawany，M.，Farag，M. R.，Alam，G. M.，Laudadio，V.，Tufarelli，V.，2015. Multiple beneficial applications and modes of action of herbs in poultry health and production-a review. Int. J. Pharmacol. 11，152-176.

Diaz-Carrasco，J. M.，Redondo，L. M.，Redondo，E. A.，Dominguez，J. E.，Chacana，A. P.，Fernandez Miyakawa，M. E.，2016. Use of plant extracts as an effective manner to control Clostridium perfringens induced necrotic enteritis in poultry. BioMed Res. Int. 15，15.

Ding，X.，Yu，Y.，Su，Z.，Zhang，K.，2017. Effects of essential oils on performance，egg quality，nutrient digestibility and yolk fatty acid profile in laying hens. Anim. Nutr. 3，127-131.

Dixon，G.，Nicol，C. J.，2008. The effect of diet change on the behaviour of layer pullets. Anim. Welf. 17，101-109.

El-Hack，M. E. A.，Alagawany，M.，2015. Performance，egg quality，blood profile，immune function，and antioxidant enzyme activities in laying hens fed diets with thyme powder. J. Anim. Feed Sci. 24，127-133.

El-Motaal，A. M. A.，Ahmed，A. M. H.，Bahakaim，A. S. A.，Fathi，M. M.，2008. Productive performance and immunocompetence of commercial laying hens given diets supplemented with eucalyptus. Int. J. Poult. Sci. 7，445-449.

Fernandez，M. E.，Palacio，M. A.，Labaque，M. C.，2017. Thymol detection and quantitation by solid-phase microextraction in faeces and egg yolk of Japanese quail. J. Chromatogr. B 1044，39-46.

Florou-Paneri，P.，Nikolakakis，I.，Giannenas，I.，Koidis，A.，Botsoglou，E.，Dotas，V.，Mitsopoulos，I.，2005. Hen performance and egg quality as affected by dietary oregano essential oil and tocopheryl acetate supplementation. Int. J. Poult. Sci. 4，449-454.

Garcia，D. A.，Bujons，J.，Vale，C.，Sunol，C.，2006. Allosteric positive interaction of thymol with the GABAA receptor in primary cultures of mouse cortical neurons. Neuropharmacology. 50，25-35.

Galobart，J.，Barroeta，A. C.，Baucells，M. D.，Codony，R.，Ternes，W.，2001. Effect of dietary supplementation with rosemary extract and a-tocopheryl acetate on lipid oxidation in eggs enriched with u3-fatty acids. Poultry Sci. 80，460-467.

Gharaghani，H.，Shariatmadari，F.，Torshizi，M. A.，2015. Effect of fennel（*Foeniculum vulgare* Mill.）used as a feed additive on the egg quality of laying hens under heat stress. Rev. Bras. Ciência Avícola，17，199-207.

Ghasemi，R.，Zarei，M.，Torki，M.，2010. Adding medicinal herbs including garlic（Allium sativum）and thyme（*Thymus vulgaris*）to diet of laying hens and evaluating productive performance and egg quality characteristics. Am. J. Anim. Vet. Sci. 5，151-154.

Hadavi，A.，Kermanshahi，H.，Moghaddam，H. N.，Golian，A.，2017. Effects of fennel extract on egg production，antioxidant status and bone attributes of laying hens administered carbon tetrachloride. Poultry Sci. J. 5，165-171.

Haselmeyer，A.，Zentek，J. R.，Chizzola，R.，2015. Effects of thyme as a feed additive in broiler chickens on thymol in gut contents，blood plasma，liver and muscle. J. Sci. Food Agric. 95，504-508.

Hashemipour，H.，Kermanshahi，H.，Golian，A.，Veldkamp，T.，2013. Effect of thymol and carvacrol feed supplementation on performance，antioxidant enzyme activities，fatty acid composition，digestive enzyme activities，and immune response in broiler chickens. Poultry Sci. 92，2059-2069.

He，X.，Hao，D.，Liu，C.，Zhang，X.，Xu，D.，Xu，X.，Wang，J.，Wu，R.，2017. Effect of supplemental oregano essential oils in diets on production performance and relatively intestinal parameters of laying hens. Am. J. Mol. Biol. 7，73-85.

Hosseinzadeh，H.，Talebzadeh，F.，2005. Anticonvulsant evaluation of safranal and crocin from *Crocus sativus* in mice. Fitoterapia. 76，722-724.

Jahanian，E.，Jahanian，R.，Rahmani，H.-R.，Alikhani，M.，2015. Dietary supplementation of

Echinacea purpurea powder improved performance, serum lipid profile, and yolk oxidative stability in laying hens. J. Appl. Anim. Res. 45, 45-51.

Jones, R. B., 1996. Fear and adaptability in poultry: insights, implications and imperatives. World's Poult. Sci. J. 52, 131-174.

Kanakis, C. D., Daferera, D. J., Tarantilis, P. A., Polissiou, M. G., 2004. Qualitative determination of volatile compounds and quantitative evaluation of safranal and 4-hydroxy-2, 6, 6-trimethyl-1-cyclohexene-1-carboxaldehyde (HTCC) in Greek saffron. J. Agric. Food Chem. 52, 4515-4521.

Käppeli, S., Gebhardt-Henrich, S. G., Fröhlich, E., Pfulg, A., Stoffel, M. H., 2011. Prevalence of keel bone deformities in Swiss laying hens. Br. Poult. Sci. 52, 531-536.

Kazemi, M., 2014. Phytochemical composition, antioxidant, anti-inflammatory and antimicrobial activity of Nigella sativa L. essential oil. J. Essent. Oil Bear. Plants. 17, 1002-1011.

Kers, J. G., Velkers, F. C., Fischer, E. A. J., Hermes, G. D. A., Stegeman, J. A., Smidt, H., 2018. Host and environmental factors affecting the intestinal microbiota in chickens. Front. Microbiol. 9, 1-14.

Koenen, M., Boonstra-Blom, A. G., Jeurissen, S. H. M., 2002. Immunological differences between layer- and broiler-type chickens. Vet. Immunol. Immunopathol. 89, 47-56.

Kosmidou, M., Sossidou, E., Fortomaris, P., Yannakopoulos, A., Tserveni-Goussi, A. S., 2006. A pilot study on freerange laying hens' preference for four cultivated aromatic plants. World's Poult. Sci. J. 64 (Suppl. 1), 356.

Krause, E. L., Ternes, W., 1999. Bioavailability of the antioxidative thyme compounds thymol and p-cymene-2, 3-diol in eggs. Eur. Food Res. Technol. 209, 140-144.

Krause, E. L., Ternes, W., 2000. Bioavailability of the antioxidative Rosmarinus officinalis compound carnosic acid in eggs. Eur. Food Res. Technol. 210.

Kurt, M., Bilge, S. S., Kukula, O., Celik, S., Kesim, Y., 2003. Anxiolytic-like profile of propofol, a general anesthetic, in the plus-maze test in mice. Pol. J. Pharmacol. 55, 973-977.

Lábaque, M. C., Kembro, J. M., Luna, A., Marin, R. H., 2013. Effects of thymol feed supplementation on female Japanese quail (*Coturnix coturnix*) behavioural fear response. Anim. Feed Sci. Technol. 183, 67-72.

Lay, D. C., Fulton, R. M., Hester, P. Y., Karcher, D. M., Kjaer, J. B., Mench, J. A., Mullens, B. A., Newberry, R. C., Nicol, C. J., Sullivan, N. P., 2011. Hen welfare in different housing systems. Poultry Sci. 90, 278-294.

Liu, X., Vrieling, K., Klinkhamer, P. G. L., 2017. Interactions between plant metabolites affect herbivores: a study with pyrrolizidine alkaloids and chlorogenic acid. Front. Plant Sci. 8, 903.

Loetscher, Y., Kreuzer, M., Messikommer, R. E., 2014. Late laying hens deposit dietary antioxidants preferentially in the egg and not in the body. J. Appl. Poult. Res. 23, 647-660.

Matkowski, A., Piotrowska, M., 2006. Antioxidant and free radical scavenging activities of some medicinal plants from the Lamiaceae. Fitoterapia. 77, 346-353.

Milugo, T. K., Omosa, L. K., Ochanda, J. O., Owuor, B. O., Wamunyokoli, F. A., Oyugi, J. O., Ochieng, J. W., 2013. Antagonistic effect of alkaloids and saponins on bioactivity in the quinine tree (*Rauvolfia caffra* Sond.): further evidence to support biotechnology in traditional medicinal plants. BMC Complement Altern. Med. 13, 285.

Mousavi, A., Mahdavi, A. H., Riasi, A., Soltani-Ghombavani, M., 2017. Synergetic effects of essential oils mixture improved egg quality traits, oxidative stability and liver health indices in laying hens fed fish oil. Anim. Feed Sci. Technol. 234，162-172.

Moussaoui，F.，Alaoui，T.，2016. Evaluation of antibacterial activity and synergistic effect between antibiotic and the essential oils of some medicinal plants. Asian Pac. J. Trop. Biomed. 6，32-37.

Mumma，O. J.，Thaxton，J. P.，Vizzier-Thaxton，Y.，Dodson，W. L.，2006. Physiological stress in laying hens. Poultry Sci. 85，761-769.

Nasiroleslami，M.，Torki，M.，2010. Including essential oils of fennel (*Foeniculum vulgare*) and ginger (*Zingiber officinale*) to diet and evaluating performance of laying hens，white blood cell count and egg quality characteristics. Adv. Environ. Biol. 4，341-345.

Nidamanuri，A. L.，Murugesan，S.，Mahapatra，R. K.，2017. Effect of heat stress on physiological parameters of layers - a review. Int. J. Live. Res. 7，1-17.

Olgun，O.，2016. The effect of dietary essential oil mixture supplementation on performance，egg quality and bone characteristics in laying hens. Ann. Anim. Sci. 16，1115-1125.

Ordóñez，G.，Llopis，N.，Peñalver，P.，2008. Efficacy of eugenol against a Salmonella enterica serovar Enteritidis experimental infection in commercial layers in production. J. Appl. Poult. Res. 17，376-382.

Özek，K.，Wellmann，K. T.，Ertekin，B.，Tarım，B.，2011. Effects of dietary herbal essential oil mixture and organic acid preparation on laying traits，gastrointestinal tract characteristics，blood parameters and immune response of laying hens in a hot summer season. J. Anim. Feed Sci. 20，575-586.

Plagemann，I.，Zelena，K.，Krings，U.，Berger，R. G.，2011. Volatile flavours in raw egg yolk of hens fed on different diets. J. Sci. Food Agric. 91，2061-2065.

Preisinger，R.，2018. Innovative layer genetics to handle global challenges in egg production. Br. Poult. Sci. 59，1-6.

Radwan Nadia，L.，Hassan，R. A.，Qota，E. M.，Fayek，H. M.，2008. Effect of natural antioxidant on oxidative stability of eggs and productive and reproductive performance of laying hens. Int. J. Poult. Sci. 7，134-150.

Ramadan，S. G. A.，2013. Behaviour，welfare and performance of broiler chicks fed dietary essential oils as growth promoter. Assiut Vet. Med. J. 59，107-119.

Roldán，L. P.，Díaz，G. J.，Duringer，J. M.，2010. Composition and antibacterial activity of essential oils from plants of the Lamiaceae family against pathogenic and beneficial bacteria. Rev. Colombiana Ciencias Pecuarias，23，451-461.

Roth-Maier，D. A.，Böhmer，B. M.，Maaß，N.，Damme，K.，Paulicks，B. R.，2005. Efficiency of Echinacea purpurea on performance of broilers and layers. Arch. Geflugelkd. 69，123-127.

Riss，J.，Cloyd，J.，Gates，J.，Collins，S.，2008. Benzodiazepines in epilepsy：pharmacology and pharmacokinetics. Acta Neurol. Scand. 118，69-86.

Sahin，K.，Akdemir，F.，Orhan，C.，Tuzcu，M.，Hayirli，A.，Sahin，N.，2010. Effects of dietary resveratrol supplementation on egg production and antioxidant status. Poultry Sci. 89，1190-1198.

Saki，A. A.，Aliarabi，H.，Hosseini Siyar，S. A.，Salari，J.，Hashemi，M.，2014. Effect of a phytogenic feed additive on performance，ovarian morphology，serum lipid parameters and egg sensory quality in laying hen. Vet. Res. Forum. 5，287-293.

Sparagano，O. A. E.，George，D. R.，Harrington，D. W. J.，Giangaspero，A.，2014. Significance and control of the poultry red mite，Dermanyssus gallinae. Annu. Rev. Entomol. 59，447-466.

Steiner，T.，2009. Application and benefits of phytogenics in egg production. In：Steiner，T.（Ed.），Phytogenics in Animal Nutrition：Natural Concepts to Optimize Gut Health and Performance. Nottingham University Press，Nottingham，157-165.

Swiatkiewicz, S., Arczewska-Włosek, A., Krawczyk, J., Szczurek, W., Puchała, M., Józefiak, D., 2018a. Effect of selected feed additives on egg performance and eggshell quality in laying hens fed a diet with standard or decreased calcium content. Ann. Anim. Sci. 18, 167-183.

Swiatkiewicz, S., Arczewska-Włosek, A., Szczurek, W., Calik, J., Krawczyk, J., Krawczyk, J. Z., Józefiak, D., 2018b. The influence of selected feed additives on mineral utilisation and bone characteristics in laying hens. Ann. Anim. Sci. 18, 781-793.

Torki, M., Akbari, M., Kaviani, K., 2015. Single and combined effects of zinc and cinnamon essential oil in diet on productive performance, egg quality traits, and blood parameters of laying hens reared under cold stress condition. Int. J. Biometeorol. 59, 1169-1177.

Torki, M., Sedgh-Gooya, S., Mohammadi, H., 2018. Effects of adding essential oils of rosemary, dill and chicory extract to diets on performance, egg quality and some blood parameters of laying hens subjected to heat stress. J. Appl. Anim. Res. 46, 1118-1126.

Tserveni-Gousi, A. S., 2001. Sensory evaluation of eggs produced by laying hens fed diet containing flaxseed and thymus meal. Arch. Geflugelkd. 65, 214-218.

Upadhyaya, I., Upadhyay, A., Kollanoor-Johny, A., Mooyottu, S., Baskaran, S. A., Yin, H. B., Schreiber, D. T., Khan, M. I., Darre, M. J., Curtis, P. A., Venkitanarayanan, K., 2015. In-feed supplementation of transcinnamaldehyde reduces egg-borne transmission of Salmonella Enteritidis in layer chickens. Appl. Environ. Microbiol. 81, 2985-2994.

Vakili, R., Majidzadeh Heravi, R., 2016. Performance and egg quality of laying hens fed diets supplemented with herbal extracts and flaxseed. Poultry Sci. J. 4, 107-116.

Verlinden, M., Pasmans, F., Mahu, M., Vande Maele, L., De Pauw, N., Yang, Z., Haesebrouck, F., Martel, A., 2013. In vitro sensitivity of poultry Brachyspira intermedia isolates to essential oil components and in vivo reduction of Brachyspira intermedia in rearing pullets with cinnamaldehyde feed supplementation. Poultry Sci. 92, 1202-1207.

Wang, X. J., Liu, L., Zhao, J. P., Jiao, H. C., Lin, H., 2017. Stress impairs the reproduction of laying hens: an involvement of energy. World' s Poult. Sci. J. 73, 845-856.

Whitehead, C. C., 2004. Overview of bone biology in the egg-laying hen. Poultry Sci. 83, 193e199. Wlodarska, M., Willing, B. P., Bravo, D. M., Finlay, B. B., 2015. Phytonutrient diet supplementation promotes beneficial Clostridia species and intestinal mucus secretion resulting in protection against enteric infection. Sci. Rep. 5, 9253.

第十二章 芳香植物及其提取物在火鸡日粮中的应用

Mehmet Bozkurt[1], *Ahmet Engin Tüzün*[2]

[1]Department of Animal Science, Faculty of Agriculture, Adnan Menderes University, Kocarli, Aydin, Turkey; [2]Adnan Menderes University, Kocarli Vocational Scholl, Kocarli, Aydin, Turkey

一、引言

为保障畜禽健康和提高其生产性能，生产中广泛使用抗生素促生长剂（AGP），这导致了耐药性及肉品中药物残留。“替抗策略”已成为备受世界关注的公共卫生问题（Neu，1992；Barton，2000）。由于 AGP 很有可能增强人类致病菌的耐药性，所以欧盟于 2006 年开始全面禁止其在饲料中的使用（Mortier 等，2005；De Souza，2016），其他国家也陆续效仿（Dibner 和 Richards，2005；Steiner 和 Syed，2015）。对肉品中抗生素残留或者产生耐药基因的担忧，引发了其他预防性策略的研究（Burt，2004；Giannenas 和 Kyriazakis，2009）。AGP 的禁用给动物养殖与饲料和饲料添加剂行业带来了挑战（Windsch 等，2008，2009；Franz 等，2010）。因此，很多研究都开始探索可能且有效的 AGP 替代品（Wenk，2006）。

大量的研究集中于寻找 AGP 的替代品，期望这些替代品具有类似的抗菌作用和促生长功能，且不会诱导致病菌的耐药性，也不会对动物产生潜在的副作用（Lee 等，2004；Yang 等，2009）。几种饲料添加剂，如益生元（Baurhoo 等，2009）、益生菌（Mountzouris 等，2009a）、有机酸（Zhang 等，2005）和酶（Bedford，2000）已被用于改变肠道菌群，改善动物健康和生产性能。除了这种被广泛认可的可以替代抗生素的饲料级产品外，另一种就是在饲料中使用的植物提取物的活性化合物（Giannenas 等，2013）。

在家禽日粮中使用药用植物和植物提取物的科学研究最早源于 1989 年（Vogt 等，1989），并且在过去的 20 年中一直是众多研究的热门课题（Lee 等，2004；Wenk 等，2006；Yang 等，2015）。芳香植物及其提取物中的天然生物活性物质，具有免疫调节、抗氧化、抗菌、抗寄生虫、抗炎和抗病毒的功能，有潜力成为家禽产业中抗菌、促生长剂的替代品（Wallace 等，2010；Brenes 和 Roura，2010；Chiristaki 等，2012；Gong 等，2014；Diaz-Sanchez 等，2015）。除了上述对家禽健康的益处之外，研究也证明，植物及其提取物能够通过改善消化酶活性、增加肠绒毛吸收表面积来调节营养代谢，并且能提高家禽的生长速度和饲料转化率（Jamroz 等，2003；Garcia 等，2007；Mountzouris 等，

2011；Viveros 等，2011）。

过去 20 多年中，对芳香植物及其提取物在家禽生产中的科学试验集中在肉鸡，涉及蛋鸡的较少（Steiner，2009；Windsch 等，2009；Mountzouris 等，2009b；Hippenstiel 等，2011；Bozkurt 等，2014a）。尽管火鸡在全球家禽生产中所占份额仅次于肉鸡，但在日粮中添加芳香植物及其提取物对火鸡生长性能、肠道功能和发育、产肉量和肉品质影响的研究仍然缺乏（OECD/FAO，2015）。

火鸡在消化系统的形态和功能、育肥时间、腿部健康状况、屠宰重、脂肪消化率和肉质化学成分等方面，与肉鸡相比均有明显不同。火鸡对日粮中维生素 E 的吸收率较低，火鸡肉或火鸡蛋中的维生素 E 含量均低于肉鸡（Jackson 和 Duke，1995；Ferket 和 Veldkamp，1999；Mossab 等，2000；Klasing，2005；Foye 和 Black，2006；Frei 等，2017；Erasmus，2017）。因此，需要进一步研究具有一定抗氧化能力的植物性添加剂能否促进维生素 E 的有效吸收。火鸡对于日粮中蛋白质的需求量（Kluth 和 Rodehutscord，2006）高于肉鸡，火鸡肉也比肉鸡肉更容易氧化（Wen 等，1997；Botsoglou 等，2003a，2003b）。此外，火鸡组织滴虫病是一种严重影响火鸡健康的疾病（Hafez 和 Hauck，2006）。因此，在日粮中添加芳香植物及其提取物，可能提供了一种天然的方式，达到有效且全面地保障火鸡健康、提高生产性能的目的。

总之，为了生产安全的动物源性食品，在动物日粮中应不使用 AGP 且最低限量地使用化工合成物质，可以达到畜牧业生产中主要且必不可少的目标和对环境污染的最小化。本章旨在总结芳香植物及其提取物在火鸡日粮中代替 AGP 的效果，包括提高生长性能、改善总体健康状况、提升肉品质量、保障食品安全及其作用机理。

二、抗菌作用

芳香植物最常见的有益的生理作用是抗菌。有确凿的试验结果证实，植物源性饲料添加剂具有广谱的抗菌作用。体外试验表明，其对很多致病菌都具有抗菌活性（Cowan，1999；Dorman 和 Deans，2000；Lambert 等，2001；Burt，2004）。研究人员认为，其抗菌作用的过程主要是由植物提取物的疏水作用侵入细菌的细胞膜，使其能够在细菌细胞壁和线粒体中分解脂质和膜结构，造成离子渗透、消耗能量来源、最终导致细菌死亡（Ultee 和 Smid，2001；Ultee 等，2002）。因为植物源性饲料添加剂具有独特的无残留、不会诱发耐药性的抗菌作用，可作为一种非抗生素饲料添加剂使用，以保障动物健康、提高生产性能，所以备受人们关注。

在家禽营养中，芳香植物及其提取物用作饲料添加剂时，其在动物体内的抗菌作用能够达到促生长的效果（Mitsch 等，2004；Windsch 等，2008；Mountzouris 等，2011）。虽然用天然植物活性化合物改善育肥火鸡的肠道菌群组成和菌群数量的研究非常重要，但目前比在肉鸡（Hernández 等，2004；Jang 等，2007；Windsch 等，2008；Giannenas 等，2012）和蛋鸡（Bölükbasi 等，2008；Bozkurt 等，2014b，2016）上开展的研究少许多。仅有的一些关于火鸡的研究数据表明，用芳香植物及其提取物对致病菌有显著的抑制作用，提示我们这些物质在控制火鸡致病菌、保障肠道健康方面应用的可能性。在这个前提下，Hauck 和 Hafez（2007）证明了 3 种植物提取物制剂在火鸡组织滴虫培养时可以抑制细菌的生长。第一种是商业制剂，含有双层包被的牛至、肉桂、百里香、柑橘提取物和辣椒精油的混合物；第二种是新的试验性配方，除了不含有牛至提取物外，其他成分与第一种相似；第三种是仅含有带皮西柚籽的提取物。3 种产品的使用剂量为 0.625～2.5μm/mL。第一种产品的使用效果比其他两种更好。所有试验中测试的菌种均为葡萄球菌、链球菌、变形杆菌和大肠杆菌。

一些体内试验结果证实，植物源饲料添加剂的最终作用是降低病原菌对肠道的压力。Massias 等（2007）研究了几种饲用添加剂对野生火鸡胃肠道中微生物平衡的影响，试验采用的饲用添加剂包括低聚果糖、一种天然植物提取物和精油及天然植物和精油的混合物。在第 4 周和第 7 周对肠段样本进行变性梯度凝胶电泳（DGGE）分析，结果发现，肠道中梭菌属和乳酸菌属的细菌含量与所添加的饲用添加剂关系密切，作者认为这些非抗生素饲用添加剂可以作为火鸡的消化道菌群调节剂。另一项关于雏火鸡的研究中，使用 30mg/kg 的百里香酚和一种植物精油混合物产品作为饲用添加剂，饲喂 56d 后，与对照相比，试验组植物精油混合物促进了雏火鸡盲肠中乳酸菌的增殖、减少了大肠杆菌菌群的数量，从而改善了雏火鸡的肠道健康、提高了其生长性能（Giannenas 等，2014）。

除了芳香植物提取物外，几种药用植物提取物也可作为火鸡生产中的天然抗菌剂。研究发现，火鸡基础日粮中连续添加 10g/kg 和 20g/kg 的双孢蘑菇（*Agaricus bisporus*），饲喂 10 周后，火鸡肠道菌群的组成发生了变化：在回肠和盲肠中，双歧杆菌和乳酸杆菌含量增加，大肠杆菌对乳酸杆菌的比例降低（Giannenas 等，2011）。在另一项研究中，Ferket（1995）给出现腹泻症状的 60 群共 12 000 只商品代公火鸡饮水 48h，每升水中添加 2.5g 无水甜菜碱（来自甜菜提取物），结果显示，70 日龄以上的公火鸡中，96%停止了腹泻，但对低日龄火鸡群的效果较差。

总体而言，现有的研究结果表明，芳香植物及其提取物有益于稳定火鸡肠道菌群，并控制致病菌增殖。然而，还需要进一步研究探索在地面平养的火鸡中添加植物提取物的抗菌作用。在实际饲养环境与各种管理应激的情况下，当条件可控时，尽可能使用更多的火鸡、延长试验周期来进行研究和验证。

三、植物中的生物活性物质对食品安全的保障

家禽是食源性沙门氏菌、弯曲杆菌和单核细胞增多性李氏杆菌的自然宿主，这些细菌是食源性疾病的主要病原菌（Scallan 等，2011；Scharff，2012；Taylor 等，2013）。尽管在禽肉加工的过程中用了多种杀菌方法进行防控，但这些顽固的致病菌在禽肉产品中的存在和相关食源性疾病的暴发，仍是食品和公共卫生行业密切关注的问题（EFSA，2015；Nair 等，2015）。众所周知，动物从饲料中摄入植物源性饲料添加剂时，只有通过其中一种或多种挥发性化合物（如萜类、酚类、醛类）的抗菌功能，才能保障食品微生物安全并提高产品质量。具有这种抗菌活性的植物包含牛至、百里香和肉桂，其主要成分分别是香芹酚、百里香酚和肉桂醛（Burt，2004；Bakkali 等，2008；Bajpai 等，2012）。根据 Puvača等（2013）的研究，在生肉或熟肉中，植物的活性化合物产生的抗菌活性应该有两种作用机制。第一种是通过减少肠道中的致病菌来实现抗菌功能，促进肠道中健康环境的形成，从而能在屠宰时减少胴体污染。第二种是通过在代谢组织中逐渐积累生物活性成分，从而抑制腐败菌或致病菌的生长。

研究人员已经证明在火鸡产品中使用香芹酚（65%～85%）对沙门氏菌属有抗菌效果。牛至提取物是从牛至的叶子中提取出来的，而牛至是唇形科植物家族中的一种芳香植物，具有显著的抗菌和抗氧化属性。Nair 等（2014）将火鸡胸脯肉在有氧包装条件下浸泡 30s，以研究香芹酚（1.2%和 5%，*V/V*）对沙门氏菌属的抗菌效果。结果发现，5%的香芹酚就能减少 1.0 log CFU/g 的沙门氏菌，但浓度低于 5%时未能发现明显的统计学差异。在随后的研究中，Nair 等（2015）将火鸡胸脯肉在气调包装中冷藏 3 周，以此评估不同浓度的香芹酚对沙门氏菌、弯曲杆菌和乳酸菌的抗菌效果。研究发现，香芹酚（0.25%、0.5%和 1.0%，*V/V*，30s 浸泡处理）在特定培养环境（95.0%CO_2、5%O_2）中可以有效降低冷藏火鸡胸脯肉中的沙门氏菌、弯曲杆菌和乳酸菌数量，且不改变肉的 pH 和颜色。此外，香芹酚与特定培养环境在减少沙门氏菌的过程中具有协同作用。

Ruiz 等（2009）研究了唇形科家族中的另一种芳香植物迷迭香，对火鸡肉中致病菌活性的影响。研究人员在真空包装的可即食火鸡肉丁上接种单核细胞增多性李氏杆菌，研究乳酸链球菌素、迷迭香和乙二胺四乙酸（EDTA）分别使用和联合使用对李氏杆菌的抗菌效果和广谱抗菌效果。结果表明，当单独使用乳酸链球菌素或与迷迭香或与 EDTA 或与两者结合使用时，火鸡肉中的单核细胞增多性李氏杆菌数量显著减少。然而，在 63d 贮存期中每周进行观察发现，单独或联合使用迷迭香和 EDTA 对于抑制单核细胞增多性李氏杆菌的生长均无效。单独使用迷迭香对乳酸菌的数量影响较小，但和乳酸链球菌素及 EDTA 联合使用的影响效果较为明显。在贮存过程中，经乳酸链球菌素、迷迭香或两者联合处理的火鸡肉，以及阳性对照、阴性对照，所有样品的 pH 差别不大。在 63d 贮存期结束时，L^*、a^* 和 b^* 组的样品颜色未见明显改变，并有相同的变化趋势。

Nair 和 Johny（2017）的一项研究证明，用火鸡皮模拟屠宰过程中的浸烫（65℃）和预冷（4℃）步骤，多香果（*Pimentaofficinalis* Lindl.）叶提取物及其纳米乳剂能有效减少火鸡皮上的海德堡沙门氏菌（*Salmonella hiedelberg*）数量。在另一项研究（Oladunjoye 等，2013）中，研究人员分别和联合使用香芹酚（0.1%～5%）和月桂酸酯（25～200mg/kg），在 4℃条件下对 3 种不同的火鸡绞肉样品（含有 15%、7%和 1%脂肪）进行表面处理，以确定其对一种 3 株混合的沙门氏菌的抗菌效果。研究发现，香芹酚和 2 000mg/kg 的月桂酸酯混合后表现出了抗菌的协同作用，在含有 7%脂肪的火鸡绞肉中，沙门氏菌含量减少了 4 log CFU/g，而在单独使用香芹酚和月桂酸酯时没有发现这种现象。

Possas 等（2017）评估了百里香提取物在火鸡产品上对沙门氏菌属的抗菌效果。研究人员将肠炎沙门氏菌（*S. enteritidis*）接种于火鸡切片表面，随后贮存于 10℃和 25℃中，再分别于第 12、18 天时进行微生物学分析。结果表明，将百里香提取物用于不含防腐剂的火鸡产品时，沙门氏菌的失活率更高。此外，在产品感官分析中，百里香提取物（0.01%和 0.1%）未影响到研究小组确定的接受度评分。另一项研究中，研究人员在火鸡日粮中单独添加牛至提取物或与 α-生育酚乙酸酯联合添加后，将火鸡胸肉切片置于 4℃条件下 12d，结果表明添加剂对活菌总数和假单胞菌属（*Pseudomonas*）有明显的抑制效果（Govaris 等，2005）。后续研究中，他们在日粮中添加了迷迭香（*R. officinalis*）的干叶和干花，研究冷藏火鸡肉对微生物生长的抑制效果（Govaris 等，2007）。在贮存 12d

的火鸡胸肉中，饲用添加迷迭香对总活菌数、乳酸菌、肠杆菌和嗜冷菌的生长均有抑制作用，添加量为 10g/kg 的迷迭香对微生物生长的抑制率高于 5g/kg 的添加量。

除了芳香植物具有抗菌效果外，一种从麝香霉（*Muscodor* spp.）中提取的挥发性混合物也表现出了抗菌活性，在 8℃条件下贮存 5d 的火鸡绞肉中，该物质能抑制沙门氏菌的生长（Faith 等，2015）。现有的研究数据表明，在屠宰和冷藏过程中的火鸡绞肉、调理肉和即食肉上，唇形科植物家族尤其是牛至和迷迭香（粉）及其提取物，可用作抑制火鸡食源性致病菌的有效抗菌剂。

四、天然增强抗氧化能力的方法

家禽肉中多不饱和脂肪酸含量相当高，所以特别容易发生氧化变质（Kanner 等，1988；Botsoglou 等，2007）。不同种类的禽肉对氧化变质的敏感性不同，尽管火鸡肉和肉鸡肉的脂肪酸含量近似，但前者氧化的能力更强（Marusich 等，1975）。造成这种差异的主要原因是火鸡在组织器官中贮存饲用来源生育酚的能力比肉鸡弱（Wen 等，1997）。因此，火鸡肉的抗氧化能力在很大程度上取决于所含的 α-生育酚的浓度，而后者又取决于日粮中添加的 α-生育酚乙酸酯水平（Florou-Paneri 等，2005）。相关研究已经证明包括火鸡在内的多种食用动物，在日粮中添加维生素 E 对于提高肌肉组织中 α-生育酚乙酸酯的抗脂质氧化能力是有效的（Sklan 等，1982；Higgins 等，1998；Mercier 等，1998；Sofos 等，2000）。然而，消费者和卫生监管部门要求减少食品中使用人工添加剂，这种压力促使人们尝试使用天然的饲料添加剂来提高肉品质量和稳定性（Lee 等，2017）。

21 世纪以来，使用天然来源的具有抗氧化活性的植物及其提取物或生物活性物质已成一种趋势，有关天然抗氧化剂的科学研究成为一个主要领域（Yanishlieva 等，1999；Cervato 等，2000；Vivhi 等，2001）。日粮中添加芳香植物及其提取物的强抗氧化成分，如某些酚类萜烯和类黄酮，为家禽提供了提高抗氧化的天然能力（Christaki 等，2012；Ognik 等，2016）。在肉鸡生产中，唇形科植物及其提取物包括牛至、迷迭香和鼠尾草（Lopez-Bote 等，1998；Botsoglou 等，2002；Basmacioglu 等，2004）可以用作高效的天然来源的饲料级抗氧化剂。过去 20 多年的研究表明，在火鸡日粮中添加植物源生物活性物质（主要来源于唇形科），可提高冷藏的或长期冷冻的、生的或熟的火鸡肌肉组织的氧化稳定性。

一项研究以 12 周龄的火鸡为对象，进行了为期 4 周的试验，以评估在日粮中添加牛至提取物和 α-生育酚乙酸酯对火鸡胸肉脂质氧化的影响（Govaris 等，2005）。试验结果表明，在日粮中添加 100mg/kg 的牛至提取物时，其抗氧化作用强于未经处理的对照组，但效果不及单独使用 α-生育酚乙酸酯组或联合使用 α-生育酚乙酸酯和牛至提取物组。另一项试验在日粮中添加牛至提取物和 α-生育酚乙酸酯，为期 4 周，研究火鸡胸肉、腿肉、肝脏和心脏组织中铁诱导的脂质氧化的抗氧化效果（Papageorgiou 等，2003）。试验用基础日粮中分别添加了 200mg/kg α-生育酚乙酸酯，或 100mg/kg 牛至提取物，或 200mg/kg 牛至提取物，或 100mg/kg 牛至提取物加 100mg/kg α-生育酚乙酸酯。结果表明，在 4℃冷藏 7d 前后，由于在日粮中添加了牛至提取物和/或 α-生育酚乙酸酯，故新鲜火鸡组织的抗氧化能力有所增强。在延缓脂质氧化方面，日粮中添加

200mg/kg 牛至提取物比添加 100mg/kg 更有效，与添加 200mg/kg α-生育酚乙酸酯的效果相当。日粮中同时添加 100mg/kg 牛至提取物和 100mg/kg α-生育酚乙酸酯比其他各试验组都更有效。

另两项研究使用与 Papageorgiou 等（2003）相似的试验方案，同时评估了牛至提取物和/或 α-生育酚乙酸酯的抗氧化能力。第一个试验中，研究人员将火鸡胸肉和腿肉在−20℃条件下冷冻 1、3、6 和 9 个月后分别评估脂质氧化程度（Botsoglou 等，2003a）。尽管在该试验中贮存期限延长至 9 个月，但试验组中胸肉和腿肉对脂质氧化的敏感性和 Papageorgiou 等（2003）研究发现的情况比较相似。此外，添加牛至提取物增加了 α-生育酚乙酸酯在火鸡肉中的留存量，增幅和牛至提取物的添加量成正相关。在 Botsoglou 等（2003b）的第二个试验中，他们用冷藏 0、3d、6d 和 9d 生的或熟的火鸡肉，通过监测丙二醛（一种用于指示脂质氧化指标的化合物）的形成来确定脂质氧化情况。结果表明，所有试验组与对照组相比，生的或熟的火鸡肉中脂质氧化的稳定性均显著提高。与他们之前的研究结果相似的是，试验中丙二醛的生成量显著减少（Botsoglou 等，2003a）。

Govaris 等（2004）研究了在火鸡饲喂阶段及屠宰后，观察牛至提取物对冷藏的胸肉和腿肉脂质氧化的抑制效果。结果表明，在火鸡肉糜中喷用牛至提取物或 α-生育酚（添加量 200mg/kg），在冷藏阶段（4℃储存 3d、6d 和 9d）与对照组相比，延迟了火鸡肉糜的脂质氧化速度，但延迟效果不如饲喂阶段添加 α-生育酚或牛至提取物（添加量 200mg/kg）明显。屠宰后喷用的两种添加剂产生的抗氧化活性都低于饲用添加所产生的抗氧化活性，这可能是因为切碎肉的过程破坏了肌细胞膜而产生了自由基（Ahn 等，1993）。

另一项研究中，研究人员通过评估火鸡腿肉和胸肉冷藏 0、3d、6d 和 9d 时的氧化稳定性，比较牛至提取物和牛至草的抗氧化效果（Florou-Paneri 等，2005）。与对照组相比，在所有时间点进行评估时，日粮中添加 100mg/kg 牛至提取物更有效地延缓了脂质氧化速度，但效果不如添加 5g/kg 牛至草。结果还显示，添加 200mg/kg 牛至提取物比添加 5g/kg 牛至草在延缓脂质氧化上更有效，而与添加 10g/kg 牛至草效果相同。同样，在火鸡日粮中添加百里香酚（30mg/kg）和多种植物提取物（百里香酚、丁香酚和胡椒碱）的混合产品，饲喂 56d 后火鸡肉的抗氧化状态也得到了提高（Giannenas 等，2014）。

另一种唇形科家族的植物（迷迭香）具有抗氧化活性，将其添加在火鸡日粮中可能抑制脂质氧化。Botsoglou 等（2007）在火鸡日粮中添加 10～300mg/kg α-生育酚乙酸酯，同时添加 0、0.5%或 1.0%脱水迷迭香叶作为抗氧化剂，饲喂 4 周。结果显示，日粮中添加 1.0%水平的迷迭香在火鸡腿肉和胸肉中延缓脂质氧化的效果比添加 0.5%更显著，但效果不如添加 300mg/kg α-生育酚乙酸酯。研究结果还表明，在本试验特定的浓度水平下，这两种成分无法以协同作用进一步增强抗氧化活性。Govaris 等（2007）也对脱水迷迭香的抗氧化活性进行了评估，他们在火鸡日粮中添加 300mg/kg α-生育酚乙酸酯及 5g/kg和 10g/kg 迷迭香，饲喂 4 周。结果显示，在火鸡日粮中添加脱水迷迭香可以延缓 4℃冷藏 12d 的生火鸡胸肉的脂质氧化。与普兰伯格（*Plain burger*）、迷迭香和孜然提取物相比，丁香和肉桂提取物被用作饲料添加剂时，对延缓火鸡肉脂质氧化也有效（Loizzo 等，2015）。现有的研究结果表明，在日粮配方中添加芳香植物及其提取物，是在火鸡肉中加入天然抗氧化剂的简单且便捷的方法。

五、增强免疫力的初步尝试

越来越多已发表的文献证明，将富含特定生物活性物质的植物用于家禽中，对其免疫功能有益，相关研究在肉鸡上的较多，蛋鸡上的较少（Swiatkiewicz 和 Koreleski，2007）。被吸收的植物源活性化合物可能会引起血液免疫参数改变而诱导免疫应答，而未被吸收的生物活性物质可能有助于减轻肠道免疫防御应激（Kohlert 等，2000；Zeng 等，2015）。一般认为芳香植物及其提取物对免疫有积极作用，如增加肉鸡和蛋鸡传染性疾病的抗体滴度、增强外周血细胞免疫应答和提高免疫球蛋白的血清浓度（Dorhoi 等，2006；Hanieh 等，2010；Hong 等，2012；Bozkurt 等，2012a）。

然而，关于芳香植物及其提取物在火鸡生理学和免疫学方面的研究数据非常有限。Koncicki 等（2015）利用茴芹、肉桂、桉树、大蒜和芥末的提取物混合物，按 1mL/L 添加在水中，让 5 周龄的杂交火鸡饮水饲喂 3d。结果发现，添加组增加了胸腺和脾脏中的 $CD4^+$ T 淋巴细胞百分比、盲肠扁桃体和血液中的 $CD8^+$ T 淋巴细胞百分比，以及胸腺和回肠黏膜中的 $CD4^+CD8^+$ T 淋巴细胞百分比，可能对机体有积极的免疫调节作用。

六、对肠道形态和功能的特异性影响

在日粮中添加植物提取物，可以改善鸡的肠道形态和肠道功能，使鸡在保持肠道健康方面获得益处。影响肠道功能的可能机制包括肠道转运时间、消化液分泌和消化酶活性的增强（Mountzouris 等，2009b），这些方面共同作用将会影响营养物质的消化率。研究显示，当给肉鸡饲喂多种植物提取物时，胰蛋白酶、脂肪酶和淀粉酶在肠道中的活性增强（Jamroz 等，2003；Lee 等，2003；Jang 等，2007）。给 21～45 日龄的肉鸡饲喂一种提取物和纯牛至提取物混合物，可以增强脂肪、干物质和淀粉在回肠和全消化道中的消化率（Hernández 等，2004；Jamroz 等，2005；Basmacioglu 等，2010；Amad 等，2011）。而在火鸡上仅有一项研究表明，添加牛至提取物以及姜黄和辣椒的香料提取物，饲喂 140d 后可以显著提高回肠食糜中 α-葡糖苷酶的活性（Mikulski 等，2008）。

胃肠道可以根据日粮组分等外界因素的变化进行形态上的适应，并做出反应。小肠消化能力的提高，既与肠道微生物菌群的均衡有关，又与胃肠道组织形态的改变有关（Xu 等，2003；Miles 等，2006）。多项研究证明，肉鸡日粮中添加植物提取物对肠道形态及后续的生产性能参数都能产生积极影响（Garcia 等，2007；Viveros 等，2011；Hong 等，2012）。肠道组织形态学上的变化表现为：绒毛变长、绒毛与腺窝的比值增加。后者说明绒毛表面积增加，所以营养物质的吸收率更高。在饲用芳香和药用植物的火鸡上也有类似的报道。Giannenas 等（2014）给火鸡饲喂一种植物提取物混合物的商业产品后，火鸡的回肠、十二指肠和空肠的绒毛高度显著增加；同时，与未经处理的对照组相比，火鸡体重增加更快、饲料转化率更高。在给火鸡饲喂脱水双孢蘑菇达到 70 日龄时，3 个肠段样品的绒毛高度显著增加、腺窝深度略有降低，同时活重增加、饲料转化率提高（Giannenas 等，2011）。饲喂芦荟叶提取物的小火鸡在 3 周龄的肠道重量（g，以 100g 体重计）与未经处理的对照组相比显著增加（Edens 等，2014）。为数不多的关于火鸡的研究结果表明，从绒毛高度的角度来说，植物源饲料添加剂可能对火鸡肠道形态有积极影响，但是这一点仍需进一步研究验证不同植物提取物的作用效果。

七、植物提取物控制火鸡组织滴虫的新方法

火鸡组织滴虫（*H. meleagridis*）在鹑鸡类动物体内会引起严重的疾病，如组织单胞菌病或组织滴虫病（Hauck 和 Hafez，2013）。对于格外易感的火鸡来说，发病率和死亡率高达 100%（McDougald 和 Fitz-Coy，2008）。在过去的 40 年里，人们通过使用抗鞭毛虫饲料添加剂很好地控制住了这个疾病，只有在一些罕见的病例中才会使用专利药物进行治疗（Hauck 和 Hafez，2013）。在具有抗生素和抗原生动物活性的药物中，硝基咪唑类是唯一能完全抑制火鸡组织滴虫的药物（Hu 和 McDougald，2004；Hauck 等，2010b）。然而，由于欧盟对食品安全的关注，用于食用动物上抗火鸡组织滴虫的所有治疗性和预防性药物在 1990—2003 年被相继禁用（Hafeez 等，2005）。从那时起，火鸡组织滴虫病就成为全世界火鸡产业中报道最频繁的、最影响经济效益的疾病（Callait-Cardinal 等，2007；Hauck 等，2010a）。由于找到一种能有效抑制火鸡组织滴虫病的新型制剂的机会非常渺茫，所以急需新的疗法和干预措施，同时新的替代品必须能得到消费者的认同（Hafez 和 Hauck，2006）。尽管在过去的 10 年中，人们努力制定新的策略来控制火鸡组织滴虫病，但为实现这一重要目标的相关替代方案仍寥寥无几。

最近，芳香植物及其提取物产品作为抗组织滴虫药物的替代品引起了人们的广泛关注。因为其不仅仅是天然产物，而且可能针对尚未产生耐药性的病菌有治疗效果，所以与传统药物相比，它们更容易被消费者所接受。然而，关于植物提取物如何治疗火鸡组织滴虫感染的科学验证数据仍然很少，而且大多是体外试验数据。研究人员发现，肉桂、柑橘、柠檬和葱属大蒜的提取物具有一定的抗组织滴虫活性。这些植物提取物在 24h 和 48h 的最低致死剂量分别为 1.0μL/mL 和 0.5μL/mL。它们的混合物表现出协同作用，对火鸡组织滴虫的最低致死浓度为 0.8μL/mL（Zenner 等，2003）。此外，3 种双层包被的植物提取物在体外试验中表现出对组织滴虫良好的抑制作用。这些产品也显示出抗菌效果，可能有助于预防组织滴虫病（Hauck 和 Hafez，2007）。

一项在单体网状栏上开展的试验研究了植物提取物的抗组织滴虫作用。Hafez 和 Hauck（2006）在日粮和饮水中添加肉桂、大蒜、柠檬和迷迭香的提取物混合物发现，火鸡感染死亡率有所降低（对照组 50%，添加组 20%）。而添加组和对照组中因感染死亡的火鸡的病变程度没有明显差异。另有两项生产试验的结果并不一致。Duffy 等（2005）的研究显示，饲喂一种名为 Natustat 的专利植物产品后，受感染火鸡的病变得分较低。在另一个散养火鸡场，将含有肉桂、大蒜、柠檬和迷迭香的提取物产品添加到火鸡日粮中，火鸡未能获得抗组织滴虫病的足够保护（Chossat，2002）。这些关于植物提取物抗组织滴虫活性的有限的研究数据无法让我们得出一致性的结论。因此，在抗组织滴虫药物被禁用、组织滴虫病暴发的背景下，有关芳香植物提取物的抗组织滴虫的研究值得深入开展。

在过去的 20 年中，大量的证据表明，多种芳香植物及其提取物可以作为抗球虫药物

的可选替代品（Peek 和 Landman，2011；Abbas 等，2012；Bozkurt 等，2013）。在肉鸡上的研究已经证明，芳香植物尤其是唇形科植物及其提取物，在减少球虫卵囊、肠道病变评分和感染后恢复方面都具有积极作用（Giannenas 等，2003；Tsinas 等，2011；Bozkurt 等，2012b）。火鸡养殖中也缺乏有效的抗球虫方案，常蒙受巨大损失。迄今为止，芳香植物及其提取物对火鸡的抗球虫效果研究还很缺乏（Chapman，2008，2014）。因此，在火鸡生产中，研究如何使用芳香植物及其提取物作为抗球虫剂，将会有较为广泛的实用前景。

八、对火鸡生产性能的影响

芳香植物及其提取物已作为促生长剂在肉鸡和蛋鸡上进行了大量试验。在过去的十几年研究发现，植物及提取物可以提高肉鸡（Windsch 等，2009；Wallace 等，2010；Hippenstiel 等，2011；Giannenas 等，2013）和蛋鸡（Bozkurt 等，2014b）的消化酶活性，降低肠道病原体压力，提高肉鸡、蛋鸡的消化功能，进而提高其生长性能。关于植物提取物对火鸡促生长作用的研究尚报道不多。

表 12－1 汇总了芳香植物及其提取物对火鸡生产性能影响的研究结果。在一项早期的研究中（Florou-Paneri 等，2005），12～16 周龄的火鸡日粮中添加 5g/kg 和 10g/kg 牛至草、100g/kg 和 200mg/kg 牛至提取物，饲喂 4 周后与对照相比，火鸡的最终体重、日增重、采食量无显著差异。Bampidis 等（2005）研究了脱水牛至叶对母火鸡生长性能和产肉量的影响。在火鸡日粮中添加不同含量的牛至（0、1.25g/kg、2.50g/kg 和 3.75g/kg），从 1 日龄饲喂至 84 日龄。结果表明，43～84 日龄的早熟火鸡，试验组饲料转化率明显提高，其体增重没有受到影响，采食量随着牛至浓度的增加成线性下降。在所有试验组中，胴体重量、心脏和肝脏的相对重量及血清胆固醇含量均没有显著差异。同样，Giannenas 等（2014）在日粮中添加百里香酚（添加量 30mg/kg）或植物提取物混合物（包含百里香酚、丁子香酚和胡椒碱，添加量 30mg/kg），饲喂 1～56 日龄火鸡，与对照组相比，添加植物提取物混合物组火鸡的体重和饲料转化率明显增加，而添加百里香酚组火鸡的体重和饲料转化率无明显提高。在第二个试验中，植物提取物混合物与苯甲酸（添加量 1 000mg/kg）联合使用，对火鸡生长性能的促进作用明显好于对照组。植物提取物和苯甲酸联合使用，可明显减少嗉囊和回肠中的大肠杆菌数量，并降低盲肠中大肠杆菌的增长速度。研究者的结论是，植物提取物可以作为 AGP 的有效替代品，以促进火鸡健康和生长性能。然而，Mikulski 等（2008）研究使用两种植物源性制剂在日粮中添加饲喂火鸡 140d，每 28d 检测一次体增重和饲料转化率。这两种植物源性制剂分别是：①由柠檬酸、富马酸、正磷酸和苹果酸的有机酸混合物与柑橘、肉桂、牛至和百里香提取物的混合物所组成的植物源性制剂，添加量为 0.5～1.0g/kg；②牛至、姜黄和辣椒提取物的混合物，添加量为 0.3g/kg。结果显示，两种植物源性制剂对火鸡的体增重和饲料转化率均无明显效益。作者也未能观察到两种植物源性制剂对盲肠中短链脂肪酸的产生和酸碱度有任何显著影响，而且对屠宰率及胸肉、腿肉、腹部脂肪层重量比例也没有任何显著影响。

表 12-1　芳香植物及其提取物对火鸡生产性能的影响（与对照相比增减百分比）

数量（只）	基因型性别试验时间（d）	植物提取物的来源	添加量（g/kg）	采食量	体增重	饲料转化率	资料来源
120[a]	杂交火鸡（笼养）公 28	芦荟（*Aloe ferox*）叶子粉末	5	−8.7*	+1.8*	NS[d]（+2.2）	Edens 等（2014）
			10	−18.6*	−13.6*	NS[d]（0.0）	
			20	−34.7*	−8.1*	NS[d]（+0.2）	
120[b]	杂交火鸡（散养）公 28	芦荟（*Aloe ferox*）叶子粉末	5	+7.7*	+15.1*	−7.0*	
			10	−2.0*	+9.5*	−7.7*	
30[c]	黑火鸡 母 28	牛至（*Origanum vulgare* subsp. hirtum）磨碎的整株植物	5	NS[d]（−1.5）	NS[d]（+0.2）	NA[e]	Florou-Paneri 等（2005）
			10	NS[d]（−0.5）	NS[d]（−1.8）	NA[e]	
30[c]	黑火鸡 母 28	牛至（*Origanum vulgare* subsp. hirtum）提取物	0.1	NS[d]（−2.0）	NS[d]（−1.4）	NA[e]	
			0.2	NS[d]（+1.0）	NS[d]（−1.2）	NA[e]	
400[b]	BIG-6 公 140	牛至（*Origanum vulgare* L.）精油及姜黄（*Curcuma longa* L.）和辣椒（*Capsicum frutenscens* L.）提取物的混合物	0.3	NA[e]	NS[d]（+3.2）	−3.4**	Mikulski 等（2008）
100[b]	BUT 10 公 35	茴香（*Foeniculum vulgare* Mill.）提取物	0.2	NA[e]	+0.8*	NA[e]	Yacoub 等（2015）
			0.5	NA[e]	+4.9*	NA[e]	
		茴芹（*Pimpinella anisum* L.）提取物	0.2	NA[e]	+2.2*	NA[e]	
			0.5	NA[e]	−0.1*	NA[e]	
120[b]	尼古拉白火鸡 母 84	牛至（*O. vulgare* subsp. *hirtum*）叶	1.25	−4.5*	NS[d]（+2.2）	−5.6*	Bampidis 等（2005）
			2.50	−5.6*	NS[d]（+1.1）	−5.6*	
			3.75	−8.8*	NS[d]（+0.8）	−11.1*	
180[b]	尼古拉白火鸡 公 56	植物提取物混合物（百里香酚、丁子香酚和胡椒碱及其他调味剂）	0.03	NA[e]	+0.4*	−1.1*	Giannenas 等（2014）
		CRINA Poultry-CP 百里香酚	0.03	NA[e]	+7.4*	−7.6*	

注：* $P<0.05$；** $P<0.01$；[a]育雏笼养的小火鸡；[b]有垫料的地板栏平养的小火鸡；[c]单体网状栏平养的 12～16 周龄火鸡；[d]$P>0.05$；[e]未作分析。

Edens 等（2014）为雏火鸡饲喂一种混合了芦荟叶提取物和膨润土钙混合物的专利产品，以测试该产品的促生长能力。4 周龄时，饲养在育雏笼中和铺有垫料的地板栏上的雏火鸡生产性能明显不同。笼养雏火鸡日粮中添加 10g/kg 和 20g/kg 制剂，比未添加或添加 5g/kg 的体重和采食量均下降；然而，对于养在地板栏上的雏火鸡，不论添加 5g/kg 还是 10g/kg 制剂，与对照组相比，4 周龄时的体重和饲料转化率均有改善。除芳香植物及其提取物之外，为雏火鸡饲喂双孢蘑菇也可以提高其体重和饲料转化率（Giannenas 等，2011）。将完整蘑菇在 60℃条件下干燥过夜，再磨碎并通过 5mm 筛，然后分 3 组（0、10g/kg 和 20g/kg）添加在日粮中，整个试验周期中（70d），添加量为 20g/kg 的火鸡体增重优于添加 10g/kg 组和未添加组。各试验组间的饲料转化率也具有类似的规律。添加蘑菇对整个试验期内雏火鸡的采食量和死亡率没有影响。

目前，已有充分的试验证据证明植物源饲料添加剂能够提高肉鸡的生产性能。Brebes 和 Roura（2010）及 Hippenstiel 等（2011）分别对 23 篇和 51 篇关于肉鸡的研究文章进行了总结。他们分别在综述中报道，植物提取物（来源于芳香植物）对肉鸡的采食量、体增重和饲料转化率的平均影响效果为－1.6％、0、－2.7％和－1.6％、1.8％、－2.5％。如表 12－1 所示，饲喂芳香植物的火鸡的采食量、体增重和饲料转化率在一定范围内（分别为－6.5％、1.8％、－4.2％）有所改善，明显优于在肉鸡上所得到的数据。

表 12－1 中的数据表明，在大部分研究中，火鸡的生长速度往往有所提升，尤其是饲料转化率显著改善，尽管采食量有所下降。日粮中添加芳香植物及其提取物，能保持肠道中的微生物稳态，从而提高火鸡的生产性能。这些植物提取物对常见的肠道致病菌不仅具有较强的抗菌效果，而且具有抗氧化活性。即便如此，仍需要更多的试验包括对肠道功能和形态、内源酶活性及对有效养分吸收和消化效果等进一步深入研究。

九、结论和未来研究

本章讨论的主题是在火鸡日粮中添加芳香植物及其提取物的效果和作用机制。现有的研究结果使我们能更好地了解植物提取物对于火鸡的作用。从已发表的学术论文可以得出结论，芳香植物提取物具有不同的功能和作用方式，添加在日粮中可以提高火鸡的生长速度和饲料转化率，并且促进健康。然而，在养分消化率、肠道功能和形态及免疫调控方面的研究依旧非常缺乏，促生长功能背后的机制仍远未被阐明。从芳香植物尤其是唇形科植物中提取出的活性化合物，可以作为有效的抗氧化剂，延长冷藏火鸡肉的保存期限。研究结果也揭示了对肠绒毛相关的保护作用是明显存在的，但其机理仍需进一步阐明。总之，现有研究结果表明，日粮中添加芳香植物及其提取物是保障火鸡健康、提高生产力和提升肉品质的一种安全且可持续的方法。

为了保障火鸡健康和提高生产性能，关于植物提取物的下一步研究应侧重于以下几方面：①芳香植物及其提取物是否有可能改善消化酶的分泌，从而有助于降低早熟火鸡对养分的吸收障碍；②几种植物提取物产生的抗组织滴虫和抗球虫活性具有应用前景，但其潜在的作用机理亟待澄清；③饲用添加牛至提取物能增加火鸡肉中 α-生育酚乙酸酯的留存量，但这一令人鼓舞的发现需要进一步验证。

（王云凌，邵彩梅，译；金立志，校）

参 考 文 献

Abbas，R. Z.，Clowell，D.，Gilleard，J.，2012. Botanicals：an alternative approach for the control avian coccidiosis. World Poultry Sci. J. 68，203-215.

Ahn，D. U.，Ajuyah，A.，Wolfe，F. H.，Sim，J. S.，1993. Prevention of lipid oxidation in pre-cooked Turkey meat patties with hot packaging and antioxidant combinations. J. Food Sci. 58，283-287.

Amad，A. A.，Männer，K.，Wendler，K. R.，Neumann，K.，Zentek，J.，2011. Effects of a phytogenic feed additive on growth performance and ileal nutrient digestibility in broiler chickens. Poultry Sci. 90，2811-2816.

Bajpai，V. K.，Baek，K. H.，Kang，S. C.，2012. Control of Salmonella in foods by using essential oils：a review. Food Res. Int. 45，722-734.

Bakkali，F.，Averbeck，S.，Averbeck，D.，Idaomar，M.，2008. Biological effects of essential oils- a review. Food Chem. Toxicol. 46，446-475.

Bampidis，V. A.，Christodoulou，V.，Florou-Paneri，P.，Christaki，E.，Chatzopoulou，P. S.，Tsiligianni，T.，Spais，A. B.，2005. Effect of dietary dried oregano leaves on growth performance，carcass characteristics and serum cholesterol of female early maturing turkeys. Br. Poult. Sci. 46，595-601.

Barton，M. D.，2000. Antibiotic use in animal feed and its impact on human health. Nutr. Res. Rev. 13，279-299.

Basmacioğlu，H.，Tokusoğlu，Ö.，Ergül，M.，2004. The effect of oregano and rosemary essential oils or alpha-tocopheryl acetate on performance and lipid oxidation of meat enriched with n-3 PUFA' s in broilers. S. Afr. J. Anim. Sci. 34，197-210.

Basmacıoğlu，M. H.，Baysal，S.，Mısırlıoğlu，Z.，Polat，M.，Yılmaz，H.，Turan，N.，2010. Effects of oregano essential oil with or without feed enzymes on growth performance，digestive enzyme，nutrient digestibility，lipid metabolism and immune response of broilers fed on a wheat-soybean meal diets. Br. Poult. Sci. 51，67-80.

Baurhoo，B.，Ferket，P. R.，Zhao，X.，2009. Effects of diets containing different concentrations of mannan oligosaccha- ride or antibiotics on growth performance，intestinal development，cecal and litter microbial populations，and carcass parameters of broilers. Poultry Sci. 88，2262-2272.

Bedford，M. R.，2000. Exogenous enzymes in monogastric nutrition-Their current value and future benefits. Anim. Feed Sci. Technol. 86，1-13.

Botsoglou，N. A.，Christaki，E.，Fletouris，D. J.，Florou-Paneri，P.，Spais，A. B.，2002. The effect of dietary oregano essen- tial oil on lipid oxidation in raw and cooked chicken during refrigerated storage. Meat Sci. 62，259-265.

Botsoglou，N. A.，Govaris，A.，Botsoglou，E. N.，Grigoropoulou，S. H.，Papageorgiou，G.，2003a. Antioxidant activity of dietary oregano essential oil and a-tocopheryl acetate supplementation in long-term frozen stored Turkey meat. J. Agric. Food Chem. 51，2930-2936.

Botsoglou，N. A.，Grigoropoulou，S. H.，Botsoglou，E.，Govaris，A.，Papageorgiou，G.，2003b. The effects of dietary oregano essential oil and a-tocopheryl acetate on lipid oxidation in raw and cooked Turkey during refrigerated storage. Meat Sci. 65，1193-1200.

Botsoglou，N. A.，Govaris，A.，Giannenas，I.，Botsoglou，E.，Papageorgiou，G.，2007. The incorporation of dehydrated rosemary leaves in the rations of turkeys and their impact on the oxidative stability of the produced raw and cooked meat. Int. J. Food Sci. Nutr. 58，312-320.

Bozkurt，M.，Küçükyılmaz，K.，Pamukçu，M.，Çabuk，M.，Alçiçek，A.，Çatlı，A. U.，2012a. Long-term effects of dietary supplementation with an essential oil mixture on the growth and laying performance of two layer strains. Ital. J. Anim. Sci. 11，23-28.

Bozkurt，M.，Selek，N.，Küçükyılmaz，K.，Eren，H.，Güven，E.，Çatlı，A. U.，Çınar，M.，2012b. Effects of dietary supple- mentation with a herbal extract on the performance of broilers infected with a mixture of Eimeria species. Br. Poult. Sci. 53，325-332.

Bozkurt，M.，Giannenas，I.，Küçükyılmaz，K.，Christaki，E.，Florou-Paneri，P.，2013. An update on approaches to con- trolling coccidia in poultry using botanical extracts. Br. Poult. Sci. 54，713-727.

Bozkurt，M.，Hippenstiel，F.，Abdel-Wareth，A. A. A.，Kehraus，S.，Küçükyılmaz，K.，Südekum，K. H.，2014a. Effects of selected herbs and essential oils on performance，egg quality and some metabolic activities in laying hens-a re- view. Eur. Poult. Sci. 78，1-15.

Bozkurt，M.，Aysul，N.，Küçükyılmaz，K.，Aypak，S.，Ege，G.，Çatlı，A. U.，Aksit，H.，Çöven，F.，Seyrek，K.，Çınar，M.，2014b. Efficacy of in-feed preparations of an anticoccidial，multienzyme，prebiotic，probiotic，and herbal essential oil mixture in healthy and *Eimeria* spp. -infected broilers. Poultry Sci. 93，389-399.

Bozkurt，M.，Bintas，E.，Kırkan，S.，Aksit，H.，Küçükyılmaz，K.，Erbas，G.，Çabuk，M.，Aksit，D.，Parın，U.，Ege，G.，Koçer，B.，Seyrek，K.，Tüzün，A. E.，2016. Comparative evaluation of dietary supplementation with mannan oligosaccharide and oregano essential oil in forced molted and fully fed laying hens between 82 and 106 weeks of age. Poultry Sci. 95，2576-2591.

Bölükbası，S. C.，Erhan，M. K.，Kaynar，Ö.，2008. The effect of feeding thyme，sage and rosemary on laying hen perfor- mance，cholesterol and some proteins ratio of egg yolk and *Escherichia coli* count in feces. Arch. Geflügelk. 72，231-237.

Brenes，A.，Roura，E.，2010. Essential oils in poultry nutrition：main effects and modes of action. Anim. Feed Sci. Tech- nol. 158，1-14.

Burt，S.，2004. Essential oils：their antibacterial properties and potential applications in foods-a review. Int. J. Food Microbiol. 94，223-253.

Callait-Cardinal，M. P.，Leroux，S.，Venereau，E.，Chauve，C. M.，Le Pottier，G.，Zenner，L.，2007. Incidence of histomo- nosis in turkeys in France since the bans of dimetridazole and nifursol. Vet. Rec. 161，581-585.

Cervato，G.，Carabelli，M.，Gervasio，S.，Cittera，A.，Cazzola，R.，Cestaro，B.，2000. Antioxidant properties of oregano（*Origanum vulgare*）leaf extracts. J. Food Biochem. 24，453-465.

Chapman，H. D.，2008. Coccidiosis in the Turkey. Avian Pathol. 37，205-223.

Chapman，H. D.，2014. Milestones in avian coccidiosis research：a review. Poultry Sci. 93，501-511.

Chossat，L.，2002. L' histomonose en production AOC “dinde fermiere de Bresse” essai de prevention par phytother- apie. France These de Doctorat Veterinaire，Lyon.

Christaki，E.，Bonos，E.，Giannenas，I.，Florou-Paneri，P.，2012. Aromatic plants as a source of bioactive compounds. Agriculture 2，228-243.

Cowan，M. M.，1999. Plant products as antimicrobial agents. Clin. Microbiol. Rev. 12，564-582.

De Souza，E. L.，2016. The effects of sublethal doses of essential oils and their constituents on antimicrobial susceptibility and antibiotic resistance among food-related bacteria：a review. Trends Food Sci. Technol. 56，1-12.

Diaz-Sanchez, S., D' Souza, D., Biswas, D., Hanning, I., 2015. Botanical alternatives to antibiotics for use in organic poultry production. Poultry Sci. 94, 1419-1430.

Dibner, J. J., Richards, J. D., 2005. Antibiotic growth promoters in agriculture: history and mode of action. Poultry Sci. 84, 634-643.

Dorhoi, A., Dobrean, V., Zahan, M., Virag, P., 2006. Modulatory effects of several herbal extracts on avian peripheral blood cell immune responses. Phytother Res. 20, 352-358.

Dorman, H. J., Deans, S. G., 2000. Antimicrobial agents from plants: antibacterial activity of plant volatile oils. J. Appl. Microbiol. 88, 308-316.

Duffy, C. F., Sims, M. D., Power, R. F. G., 2005. Evaluation of dietary Natustat for control of *Histomonas meleagridis* in male turkeys on infected litter. Avian Dis. 49, 423-425.

Edens, F. W., Ort, D. T., Ludescher, B. L., 2014. Improved early performance of Turkey poults given an *Aloe ferox* leaf extract with bentonite. Br. Poult. Sci. 55, 675-683.

EFSA, 2015. European Food Safety Authority. European Union summary report on trends and sources of zoonoses, zoonoticagents and food-borne outbreaks in 2013. EFSA J. 13, 1-162.

Erasmus, M. A., 2017. A review of the effects of stocking density on Turkey behavior, welfare, and productivity. Poultry Sci. 96, 2540-2545.

Faith, N. G., Garcia, G., Skebba, V. P., Gandhi, N. R., Czuprynski, C. J., 2015. Use of a commercial mixture of volatile compounds from the fungus Muscodor to inhibit Salmonella in ground Turkey and beef. Food Control 47, 628-633.

Ferket, P. R., 1995. Flushing syndrome in commercial turkeys during the grow-out stage. In: Proceedings of the Smithkline Beecham Pacesetter Conference. National Turkey Federation Annual Meeting.

Ferket, P. R., Veldkamp, T., 1999. Nutrition and gut health of turkeys and broilers. In: Proceedings of the Twenty Sixth Annual Carolina Poultry Nutrition Conference and Soybean Meal Symposium. North Carolina State University, Raleigh.

Florou-Paneri, P., Palatos, G., Govaris, A., Botsoglou, D., Giannenas, I., Ambrosiadis, I., 2005. Oregano herb versus oregano essential oil as feed supplements to increase the oxidative stability of Turkey meat. Int. J. Poult. Sci. 4, 866-871.

Foye, O. T., Black, B. L., 2006. Intestinal adaptation to diet in the young domestic and wild Turkey (*Meleagris gallopavo*). Comp. Biochem. Physiol. 143, 184-192.

Franz, C., Baser, K. H. C., Windisch, W., 2010. Essential oils and aromatic plants in animal feeding-a European perspective. A review. Flavour Fragrance J. 25, 327-340.

Frei, S., Ortmann, S., Kreuzer, M., Hatt, J. M., Clauss, M., 2017. Digesta retention patterns in geese (*Anser anser*) and turkeys (*Meleagris gallopavo*) and deduced function of avian caeca. Comp. Biochem. Physiol. Mol. Integr. Physiol. 204, 219-227.

Garcia, V., Catalá Gregori, P., Hernández, F., Megías, M. D., Madrid, J., 2007. Effect of formic acid and plant extracts on growth, nutrient digestibility, intestine mucosa morphology, and meat yield of broilers. J. Appl. Poult. Res. 16, 555-562.

Giannenas, I., Florou-Paneri, P., Papazahariadou, M., Christaki, E., Botsoglou, A., Spais, A. B., 2003. Effect of dietary supplementation with oregano essential oil on performance of broilers after experimental infection with E. tenella. Arch. Anim. Nutr. 57, 99-106.

Giannenas, I., Kyriazakis, I., 2009. Phytobased products for the control of intestinal diseases in chickens in the post antibiotic era. In: Steiner, T. (Ed.), Phytogenics in Animal Nutrition: Natural Concepts to Optimize Gut Health and Performance. Nottingham University Press, Nottingham, UK, 61-86.

Giannenas，I.，Tsalie，E.，Chronis，E. F.，Mavridis，S.，Tontis，D.，Kyriazakis，I.，2011. Consumption of Agaricus bisporus mushroom affects the performance，intestinal microbiota composition and morphology，and antioxidante status of Turkey poults. Anim. Feed Sci. Technol. 165，218-219.

Giannenas，I.，Papadopoulos，E.，Tsalie，E.，Triantafillou，E.，Henikl，S.，Teichmann，K.，Tontis，D.，2012. Assessment of dietary supplementation with probiotics on performance，intestinal morphology and microflora of chickens infected with *Eimeria tenella*. Vet. Parasitol. 188，31-40.

Giannenas，I.，Bonos，E.，Christaki，E.，Florou-Paneri，P.，2013. Essential oils and their applications in animal nutrition. Med. Aromatic Plants. 2，1-12.

Giannenas，I.，Papaneophytou，C. P.，Tsalie，E.，Pappas，I.，Triantafillou，E.，Tontis，D.，Kontopidis，G. A.，2014. Dietary supplementation of benzoic acid and essential oil compounds affects buffering capacity of the feeds，performance of Turkey poults and their antioxidant status，pH in the digestive tract，ıntestinal microbiota and morphology. Asian-Australas. J. Anim. Sci. 27，225-236.

Gong，J.，Yin，F.，Hou，Y.，Yin，Y.，2014. Review：Chinese herbs as alternatives to antibiotics in feed for swine and poultry production：potential and challenges in application. Can. J. Anim. Sci. 94，223-241.

Govaris，A.，Botsoglou，N.，Papageorgiou，G.，Botsoglou，E.，Amvrosiadis，I.，2004. Dietary versus post-mortem use of oregano oil and/or a-tocopherol in turkeys to inhibit development of lipid oxidation in meat during refrigerated storage. Int. J. Food Sci. Nutr. 55，115-123.

Govaris，A.，Botsoglou，E.，Florou-Paneri，P.，Moutas，A.，Papageorgiou，G.，2005. Dietary supplementation of oregano essential oil and tocopheryl acetate on microbial growth and lipid oxidation of Turkey breast fillets during stor- age. Int. J. Poult. Sci. 4，969-975.

Govaris，A.，Florou-Paneri，P.，Botsoglou，E.，Giannenas，I.，Amvrosiadis，I.，Botsoglou，N.，2007. The inhibitory po- tential of feed supplementation with rosemary and/or a-tocopheryl acetate on microbial growth and lipid oxida- tion of Turkey breast during refrigerated storage. J. Food Sci. Technol. 40，331-337.

Hafez，H. M.，Schulze，D.，Hauck，R.，Lüschow，D.，2005. Histomonas meleagridis：the situation after the ban of the last available drug in the EU. In：Proceedings of the 54th Western Poultry Disease Conference，B. C. Canada，36-38.

Hafez，H. M.，Hauck，R.，2006. Efficacy of a herbal product against *Histomonas meleagridis* after experimental infection of Turkey poults. Arch. Anim. Nutr. 60，436-442.

Hanieh，H.，Narabara，K.，Piao，M.，Gerile，C.，Abe，A.，Kondo，Y.，2010. Modulatory effects of two levels of dietary Alliums on immune response and certain immunological variables，following immunization，in White Leghorn chickens. Anim. Sci. J. 81，673-680.

Hauck，R.，Hafez，M. H.，2007. Effect of coated plant extracts on Histomonas meleagridis and growth of bacteria in vitro. Avian Dis. 51，880-883.

Hauck，R.，Balczulat，S.，Hafez，H. M.，2010a. Detection of DNA of *Histomonas meleagridis* and *Tetratrichomonas galli- narum* in German poultry flocks between 2004 and 2008. Avian Dis. 54，1021-1025.

Hauck，R.，Fuller，A. L.，Greif，G.，McDougald，L. R.，2010b. Evaluation of nifurtimox for potential use in control of histomoniasis in turkeys. Avian Dis. 54，28-32.

Hauck，R.，Hafez，M. H.，2013. Experimental infections with the protozoan parasite *Histomonas meleagridis*：a review. Parasitol. Res. 112，19-34.

Hernandez, F., Madrid, J., Garcia, V., Orengo, J., Megias, M. D., 2004. Influence of two plant extracts on broilers per- formance, digestibility, and digestive organ size. Poultry Sci. 83, 169-174.

Higgins, F. M., Kerry, J. P., Buckley, D. J., Morrissey, P. A., 1998. Effect of dietary a-tocopheryl acetate supplementation on a-tocopherol distribution in raw Turkey muscles and its effect on the storage stability of cooked Turkey meat. Meat Sci. 50, 373-383.

Hippenstiel, F., Abdel-Wareth, A. A. A., Kehraus, S., Südekum, K. H., 2011. Effect of selected herbs and essential oils, and their active components on feed intake and performance of broilers-a review. Arch. Geflügelk. 75, 226-234.

Hong, J. C., Steiner, T., Aufy, A., Lien, T. F., 2012. Effects of supplemental essential oil on growth performance, lipid metabolites and immunity, intestinal characteristics, microbiota and carcass traits in broilers. Livest. Sci. 144, 253-262.

Hu, J., McDougald, L. R., 2004. The efficacy of some drugs with known antiprotozoal activity against *Histomonas meleagridis* in chickens. Vet. Parasitol. 121, 233-238.

Jackson, S., Duke, G. E., 1995. Intestine fullness influences feeding behaviour and crop filling in the domestic Turkey. Physiol. Behav. 58, 1027-1034.

Jamroz, D., Orda, J., Kamel, C., Wiliczkiewicz, A., Wertelecki, T., Skorupinska, J., 2003. The influence of phytogenetic extracts on performance, nutrient digestibility, carcass characteristics, and gut microbial status in broiler chickens. J. Anim. Feed Sci. 12, 583-596.

Jamroz, D., Wiliczkiewicz, A., Wertelecki, T., Orda, J., Scorupinska, J., 2005. Use of active substances of plant origin in chicken diets based on maize and locally grown cereals. Br. Poult. Sci. 46, 485-493.

Jang, I. S., Ko, Y. H., Kang, S. Y., Lee, C. Y., 2007. Effect of commercial essential oils on growth performance, digestive enzyme activity and intestinal microflora population in broiler chickens. Anim. Feed Sci. Technol. 134, 304-315.

Kanner, J., Hazan, B., Doll, L., 1988. Catalytic "free" iron ions in muscle foods. J. Agric. Food Chem. 36, 412-415. Klasing, K. C., 2005. Poultry nutrition: a comparative approach. J. Appl. Poult. Res. 14, 426-436.

Kluth, H., Rodehutscord, M., 2006. Comparison of amino acid digestibility in broiler chickens, turkeys, and pekin ducks. Poultry Sci. 85, 1953-1960.

Kohlert, C., Van Rensen, I., März, R., Schindler, G., Graefe, E. U., Veit, M., 2000. Bioavailability and pharmacokinetics of natural volatile terpenes in animals and humans. Planta Med. 66, 495-505.

Koncicki, A., Śmiałek, M., Tykałowski, B., Pestka, D., Stenzel, T., 2015. The influence of phytoncides on the immune system of broiler chickens and turkeys. Cent. Eur. J. Immunol. 40, 287-291.

Lambert, R. J., Skandamis, P. N., Coote, P. J., Nychas, G. J., 2001. A study of the minimum inhibitory concentration and mode of action organo essential, thymol and carvacrol. J. Appl. Microbiol. 91, 453-462.

Lee, K. W., Everts, H., Kappert, H. J., Frehner, M., Losa, R., Beynen, A. C., 2003. Effects of dietary essential oil compo- nents on growth performance, digestive enzymes and lipid metabolism in female broiler chickens. Br. Poult. Sci. 44, 450-457.

Lee, K. W., Everts, H., Beynen, A. C., 2004. Essential oils in broiler nutrition. Int. J. Poult. Sci. 3, 738-752.

Lee, M. T., Lin, W. C., Yu, B., Yu, T., Lee, T., 2017. Antioxidant capacity of phytochemicals and their potential effects on oxidative status in animals-A review. Asian-Australas. J. Anim. Sci. 30, 299-308.

Loizzo, M. R., Tundis, R., Menichini, F., Duthie, G., 2015. Anti-rancidity effect of essential oils, application in the lipid stability of cooked Turkey meat patties and potential implications for health. Int. J. Food Sci. Nutr. 66, 50-57.

Lopez-Bote, C. J., Gray, J. I., Gomaa, E. A., Flegal, C. J., 1998. Effect of dietary administration of oil extracts from rosemary and sage on lipid oxidation in broiler meat. Br. Poult. Sci. 39, 235-240.

Marusich, W. L., De Ritter, E., Ogrinz, E. F., Keating, J., Mitrovic, M., Bunnell, R. H., 1975. Effect of supplemental vitamin E in control of rancidity in poultry meat. Poultry Sci. 54, 831-844.

Massias, B., Arturo-Schaan, M., Elie, A.-M., Reveillere, E., Rocaboy, G., Urdacı, M. C., 2007. Microbial equilibrium of *Meleagris gallapavo* in Turkey intestine and its modulation by non-antibiotic feed supplementations. In: Proceed- ings of the World Poultry Science Association, 16th European Symposium on Poultry Nutrition. Strasbourg- France, 359-362.

McDougald, L. R., Fitz-Coy, S. H., 2008. Coccidiosis. In: Saif, Y. M., Fadly, A. M., Glisson, J. R., McDougald, L. R., Nolan, L. K., Swayne, D. E. (Eds.), Diseases of Poultry, twelfth ed. Iowa State Press, Ames, Iowa, 1068-1085.

Mercier, Y., Gatellier, P., Viau, M., Remignon, H., Renerre, M., 1998. Effect of dietary fat and vitamin E on lipid and protein oxidation in Turkey meat during storage. Meat Sci. 48, 301-317.

Mikulski, D., Zdunczyk, Z., Jankowski, J., Juskiewicz, J., 2008. Effects of organic acids or natural plant extracts added to diets for turkeys on growth performance, gastrointestinal tract metabolism and carcass characteristics. J. Anim. Feed Sci. 17, 233-246.

Miles, R. D., Butcher, G. D., Henry, P. R., Littell, R. C., 2006. Effect of antibiotic growth promoters on broiler perfor- mance, intestinal growth parameters, and quantitative morphology. Poultry Sci. 85, 476-485.

Mitsch, P., Zitterl-Eglseer, K., Kohler, B., Gabler, C., Losa, R., Zimpernik, I., 2004. The effect of two different blends of essential oil components on the proliferation of *Clostridium perfringens* in the intestines of broiler chickens. Poultry Sci. 83, 669-675.

Mortier, L., Daeseleire, E., Huyghebaert, G., Grijspeerdt, K., Peteghem, C. V., 2005. Detection of residues of the cocci- diostat diclazuril in poultry tissues by liquid chromatography-tandem mass spectrometry after withdrawal of medicated feed. J. Agric. Food Chem. 53, 905-911.

Mossab, A., Hallouis, J. M., Lessire, M., 2000. Utilization of soybean oil and tallow in young turkeys compared with young chickens. Poultry Sci. 79, 1326-1331.

Mountzouris, K. C., Balaskas, C., Xanthakos, I., Tzivinikou, A., Fegeros, K., 2009a. Effects of a multi-species probiotic on biomarkers of competitive exclusion efficacy in broilers challenged with *Salmonella Enteritidis*. Br. Poult. Sci. 50, 467-478.

Mountzouris, K. C., Paraskevas, V., Fegeros, K., 2009b. Phytogenic compounds in broiler nutrition. In: Steiner, T. (Ed.), Phytogenics in Animal Nutrition: Natural Concepts to Optimize Gut Health and Performance. Nottingham University Press, Nottingham, UK, 97-101.

Mountzouris, K. C., Paraskevas, V., Tsirtsikos, P., Palamidia, I., Steiner, T., Schatzmayr, G., Fegerosa, K., 2011. Assess- ment of a phytogenic feed additive effect on broiler growth performance, nutrient digestibility and caecal micro- flora composition. Anim. Feed Sci. Technol. 168, 223-231.

Nair, D., Sharma, C. S., Nannapaneni, R., Kiess, A., Schilling, W., 2014. Reduction of Salmonella on Turkey breast cut- lets by plant derived compounds. Foodb. Pathog. Dis. 11, 981-987.

Nair, D. V. T., Kiess, A., Nannapaneni, R., Schilling, W., Sharma, C. S., 2015. The combined efficacy of carvacrol and modified atmosphere packaging on the survival of Salmonella, Campylobacter jejuni and lactic acid bacteria on Turkey breast cutlets. Food Microbiol. 49, 134-141.

Nair, D. V. T., Johny, A. K., 2017. Food grade pimenta leaf essential oil reduces the attachment of *Salmonella enterica* Heidelberg (2011 Ground Turkey Outbreak Isolate) on to Turkey Skin. Front. Microbiol. 8, 1-15.

Neu, H. C., 1992. The crisis in antibiotic resistance. Science. 257, 1064-1073.

OECD-FAO, 2015. OECD-FAO Agricultural Outlook 2015. OECD Publishing, Paris. https://doi. org/10. 1787/agr outlook-2015-en.

Ognik, K., Cholewińska, E., Sembratowicz, I., Grela, E., Czech, A., 2016. The potential of using plant antioxidants to stimulate antioxidant mechanisms in poultry. World Poultry Sci. J. 72, 291-298.

Oladunjoye, A., Soni, K. A., Nannapaneni, R., Schilling, M. W., Silva, J. L., Mikel, B., Bailey, R. H., Mahmoud, B. S. M., Sharma, C. S., 2013. Synergistic activity between lauric arginate and carvacrol in reducing Salmonella in ground Turkey. Poultry Sci. 92, 1357-1365.

Papageorgiou, G., Botsoglou, N. A., Govaris, A., Giannenas, I., Iliadis, S., Botsoglou, E., 2003. Effect of oregano oil and a-tocopheryl acetate dietary supplementation on iron-induced lipid oxidation of Turkey breast, thigh, liver and heart tissues. J. Anim. Physiol. Anim. Nutr. 87, 1-12.

Peek, H. W., Landman, W. J. M., 2011. Coccidiosis in poultry: anticoccidial products, vaccines and other prevention strategies. Vet. Q. 31, 143-161.

Possas, A., Posada-Izquierdo, G. D., Pérez-Rodríguez, F., Valero, A., García-Gimeno, R. M., Duarte, M. C. T., 2017. Application of predictive models to assess the influence of thyme essential oil on Salmonella Enteritidis behaviour during shelf life of ready-to-eat Turkey products. Int. J. Food Microbiol. 240, 40-46.

Puvača, N., Stanćcev, V., Glamočić, D., Levć, J., Perić, L., Stanácev, V., Milić, D., 2013. Beneficial effects of phytoad- ditives in broiler nutrition. World Poultry Sci. J. 69, 27-34.

Ruiz, A., Williams, S. K., Djeri, N., Hinton Jr., A., Rodrick, G. E., 2009. Nisin, rosemary, and ethylenediaminetetraacetic acid affect the growth of Listeria monocytogenes on ready-to-eat Turkey ham stored at four degrees celsius for sixty-three days. Poultry Sci. 88, 1765-1772.

Scallan, E., Hoekstra, R. M., Angulo, F. J., Tauxe, R. V., Widdowson, M. A., Roy, S. L., Jones, J. L., Griffin, P. M., 2011. Foodborne illness acquired in the United States and major pathogens. Emerg. Infect. Dis. 17, 7-15.

Scharff, R. L., 2012. Economic burden from health losses due to foodborne illness in the United States. J. Food Prot. 75, 123-131.

Sklan, D., Bartov, I., Hurwitz, S., 1982. Tocopherol absorption and metabolism in the chick and Turkey. J. Nutr. 112, 1394-1400.

Sofos, J. N., Cabedo, L., Zerby, H., Belk, K. E., Smith, G. C., 2000. Antioxidant in muscle foods. In: Decker, E., Faustman, C., Lopez-Bote, C. J. (Eds.), Potential Interactions Between Antioxidants and Microbial Meat Quality. Wiley, NY, 427-453.

Steiner, T., 2009. Application and benefits of phytogenics in egg production. In: Steiner, T. (Ed.), Phytogenics in An- imal Nutrition: Natural Concepts to Optimize Gut Health and Performance. Nottingham University Press, Not- tingham, UK, 157-167.

Steiner, T., Syed, B., 2015. Phytogenic feed additives in animal nutrition. In: Máthé, Á. (Ed.),

Medicinal and Aromatic Plants of the World: Scientific, Production, Commercial and Utilization Aspects. Springer Science Business Me- dia, Dordrecht. The Netherlands, 403-424.

Swiatkiewicz, S., Koreleski, J., 2007. Feed additives enhancing immune responses in poultry. Med. Weter. 63, 1291-1295.

Taylor, E. V., Herman, K. M., Ailes, E. C., Fitzgerald, C., Yoder, J. S., Mahon, B. E., Tauxe, R. V., 2013. Common source outbreaks of Campylobacter infection in the USA, 1997e2008. Epidemiol. Infect. 141, 987-996.

Tsinas, A., Giannenas, I., Voidarou, C., Tzora, A., Skoufos, J., 2011. Effects of oregano based dietary supplement on performance of broiler chickens experimentally infected with *Eimeria acervulina* and *Eimeria maxima*. J. Poult. Sci. 48, 194-200.

Ultee, A., Smid, E. J., 2001. Influence of carvacrol on growth and toxin production by *Bacillus cereus*. Int. J. Food Micro- biol. 64, 373-378.

Ultee, A., Bennik, M. H. J., Moezelaar, R., 2002. The phenolic hydroxyl group of carvacrol is essential for action against the food-borne pathogen *Bacillus cereus*. Appl. Environ. Microbiol. 68, 1561-1568.

Vichi, S., Zitterl-Eglseer, K., Jugi, M., Fraz, C., 2001. Determination of the presence of antioxidants deriving from sage and oregano extracts added to animal fat by means of assessment of the radical scavenging capacity by photo- chemiluminescence analysis. Nahrung. 45, 101-104.

Viveros, A., Chamorro, S., Pizarro, M., Arija, I., Centeno, C., Brenes, A., 2011. Effects of dietary polyphenol-rich grape products on intestinal microflora and gut morphology in broiler chicks. Poultry Sci. 9, 566-578.

Vogt, H., Harnisch, S., Rauch, H.-W., Heil, G., 1989. Der Einsatz von Naturstoffen Heilund Gewürzpflanzen) im Geflügelmastfutter (Dried natural spices in broiler rations). Arch. Geflügelk. 53, 144-150.

Wallace, R. J., Oleszek, W., Franz, C., Hahn, I., Baser, K. H. C., Mathe, A., Teichmann, K., 2010. Dietary plant bioactives for poultry health and productivity. Br. Poult. Sci. 51, 461-487.

Wen, J., McCarthy, S. N., Higgins, F. M., Morrissey, P. A., Buckley, D. J., Sheehy, P. J. A., 1997. Effect of dietary a- tocopheryl acetate on the uptake and distribution of a-tocopherol in Turkey tissues and lipid stability. Ir. J. Agric. Food Res. 36, 65-74.

Wenk, C., 2006. Are herbs, botanicals and other related substances adequate replacements for antimicrobial growth promoters? In: Barug, D., de Jong, J., Kies, A. K., Verstegen, M. W. A. (Eds.), Antimicrobial Growth Promoters. Wageningen Academic Publishers, The Netherlands, 329-340.

Windisch, W., Schedle, K., Plitzner, C., Kroismayr, A., 2008. Use of phytogenic products as feed additives for swine and poultry. J. Anim. Sci. 86 (E. Suppl. l.), E140-E148.

Windisch, W., Rohrer, E., Schedle, K., 2009. Phytogenic feed additives to young piglets and poultry: mechanisms and application. In: Steiner, T. (Ed.), Phytogenics in Animal Nutrition: Natural Concepts to Optimize Gut Health and Performance. Nottingham University Press. UK, 19-39.

Xu, Z. R., Hu, C. H., Xia, M. S., Zhan, X. A., Wang, M. Q., 2003. Effects of dietary fructooligosaccharide on digestive enzyme activities, intestinal microflora and morphology of male broilers. Poultry Sci. 82, 1030-1036.

Yacoub, O. S. M., Azeroual, E., Kribii, A., El Ouardi, A., Benazzouz, B., Ouichou, A., EL Hessni, A., Akhouayri, O., Mesfioui, A., 2015. Chemical composition and zootechnical effects of essential oil of fennel (*Foeniculum Vulgare* Mill.) and anise (*Pimpinella Anisum* L.) on turkey. J. World Poult. Res. 4, 90-97.

Yang, Y., Iji, P. A., Choct, M., 2009. Dietary modulation of gut microflora in broiler chickens: a review of the role of six kinds of alternatives to in-feed antibiotics. World' s Poult. Sci. J. 65, 97-114.

Yang, C., Chowdhury, M. A., Hou, Y., Gong, J., 2015. Phytogenic compounds as alternatives to in-feed antibiotics: potentials and challenges in application. Pathogens. 4, 137-156.

Yanishlieva, N. V., Marinova, E. M., Gordon, M. H., Raneva, V. G., 1999. Antioxidant activity and mechanism of action of thymol and carvacrol in two lipid systems. Food Chem. 64, 59-66.

Zhang, K. Y., Yan, F., Keen, C. A., Waldroup, P. W., 2005. Evaluation of microencapsulated essential oils and organic acids in diets for broiler chickens. Int. J. Poult. Sci. 4, 612-618.

Zeng, Z., Zhang, S., Wang, H., Piao, X., 2015. Essential oil and aromatic plants as feed additives in non-ruminant nutrition: a review. J. Anim. Sci. Biotechnol. 6, 1-10.

Zenner, L., Callait, M. P., Granier, C., Chauve, C., 2003. In vitro effect of essential oils from Cinnamomum aromati- cum, Citrus limon, and Allium sativum on two intestinal flagellates of poultry, *Tetratrichomonas gallinarum* and *Histomonas meleagridis*. Parasite. 10, 153-157.

第十三章
芳香植物及其提取物或精油在猪生产中的应用

Hong-Kui Wei[1,2], *Jun Wang*[1,2], *Chuanshang Cheng*[1,3], *Li-Zhi Jin*[2,4], *Jian Peng*[1,3]

[1]Department of Animal Nutrition and Feed Science, College of Animal Science and Technology, Huazhong Agricultural University, Wuhan, P. R. China; [2]Meritech and Huazhong Agricultural University Cooperative Innovation Center, Wuhan, P. R. China; [3]The Cooperative Innovation Center for Sustainable Pig Production, Wuhan, P. R. China; [4]Guangzhou Meritech Bioengineering Co., Ltd., Guangzhou, P. R. China

一、引言

植物提取物或精油（plant extract/essential oil, EO）是指从植物中提取的、具有挥发性芳香味的浓缩疏水性油状液体，它可以从植物的多个部位获得，如花、芽、种子、叶片、嫩枝、树皮、木材、果实和根（Nuzhat 和 Vidyasagar, 2014）。"essential"一词是 Paracelsus 在"第五元素"论中提出的，其意是指因其有效性而可以被用于医学的精华（Lemmens 和 Lemmens, 1989）。由于在消化、肠道微生物群落、抗氧化、肠道屏障功能、生长性能和动物福利等方面有积极作用，故 EO 具有取代动物饲料中的抗生素促生长剂，成为动物营养和健康的新一代产品的重要潜力（Bento 等，2013；Franz 等，2010；Wei 等，2017）。本章的目的是概述 EO 在猪生产中的应用效果，包括对生长育肥猪生产性能及母猪和公猪繁殖性能的影响，以及探讨其中的作用机制。

二、EO 在断奶仔猪生产中的应用

仔猪在断奶前后极易受到病原菌、氧化和炎症等各种应激的影响，从而导致生长性能下降，死亡率和发病率增加。抗生素促生长剂（antibiotic growth promoter, AGP）曾广泛用于保育猪饲料中，其主要目的是控制仔猪断奶后腹泻和提高保育猪的生长性能。据估计，2010 年全球食用动物生产中的抗生素总消费量为 63 151t，且呈现上升趋势。每年每千克猪体重的抗生素消费量为 148mg（Van Boeckel 等，2015）。欧盟、美国和加拿大先后于 2006 年、2016 年和 2017 年禁止在食用动物生产中使用 AGP。因此，开发具有良好成本效益的抗生素替代品，对于保障生猪养殖的长期可持续性发展至关重要（Valenzuela-Grijalva 等，2017），而 EO 被普遍认为是饲料中有前景的抗生素替代品（Gong 等，2014）。

三、EO对猪生长性能的影响

大量的研究已经证明，EO能提高猪的生长性能。对于仔猪来说，用EO后平均日增重和饲料转化效率分别提高了10%和3%。精油对猪生长性能的影响见表13-1。

表13-1　EO对猪生长性能的影响

饲料添加剂	剂量（mg/kg）	主要成分	治疗效果（%，与对照组的差异）			资料来源
			平均日增重	平均日采食量	饲料转化率	
植物提取物	150	5%香芹酚（牛至属）、3%肉桂醛和2%辣椒油树脂	−5	−6	1	anzanilla等（2004）
	300		−2		−2	
草本提取物	7 500	肉桂、百里香、牛至和一种载体	−10	−17	8	Namkung等（2004）
混合型EO	300	胡芦巴（40%）、丁香（12.5%）、肉桂（7.5%）和载体（40%）	7	5	−2	Cho等（2006）
植物素	1 000	茴香油、柑橘油、牛至精油和天然香料	4	1	−2	Kommera等（2006）
植物提取物	300	5%香芹酚、3%肉桂醛和2%辣椒精油（辣椒属）				Nofrarias等（2006）
		5%香芹酚（牛至属）、3%肉桂醛（肉桂属）和2%辣椒精油（辣椒属）	33	26	−4	Manzanilla等（2006）
茴香	100	茴香和香菜油是通过蒸汽蒸馏从茴香和香菜种子中获得的	6	3	−3	Schone等（2006）
香芹籽			0	−1	−2	
混合型EO	100	荞麦、百里香、姜黄、黑胡椒和姜	0	−3	−4	Yan等（2011）
	1 000	真肉桂、牛至属、柿属、芳香族、百里香和迷迭香	2		−2	Huang等（2010）
	300	茴香油4.44g、丁香油1.30g、桂皮油2.0g/kg添加剂	10	5	−4	Maenner等（2011）
		八角茴香油27.8g、丁香油12.5g、薄荷油46.0g/kg添加剂	7	4	−3	
	50	百里香酚、肉桂醛	11	7	−3	Li等（2012）
	100		22	19	−2	
	150		22	15	−5	
	1 000	牛至，其中含有60%的活性物质（伞花烯、萜烯、香芹酚）和40%的载体（糊精）	2	2	−1	Zhang等（2012）

（续）

饲料添加剂	剂量（mg/kg）	主要成分	治疗效果（%，与对照组的差异）			资料来源
			平均日增重	平均日采食量	饲料转化率	
中草药	1 000	山茱萸科、白头翁、乌拉尔草和桔梗各 20%	16		−14	Huang 等（2012）
	3 000		13		−11	
混合型 EO	100	18% 百里香酚和肉桂醛（EOD）	12	1	−10	Li 等（2012）
			10	−1	10	Zeng 等（2014）

四、抗菌活性

众所周知，EO 在体内外试验中均具有抗细菌、抗真菌和抗病毒活性，机制与其疏水性有关。EO 的疏水性会破坏细菌细胞膜的通透性和细胞稳态，导致细胞成分损失，从而造成其他物质大量涌入，直至细胞死亡（O' Bryan 等，2015；Solórzano-Santos 和 Miranda-Novales，2012）。一般认为，EO 对革兰氏阳性菌的抗菌活性比革兰氏阴性菌稍强（Brenes 和 Roura，2010；Burt，2004）。如表 13－2 所示，以不同的体外方法和病原菌为依据，植物精油成分的抗菌能力排序会有很大差异。此外，体内研究也发现了植物精油对一些病原菌的抑制作用，如产气荚膜梭菌、大肠杆菌或艾美耳球属等（表 13－3）。另外，EO 对肠道的有益菌产生潜在负面影响的作用也值得关注。尽管有研究表明，EO 对消化道和粪便排泄物中微生物的数量和组成没有显著影响（Muhl 和 Liebert，2007）。但是体外试验发现了普氏栖粪杆菌等特定的有益菌，对 EO 的敏感性与病原菌相近，甚至其有效抑菌浓度更低（Thapa 等，2012）。

表 13－2 精油成分的体外抗菌能力比较

测试方法	病原体	排序	资料来源
圆盘扩散法	大肠杆菌	香茅醛>紫苏醛>柠檬醛>香叶醇>芳樟醇>丁子香酚>松油醇>香芹酚	Kim 等（1995）[a]
圆盘扩散法	鼠伤寒沙门氏菌	香茅醛>柠檬醛>香叶醇>紫苏醛>芳樟醇>丁子香酚>松油醇>香芹酚	Kim 等（1995）[a]
圆盘扩散法	肠炎链球菌	香芹酚>松油醇>芳樟醇	Ait-Ouazzou 等（2011）
圆盘扩散法	大肠杆菌（O157：H7）	香芹酚>松油醇>芳樟醇	Ait-Ouazzou 等（2011）
微稀释＋琼脂培养	大肠杆菌	香芹酚、肉桂醛>百里香酚>丁子香酚>香叶醇	Frideman 等（2002）
微稀释＋琼脂培养	肠炎链球菌	肉桂醛>百里香酚>香芹酚>丁子香酚>香叶醇	Frideman 等（2002）
微稀释＋琼脂培养	空肠弯曲菌	肉桂醛>香芹酚>丁子香酚>百里香酚>香叶醇	Frideman 等（2002）
微稀释＋光密度	大肠杆菌（K88）	百里香酚、香芹酚>肉桂油>丁香油>丁香酚	Si 等（2006）[b]

（续）

测试方法	病原体	排序	资料来源
微稀释＋光密度	大肠杆菌（O157：H7）	肉桂油＞百里香酚＞香叶醇、丁香油、香芹酚＞丁香酚	Si 等（2006）[b]
微稀释＋光密度	鼠伤寒沙门氏菌（DT 104）	肉桂油＞香芹酚＞百里香酚＞丁香油	Si 等（2006）[b]
微稀释对碘硝基四唑紫	金黄色葡萄球菌（ATCC 25923）	香芹酚＞香叶醇＞芳樟醇＞香茅醛＞丁香酚	Van Zyl 等（2006）[c]
微稀释对碘硝基四唑紫	蜡状芽孢杆菌（ATCC 11778）	丁香酚＞香芹酚＞香叶醇＞芳樟醇＞香茅醛	Van Zyl 等（2006）[c]
微稀释对碘硝基四唑紫	大肠杆菌（ATCC 11775）	丁香酚＞香芹酚＞香叶醇＞芳樟醇＞香茅醛	Van Zyl 等（2006）[c]
模拟胃	总厌氧菌	香芹酚＞百里香酚＞丁子香酚＞反式肉桂醛	Michiels 等（2009）[d]
模拟胃	大肠菌	反式肉桂醛＞香芹酚＞百里香酚＞丁香酚	Michiels 等（2009）[d]
模拟胃	大肠杆菌	反式肉桂醛＞香芹酚＞百里香酚＞丁香酚	Michiels 等（2009）[d]

资料来源：修改自 Zhai 等（2018）。

注：[a] 以 5%浓度的效果为依据进行的排序；[b] 以最小抑菌浓度为依据进行的排序；[c] 以完全抑制 10^7CFU/mL 细菌生长的浓度为依据进行的排序；[d] 与对照组相比，以抑菌水平达到降低 0.5log 10CFU/mL 所需浓度为依据进行的排序。

表 13-3　精油和芳香植物对断奶仔猪体内微生物区系的影响

饲料添加剂	剂量（g/kg）	结果	资料来源
草本植物提取物	7 500	粪便中的大肠菌群数量减少，回肠食糜中的微生物多样性增加	Namkung 等（2004）
混合型 EO	50～150	粪便中的乳酸杆菌数量增加和大肠杆菌数量减少	Li 等（2012）
混合型 EO	1 000	乳酸菌数量增加	Zhang 等（2015）
中草药	1 000/3 000	回肠中的乳酸杆菌数量增加，结肠中的大肠菌群数量减少	Huang 等（2012）
混合型 EO	100	直肠中的大肠杆菌和总需氧菌数量减少，结肠中乳酸杆菌与大肠杆菌的比例增加	Li 等（2012）
植物性添加剂	50～150	粪便中的微生物数量（需氧菌、革兰氏阴性菌、厌氧菌和乳酸菌）没有变化	Muhl 和 Liebert（2007）

五、抗氧化作用

氧化应激被广泛认为是促氧化和抗氧化的失衡状态。活性氧（reactive oxygen species，ROS）的过量产生和/或抗氧化剂的缺乏会导致内源性氧化应激。对仔猪而言，肠道抗氧化活性降低和 ROS 产生增加导致的氧化应激，与断奶引起的肠道功能障碍密切相关。许多体外（Gülçin 等，2004；Oboh 等，2007）和体内（Wei 等，2017）的研究评估了牛至/止痢草、百里香、丁香、胡椒、薰衣草和罗勒提取物的抗氧化性能，发现乳酸菌与氧化应激成负相关，而大肠杆菌与早期断奶仔猪肠道中的氧化应激成强的正相关（Xu 等，2014）。日粮中添加 100mg/kg 百里香酚和香芹酚（二者之比为 1∶1）可增加乳酸杆菌数量，降低大肠杆菌数量和肠道氧化应激（Wei 等，2017）。此外，Zou 等（2016）对止痢草提取物（OEO）的研究发现，OEO 能通过激活 Nrf2 和上调 Nrf2 相关的抗氧化酶表达，来防止 H_2O_2 诱导的 IPEC-J2 细胞损伤。OEO 对敌草快诱导的大鼠肠道氧化损伤也具有保护作用（Wei 等，2015）。植物提取物的抗氧化活性与其化学成分高度相关（Teissedre 和 Waterhouse，2000）。百里香酚、香芹酚和其他植物提取物中的酚羟基可以作为脂质氧化第一步中产生的过氧自由基的氢供体，因而可以阻碍羟基过氧化物的形成（Djeridane 等，2006）。

六、改善肠道屏障功能

在断奶期间，仔猪遭受环境和日粮应激，其生长性能和福利下降。大量研究表明，肠道具有重要的免疫、代谢和屏障功能，肠道功能障碍是断奶后仔猪出现生长阻滞的关键诱因（Campbell 等，2013；Wijtten 等，2011）。研究表明，肠道氧化应激、肠道炎症和肠道菌群紊乱可导致紧密连接蛋白（包括 ZO-1 和闭合蛋白）的丰度降低，从而破坏肠道屏障的完整性（Suzuki 等，2011；Xu 等，2014；Zhu 等，2012）。而在饲料中添加 100mg/kg 百里香酚和香芹酚（二者之比为 1∶1），则可以增加空肠中乳杆菌属的数量，降低肠球菌属和大肠杆菌的数量，降低 TNF-α 的 mRNA 水平，提高 ZO-1 的表达量（Wei 等，2017）。

七、EO 在母猪生产中的应用

多项研究表明，母猪在妊娠后期和泌乳期的氧化应激是造成产奶量、繁殖性能和种用年限下降的重要原因（Berchieri-Ronchi 等，2011；Lapointe，2014；Zhao，2011；Zhao 等，2013）。越来越多的证据表明，过量的 ROS 会影响胰岛素信号级联反应，从而导致胰岛素抵抗（Rains 和 Jain，2011；Vinayagamoorthi 等，2008）。围产期的胰岛素抵抗会降低母猪泌乳期的采食量（Mosnier 等，2010；Weldon 等，1994）。因此，为了防止在妊娠和泌乳期出现过度的氧化应激，可能需要重新评估母猪日粮中抗氧化剂的浓度。此外，去除过量的 ROS，减少对蛋白质、DNA 和细胞膜脂的损伤，可以为胚胎发育提供更好的环境。在妊娠母猪饲料中添加止痢草提取物（OEO）的研究结果表明，OEO 具有较强的抗氧化作用，可以改善母猪妊娠后期和泌乳早期的 GSH-Px 活性，降低血浆 MDA 含量，提高血浆的总抗氧化能力。并且添加 OEO 可以改善仔猪的生产性能，这可能归因于改善氧化应激后，降低了母猪围产期的胰岛素抵抗，以及随后泌乳期采食量的增加（Tan 等，2015）。TNF-α 可以通过多种途径抑制下游的胰岛素信号传导，并在胰岛素抵抗中发挥着重要作用。而 OEO 可以通过降低血浆 TNF-α 来提高母猪的胰岛素抵抗，并提高母猪的泌乳量。此外，饲料中添加 OEO 增加了母猪粪便中乳酸菌的数量，减少了大肠杆菌和肠球菌的数量，这可能也是 OEO 改善母猪氧化应激的重要原因。

八、EO 在公猪生产中的应用

精子中的 ROS 主要是通过烟酰胺腺嘌呤核苷酸氧化酶（NOX）氧化 NADPH 产生的。NOX 分布在精子的头部和线粒体上。其中，线粒体是精子 ROS 产生的主要场所。除了产生于正常的精子外，精液中的ROS还可由白细胞、未成熟的精子和细菌产生。生理水平的ROS在精子获能、成熟、透明带形成和细胞信号转导等过程中发挥重要作用。但是当精子内外的ROS水平超过精子自身清除的能力时，精子就会处于氧化应激状态，ROS会对精子产生毒性作用。过量的ROS会攻击精子的多不饱和脂肪酸、精子核DNA和精子蛋白，从而损伤精子膜和线粒体膜，影响精子功能。EO可以缓解乙醇诱导的氧化应激对小鼠精子产生、精子活力和血清睾酮的损害，能有效保护溴氰菊酯诱导的雄性睾丸免受损伤，改善雄性大鼠精液的质量。在正常生产条件下，EO对公猪精液质量的影响相对较小。饲料中添加500mg/kg OEO可以提高公猪精液的抗氧化能力，抑制精子脂质过氧化，增强精子的活力（Duan等，2016）。此外，还应注意EO对精液质量的潜在负面影响。即使在浓度低至0.001%的情况下，来源于柠檬草的提取物也会降低精子活力、细胞膜功能和完整性及线粒体膜电位。但是EO对公猪精液质量的影响还需要进一步研究，研究EO对公猪精液质量的影响需要关注EO的种类、在饲料中的添加量、与脂肪含量的相互作用、脂肪酸组成及公猪品种。

九、植物提取物抵抗运输应激的影响

生猪运输是猪肉生产过程中不可避免的部分。运输时，猪会受到各种应激，导致福利降低、胴体品质受损、肉质下降甚至造成猪死亡。原因是，ROS水平会急剧增加，而ROS的产生和清除之间的任何不平衡都会导致氧化应激。自由基氧化是食品尤其是导致肉质下降的主要机制。自由基氧化会导致肉的口味、颜色、质地和营养价值发生不良变化，并会导致肉中产生有毒化合物，降低消费者的接受度。因此，屠宰过程中的氧化状态对肉质至关重要。

在宰前育肥猪饲料中添加抗氧化剂被认为是改善运输应激下育肥猪肉质的有效手段。在之前的研究中，与饲喂对照组饲料的猪相比，饲喂止痢草提取物（OEO）饲料降低了猪运输后的活重损失，提高了胴体重和屠宰率（Zhang等，2015；Zou等，2016a，2016b）。此外，OEO在增加抗氧化酶活性方面优于维生素E，从而减少了运输诱导的氧化应激并且改善了肉质。除氧化应激外，运输过程中育肥猪肠道通透性的提高与肉质和胴体性状密切相关。因此，对出现运输应激的育肥猪肠道屏障的保护作用，可能是OEO减轻运输应激对育肥猪不利影响的作用位点。在之前的研究中发现，运输应激的猪空肠绒毛散乱且严重脱落。有趣的是，OEO在降低运输应激引起的肠道损伤方面也优于维生素E（Zou等，2017）。这些结果表明，OEO可以作为一种有效的饲料添加剂来缓解育肥猪的运输应激。

十、结论

EO是一种天然存在的植物化学物质，在世界范围内广泛用于多种疾病的治疗。EO对消化、肠道微生物群落、抗氧化、肠道屏障功能、生长性能和动物福利具有积极作用，这些特性使其成为AGP的有效替代品。EO可以提高仔猪和生长育肥猪的生产性能，缓解育肥猪的运输应激，提高公猪和母猪的繁殖性能。

（魏宏逵，译；郑溜丰，校）

参 考 文 献

Ait-Ouazzou, A., Cherrat, L., Espina, L., Lorán, S., Rota, C., Pagán, R., 2011. The antimicrobial activity of hydrophobic essential oil constituents acting alone or in combined processes of food preservation. Innov. Food Sci. Emerg. Technol. 12, 320-329.

Bento, M., Ouwehand, A., Tiihonen, K., Lahtinen, S., Nurminen, P., Saarinen, M., Schulze, H., Mygind, T., Fischer, J., 2013. Essential oils and their use in animal feeds for monogastric animals-effects on feed quality, gut microbiota, growth performance and food safety: a review. Vet. Med, 58.

Berchieri-Ronchi, C., Kim, S., Zhao, Y., Correa, C., Yeum, K.-J., Ferreira, A., 2011. Oxidative stress status of highly prolific sows during gestation and lactation. Animal. 5, 1774-1779.

Brenes, A., Roura, E., 2010. Essential oils in poultry nutrition: main effects and modes of action. Anim. Feed Sci. Tech-nol. 158, 1-14.

Burt, S., 2004. Essential oils: their antibacterial properties and potential applications in foodsda review. Int. J. Food Microbiol. 94, 223-253.

Campbell, J.M., Crenshaw, J.D., Polo, J., 2013. The biological stress of early-weaned piglets. J. Anim. Sci. Biotechnol. 4, 19.

Cho, J.H., Chen, Y.J., Min, B.J., Kim, H.J., Kwon, O.S., Shon, K.S., Kim, I.H., Kim, S.J., Asamer, A., 2006. Effects of essential oils supplementation on growth performance, IgG concentration and fecal noxious gas concentration of weaned pigs, *Asian-Australas*. J. Anim. Sci. 19, 80-85.

Djeridane, A., Yousfi, M., Nadjemi, B., Boutassouna, D., Stocker, P., Vidal, N., 2006. Antioxidant activity of some Algerian medicinal plants extracts containing phenolic compounds. Food Chem. 97, 654-660.

Franz, C., Baser, K., Windisch, W., 2010. Essential oils and aromatic plants in animal feedingea European perspec-tive. A review. Flavour Fragrance J. 25, 327-340.

Friedman, M., Henika, P.R., Mandrell, R.E., 2002. Bactericidal activities of plant essential oils and some of their iso-lated constituents against *Campylobacter jejuni*, *Escherichia coli*, *Listeria monocytogenes*, and *Salmonella enterica*. J. Food Prot. 65, 1545-1560.

Gong, J., Yin, F., Hou, Y., Yin, Y., 2014. Chinese herbs as alternatives to antibiotics in feed for swine and poultry pro-duction: potential and challenges in application. Can. J. Anim. Sci. 94, 223-241.

Gülçin, Ì., Sat, I.G., Beydemir, S., Elmastas, M., Küfrevioglu, Ö.I., 2004. Comparison of antioxidant activity of clove (*Eugenia caryophylata* Thunb) buds and lavender (*Lavandula stoechas* L.). Food Chem. 87, 393-400.

Huang, Y., Yoo, J.S., Kim, H.J., Wang, Y., Chen, Y.J., Cho, J.H., Kim, I.H., 2010. Effects of dietary supplementation with blended essential oils on growth performance, nutrient digestibility, blood profiles and fecal characteristicsin weanling pigs, Asian-Australas. J. Anim. Sci. 23, 607-613.

Huang, C.W., Lee, T.T., Shih, Y.C., Yu, B., 2012. Effects of dietary supplementation of Chinese medicinal herbs on polymorphonuclear neutrophil immune activity and small intestinal morphology in weanling pigs. J. Anim. Phys-iol. Anim. Nutr. 96, 285-294.

Kim，J.，Marshall，M. R.，Wei，C. I.，1995. Antibacterial activity of some essential oil components against five foodborne pathogens. J. Agric. Food Chem. 43，1027-1037.

Kommera，S. K.，Mateo，R. D.，Neher，F. J.，Kim，S. W.，2006. Phytobiotics and organic acids as potential alternatives to the use of antibiotics in nursery pig diets，Asian-Australas. J. Anim. Sci. 19，1784-1789.

Lapointe，J.，2014. Mitochondria as promising targets for nutritional interventions aiming to improve performance and longevity of sows. J. Anim. Physiol. Anim. Nutr. 98，809-821.

Li，S. Y.，Ru，Y. J.，Liu，M.，Xu，B.，Péron，A.，Shi，X. G.，2012. The effect of essential oils on performance，immunity and gut microbial population in weaner pigs. Livestr. Sci. 145，119-123.

Lemmens，R.，Lemmens，R.，1989. Plant Resources of South-East Asia.

Maenner，K.，Vahjen，W.，Simon，O.，2011. Studies on the effects of essential-oil-based feed additives on performance，ileal nutrient digestibility，and selected bacterial groups in the gastrointestinal tract of piglets. J. Anim. Sci. 89，2106-2112.

Manzanilla，E. G.，Perez，J. F.，Martin，M.，Kamel，C.，Baucells，F.，Gasa，J.，2004. Effect of plant extracts and formic acid on the intestinal equilibrium of early-weaned pigs. J. Anim. Sci. 82，3210-3218.

Manzanilla，E. G.，2006. Effects of butyrate，avilamycin，and a plant extract combination on the intestinal equilibrium of early-weaned pigs. J. Anim. Sci. 84，2743-2751.

Michiels，J.，Jam，M.，Fremaut，D.，De，S. S.，Dierick，N. A.，2009. In vitro characterisation of the antimicrobial activity of selected essential oil components and binary combinations against the pig gut flora. Anim. Feed Sci. Technol. 151，111-127.

Mosnier，E.，Le Floc' h，N.，Etienne，M.，Ramaekers，P.，Sève，B.，Père，M.-C.，2010. Reduced feed intake of lactating primiparous sows is associated with increased insulin resistance during the peripartum period and is not modi- fied through supplementation with dietary tryptophan. J. Anim. Sci. 88，612-625.

Muhl，A.，Liebert，F.，2007. Growth and parameters of microflora in intestinal and faecal samples of piglets due to application of a phytogenic feed additive. J. Anim. Physiol. Anim. Nutr. 91，411-418.

Namkung，H.，Li，M.，Gong，J.，Yu，H.，Cottrill，M.，Cfm，D. L.，2004. Impact of feeding blends oforganic acids and herbal extracts on growth performance，gut microbiota and digestive function in newly weaned pigs. Can. J. Anim. Sci. 84，697-704.

Nofrarías，M.，Manzanilla，E. G.，Pujols，J.，Gibert，X.，Majó，N.，Segalés，J.，Gasa，J.，2006. Effects of spray-dried porcine plasma and plant extracts on intestinal morphology and on leukocyte cell subsets of weaned pigs. J. Anim. Sci. 84，2735.

Nuzhat，T.，Vidyasagar，G.，2013. Antifungal investigations on plant essential oils. Int. J Pharm. Pharm. Sci. 5，19e28. Oboh，G.，Puntel，R.，Rocha，J.，2007. Hot pepper（*Capsicum annuum*，Tepin and *Capsicum Chinese*，Habanero）prevents Fe^{2b}-induced lipid peroxidation in brainein vitro. Food Chem. 102，178-185.

O' Bryan，C. A.，Pendleton，S. J.，Crandall，P. G.，Ricke，S. C.，2015. Potential of plant essential oils and their components in animal agricultureein vitro studies on antibacterial mode of action. Front. Vet. Sci. 2，35.

Rains，J. L.，Jain，S. K.，2011. Oxidative stress，insulin signaling，and diabetes. Free Radic. Biol. Med. 50，567-575.

Schöne，F.，Vetter，A.，Hartung，H.，Bergmann，H.，Biertümpfel，A.，Richter，G.，Müller，

S., Breitschuh, G., 2006. Effects of essential oils from fennel (Foeniculi aetheroleum) and caraway (*Carvi aetheroleum*) in pigs. J. Anim. Physiol. Anim. Nutr. 90, 500-510.

Si, W., Gong, J., Tsao, R., Zhou, T., Yu, H., Poppe, C., Johnson, R., Du, Z., 2006. Antimicrobial activity of essential oils and structurally related synthetic food additives towards selected pathogenic and beneficial gut bacteria. J. Appl. Microbiol. 100, 296-305.

Solórzano-Santos, F., Miranda-Novales, M. G., 2012. Essential oils from aromatic herbs as antimicrobial agents. Curr. Opin. Biotechnol. 23, 136-141.

Suzuki, T., Yoshinaga, N., Tanabe, S., 2011. IL-6 regulates claudin-2 expression and tight junction permeability in in-testinal epithelium. J. Biol. Chem. 286, 31263-31271.

Tan, C., Wei, H., Sun, H., Ao, J., Long, G., Jiang, S., Peng, J., 2015. Effects of dietary supplementation of oregano essential oil to sows on oxidative stress status, lactation feed intake of sows, and piglet performance. BioMed Res.

Teissedre, P., Waterhouse, A., 2000. Inhibition of oxidation of human low-density lipoproteins by phenolic substances in different essential oils varieties. J. Agric. Food Chem. 48, 3801-3805.

Thapa, D., Losa, R., Zweifel, B., Wallace, R. J., 2012. Sensitivity of pathogenic and commensal bacteria from the human colon to essential oils. Microbiology. 158, 2870-2877.

Valenzuela-Grijalva, N. V., Pinelli-Saavedra, A., Muhlia-Almazan, A., Domínguez-Díaz, D., González-Ríos, H., 2017. Dietary inclusion effects of phytochemicals as growth promoters in animal production. J. Anim. Sci. Technol. 59, 8.

Van Boeckel, T. P., Brower, C., Gilbert, M., Grenfell, B. T., Levin, S. A., Robinson, T. P., Teillant, A., Laxminarayan, R., 2015. Global trends in antimicrobial use in food animals. Proc. Natl. Acad. Sci. Unit. States Am. 112, 5649-5654.

Van Zyl, R. L., Seatlholo, S. T., Van Vuuren, S. F., Viljoen, A. M., 2006. The biological activities of 20 nature identical essential oil constituents. J. Essent. Oil Res. 18, 129-133.

Vinayagamoorthi, R., Bobby, Z., Sridhar, M., 2008. Antioxidants preserve redox balance and inhibit c-Jun-N-terminal kinase pathway while improving insulin signaling in fat-fed rats: evidence for the role of oxidative stress on IRS-1 serine phosphorylation and insulin resistance. J. Endocrinol. 197, 287-296.

Wei, H-k, Chen, G., Wang, R.-J., Peng, J., 2015. Oregano essential oil decreased susceptibility to oxidative stress-induced dysfunction of intestinal epithelial barrier in rats. J. Funct. Foods. 18, 1191-1199.

Wei, H.-K., Xue, H.-X., Zhou, Z., Peng, J., 2017. A carvacrolethymol blend decreased intestinal oxidative stress and influenced selected microbes without changing the messenger RNA levels of tight junction proteins in jejunal mu-cosa of weaning piglets. Animal. 11, 193-201.

Weldon, W., Lewis, A., Louis, G., Kovar, J., Giesemann, M., Miller, P., 1994. Postpartum hypophagia in primiparous sows: I. Effects of gestation feeding level on feed intake, feeding behavior, and plasma metabolite concentrations during lactation. J. Anim. Sci. 72, 387-394.

Wijtten, P. J., van der Meulen, J., Verstegen, M. W., 2011. Intestinal barrier function and absorption in pigs after wean-ing: a review. Br. J. Nutr. 105, 967-981.

Xu, C., Yang, S., Zhu, L., Cai, X., Sheng, Y., Zhu, S., Xu, J., 2014. Regulation of N-acetyl cysteine on gut redox status and major microbiota in weaned piglets. J. Anim. Sci. 92, 1504-1511.

Yan, L., Meng, Q. W., Kim, I. H., 2011. The effect of an herb extract mixture on growth performance, nutrient digest-ibility, blood characteristics and fecal noxious gas content in growing pigs. Livest. Sci. 141, 143-147.

Zeng, Z., Zhang, S., Wang, H., Piao, X., 2015. Essential oil and aromatic plants as feed additives in non-ruminant nutrition: a review. J Anim. Sci Biotechnol. 6, 7.

Zeng, Z., Xu, X., Zhang, Q., Li, P., Zhao, P., Li, Q., Liu, J., Piao, X., 2015. Effects of essential oil supplementation of a low-energy diet on performance, intestinal morphology and microflora, immune properties and antioxidant activities in weaned pigs. Anim. Sci. J. 86, 279-285.

Zhai, H., Liu, H., Wang, S., Wu, J., Kluenter, A.M., 2018. Potential of essential oils for poultry and pigs. Anim. Nutri. 4, 179-186.

Zhang, S., Jung, J.H., Kim, H.S., Kim, B.Y., Kim, I.H., 2012. Influences of phytoncide supplementation on growth per-formance, nutrient digestibility, blood profiles, diarrhea scores and fecal microflora shedding in weaningpigs, Asian-Australas. J. Anim. Sci. 25, 1309-1315.

Zhang, T., Zhou, Y.F., Zou, Y., et al., 2015. Effects of dietary oregano essential oil supplementation on the stress response, antioxidative capacity, and HSPs mRNA expression of transported pigs [J]. Livest. Sci. 180, 143-149.

Zhao, Y., 2011. Oxidative Stress Status and Reproductive Performance of Sows.

Zhao, Y., Flowers, W., Saraiva, A., Yeum, K.-J., Kim, S., 2013. Effect of social ranks and gestation housing systems on oxidative stress status, reproductive performance, and immune status of sows. J. Anim. Sci. 91, 5848-5858.

Zhu, L., Zhao, K., Chen, X., Xu, J., 2012. Impact of weaning and an antioxidant blend on intestinal barrier function and antioxidant status in pigs. J. Anim. Sci. 90, 2581-2589.

Zou, Y., Xiang, Q., Wang, J., et al., 2016b. Effects of oregano essential oil or quercetin supplementation on body weight loss, carcass characteristics, meat quality and antioxidant status in finishing pigs under transport stress. Livest. Sci. 192, 33-38.

Zou, Y., Hu, X.M., Zhang, T., et al., 2017. Effects of dietary oregano essential oil and vitamin E supplementation on meat quality, stress response and intestinal morphology in pigs following transport stress. J. Vet. Med. Sci. 79 (2), 328-335.

延 伸 阅 读

Kaushik, M., Kumar, H.D., 2011. Studies on the effects of essential-oil-based feed additives on performance, ileal nutrient digestibility, and selected bacterial groups in the gastrointestinal tract of piglets. J. Anim. Sci. 89, 2106-2112.

Li, P., Piao, X., Ru, Y., Han, X., Xue, L., Zhang, H., 2012a. Effects of adding essential oil to the diet of weaned pigs on performance, nutrient utilization, immune response and intestinal health. Asian-Australas. J. Anim. Sci. 25, 1617-1626.

Li, S.Y., Ru, Y.J., Liu, M., Xu, B., Péron, A., Shi, X.G., 2012b. The effect of essential oils on performance, immunity and gut microbial population in weaner pigs. Livest. Sci. 145, 119-123.

Manzanilla, E.G., Perez, J.F., Martin, M., Kamel, C., Baucells, F., Gasa, J., 2004. Effect of plant extracts and formic acid on the intestinal equilibrium of early-weaned pigs. J. Anim. Sci. 82, 3210-3218.

Naumann, C.R., Mikele, C.W., Qureshi, W.A., Shaib, Y.H., 2006. Effects of butyrate, avilamycin, and a plant extract combination on the intestinal equilibrium of early-weaned pigs. J. Anim. Sci. 84, 2743-2751.

Schöne, F., Vetter, A., Hartung, H., Bergmann, H., Biertümpfel, A., Richter, G., Müller, S., Breitschuh, G., 2010. Effects of essential oils from fennel (*Foeniculi aetheroleum*) and caraway (*Carvi aetheroleum*) in pigs. J. Anim. Physiol. Anim. Nutr. 90, 500-510.

Zhang, Y., Gong, J., Yu, H., Guo, Q., Defelice, C., Hernandez, M., Yin, Y., Wang, Q., 2014. Alginate-whey protein dry powder optimized for target delivery of essential oils to the intestine of chickens. Poultry Sci. 93, 2514-2525.

第十四章
芳香植物及其提取物在水产动物养殖中的应用

Ángel Hernández-Contreras，*María Dolores Hernández*

IMIDA-Aquaculture，San Pedro del Pinatar，Region of Murcia，Spain

一、引言

全球水产动物养殖量逐年持续增长，2016年总产量达8 000万t。其中，最多的品种是鱼类（5 410万t），其次是软体动物（1 710万t）和甲壳动物（790万t）。2016年，水产动物养殖的总产量首次占到世界鱼类消费总量的一半以上（FAO，2018）。

尽管目前水产动物养殖量增长迅速，但传染性疾病却减弱了行业的盈利能力。在池塘养鱼中，约60%的产量损失是因传染性疾病造成的（Raman，2017），而在全球增长最快的热带海水养虾中，约40%的产量损失是因病毒性疾病造成的（>30亿美元）（Stentiford等，2012）。为了降低损失，提高盈利能力，合成促生长剂和兽用抗生素在动物生产上的应用已经超过60年，但其残留物在动物和环境中的潜在蓄积也会危及食品安全（Gonzalez Ronquillo和Ángeles Hernández，2017）。如果全球范围内监管这些药物使用的政策没有重大改变，预计到2030年，它们在供人类食用的动物中的使用量将会增加2/3，尤其是在新兴经济体中（Laxminarayan等，2015）。

基于这些原因，使用功能性产品提高水产动物养殖的生长性能、饲料转化能力、改善健康状态或者上述综合效果的研究正在开展（Akhter等，2015）。随着水产动物养殖生态系统中耐药性病原菌的出现，社会更多地关注水产养殖动物的健康生产，禁止在水产动物养殖中使用抗生素作为促生长剂（Guerreiro等，2017）。耐药性病原菌的出现甚至对人类过去几十年中传染性疾病的暴发起到了促进作用（Balcazar等，2006）。为了生产既对环境友好又能改善食品安全的功能性产品，人们尝试了多种对策。其中，诸如益生菌、益生元、合生元和植生素等添加剂的应用已经经过验证（后者虽然应用较少，但具有良好的前景）（Van Hai，2015）。学者们对这些植物衍生类添加剂的应用开展了详细的研究（Citarasu，2010），芳香植物及其提取物正引起越来越多的关注（Preedy，2016；Sutili等，2017）。

目前对芳香植物还没有准确的定义，它们是一类能产生和分泌芳香物质的植物，这些物质通常存在于油中，并广泛用于香料、烹饪、食品和制药工业等领域。这些芳香植物中有许多种类属于樟科（Lauraceae）、伞形花科（Umbelliferae）、桃金娘科（Myrtaceae）和唇形科（Labiatae）。芳香植物中含有大量的活性化合物，其中绝大多数是脂溶性的且存在于精油中，还有一些则是水溶性的。芳香植物精油的主要成分是萜烯类，以及可从精油中提取的其他分子，如萜类、醛类、酮类、酸类、酚类、内酯类、醚类等（Tongnuanchan 和 Benjakul，2014）。

使用芳香植物替代抗生素和其他合成物质可作为一种生态友好型对策。大量研究已经证明芳香植物具备有益特性，类似或优于合成物质（Reverter 等，2014；Sutili 等，2017）。同时，在满足社会对食品安全的需求、保障动物福利及生态友好型动物产品的生产方面，芳香植物的使用也具有经济价值和市场优势。目前，天然免疫刺激剂作为水产动物养殖中兽药、抗生素和疫苗的替代品，正获得越来越多的关注。与疫苗不同，免疫刺激剂可以改善针对任何病原菌的先天免疫或非特异性免疫应答（Galina 等，2009）。这种整体的防御对策会更有成效，因为传染性疾病的暴发往往与鱼类自身的身体状况有关，而且大多数病原体在本质上是机会致病的。芳香植物及其提取物可通过抗应激、促进生长、提高食欲和免疫刺激等特性，来改善鱼的免疫状态和身体状况（Reverter 等，2014）。

二、芳香植物及其提取物在水产动物养殖中的应用

（一）免疫刺激和改善健康

每年水产动物养殖疾病的暴发会造成世界各地数百万美元的损失，防止新发传染性疾病的发生对确保获得可持续性利润至关重要。大多数传染性疾病的暴发源于邻近水域的野生宿主，养殖鱼体由于活动受限及受应激和遗传条件的影响，免疫力低下，故而容易感染疾病。疾病的暴发自水产动物养殖生产活动开始后就反复发生，并通常出现在每一个新品种引入的几年后（Lafferty 等，2015）。同时，人们越来越不愿意使用兽药和其他合成物质（Chakraborty 和 Hancz，2011），芳香植物及其提取物将成为水产动物养殖中的抗生素和其他合成药物最有前景的替代品。芳香植物及其提取物对鱼类健康和免疫方面的相关研究呈现指数级增长，已证实有大量的芳香植物在鱼类上具有免疫刺激和改善健康的特性（表 14－1）。芳香植物提取物含有多种生物活性物质，其中的一些在各种芳香植物属中较为常见，因其免疫刺激和改善健康的特性而引起人们的极大兴趣。

表 14－1　芳香植物及其提取物在鱼饲料中的研究

芳香植物	鱼种类	提取方式	在饲料中的比例（%）	促进生长	免疫刺激	资料来源
大蒜	尼罗罗非鱼	天然的、油、粉	4、0.025、3.2	＋		Metwally（2009）
大蒜	尼罗罗非鱼	粉末	1～4	＋	＋	Shalaby 等（2006）
大蒜	尼罗罗非鱼	压碎	1～2	＋	＋	Aly 等（2008）
大蒜	南亚野鲮	粉末	0.1～1		＋	Sahu 等（2007）
大蒜	虹鳟	烘干、压碎	0.5～1	＋	＋	Nya 和 Austin（2009）
大蒜（大蒜素）	虹鳟	液体的纯大蒜素	0.5～1		＋	Nya 等（2010）
大蒜	虹鳟	压碎	0.5～1		＋	Nya 和 Austin（2011）
大蒜	杂交罗非鱼（尼罗罗非×奥尼罗非）	大蒜粉	0.5～1	—	＋	Ndong 和 Fall（2011）

（续）

芳香植物	鱼种类	提取方式	在饲料中的比例（%）	促进生长	免疫刺激	资料来源
大蒜	尖吻鲈	烘干、压碎	0.5～2	+	+	Talpur 和 Ikhwanuddin（2012）
大蒜、姜、姜黄、胡芦巴	罗氏沼虾	粉末	1		+	Poongodi 等（2012）
大蒜	欧洲鳇	大蒜油	50～200mg/L		+	Tangestani 等（2011）
大蒜（大蒜素）	虹鳟	稳定大蒜素	0.5～2		+	Breyer 等（2015）
大蒜	南美白对虾	粉末	2～6	+		Labrador 等（2016）
牛至	斑点叉尾鮰	精油	0.05	+	+	Zheng 等（2009）
百里香酚 香芹酚	虹鳟	粉末	0.1～0.3		+	Ahmadifar 等（2011）
百里香酚 香芹酚	欧洲鳇	粉末	0.1～0.3		+	Ahmadifar 等（2014）
百里香酚 香芹酚	虹鳟	添加剂	0.1	+	+	Giannenas 等（2012）
香芹酚	虹鳟	纯品	1～5		+	Yilmaz 等（2015）
牛至	虹鳟	精油	0.125～3mL/kg	+	+	Diler 等（2016）
伊朗百里香	鲤	精油	30～120mg/L		+	Soltani 等（2010）
香芹酚 百里香酚 茴香脑 柠檬烯	斑点叉尾鮰	添加剂	0.02		+	Peterson 等（2015）
夏香薄荷	神仙鱼	精油	0.1～0.4	+	+	Ghafari Farsani 等（2018）
迷迭香	红罗非鱼	干燥处理 乙酸乙酯提取物	15 4		+	Abutbul 等（2004）
迷迭香	红罗非鱼	粉末	4～16		+	Zilberg 等（2010）
迷迭香	莫桑比克罗非鱼	粉末	1		+	Yilmaz 等（2013b）
薄荷	尖吻鲈	粉末	0.1～0.5	+	+	Talpur（2014）
薄荷	里海鳟	乙醇提取物	1～3	+	+	Adel 等（2015b）
薄荷	库图拟鲤	乙醇提取物	1～3	+	+	Adel 等（2015a）
胡芦巴（种子）	金头鲷	压碎	1～10	+	+	Awad 等（2015）
胡芦巴（种子）	金头鲷	压碎		+	+	Bahi 等（2017）
黑小茴香	虹鳟	甲醇提取物	0.01～0.05		+	Celik Altunoglu 等（2017）
贯叶连翘 黑小茴香 迷迭香	大西洋鲑	干的提取物	0.6		+	Reyes-Cerpa 等（2018）

第一种大蒜素及其衍生物，可能是在水产动物养殖中使用时间最长的免疫促进剂，存在于大蒜（图 14－1）和洋葱中。早在 20 世纪八九十年代，就有研究表明大蒜用于鱼体驱虫时有很好的效果（Boxaspen 和 Holm，1991；Peña 等，1988）。大蒜与其他天然植物如青柠和洋葱的联合应用在全球已有几十年的历史（Martins 等，2002）。随后的研究探索了这类芳香植物在水产动物养殖中的使用，无论是以鲜样还是以干的提取物或精油方式，均显示了明显的免疫刺激特性，这在食品添加剂行业中引起了极大的关注。最初，学者研究了大蒜对生理、生长、血液和健康方面的一些总体影响（Diab 等，2008；Metwally，2009；Shalaby 等，2006）；后来，对大蒜的免疫刺激作用进行了更广泛的分析，深入到了先天免疫系统的一些特定方面。Sahu 等（2007）研究了饲料中添加干的大蒜粉（0.1%、0.5%和 1%）对南亚野鲮（*Labeo rohita*）的免疫状态及其在用嗜水气单胞菌（*Aeromonas hydrophila*）攻毒后存活率的影响。接着，又研究了大蒜（Nya 和 Austin，2011，2009）和大蒜素（Nya 等，2010）对同一病原体感染的虹鳟（*Oncorhynchus mykiss*）的保护作用。这些研究涉及先天免疫系统的特定机制，如呼吸爆发、吞噬活性、溶菌酶活性、抗蛋白酶活性和杀菌活性等，大蒜或大蒜素对大部分指标都有刺激作用。Ndong 和 Fall（2011）研究了在杂交罗非鱼（*Oreochromis niloticus* × *Oreochromis aureus*）饲料中加入大蒜对免疫系统的一些特定方面的影响。他们观察到，当剂量为 0.5g/kg 时，白细胞总数、呼吸爆发、吞噬活性和指数及溶菌酶活性均有所增加，而当剂量为 1g/kg 时则无变化。之后，Talpur 和 Ikhwanuddin（2012）在尖吻鲈（*Lates calcarifer*）饲料中加入了烘干的大蒜，剂量为 5g/kg、10g/kg、15g/kg 和20g/kg。结果发现，用哈维氏弧菌（*Vibrio harveyi*）攻毒，大蒜剂量为 10g/kg 时能显著提高鱼体的存活率。总之，在饲料中添加 10g/kg 或更高剂量的大蒜时，可增加吞噬活性和指数、超氧阴离子的产生量、溶菌酶活性、血清杀菌活性和抗蛋白酶活性。这与上述研究者使用低剂量即可达到功效的结果相反，他们中的部分研究者并没有提供关于如何将其添加到饲料中及是否进行了预处理（如烘干或加热）的详细信息。对大蒜提取物的免疫刺激活性也开展了研究，不过深入程度较小，这可能是由于大蒜获得更便捷、价格更便宜。Tangestani 等（2011）将大蒜提取物加入欧洲鳇（*Huso huso*）饲料中，随着用量的增加，血液凝固功能、血红蛋白含量以及淋巴细胞和嗜酸性粒细胞的数量等参数也得到了改善。Metwally（2009）使用大蒜提取物，尽管并未做免疫学方面的分析，但也观察到血清中抗氧化酶活性有所提高。在不同的研究中使用的提取物种类和剂量均有很大差异，但应该注意的是，高剂量的稳定的大蒜提取物在虹鳟上观察到了有害的影响（Breyer 等，2015）。尽管在用杀鲑气单胞菌（*Aeromonas salmonicida*）攻毒时，低剂量的大蒜素（0.5%和 1%）增加了虹鳟的存活率，但在高剂量下（2%）观察到肾组织有炎症反应的迹象。表明大蒜提取物可能没有作用，但对健康可能产生有害影响。不同学者观察到有效剂量的差异可能与添加到饲料之前大蒜的加工方式有关，因为这会影响由蒜氨酸酶催化的反应，蒜氨酸酶可将蒜氨酸转化成大蒜素（主要的生物活性物质，与其他的含硫衍生物结合在一起）。众所周知，在将大蒜加入食物或加热之前，粉碎或切碎的大蒜会直接触发这种反应并产生生物活性物质（Song 和 Milner，2001）。这表明，为了获得最佳的添加剂量并得出明确结论，有必要确定每次试验中鱼体最终摄入的每种生物活性物质的数量。大蒜对养殖甲壳动物的免疫刺激作用也一直有研究，并获得了肯定的结果，比如可以提高南美白对虾（*Litopenaeus vannamei*）的成活率（Labrador 等，2016），促进日本囊对虾（*Marsupenaeus japonicus*）的免疫系统相关基因的更高表达（Tanekhy 和 Fall，2015）。

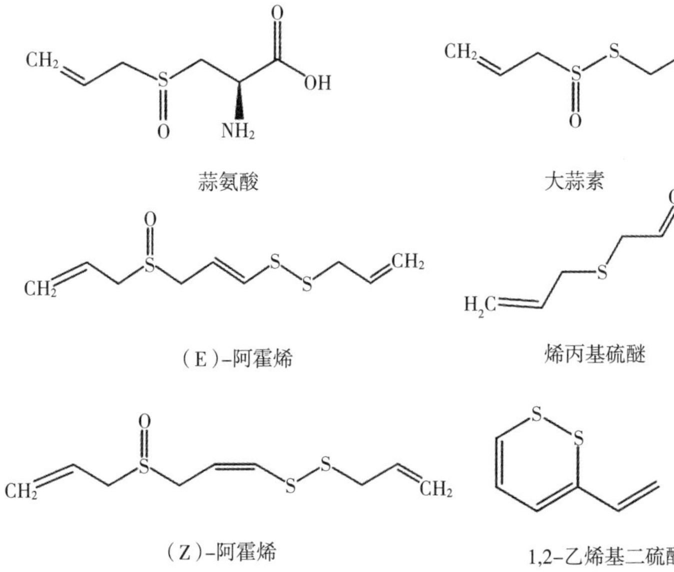

图 14－1　大蒜（*Allium sativum* L.）中最具代表性的生物活性成分的立体化学结构：蒜氨酸、大蒜素、(E)-阿霍烯、烯丙基硫醚、(Z)-阿霍烯和 1，2-乙烯基二硫醚
（资料来源：Martins 等，2016）

唇形科（Lamiaceae）的牛至、百里香和香薄荷中含有的大量单萜酚类化合物，如香芹酚、百里香酚被广泛研究和熟知，它们具有免疫调节特性（图 14－2）。单萜酚也可在其他科中发现，如藜科（Chenopodiaceae）、车前草科（Plantaginaceae）、伞形科（Umbelliferae）、马鞭草科（Verbenaceae）等（Kirimer 等，1995）。作为鱼类免疫刺激剂的研究集中在含有高浓度香芹酚和百里香酚的芳香植物精油上。Zheng 等（2009）在斑点叉尾鮰（*Ictalurus punctatus*）饲料中添加百里香酚、香芹酚、百里香酚和香芹酚混合物，以及一种止痢草提取物（*Origanum heracleoticum* L.）产品（好力高——译者注），饲喂 8 周后发现，与免疫系统相关的酶活性有所升高，如溶菌酶、超氧化物歧化酶和过氧化氢酶。经嗜水气单胞菌攻毒后，百里香酚和香芹酚混合物及止痢草提取物均降低了鱼的死亡率，其中止痢草提取物的效果最好。同样，含有百里香酚和香芹酚的浓缩物商品对免疫系统方面的影响也有研究，如虹鳟和欧洲鳇的淋巴细胞数量随着百里香酚和香芹酚浓缩物的增加而增加（Ahmadifar 等，2014，2011）。Giannenas 等（2012）在研究中也使用了这些化合物的商品化植物提取物，一种添加剂富含香芹酚，另一种则富含百里香酚。分析虹鳟免疫状态的相关参数时发现，饲喂两种添加剂后鱼体具有更高水平的溶菌酶活性、总补体浓度和过氧化氢酶活性，尤其是饲喂富含香芹酚添加剂。随后，Yilmaz 等（2015）研究了饲料中补充不同剂量的纯香芹酚对虹鳟的影响，发现非特异性免疫系统的相关参数（溶菌酶和髓过氧化物酶活性）普遍提升。但是这些研究结果并没有显示明确的剂量依赖效应，也没有确定最佳剂量。Diler 等（2016）也观察到，饲喂添加富含香芹酚的牛至提取物 90d 后，随着剂量的增加（0.125～3mL/kg），对虹鳟的健康有益。当剂量为 3mL/kg 时，血清溶菌酶活性显著提高。同时，用格氏乳球菌（*Lactococcus garvieae*）攻

毒后，所有处理组鱼的死亡率均降低，特别是 3mL/kg 处理组中的所有鱼全部存活。

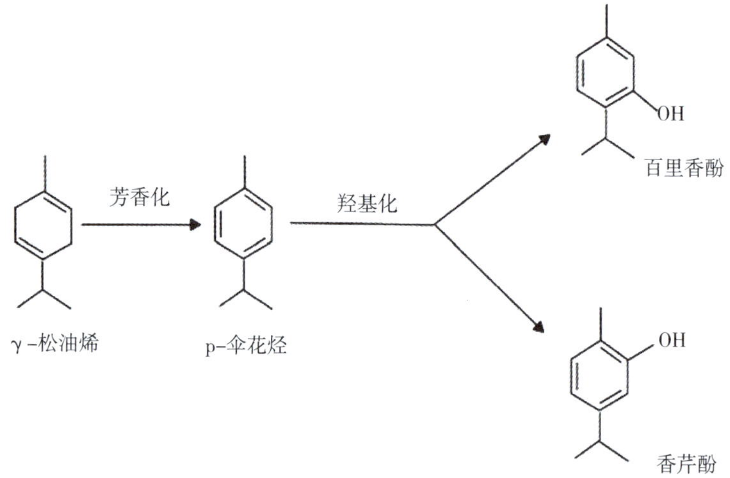

图 14-2　由 γ-松油烯和 p-伞花烃生物合成百里香酚及香芹酚的途径
（资料来源：Rowshan 等，2013）

其他一些不太常见的芳香植物，如“西拉百里香”或伊朗百里香（*Zataria multiflora*），其精油主要由香芹酚和百里香酚组成，也被作为鱼类免疫刺激剂来研究（Soltani 等，2010），尤其是在鲤（*Ciprinus carpio*）上。仅在使用第 8 天后，经嗜水气单胞菌（*Aeromonas hydrophila*）攻毒，就可观察到抗体效价、白细胞总数和血清杀菌活性的差异。该提取物也曾与其他植物提取物一起使用（Soltani 等，2014）。学者们研究了西拉百里香、迷迭香精油对鱼类海豚链球菌（*Streptococcus iniae*）的抑菌作用，并确定了其最小抑菌浓度（MIC）。此外，他们发现在亚抑菌浓度下，这些提取物能够抑制 *SagA* 基因的表达，该基因是编码链球菌溶血素 S 毒力因子（streptolysin S，SLS）的主要基因。基于这些结果，两种提取物已被推荐用于控制链球菌病，通过阻止细菌生长和抑制 SLS 因子的产生来实现。不同芳香化合物的组合，如香芹酚、百里香酚、茴香脑和柠檬烯，作为一种添加剂加入斑点叉尾鮰饲料中（Peterson 等，2015），其不同添加水平均具有免疫刺激作用。经过 14d 的鲶爱德华氏菌（*Edwardsiella ictaluri*）攻毒后，与对照组相比，饲喂芳香植物提取物的鱼体中甘露聚糖结合凝集素水平（mannose-binding lectin，MBL）提高 15 倍，且鱼的存活率提高 43%。富含百里香酚和香芹酚的香薄荷提取物也被证实有免疫刺激作用。Ghafari Farsani 等（2018）发现，当香薄荷提取物剂量为 200mg/kg 时，血清溶菌酶活性会升高；当剂量为 200mg/kg 和 400mg/kg 时，免疫球蛋白水平也显著增加。

迷迭香及其活性化合物（图 14-3）是另一种最常见的作为饲料添加剂的芳香植物，已被证实对哺乳动物具有抗糖尿病、保护肝脏、促进胆汁分泌和减少脂肪生成的特性（Hernández 等，2015）。在水产动物养殖的应用中，Abutbul 等（2004）使用几种迷迭香提取物用于罗非鱼（*Oreochromis* sp.）感染海豚链球菌的体外试验发现，迷迭香的乙酸乙酯提取物效果最好；同时使用这种提取物和用干的迷迭香叶制成的提取物进行 5d 的饲喂试验后，使用海豚链球菌攻毒（饲喂 16d），结果表明两种形式均是有效的；试验结束时，与对照组相比，罗非鱼的死亡率显著降低，且与使用土霉素组相比没有显著差异。

Zilberg 等（2010）进行了一项剂量-效应的研究，使用剂量与 Abutbul 等（2004）的相似，并进行了其他低剂量试验。结果发现，用海豚链球菌攻毒时的最佳剂量占比为 8%，用无乳链球菌（*Streptococcus agalactiae*）攻毒时的最佳剂量占比为 16%。此外，也有研究对比了罗非鱼（*Oreochromis mossambicus*）饲料中添加粉末的迷迭香提取物或其他种类的芳香植物对罗非鱼的免疫刺激作用（Yilmaz 等，2013b）。在使用海豚链球菌攻毒时，所有饲喂了芳香植物的罗非鱼的死亡率均显著降低，但是与迷迭香相比，百里香和胡芦巴的降低效果更为明显。

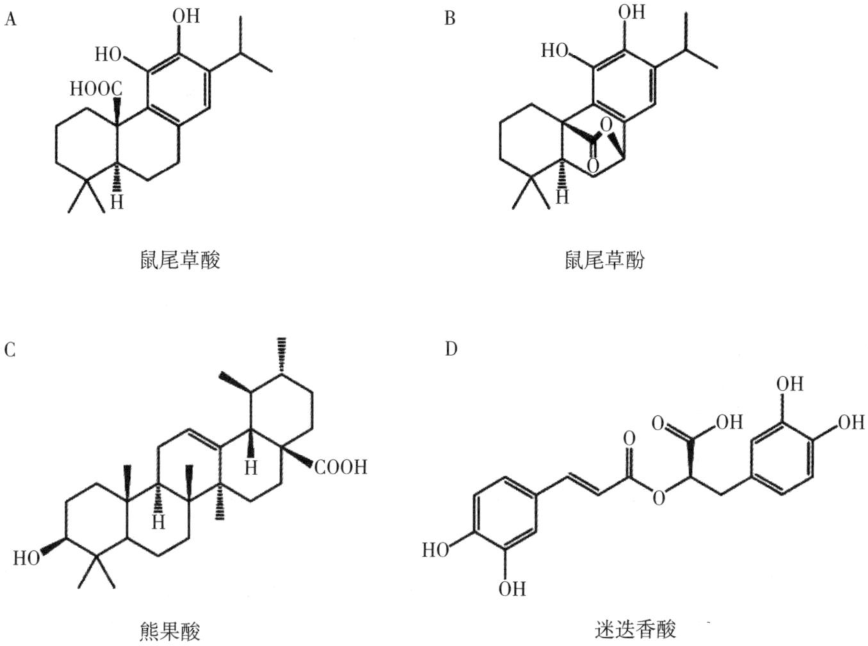

图 14-3　鼠尾草酸（A）、鼠尾草酚（B）、熊果酸（C）、迷迭香酸（D）的化学结构
（资料来源：Seow 和 Lau，2017）

另一种关注较晚的在水产动物养殖中应用的芳香植物是薄荷（*Mentha piperita*）（图 14-4）。尽管薄荷与其他植物组合时的免疫刺激作用已有研究（Abasali 和 Mohamad，2010），但第一次单独添加到鱼饲料中还是由 Talpur（2014）进行的。其观察到薄荷对感染哈维氏弧菌（*Vibrio harveyi*）的尖吻鲈有保护作用，与免疫系统相关的许多血液指标也有所改善。该芳香植物的免疫刺激作用也在里海的两种鱼类中得以证实，分别是里海鳟（*Salmo trutta caspius*）和库图拟鲤（*Rutilus frisii kutum*）（Adel 等，2015a，2015b）。在这两项研究中，干薄荷粉按 1%、2%和 3%添加到鱼饲料中均出现了类似的效果：随着添加量的增加，血液和皮肤黏液的免疫指标的改善程度与剂量成正相关，而淋巴细胞数量则随之下降，但其他白细胞数量并没有改变。薄荷提取物在大盖巨脂鲤（*Colossoma macropomum*）上的应用（用量为 0.5%和 1.5%）结果并不明确，因为即使该提取物的添加对鳃部单殖吸虫有驱除作用，但无论是溶菌酶活性和呼吸爆发，还是血液中的白细胞数量等均未增加。

也有研究针对芳香植物种子的免疫刺激特性，如胡芦巴籽和孜然籽（Awad 等，2013；Bahi 等，2017；Celik Altunoglu 等，2017；Dorucuet 等，2009；Guardiola 等，2017；Yilmaz

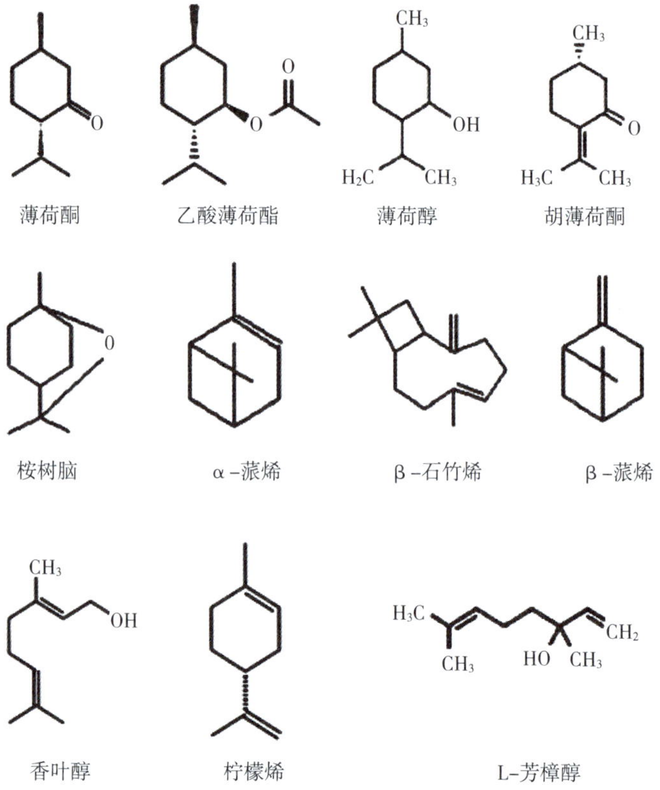

图 14-4　不同种类薄荷油主要成分的化学结构

（资料来源：Kumar 等，2011）

等，2013a，2013b），除本身的营养特性外，作为免疫刺激剂总体表现出了良好的效果。

可以看到，芳香植物作为免疫增强剂的研究是成指数增加的，尽管很难覆盖到所有的芳香植物，但已被应用的主要品种包括大蒜、富含香芹酚和百里香的酚类植物、迷迭香、薄荷，以及胡芦巴和孜然等。未来这些芳香植物及其提取物作为免疫刺激剂的应用可能不会局限于单一品种，而是多种的组合（Reyes-Cerpa 等，2018）。为了能够明确添加剂量和形式，在文章中对所用提取物中生物活性物质的详尽分析是非常重要的。

（二）营养作用及生长和食欲促进作用

芳香植物特别是其精油可能作为抗生素促生长剂（antibiotic growth promoter，AGP）的替代品，在动物营养领域具有巨大的应用潜力，因为它们对消化、肠道微生物、生长和健康都有积极的效果（Sutili 等，2017）。AGP 对已经优化的生产系统的效率提升效果似乎很小，并且事实上在工业化国家中的使用也大大减少。而在低收入国家中，由于生产系统与环境条件的关系更为密切，故 AGP 的使用量却在继续增加（Laxminarayan 等，2015）。在这些国家中，为了确保食品安全，减少对环境的影响，采用芳香植物提取物和精油替代 AGP 的环保策略是非常有用的。同时，也在提高生产活动的盈利能力和改善动物福利方面扮演着更加重要的角色。

作为促生长剂，大蒜是鱼类和甲壳动物中使用最多的一种芳香植物。Shalaby 等（2006）发现，饲喂含有 10g/kg、20g/kg、30g/kg 和 40g/kg 大蒜的饲料 12 周后，尼罗罗非鱼（*Oreochromis niloticus*）的采食量、特定生长率和增重率都有增加。Aly 等

(2008) 也发现，饲料中使用 10g/kg 和 20g/kg 大蒜可以提高尼罗罗非鱼的生长性能。与对照组相比，饲喂含有 20g/kg 大蒜的饲料 1 个月内，尼罗罗非鱼的生长性能就可得到显著提升，并且这种变化在之后的 7 个月里仍将保持。在饲喂了添加大蒜和洋葱的欧洲海鲈（*Dicentrarcus labrax*）幼鱼中也发现有促生长作用，因为洋葱同样也含有丰富的生物活性物质大蒜素。其中，大蒜的最佳剂量为 30g/kg，洋葱的为 10g/kg。同样，大蒜对亚洲海鲈既有显著的促生长作用，对免疫和存活率也有积极影响（Talpur 和 Ikhwanuddin，2012）。投喂含有大蒜的饲料后，鱼体获得更佳的生长性能和饲料转化率，且这种效果与剂量（5～20g/kg）成正比。大蒜偶尔也会用于甲壳动物试验中，并已被证明对罗氏沼虾（*Macrobrachium rosenbergii*）（Poongodi 等，2012）和南美白对虾（*Litopenaeus vannamei*）有效（Javadzadeh 等，2012）。

在鱼类生长研究方面，其他的芳香植物，比如牛至和百里香（富含香芹酚和百里香酚）精油的使用效果已得到验证，它们属于不为人熟知的过江藤属（*Lippia* sp.）或香薄荷属（*Satureja* sp.）。Zheng 等（2009）观察到，用添加香芹酚、百里香酚及香芹酚、百里香酚混合物和天然止痢草提取物产品（好力高——译者注）的饲料饲喂斑点叉尾鮰时，其生长性能显著提高，且天然止痢草提取物组的效果最好。在该研究中，单独使用百里香酚时与对照组相比，生长性能没有差异。后来，Ahmadifar 等（2011）在虹鳟饲料中使用更大剂量（1g/kg、2g/kg、3g/kg）的含有百里香酚和香芹酚的商品化浓缩物，令人惊讶的是，只在最高剂量时观察到了生长性能的显著提高。该添加剂添加量达到 2g/kg 时，对欧洲鳇也有促生长作用（Ahmadifar 等，2014）。百里香酚和香芹酚分别以添加剂的形式用到虹鳟饲料中时，对虹鳟的生长性能没有任何影响，但饲料转化率有改善（Giannenas 等，2012）。在饲料中添加剂量为 0.125mL/kg、1.5mL/kg、2.5mL/kg 和 3.0mL/kg 的牛至精油后，虹鳟的生长性能显著提高，但并无剂量效应（Diler 等，2016）。

薄荷，由于其有免疫刺激特性，故为另一种常被研究的芳香植物。以烘干和粉碎的形式使用薄荷，剂量为 1g/kg、2g/kg、3g/kg、4g/kg 和 5g/kg，对尖吻鲈特定生长率和饲料转化率的改善效果与剂量成正比（Talpur，2014）。在该试验中，薄荷所产生的改善效果优于该学者之前在大蒜上所观察到的效果（Talpur 和 Ikhwanuddin，2012）。在库图拟鲤（*Rutilus frisii kutum*）饲料中，添加 3%薄荷可以提高鱼的生长速度，但更低的剂量则无效（Adel 等，2015b）。

将胡芦巴种子加入鱼饲料中具有促生长效果的特性，这也引起了人们的关注。以尼罗罗非鱼为例，使用 1%的胡芦巴种子就能显著促进生长（Abdel 等，2009）。在金头鲷（*Sparus aurata*）上也有明显的促生长作用，且与饲料中胡芦巴的剂量（1%～10%）成正比（Awad 等，2015）；另外，当与益生菌一起使用时，还能改善生长性能和其他参数（Bahi 等，2017）。

需要注意的是，许多著作中明确了芳香植物提取物或精油对动物健康和福利有效，但对生长性能无效，本章未进行讨论。

（三）抗寄生虫功能

养殖的海水和淡水鱼类均会受到体表寄生虫的感染，造成鱼类的健康问题和巨大的经济损失。鱼类主要的体表寄生虫是单殖吸虫，它们生活在鱼的皮肤、鳃甚至眼睛里（Reverter 等，2014；Vanhove 等，2018）。化学药浴是治疗寄生虫病的主要方法，但会导致化学药物被大量释放到环境中。芳香植物提取物和精油因具有驱虫特性而引起了研究人员的兴趣（表 14-2）。

表 14-2 芳香植物及其提取物对鱼体寄生虫感染防治作用的研究

芳香植物	鱼种类	提取类型	给药方式	处理时间	寄生虫	资料来源
大蒜	鲤	捣碎、正己烷提取、水溶液提取	药浴	3d	毛细吸虫	Peña 等（1988）
大蒜	尖吻鲈	水溶液提取	口服	10～30d	新本尼登虫	Militz 等（2013a，2013b）
大蒜	尖吻鲈	水溶液提取	药浴	1 h	新本尼登虫	Militz 等（2013a，2013b）
茶树	三刺鱼	精油	药浴	48 h	三代虫	Steverding 等（2005）
丁香酚	大盖巨脂鲤	丁香酚：乙醇为 1：20	药浴	5～15min	单殖吸虫	de Lima Boijink 等（2015）
过江藤属（*Lippia alba*）	大盖巨脂鲤	精油	药浴	30 min	单殖吸虫	Soares 等（2016）
过江藤属（*Lippia origanoides*）	大盖巨脂鲤	精油	药浴	30～60min	单殖吸虫	Soares 等（2017a）
过江藤属（*Lippia sidoides*）	大盖巨脂鲤	精油	药浴	15～60min	单殖吸虫	Soares 等（2017b）
丁香罗勒	大盖巨脂鲤	精油	药浴	15 min	单殖吸虫	de Lima Boijink 等（2016）
胡椒、迷迭香、薄荷	尼罗罗非鱼	精油	药浴	3×10min（24h 内）	单殖吸虫	de Oliveira Hashimoto 等（2016）
薄荷	巨骨舌鱼	精油	药浴	4h	单殖吸虫	Malheiros 等（2016）
迷迭香	鲤	乙醇、水溶液提取	药浴	30～60 min	微小指环虫	Zoral 等（2017）

大蒜早在几十年前就被证实可作为一种驱虫剂（Pena 等，1988），对海虱有效（Boxaspen 和 Holm，1991），但直到现在才开始更深入地研究其对鱼体单殖吸虫的驱虫作用。结果表明，在饲料中添加富含大蒜素的大蒜提取物是一种非常有效的预防措施，使用 30d 后可成功减少 70%新本尼登虫（*Neobenedenia*）的感染（Militz 等，2013a）。当鱼感染了新本尼登虫时，药浴处理也同样有效。但仅对新本尼登虫的虫卵和钩毛蚴阶段有效，而对幼虫阶段则无效（Militz 等，2013b）。因此，如果有感染风险时，建议在饲料中使用大蒜提取物来预防。

近年来，其他芳香植物精油也可作为驱虫剂。澳大利亚茶树（*Melaleuca alternifolia*）精油被用于药浴处理以防治三代虫（*Gyrodactylus* spp.）感染，当用量为 1～30mg/L 时可以降低三代虫的感染率，且具有剂量效应（Steverding 等，2005）。作为丁香精油中的主要活性成分，丁香酚被用在大盖巨脂鲤上以防止单殖吸虫感染，可降低 81%的患病率。值得注意的是，这种降低不是立即出现的，而是在治疗 1 周后（de Lima Boijink 等，2015）。大盖巨脂鲤也曾用于其他精油驱虫效果的研究，如过江藤属（*Lippia* sp.）（Soares 等，2016，2017a，2017b）或丁香罗勒（*Ocimum gratissimum*）（de Lima Boijink 等，2016）中的一些品种。

迷迭香的乙醇和水提取物也被证实可作为鲤的驱虫剂，以饲料中添加和药浴处理的方式作为预防具有很好的效果。迷迭香水提物对鱼的毒性较小，尽管效果略差，但仍可作为一种有效、安全的控制单殖吸虫感染的方法（Zoral 等，2017）。

薄荷除了具有免疫刺激特性外，也具有抗寄生虫感染的作用。在尼罗罗非鱼中，40mg/L 薄荷精油药浴治疗可以降低 70%罗非鱼中单殖吸虫的感染率，同时可改善血液参数（de Oliveira Hashimoto 等，2016）；然而相同的浓度对巨骨舌鱼（*Arapaima gigas*）抵御单殖吸虫（*Dawestrema* spp.）的感染则无效，且在更高剂量（160mg/L）时还会导致鳃坏死。上述结果提示，有必要确定每个水产动物品种在针对每种病原体时，使用每种植物提取物和精油的最佳剂量和安全剂量。一旦治疗每种疾病的最佳剂量和安全剂量被确定，这种天然的治疗方法就可作为一种明确的治疗方案，进而就可停止使用那些会污染食用鱼类及环境的治疗方法。

三、最新特性和潜在用途

芳香植物提取物和精油除了在营养和健康方面的应用以外，还有许多吸引学者的其他用途，可以更好地满足食品安全的要求、消费者的使用方便性和接受度。

芳香植物提取物和精油作为麻醉剂是主要用途之一。当前，水产动物养殖中使用的主要麻醉剂是合成的三卡因甲磺酸盐（MS-222）和丁香油。丁香油是天然原料，主要成分是芳香化合物——丁香酚。尽管其他富含芳香化合物的精油在市场上很容易买到，而且已被证明对人体是安全的，但直到最近才对它们的麻醉效果进行研究。在过去的十年里，一些研究主要使用了唇形科（Lamiaceae）、马鞭草科（Verbenaceae）、樟科（Lauraceae）和桃金娘科（Myrtaceae）的植物。相关研究集中在南美洲鱼类和鲤上，而对鲑科鱼类和地中海鱼类的研究很少（Hoseini 等，2018）。这些新的天然麻醉剂效果曾被认为差于丁香精油和丁香酚，但现在报道认为百里香酚可更有效地麻醉鲤，且很少有产生应激和组织损伤方面的副作用（Yousefi 等，2018）。鉴于这些新的提取物、精油和化合物的功效，开发新的环境友好型对策以确保高价值品种（如鲑科鱼类和地中海鱼类）的食物安全将非常有吸引力。

芳香植物提取物和精油的另一个新的用途是将其加到饲料中，并确保其在动物体内实现最佳的保护、释放和功效。由于芳香植物的许多化合物和精油氧化稳定性较差，故微囊化处理正成为添加精油到饲料中的一种更可行的方法。这种方法既可防止精油与其他饲料成分的相互作用及不良气味的释放，也可保护活性化合物避免受光、热、水分和氧化的影响。同时，微囊化通常会将化合物转变成一种粉末形式的添加剂，可在水中实现均质化，因而可被用于不同类型的鱼类饲料（Sutili 等，2017）。

另一种极具潜力的用途是把植物提取物或精油加到仔稚鱼的活饵中。不同品种仔稚鱼阶段的养殖通常是最难管理的，特别是一些新的品种。在该阶段，添加剂的使用可促进发育，改善免疫系统，以提高成活率，这是非常有价值的，但却往往被忽视（Tovar-Ramírez 等，2004）。尽管在南美白对虾上开展的试验较少，但当使用 200mg/kg 剂量的大蒜提取物处理丰年虫时，可获得了良好的结果（Javadzadeh 等，2012）。

芳香植物精油应用的一个最新热点是作为功能性添加剂，在含有高比例植物性原料的鱼类饲料中使用。众所周知，含有高比例的豆粕对海水鱼类有负面影响，主要与肠道产生的炎症反应有关（豆粕能诱发肠炎）。尽管已经确定豆粕的安全使用限量，但由于其容易获得，故作为鱼粉蛋白替代原料来使用是必不可少的。基于这个原因，一些学者把研究聚焦在如何通过使用芳香植物提取物和精油来减少豆粕的有害影响方面。类似于在低鱼粉和鱼油含量的饲料中补充益生元、益生菌添加剂的对策（Torrecillas 等，2018，2015），一些研究者利用芳香植物提取物和精油的免疫调节与抗炎症功能（Hernández 等，2016），来减少饲料中豆粕的副作用。Wang 等（2016）在日本海鲈（*Lateolabrax japonicus*）饲料中使用豆粕部分替代鱼粉，并用含有香芹酚和百里香酚的商品化产品添加到 50%鱼粉替代水平的饲料中发现，可以减轻肠道炎症的相关症状，如组织损伤、固有层增加或肠道皱褶减少。在高植物蛋白含量的金头鲷饲料中对含有茴芹（*Pimpinella anisum*）、甜橙（*Citrus sinensis*）和牛至精油的混合物进行试验发现（Rodrigues 等，2018），添加组的蛋白质和脂肪的保留率得到了改善，也减少了粪便中氮的损失。

四、目前的法规监管状况和展望

芳香植物及其提取物在水产动物养殖中的使用正在取得不断进展，部分种类已被列入欧盟委员会条例食品添加剂清单（EC，2003），并且该清单持续得到更新。欧盟委员会条例第 710/2009 号（EC，2009）在有机水产动物养殖方面的条款已允许使用无麻醉作用的植物提取物作为鱼类疾病的一种治疗方式。在采用对抗疗法治疗时，药物的使用限制为最多每年两次，或者在生产周期不到一年的情况下每年一次。如果超过这些限制，鱼就不能作为有机食品出售。需要进一步指出的是，生产有机产品的农场可允许使用植物提取物对生产系统进行消毒和清洁。在美国，由美国食品药品监督管理局（FDA）和美国国家环境保护局（EPA）负责监管植物提取物在水产动物养殖中的使用。只有大蒜和洋葱被 FDA 认为是低监管的新型动物药物，允许在鲑科鱼类中用于治疗蠕虫和海虱感染（FDA 的政策和程序手册，1240. 4200，2011 版）。尽管芳香植物提取物和精油在水产动物养殖中应用的相关研究取得了很大进展，但现有的法规更新速度却进展缓慢，这可能正限制着它们在水产动物养殖中的应用。因此，建议具有生物活性物质的植物提取物或精油可主要作为添加剂或免疫刺激剂，而不是作为药物在水产动物养殖中使用。因为作为兽药，注册是一个漫长的过程，且成本耗费更大（Bulfon 等，2015）。

芳香植物及其提取物在水产动物养殖中的成功应用在很大程度上取决于有机水产动物养殖的成功，有机水产动物养殖中芳香植物及其提取物的使用实际上成为一种必需。在欧洲，有机水产动物养殖数量正快速增长，如德国、法国和瑞士等国家有着非常广阔的消费市场（Ankamah-Yeboah 等，2017）。此外，从 2016 年开始，条例（EC，2009）就规定有机产品的生产也必须以有机幼鱼为基础。抗生素只能在一些非常严格的限制下才被允许使用，而该阶段鱼体极易遭受病原体的攻击而危及生存能力。正是这样，只有天然来源的免疫刺激剂、健康促进剂和抗应激化合物，如芳香植物提取物和精油才能够发挥关键作用。关于欧洲有机水产动物养殖市场状况的研究（Ankamah-Yeboah 等，2017）已经证明，有机水产动物养殖产品种类越来越多，其销售渠道也在不断扩大，如超市、餐饮服务。同时，消费者也愿意为有机水产动物养殖支付比贴有生态标签的捕捞渔产品更高的价格。

本章强调市场活动除了关注环境污染以外，还应该更关注合成添加剂和抗生素的停用，更强调动物健康和动物福利。为了维持食品安全标准和生产效能，尽快应用天然的添加剂和植物药物至关重要，而芳香植物及其提取物或精油或是最好的选择之一，因为它们已被证明对鱼类有效。

（伍代勇，邵彩梅，译；金立志，校）

参　考　文　献

Abasali，H.，Mohamad，S.，2010. Immune response of common carp（*Cyprinus carpio*）fed with herbal immunostimulants diets. J. Anim. Vet. Adv. 9（13），1839-1847.

Abdel，A.，Mostafa，Z. M.，Ahmad，M. H.，Mousallamy，A.，Samir，A.，2009. Effect of using dried Fenugreek seeds as natural feed additives on growth performance，feed utilization，whole-body composition and entropathogenic *Aeromonas hydrophila*-challinge of monsex Nile tilapia *O. niloticus*（L）fingerlings. Aust. J. Basic Appl. Sci. 3（2），1234-1245.

Abutbul，S.，Golan-Goldhirsh，A.，Barazani，O.，Zilberg，D.，2004. Use of*Rosmarinus officinalis* as a treatment against *Streptococcus iniae* in tilapia（*Oreochromis* sp.）. Aquaculture 238（1-4），97-105.

Adel，M.，Abedian Amiri，A.，Zorriehzahra，J.，Nematolahi，A.，Esteban，M. Á.，2015a. Effects of dietary peppermint（*Mentha piperita*）on growth performance，chemical body composition and hematological and immune parameters of fry Caspian white fish（*Rutilus frisii kutum*）. Fish Shellfish Immunol. 45（2），841-847.

Adel，M.，Safari，R.，Pourgholam，R.，Zorriehzahra，J.，Esteban，M. Á.，2015b. Dietary peppermint（*Mentha piperita*）extracts promote growth performance and increase the main humoral immune parameters（both at mucosal and systemic level）of Caspian brown trout（*Salmo trutta caspius* Kessler，1877）. Fish Shellfish Immunol. 47（1），623-629.

Ahmadifar，E.，Falahatkar，B.，Akrami，R.，2011. Effects of dietary thymol-carvacrol on growth performance，hematological parameters and tissue composition of juvenile rainbow trout，*Oncorhynchus mykiss*. J. Appl. Ichthyol. 27（4），1057-1060.

Ahmadifar，E.，Razeghi Mansour，M.，Keramat Amirkolaie，A.，Fadaii Rayeni，M.，2014. Growth efficiency，survival and haematological changes in great sturgeon（*Huso huso* Linnaeus，1758）juveniles fed diets supplemented with different levels of thymol-carvacrol. Anim. Feed Sci. Technol. 198，304-308.

Akhter，N.，Wu，B.，Memon，A. M.，Mohsin，M.，2015. Probiotics and prebiotics associated with aquaculture：A review. Fish Shellfish Immunol. 45（2），733-741.

Aly，S. M.，Atti，N. M. A.，Mohamed，M. F.，2008. Effect of garlic on the survival，growth，resistance and quality of *Oreochromis niloticus*. 8Th Int. Symp. Tilapia Aquac，277-296.

Ankamah-Yeboah，I.，Nielsen，M.，Nielsen，R.，2017. Market Conditions for Organic Aquaculture-Market and Price Analysis. RobustFish work package 6. 2 report（p. 90）. University of Copenhagen，Rolighedsvej 25，DK 1958 Frederiksberg.

Awad，E.，Austin，D.，Lyndon，A. R.，2013. Effect of black cumin seed oil（*Nigella sativa*）and nettle extract（Quercetin）on enhancement of immunity in rainbow trout，*Oncorhynchus mykiss*（Walbaum）. Aquaculture. 388，193-197.

Awad, E., Cerezuela, R., Esteban, M. Á., 2015. Effects of fenugreek (*Trigonella foenum graecum*) on gilthead seabream (*Sparus aurata* L.) immune status and growth performance. Fish Shellfish Immunol. 45 (2), 454-464.

Bahi, A., Guardiola, F. A., Messina, C., Mahdhi, A., Cerezuela, R., Santulli, A., Bakhrouf, A., Esteban, M. A., 2017. Effects of dietary administration of fenugreek seeds, alone or in combination with probiotics, on growth performance parameters, humoral immune response and gene expression of gilthead seabream (*Sparus aurata* L.). Fish Shellfish Immunol. 60, 50-58.

Balcázar, J. L., Blas, I. de, Ruiz-Zarzuela, I., Cunningham, D., Vendrell, D., Múzquiz, J. L., 2006. The role of probiotics in aquaculture. Vet. Microbiol. 114 (3-4), 173-186.

Boxaspen, K., Holm, J. C., 1991. A new treatment against sea lice. Aquac. Environ, 36-37.

Breyer, K. E., Getchell, R. G., Cornwell, E. R., Wooster, G. A., Ketola, H. G., Bowser, P. R., 2015. Efficacy of an Extract from Garlic, *Allium sativum*, Against Infection with the Furunculosis Bacterium, *Aeromonas salmonicida*, in Rainbow Trout, *Oncorhynchus mykiss*. J. World Aquac. Soc. 46 (3), 273-282.

Bulfon, C., Volpatti, D., Galeotti, M., 2015. Current research on the use of plant-derived products in farmed fish. Aquac. Res. 46 (3), 513-551.

Celik Altunoglu, Y., Bilen, S., Ulu, F., Biswas, G., 2017. Immune responses to methanolic extract of black cumin (*Nigella sativa*) in rainbow trout (*Oncorhynchus mykiss*). Fish Shellfish Immunol. 67, 103-109.

Chakraborty, S. B., Hancz, C., 2011. Application of phytochemicals as immunostimulant, antipathogenic and antistress agents in finfish culture. Rev. Aquac. 3 (3), 103-119.

Citarasu, T., 2010. Herbal biomedicines: A new opportunity for aquaculture industry. Aquac. Int. 18 (3), 403-414.

de Lima Boijink, C., Miranda, W. S. da C., Chagas, E. C., Dairiki, J. K., Inoue, L. A. K. A., 2015. Anthelmintic activity of eugenol in tambaquis with monogenean gill infection. Aquaculture. 438, 138-140.

de Lima Boijink, C., Queiroz, C. A., Chagas, E. C., Chaves, F. C. M., Inoue, L. A. K. A., 2016. Anesthetic and anthelminthic effects of clove basil (*Ocimum gratissimum*) essential oil for tambaqui (*Colossoma macropomum*). Aquaculture. 457, 24-28.

de Oliveira Hashimoto, G. S., Neto, F. M., Ruiz, M. L., Acchile, M., Chagas, E. C., Chaves, F. C. M., Martins, M. L., 2016. Essential oils of *Lippia sidoides* and *Mentha piperita* against monogenean parasites and their influence on the hematology of Nile tilapia. Aquaculture. 450, 182-186.

Diab, A. S., Aly, S. M., John, G., Abde-Hadi, Y., Mohammed, M. F., 2008. Effect of garlic, black seed and Biogen as immunostimulants on the growth and survival of Nile tilapia, *Oreochromis niloticus* (Teleostei: Cichlidae), and their response to artificial infection with *Pseudomonas fluorescens*. African J. Aquat. Sci. 33 (1), 63-68.

Diler, O., Gormez, O., Diler, I., Metin, S., 2016. Effect of oregano (*Origanum onites* L.) essential oil on growth, lysozyme and antioxidant activity and resistance against *Lactococcus garvieae* in rainbow trout, *Oncorhynchus mykiss* (Walbaum). Aquac. Nutr. 23 (4), 844-851.

Dorucu, M., Ozesen Colak,; S, Ispir, U., Altinterim,; B, Celayir, Y., Colak, S. O., 2009. The Effect of Black Cumin Seeds, Nigella sativa, on the Immune Response of Rainbow Trout, *Oncorhynchus mykiss*. Mediterr. Aquac. J. 2 (1), 27-33.

EC, 2009. Commission Regulation (EC) No 710/2009 of 5 August 2009 amending Regulation (EC) No

889/2008 laying down detailed rules for the implementation of Council Regulation (EC) No 834/2007, as regards laying down detailed rules on organic aquaculture animal and seaweed production.

EC, 2003. Regulation (EC) No 1831/2003 of the european parliament and of the council of 22 september 2003 on additives for use in animal nutrition.

FAO, 2018. The State of World Fisheries and Aquaculture 2018, The State of World Fisheries and Aquaculture 2018 - Meeting the sustainable development goals. FAO, Rome, Italy.

Galina, J., Yin, G., Ardó, L., Jeney, Z., 2009. The use of immunostimulating herbs in fish. An overview of research. Fish Physiol. Biochem. 35 (4), 669-676.

Ghafari Farsani, H., Gerami, M. H., Farsani, M. N., Rashidiyan, G., Mehdipour, N., Ghanad, M., Faggio, C., 2018. Effect of different levels of essential oils (*Satureja hortensis*) in diet on improvement growth, blood biochemical and immunity of Angelfish (*Pterophyllum scalare* Schultze, 1823). Nat. Prod. Res, 1-6.

Giannenas, I., Triantafillou, E., Stavrakakis, S., Margaroni, M., Mavridis, S., Steiner, T., Karagouni, E., 2012. Assessment of dietary supplementation with carvacrol or thymol containing feed additives on performance, intestinal microbiota and antioxidant status of rainbow trout (*Oncorhynchus mykiss*). Aquaculture. 350-353, 26-32.

Gonzalez Ronquillo, M., Angeles Hernandez, J. C., 2017. Antibiotic and synthetic growth promoters in animal diets: Review of impact and analytical methods. Food Control. 72, 255-267.

Guardiola, F. A., Bahi, A., Bakhrouf, A., Esteban, M. A., 2017. Effects of dietary supplementation with fenugreek seeds, alone or in combination with probiotics, on gilthead seabream (*Sparus aurata* L.) skin mucosal immunity. Fish Shellfish Immunol. 65, 169-178.

Guerreiro, I., Oliva-Teles, A., Enes, P., 2017. Prebiotics as functional ingredients: Focus on Mediterranean fish aquaculture. Rev. Aquac, 1-33.

Hernández, A., García García, B., Caballero, M. J., Hernández, M. D., 2016. The inclusion of thyme essential oil in the feed of gilthead seabream (*Sparus aurata*) promotes changes in the frequency of lymphocyte aggregates in gut-associated lymphoid tissue. Aquac. Res. 47 (10), 3341-3345.

Hernández, A., García García, B., Caballero, M. J., Hernández, M. D., 2015. Preliminary insights into the incorporation of rosemary extract (*Rosmarinus officinalis* L.) in fish feed: influence on performance and physiology of gilthead seabream (*Sparus aurata*). Fish Physiol. Biochem. 41 (4), 1065-1074.

Hoseini, S. M., Taheri Mirghaed, A., Yousefi, M., 2018. Application of herbal anaesthetics in aquaculture. Rev. in Aquacult.

Javadzadeh, M., Salarzadeh, A. R., Yahyavi, M., Hafezieh, M., Darvishpour, H., 2012. Effect of garlic extract on growth and survival rate in*Litopenaeus vannamei* post larvae. Iran. J. Fish. Sci. 21 (1), 39-46.

Kirimer, N., Başer, K. H. C., Tümen, G., 1995. Carvacrol-rich plants in Turkey. Chem. Nat. Compd. 31 (1), 37-41.

Kumar, P., Mishra, S., Malik, A., Satya, S., 2011. Insecticidal properties of Mentha species: a review. Ind. Crops Prod. 34 (1), 802-817.

Lafferty, K. D., Harvell, C. D., Conrad, J. M., Friedman, C. S., Kent, M. L., Kuris, A. M., Powell, E. N., Rondeau, D., Saksida, S. M., 2015. Infectious diseases affect marine fisheries and aquaculture economics. Ann. Rev. Mar. Sci. 7, 471-496.

Laxminarayan, R., Boeckel, T. Van, Teillant, A., 2015. The Economic Costs of Withdrawing

Antimicrobial Growth Promoters from the Livestock Sector, OECD.

Malheiros, D. F., Maciel, P. O., Videira, M. N., Tavares-Dias, M., 2016. Toxicity of the essential oil of Mentha piperita in Arapaima gigas (pirarucu) and antiparasitic effects on Dawestrema spp. (Monogenea). Aquaculture. 455, 81-86.

Martins, N., Petropoulos, S., & Ferreira, I. C., 2016. Chemical composition and bioactive compounds of garlic (*Allium sativum* L.) as affected by pre-and post-harvest conditions: A review. Food chem. 211, 41-50.

Martins, M. L., Moraes, F. R., Miyazaki, D. M. Y., Brum, C. D., Onaka, E. M., Fenerick, J. J., Bozzo, F. R., 2002. Alternative treatment for *Anacanthorus penilabiatus* (Monogenea: Dactylogyridae) infection in cultivated pacu, *Piaractus mesopotamicus* (Osteichthyes: Characidae) in Brazil and its haematological effects. Parasite. 9 (2), 175-180.

Metwally, M. A. A., 2009. Effects of garlic (*Allium sativum*) on some antioxidant activities in tilapia nilotica (*Oreochromis niloticus*). World J. Fish Mar. Sci. 1 (1), 56-64.

Militz, T. A., Southgate, P. C., Carton, A. G., Hutson, K. S., 2013a. Dietary supplementation of garlic (*Allium sativum*) to prevent monogenean infection in aquaculture. Aquaculture. 408-409, 95-99.

Militz, T. A., Southgate, P. C., Carton, A. G., Hutson, K. S., 2013b. Efficacy of garlic (*Allium sativum*) extract applied as a therapeutic immersion treatment for *Neobenedenia* sp. management in aquaculture. J. Fish Dis. 37 (5), 451-461.

Ndong, D., Fall, J., 2011. The effect of garlic (*Allium sativum*) on growth and immune responses of hybrid tilapia (*Oreochromis niloticus* × *Oreochromis aureus*). J. Clin. Immunol. Immunopathol. 3 (1), 1-9.

Nya, E. J., Austin, B., 2011. Development of immunity in rainbow trout (*Oncorhynchus mykiss*, Walbaum) to *Aeromonas hydrophila* after the dietary application of garlic. Fish Shellfish Immunol. 30 (3), 845-850.

Nya, E. J., Austin, B., 2009. Use of garlic, *Allium sativum*, to control *Aeromonas hydrophila* infection in rainbow trout, *Oncorhynchus mykiss* (Walbaum). J. Fish Dis. 32 (11), 963-970.

Nya, E. J., Dawood, Z., Austin, B., 2010. The garlic component, allicin, prevents disease caused by*Aeromonas hydrophila* in rainbow trout, *Oncorhynchus mykiss* (Walbaum). J. Fish Dis. 33 (4), 293-300.

Peña, N., Auró, A., Sumano, H., 1988. A comparative trial of garlic, its extract and ammonium-potassium tartrate as anthelmintics in carp. J. Ethnopharmacol. 24 (2-3), 199-203.

Peterson, B. C., Peatman, E., Ourth, D. D., Waldbieser, G. C., 2015. Effects of a phytogenic feed additive on growth performance, susceptibility of channel catfish to *Edwardsiella ictaluri* and levels of mannose binding lectin. Fish Shellfish Immunol. 44 (1), 21-25.

Poongodi, R., Saravana Bhavan, P., Muralisankar, T., Radhakrishnan, S., 2012. Growth promoting potential of garlic, ginger, turmeric and fenugreek on the freshwater prawn *Macrobrachium rosenbergii*. Int. J. Pharma Bio Sci. 3 (4), 914-926.

Preedy, V. R., 2016. Essential Oils in Food Preservation, Flavor and Safety. Academic Press.

Raman, R. P., 2017. Applicability, feasibility and efficacy of phytotherapy in aquatic animal health management. Am. J. Plant Sci. 8 (2), 257.

Reverter, M., Bontemps, N., Lecchini, D., Banaigs, B., Sasal, P., 2014. Use of plant extracts in fish aquaculture as an alternative to chemotherapy: Current status and future perspectives. Aquaculture. 433, 50-61.

Reyes-Cerpa, S., Vallejos-Vidal, E., Gonzalez-Bown, M.J., Morales-Reyes, J., Pérez-Stuardo, D., Vargas, D., Imarai, M., Cifuentes, V., Spencer, E., Sandino, A.M., Reyes-López, F.E., 2018. Effect of yeast (*Xanthophyllomyces dendrorhous*) and plant (Saint John' s wort, lemon balm, and rosemary) extract based functional diets on antioxidant and immune status of Atlantic salmon (*Salmo salar*) subjected to crowding stress. Fish Shellfish Immunol. 74, 250-259.

Rodrigues, V., Colen, R., Ribeiro, L., Santos, G., Gonçalves, R.A., Dias, J., 2018. Effect of dietary essential oils supplementation on growth performance, nutrient utilization, and protein digestibility of juvenile gilthead seabream fed a low-fishmeal diet. J. World Aquac. Soc. 49 (4), 676-685.

Rowshan, V., Bahmanzadegan, A., Saharkhiz, M. J., 2013. Influence of storage conditions on the essential oil composition of *Thymus daenensis* Celak. Ind. Crops Prod. 49, 97-101.

Sahu, S., Das, B.K., Mishra, B.K., Pradhan, J., Sarangi, N., 2007. Effect of *Allium sativum* on the immunity and survival of *Labeo rohita* infected with *Aeromonas hydrophila*. J. Appl. Ichthyol. 23 (1), 80-86.

Seow, C. L., Lau, A. J., 2017. Differential activation of pregnane X receptor by carnosic acid, carnosol, ursolic acid, and rosmarinic acid. Pharmacol. Res. 120, 23-33.

Shalaby, A.M., Khattab, Y.A., Abdel Rahman, A.M., 2006. Effects of Garlic (*Allium sativum*) and chloramphenicol on growth performance, physiological parameters and survival of Nile tilapia (*Oreochromis niloticus*). J. Venom. Anim. Toxins Incl. Trop. Dis. 12 (2), 172-201.

Soares, B.V., Cardoso, A.C.F., Campos, R.R., Gonçalves, B.B., Santos, G.G., Chaves, F.C.M., Chagas, E.C., Tavares-Dias, M., 2017a. Antiparasitic, physiological and histological effects of the essential oil of*Lippia origanoides* (Verbenaceae) in native freshwater fish *Colossoma macropomum*. Aquaculture. 469, 72-78.

Soares, B.V., Neves, L.R., Ferreira, D.O., Oliveira, M.S.B., Chaves, F.C.M., Chagas, E.C., Gonçalves, R.A., Tavares-Dias, M., 2017b. Antiparasitic activity, histopathology and physiology of *Colossoma macropomum* (tambaqui) exposed to the essential oil of *Lippia sidoides* (Verbenaceae). Vet. Parasitol. 234, 49-56.

Soares, B.V., Neves, L.R., Oliveira, M.S.B., Chaves, F.C.M., Dias, M.K.R., Chagas, E.C., Tavares-Dias, M., 2016. Antiparasitic activity of the essential oil of *Lippia alba* on ectoparasites of *Colossoma macropomum* (tambaqui) and its physiological and histopathological effects. Aquaculture. 452, 107-114.

Soltani, M., Ghodratnama, M., Ebrahimzadeh-Mosavi, H.A., Nikbakht-Brujeni, G., Mohamadian, S., Ghasemian, M., 2014. Shirazi thyme (*Zataria multiflora* Boiss) and Rosemary (*Rosmarinus officinalis*) essential oils repress expression of sagA, a streptolysin S-related gene in *Streptococcus iniae*. Aquaculture. 430, 248-252.

Soltani, M., Sheikhzadeh, N., Ebrahimzadeh-Mousavi, H.A., Zargar, A., 2010. Effects of *Zataria multiflora* essential oil on innate immune responses of common carp (*Cyprinus carpio*). J. Fish. Aquat. Sci. 5 (3), 191-199.

Song, K., Milner, J.A., 2001. The influence of heating on the anticancer properties of garlic. J Nutr. 131 (3), 1054S-1057S.

Stentiford, G.D., Neil, D.M., Peeler, E.J., Shields, J.D., Small, H.J., Flegel, T.W., Vlak, J.M., Jones, B., Morado, F., Moss, S., Lotz, J., Bartholomay, L., Behringer, D.C., Hauton, C., Lightner, D. V., 2012. Disease will limit future food supply from the global crustacean fishery and aquaculture sectors. J. Invertebr. Pathol. 110 (2), 141-157.

Steverding, D., Morgan, E., Tkaczynski, P., Walder, F., Tinsley, R., 2005. Effect of Australian tea tree oil on*Gyrodactylus* spp. infection of the three-spined stickleback *Gasterosteus aculeatus*. Dis. Aquat. Organ. 66 (1), 29-32.

Sutili, F.J., Gatlin, D.M., Heinzmann, B.M., Baldisserotto, B., 2017. Plant essential oils as fish diet additives: Benefits on fish health and stability in feed. Rev. Aquac. 10 (3), 716-726.

Talpur, A.D., 2014. *Mentha piperita* (Peppermint) as feed additive enhanced growth performance, survival, immune response and disease resistance of Asian seabass, *Lates calcarifer* (Bloch) against *Vibrio harveyi* infection. Aquaculture. 420-421, 71-78.

Talpur, A.D., Ikhwanuddin, M., 2012. Dietary effects of garlic (*Allium sativum*) on haemato-immunological parameters, survival, growth, and disease resistance against *Vibrio harveyi* infection in Asian sea bass, *Lates calcarifer* (Bloch). Aquaculture. 364-365, 6-12.

Tanekhy, M., Fall, J., 2015. Expression of innate immunity genes in kuruma shrimp *Marsupenaeus japonicus* after in vivo stimulation with garlic extract (allicin). Vet. Med. (Praha). 60 (1), 39-47.

Tangestani, R., Doughikollaee, E.A., Ebrahimi, E., Zare, P., 2011. Effects of garlic essential oil as an immunostimulant on hematological indices of juvenile beluga (*Huso huso*). J. Vet. Res. 66 (3), 209-279.

Tongnuanchan, P., Benjakul, S., 2014. Essential Oils: Extraction, Bioactivities, and Their Uses for Food Preservation. J. Food Sci. 79 (7), R1231-R1249.

Torrecillas, S., Montero, D., Caballero, M.J., Pittman, K.A., Custódio, M., Campo, A., Sweetman, J., Izquierdo, M., 2015. Dietary mannan oligosaccharides: counteracting the side effects of soybean meal oil inclusion on European Sea Bass (*Dicentrarchus labrax*) gut health and skin mucosa mucus production? Front. Immunol. 6, 397.

Torrecillas, S., Rivero-Ramírez, F., Izquierdo, M.S., Caballero, M.J., Makol, A., Suarez-Bregua, P., Fernández-Montero, A., Rotllant, J., Montero, D., 2018. Feeding European sea bass (*Dicentrarchus labrax*) juveniles with a functional synbiotic additive (mannan oligosaccharides and *Pediococcus acidilactici*): An effective tool to reduce low fishmeal and fish oil gut health effects? Fish Shellfish Immunol. 81, 10-20.

Tovar-Ramırez, D., Zambonino Infante, J., Cahu, C., Gatesoupe, F.., Vázquez-Juárez, R., 2004. Influence of dietary live yeast on European sea bass (*Dicentrarchus labrax*) larval development. Aquaculture. 234, 415-427.

Van Hai, N., 2015. The use of medicinal plants as immunostimulants in aquaculture: A review. Aquaculture. 446, 88-96.

Vanhove, M.P.M., Briscoe, A.G., Jorissen, M.W.P., Littlewood, D.T.J., Huyse, T., 2018. The first next-generation sequencing approach to the mitochondrial phylogeny of African monogenean parasites (Platyhelminthes: Gyrodactylidae and Dactylogyridae). BMC Genomics. 19 (1), 520.

Wang, J., Tao, Q., Wang, Z., Mai, K., Xu, W., Zhang, Y., Ai, Q., 2016. Effects of fish meal replacement by soybean meal with supplementation of functional compound additives on intestinal morphology and microbiome of Japanese seabass (*Lateolabrax japonicus*). Aquac. Res. 48 (5), 2186-2197.

Yilmaz, E., Ergün, S., Yilmaz, S., 2015. Influence of carvacrol on the growth performance, hematological, non-specific immune and serum biochemistry parameters in rainbow trout (*Oncorhynchus mykiss*). Food Nutr. Sci. 6, 523-531.

Yilmaz, S., Ergun, S., Celik, E.S., 2013a. Effect of dietary herbal supplements on some physiological conditions of Sea Bass *Dicentrarchus labrax*. J. Aquat. Anim. Health. 25 (2), 98-103.

Yilmaz, S., Ergün, S., Soytaş, N., 2013b. Herbal supplements are useful for preventing streptococcal disease during first-feeding of tilapia fry, *Oreochromis mossambicus*. Isr. J. Aquac. - Bamidgeh, 65.

Yousefi, M., Hoseini, S.M., Vatnikov, Y.A., Nikishov, A.A., Kulikov, E.V., 2018. Thymol as a new anesthetic in common carp (*Cyprinus carpio*): Efficacy and physiological effects in comparison with eugenol. Aquaculture. 495, 376-383.

Zheng, Z.L., Tan, J.Y.W., Liu, H.Y., Zhou, X.H., Xiang, X., Wang, K.Y., 2009. Evaluation of oregano essential oil (*Origanum heracleoticum* L.) on growth, antioxidant effect and resistance against *Aeromonas hydrophila* in channel catfish (*Ictalurus punctatus*). Aquaculture. 292 (3-4), 214-218.

Zilberg, D., Tal, A., Froyman, N., Abutbul, S., Dudai, N., Golan-Goldhirsh, A., 2010. Dried leaves of *Rosmarinus officinalis* as a treatment for streptococcosis in tilapia. J. Fish Dis. 33 (4), 361-369.

Zoral, M.A., Futami, K., Endo, M., Maita, M., Katagiri, T., 2017. Anthelmintic activity of Rosmarinus officinalis against *Dactylogyrus minutus* (Monogenea) infections in *Cyprinus carpio*. Vet. Parasitol. 247, 1-6.

第十五章 芳香植物及其提取物在奶牛生产中的应用

Mariangela Caroprese, *Maria Giovanna Ciliberti*, *Marzia Albenzio*

University of Foggia, Department of the Sciences of Agriculture, Food, and Environment, Foggia, Italy

一、引言

在过去的十几年，欧盟总体战略明确提出了要解决由过度使用以及滥用抗生素所造成的细菌耐药性危机。自 2006 年 1 月起，欧盟委员会已经禁止在动物饲料中使用抗生素作为促生长剂。这一禁令表明了逐步淘汰抗生素用于非疾病治疗进入最后阶段，也说明了对公共卫生重视的程度。由于美国食品药品监督管理局（FDA）颁布了新版 *Veterinary Feed Directive*，美国从 2017 年 1 月 1 日起才禁止为促进生长和提高饲料转化率在动物饲料中使用低剂量的抗生素。因此，农场主、动物产品供应链及营销链的相关人员正在努力寻找安全、有效、能够替代抗生素的高性价比产品（Simitzis，2017）。在这一背景下，芳香植物包括草药、香料及其次生代谢产物（也被称为植物生物活性物质或植物精油），已经成为用以改善动物产品质量的替代性促生长剂和抗菌剂（Simitzis 和 Deligeorgis，2011）。植物源生物活性物质是植物抵御动物和传染性微生物的自我防卫分子（Deans 和 Ritchie，1987）。代表了一些主要的芳香植物衍生物活性物质（aromatic plant-derived bioactive compound，ABIOC）有多酚、奎宁、黄酮醇/类黄酮、生物碱、多肽或它们的氧取代衍生物，它们多来源于产自地中海地区的芳香植物（迷迭香、牛至、鼠尾草、百里香、薄荷和大蒜）（Perumalla 和 Hettiarachchy 2011；Negi，2012；Cowan，1999）。ABIOC 是多种化学物质的混合物，包括植物提取物和精油及其生物活性物质；每种 ABIOC 含有 20～60 种成分，包括萜类化合物、醇类、醛类、碳氢化合物、酮类、酯类和醚类（Dorman 和 Deans，2000）。其中，主要成分萜类化合物，尤其是单萜为最具有代表性的分子，在许多 ABIOC 中（如柠檬烯、百里香酚、香芹酚、芳樟醇、香芹酮、乙酸香叶酯）占比为 90%。另一类表征分子是源自苯丙氨酸的苯丙烷（Hart 等，2008），它在某些植物中的含量比萜烯更多，如肉桂、丁香、茴香（Patra，2011）。通常 ABIOC 是无残留的，总体被公认为安全（GRAS）（Windisc 等，2009；Brenes 和 Roura，2010；Varel，2002）。如图 15－1 所示，本章将介绍并讨论 ABIOC 对奶牛瘤胃发酵、免疫系统、抗氧化活性和乳房健康影响的最新进展。总体而言，作为合成抗菌剂的替代物，ABIOC 在试验中表现出提高产奶量、改善乳质量和安全性的协同作用。

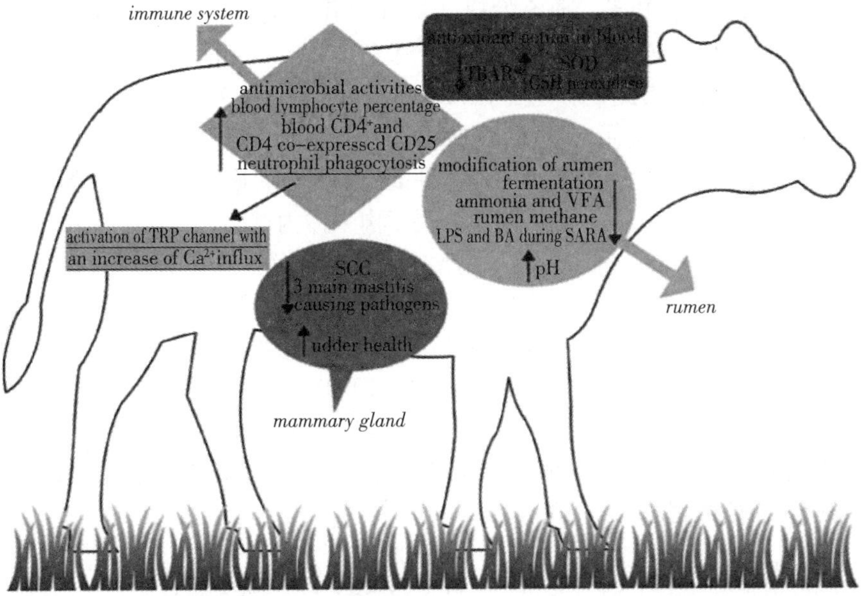

图 15-1　ABIOC 对奶牛瘤胃发酵、乳房健康及免疫系统、抗氧化状态的影响

注：activation of TRP channel with an increase of Ca^{2+} influx，Ca^{2+} 内流增加激活 TRP 通道；immune system，免疫系统；antimicrobial activities，抗菌活性；blood lymphocyte percentage，血液淋巴细胞百分比例；blood $CD4^+$ and CD4 co-expressed CD25，血液 $CD4^+$ 和 CD4 共同表达 CD25；neutrophil phagocytosis，中性粒细胞吞噬作用；antioxidant action in blood，在血液中的抗氧化作用；SOD，超氧化物歧化酶；GSH peroxidase，谷胱甘肽过氧化物酶；TBARS，硫代巴比妥酸反应物；modification of rumen fermentation，瘤胃发酵调控；ammonia and VFA，氨和挥发性脂肪酸；rumen methane，瘤胃甲烷；LPS and BA during SARA，亚急性瘤胃酸中毒期间的脂多糖和生物胺；rumen，瘤胃；SCC，体细胞数；3 main mastisis causing pathogens，3 种主要的乳腺炎致病菌；udder health，乳房健康；mammary gland，乳腺。

二、植物提取物的提取方法及其在反刍动物营养中的应用

植物提取物的获得有多种不同的方法，其中最常用的商业化方法是水蒸气蒸馏法；其他方法包括水蒸馏、有机溶剂萃取、微波辅助萃取、超临界 CO_2 萃取、超声波萃取、无溶剂萃取等（Okoh 等，2010）。Chemat 等（2003）获得首个无溶剂微波萃取（SFME）挥发性天然物质的专利（EPD 03001183.7），该专利创建了用一个由活性物质收集室和冷凝室的微波炉构成的植物提取物提取方法。使用较少溶剂或无溶剂萃取具有许多优点，如操作便捷、清洁、绿色、耗能低，并且比传统萃取方法更有效（Aslam 等，2018）。溶剂微波萃取法所生产的植物提取物，需要特定的纯化才能被视为对人体是健康安全的。就纯化而言，结合其他萃取工艺，还有许多可能的改良机会和修改方法（Aslam 等，2018）。

在饲料中添加 ABIOC，有助于实现动物的最佳生产性能和提高营养物质的利用率。大量的科学证据表明，草药和植物提取物能够提高仔猪和家禽的生产性能。然而，ABIOC 作为饲料添加剂对反刍动物的采食量和饲料适口性影响的相关信息却很少（Greathead，2003；Rochfort 等，2008）。在生长期羔羊上的试验表明，在紫花苜蓿颗粒上喷洒樟脑和 α-蒎烯对采食量有负面影响，而柠檬烯、顺式茉莉酮和 β-石竹烯对采食量无显著影响（Estell 等，1998）。然而，关于 ABIOC 与采食量的特定化学互作及由此引起的

饲养管理变化的知识还很缺乏。研究发现，ABIOC 作为反刍动物潜在的瘤胃调节剂，是通过对细菌、原虫和真菌发挥抵抗作用而实现的（Calsamiglia 等，2007；Patra，2012；Oh 和 Hristov，2016）。因此，研究者对 ABIOC 调控瘤胃发酵由乙酸转向丙酸，从而降低甲烷的作用予以了特别关注。然而，ABIOC 诱导瘤胃发酵模式改变的许多研究结果，都是通过体外分批次或连续培养获得的。这种试验条件与动物体内的环境尚有差距，尤其是奶牛（Benchaar 等，2008a）。研究者也开展了肉牛体内试验，评价了 ABIOC 包含肉桂醛（CIN）、丁香酚（EUG）和辣椒提取物（CAP）的作用。结果证实，瘤胃乙酸含量减少和丙酸含量增加，确实降低了甲烷的产量（Cardozo 等，2006；Yang 等，2010）。ABIOC 在反刍动物中主要用作抗氧化剂和抗炎补充物（Jungbauer 和 Medjakovic，2012），也用作瘤胃发酵调节剂（Khiaosaard 和 Zebeli，2013）。Shären 等（2018）提出，在饲料中用 ABIOC 来研究代谢参数、生产参数（饲料效率和泌乳参数）和宿主-微生物（瘤胃微生物和微生物多样性伴随的发酵速率）之间互作的重要性，是保证奶牛良好的健康状况所必不可少的举措。

三、芳香植物及其提取物：作为瘤胃发酵调节剂

反刍动物消化道的特点是微生物菌群定殖于前胃，并与宿主形成真正的共生关系（Santra 和 Karim，2003；Paul 等，2010）。专性厌氧菌和兼性厌氧菌是在瘤胃环境中天然形成的。瘤胃中不断流入营养物质和液体，瘤胃收缩对饲料进行不断混合和加工处理，未被降解的饲料成分连同大量的微生物和纤毛虫进入网胃和皱胃。由挥发性脂肪酸（VFA）和蛋白质降解产生的氨都在瘤胃中被吸收，导致瘤胃 pH 发生细微的变化。在渗透压稳定和 38～40℃（微生物最适温度）的环境下，瘤胃 pH 通常是 6～7。通过最大化或最小化瘤胃内的生化活动，可以对瘤胃发酵予以调控。任何调控都可能产生具体的后果且带来一系列相互关联的影响。因此，为了实现对瘤胃发酵的成功调控可以采用综合方法。瘤胃调控最基本的一点是，通过饲料结构、生物技术产品及益生菌、酶制剂、饲料蛋白、饲料脂肪等优化瘤胃微生物菌群结构。瘤胃微生物菌群是反刍动物利用劣质饲料和生产优质蛋白所必需的，具有抗性、弹性和多功能性的特点（Edwards 等，2008；Weimer，2015）。根据消化底物种类的不同，可以对瘤胃微生物菌群进行分类（Weimer，2015），分别命名为纤维素分解菌、蛋白分解菌、脂肪分解菌或氨基酸发酵微生物（Firkins 和 Yu，2006）。反刍动物生产对环境的影响巨大，产生的气体占全球温室气体排放量的 16%～25%，产生的甲烷占全球人为甲烷排放量的 33%左右。反刍动物排放的甲烷主要来自肠道发酵（87%来自瘤胃，13%来自大肠），部分来自粪便（Torrent 和 Johnson，1994）。富含皂苷、单宁和植物精油的 ABIOC 可以改善瘤胃发酵，减少甲烷排放。甲烷排放的减少幅度直接受甲烷生成和/或产甲烷菌、原虫、饲料采食和发酵过程的影响（Cobellis 等，2016）。

ABIOC 对瘤胃发酵影响的体外评估试验产生了多种不同的结果，这主要是由试验所用的 ABIOC 浓度及其不同的协同作用所导致的。在肉牛体外瘤胃发酵试验中，高浓度的植物提取物可降低瘤胃氨浓度和总挥发性脂肪酸浓度，而低浓度植物提取物的试验效果差。但是，不同浓度丁香酚（EUG）的试验结果恰恰相反：低剂量（0.3mg/L 和 3mg/L）提高了氨浓度，中剂量（30mg/L）无影响，高剂量（300mg/L、3 000mg/L 和5 000mg/L）

显著降低了氨浓度（Cardozo 等，2005）。瘤胃微生物通过生化反应将植物提取物还原为惰性乙醇，从而实现解毒的目的。这一机制可以用于解释植物提取物浓度低于杀菌水平时表现出无显著效果的原因（Hart 等，2008；Chizzola 等，2004）。Cobellis 等（2016）发表了一篇非常详细的关于植物提取物用作反刍动物瘤胃调控剂的综述，作为具有发展潜力的天然物质，研究者建议使用植物提取物降低瘤胃甲烷和氨的排放，改善瘤胃发酵，减少反刍动物生产对环境的影响。为了解决许多不确定的问题，如 EO 活性化合物的准确测定、有效剂量、作用模式、对动物产品感官特性的影响、使用 EO 之前投入的产出比，或者更概括地讲 ABIOC 作为添加剂在牧场用以调控反刍动物营养的应用（Cobellis 等，2016），研究者在过去两年已经开展了多个创新试验。其中，Kolling 等（2018）评估了绿茶和牛至提取物及其组合作为饲料添加剂，对泌乳 28～87d 奶牛生产性能和甲烷排放的影响，单独添加牛至或绿茶提取物，都降低了甲烷排放且不影响生产性能；与单独添加相比，绿茶和牛至提取物的组合并没有额外减少甲烷排放，也没有影响产奶量和干物质采食量；但是组合添加改善了全消化道表观消化率、瘤胃乙酸和丁酸的摩尔比例，以及乳中的脂肪酸组成（Kolling 等，2018）。一种从薄荷、百里香、迷迭香和丁香中提取的 ABIOC 混合物，被建议用作奶牛的潜在饲料添加剂，用以减轻由高精饲料饲养导致的亚急性瘤胃酸中毒（SARA）（Humer 等，2018）。这种消化紊乱的特征是瘤胃 pH 断断续续下降，导致瘤胃微生物失衡，也称为菌群失调（Tajima 等，2000；Khafipour 等，2009）。亚急性瘤胃酸中毒（SARA）期间瘤胃黏膜的渗透性增加（Aschenbach 和 Gäbel，2000），以至于产生微生物源毒性化合物，如脂多糖（LPS）、生物胺（BA）转移到循环系统导致全身炎症和代谢紊乱，使得研究奶牛 SARA 菌群失调的重要性更加突出。尤其是反刍动物的 SARA 可导致真胃移位、蹄叶炎、脂肪肝和血浆矿物质紊乱（Zebeli 和 Matzler-Zebeli，2012）。但是针对干奶期奶牛体内升高的脂多糖（LPS）和生物胺（BA）浓度，补充 ABIOC（digestarom dairy）表现出极强的反作用。另外，当饲喂高精饲料导致瘤胃 pH 和菌群多样性下降时，添加 ABIOC 可以提高瘤胃活性、缓解瘤胃 pH 降低、减少淀粉发酵菌和提高丁酸水平。瘤胃中脂多糖（LPS）、生物胺（BA）和短链脂肪酸（SCFA）的变化数据见表 15－1。总体而言，添加 ABIOC 能够缓解高精饲料对瘤胃微生物菌群的负面影响，减少瘤胃中有毒物质的产生（Humer 等，2018；Kroger 等，2017；Neubauer 等，2018）。

表 15－1 ABIOC 饲料添加剂对由高精饲料饲喂引起的亚急性瘤胃酸中毒奶牛瘤胃脂多糖、生物胺和短链脂肪酸组分的影响

饲料添加剂	SARA1[a]		SARA2[a]		资料来源
	对照组	ABIOC 组	对照组	ABIOC 组	
脂多糖（EU/mL）[b]	151.353	85.893	154.074	194.513	Humer 等（2018）
生物胺（mg/kg）					
吡咯烷	16.7	10.3	9.75	8.17	
组胺	21.6	7.42	6.40	2.18	
精胺	1.97	0.902	0.438	1.39	
短链脂肪酸组分（%）					

（续）

饲料添加剂	SARA1[a]		SARA2[a]		资料来源
	对照组	ABIOC 组	对照组	ABIOC 组	
丙酸	23.8	21.0	27.5	25.1	
丁酸	13.0	16.0	11.8	13.9	
戊酸	5.4	4.1	4.4	4.1	Neubauer 等（2018）
己酸	1.7	1.2	0.8	0.9	
异戊酸	0.8	1.2	1.1	1.3	

注：[a]SARA1，65%精饲料，饲喂 1 周；SARA2，65%精饲料，饲喂 2 周；[b]EU，脂多糖单位。

但是，由于所用化合物及浓度有变化，最新的研究结果是不一致的，甚至有些是矛盾的。这就需要进一步开展活体研究，以便更好地阐明 ABIOC 对奶牛自由采食量、瘤胃发酵和甲烷排放的影响（Cobellis 等，2016）。

四、芳香植物抗菌活性：对反刍动物免疫系统的影响

细菌的细胞膜可以直接被破坏或者通过损害膜蛋白导致细胞膜的通透性增加而被破坏。Burt（2004）以植物提取物的疏水性和亲脂性为基础，对植物提取物作用于细菌细胞的机制予以了假设。植物提取物能够通过细胞质凝固激活细胞裂解，或者利用其亲脂性改变细菌细胞膜的通透性（Burt，2004）。由于革兰氏阳性菌的细胞膜有疏水性，故植物提取物对其的抑菌效果比对革兰氏阴性菌更好（Chao 等，2000）。有趣的是，植物提取物对哺乳动物细胞的毒性与组分的亲脂性成负相关，而对细菌和真菌的毒性与精油的亲脂性成正相关（Pauli，2007，2008）。但是对抗菌活性的评估在某些情况下会导致矛盾的结果，这可能归因于它们组分的自然变异和微生物对其作用的敏感性差异。植物提取物的生产、贮存和有效期相关信息的缺乏及使用的微生物学检测方法不同，可以用来解释植物提取物抗菌活性结果差异性的原因（Pauli 和 Schilcher，2010）。有关 ABIOC 在人类医学和护理中的治疗性应用，作者在书中进行了深入论证研究（Hüsnü Can Başer 和 Buchbauer，2010）。在兽医学中，尤其是对于反刍动物免疫应答作用方面，几乎没有 ABIOC 作用的相关信息。然而，ABIOC 在奶牛上发挥了适应性免疫系统的调节作用（在单胃动物中也有报道），能够特异性地激活和诱导 $CD4^+$ 细胞增殖（Oh 等，2013）。为了避免瘤胃微生物对 ABIOC 的降解，试验以瘤胃保护的形式或者过瘤胃的方式研究在奶牛饲料中添加不同来源的 ABIOC 的作用。每头奶牛真胃灌注辣椒提取物（源自 *Capsicum frutescens* L. 和 *Capsicum anum* L. var. *concoides*，2g/d）提高了血液中淋巴细胞的相对百分率；灌注姜黄素和大蒜素之后，血液中的总 $CD4^+$ 细胞比例及 $CD4^+$ 细胞共同表达活化信号和 $CD25^+$ 升高。由于对增殖和细胞因子分泌没有影响，故可以排除大蒜素、姜黄素和辣椒提取物的促炎或抗炎作用。相反，给每头奶牛补充了辣椒提取物（源自 *Capsicum frutescens* L. 和 *Capsicum anum* L. var. *concoides*，2g/d）之后，LPS 刺激状态下的奶牛表现出一系列急性期反应的调节作用，包括血液中皮质醇、结合珠蛋白和硫代巴比妥酸反应物（TBARS）浓度降低（Oh 等，2017a）。在奶牛饲料中添加颗粒状的辣椒提取物会引起外周血中中性粒细胞总数、嗜酸性粒细胞总数及中性粒细胞与淋巴细胞比值增加（Oh

等，2015）。而且研究发现，中性粒细胞的吞噬作用增强，表明辣椒提取物可能直接影响中性粒细胞的活性。研究假设，ABIOC对免疫细胞活性的作用机理可以通过释放神经肽间接发挥作用或通过Vanolloid成员亚家族（TRPV1）的瞬时受体潜能（TRP）阳离子通道而直接发挥作用（Zimmerman等，1992；Heiner等，2003）。TRP是表达在诸如免疫细胞、神经元和其他组织细胞上受体的阳离子通道家族，其作用是检测由温度、疼痛、渗透压和其他刺激引起的细胞环境的变化（Vriens等，2008；Voets等，2005）。一般来说，ABIOC可以与表达在免疫细胞上的一个TRP通道家族结合，形成细胞激活的第二传导信号或离子转运体。TRP通道的激活导致Ca^{2+}内流增加，激活诸如核转录因子（NF-κB）和活化T细胞的核因子（NF-AT）的转录因子向细胞核内迁移（Berridge等，2000）。此外，由TRP通道诱导的Ca^{2+}内流导致内质网Ca^{2+}的内部存储增加（Gees等，2010）。特别是丁香酚、辣椒提取物和大蒜素激活了TRPV1，大蒜素和肉桂醛激活了TRPA1，丁香酚激活了TRPV3。Oh等（2017b）的综述中报道了ABIOC通过TRP通道作用于免疫细胞的一种典型途径。

五、芳香植物在奶牛中的抗氧化活性

大量证据表明，ABIOC除了具有抗菌和抗炎的活性外，还因它们具有酚类化合物结构而具有很强的抗氧化活性。酚类化合物的抗氧化活性与提高内源性抗氧化剂有关，如超氧化物歧化酶（SOD）、过氧化氢酶（CAT）和谷胱甘肽（GSH）（Masella等，2005）。许多谷胱甘肽调控基因含有反应元件，称为异种应答元件（XRE）和抗氧化反应元件（ARE）。研究表明，ABIOC酚类化合物可以正向调控基因和转录因子：与XRE结合的配体激活转录因子芳烃受体（AhR）和与ARE结合的核因子E2相关因子（Nrf2）（Seymour等，2013）。鼠尾草酸作为迷迭香叶子的主要酚类组分之一，表现出比某些合成抗氧化剂更强的抗氧化活性。另外，研究发现，丁香、迷迭香、肉桂、姜黄都具有重要的抗氧化活性（Charles，2013）。研究表明，ABIOC在抗氧化活性方面具有重要的协同作用（Aftab和Vieira，2010），可用于防止反刍动物在急性感染阶段由自由基诱导的代谢紊乱（Cray等，2009）。Hashemzadeh-Cigari等（2014）的初步试验表明，与单一草药相比，以肉桂皮、姜黄根、迷迭香叶和丁香为代表的四元混合草药具有协同抗氧化活性（20%～29%）。这项初步研究结果支持草药组合协同增强了每种草药的单一作用，从而实现总体抗氧化活性增强的假设。在绵羊活体研究中，4种草药（迷迭香、金盏花、柑橘和葡萄）发挥了很强的抗氧化活性（Gladine等，2007）。迷迭香、金盏花、柑橘及葡萄的提取物与维生素E相结合，降低了饲喂富含n-3脂肪酸饲料奶牛的氧化应激（Gobert等，2009）。在山羊研究中，研究者发现含有89.7% α-蒎烯（0.4～2.0mL/kg DM）的杜松油可提高SOD活性（Yesilbag等，2016）。而含有水解单宁、甾体皂苷和糖苷生物碱的草药粉末混合物（*Woodfordia fruticosa*、*Solanum nigrum*和*Trigonella foenum-graecum*）则是通过提高血液GSH过氧化物酶、CAT和谷胱甘肽s-转移酶的活性而表现出抗氧化活性的（Choubey等，2016）。有关ABIOC对奶牛氧化应激影响的研究较少。真胃灌注姜黄和辣椒提取物及在奶牛饲料中添加辣椒提取物，对血液氧化应激标记物没有影响。但是当奶牛遭受脂多糖挑战时，补充瘤胃保护的辣椒提取物会降低血液TBARS浓度（Oh等，2017a）。每头牛真胃灌注大蒜提取物（2g/d）提高了血液中脂质氧化副产品8-异前列腺素的浓度，表明过量的大蒜提取物会使奶牛遭受更强的氧化应激（Oh 等，2013，2015）。因此，为了降低生产成本和强化 ABIOC 的抗氧化作用，需要优化最佳添加剂量，并研究和确定 ABIOC 在反刍动物饲养中的协同互作。当反刍动物处于生理应激、环境应激或者两种应激共存之中时，补充 ABIOC 的效果可能更佳（Gobert 等，2009；Yang 等，2010）。在围产期奶牛中，栗木单宁（主要是水解单宁）降低了氧化应激标记物丙二醛，并增加了血液和肝脏中的内源性抗氧化酶，如 SOD 和 GSH 过氧化物酶（Liu 等，2013）。研究发现，在反刍动物中添加大量的抗氧化微量营养素，如维生素 E、硒、锌和铜，可以提高乳腺的抗感染力，从而增强乳房健康（Politis，2012；Scaletti 等，2003）。之前的研究进一步表明，ABIOC 可能是改善反刍动物健康的有效补充物，用于缓解由炎症反应所导致的应激状况，其中乳腺炎是反刍动物生产力受损的主要疾病。

六、芳香植物及其提取物：作为乳房健康增强剂

在过去的 5 年中，全球牛奶产量以每年 1.9%的速度增长。2010 年，有机乳制品占据了美国乳制品市场大约 6%的份额。禁止使用抗生素治疗乳腺炎，促使人们对天然替代品越发感兴趣，如芦荟与维生素补充剂的结合（Pol 和 Ruegg，2007）。但是即使美国食品药品监督管理局（FDA）尚未批准抗生素替代性产品（Zwald 等，2004），为了避免乳房健康问题及由此带来的牛奶质量下降，至关重要的一点是如何有效治疗乳腺炎。为了保证抗生素替代品的有效性和安全性，改善牛奶质量和乳房健康，开展恰当的科学评价是必不可少的。牛奶高水平体细胞数（somatic cell count，SCC）代表不良的乳房健康和牛奶质量，是现代奶牛生产中所存在的主要问题（Schukken 等，2003）。大约 70%的成本是与牛奶产量的暂时下降或永久下降有关，所以高水平 SCC 奶牛的产奶量下降给乳品行业造成了重大的经济损失（Zhao 和 Lacasse，2008）。研究者选择中等水平 SCC 奶牛和高水平 SCC 奶牛为试验对象，在饲料中添加含 60%迷迭香、18%肉桂树皮、18%姜黄和 4%丁香芽的混合物，研究其对奶牛采食量、生产性能、乳房健康、瘤胃发酵，以及牛奶和血浆中代谢物的影响（Hashemzadeh-Cigari 等，2014）。结果发现，无论中等水平 SCC 或高水平 SCC，饲喂添加物都降低了牛奶的 SCC，并且改善了乳房的整体健康状况，提高了奶牛的生产性能。而且饲喂添加物对采食量和瘤胃丙酸生成也产生了积极的影响，最终带来产奶量的增加。总体而言，为了应对由亚临床乳腺炎所带来的经济损失及对乳腺组织的损伤，添加补充物的饲喂策略对治疗高水平 SCC 奶牛尤其有效，并且能够带来生产性能的改善。

有关 ABIOC 对奶牛产奶量影响的研究数据很少，现有的结果并不一致，但是奶农在奶牛饲料中仍然使用了 ABIOC。饲喂每头奶牛植物提取物微胶囊混合物（80g/d、120g/d）提高了牛奶中的能量含量，但不影响产奶量、乳成分产量或能量支出，而且对采食量或奶牛体重都没有显著影响（Spanghero 等，2009）。此外，饲喂肉桂醛、丁香酚和辣椒提取物对奶牛的干物质采食量、产奶量和乳成分（即乳脂、真蛋白、乳糖、脂肪酸）均没有影响（Oh 等，2018）。在奶牛饲料中分别添加 15%和 28%的肉桂醛、丁香酚及其混合物，没有带来干物质采食量或产奶量及乳成分的改善（Benchaar 等，2008b，2012，2015；Benchaar，2016；Tager 和 Krause，2011；Tekippe 等，2013）。在其他研究中，添加辣椒提取物提高了奶牛的产奶量或饲料转化率（Oh 等，2015，2017a；Stelwagen 等，2016），添加肉桂醛、丁香酚和辣椒提取物的混合物提高了奶牛的产奶量（Oguey 和

Wall，2016)，添加肉桂醛和辣椒提取物只对牛奶的脂肪酸组成有些许影响（Benchaar 和 Chouinard，2009；Oh 等，2015)。当使用大蒜或大蒜化合物降低甲烷排放量时，它们对奶牛的产奶量和干物质采食量几乎没有影响，但是对牛奶及奶酪的感官特性和流变特性产生了显著的影响（Rossi 等，2018)。

乳腺对刺激高度敏感，乳房内灌注治疗乳腺炎的一个要点便是选择无刺激性的物质。用天然提取物代替抗生素灌注乳腺的研究发现，使用 ABIOC 有负面影响，如口服百里香精油导致恶心和呼吸停止，蒜素导致轻微肠道反应和出血（Bent，2008)。即使相对小剂量的植物提取物也可能是有毒性的。但是用牛至提取物产品并未发现存在安全风险，供人服用的牛至提取物日用典型剂量为含香芹酚 165～195 mg（Kinder 等，2015)。研究报道，人体局部使用牛至提取物后，血浆中可检测到的香芹酚最高浓度为 0.003 mg/mL（Mason 等，2017)。局部使用芳香植物及其提取物可导致 ABIOC 进入血液循环。美国食品药品监督管理局不允许牛奶中有任何 ABIOC 残留（FDA，1994)。为了防止泌乳期发生感染，所有评估 ABIOC 治疗效果的局部试验和口服试验都应该在奶牛干奶期开展。干奶期是指从上一个泌乳期结束到下一个泌乳期开始之间的过渡阶段，是外界病原菌最易入侵的时期，因此容易引发奶牛的乳腺感染（Oliver 和 Sordillo，1988)。有关植物替代物有效性的临床研究综述很缺乏，但 Karreman（2007）报道了植物提取物对改善牛奶质量有积极影响。富含百里香酚和香芹酚的植物提取物，已被美国俄亥俄生态食品和农场协会批准用于有机牛奶生产，主要用于改善牛奶质量。Mullen 等（2014a）以牛奶作为培养基，针对常见的乳腺炎致病菌，研究了植物精油及其组合产品的体外抗菌活性（表 15－2)。

表 15－2　芳香植物提取物对牛奶培养基中乳腺炎致病菌生长的抑制作用

处理[a]	通用名	乳腺炎致病菌在不同浓度处理组中的生长（%，V/V）		
		金黄色葡萄球菌	有色葡萄球菌	乳房链球菌
Angelica dahuricae（4%）	白芷	88 ± 27	52 ± 31	102 ± 31
Angelica sinensis（4%）	当归	139 ± 34	42 ± 24	143 ± 52
Gaultheria procumbens（4%）	鹿蹄草/冬青	108 ± 32	65 ± 43	159 ± 58
Glycyrrhiza uralensis（4%）	甘草	52 ± 31	51 ± 25	138 ± 67
Thymus vulgaris（1%）	百里香	137 ± 108	35 ± 15	2 ± 2
Thymus vulgaris（2%）		0± 0	0± 0	0± 0
Thymus vulgaris（3%）		0± 0	0± 0	0± 0
植物精油混合物[b]		237± 107	47 ± 16	114 ± 58

资料来源：Mullen 等（2014a)。

注：[a]细菌生长，指相对于“牛奶＋细菌”对照组的生长状况，取 3 个重复的平均值，以“平均值±标准误”表示；[b] 植物提取物混合物，包含白芷、当归、鹿蹄草、甘草和百里香提取物。

从表 15－2 可以看出，4 种 4%浓度植物提取物没有表现出抗菌活性，而 2%和 3%浓度的百里香提取物对 3 种乳腺炎致病菌均发挥了稳定的抗菌活性。Mullen 等（2014b）在奶牛干奶期进行的体内试验研究了乳房内灌注 2 种治疗产品的效果。就感染率而言，2 种植物提取物产品的治疗效果与传统抗生素治疗方法相似，且都没有对牛奶质量和产量造成影响。因此，建议开展进一步的工作，研究植物提取物或其混合物对乳房内感染的治疗效果及对泌乳的改善效果。其他用于控制乳腺炎的植物产品，包括口服或静脉注射给药的大蒜素酊剂和外用牛至产品在美国均可应用。体外试验中大蒜素表现了抗菌活性（Cowan，1999），而牛至和百里香含抗菌分子香芹酚及百里香酚（Helander 等，1998）。就治疗的效果而言，除乳房内给药外，局部使用控制乳腺炎和静脉注射产品都尚未开展科学评估。继乳房内治疗葡萄球菌，研究者评估了一种以薄荷为基础的搽剂局部治疗对乳腺的影响，但是与对照组相比没有显著降低细菌数（Knight 等，2000）。

ABIOC 口服和局部使用对于治疗乳房感染都是有效的，但是目前没有可用于检测牛奶中 ABIOC 残留的官方推荐方法，且 ABIOC 对评价牛奶中由抗生素残留筛选试验造成的干扰尚未知。在这一前提下，Mullen 等（2017）发现，ABIOC 残留物并不影响 Charm SL β-内酰胺和 Delvotest P 的抗生素检测结果。

七、总结及未来的研究方向

滥用或过度使用由抗生素导致抗菌药物出现耐药性是人类健康保障的主要忧患。在过去的十几年里，科学家倡导并推动了寻求全新的、安全有效的抗生素替代物的研究。现已证实，从植物中提取的一系列提取物及其生物活性物质，在多功能水平上具有积极作用，并被视为确保泌乳动物健康和安全生产的饲料添加剂。正如本章所总结，ABIOC 能正向调控肠道微生物和瘤胃发酵、抑制致病性乳腺炎细菌生长、防止氧化，从而提高反刍动物的生产质量。且 ABIOC 作为饲料添加剂可以平衡瘤胃 pH 的下降，尤其是干奶牛的亚急性瘤胃酸中毒，促进炎症减缓，减少瘤胃中脂多糖的释放及其在血液中的扩散和所致的系统炎症风险。虽然体外研究证实 ABIOC 整体上是有效的，然而奶牛活体试验的结果尚不一致。在作为饲料添加剂商业化应用之前，需要解决一些关键点，如对 ABIOC 最佳添加量的研究。虽然在食品和饲料工业中公认是安全的（GRAS），但它们在高浓度情况下也可能对活细胞产生毒性。此外，为了评估不同 ABIOC 的协同作用和实现每种反刍动物特定需求的最佳组配，应该对不同 ABIOC 之间的组合予以研究。总之，ABIOC 在反刍动物中的吸收、分布、代谢和排泄，对反刍动物福利和生产性能的影响，对乳腺分泌的影响，以及应激状态下对免疫系统分子水平的作用机制等尚不完全清楚，需要开展进一步的研究，并规范 ABIOC 在反刍动物生产中的应用。

（张淑枝，译；初雷，郭耀祺，任鹏，校）

参 考 文 献

Aftab, N., Vieira, A., 2010. Antioxidant activities of curcumin and combinations of this curcuminoid with other phytochemicals. Phytother Res. 24, 500-502.

Aschenbach, J. R., Gäbel, G., 2000. Effect and absorption of histamine in sheep rumen. Significance of acidotic epithelial damage. J. Anim. Sci. 78, 464-470.

Aslam, M. S., Ahmad, M. S., Raja, S. A., 2018. Solventless extraction of essential oil. In: El-Din, H., Saleh, M., Koller, M. (Eds.), Green Chemistry. IntechOpen. https://doi.org/10.5772/intechopen.72401.

Benchaar, C., 2016. Diet supplementation with cinnamon oil, cinnamaldehyde, or monensin does not reduce enteric methane production pf dairy cows. Animal. 10，418-425.

Benchaar，C.，Chouinard，P.Y.，2009. Short communication：assessment of the potential of cinnamaldehyde，condensed tannins，and saponins to modify milk fatty acid composition of dairy cows. J. Dairy Sci. 92，3392-3396.

Benchaar，C.，Calsamiglia，S.，Chaves，A.V.，Fraser，G.R.，Colombatto，D.，McAllister，T.A.，Beauchemin，K.A.，2008a. A review of plant-derived essential oils in ruminant nutrition and production. Anim. Feed Sci. Technol. 145，209-228.

Benchaar，C.，McAllister，T.A.，Chouinard，P.Y.，2008b. Digestion，ruminal fermentation，ciliate protozoal populations，and milk production from dairy cows fed cinnamaldehyde，quebracho condensed tannin，or yucca schidigera saponin extracts. J. Dairy Sci. 91，4764-4777.

Benchaar，C.，Lettat，A.，Hassanat，F.，Yang，W.Z.，Forster，R.J.，Petit，H.V.，Chouinard，P.Y.，2012. Eugenol for dairy cows fed low or high concentrate diets：effects on digestion，ruminal fermentation characteristics，rumen microbial populations and milk fatty acid profile. Anim. Feed Sci. Technol. 178，139-150.

Benchaar，C.，Hassanat，F.，Petit，H.V.，2015. Dose-response to eugenol supplementation to dairy cows diet：methane production，N excretion，ruminal fermentation，nutrient digestibility，milk production，and milk fatty acid profile. Anim. Feed Sci. Technol. 209，51-59.

Bent，S.，2008. Herbal medicine in the United States：review of efficacy，safety，and regulation. J. Gen. Intern. Med. 23，854-859.

Berridge，M.J.，Lipp，P.，Bootman，M.D.，2000. The versatility and universality of calcium signalling. Nat. Rev. Mol. Cell Biol. 1，11-21.

Brenes，A.，Roura，E.，2010. Essential oils in poultry nutrition：main effects and modes of action. Anim. Feed Sci. Tech- nol. 158，1-14.

Burt，S.，2004. Essential oils：their antibacterial properties and potential applications in foods e a review. Int. J. Food Microbiol. 94，223-253.

Calsamiglia，S.，Busquet，M.，Cardozo，P.W.，Castillejos，L.，Ferret，A.，2007. Invited review：essential oils as modifiers of rumen microbial fermentation. J. Dairy Sci. 90，2580-2595.

Cardozo，P.W.，Calsamiglia，S.，Ferret，A.，Kamel，C.，2005. Screening for the effects of natural plant extracts at different pH on in vitro rumen microbial fermentation of a high-concentrate diet for beef cattle. J. Anim. Sci. 83，2572-2579.

Cardozo，P.W.，Calsamiglia，S.，Ferret，A.，Kamel，C.，2006. Effects of alfalfa extract，anise，capsicum，and a mixture of cinnamaldehyde and eugenol on ruminal fermentation and protein degradation in beef heifers fed a high- concentrate diet. J. Anim. Sci. 84，2801-2808.

Chao，S.C.，Young，D.G.，Oberg，C.J.，2000. Screening for inhibitory activity of essential oils on selected bacteria，fungi and viruses. J. Essent. Oil Res. 12，639-649.

Charles，D.J.，2013. Antioxidant Properties of Spices，Herbs and Other Sources. Springer，New York，NY. Chemat，F.，Smadja，J.，Lucchesi，M.E.，2003. European Patent Demand，03001183.7.

Chizzola，R.，Hochsteiner，W.，Hajek，S.，2004. GC analysis of essential oils in the rumen fluid after incubation of Thuja orientalis twigs in the Rusitec system. Res. Vet. Sci. 76，77-82.

Choubey，M.，Pattanaik，A.K.，Baliyan，S.，Dutta，N.，Jadhav，S.E.，Sharma，K.，2016. Dietary supplementation of a novel phytogenic feed additive：effects on nutrient metabolism，antioxidant status and immune response of goats. Anim. Prod. Sci. 56，1612-1621.

Cobellis，G.，Trabalza-Marinucci，M.，Yu，Z.，2016. Critical evaluation of essential oils as rumen modifiers in ruminant nutrition: a review. Sci. Total Environ. 545-546, 556-568.

Cowan, M. M., 1999. Plant products as antimicrobial agents. Clin. Microbiol. Rev. 12, 564-582.

Cray, C., Zaias, J., Altman, N. H., 2009. Acute phase response in animals: a review. Comp. Med. 59, 517e526. Deans, S. G., Ritchie, A. G., 1987. Antibacterial properties of plant essential oils. Int. J. Food Microbiol. 5, 156e180. Dorman, H. J. D., Deans, S. G., 2000. Antimicrobial agents from plants: antibacterial activity of plant volatile oils. J. Appl. Microbiol. 88, 308-316.

Edwards, J. E., Huws, S. A., Kim, E. J., Lee, M. R. F., Kingston-Smith, A. H., Scollan, N. D., 2008. Advances in microbial ecosystem concepts and their consequences for ruminant agriculture. Animal. 2, 653-660.

Estell, R. E., Fredrickson, E. L., Tellez, M. R., Havstad, K. M., Shupe, W. L., Anderson, D. M., Remmenga, M. D., 1998. Effects of volatile compounds on consumption of alfalfa pellets by sheep. J. Anim. Sci. 76: 228-233.

Firkins, J. L., Yu, Z., 2006. Characterization and quantification of the microbial populations in the rumen. In: Sejrsen, K., Hvelplund, T., Nielsen, M. O. (Eds.), Ruminant Physiology: Digestion, Metabolism and Impact of Nutrition on Gene Expression, Immunology and Stress. Wageningen Academic Publisher, Wageningen, The Netherlands, 19-54.

Gees, M., Colsoul, B., Nilius, B., 2010. The role of transient receptor potential cation channels in Ca2b signalling. Cold Spring Harb. Perspect. Biol. 2, a003962.

Gladine, C., Rock, E., Morand, C., Bauchart, D., Durand, D., 2007. Bioavailability and antioxidant capacity of plant extracts rich in polyphenols, given as a single acute dose, in sheep made highly susceptible to lipoperoxidation. Br. J. Nutr. 98, 691-701.

Gobert, M., Martin, B., Ferlay, A., Chilliard, Y., Graulet, B., Pradel, P., Bauchart, D., Durand, D., 2009. Plant polyphenols associated with vitamin E can reduce plasma lipoperoxidation in dairy cows given n-3 polyunsaturated fatty acids. J. Dairy Sci. 92, 6095-6104.

Greathead, H., 2003. Plants and plant extracts for improving animal productivity. Proc. Nutr. Soc. 62, 279-290.

Hart, K. J., Yanez-Ruiz, D. R., Duval, S. M., McEwan, N. R., Newbold, C. J., 2008. Plant extracts to manipulate rumen fermentation. Anim. Feed Sci. Technol. 147, 8-35.

Hashemzadeh-Cigari, F., Khorvash, M., Ghorbani, G. R., Kadivar, M., Riasi, A., Zebeli, Q., 2014. Effects of supplemen- tation with a phytobiotics-rich herbal mixture on performance, udder health, and metabolic status of Holstein cows with various levels of milk somatic cell counts. J. Dairy Sci. 97, 7487-7497.

Heiner, I., Eisfeld, J., Halaszovich, C. R., Wehage, E., Jüngling, E., Zitt, C., Lückhoff, A., 2003. Expression profile of the transient receptor potential (TRP) family in neutrophil granulocytes: evidence for currents through long TRP channel 2 induced by ADP-ribose and NAD. Biochem. J. 371, 1045-1053.

Helander, I. M., Alakomi, H.-L., Latva-Kala, K., Mattila-Sandholm, T., Pol, I., Smid, E. J., Gorris, L. G. M., von Wright, A., 1998. Characterization of the action of selected essential oil components on gram-negative bacteria. J. Agric. Food Chem. 46, 3590-3595.

Humer, E., Kröger, I., Neubauer, V., Schedle, K., Reinsinger, N., Zebeli, Q., 2018. Supplementing phytogenic com- pounds or autolyzed yeast modulates ruminal biogenic amines and plasma metabolome in dry cows experiencing subacute ruminal acidosis. J. Dairy Sci. 101, 1-16.

Hüsnü Can Baser, K., Buchbauer, G., 2010. Handbook of Essential Oils: Science, Technology, and

Applications. Taylor and Francis Group.

Jungbauer, A., Medjakovic, S., 2012. Anti-inflammatory properties of culinary herbs and spices that ameliorate the effects of metabolic syndrome. Maturitas. 71, 227-239.

Karreman, H. J., 2007. Treating Dairy Cows Naturally. Thoughts & Strategies. Acres USA, Austin, TX.

Khafipour, E., Li, S., Plaizier, J. C., Krause, D. O., 2009. Rumen microbiome composition determined using two nutritional models of subacute ruminal acidosis. Appl. Environ. Microbiol. 75, 7115-7124.

Khiaosa-ard, R., Zebeli, Q., 2013. Meta-analysis of the effects of essential oils and their bioactive compounds on rumen fermentation characteristics and feed efficiency in ruminants. J. Anim. Sci. 91, 1819-1830.

Kinder, F. J., Phillips, G., Runnels, L., Martin Hirsch, A., Bunton, A. M., 2015. Oregano Oil. EBSCO CAM Review Board. http://www.whc-shreveport.com/womens-health-information/Education.aspx? chunkiid 111715.

Knight, C. H., Fitzpatrick, J. L., Logue, D. N., Platt, D. J., 2000. Efficacy of two non-antibiotic therapies, oxytocin and topical liniment, against bovine staphylococcal mastitis. Vet. Rec. 146, 311-316.

Kolling, G. J., Stivanin, S. C. B., Gabbi, A. M., Machado, F. S., Ferreira, A. L., Campos, M. M., Tomich, T. R., Cunha, C. S., Dill, S. W., Pereira, G. R., Fischert, V., 2018. Performance and methane emissions in dairy cows fed oregano and green tea extracts as feed additive. J. Dairy Sci. 102, 4221-4234.

Kröger, I., Humer, E., Neubauer, V., Reisinger, N., Aditya, S., Zebeli, Q., 2017. Modulation of chewing behavior and reticular pH in nonlactating cows challenged with concentrate-rich diets supplemented with phytogenic com- pounds and autolyzed yeast. J. Dairy Sci. 100, 9702-9714.

Liu, Y., Song, M., Che, T. M., Almeida, J. A., Lee, J. J., Bravo, D., Maddox, C. W., Pettigrew, J. E., 2013. Dietary plant extracts alleviate diarrhea and alter immune responses of weaned pigs experimentally infected with a pathogenic *Escherichia coli*. J. Anim. Sci. 91, 5294-5306.

Masella, R., Benedetto, R. D., Vari, R., Filesi, C., Giovannini, C., 2005. Novel mechanisms of natural antioxidant com- pounds in biological systems: involvement of glutathione and glutathione-related enzymes. J. Nutr. Biochem. 16, 577-586.

Mason, S. E., Mullen, K. A. E., Anderson, K. L., Washburn, S. P., Yeatts, J. L., Baynes, R. E., 2017. Pharmacokinetic analysis of thymol, carvacrol and diallyl disulfide after intramammary and topical applications in healthy organic dairy cattle. J. Food Addit. Contam. Part A. 34, 740-749.

Mullen, K. A., Lee, A. R., Lyman, R. L., Mason, S. E., Washburn, S. P., Anderson, K. L., 2014a. Short communication: an in vitro assessment of the antibacterial activity of plant-derived oils. J. Dairy Sci. 97, 5587-5591.

Mullen, K. A. E., Washburn, S. P., Anderson, K. L., 2014b. Effect of two herbal intramammary products on milk quality and quantity compared with conventional and no dry cow therapy. J. Dairy Sci. 97, 3509-3522.

Mullen, K. A. E., Beasley, E., Rizzo, J. Q., Washburn, S. P., Baynes, R. E., Mason, S. E., Anderson, K. L., 2017. Potential of phytoceuticals to affect antibiotic residue detection tests in cow milk in a randomised trial. Vet. Rec.

Negi, P. S., 2012. Plant extracts for the control of bacterial growth: efficacy, stability and safety issues for food application. Int. J. Food Microbiol. 156, 7-17.

Neubauer, V., Petri, R., Humer, E., Kröger, I., Mann, E., Reisinger, N., Wagner, M., Zebeli, Q., 2018. High-graindiets supplemented with phytogenic compounds or autolyzed yeast modulate ruminal bacterial community and fermentation in dry cows. J. Dairy Sci. 101, 2335-2349.

Oguey, C., Wall, E. H., 2016. A blend of cinnamaldehyde, eugenol, and capsicum oleoresin improves milking performance in lactating dairy cows. J. Dairy Sci. 99, 750.

Oh, J., Hristov, A. N., Lee, C., Cassidy, T., Heyler, K., Varga, G. A., Pate, J., Walusimbi, S., Brzezicka, E., Toyokawa, K., Werner, J., Donkin, S. S., Elias, R., Dowd, S., Bravo, D., 2013. Immune and production responses of dairy cows to postruminal supplementation with phytonutrients. J. Dairy Sci. 96, 7830-7843.

Oh, J., Hristov, A. N., Giallongo, F., Frederick, T., Pate, J., Walusimbi, S., Elias, R. J., Wall, E. H., Bravo, D., 2015. Effects of dietary capsicum oleoresin on productivity and immune responses in lactating dairy cows. J. Dairy Sci. 98, 6327-6339.

Oh, J., Hristov, A. H., 2016. Effects of plant-derived bio-active compounds on rumen fermentation, nutrient utilization, immune response and productivity of ruminant animals. In: Jeliazkov (Zheljazkov, V. D., Cantrell, C. L. (Eds.), Medicinal and Aromatic Crops: Production, Phytochemistry, and Utilization. American Chemical Society Publications, Washington, DC, 167-186.

Oh, J., Harper, M., Giallongo, F., Bravo, D. M., Wall, E. H., Hristov, A. N., 2017a. Effects of rumen-protected capsicum oleoresin on productivity and responses to a glucose tolerance test in lactating dairy cows. J. Dairy Sci. 100, 1888-1901.

Oh, J., Wall, H. E., Bravo, D. M., Hristov, A. N., 2017b. Host-mediated effects of phytonutrients in ruminants. A review. J. Dairy Sci. 100, 5974-5983.

Oh, J., Harper, M., Lang, C. H., Wall, E. H., Hristov, A. N., 2018. Effects of phytonutrients alone or in combination with monensin on productivity in lactating dairy cows. J. Dairy Sci. 101, 7190-7198.

Okoh, O. O., Sadimenko, A. P., Afolayan, A. J., 2010. Comparative evaluation of the antibacterial activities of the essential oils of Rosmarinus officinalis L. obtained by hydrodistillation and solvent free microwave extraction methods. Food Chem. 120, 308-312.

Oliver, S. P., Sordillo, L. M., 1988. Udder health in the periparturient period. J. Dairy Sci. 71, 2584-2606.

Patra, A. K., 2011. Effects of essential oils on rumen fermentation, microbial ecology and ruminant production. Asian J. Anim. Vet. Adv. 6, 416-428.

Patra, A. K., 2012. In: Patra, A. K. (Ed.), Dietary Phytochemicals and Microbes. Springer New York, NY.

Paul, V., Guertler, P., Wiedemann, S., 2010. Degradation of Cry1Ab protein from genetically modified maize (Mon810) in relation to total dietary feed proteins in dairy cow digestion. Transgenic Res. 19, 683-689.

Pauli, A., 2007. Identification strategy of mechanism-based lipophilic antimicrobials. In: Zhu, P. (Ed.), New Biocides Development: The Combined Approach of Chemistry and Microbiology. Oxford University Press, Corby, 213-268.

Pauli, A., 2008. Relationship between lipophilicity and toxicity of essential oils. Int. J. Essent. Oil Ther. 2, 60-68.

Pauli, A., Schilcher, H., 2010. Vitro antimicrobial activities of essential oils monographed in the

European Pharmacopoeia. In: Baser, K. H. C., Buchbauer, G. (Eds.), Handbook of Essential Oils: Science, Technology, and Applications, sixth ed. Taylor & Francis, Boca Raton, 353-547.

Perumalla, A. V. S., Hettiarachchy, N. S., 2011. Green tea and grape seed extractsdpotential applications in food safety and quality. Food Res. Int. 44, 827-839.

Pol, M., Ruegg, P. L., 2007. Treatment practices and quantification of microbial drug usage in conventional and organic dairy farms in Wisconsin. J. Dairy Sci. 90, 249-261.

Politis, I., 2012. Reevaluation of vitamin E supplementation of dairy cows: bioavailability, animal health and milk quality. Animal. 6, 1427-1434.

Rochfort, S., Parker, A. J., Dunshea, F. R., 2008. Plant bioactives for ruminant health and productivity. Phytochemistry. 69 (2): 299-322.

Rossi, G., Sciavon, S., Lomolino, G., Cipolat-Gotet, C., Simonetto, A., Bittante, G., Tagliapietra, F., 2018. Garlic (*Allium sativum* L.) fed to dairy cows does not modify the cheese-making properties of milk but affects the color, texture, and flavor of ripened cheese. J. Dairy Sci. 101, 2005-2015.

Ruegg, P. L., 2009. Management of mastitis on organic and conventional dairy farms. J. Anim. Sci. 87, 4582e4591. Santra, A., Karim, A., 2003. Rumen manipulation to improve animal productivity. J. Anim. Sci. 16, 748-763.

Scaletti, R. W., Trammell, D. S., Smith, B. A., Harmon, R. J., 2003. Role of dietary copper in enhancing resistance to *Escherichia coli* mastitis. J. Dairy Sci. 86, 1240-1249.

Schären, M., Kersten, S., Meyer, U., Hummel, J., Breves, G., Dänicke, S., 2018. Interrelations between the rumen microbiota and production, behavioral, rumen fermentation, metabolic, and immunological attributes of dairy cows. J. Dairy Sci. 101, 4615-4637.

Schukken, Y. H., Wilson, D. J., Welcome, F., Garrison-Tikofsky, L., Gonzalez, R. N., 2003. Monitoring udder health and milk quality using somatic cell counts. Vet. Res. 34, 579-596.

Seymour, E. M., Bennink, M. R., Bolling, S. F., 2013. Diet-relevant phytochemical intake affects the cardiac AhR and nfr2 transcriptome and reduces heart failure in hypertensive rats. J. Nutr. Biochem. 24, 1580-1586.

Simitzis, P. E., Deligeorgis, S. G., 2011. The effects of natural antioxidants dietary supplementation on the properties of farm animal products. In: Animal Feed: Types, Nutrition, Safety. Nova Science Publishers, New York, USA, 155-168.

Simitzis, P. E., 2017. Enrichment of animal diets with essential oilsda great perspective on improving animal performance and quality characteristics of the derived products. Medicines. 4, 35.

Spanghero, M., Robinson, P. H., Zanfi, C., Fabbro, E., 2009. Effect of increasing doses of a microencapsulated blend of essential oils on performance of lactating primiparous dairy cows. Anim. Feed Sci. Technol. 153, 153-157.

Stelwagen, K., Wall, E. H., Bravo, D. M., 2016. Effect of rumen-protected capsicum on milk production in early lactating cows in a pasture-based system. J. Dairy Sci. 99 (E-Suppl. 1), 664.

Tager, L. R., Krause, K. M., 2011. Effects of essential oils on rumen fermentation, milk production, and feeding behaviour in lactating dairy cows. J. Dairy Sci. 94, 2455-2464.

Tajima, K., Arai, S., Ogata, K., Nagamine, T., Matsui, H., Nakamura, M., Aminov, R. I., Yashimi, B., 2000. Rumen bacterial community transition during adaptation to high-grain diet. Anaerobe. 6, 273-284.

Tekippe, J. A., Tacoma, R., Hristov, A. N., Lee, C., Oh, J., Heyler, K. S., Cassidy, T. W.,

Varga, G. A., Bravo, D., 2013. Effects ofessential oils on ruminal fermentation and lactation performance of dairy cows. J. Dairy Sci. 96, 7892-7903.

Torrent, J., Johnson, D. E., 1994. Methane production in the large intestine of sheep. In: Aquilera, J. F. (Ed.), EnergyMetabolism of Farm Animals. CSIC Publishing Services, Granada, Spain, pp. 391e394. EAAP Publication No. 76. US Food and Drug Administration, 1994. Animal Medicinal Drug Use Clarification Act of 1994. http: //www. fda. gov/AnimalVeteri nary/GuidanceCompliance-Enforcement/ ActsRulesRegulations/ucm085377.

Varel, V. H., 2002. Livestock manure odor abatement with plant-derived oils and nitrogen conservation with urease inhibitors: a review. J. Anim. Sci. 80, E1-E7.

Voets, T., Talavera, K., Owsianik, G., Nilius, B., 2005. Sensing with TRP channels. Nat. Chem. Biol. 1, 85e89. Vriens, J., Nilius, B., Vennekens, R., 2008. Herbal compounds and toxin modulating TRP channels. Curr. Neurophar-macol. 6, 79-96.

Weimer, P. J., 2015. Redundancy, resilience and host specificity of the ruminal microbiota: implications for engineering improved ruminal fermentations. Front. Microbiol. 6, 296.

Windisch, W., Rohrer, E., Schedle, K., 2009. Phytogenic feed additives to young piglets and poultry: mechanisms and application. In: Steiner, T. (Ed.), Phytogenics in Animal Nutrition: Natural Concepts to Optimize Gut Health and Performance. Nottingham University Press, Nottingham, UK, 19-38.

Yang, W. Z., Ametaj, B. N., Benchaar, C., He, M. L., Beauchemin, K. A., 2010. Cinnamaldehyde in feedlot cattle diets: intake, growth performance, carcass characteristics, and blood metabolites. J. Anim. Sci. 88, 1082-1092.

Yesilbag, D., Biricik, H., Cetin, I., Kara, C., Meral, Y., Cengiz, S. S., Orman, A., Udum, D., 2016. Effects of juniper essential oil on growth performance, some rumen protozoa, rumen fermentation and antioxidant blood enzyme parameters of growing Saanen kids. J. Anim. Physiol. Anim. Nutr. 101 (5), 67-76.

Zebeli, Q., Metzler-Zebeli, B. U., 2012. Interplay between rumen digestive disorders and diet-induced inflammation in dairy cattle. Res. Vet. Sci. 93, 1099-1108.

Zhao, X., Lacasse, P., 2008. Mammary tissue damage during bovine mastitis: causes and control. J. Anim. Sci. 86 (Suppl. 1), 57-65.

Zimmerman, B. J., Anderson, D. C., Granger, D. N., 1992. Neuropeptides promote neutrophil adherence in endothelial cell monolayers. Am. J. Physiol. 263, G678-G682.

Zwald, A. G., Ruegg, P. L., Kaneene, J. B., Warnick, L. D., Wells, S. J., Fossler, C., Halbert, L. W., 2004. Management practices and reported antimicrobial usage on conventional and organic dairy farms. J. Dairy Sci. 87, 191-201.

第十六章 芳香植物及其提取物在食品中的作用

*Bojana Filip*čev

University of Novi Sad，Institute of Food Technology，Novi Sad，Serbia

一、引言

在现代食品工业中，消费者对健康的功能性食品需求日益增长，以及天然添加剂在食品加工中越来越广泛使用，使人们对天然活性物质保持浓厚的兴趣，许多植物性化学物质也因此被广泛关注。目前，有关烹饪用草本植物和香料及其作为生物活性物质添加剂在促进健康和保护食品特性等方面的研究文献较少（Opara 和 Chohan，2014；Embuscado，2015；Carvalho Costa 等，2015；Shahidi 和 Ambigaipalan，2015；Tapsell 等，2006）。除了烹饪用草本植物和香料外，药用植物也被认为是食品工业中天然抗菌剂和抗氧化剂很重要的来源（Ortega-Ramirez 等，2014）。芳香植物的药用和保护食品功效主要基于这些来源于草本植物和香料的提取物所含的生物活性物质具有的抗氧化和抗菌活性。

二、芳香植物及其提取物在食品中的应用

（一）在食品中的整体作用

尽管芳香植物及其提取物的真正潜力和增值效应存在各种不确定性，但将其用于食品中已被广泛关注并成为研究热点。图 16－1 展示了基于抗氧化性和抗菌作用两大特性下，芳香植物在食品配方中发挥的增效作用及其可能的作用机制。芳香植物及其提取物是合成抗氧化剂和防腐剂的天然物质。由于具有天然属性，故芳香植物及其提取物“清洁标签”的食品生产商将其用于生产诸如最低限度加工的食品、有机食品和功能性食品。在新鲜或脱水状态下，芳香植物及其提取物可以直接在食品中添加，此外还可以精油或其他提取物的形式添加到食品中。然而，精油具有强烈的气味限制了其直接在食品中的添加（Hyldgaard 等，2012）。为此，人们通过一些技术策略来缓解精油的气味问题，如通过微囊化并作为活性包装系统的一部分加入可食用和可生物降解的聚合物中，或将其微囊化后加到纳米乳剂中，以防止与食物基质相互作用（Hyldgaard 等，2012）。作为抗氧化剂，芳香植物及其提取物在室温条件或冷藏状态下能够防止、最小化或降低食品（脂肪、油类、肉类、饼干）中脂质的氧化速度（Embuscado，2015；Jiang 和 Xiong，2016；Hygreeva 等，2014）。除了具有基本的抗氧化作用外，草本植物中天然抗氧化剂发挥了额外的作用，从而可以减少肉类（Jiang 和 Xiong，2016）及饼干（Navarro 和 Morales，

2017）等食品在热处理过程中各种细胞毒性化合物的形成。

芳香植物和药用植物提取物由于具有很强的抗菌活性，因此被认为是合成防腐剂的最佳替代品（Jayasena 和 Jo，2013）。植物提取物具有更好的贮存稳定性、更高浓度的活性物质、更容易使用、无季节性差异且标准化程度高等优点，因此与天然草本植物原料相比，提取物往往被用作抗菌剂而加以使用（Tipsrisukond 等，1998）。植物提取物含有多种成分，具有多重抗菌特性。在食品贮存方法中，提取物通常作为栅栏技术应用的一部分，在该技术中多个贮存技术因子结合起来以保证产品中微生物的稳定性（Calo 等，2015）。多种植物提取物在联合使用时表现出协同的抗菌活性。研究表明，与体外试验相比，要想发挥植物提取物的有效抗菌作用，在食品中实际所需添加的剂量往往要高于体外试验时的使用剂量（Calo 等，2015；Bassolé 和 Juliani，2012）。

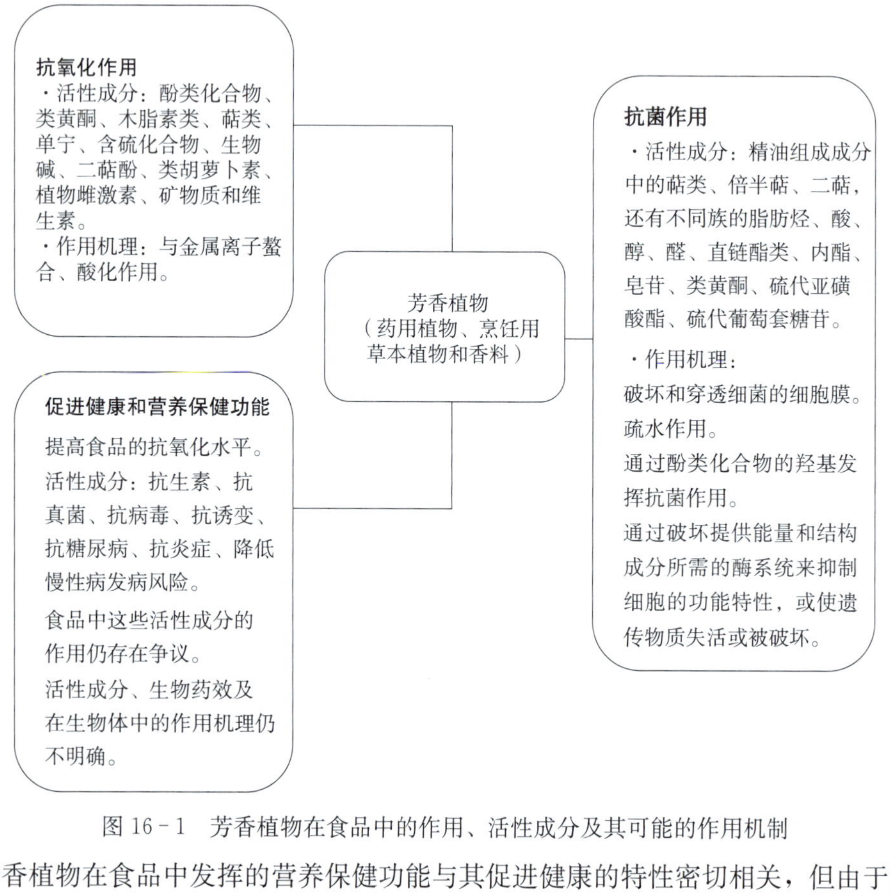

图 16－1　芳香植物在食品中的作用、活性成分及其可能的作用机制

芳香植物在食品中发挥的营养保健功能与其促进健康的特性密切相关，但由于这方面涉及影响因素较多，故其实际价值和潜力还需进一步的研究加以证实。此外，Carvalho 等（2015）研究认为，添加芳香植物的食品可能会减少对盐的摄入量。

（二）在不同食品中的应用

1. 谷物

随着人们对健康、环境可持续性及因长期使用合成杀虫剂而导致昆虫耐药性不断增强等问题关注度的不断提高，植物提取物作为仓储杀虫剂的可行性测试也备受关注。

一些植物及其提取物由于具有杀虫剂的功能特性，故传统上被用来保护谷物免受虫害的侵袭。时至今日，植物提取物的抗虫害特性被越来越多的人所接受，这使其有望替代合成熏蒸剂。

植物提取物对仓储虫害的作用具有多样性（Ningombam 等，2017），其作用范围从急性毒性（通过进食抑制和生殖系统损害）到趋避作用。Shaaya 等（1997）认为，除了对仓储虫害有毒性以外，植物提取物还具有其他理想的熏蒸剂特性，如强挥发性和对哺乳动物的低毒性等。由于有强挥发性，故植物提取物可以很容易通过通风被去除。Kostyukovsky 等（2002）认为，精油的杀虫和驱避作用可能与神经毒素作用模式相关。

尽管大量数据记录了多种来源的植物杀虫剂具有生物活性和杀虫功能并能够消灭仓储虫害，但实际上只有极少数的植物产品实现商业化并得到实际应用。Adarkwah 等（2017）认为，这主要由于以下几个方面原因：

（1）天然或“生物杀虫剂”比合成杀虫剂的效果差，原因是作用效果较慢，没有立竿见影的效果，且光照下会迅速降解。

（2）如果需要很高剂量才能达到杀虫效果，则不宜使用。

（3）天然产品缺乏标准化。

（4）天然产品登记注册和专利申请合法化困难。

（5）价格更高。

草本植物杀虫剂的有效性通常是在实验室条件下进行验证和确认的，而缺乏在实际田间和仓储条件下扩大规模时的作用及有效性的数据支持。Kłyś等（2017）认为，植物性驱虫剂是虫害综合治理系统的重要组成部分，建议进一步的研究工作应集中在从植物原料中识别和分离化合物，并筛选最有效的化合物。

2. 面包和烘焙食品

作为一种日常消费的商品，面包被认为是补充营养素的潜力来源和有效渠道（Rosell，2003）。人们可以在面包配方中添加富含生物活性物质及抗氧化剂的新原料，来改善面包的营养成分和功能。Pestorić等（2017）研究认为，在面包配方中，添加芳香植物有助于改善矿物质形态和抗氧化活性。然而，其也提出，与其他食品类似，草本植物原料的应用剂量和产品感官可接受度必须达成一致。

Dziki 等（2014）研究表明，添加多种香料和草本植物原料可以显著提高面包的抗氧化活性，如姜黄（粉末、精油和残渣）、芫荽叶（粉末）、茴香籽（粉末）、生姜（粉末）、红茶（提取物）、绿茶粉与牛至和番茄酱的混合物等。大多数研究认为，草本植物成分的添加剂量为 0.5%～8%（以面粉重量计）时，面包的抗氧化性与草本植物原料剂量几乎成线性关系。草本植物原料通常能提高强化面包中的总酚含量。Goh 等（2015）在模拟胰腺消化过程中发现，绿茶提取物可以显著降低葡萄糖的释放水平，并加快淀粉消化，认为添加到面包中的绿茶提取物具有降低血糖的特性。

除了具有抗氧化及有益健康的潜力外，添加草本植物还会改善面包的其他性状，如颜色、味道、气味、体积和质地，具体影响取决于所添加的草本植物的性质、添加量及与其他原料的相互作用等（表 16-1 汇总了关于面包特性变化的相关研究结果）。此外，生面团的性质也会受到添加草本植物原料的影响，但本文对此不做具体讨论。

表 16-1 添加芳香草本植物对面包和其他烘焙产品的影响

草本植物原料	使用剂量	产品属性及外观效果影响	资料来源
茅草、荨麻、洋蓟、羽衣甘蓝、胡芦巴、黄茶提取物	50g/kg（f. b.）[a] 叶或种子 10g/kg（f. b.）[a] 提取物	*黑小麦脆面包（挤压）* 质地（n. e.）[b] 颜色，多变（取决于草本添加种类） 添加茅草、荨麻、黄茶总体可接受度↗[c] 添加洋蓟、羽衣甘蓝、胡芦巴总体可接受度↘[d]	Makowska 等（2017）
红茶提取物	每 90g 面粉中添加 50mL 浸提物，浸提物比例茶和水的比为（0∶5）～（5∶0）（V/V）	*中国北方馒头* 表皮颜色深度↗[c] 比容（n. e.）[b] 表皮和碎屑硬度（n. e）[b] 感官特性（n. e.）[b]	Zhu 等（2016）
鱼腥草	0.1%～1.0% 0.1% 0.5%	*面包* 抗氧化活性↗[a] 体积↘[d] 总体可接受度↗[a]	Park（2015）
绿茶和绿咖啡提取物	0.25%～1.0%（按代替面粉的重量计）	*油炸酵母糕点（甜甜圈）* 抗氧化活性↗[a] 丙烯酰胺含量↘[d] 硬度↗[a] 体积↘[d]感官特性（n. e.）[b]	Budryn 等（2013）
绿茶提取物（总多酚≥95%）	0.5%～1.0%（f. b.）[a]	*馒头* 比容（n. e）[b]	Ananingsih 等（2013）
牛至	1%～4%	*面包* 2%添加量总体可接受度（n. e）[b]	Dhillon 等（2013）
茴香籽	3%～15%粉末（f. b.）[a]	*面包* 抗氧化活性↗[a] 比容↘[d] 外壳颜色（CIELab）↘[d] 面包屑色度 L*↘[d] a* b*↗[a] 面包屑硬度↗[a] 5%～7%添加量感官可接受度√[e]	Das 等（2013）
芫荽叶	1%～7%粉末（f. b.）[a]	*白面包* 比容↘[d] 面包屑硬度↗[a] 面包表皮颜色（CIELab）↘[d] 面包屑色度 L*↘[d]a* b*↗[a] 3%～5%添加量感官可接受度√[e]	Das 等（2012）
姜	0、3.0%、4.5%、6.0%粉末（f. b.）[a]	*面包* 抗氧化活性（TPC、RSA-DPPH）↗[a] 面包屑的硬度和黏性↗[a] 碎屑孔隙均匀性、几何形状和细腻度（n. e.） 颜色（L*、h⁰↗[a]C*↘[d]） 3%添加量感官接受度√[e] >3%添加量感官接受度↘[d]	Balestra 等（2011）

（续）

草本植物原料	使用剂量	产品属性及外观效果影响	资料来源
朝鲜姜黄	0～8%粉末（f. b.）[a]	*面包* 抗氧化活性和总酚↗[c] 比容↘[d] 面包屑硬度↗[c] 面包屑色度 L* ↘[d] a* b* ↗[c] 气味（n. e.）[b] 味道↘[d] 质地（n. e.）[b] 最高添加 4%总体可接受度✓[e]	Lim 等（2011）
“Vitalplant”草本植物混合物（桦木叶和薄荷叶，欧芹和芫荽籽，药炭鼠李皮）	2%粉末（f. b.）[a] 8%提取物（f. b.）[a]	*面包* 比容↗[c]面包屑质构↗[c] 面包屑弹性、细腻度↗[c] 味道✓[e] 比容↘[d] 面包屑质构↘[d] 面包屑弹性、细腻度↘[d] 味道✓[e]	Šimurina 等（2008）
“Probavit”草本植物混合物（龙胆草根、苦艾、矢车菊、芫荽籽、茴香籽、大茴香、薄荷叶和香蜂草叶、甘菊花、当归）	1%～2%粉末（f. b.）[a]	*面包* 比容↗[c] 面包屑弹性、孔隙细度、表皮色泽↗[c] 总体感官可接受度↗[c]	Brkić等（2001）
“Anemit”草本植物混合物（荨麻叶和铁尖草叶、玫瑰果籽）	粉末，添加量未报告	*面包* 比容↘[d] 面包屑弹性、孔隙细度、表皮色泽↘[d] 气味、入口即化性↗[c]	Brkić等（2001）

注：[a] f. b. 指以面粉重量为基础；[b] n. e. 指没有影响；[c]↗属性强度增加或提高；[d]↘属性强度减小或降低；[e]✓质量水平可接受。

3. 饼干

与烘焙产品不同，饼干由于结构和质地受原料添加的影响较小，因此似乎更方便添加非传统型原料。而限制芳香植物在饼干中添加的主要因素是其对饼干食品感官特性及消费者的接受度。与其他食品类似，芳香植物添加到强化饼干中主要是为了强化其抗氧化活性和提高营养成分含量，以及通过防止或延缓氧化酸败来延长其货架寿命。表 16－2 列出了芳香植物对饼干特性的影响。

饼干配方中加入草本植物最重要的好处之一是延迟酸败的发生和替代合成抗氧化剂的使用。Izzreen 和 Noriham（2011）将马来西亚草本植物浸提液添加至蛋糕中研究其对蛋糕货架期的影响发现，只有三桠苦提取物的抗氧化活性与合成防腐剂 BHA/BHT 的抗氧化性接近，但优势并不明显。Bassiouny 和 Hassanien（1990）在苏打饼干中添加 0.5%牛至粉和 1%绿薄荷粉会产生抗氧化作用。与 BHA 相比，余甘子、辣木和葡萄干的提取物在饼干贮存 6 周能够更有效地控制饼干的脂质氧化速度。Navarro 和 Morales（2017）基于橄榄叶提取物在小麦粉饼干中抗糖化能力的研究认为，添加富含酚类化合物的原料可能是缓解脂质过氧化终产物（ALE）形成的一种很有前途的策略。De Oliviera 等（2009）推荐将瓜拉那和卡杜巴等草本植物作为无麸质饼干中纤维和矿物质（铜、铁和锌）良好的抗氧化物质来源。

表 16－2　添加芳香植物对饼干特性的影响

植物原料	使用剂量	饼干品质特性	饼干功能特性	资料来源
“Vitalplant”草本植物混合物（桦木叶和薄荷叶，欧芹和芫荽籽，药炭鼠李皮），粉末或提取物	2%、4%、6%粉末或提取物	硬度↘[a] 脆度（n. e.）（2%提取物除外） 粉末↘[a] 颜色（a* b*）↗[b] 说明：提取物对硬度和颜色的影响效果更好	抗氧化活性（DPPH）↗[b] 脂质氧化（形成丙二醛）↘[a] 说明：用粉末效果更好	Mišan（2010）；Pestorić等（2014）
胡萝卜叶、葡萄叶和姜黄的提取物	1%（*W/W*）	感官特性↘[a]但✓[c] 延展性(胡萝卜除外)↗[b] 质地↘[a]	氧化稳定性↗[b] 说明：比合成抗氧化剂（BHA、TBHQ）相比性能更好	Hefnawy 等（2016）
绿茶叶和黄茶叶（山茶）	5.5%粉末	感官特性✓[c]（味道、脆度、总体接受度↘[a]，绿茶的余味↗[b]）	抗氧化活性（DPPH、ABTS、ORAC$_{FL}$、PCL）↗[b] 半纤维素、不溶性纤维、蛋白↗[b] 总酚↗[b]脂质氧化↘[a] 说明：黄茶的效果更好	Gramza-Michałowska 等（2016）
刺蒺藜果提取粉	10% 20%	外观、颜色↘[a] 脆度、总体接受度↗[b] 外观、颜色、气味、香味、总体接受度↘[a]	—	Eagappan 等（2015）
冬青、罗勒和辣木叶	粉末混合物（1∶1 *W/W*）添加4%、8%、12%（面粉替代水平）	外观、颜色、质地、接受度↘[a] 说明：在最低剂量下，产品是可以接受的	粗纤维↗[b] 灰分↗[b]碳水化合物↘[a]	Ariful Alam 等（2014）
提取物混合物（甘草、罗勒、大茴香）	提取物 1［0.75%甘草、0.175%罗勒、0.3%茴香（f. b.）[d]］ 提取物 2［0.37%甘草、0.25%茴香、0.25%罗勒（f. b.）[d]］	小麦饼干和小麦及大麦饼干的感官特性✓[c]	—	Rattan 等（2014）
阿育吠陀医疗体系中使用草药（天门冬、心叶青牛胆、甘草）	每种草药3%（f. b.）[d]，粉末	感官特性✓[c]	—	Mehta（2013）

（续）

植物原料	使用剂量	饼干品质特性	饼干功能特性	资料来源
心叶青牛胆	干叶粉 2.5%、5.0%、7.5%（f. b.）[d]	延展率↘[a] 断裂强度↗[b] 面团吸水力↗[b] 面团稳定性↘[a] 面团硬度↗[b] 面团凝聚力、弹性↘[a] 5%的感官特性√[c]	蛋白↗[b] 膳食纤维↗[b] 铁↗[b] 钙↗[b] 抗氧化活性↗[b] β-胡萝卜素↗[b]	Sharma 等（2013）
薄荷	粉末（1%） 提取物（500mg） 纯薄荷油（100mg/kg）	薄荷粉的接受度√[c] 说明：薄荷粉具有最佳的质地、味道和口感	—	Shivani 等（2006）

注：[a]↘属性强度降低或减少；[b]↗属性强度提高或增加；[c]√质量水平可接受；[d]f. b. 以面粉重量为基础。

4. 动物源产品（肉、鱼、奶制品）

在肉和肉制品中，植物提取物可用于防止氧化酸败、微生物腐败及降低致病微生物的感染率，从而延长货架期。

肉和肉制品中由于多不饱和脂肪酸比例高、内源性抗氧化剂不足、血红蛋白等促氧化剂含量高、盐浓度高等，故脂肪和蛋白质的氧化速度很快（Kanner 等，1988）。肉中的氧化变质不仅影响产品质量，而且还会对人体健康产生负面影响。传统上，通过添加合成抗氧化剂，如丁基羟基茴香醚（butylated hyd-roxyanisole，BHA）、二丁基羟基甲苯（butylated hydroxytoluene，BHT）、叔丁基对苯二酚（tertiary butylhydroquinone，TBHQ）和没食子酸丙酯（propyl gallate，PG）来解决肉的氧化腐败问题，但这些抗氧化剂由于本身具有毒副作用而被严格审查。

芳香植物作为天然抗氧化剂的潜在来源已被广泛研究和总结（Jiang 和 Xiong，2016；Falowo 等，2014；Shah 等，2014；Hygreeva 等，2014；Karre 等，2013）。Karre 等（2013）认为，松树皮提取物、迷迭香、牛至和其他香料在肉中能发挥抗氧化作用。Shah 等（2014）总结了类似的研究后发现，与肉类加工中添加的一些传统抗氧化剂相比，绿茶、松树皮、迷迭香、荨麻和肉桂等具有类似或更好的抗氧化特性。Hygreeva 等（2014）的研究证实了植物提取物可以更有效地抑制由烹饪、发酵和辐照导致的肉制品中的脂质氧化。其结果表明，化合物的协同作用使得不同植物提取物的组合可能表现出更强的抗氧化活性。Fallowo 等（2014）强调了天然抗氧化剂具有多重功能，如精油和有机酸，可同时发挥抗菌和防腐作用，并降低肉类加工和贮存过程中的微生物腐败速度。此外，在肉类加工中使用天然抗氧化剂可以稳定胆固醇水平，并降低肉类热处理过程中有害物质（如胆固醇氧化产物、丙二醛和杂环胺）的产生量（Falowo 等，2014；Jiang 和 Xiong，2016）。

肉和肉制品中因为水分和必需营养素含量高而极易腐烂并受微生物腐败的影响（Jayasena 和 Jo，2013）。此外，肉和肉制品被认为是致病菌，如沙门氏菌属（*Salmonella* spp.）、空肠弯曲杆菌（*Campylobacter jejuni*）、大肠杆菌（*Escherichia coli*）、单增李斯特菌（*Listeria monocytogenes*）、梭状芽孢杆菌属（*Clostridium* spp.）、气单胞菌属

（*Aeromonas*）等的常见载体，这些致病菌可导致食源性疾病暴发并产生严重后果。肉类中添加抗菌性防腐剂主要用于控制病原体，从而提高肉类的长期稳定性和安全性（Hygreeva 等，2014）。芳香植物及其提取物在肉类加工中作为天然防腐剂具有巨大潜力。科学文献提供了大量的例子证明牛至、香芹、迷迭香、丁香、柠檬草、鼠尾草的提取物和香草醛在各种肉制品中有良好的抗菌功效（Hyg-Reeva 等，2014）。Burt（2004）比较了不同植物提取物的抑菌活性发现，其抑菌活性顺序为：牛至＞丁香＞芫荽籽＞肉桂＞百里香＞薄荷＞迷迭香＞芥末＞芫荽叶或鼠尾草。然而，有关此类研究的结果并不一致。一些研究表明，天然防腐剂对受污染的肉制品中的病原体具有较低的抗菌作用（Grosso 等，2008）；而另一些研究表明，天然防腐剂在不同肉制品中的抗菌效果不同。肉类产品中高含量脂肪可能会损害植物型抗菌剂的活性（Tajkarimi 等，2010）。此外，植物提取物在体外和在食物中的活性也存在差异。Tajkarimi 等（2010）认为，限制天然抗菌剂的使用及使用剂量的重要因素包括：①天然抗菌剂在食品中功效的变化性；②天然抗菌剂所具有的特殊气味；③高成本。对此，Jayasena 和 Jo（2013）建议，将其与现有的贮存技术结合使用，以确保达到所需的贮存要求。

一些研究结果表明，植物提取物无论是单独使用还是与其他贮存技术结合使用，均可成功延长鱼肉的货架期（Alex 和 Eagappan，2017；Lucera 等，2012）。Khalafalla 等（2015）在冷藏的尼罗河罗非鱼鱼片中使用百里香植物提取物，Tingting 等（2012）在充气包装的冷藏鲫中使用茶多酚和迷迭香提取物，Bensid 等（2014）在冷冻凤尾鱼中使用由百里香、牛至和丁香制成的冰片研究都发现，植物提取物可以有效延长鱼肉的货架期和保障品质。

乳制品易受水解和氧化性酸败的影响，并可能因暴露于热、光、氧气、金属离子、酶等因素而变质。研究表明，植物提取物可以通过减少或消除乳制品（如乳清、奶酪、酸奶、牛奶）中的致病菌从而有效地保持乳制品中微生物的稳定性（Teplá 等，2016；Lucera 等，2012）。此外，植物提取物还可以用作乳制品中的抗氧化剂（Alenisan 等，2017），并作为天然防腐剂而在有机乳制品加工中使用（Yangilar 和 Yildiz，2018；Asensio 等，2015）。

5. 水果和蔬菜

水果和蔬菜在贮存和加工过程中易因腐败而出现质量下降，表现为脱水、变色、软化、表面点蚀、微生物腐坏、冷害等（Serrano 等，2008）。不同植物的提取物具有较强的抗真菌性能，能够抑制生鲜产品中的真菌生长。在对许多水果（如柑橘、香蕉、草莓、杏、鲜食葡萄、橙子、鳄梨等）的体外测试中，都证实了各种植物提取物（百里香提取物、肉桂提取物、柠檬提取物、柠檬草提取物、牛至提取物、丁香提取物）对抑制常见腐败真菌有显著功效（Sivakumar 和 Bautista-Baños，2014）。通过喷洒或浸渍的方式使用精油，能控制多种水果，如樱桃、柑橘、苹果、桃子和蔬菜（卷心菜）发生采后腐烂（Sivakumar 和 Bautista-Baños，2014；Lucera 等，2012）。此外，植物提取物还可以作为生物杀虫剂用于水果的挂树熏蒸。多种植物提取物通过复配使用（Sivakumar 和 Bautista-Baños，2014）或用于天然抗性好的水果品种中更为有效。Ayala-Zavala 等（2009）的研究结果表明，植物提取物复合品在防止新鲜水果切块腐烂方面具有很大的潜力。如果在气味和抗菌活性方面继续优化，这些复配的植物提取物实现商业化应用是可行的，并且在保障微生物安全性的基础上，还将为新鲜产品提供额外的香气。Damjanović-Vratnica（2016）研究认为，草本植物提取物可用于控制未经巴氏灭菌的果汁中微生物酶促变质。Tajkarimi 等（2010）研究认为，蔬菜清洗用水中使用植物提取物可以取得良好的效果，并且当冷藏或降低食物的 pH 后可以增强其效果。Damjanović-Vratnica（2016）研究表明，一些植物提取物在不同介质（生菜、番茄、蔬菜等）中对食源性病原体均能表现出抑制作用。

目前，植物提取物已经通过美国食品与药品安全管理局（FDA）的公认安全产品（Generally Recognized as Safe，GRAS）认证，因此被认为是食品安全处理方法。世界卫生组织（WHO）建议使用百里香酚和香芹酚来控制采后果实腐烂（Sivakumar 和 Bautista-Baños，2014）。2013 年以来，百里香酚已被欧盟批准为天然杀虫剂（EU 568/2013）。然而，在某些情况下，感官影响仍然是限制精油适用的主要因素。在生产实践中，最可行的解决方案是将精油作为栅栏技术的一部分，或在气调包装（MAP）系统中使用（Tajkarimi 等，2010）。市场上，经常对最低限度加工的水果和蔬菜使用气调包装，在此过程中精油可以作为辅助防腐剂来防止耐冷病原菌和腐败菌的生长（Holley 和 Patel，2005）。

（三）在活性包装系统中的使用

Ribeiro-Santos 等（2017a）研究发现，除了在食品中直接添加植物提取物外，还可以将植物提取物加入活性食品包装中来间接延长产品的货架期，而这种方法是通过将活性化合物从提取物扩散到食品中来实现的。活性包装材料以薄膜和涂层的形式使用（Krochta，2002）。植物提取物可以装在单独的容器（小袋）中，也可以加到包装材料中（Ribeiro-Santos 等，2017b）。Atarés 和 Chiralt（2016）研究发现，根据植物提取物的组成及其与聚合物基质的相互作用，加入植物提取物的薄膜和涂层都可以产生抗菌和抗氧化性能。同时该研究还发现，与直接在食品上使用的植物提取物相比，精油加入载体基质可以提高抗菌能力，并且植物提取物复合膜的抗氧化能力取决于植物提取物的固有活性和薄膜对氧气的通透性。目前，将精油加到薄膜和涂层中已应用于多种食品（如肉类、鱼类、乳制品、烘焙食品、蔬菜）中，并成功地延长了货架期，保证了食用品质。Ribeiro-Santos 等（2017b）详细列出了薄膜、提取物和食品类型及相应的效果。具有内置植物提取物的活性膜和涂层与气调包装、良好的卫生习惯和生产规范相结合具有更好的效果（Hyun 等，2015；Kykkidou 等，2009）。

将植物提取物加入聚合物网络的副作用是引起了薄膜和涂层微观结构的变化。微观结构的变化极大地影响了材质的机械性能、阻隔性能和光学性能（通常会导致材质的某些缺陷、透水性降低和不透明度增加），从而限制了其使用（Atarés 和 Chiralt，2016）。这些变化是多变且难以预测的，因为它们取决于植物提取物成分和聚合物基质之间的特定相互作用，而这些相互作用与植物提取物的性质、使用浓度和均质化技术有关（Atarés 和 Chiralt，2016）。为避免包装膜性能发生不良变化，一种可行的替代方法是通过使用微囊化技术来提高包装材料中植物提取物的稳定性和效率（Ribeiro-Santos 等，2017a），将微囊化的植物提取物加到不同基质中以形成活性食品包装。Ribeiro-Santos 等（2017a）汇总了几项关于微囊化和纳米囊化植物提取物抗菌效率研究的主要结论，其中的大多数研究表明，微囊化精油在抵抗测定的微生物生长的性能方面有所提高，但还需要更多的研究来优化植物提取物在活性包装材料中的有效性。此外，纳米技术在食品系统中的应用需要进一步广泛研究，以解决对人类潜在的毒性问题。

三、结论

毫无疑问，芳香植物及其提取物具有出色的抗菌和抗氧化特性，在食品配方和食品包装上具有巨大的应用潜力。此外，许多芳香植物及提取物已经通过 GRAS 认证。因此，芳香植物及其提取物可能是替代合成添加剂和延长产品货架期的天然解决方案。其天然抗氧化性和抗菌杀菌作用为其在食品体系中的使用增加了附加值，并支持实现产品的商业化。不仅如此，芳香植物由于含有多种生物活性物质，因此在添加到食物中可以增加食品的营养价值。

在食品体系中用芳香植物时，需要考虑的问题是其对食品感官特性和消费者感知的影响，以及如何优化它们在食品中的作用。目前，因为缺乏对芳香植物的作用机理、与其他食品成分的相互作用、对微生物的敏感性等方面的了解，所以将芳香植物作为天然添加剂直接替代合成添加剂是不合理的。最适用的方案是使用芳香植物作为多栅栏系统的一部分，以保持食品的稳定性。

（董会龙，张劲，译；金立志，校）

参 考 文 献

Adarkwah，C.，Obeng-Ofori，D.，Hörmann，V.，Ulrich，C.，Schöller，M.，2017. Bioefficacy of enhanced diatomaceous earth and botanical powders on the mortality and progeny production of*Acanthoscelides obtectus* （Coleoptera：chrysomelidae） and *Tribolium castaneum* （Coleoptera：tenebrionidae） in stored grain cereals. Int. J. Trop. Insect Sci. 37 (4)，243-258.

Alenisan，M. A.，Alqattan，H. H.，Tolbah，L. S.，Shori，A. B.，2017. Antioxidant properties of dairy products fortified with natural additives：a review. J. Assoc. Arab Universities Basic Appl. Sci. 24 (1)，101-106.

Alex，T.，Eagappan，K.，2017. An empirical study on the effect of spices and herbs in the shelf-life of dried Indian anchovy fish. IOSR J. Agric. Vet. Sci. 10 (3)，1-7.

Ananingsih，V.，Gao，J.，Zhou，W.，2013. Impact of green tea extract and fungal alpha-amylase on dough proofing and steaming. Food Bioprocess Technol. 6，3400-3411.

Ariful Alam，M.，Jahangir Alam，M.，Abdul Hakim，M.，Obidul Huq，A.，Golam Moktadir，S.，2014. Development of fiber enriched herbal biscuits：a preliminary study on sensory evaluation and chemical composition. Int. J. Nutr. Food Sci. 3 (4)，246-250.

Asensio，C. M.，Grosso，N. R.，Rodolfo Juliani，H.，2015. Quality preservation of organic cottage cheese using oregano essential oils. LWT. 60，664-671.

Atarés，L.，Chiralt，A.，2016. Essential oils as additives in biodegradable films and coatings for active food packaging. Trends Food Sci. Technol. 48，51-62.

Ayala-Zavala，J.，Gonzáles-Aguilar，G.，Del-Toro-Sánchez，L.，2009. Enhancing safety and aroma appealing of fresh-cut fruits and vegetables using the antimicrobial and aromatic power of essential oils. J. Food Sci. 74 (7)，R84-R91.

Balestra, F., Cocci, E., Pinnavaia, G., Romani, S., 2011. Evaluation of antioxidant, rheology and sensory properties of wheat flour dough and bread containing ginger powder. LWT 44 (3), 700-705.

Bassiouny, S., Hassanien, F., 1990. Efficiency of antioxidants from natural sources in bakery products. Food Chem. 37, 297-305.

Bassolé, I., Juliani, H., 2012. Essential oils in combination and their antimicrobial properties. Molecules. 17, 3989-4006.

Bensid, A., Ucar, Y., Bendeddouche, B., 2014. Effect of icing with thyme, oregano and clove extracts on quality parameters of gutted and beheaded anchovy (Engraulis encrasicholus) during chilled storage. Food Chem. 145, 681-686.

Brki c, D., Šimurina, O., Filipcev, B., Bodroža-Solarov, M., 2001. Specijalne vrste hleba sa dodatkom lekovitog bilja. Naucni institut za ratarstvo i povrtarstvo, Subotica.

Budryn, G., Żyżelewicz, D., Nebesny, E., Oracz, J., Krysiak, W., 2013. Influence of addition of green tea and greencoffee extracts on the properties of fine yeast pastry fried products. Food Res. Int. 50, 149-160.

Burt, S., 2004. Essential oils: their antibacterial properties and potential applications in foods-a review. Int. J. Food Microbiol. 94, 223-253.

Calo, J., Crandall, P., O' Bryan, C., Ricke, S., 2015. Essential oils and antimicrobials in food systems-A review. Food Control. 54, 111-119.

Carvalho Costa, D., Costa, H., Goncalves Albuquerque, T., Ramos, F., Castilho, M., Sanches-Silva, A., 2015. Advances in phenolic compounds analysis of aromatic plants and their potential applications. Trends Food Sci. Technol. 45, 336-354.

Damjanovi c-Vratnica, B., 2016. Herbal extracts-Possibility of preventing food-borne infection. In: Makun, H. (Ed.), Significance, Prevention and Control of Food Related Diseases. InTech, London.

Das, L., Raychaudhuri, U., Chakraborty, R., 2012. Supplementation of common white bread by coriander leaf powder. Food Sci. Biotechnol. 21 (2), 425-433.

Das, L., Raychaudhuri, U., Chakraborty, R., 2013. Herbal fortification of bread with fennel seeds. Food Technol. Bio-technol. 51 (3), 434-440.

De Oliveira, K., Takase, I., Gonçalves, É., 2009. Development of gluten-free cookie from medicinal plants (Guaraná Paullinea cupana and Catuaba-Anemopaegma mirandum) aiming at copper, iron, and zinc supplementation. Food Sci. Technol. 29, 631-635.

Dhillon, G., Ahluwalia, P., Kaur, A., 2013. Effect of oregano herb on dough rheology and bread quality. Int. J. Food Sci. Diet. 2 (4), 40-44.

Dziki, D., Różyło, R., Gawlik-Dziki, U., Swieca, M., 2014. Current trends in the enhancement of antioxidant activity of wheat bread by the addition of plant materials rich in phenolic compounds. Trends Food Sci. Technol, 48-61.

Eagappan, K., Sasikumar, S., Sajeev, J., 2015. Sensory evaluation of value added cookies incorporated with Tribulus terrestris (L) fruit powder and kavanai rice. Int. J. Agric. Food Sci. 5 (4), 138-140.

Embuscado, M., 2015. Spices and herbs: natural sources of antioxidants-a mini review. Journal of Functional Foods. 18, 811-819.

Falowo, A., Fayemi, P., Muchenje, V., 2014. Natural antioxidants against lipid-protein oxidative deterioration in meat and meat products: a review. Food Res. Int. 64, 171-181.

Goh, R., Gao, J., Ananingsih, V., Ranawana, V., Henry, C., Zhou, W., 2015. Green tea catechins reduced the glycaemic potential of bread: an in vitro digestibility study. Food Chem. 180, 203-210.

Gramza-Michałowska, A., Kobus-Cisowska, J., Kmiecik, D., Korczak, J., Helak, B., Dziedzic, K., Górecka, D., 2016. Antioxidative potential, nutritional value and sensory profiles of confectionery fortified with green and yellow tea leaves (*Camellia sinensis*). Food Chem. 211, 448-454.

Grosso, C., Ferraro, V., Figueiredo, A., Barroso, J., Coelho, J., Palavra, A., 2008. Supercritical carbon dioxide extraction of volatile oil from Italian coriander seeds. Food Chem. 111 (1), 197-203.

Hefnawy, H., El-Shourbagy, G., Ramadan, M., 2016. Phenolic extracts of carrot, grape leaf and turmeric powder: anti-oxidant potential and application in biscuits. Food Measure. 10, 576-583.

Holley, R., Patel, D., 2005. Improvement in shelf-life and safety of perishable foods by plant essential oils and smoke antimicro-bials. Food Microbiol. 22, 273-292.

Hygreeva, D., Pandey, M., Radhakrishna, K., 2014. Potential applications of plant based derivatives as fat replacers, antioxid-ants and antimicrobials in fresh and processed meat products. Meat Sci. 98, 47-57.

Hyldgaard, M., Mygind, T., Meyer, R. L., 2012. Essential oils in food preservation: mode of action, synergies, and interactions with food matrix components. Front. Microbiol. 3, 1-24.

Hyun, J., Bae, Y., Yoon, J., Lee, S., 2015. Preservative effectiveness of essential oils in vapor phase combined with modified atmosphere packaging against spoilage bacteria on fresh cabbage. Food Control. 51, 307-313.

Izzreen, I., Noriham, A., 2011. Evaluation of the antioxidant potential of some Malaysian herbal aqueous extracts as compared with synthetic antioxidants and ascorbic acid in cakes. Int. Food Res. J. 18, 583-587.

Jayasena, D., Jo, C., 2013. Essential oils as potential antimicrobial agents in meat and meat products: a review. Trends Food Sci. Technol. 34, 96-108.

Jiang, J., Xiong, Y., 2016. Natural antioxidants as food and feed additives to promote health benefits and quality of meat products: a review. Meat Sci. 120, 107-117.

Kanner, J., Harel, S., Salan, A., 1988. The generation of ferryl or hydroxyl radicals during interaction of hemeproteins with hydrogen peroxide. In: Simic, M., Taylor, K., Ward, J., von Sonntag, C. (Eds.), Oxygen Radicals in Biology and Medicine. Springer, New York, NY, USA, 145-148.

Karre, L., Lopez, K., Getty, K., 2013. Natural antioxidants in meat and poultry products. Meat Sci. 94, 220-227.

Khalafalla, F. A., Ali, F. H. M., Hassan, A.-R. H. A., 2015. Quality improvement and shelf-life extension of refrigerated Nile tilapia (*Oreochromis niloticus*) fillets using natural herbs. Beni-Suef University Journal of Basic and Applied Sciences. 4, 33-40.

Kłys, M., Malejky, N., Nowak-Chmura, M., 2017. The repellent effect of plants and their active substances against the beetle storage pests. J. Stored Prod. Res. 74, 66-77.

Kostyukovsky, M., Rafaeli, A., Gileadi, C., Demchenko, N., Shaaya, E., 2002. Activation of octopaminergic receptors by essential oil constituents isolated from aromatic plants: possible mode of action against insect pests. Pest Manag. Sci. 58, 1101-1106.

Krochta, J., 2002. Proteins as raw materials for films and coatings: definitions, current status, and opportunities. In: Gennadios, A. (Ed.), Protein-based Films and Coatings. CRC Press, Boca Raton, 21-61.

Kykkidou, S., Giatrakou, V., Papavergou, A., Kontominas, M., Savvaidis, I., 2009. Effect of thyme essential oil and pack-aging treatments on fresh Mediterranean swordfish fillets during storage at 4. C. Food Chem. 115 (1), 169-175.

Lim, H., SH, P., Ghafoor, K., Hwang, S., Park, J., 2011. Quality and antioxidant properties of bread containing turmeric (*Curcuma longa* L.) cultivated in South Korea. Food Chem. 124 (4), 1577-1582.

Lucera, A., Costa, C., Conte, A., Del Nobile, M. A., 2012. Food applications of natural antimicrobial compounds. Front. Microbiol. 3, 1-13.

Makowska, A., Majcher, M., Mildner-Szkudlarz, S., Jedrusek-Golinska, A., Przygonski, K., 2017. Triticale crisp bread enriched with selected bioactive additives: volatile profile, physical characteristics, sensory and nutritional properties. J. Food Sci. Technol. 54 (10), 3092-3101.

Mehta, M., 2013. Development of low cost nutritive biscuits with Ayurvedic formulation. Int. J. Ayurved. Herb. Med. 3 (3), 1183-1190.

Mišan, A., 2010. Antioxidant properties of food supplemented with medicinal plants. Food Feed Res. 37 (2), 81-85.

Navarro, M., Morales, F., 2017. Effect of hydroxytyrosol and olive leaf extract on 1, 2-dicarbonyl compounds, hydroxymethylfur-fural and advanced glycation endproducts in a biscuit model. Food Chem. 217, 602-609.

Ningombam, A., Seileshkumar, T., Santhalembi, L., Singh, I., Prakash, N., 2017. Strategies and management practices for stored grain pest. In: Prakash, N., Roy, S., Ansari, M., Punitha, P., Sharma, S., Bailo, B., et al. (Eds.), Training Manual-Integrated Farming System for Sustainable Hill Agriculture: AnOption for Climate Smart Agriculture and NRM (Str. 128-140). Imphal: ICAR Research Complex for Neh Region. Manipur Centre.

Opara, E. I., Chohan, M., 2014. Culinary herbs and spices: their bioactive properties, the contribution of polyphenols and the challenges in deducing their true health benefits. Int. J. Mol. Sci. 15, 19183-19202.

Ortega-Ramirez, L., Rodrigues-Garcia, I., Leyva, J., Cruz-Venezuela, M., Silva-Espinoza, B., Gonzales-Aguilar, G., et al., 2014. Potential of medicinal plants as antimicrobial and antioxidant agents in food industry: a hypothesis. J. Food Sci. 79 (2), 129-137.

Park, L.-Y., 2015. Effect of Houttuynia cordata Thunb. powder on the quality characteristics of bread. Korean J. Food Sci. Technol. 47 (1), 75-80.

Pestoric M., Filipcev, B., Mišan, A., Šimurina, O., 2017. Food applications of medicinal plants: the use of "Vitalpant" herbal mixture in cereal-based products. In: Matthias, A., Laisné, N. (Eds.), Medicinal Plants: Production, Cultivation and Uses. Nova Science Publishers, Inc, New York, 135-210.

Pestorić, M., Mišan, A. Š., Jambrec, D., Belović, M., Gubić, J., Nedeljković, N., 2014. Sensory and instrumental properties of cookies enriched with "Vitalplant" extract. AgroFOOD Ind. Hi Tech. 25 (5), 19-22.

Rattan, S., Satpathy, G., Gupta, R., 2014. Formulation of biscuits with Glycyrrhiza glabra root extract, Ocimum sanctum and Pimpinella anisum extract added as a nutraceutical. J. Pharmacogn. Phytochem. 3 (3), 10-16.

Reg EU 568/2013，June 18，2013. Commission Implementing Regulation（EU） No 568/2013 of 18 June 2013 Approving the Active Substance Thymol，in Accordance with Regulation（EC） No 1107/2009 of the European Parliament and of the Council Concerning the Placing of Plant Protection Products. Retrieved from：http：// data. europa. eu/eli/reg _ impl/2013/568/oj.

Ribeiro-Santos，R.，Andrade，M.，Sanches-Silva，A.，2017a. Application of encapsulated essential oils as antimicrobial agents in food packaging. Curr. Opin. Food Sci. 14，78-84.

Ribeiro-Santos，R.，Andrade，M.，de Melo，N.，Sanches-Silva，A.，2017b. Use of essential oils in active food packaging：recent advances and future trends. Trends Food Sci. Technol. 61，132-140.

Rosell，C.，2003. The nutritional enhancement of wheat flour. In：Cauvain，S.（Ed.），Bread-making-Improving Quality. CRC Press，Woodhead Publishing Limited，Cambridge，England.

Serrano，M.，Martínez-Romero，D.，Guillén，F.，Valverde，J.，Zapata，P.，Castillo，S.，Valero，D.，2008. Theaddition of essential oils to MAP as a tool to maintain the overall quality of fruits. Trends Food Sci. Technol. 19，464-471.

Shaaya，E.，Kostjukovski，M.，Eilberg，J.，Sukprakarn，C.，1997. Plant oils as fumigants and contact insecticides for the control of stored-product insects. J. Stored Prod. Res. 33，7-15.

Shah，M.，Don Bosco，S.，Mir，S.，2014. Plant extracts as natural antioxidants in meat and meat products. Meat Sci. 98，21-33.

Shahidi，F.，Ambigaipalan，P.，2015. Phenolics and polyphenolics in foods，beverages and spices：antioxidant activity and health effects-a review. J. Funct. Foods. 18，820-897.

Sharma，P.，Velu，V.，Indrani，D.，Singh，R.，2013. Effect of dried guduchi（Tinospora cordifolia）leaf powder on rheological，organoleptic and nutritional characteristics of cookies. Food Res. Int. 502（2），704-709.

Shivani，B.，Urooj，A.，Prabhasankar，P.，2006. Effect of incorporation of mint on texture，colour and sensory parameters of biscuits. Int. J. Food Prop. 9（4），691-700.

Šimurina，O.，Filipcev，B.，Psodorov，D.，Sakac，M.，Bodroža Solarov，M.，Pestori c，M.，Novakovic，B.，2008. Bread supple-mented with herbal blend Vitalplant© . Food Process. Quality Safety. 35（3），113-117.

Sivakumar，D.，Bautista-Baños，S.，2014. A review on the use of essential oils for postharvest decay control and maintenance of fruit quality during storage. Crop Protect. 64，27-37.

Tajkarimi，M.，Ibrahim，S.，Cliver，D.，2010. Antimicrobial herb and spice compounds in food. Food Control. 21，1199-1218.

Tapsell，L.，Hemphill，I. C.，Sullivan，D.，Fenech，M.，Roodenrys，S.，Keogh，J.，Inge，K.，2006. Health benefits of herbs and spices：the past，the present，the future. Med. J. Aust. 21，S4-S24.

Teplá，J.，Šustová，K.，Lužová，T.，Dostálová，L.，Kalhotka，L.，Růžîcková，G.，2016. Effect of some essential oils on the shelf life of whey. Acta Univ. Agric. Silvic. Mendelianae Brunensis. 64（1），177-183.

Tingting，L.，Jianrong，L.，Wenzhong，H.，Xuguang，Z.，Xuepeng，L.，Jin，Z.，2012. Shelf-life extension of crucian carp（Carassius auratus）using natural preservatives during chilled storage. Food Chem. 135，140-145.

Tipsrisukond，N.，Fernando，L.，Clarke，A.，1998. Antioxidant effects of essential oil and oleoresin of black pepper from supercritical carbon dioxide extractions in ground pork. J. Agric. Food Chem. 46，4329-4333.

Yangilar, F., Yildiz, P.O., 2018. Effects of using combined essential oils on quality parameters of bio-yogurt. J. Food Process. Preserv. 42 (1332), 1-9.

Zhu, F., Sakulnak, R., Wang, S., 2016. Effect of black tea on antioxidant, textural, and sensory properties of Chinese steamed bread. Food Chem. 194, 1217-1223.

第十七章
植物提取物对家畜免疫系统的影响：异喹啉生物碱模型

Valeria Artuso-Ponte，*Anja Pastor*，*Manfred Andratsch*

Phytobiotics Futterzusatzstoffe GmbH Eltville，Germany

一、引言

在畜禽中由使用抗生素促生长剂（antimicrobials as growth promoter，AGP）引发的耐药菌的产生已成为目前严重的公共卫生问题，这导致了欧盟禁用 AGP，而在许多其他国家也开始慎重使用 AGP。在畜禽饲料中，禁用 AGP 虽然减少了抗生素耐药性的发生，但是却增加了肠道疾病的发生，并损害了动物福利和健康。本章节旨在阐述肠道炎症对畜禽的影响，并介绍一些具有抗炎功效的植物提取物和其他化合物及其对肠道健康和生长性能的有益作用。

二、AGP 禁用与肠道健康

有报道指出，饲料中禁用 AGP 可以显著降低抗生素的耐药性，但不影响动物的生产性能（Emborg 等，2001）。然而，其他研究表明，禁用 AGP 使动物的发病率和死亡率显著升高，用于治疗和预防的抗生素药物用量增加，增加了生产成本（McEwen 和 Fedorka-Cray，2002）。此外，肠道健康及动物福利在禁止亚治疗用抗生素后受到了不利影响。例如，在 AGP 禁用后，由大肠杆菌和胞内劳森菌引起的肠道感染更加普遍，这极大地增加了对治疗用抗生素的需求，并对动物的健康和生产性能造成了不利影响。另外，AGP 的禁用也增加了食源性病菌在人类中的传播数量，如沙门氏菌和弯曲杆菌（Hao 等，2014）。

众所周知，肠道健康对动物良好的生产性能至关重要。然而，什么是肠道健康并没有一个明确的定义。“肠道健康”一词涉及生理、物理和免疫等方面，这些因素相互作用，以确保动物能够发挥其最大的遗传能力，并有效应对内部和外部应激源（Kogut 和 Arsenault，2016）。因此，“肠道健康”并不是一个简单的定义，它是一个涉及微生物与微生物之间、肠道屏障和饲料营养物质之间相互作用的概念。健康的肠道意味着能预防疾病的发生，并能很好地消化和吸收营养物质，以满足动物生长和发挥其遗传潜力的需求。

三、抗生素使用与抗生素耐药性风险

几十年来，抗生素以促进生长、提高饲料转化率及降低发病率和死亡率而被广泛应用于畜禽养殖中（Kim 等，2012）。

但是，亚治疗水平的抗生素促生长的确切机制尚不完全清楚（Kim 等，2012），其可能的机制包括：①减少与宿主竞争营养物质的细菌数量；②增强宿主的免疫系统功能；③调节代谢活动或促使形成以有益菌为主导的微生物区系（Labro，1998；McEwen 和 Fedorka-Cray，2002；Kim 等，2012；Looft 等，2012）。

抗生素的广泛使用，特别是亚治疗水平抗生素的滥用，与耐药菌的产生密切相关（Phillips，1998；Callaway 等，2004；Doyle 和 Erickson，2006）。当使用抗生素时，耐药菌可以存活并繁殖，最终将维持、积累和传播其耐药基因（Mathew 等，2007）。

任何细菌，包括病原体和共生菌群，都可能产生抗生素耐药性。抗生素耐药性的产生是一个复杂的过程，其中耐药菌在动物和人之间传播可通过食用含耐药菌的食物（Mathew 等，2007）、与耐药菌直接接触，以及接触受耐药菌污染的环境、动物粪便、病媒和带菌媒介而实现（Box 等，2005）。此外，抗生素耐药性可从共生菌传播到人兽共患的肠道致病菌，反之亦然（McEwen 和 Fedorka-Cray，2002）。

四、公众健康问题

许多国家已经建立了监测体系，以促进抗生素耐药性的早期发现及保持抗生素的疗效和使用寿命，并为开发和使用新的抗生素提供指导方针（Mathew 等，2007）。例如，美国于 1996 年建立了国家抗生素耐药性监测系统（national antimicrobial resistance monitoring system，NARMS），以识别新的抗生素耐药菌，并向兽医和人医提供有关抗生素耐药性的可靠信息。

在动物生产中，抗生素耐药主要与用作促生长剂的非治疗用途抗生素的使用有关（Looft 等，2012；Robbins 等，2013）。畜牧业生产中 AGP 的使用还与人类抗生素耐药性的发展及由食源性致病菌导致的人类疾病的增加密切相关（Anderson 等，2003）。因此，一些组织已经建议停止使用与人类医学中同类的 AGP（Anderson 等，2003）。例如，自 1998 年以来，欧盟已经禁止泰乐菌素、螺旋霉素、杆菌肽和弗吉尼亚霉素作为促生长剂而使用，原因是它们的结构与在人上使用的抗生素类似。此外，自 2006 年起，欧盟就已经禁止使用所有 AGP（European Commission，2005）。

AGP 的禁用对肠道健康和生长性能带来了潜在的不利影响。因此，越来越多的人开始寻找其替代品，减少细菌感染的流行，并通过促进肠道健康改善食品质量，以保证动物良好生产性能的发挥（Windisch 等，2008；Yakhkeshi 等，2011；Morgan，2017）。在本章中，我们将重点关注调节免疫系统，特别是可作为控制肠道炎症的备选措施。

五、肠道黏膜免疫系统的作用

肠道是机体与食物抗原、致病源、毒素和共生菌直接接触的最大器官。肠上皮是第一道防线，由 4 种分化的细胞组成：肠上皮细胞、产黏液细胞（即杯状细胞）、产抗菌肽细胞（即潘氏细胞）和产激素细胞。肠上皮下的固有层由负责免疫应答的巨噬细胞和树突状细胞等免疫细胞组成。树突状细胞能够延伸至肠上皮细胞之间的特殊细胞质中，从肠腔中摄取抗原，并将抗原递呈给固有层及派尔氏结节中的 T 细胞和 B 细胞。这种相互作用表明了肠道先天免疫反应和适应性免疫反应之间的密切联系（Santaolalla 等，2011）。

炎症被定义为“血管化组织对感染和组织损伤的应答，它将宿主的防御细胞和分子从循环系统转移到需要消除致病因子的部位”（Kumar 等，2015）。

炎症是最初应答感染和组织损伤的非特异性先天免疫反应，先天免疫细胞可以通过位于细胞表面和细胞内部的模式识别受体（pattern recognition receptor，PRR）来识别损伤和阻止病原体入侵（Mogensen，2009）。

与机体的其他部位一样，肠道炎症始于 PRR 的活化，如位于肠上皮细胞及固有层免疫细胞中的 toll 样受体（toll-like receptor，TLR）。众所周知，转录因子 NF-κB 在启动肠道炎症、促进细胞因子和趋化因子的产生及急性炎症细胞的募集中发挥关键作用（Berkes 等，2003）。

一旦触发 PRR，就会启动信号级联反应，促进白细胞募集到受损或感染区域。该信号级联反应涉及多种细胞因子、趋化因子和刺激分子的产生和释放，这在增加血管系统的血流速度和血管通透性，以及确保炎症细胞黏附和迁移到炎症位点并活化时起重要作用（Newton 和 Dixit，2012）。其中，炎症介质包括前列腺素、组胺、一氧化氮（nitric oxide，NO）、肿瘤坏死因子（tumor necrosis factor，TNF）和白细胞介素-1（interleukin-1，IL-1）等细胞因子。活化的白细胞包括树突状细胞、巨噬细胞和中性粒细胞，可以清除损伤因子并修复受损的组织。此外，这些活化的白细胞可通过产生促炎细胞因子及抗炎细胞因子来放大和调节炎症反应，并介导适应性免疫应答。不仅如此，这些细胞因子还能促进急性期蛋白（acute-phase proteins，APP）的产生，从而影响系统性免疫应答（Newton 和 Dixit，2012）。

六、NF-κB 的作用

PRR 启动的一个常见级联信号发生是转录因子 NF-κB 的激活。众所周知，NF-κB 在炎症反应中起着至关重要的作用，NF-κB 激活可诱导编码促炎细胞因子和趋化因子的基因转录（Tak 和 Firestein，2001）。通常，NF-κB 在大多数细胞的细胞质中被抑制蛋白（如 IκB 家族蛋白，主要是 IκBa）螯合，从而处于失活状态。NF-κB 的经典激活途径涉及由微生物分子、IL-1 和 TNF 等促炎因子诱导的 PRR 的活化（Newton 和 Dixit，2012）。这些受体的激活通过 IκB 磷酸化激酶（IκB kinase，IKK）复合物，促进 IκBa 抑制蛋白的降解，导致 NF-κB 易位至细胞核，并启动促炎基因的转录（Liu 等，2017），从而使促炎细胞因子、趋化因子和黏附分子的产生增加。此外，转录因子 NF-κB 的激活还参与调控细胞增殖、凋亡和分化（Liu 等，2017）。

细胞因子和趋化因子的释放会引起局部变化（即红、肿、热和痛）及全身性变化。系统性炎症的后果涉及肝脏中急性期蛋白的合成与释放，包括 C 反应蛋白、血清淀粉样蛋白 A 和触珠蛋白，并且会促进一氧化氮合酶和其他参与肝脏糖异生和糖原分解酶的激活，以及诱发胰岛素抵抗。此外，观察到动物的行为变化包括厌食和嗜睡。这可能是由炎症引起的神经内分泌变化导致了发热和促肾上腺皮质激素及皮质醇的释放（Gabay 和 Kushner，1999）。

七、肠道炎症的原因和后果

肠道病原菌是引起肠道屏障功能障碍的重要诱因（Berkes 等，2003）。细菌及其毒素可以通过影响紧密连接蛋白的形态和结构直接改变肠上皮的完整性，也可以通过引起肠道炎症来间接改变肠上皮的完整性。然而，病原菌及其毒素并不是肠道炎症发生的唯一诱因。饲料中的营养和非营养成分也会触发免疫系统，并引发炎症的级联反应。

炎症是一个受到严格调控的复杂过程，以保证损伤诱因被消除及组织被修复。然而，如果这种调节失败或者造成炎症的诱因持续存在，就会对动物的健康和生产性能产生有害的影响。事实上，NF-κB 的失调与慢性炎症有关，如溃疡性结肠炎和克罗恩病（Berkes 等，2003；Nanthakumar 等，2011）。

免疫应答的发生虽然是可变的、响应性的，但却是可控的。这些都是依赖于营养支持，需要营养素发生倾向于免疫消耗的重新分配（Lochmiller 和 Deerenberg，2003）。换言之，即使是产生轻微的免疫应答反应，也需要一些可以用于其他生理过程的营养物质转而作用于免疫系统。这种在免疫反应过程中的营养分配模型符合免疫与生长、繁殖和体温调节之间存在营养竞争的假说（Sheldon 和 Verhulst，1996）。

免疫反应的初始急性期以高代谢和蛋白质营养不良状态为特征（Lochmiller 和 Deerenberg，2003）。IL-1、TNF 和 IL-6 等促炎性细胞因子可诱发厌食症。因此，机体必须利用自身储备来为免疫系统提供必要的营养和能量。在骨骼肌中，蛋白质被降解（蛋白水解），蛋白质的合成减少，从而降低了氨基酸的利用率，这些氨基酸将在肝脏中通过糖异生途径合成葡萄糖后作为能量来源。同时，糖原和脂质也被降解（分别是糖酵解和脂解），从而为免疫系统提供更多的能量（Lochmiller 和 Deerenberg，2003）。如果炎症状态持续，则动物的体重和体况会出现下降。Mercier 等（2002）估计，在慢性肠道炎症下，肌肉中的蛋白质合成会减少 23%。此外，由于急性期蛋白合成和受损肠细胞更新，肝脏和肠道的蛋白质合成分别增加了 63%和 19%（Mercier 等，2002）。

另外，肠道炎症还伴有营养物质吸收不良，从而进一步限制了能量和营养物质的获得。这种对营养的吸收不良可能是由于肠道细菌过度生长及由炎症引起的肠上皮结构发生了改变。众所周知，肠道炎症会通过改变紧密连接对肠道屏障功能产生负面影响，从而导致“肠瘘”综合征。不仅如此，体液和电解质还被分泌到肠腔中引起腹泻，并且也与营养物质吸收不良相关（Berkes 等，2003）。

炎症对动物生产性能的确切影响是难以预测的。据估计，猪的轻度免疫反应可使增重和采食量分别减少 21%和 15%（Spurlock 等，1997）；而对鸡而言，体增重则会减少 13% ～ 18%（Klasing 等，1987）。

由此可见，慢性炎症对动物的生产性能有不良影响。因此，具有局部抗炎特性的草药和植物提取物在畜牧业中的应用引起了人们的兴趣。调节过度肠道炎症有可能降低免疫反应的成本，增加可用于生长和生产所需的营养物质，并通过维持更健康的肠道屏障功能来减少肠道疾病的发生。

八、具有抗炎特性的植物代谢物

植物提取物是可以从植物组织中分离的物质或化合物，通常是用溶剂进行提取。植物提取物的用途之一是作为饲料添加剂，因为其中的次级代谢产物（secondary metabolite，SM）具有很好的抗炎特性。根据其分子结构，SM 可分为两类，即含氮的产物和不含氮的产物。其中，含氮的产物通常包括生物碱、非蛋白氨基酸、糖苷、硫代葡萄糖苷、胺、凝集素和肽，而不含氮的产物则主要是萜类、酚类、聚乙酰基类、碳水化合物和有机酸

（Wink，2015）。

SM 不具有支持植物生长和发育的功能，但它们在防御系统中起着重要的作用，是植物生存所必需的。同时，它们具有许多特性，如抗菌、抗氧化、抗病毒、抗癌和抗炎等（Osbourn 和 Lanzotti，2009）。

九、不含氮次级代谢物

多酚类化合物是一种主要由天然有机化学成分组成的物质，其特征是存在多个苯酚结构单元，它们在决定植物的分布和丰度、环境因素对植物丰度的影响，以及植物与其他生物之间的相互作用等方面发挥着重要作用（Osbourn 和 Lanzotti，2009）。

黄酮类化合物是多酚中最大的一类，其特征是含有 2 个能携带几个酚羟基或甲氧基的芳香环，通常以糖苷的形式存在，并储存在液泡中（Kabera 等，2014）。黄酮可分为 6 个子类：黄烷醇（如儿茶素、没食子儿茶素）、黄烷酮（如橙皮苷、柚皮苷）、黄酮（如叶黄素、芹菜素）、黄酮醇（如槲皮素、山奈酚）、异黄酮（如染料木素、大豆苷）和花青素（如矢车菊素、锦葵色素）。在这里需要说明的是，“单宁”一词被广泛用于含有大量羟基和其他相配基团（如羧基）的大分子多酚化合物中，这些化合物可与各种大分子形成强的复合物。食物和饲料中黄酮类化合物的浓度在质量和数量上都有差异，这与植物的种类和使用部位，以及栽培、收获和加工条件等有关。

生物利用率是一种药理学上的值，它描述一种物质能使系统代谢保持不变，从而具有在靶器官或组织中应用的潜在价值（Aktories 等，2013）。某个物质的生物利用率主要受其吸收、分布、代谢和清除的影响。对黄酮类化合物而言，吸收、分布、代谢和清除的变异很大。例如，黄酮苷元（非糖基化分子）在单胃中比反刍动物中更容易被吸收（Beyer，2015）。由于大多数植物黄酮（黄烷醇除外）是糖基化的，需要经酶水解后才可形成相应的苷元。因此，黄酮类化合物的生物利用率还取决于其在肠上皮中的吸收、肠道黏液和浆液性分泌物的丰度，以及胆汁的分泌。

进入机体的多酚会很快被降解及排泄。由于有瘤胃微生物的降解和调控作用，故黄酮类化合物在反刍动物中的生物利用率与在单胃动物中的不同。黄酮醇槲皮素的抗炎作用已在体外进行了较好的研究。而槲皮素可清除氧自由基和氮自由基，并通过抑制关键酶的活性靶向 NF-κB 和 MAPK 等主要的促炎信号通路来发挥抗炎作用（Fürst 和 Zündorf，2014）。

表没食子儿茶素没食子酸酯（epigallocatechin-gallate，EGCG）是绿茶儿茶素家族中最主要的成员，由于其有分子质量的优势，因此在饲料和食品市场上成为最常用的绿茶提取物。大量研究已经发现，EGCG 具有抗炎、抗氧化、抗感染和抗癌的作用。EGCG 可以通过影响细胞周期调控蛋白和抑制 NF-κB 来诱导细胞凋亡，并可抑制生长因子信号通路、蛋白酶体降解途径、MAPK 通路及 COX-2 的表达（Fürst 和 Zündorf，2014）。

另一类具有抗炎特性的物质是植物精油（essential oil，EO）。EO 的组成很复杂，包含十几个到几百个成分。大多的精油中均包含萜烯（含氧或无氧），主要是单萜和倍半萜，其次是烯丙基和丙烯酚（苯丙烷）（Miguel，2010）。

国际上对精油的定义是通过对植物蒸馏或适当的工业加工获得的产品，而无需对植物或其某些部分进行加热（Miguel，2010）。精油是碳氢化合物及其含氧衍生物的复杂的混合物。由于具有较好的生物活性，因此它们从古代开始就已经被用于许多不同的传统治疗体系中。植物精油可以清除一些自由基，可以作为抗炎剂，因为引起炎症反应的诱因之一是在不同细胞（单核细胞、中性粒细胞、嗜酸性粒细胞和巨噬细胞）中发生了呼吸爆发。许多临床研究已经证明了精油在几种细胞培养和动物模型中具有抗菌、抗氧化、抗炎及抗癌活性（Miguel，2010）。

而EO及其化合物在体外已被证明具有抗菌、抗氧化、免疫调节及抗炎作用，这可能也是其对肠道炎症性疾病有保护作用的原因（Miguel，2010）。

例如，甘菊精油作为一种抗炎物质已经使用了几个世纪。精油的抗炎活性可能不仅与其抗氧化活性有关，还可能与其调控细胞因子和转录调节因子等信号级联反应有关。此外，可以肯定的是，精油能调控促炎基因的表达（Miguel，2010）。

这些因素一方面可能是饮食中有不同的成分及其含量，另一方面也可能是不同的动物受不同的遗传调控（Hüsnu Can Baser 和 Buchbauer，2009）。

十、含氮次级代谢物

生物碱是源于氨基酸的天然含氮有机化合物。然而，不是所有的生物碱都至少含有一个环状结合氮和一个能反应的碱性基团，并具有生物活性。

生物碱是最大的天然产物群之一，在植物抵御草食动物及其他物种间防御中发挥着重要作用。它们具有重要的生态功能，比如抵御草食动物和微生物的攻击，并作为引诱剂去传播花粉及散布种子。它们可以通过抑制邻近植物的生长来促进与其他物种的竞争，进而产生防御入侵，这一特性也被称为群体感应作用（Osbourn 和 Lanzotti，2009）。其中，一些发挥群体感应作用的物质是植物抗毒素、抗菌和抗氧化物质，它们在病原菌感染区域内迅速积累。而生物碱是花色素中用来吸引传粉者，并激活激素和信号分子的另外一种物质。因此，生物碱是开发新药和农作物保护产品的潜在替代品（Osbourn 和 Lanzotti，2009）。

除了吗啡、可待因、辣椒素、胡椒素、奎宁之外，还有一系列具有特定功能的生物碱。比如，瓢虫的防御分泌物阿达林和丙炔酯；由火蜥蜴分泌的甾体生物碱钐烷；梅斯卡灵，一种天然存在于仙人掌中的药物；肉叶芸香碱，由大麦产生并作为色氨酸合成的基本产物；阿托品，天然存在于茄科的许多植物中，在世界卫生组织基本药物标准清单中被提及；以及由罂粟科的 *Macleaya cordata* 产生的血根碱、芹菜素、丙氨酸和异丙氨酸等（Kosina 等，2010）。*Macleaya cordata* 在许多出版物中都有描述，并在传统中医中有抗菌、抗炎、抗氧化、诱导细胞凋亡等作用（Zeng 等，2013）。类似的生物碱已经多到无法穷举。

到目前为止，已知的异喹啉生物碱有 3 000 多种，包括血根碱及其衍生物。这类生物碱来源于两个酪氨酸分子。其生物合成的中间体网状茶碱可以进行各种重排和修饰，从而产生不同结构类别的苄基异喹啉（Zeng 等，2013）。

十一、异喹啉生物碱

研究比较早的是血根碱，在 20 世纪就已对其开展了研究。1997 年，Madan M. Chaturvedi 首次将其描述为针对 NF-κB 活化、IκB 磷酸化和降解的有效抑制剂。核因子 NF-κB 是一种多效性转录因子，其激活可导致炎症、病毒复制和生长调节。NF-κB 几乎存在于所有细胞类型中，参与细胞对应激、细胞因子、自由基、重金属、紫外线照射和细菌或病毒抗原等刺激的反应，并在调节由感染引起的免疫反应中起主导作用。由于在发病机制中有作用，故 NF-κB 被认为是药物开发的关键靶点。

此后，多项研究证实了生物碱的抗炎活性，包括抑制或调节重要的炎症介质，如前面提到的 NF-κB、COX-2 和 iNOS（Alves de Almeida 等，2017）。Lopes Souto 等（2011）在发表的评价生物碱抗炎作用的研究中，报道了 40 种具有显著活性的化合物。生物碱作为肠道炎症疾病的潜在治疗药物，根据其类型和分子结构的不同，在体内的吸收程度也存在差异。研究还指出，吸收差的生物碱在体内也不会存在毒性问题，而且不影响它们在肠道中发挥作用。

Nrf2 是另一个转录因子，可以调节抗氧化蛋白的表达，从而保护机体免受由损伤和炎症引起的氧化损伤（Vrba 等，2012）。研究者也指出，在适当的条件下，血根碱可以通过激活 p38/MAPK/Nrf2 通路来增强酶促抗氧化系统。

血根碱、鸦片碱（与血根碱结构相似）和白屈菜红碱在很多文献中都有描述。根据 PubMed（2018 年 7 月）的数据显示，关于血根碱的论文有 796 篇，鸦片碱的有 2 442 篇，白屈菜红碱的有 248 篇。小檗碱是异喹啉生物碱的新星，有 4 909 篇文章对其作用进行了描述。此外，关于吗啡的论文已经超过了 55 000 篇，在 2016 年关于咖啡因的论文超过了 30 000 篇（目前更是达到了 31 849 篇）。这表明了人们对生物碱的兴趣仍然很高。在文献数据库中搜索关键词“生物碱”会得到 446 813 个词条。其中的第一篇报道是 J. Thompson 于 1873 年在 *The British Medical Journal* 上发表的关于马钱酸及其生物碱使用和滥用的内容。在本章的后续内容中将详细介绍异喹啉生物碱的抗炎特性，包括其作用方式、对炎症级联反应的后续影响，以及对肠道健康和性能的益处。

十二、异喹啉生物碱的消炎作用与作用方式：抑制 NF-κB 的活化

血根碱能够阻断“肿瘤坏死因子诱导的 IκBa（NF-κB 的抑制亚单位）的磷酸化和降解，进而抑制 NF-κB p65 亚基向细胞核的移位”（Chaturverdi 等，1997），从而使得 NF-κB 仍然位于细胞质中并保持失活状态，无法启动细胞核内编码促炎因子相关基因的转录，进而减少促炎细胞因子的合成和释放，降低炎症反应的程度。

十三、异喹啉生物碱的抗炎作用

细胞因子是免疫调节蛋白，在细胞信号转导中发挥作用。细胞因子由巨噬细胞、T 淋巴细胞或成纤维细胞分泌，包括白细胞介素、淋巴因子和细胞信号分子，如干扰素和肿瘤坏死因子。Soler 等（2016）利用肠细胞系 IPEC-J2 研究了异喹啉生物碱对促炎因子表达的影响。该研究基于大肠杆菌诱导的炎症模型，并将具有抗炎和促生长活性的乙酰水杨酸作为阳性对照（Xu 等，1990；Botting，2010）。结果表明，乙酰水杨酸和异喹啉生物碱均显著降低了促炎因子的相对丰度（图 17－1）。然而，异喹啉生物碱和乙酰水杨酸对 TNF-α 和 IL-β 的表达无显著差异。该研究表明，异喹啉生物碱的抗炎作用可能是降低了促炎因子的表达。

巨噬细胞在抵抗微生物感染的第一线防御中起着至关重要的作用。巨噬细胞是抗原递呈细胞，可以与相应的 T 细胞受体作用，也可以自身清除感染源。该过程被称为吞噬作

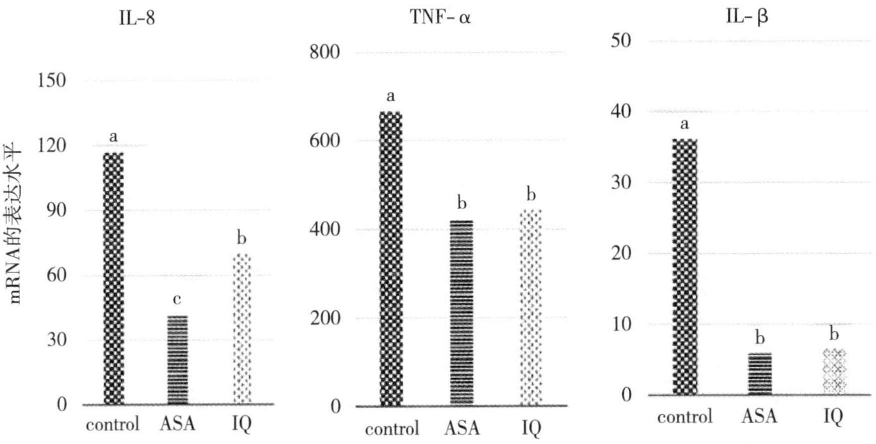

图 17－1　在抗炎化合物存在或不存在的情况下，IPEC-J2 细胞对产毒大肠杆菌菌株的应答

注：control，对照，PBS；ASA，乙酰水杨酸；IQ，异喹啉生物碱。数据来源于 3 次重复试验（n ＝ 3），不同字母表示差异显著（$P<0.05$）。

用，需要巨噬细胞产生氧自由基、溶菌酶、蛋白水解酶或 NO 来完成。由细胞因子活化的巨噬细胞可释放高浓度的 NO。NO 被认为参与了细胞凋亡的调节，是肠道、关节和肺部炎症性疾病的发病诱因（Sharma 等，2007）。诱导型一氧化氮合酶（inducible nitric oxide synthase，iNOS）可催化 L-精氨酸生成 NO。因此，可以通过测定 iNOS 来评估巨噬细胞的活性及炎症程度。

Khadem 等（2014）研究了添加异喹啉生物碱对肉鸡 iNOS 表达的影响。在这项研究中，给罗斯 308 肉鸡饲喂添加土霉素或异喹啉生物碱的日粮，在试验的第 35 天检测空肠中 iNOS 基因的表达情况。结果表明，补充异喹啉生物碱能以剂量依赖的方式降低 iNOS 的表达。此外，土霉素也能显著降低 iNOS 的表达，且饲料转化的改善作用也呈现依赖异喹啉生物碱的剂量。因此，可以推测，炎症降低可能是饲料转化率的良好指征。

此外，Pickler 等（2013）表明，异喹啉生物碱能够使与炎症相关的免疫细胞数量减少。在该研究中，利用肠炎沙门氏菌对肉鸡进行侵染，观察肠道形态、肠黏膜和外周血中免疫细胞表达的变化情况。结果发现，使用异喹啉生物碱可显著降低十二指肠和空肠中杯状细胞和 $CD3^+$ T 淋巴细胞的表达，进一步间接证明了异喹啉生物碱可能存在的抗炎作用。

APP 的产生是非特异性免疫反应的一部分。随着由感染或破坏引起的组织损伤，细胞因子将被释放并到达肝脏。随后在皮质醇的作用下，它们会促进 APP 的合成。在急性炎症中，血浆中阳性 APP（如 C 反应蛋白、血清淀粉样蛋白 A、触珠蛋白）将增加或阴性 APP（如反式铁蛋白、白蛋白）降低，并且变化的幅度会达到许多倍。APP 具有多种功能，如抑制感染因子的生长、负反馈调节炎症反应，或者招募更多的免疫细胞至感染部位。

由于存在群居关系、免疫、感染、代谢和营养变化，故断奶是仔猪最大的应激事件之一。应激会伴随肠道炎症的发生，可导致细胞因子和 APP 产生的增加，继而对肠道形态产生负面影响，并导致肠道吸收能力下降，肠道屏障损伤，增加感染细菌的风险（Pié 等，2004；Al-Sadi 等，2010）。Kantas 等（2015）研究了异喹啉生物碱对 800 多头断奶仔猪生长性能和 APP 水平的影响。该研究的结果表明，补充异喹啉 7 d 和 14 d 后，异喹啉以剂量依赖方式显著降低了仔猪的触株蛋白及血清淀粉样蛋白 A 的水平。此外，补充异喹啉显著提高了饲料转化率和平均日增重。说明异喹啉生物碱可减少与断奶应激相关的肠道炎症，从而提高断奶仔猪的生长性能。

十四、异喹啉生物碱与肠道健康及应激

紧密连接是肠上皮细胞之间的蛋白质连接复合体，它们的功能是防止大分子（包括病原菌）穿过细胞间隙。细胞因子和一些病原菌以负调控方式干扰紧密连接蛋白，并可能导致肠道屏障功能的破坏。Awad 等（2017）对肠道病原体如何通过改变紧密连接导致肠道屏障的损伤进行了很好的综述。Liu 等（2016）评估了日粮中添加异喹啉生物碱对生长猪肠道紧密连接蛋白的影响。该研究发现，补充异喹啉生物碱后生长猪有更高的紧密连接蛋白 Zonulin-1（ZO-1）和 Claudin-1 的表达水平，说明肠道屏障更健康且通透性更低（图 17－2）。

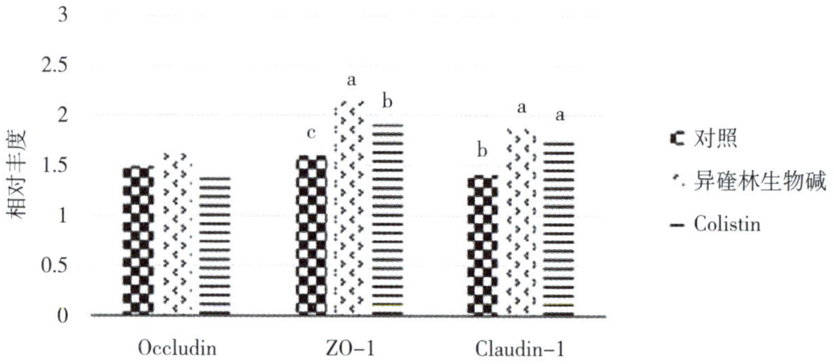

图 17－2　生长猪空肠黏膜紧密连接蛋白的相对丰度（$n=6$）

注：不同字母表示差异显著（$P<0.05$）。

众所周知，应激会引起肠道炎症及其屏障功能障碍。皮质醇被广泛用作应激的标志物，其可以在唾液中被测定到，并且唾液中的皮质醇具有生物活性。Artuso-Ponte 等（2015）研究了添加异喹啉生物碱对猪在被运往屠宰场前后唾液中皮质醇浓度的影响，以及应激与胴体沙门氏菌污染之间的相关性。该研究结果显示，阴性对照组的猪与补充异喹啉生物碱的猪在研究开始时和被运送到屠宰场之前，其唾液中的皮质醇浓度没有差异。然而在运输后，只有未补充异喹啉生物碱的猪其唾液中的皮质醇浓度显著增加，而补充异喹啉生物碱的猪并没有观察到显著性差异。此外，未补充异喹啉生物碱的猪被运输后，皮质醇浓度明显高于补充了异喹啉生物碱的猪。该研究还表明，添加异喹啉生物碱的猪胴体沙门氏菌感染的比例较低，且唾液皮质醇浓度也较低。这些结果表明，异喹啉生物碱可以调节应激反应，减少可能污染动物胴体和增加食品安全风险的细菌数量。在母猪（分娩应激；Suwannathada 等，2015）和仔猪（断奶应激；Artuso-Ponte 等，2018）中获得的对比数据进一步证实了该研究的结果。

十五、调节肠道炎症及对动物生产性能的影响

异喹啉生物碱具有抗炎作用，因此参与了一系列肠道炎症的生理反应。肠道完整性的

改善会提高营养物质的消化率（Boroojeni 等，2018），从而获得较高的饲料转化率和增长率（Kantas 等，2015；Khadem 等，2014）。例如，全球 20 多个大学的研究表明，在肉仔鸡饲料中使用异喹啉生物碱，感染及未感染鸡的饲料转化率分别提高了 4.1%和 2.7%，体重分别提高了 5.0%和 3.6%（Pastor 和 Kraieski，2018）（表 17－1）。

综上所述，目前的研究数据表明，植物提取物如异喹啉生物碱通过抑制由 NF-κB 激活的炎症级联反应来正向调控肠道健康，从而可能降低细胞因子和 APP 的产生，并使皮质醇浓度降到最低，可以作为抗炎化合物使用。此外，已有证据表明，使用抗炎化合物有利于实现优质和可持续的动物生产。

表 17－1　异喹啉生物碱对肉仔鸡肠道健康的影响

效果	作用方式	资料来源
抗炎	抑制 NF-κB	Chaturverdi 等（1997）
抗炎	降低细胞因子的表达	Soler 等（2016）
抗炎	减少 iNOS 的表达	Khadem 等（2014）
抗炎	降低杯状细胞及 $CD3^+$ T 淋巴细胞的表达	Pickler 等（2013）
抗炎	减少急性期蛋白的产生	Kantas 等（2015）
改善肠道的完整性	紧密连接蛋白的高表达	Liu 等（2016）
改善肠道的完整性	更高的营养素消化率	Boroojeni 等（2018）
消除应激	降低唾液和血清中的皮质醇浓度	Artuso-Ponte 等（2015）；Artuso-Ponte 等（2018）；Suwannathada 等（2015）
改善性能	通过改善饲料转化率并促进生长	Kantas 等（2015）；Khadem 等（2014）；Pastor 和 Kraieski（2018）

（郑溜丰，译；魏宏逵，校）

参　考　文　献

Aktories，K.，Förstermann，U.，Hofmann，B.F.，Starke，K.，2013. Allgemeine und spezielle Pharmakologie und Toxiko-logie. Elsevier，Urban & Fischer Verlag.

Alves de Almeida，A.C.，Meira de-Faria，F.，Dunder，R.J.，Bognoni Manzo，L.P.，Monteiro Souza-Brito，A.R.，Luiz-Ferreira，A.，2017. Recent trends in pharmacological activity of alkaloids in animal colitis：potential use for inflammatory bowel disease. Evid. Based Complement Altern. Med.

Al-Sadi，R.，Ye，D.，Said，H.M.，Ma，T.Y.，2010. IL-1ß-Induced increase in intestinal epithelial tight junction perme-ability is mediated by MEKK-1 activation of canonical NF-kB pathway. Am. J. Pathol. 177（5），2310-2322.

Anderson，A.D.，Nelson，J.M.，Rossiter，S.，Angulo，F.J.，2003. Public health consequences of use of antimicrobial agents in food animals in the United States. Microb. Drug Res. 9，373-379.

Artuso-Ponte，V.，Moeller，S.，Rajala-Schultz，P.，Medardus，J.J.，Munyalo，J.，Lim，K.，Gebreyes，W.A.，2015. Supple-mentation with quaternary benzo（c）phenanthridine alkaloids decreased salivary cortisol and Salmonella shedding in pigs after transportation to the slaughterhouse. Foodborne Pathog. Dis. 12 (11), 1-7.

Artuso-Ponte, V., van Leeuwen, J., da Silva, C., 2018. Effect of isoquinoline alkaloids in combination with organic acids on stress response and incidence of diarrhea of post-weaning pigs. In: The 25th International Pig Veterinary Society Congress and International PRRS Symposium, 11. 06. e14. 06. 2018, Chongqing, China.

Awad, W. A., Hess, C., Hess, M., 2017. Enteric pathogens and their toxin-induced disruption of the intestinal barrier through alteration of tight junctions in chickens. Toxins. 9 (29), 60-82.

Berkes, J., Viswanathan, V. K., Savkovic, S. D., Hecht, G., 2003. Intestinal epithelial responses to enteric pathogens: effects on the tight junction barrier, ion transport, and inflammation. Gut. 52, 439-451.

Beyer, B., 2015. Untersuchungen zur Bioverfügbarkeit von Catechinen und Quercetin beim Rind. Agrar- und Ernährungswissenschaftliche Fakultät. Christian-Albrechts-Universität zu Kiel. Dissertation.

Boroojeni, F. G., Männer, K., Zentek, J., 2018. The impacts of Macleaya cordata extract and naringin inclusion in post-weaning piglet diets on performance, nutrient digestibility and intestinal histomorphology. Arch. Anim. Nutr. 72 (3), 178-189.

Botting, R. M., 2010. Vane' s discovery of the mechanism of action of aspirin changed our understanding of its clinical pharmacology. Pharmacol. Rep. 62, 518-525.

Box, A. T. A., Mevius, D. J., Schellen, P., Verhoef, J., Fluit, A. C., 2005. Integrons in Escherichia coli from food-producing animals in the Netherlands. Microb. Drug Res. 11, 53-57.

Callaway, T. R., Anderson, R. C., Edrington, T. S., Genovese, K. J., Harvey, R. B., Poole, T. L., Nisbet, D. J., 2004. Recent pre-harvest supplementation strategies to reduce carriage and shedding of zoonotic enteric bacterial pathogens in food animals. Anim. Health Res. Rev. 5, 35-47.

Chaturvedi, M. M., Kumar, A., Darnay, B. G., Chainy, G. B. N., Agarwal, S., Aggarwal, B. B., 1997. Sanguinarine (pseu-dochelerythrine) is a potent inhibitor of NF-kB activation, IkBa phosphorylation, and degradation. J. Biol. Chem. 272 (48), 30129-30134.

Doyle, M. P., Erickson, M. C., 2006. Reducing the carriage of foodborne pathogens in livestock andpoultry. Poultry Sci. 85, 960-973.

Emborg, H., Ersbøll, A. K., Heuer, O. E., Wegener, H. C., 2001. The effect of discontinuing the use of antimicrobial growth promoters on the productivity in the Danish broiler production. Prev. Vet. Med. 50, 53-70.

European Commission, 2005. Ban on Antibiotics as Growth Promoters in Animal Feed Enters into Effect. HMSO.

Fürst, R., Zündorf, I., 2014. Plant-derived ant-inflammatory compounds: hopes and disappointments regarding the translation of preclinical knowledge into clinical progress.

Gabay, C., Kushner, I., 1999. Acute-phase proteins and other systemic responses to inflammation. N. Engl. J. Med. 340 (6), 448-455.

Hao, H., Haihong, H., Guyue, C., Zahid, I., Xiaohui, A., Hafiz, I. H., Lingli, H., Menghong, D., Yulian, W., Zhenli, L., Zonghui, Y., 2014. Benefits and risks of antimicrobial use in food-producing animals. Front. Microbiol. 5 (288), 1-11.

Hüsnu Can Baser, K., Buchbauer, G., 2009. Handbook of Essential Oils: Science Technology, Application. CRC Press/ Taylor and Francis Group.

Kabera, N., Semana, E., Mussy, A. R., He, X., 2014. Plant secondary metabolites: biosynthesis.

J. Pharm. Pharmacol. 2, 377-392.

Kantas, D., Papatsiros, V. G., Tassis, P. D., Athanasiou, L. V., Tzika, E. D., 2015. The effect of a natural feed additive (Macleaya cordata), containing sanguinarine, on the performance and health status of weaning pigs. Anim. Sci. J. 86, 92-98.

Khadem, A., Soler, L., Everaert, N., Niewold, T. A., 2014. Growth promotion in broilers by both oxytetracycline and Macleaya cordata extract is based on their anti-inflammatory properties. Br. J. Nutr. 112, 1110-1118.

Kim, H. B., Borewicz, K., White, B. A., Singer, R. S., Sreevatsan, S., Tu, Z. J., Isaacson, R. E., 2012. Microbial shifts in the swine distal gut in response to the treatment with antimicrobial growth promoter, tylosin. Proc. Natl. Acad. Sci. U. S. A. 109, 15485-15490.

Klasing, K. C., Laurin, D. E., Peng, R. K., Fry, D., 1987. Immunologically mediated growth depression in chicks: influ-ence of feed intake, corticosterone and interluekin-1. J. Nutr. 117, 1629-1637.

Kogut, M., Arsenault, R., 2016. Editorial: gut health: the new paradigm in food animal production. Front. Vet. Sci. 3 (71).

Kosina, P., Gregorova, J., Gruz, J., Vacek, J., Kolar, M., Vogel, M., Roos, W., Naumann, K., Simanek, V., Ulrichova, J., 2010. Phytochemical and antimicrobial characterization of Macleaya cordata herb. Fitoterapia. 81, 1006-1012.

Labro, M. T., 1998. Antibacterial agentsdphagocytes: new concepts for old in immunomodulation. Int. J. Antimicrob. Agents. 10, 11-21.

Liu, G., Guan, G., Fang, J., Martínes, Y., Chen, S., Bin, P., Duraipandiyan, V., Gong, T., Tossou, M. C. B., Al-Dhabi, N. A., Yin, Y., 2016. Macleaya cordata extract decreased diarrhea score and enhanced intestinal barrier function in growing piglets. Hindawi Publishing Corporation. BioMed Research International, ID 1069585.

Liu, T., Zhang, L., Joo, D., Sun, S. C., 2017. NF-kB signaling in inflammation. Signal Transduction Targeted Ther. 2, 17023.

Lochmiller, R., Deerenberg, C., 2003. Trade-offs in evolutionary immunology: just what is the cost of immunity? Oikos. 88 (1), 87-98.

Looft, T., Johnson, T. A., Allen, H. K., Bayles, D. O., Alt, D. P., Stedtfeld, R. D., Sul, W. J., Stedtfeld, T. M., Chai, B., Cole, J. R., Hashsham, S. A., Tiedje, J. M., Stanton, T. B., 2012. In-feed antibiotic effects on the swine intestinal micro-biome. Proc. Natl. Acad. Sci. U. S. A. 109, 1691-1696.

Lopes Souto, A., Fechine Tavares, J., Sobral da Silva, M., De Fatima Formiga Melo Diniz, M., Filgueiras de Athayde-Filho, P., Barbosa Filho, J. M., 2011. Anti-inflammatory activity of alkaloids: an update from 2000 to 2010. Molecules, 16.

Mathew, A. G., Cissell, R., Liamthong, S., 2007. Antibiotic resistance in bacteria associated with food animals: a United States perspective of livestock production. Foodborne Pathog. Dis. 4, 115-133.

McEwen, S. A., Fedorka-Cray, P. J., 2002. Antimicrobial use and resistance in animals. Clin. Infect. Dis. 34 (Suppl. 3), 93-106.

Mercier, S., Breuille, D., Mosoni, L., Obled, C., Patureau Mirand, P., 2002. Chronic inflammation alters protein meta-bolism in several organs of adult rats. Nutr. Metab. 132 (7), 1921-1928.

Miguel, M. G., 2010. Antioxidant and anti-inflammatory activities of essential oils. Molecules 15, 9252e9287. Mogensen, T. H., 2009. Pathogen recognition and inflammatory signaling in innate immune defenses. Clin. Microbiol. Rev. 22 (2), 240-273.

Morgan, N. K., 2017. Managing gut health without reliance on antimicrobials in poultry. Anim. Prod. Sci. 57 (11), 2270-2279.

Nanthakumar, N., Meng, D., Goldstein, A. M., Zhu, W., Lu, L., Uauy, R., Llanos, A., Claud, E. C., Walker, W. A., 2011. The mechanism of excessive intestinal inflammation in necrotizing enterocolitis: an immature innate immune response. PLoS One. 6 (3), e17776.

Newton, K., Dixit, V. M., 2012. Signaling in innate immunity and inflammation. Cold Spring Harbor Perspect. Biol. 4 (3).

Osbourn, A. E., Lanzotti, V., 2009. Plant-derived Natural Products. Synthesis, Function and Application. Springer Science b Business Media, LLC, New York.

Pastor, A., Kraieski, A., 2018. Isoquinoline alkaloids improve performance in broiler chickensda summary of 10 years of research. In: 11th Asia Pacific Poultry Conference, 25-27.

Phillips, I., 1998. Lessons from the past: a personal view. Clin. Infect. Dis. 27 (Suppl. 1), 2-4.

Pickler, L., Beirão, Hayashi, R. M., Durau, J. F., Lourenço, M. C., Caron, L. F., Santin, E., 2013. Effect of sanguinarine in drinking water on Salmonella control and the expression of immune cells in peripheral blood and intestinal mu-cosa of broilers. J. Appl. Poult. Res. 22, 430-438.

Pié, S., Lallès, J. P., Blazy, F., Faffitte, J., Sève, B., Oswald, I. P., 2004. Weaning is associated with an upregulation of expression of inflammatory cytokines in the intestines of piglets. J. Nutr. 134, 641-647.

Robbins, R. C., Artuso-Ponte, V. C., Moeser, A. J., Morrow, W. E. M., Spears, J. W., Gebreyes, W. A., 2013. Effects of qua-ternary benzo (c) phenanthridine alkaloids on growth performance, shedding of organisms, and gastrointestinal tract integrity in pigs inoculated with multidrug-resistant Salmonella spp. Am. J. Vet. Res. 74, 1530-1535.

Santaolalla, R., Fukata, M., Abreu, M. T., 2011. Innate immunity in the small intestine. Curr. Opin. Gastroenterol. 27 (2), 125-131.

Sharma, J. N., Al-Omran, A., Parvathy, S. S., 2007. Role of nitric oxide in inflammatory diseases. Inflammopharmacology. 15, 252-259.

Soler, L., Hermes, R., Niewold, T. A., 2016. Macleaya cordata extract reduces inflammatory responses of intestinal epithelial cells in vivo. Am. J. Plant Sci. 7, 1531-1537.

Sheldon, B. C., Verhulst, S., 1996. Ecological immunology: costly parasite defences and trade-offs in evolutionary ecol-ogy. Trends Ecol. Evol. 11 (8), 317-321.

Spurlock, M. E., Frank, G. R., Willis, G. M., et al, 1997. Effect of dietary energy source and immunological challenge on growth performance and immunological variables in growing pigs. J. Anim. Sci. 75, 720-726.

Suwannathada, P., Sangkaew, A., Suwannathada, P., Poolsawat, T., Steiner, T., Schmitt, J., 2015. Effect of dietary plant alkaloids on stress and production parameters of sows. In: 7th Symposium of Porcine Health Management. 22, 4-24.

Tak, P. P., Firestein, G. S., 2001. NF-kappaB: a key role in inflammatory diseases. J. Clin. Investig. 107 (1), 7e11. Vrba, J., Orolinova, E., Ulrichova, J., 2012. Induction of heme oxygenase-1 by Macleaya cordata extract and its constit-uent sanguinarine in RAW264. 7 cells. Fitoterapia. 83, 329-335.

Windisch, W., Schedle, K., Plitzner, C., Kroismayr, A., 2008. Use of phytogenic products as feed additives for swine and poultry. J. Anim. Sci. 86, E140-E148.

Wink, M., 2015. Modes of action of herbal medicines and plant secondary metabolites. Medicine. 2 (3),

251-286.

Xu, Z. R., Kornegay, E. T., Sweet, L. A., Lindemann, M. D., Veit, H. P., Watkins, B. A., 1990. Effects of feeding aspirin and soybean oil to weanling pigs. J. Anim. Sci. 68, 1639-1647.

Yakhkeshi, S., Rahimi, S., Gharib, N. K., 2011. The effects of comparison of herbal extracts, antibiotic, probiotic and organic acid on serum lipids, immune response, gut microbial populations, intestinal morphology and perfor-mance of broilers. J. Med. Plants. 10, 80-95.

Zeng, J., Liu, Y., Liu, W., Liu, X., Liu, F., Huang, P., Zhu, P., Chen, J., Shi, M., Guo, F., Cheng, P., Zeng, J., Liao, Y., Gong, J., Zhang, H. M., Wang, D., Gua, A. Y., Xiong, X., 2013. Integration of transcriptome, proteome and metabolism data reveals the alkaloids bitter synthesis in Macleaya cordata and Macleaya microcarpa. PLoS One. 8 (5) .

第十八章
植物及其提取物在健康动物或感染动物中的应用

Ioannis Skoufos[1]，*Eleftherios Bonos*[1]，*Ioannis Anastasiou*[2]，*Anastasios Tsinas*[1]，*Athina Tzora*[1]

[1]Department of Agriculture，School of Agriculture，University of Ioannina，Arta，Greece；[2]Trinity Nutrition Ltd.，Cavan，Ireland

一、引言

为了能够让动物健康生长和发育，生产中一直在使用抗生素，但这种做法的后果就是我们所熟知的产生耐药菌（Alekshun 和 Levy，2007），同时还导致抗性基因库不断扩大，并且有可能进入食物链，最终进入人类的微生物群系（Sommer 等，2010）。例如，大肠杆菌通常是定殖在家禽肠黏膜表面菌群的天然组成部分（Dho-Moulin 和 Fairbrother，1999），但某些致病类型，如禽致病性大肠杆菌（avian pathogenic *E. coli*，APEC），则往往与局部或系统性疾病相关，该类疾病统称为大肠杆菌病（Stordeur 和 Mainil，2002）。感染 APEC 后，家禽将有大批死亡（Dho-Moulin 和 Fairbrother，1999）。最初人们使用抗菌药物控制 APEC 感染，但不幸的是，这导致了耐药性菌株的出现（Nhung 等，2017）。

自 2006 年以来，欧盟（EU）等通过立法禁止使用抗生素作为促生长剂（AGP）（Christaki 等，2012；Gaucher 等，2015）。出台这一禁令的原因是耐药性菌株快速扩散，并在短时间内获得进化，将耐药性转移到其他细菌种群。科学界关注到，人类罹患无法治愈的致命的细菌性疾病的病例正在显著增加，这表明致病菌对抗生素的耐药性比以前更强（NRS，1980；Gaucher 等，2015）。人们普遍在动物日粮中少量添加抗生素的基本科学依据是：对于密集饲养的动物而言，抗生素可以抑制细菌生长，预防疾病并提高动物的生长速度（NRS，1980）。因此，相关团队和欧盟资助的各项研究都致力于开发有利于肠道健康的抗生素替代产品（Timbermont 等，2011；European Commission，2018）。

自古以来，人类和动物就使用大量的天然活性抗菌物质（Christaki 等，2012）。虽然芳香植物及其提取物、草药、药用植物在全球范围内已被熟知，但是在哲学、基础理论及其应用方面，尤其是在动物饲料和动物健康方面，本土草药实践与当代医学之间存在很大差距。在过去 30 多年里，动物营养学家和兽医已经开始研究芳香和药用植物及其提取物。许多植物产生的次级代谢产物对多种微生物具有显著的抗菌特性（Christaki 等，2012），植物提取物中含有的活性成分促使研究人员研究其在提高家禽、猪和反刍动物生产性能方面的潜力。普遍认为，人类和动物食用植物提取物是安全的，且欧盟食品安全局和美国食品药品监督管理局都将其归类为公认安全产品（GRAS）（Windisch 等，2008；Brenes 和 Roura，2010）。

目前已经发表了大量关于植物源产品有效性的研究成果。关于芳香植物及其提取物对动物营养方面的综述，也全面讨论了其作用机制及在健康动物或患病动物中的应用方案（Windisch 等，2008；Brenes 和 Roura，2010；Bozkurt 等，2013；Giannenas 等，2018c）。为了促进植物提取物在动物生产中的广泛应用，需要进一步深入研究在常规生产条件或病理条件下如何在动物上使用。

本章讨论了植物及其提取物产品，在家禽、猪、反刍动物、家兔上的最新应用研究进展，包括健康的动物，以及已经感染各种细菌、寄生虫或面临各种应激的动物。本章也将介绍一些具有代表性的肠道疾病，如家禽的坏死性肠炎和球虫病，并讨论使用植物提取物产品替代抗生素的效果；对仔猪细菌感染和反刍动物热应激的研究成果也有涉及；对芳香植物、药用植物、草药提取物在动物上的作用机制也进行了探讨；并进一步解释了使用植物及其提取物试验结果有时不稳定的原因，以及市场化、现代化开发植物及其提取物产品所面临的挑战和机遇。

二、作为饲料添加剂的应用

根据民族兽医学实践，芳香植物、药用植物、草药和香料及其提取物早已被用作药物替代品（Chang，2000）。人们发现，芳香或药用植物及其提取物具有抗菌、抗寄生虫和抗氧化特性（图 18-1）（Christaki 等，2012；Giannenas 等，2018b）。芳香植物、药用植物、草药和香料及其提取物在经过烘干和粉碎后可用于饲养动物。植物提取物的制备有不同的提取方法和不同的溶剂（如有机溶剂乙醇、甲醇或甲苯）。植物精油（EO）是由水蒸气蒸馏提取出来的芳香挥发性化合物的混合物（Oyen 和 Dung，1999）。“精华”（essential）这一术语起源于帕拉塞尔苏斯（Paracelsus）的“精髓”（Quinta essential）理论，他声称这种“精华”（Quint essence）是药物制剂的重要组成部分（Oyen 和 Dung，1999）。由于根据现代知识体系“精油”（essential oil）一词并不是科学定义，所以也有人建议用“挥发油”（volatile oil）这一名称，但是直到今天人们仍然更倾向于“精油”一词（Hay 和 Waterman，1993）。

天然植物产品中含有不同成分的单体化合物，如百里香提取物中含有两种主要成分——百里香酚和香芹酚，占比为 3%～60%（Lawrence 和 Reynolds，1984）。通过水蒸气蒸馏法提取的牛至提取物（*Origanum vulgare* ssp. *hirtum*）中，含有 30 多种生物活性成分，其中大多数是具有不同活性的酚类物质（Economou 等，1991；Sivropoulou 等，1996；Adam 等，1998）。牛至提取物中的主要成分为香芹酚和百里香酚，占总油量的 80%以上（Adam 等，1998），大多数情况下香芹酚是主要成分（Sivropoulou 等，1996）。牛至提取物中的其他主要成分，如 γ-萜品烯（γ-terpinene）和 π-甲基异丙基苯（π-cymene）的浓度也会发生变化，通常分别约占总油量的 5%和 7%。植物提取物组成成分含量的变化会影响使用效果（Adam 等，1998）。肉桂提取物中含有大量的肉桂醛，占总量的 60%～75%（Duke，1986）。由于组成成分变异巨大，故植物提取物产品的生物效应可能会有所不同（Schilcer，1985；Janssen 等，1989；Deans 和 Waterman，1993）。植物提取物的多样性也引发科学工作者对植物生物活性物质，如百里香酚、肉桂醛、β-紫罗酮

(β-ionone) 及香芹酚的深入研究。

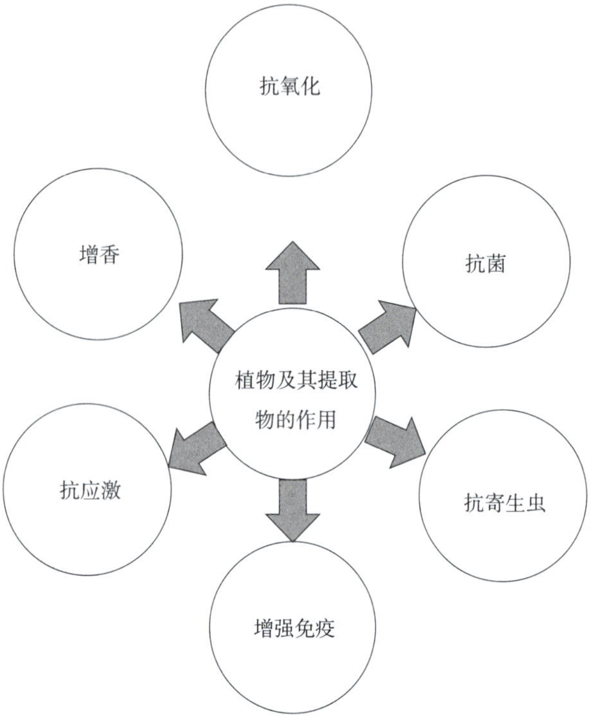

图 18-1 植物及其提取物作为饲料添加剂的应用效果

芳香植物及其提取物作为饲料添加剂的一个主要优势是它们是安全的（Jones，1996；Christaki 等，2012）。如果它们不安全，那么草药、香料和其提取物在人类食物中的使用就会逐渐消失，因为这些物质影响的可能不仅仅是食物的芳香特性（Jones，2002）。尽管芳香植物及其提取物备受青睐，但如果要将它们作为抗生素替代产品在动物饲料中大规模使用，则应充分研究其作用机制、毒性和临床效果。需要注意的是，即使在今天，人们对草药产品的描述也有许多夸张的地方，如它是绝对安全的、无副作用的或完全有效的。从科学工作者和应用者的角度来说，这些观点是难以接受的（Giannenas，2008）。为了预防或治疗动物疾病，对药用与芳香植物及其提取物进行合理的药理学研究是必不可缺的。

三、在家禽体内外的抗菌和抗寄生虫活性

一项关于牛至提取物效果的研究呈现了非常有趣的结果（Al-Mnaser 和 Woodward，2017）。亚致死浓度的牛至提取物具有抑菌作用（抑菌或限制作用），而大于或等于最小抑菌浓度（MIC）则可对许多微生物起到杀灭作用。牛至提取物抑制了 APEC 耐药菌株的生长，这种菌株是引起家禽大肠杆菌病的罪魁祸首。使用标准实验室分析方法，从感染的禽类中分离出 12 株 APEC 毒株并用微生物和生物化学方法进行鉴定。结果发现，牛至蒸馏提取物（aqueous oregano）对 12 株 APEC 菌株均有抑制和杀灭作用（MIC 为 0.3～0.5mg/mL），并抑制其生物膜的形成。作者也指出，在未来的工作中将进行更深入的研究，以证明在家禽业中使用牛至提取物的合理性。目前已获得的数据提供了非常有前景的证据，牛至提取物可能以新的方式控制潜在的致病性和抗生素耐药的 APEC 菌株，并为

抗生素替代提供方案。牛至提取物对耐药 APEC 菌株具有杀菌和抗生物膜活性，并且与抗生素相比，MIC 浓度非常低（Al-Mnaser 和 Woodward，2017），这可能是由于其抗菌活性依赖于酚类含量（Rhayour 等，2003）。

早期的研究表明，在体内外试验中将苯酚用作消毒剂具有杀灭柔嫩型艾美耳球虫卵囊的作用（Williams，1997）。自然界中一些芳香植物中含有丰富的酚类化合物，尤其是唇形科植物（Vekiari 等，1993）。其中，牛至引起了人们特别的关注，因为其提取物精油中的活性成分主要是酚类化合物（Vekiari 等，1993）。此外，其他研究人员发现百里香酚和香芹酚作为饲料添加剂具有重要的生物活性物质（Ibrir 等，2001，2009；Christaki 等，2012）。除了植物提取物中的挥发性化合物外，牛至中还含有其他具有生物活性的非挥发性化合物（Vekiari 等，1993）。

酚类化合物的抗菌作用主要是针对细菌的细胞壁并影响细胞壁的结构。另外，酚类化合物还会影响细胞膜，增加其对阳离子 H^+ 和 K^+ 的通透性（Sikkema 等，1995；Ultee 等，2002a，2002b）。离子梯度的大量耗散会对细胞代谢造成损害，并可能导致细胞成分渗出、水平衡丧失、膜极性改变、ATP 合成受抑制，甚至导致细胞死亡（Ultee 等，2002a，2002b）。根据其化学结构，一般认为主要的酚类化合物具有亲脂性（Farag 等，1989；Conner，1993）。Helander 等（1998）研究了两组同分异构体香芹酚和百里香酚，以及苯丙烷（phenylpropanoid）和肉桂醛对大肠杆菌 O157（*Escherichia coli* O157）和鼠伤寒沙门菌（*Salmonella typhimurium*）的抗菌作用后发现，这两组物质都能引起细菌细胞膜的损伤。相关研究认为，亲脂性调节了萜类和苯丙烷类物质穿透细菌细胞膜的能力（Helander 等，1998）。也有人认为，一些化学特性如官能团（Farag 等，1989）和芳香基团（Bowles 和 Miller，1993）可以影响它们的抗菌活性。某些物质对于真菌的生长是必不可少的，如肉桂醛的巯基，它可以在真菌细胞内与电子供体形成电荷转移复合物，从而抑制细胞分裂和阻碍细胞代谢（Bang 等，2000）。

其他结果表明，肉桂提取物中的肉桂醛是产气荚膜梭菌（*Clostridium perfringens*）和脆弱拟杆菌（*Bacteroides fragilis*）的强抑制剂，也是在人类粪便中发现的长双歧杆菌（*Bifidobacterium longum*）和嗜酸乳杆菌（*Lactobacillus acidophilus*）的中度抑制剂（Lee 和 Ahn，1998）。肉桂醛对致病性肠道细菌的选择性抑制可能会干扰胃肠道菌群的平衡。人们已在体外对牛至、百里香和肉桂提取物进行了大量广泛的抗菌活性研究（Deans 和 Ritchie，1987；Meeker 和 Linke，1988；Biondi 等，1993；Juven 等，1994；Sivropoulou 等，1996；Hammer 等，1999；Chen 等，2008；Al-Kassie，2009；Al-Mnaser 和 Woodward，2017）。基于其体外的抗菌活性，人们正在研究植物提取物作为预防和治疗药物在动物生产中的使用。一些早期的研究表明，在肉鸡日粮中加入牛至提取物或牛至粉末，可以在没有抗生素促生长剂和抗球虫药的情况下饲养肉鸡（Waldenstedt，2003；Florou-Paneri 等，2004；Giannenas 等，2005）。Köhler（1997）在早期使用植物提取物的商业产品进行的生产性能研究发现，植物提取物可以大幅度降低产气荚膜梭菌的菌落形成单位。值得注意的是，该试验的对照组是含 20 mg/kg 杆菌肽锌的日粮。据报道，饲喂植物提取物的肉鸡其回肠三磷酸腺苷（ATP）的浓度较低（Veldman 和 Enting，1996），反映了肉鸡体内微生物活性减弱（Smits 等，1997）。此外，辣椒、肉桂醛和香芹酚的日粮混合物可以降低盲肠中大肠杆菌和产气荚膜杆菌的种群数量（Jamroz 和 Kamel，2002）。Alcicek 等

(2003) 报道，从牛至、月桂、鼠尾草、桃金娘、茴香和柑橘这 6 种芳香植物中获得的植物提取物混合物可以提高肉鸡的生产性能。

植物提取物抗菌作用的另一个重要机制是它们可以干扰或抑制细菌群体感应信号，即细菌细胞间的通信（Szabo 等，2010）。这种交流以高丝氨酸内酯等为介质，可以协调原核生物和真核生物的基因表达（Williams，2007）。这种群体感应在由不同细菌引起的动植物疾病中扮演着非常重要的角色，如土壤杆菌（*Agrobacterium vitis*）、紫色杆菌（*Chromobacterium violaceum*）、铜绿假单胞菌（*Pseudomonas aeruginosa*）、恶臭假单胞菌（*Pseudomonas putida*）和大肠杆菌。因此，通过影响群体感应，植物及其提取物可以限制细菌的致病性和抗生素耐药性，减少生物膜的形成，减轻感染（Ishida 等，2008；Szabo 等，2010）。许多植物提取物可以抑制细菌生长，并已证明其在体外能阻止群体感应机制，如天竺葵（*Geranium robertianum* L.，Geraniaceae）、玫瑰（*Rosa damascena* L.，Rosaceae）、薰衣草（*Lavandula angustifolia* L.，Labiatae）、迷迭香（*Rosmarinus officinalis* L.，Lamiaceae）、茶树（*Camellia sinensis*）和柠檬（*Citrus lemon*）（Schelz 等，2006；Szabo 等，2010；Alvarez 等，2012；Kerekes 等，2013）。植物提取物对群体感应的阻断可能是一种新的医学方法，特别是针对抗生素具有耐药性的细菌感染。

动物营养中饲用植物及其提取物对动物健康的益处似乎还存在其他作用机制。例如，添加植物及其提取物可以改善胃肠道黏膜的免疫力和形态，并防止细菌定殖（Kiczorowska 等，2017）。胃肠道的形态学分析发现，肠绒毛伸长，隐窝深度增加，上皮细胞活性增加，且伴随着促炎细胞因子的释放（Kumar 等，2014）。此外，许多草本植物中都含有免疫刺激物质，如紫锥菊（*Echinacea Moench*）、甘草（*Glycyrrhiza* L.）和大蒜（*Allium sativum* L.）。植物提取物可以增强淋巴细胞、巨噬细胞和自然杀伤细胞的活性，并支持吞噬作用或刺激干扰素的合成（Kiczorowska 等，2017）。Liu 等（2014）认为，这种作用可能受基因表达的调控，包括调节免疫应答的基因。另外一项肉鸡试验表明，在日粮中添加茴香籽（10g/kg）可以产生较高滴度的抗禽流感病毒抗体（Yazdi 等，2014）。

研究许多不同植物提取物组合时发现，在日粮中添加 50 mg/kg 的植物提取物时，回盲肠中乳酸菌的数量并没有受到影响，而大肠杆菌的数量却减少了（Jang 等，2007）。此外，在日粮中添加 300mg/kg 和 600mg/kg 牛至提取物后，盲肠中大肠杆菌的数量显著降低，而乳酸菌的数量未受影响（Roofchaee 等，2011）。在肉鸡日粮中同时添加蛋白酶和植物提取物可以达到协同的作用，提高回肠中乳酸菌的数量，减少大肠杆菌的数量（Giannenas 等，2014b；Park 和 Kim，2018）。同样，饲用植物添加剂的抗菌作用可以通过小肠或盲肠肠道菌群的改变得到证明（Tiihonen 等，2010；Giannenas 等，2016，2018c；Skoufos 等，2016；Tzora 等，2017）。研究报道，基于复方药用植物饲料添加剂的高酚含量和复合成分之间的协同作用，能够对肠道菌群产生有利的影响，进而促进动物生长（Giannenas 等，2018b，2018c）。

肠道疾病是肉鸡养殖业关注的一个重要问题，这些疾病会造成生产力损失、死亡率增加、肉鸡福利减少，以及供人类食用的肉品受到病原菌或毒素污染（Mitsch 等，2004；Giannenas 和 Kyriazakis，2009；Gaucher 等，2015）。肉鸡的主要肠道疾病包括球虫病、坏死性肠炎和弯曲杆菌感染。

（一）球虫病

球虫病是艾美耳球虫属（*Eimeria*）的原虫在细胞内生长和繁殖的结果，这种肠道寄生虫病是造成全世界家禽生产重大经济损失的首要根源（Ekstrand 等，1994；Wallach 等，1995）。一般认为，有 7 种艾美耳球虫是鸡球虫病的主要病原体：堆型艾美耳球虫（*E. acervulina*）、布鲁氏艾美耳球虫（*E. brunetti*）、巨型艾美耳球虫（*E. maxima*）、和缓艾美耳球虫（*E. mitis*）、毒害艾美耳球虫（*E. necatrix*）、早熟艾美耳球虫（*E. praecox*）及柔嫩艾美耳球虫（*E. tenella*）（Shirley，1986）。这些肠道寄生虫的区别在于生物学差异，如细胞内感染的首选肠道位点、生活史和时间差异及免疫学特异性，其中一些物种之间甚至表现出生殖隔离。球虫在鸡群中无所不在且具有很强的自然致病性，堆型艾美耳球虫、巨型艾美耳球虫和柔嫩艾美耳球虫被认为是家禽养殖业中最重要的病原体（Crouch 等，2003；McDougald，2003）。

球虫病早在 1920 年就被确定为一种有害的疾病，至今仍是影响全球禽业最严重的问题之一，每年能造成巨大损失（Naidoo 等，2008；Giannenas 等，2013a）。如今，世界上饲养量最大的是标准肉鸡，这是数十年育种计划的结果。球虫病给养鸡业造成的成本损失是饲料或饮水加药、兽医成本及产量下降的总和。养殖密度大、深垫料的使用及对笼养种鸡的抵触，导致商品肉鸡极其容易感染这种疾病。日粮中添加的抗球虫药主要是化学治剂中的聚醚类（离子载体类）、磺胺类、嘧啶衍生物、三嗪三酮（Triazinetriones）和苯乙腈（Benzenacetonitriles）（Naidoo 等，2008；Kant 等，2013）。直到现在，抗球虫药仍为家禽业的巨大增长和较低的生产成本提供了支撑。然而在过去 20 年里，这些药物的大量使用甚至误用逐渐导致了耐药虫株的产生（Long，1982；Chapman，1997；Giannenas 等，2014a）。如今已有证据表明，球虫对所有抗球虫药物都具有耐药性（Chapman，1997，2005；Bozkurt 等，2013）。此外，消费者十分担忧鸡肉中存在药物残留物（McEvoy，2001；Young 和 Craig，2001），要求无药物饲养肉鸡（Barton，1999；Christaki 等，2012）。

目前，欧洲的动物生产正面临着逐步淘汰离子载体型抗生素的压力（Christaki 等，2012）。某些抗球虫药已被禁止使用，如尼卡巴嗪。尽管全面禁止动物日粮中添加抗球虫药在大多数国家尚未生效，但美国和加拿大正在致力于发展无抗养殖，试图阻止新发的抗生素耐药性问题（Gaucher 等，2015）。由于肉鸡饲养将不再使用抗生素或抗球虫药，故专家应该设法为肉鸡养殖应对细菌、寄生虫或者应激状况提供健康保护方案。

Conway 和 McKenzieet（2007）详细描述了一种广泛应用的家禽人工攻毒试验模型，该模型是给家禽口服 10^5 个堆型艾美耳球虫的孢子化卵囊、10^6 个巨型艾美耳球虫的孢子化卵囊和 10^5 个柔嫩艾美耳球虫的孢子化卵囊来达到感染的目的。至少对于柔嫩艾美耳球虫来说，被认可的疾病模型是用含有（5～10）$\times 10^4$ 个孢子化卵囊的悬浮液对 10 日龄或 14 日龄家禽进行攻毒。这种可靠的试验模型可用于评估假定危险因素的诱发效应和预防措施的有效性（Giannenas 等，2003，2013b，2014a；Bozkurt 等，2013）。否则，同时接种各种艾美球虫卵囊可能会引发疾病并使得已受感染的家禽面临更大的压力。

在过去的 30 年里，多项研究表明植物及其提取物具有体内外抗球虫的作用。Allen 等（1997）发现，经过干燥处理的青蒿（*Artemisia annua*）叶子可以保护受球虫感染的肉鸡，使其免受柔嫩艾美耳球虫感染。已有的试验结果表明，可以将青蒿作为生产家禽抗球虫化合物的潜在资源来进行研究。将青蒿中发现的 3 种纯化合物，即青蒿素、1，8-桉树脑和樟脑，分别以 17mg/kg、119mg/kg 和 119mg/kg 的浓度添加到肉鸡日粮中，并持续到 3 周龄。在第 2 周龄时，50％的鸡接种堆型艾美耳球虫和柔嫩艾美耳球虫。科研人员发现饲喂这 3 种化合物的雏鸡对球虫均表现出中等预防作用，尤其是饲喂青蒿素的雏鸡。在另一项试验中，Youn 和 Noh（2001）发现在治疗鸡柔嫩艾美耳球虫感染方面，苦参（*Sophora flavescens*）提取物比青蒿更加有效。Akhtar 和 Rifaat（1985）在被球虫自然寄生的鸡中，发现了苦楝（*Melia azedarach* L.）提取物的抗球虫潜力。Evans 等（2001）还研究了当人工感染球虫时，丁香（1. 0％）、百里香（0. 1％）、薄荷（0. 1％）和柠檬（0. 1％）的混合物对抑制肉仔鸡体内球虫卵的产生量及产气荚膜梭菌减少量的效果时发现，与饲喂基础日粮的仔鸡相比，饲喂含有植物提取物混合物日粮的仔鸡，其球虫卵的排泄量更少。

Giannenas 等（2003）在一项创新性研究中发现，当止痢草提取物产品以 300 mg/kg 添加到鸡日粮中时，能表现出对柔嫩艾美耳球虫的抗球虫作用。在另一项给柔嫩艾美耳球虫感染的 14 日龄的肉鸡饲喂牛至粉草药，同时口服 2mL（5×10^4 个孢子卵囊）的悬浮液进行柔嫩艾美耳球虫的攻毒。通过生产性能参数（被攻毒的与未被攻毒的鸡的增重和饲料转化率）发现，在日粮中添加牛至粉可以抑制由柔嫩艾美耳球虫导致的不良影响。此外，粪便的血性腹泻严重程度、盲肠病变评分、球虫卵囊产量及肉鸡的死亡率记录表明，日粮中添加 5. 0g/kg 和 7. 5g/kg 牛至表现出最明显的抗柔嫩艾美耳球虫感染效果（Giannenas 等，2004）。这些发现证明了在日粮中添加牛至粉可以替代离子载体型抗生素，保护肉鸡免受球虫感染。

另一项是在日粮中添加奥林巴斯茶（*Sideritis scardica*）来研究其对 14 日龄肉鸡进行 6×10^4 个柔嫩艾美耳球虫孢子化卵囊攻毒后生产性能的影响。基于肉鸡血性腹泻的严重程度、死亡率、盲肠病变评分和卵囊排出量的性能参数评估数据显示，日粮中添加 10g/kg 奥林巴斯茶可以减轻球虫感染造成的不良影响。但对柔嫩艾美耳球虫的抗球虫作用明显低于拉沙菌素。Christaki 等（2004）也在研究中发现了类似结果，该研究用来自植物龙牙草（*Agrimonia eupatoria*）、紫锥菊（*Ehcinacea angustifolia*）、黑醋栗（*Ribes nigrum*）和金鸡纳（*Cinchona succirubra*）的提取物作为饲用添加剂，肉鸡在 14 日龄时用 6×10^4 个柔嫩艾美耳球虫的孢子化卵囊进行攻毒。结果表明，植物提取物的混合物对球虫感染肉鸡的性能产生了积极影响。

此外，其他研究人员还注意到添加含有皂苷的草本植物提取物对肉鸡的有益作用。与对照组相比，8 日龄肉鸡试验性感染 4×10^4 个柔嫩艾美耳球虫和 4×10^6 个堆型艾美耳球虫的孢子化卵囊后，日粮中添加皂苷可以显著提高饲料转化率（Muriel 等，2005）。Oviedo-Rondon 等（2006）发现，百里香酚、丁子香酚、姜黄素和胡椒碱等混合的草本植物提取物具有显著的效果，这些物质分别来自百里香（*Thymus vulgaris*）、丁香（*Syzygium aromaticum*）、肉桂（*Cinnaminum zeylanicum*）和胡椒（*Pipper nigrum*）。在肉鸡 19 日龄时，人工感染柔嫩艾美耳球虫、堆型艾美耳球虫和巨型艾美耳球虫的孢子化卵囊，而且其中一半受到感染的鸡早在出雏时就已经接种了 Advent 球虫疫苗。该研究表明，与对照组相比，植物提取物混合物可以改善球虫感染后家禽的生长性能，并且可以作为抗球虫药的替代品，但在已经接种了抗球虫病疫苗的处理组上观察不到该效果。需要注意的是，该试验是给肉鸡饲喂 100mg/kg 含 30％活性物质的产品，实际上这个剂量可能太低。

Hauck 和 Hafez（2008）研究了 3 种包被的植物提取物在体外对组织滴虫的最小致死浓度及其在培养物中抑制组织滴虫生长的作用。结果发现，添加 1.25～2.5μL/mL 植物提取物 48h 后会杀死组织滴虫。相同浓度下，包被的植物提取物还限制了微生物的生长。

Naidoo 等（2008）发现，在肉鸡日粮中添加紫罗兰（*Tulbaghia violacea*）对排囊率可产生积极影响，而且具有与妥曲珠利类似的饲料转化率（Naidoo 等，2008）。结果表明，使用含抗氧化剂的植物也可能有助于预防艾美耳球虫感染。然而，植物活性成分必须易于在脂质中分配，以便能够大量渗透到细胞内，从而影响原生动物寄生虫。这为我们将来进行更大规模地评估植物提取物的抗球虫功效提供了强大的推动力。同样，Tsinas 等（2011）研究了日粮中添加牛至提取物对感染堆型艾美耳球虫和巨型艾美耳球虫的肉鸡在第 2 周龄生产性能的影响时发现，两种水平的牛至提取物（30mg/kg 和 60mg/kg）均能提高增重和改善饲料转化率，与饲喂抗球虫药盐霉素钠或未受攻毒处理的家禽相比，增重和饲料转化率相同。而且感染 10d 后，攻毒对照组的性能表现低于其他处理组。在评估了生长性能参数、血性腹泻程度、死亡率、发病率和存活率、肠道损伤评分及粪便中的卵囊排出等指标之后，研究者明确指出，牛至提取物所具有的对堆型艾美耳球虫和巨型艾美耳球虫的抗球虫作用类似于盐霉素钠。

同样在牛至试验中，牛至减轻了柔嫩艾美耳球虫感染对增重和饲料转化率的负面影响，牛至的最有效添加量为 5.0 g/kg 和 7.5g/kg（Giannenas 等，2004）。该研究认为，10g/kg 的牛至不具有保护作用，可能是由于其酚类成分在添加量较高的情况下具有毒性或对日粮的适口性产生了不利影响。高浓度的酚类化合物可能会对禽类的肠上皮细胞产生不利的影响（Weber 和 De Bont，1996）。需要考虑的是酚类化合物（如香芹酚和百里香酚）可能会影响已经被细胞内病原体感染的肠黏膜成熟细胞的上层。香芹酚具有疏水特性，可导致细胞膜之间的相互作用（Sikkema 等，1995）。香芹酚浓度的升高可能致使该物质积累及与细胞膜磷脂双分子层的相互作用，从而影响膜的流动性（Weber 和 De Bont，1996；Giannenas 等，2003）。

根据发表的文献，植物及其提取物有望成为控制鸡球虫病的替代方法。但是需要进一步的研究以确定其具体作用方式、最有效的给药水平，以及与使用单一组分相比较，混合使用时可能产生的相互作用。

（二）坏死性肠炎

肉鸡坏死性肠炎（NE）被认为是一种全球性疾病，具有潜在的致命性，鸡群的死亡率为 1%～30%（Dahiya 等，2006）。产气荚膜梭菌是坏死性肠炎的病原体，其 A 型或 C 型几乎普遍存在，是革兰氏阳性、产芽孢的、极高产毒的厌氧菌（Van Immerseel 等，2004；Timbermont 等，2011；Chan 等，2016；Tsiouris，2016）。这种细菌普遍存在于土壤、灰尘、粪便、饲料、垫料和肠道消化物中。坏死性肠炎通常在 2～6 周龄的肉鸡中出现，并往往伴随突发的腹泻，且后期尸检通常显示肠黏膜坏死和小肠产气荚膜梭菌的过度生长（Timbermont 等，2011；Tsiouris 等，2015，2016）。

坏死性肠炎每年可给全球的家禽生产造成巨大的损失（Chan 等，2016）。此外，由于轻度或亚临床形式的坏死性肠炎不容易诊断，因此由亚临床形式的坏死性肠炎造成的损失可能更大。原因是禽类生长受限，胴体重量减少和饲料转化率较差（Timbermont 等，2011；Tsiouris 等，2015，2016）。坏死性肠炎会导致高死亡率和严重的经济损失，尽管大规模的坏死性肠炎很少暴发。

通常情况下，产气荚膜梭菌在健康鸡肠道消化物中的数量较低（$<10^4$ CFU/g）。因此，产气荚膜梭菌很容易通过粪便和破裂的肠道在屠宰场和肉类加工车间中扩散。产气荚膜梭菌则被认为是主要的病原体，是导致坏死性肠炎暴发的必要因素（Dahiya 等，2006；Tsiouris 等，2015）。对于坏死性肠炎的试验攻毒模型，简单地说是用产气荚膜梭菌和 10 倍剂量的减毒抗球虫疫苗来感染鸡，使用特殊日粮配方及使用传染性法氏囊病疫苗进行免疫抑制诱导。

Mitsch 等（2004）的试验结果表明，以香芹酚、百里香酚和丁香酚为主的植物提取物混合物能够抑制产气荚膜梭菌在肉鸡肠道中增殖，并可能减少与球虫病相关的并发症。研究表明，大蒜或肉桂中的生物活性物质表现出了有效的抗球虫和抗菌作用（Lee 等，2011；Kim 等，2013；Chang 等，2016）。

（三）弯曲杆菌感染

空肠弯曲杆菌（*Campylobacter jejuni*）是鸡群中极为常见的细菌，被认为是引起人类严重急性胃肠炎的病原体。空肠弯曲杆菌是一种革兰氏阴性的螺旋杆状细菌，单极或双极有一个鞭毛，通常存在于各种畜禽尤其是鸡的肠道中，被人类摄入后是一种潜在的病原体（Allos，2015）。据报道，约 90%的人类弯曲杆菌感染由空肠弯曲杆菌引起。鸡被认为是人类感染弯曲杆菌的主要来源（Van De Giessen 等，1998；Santini 等，2010；Sahin 等，2015；Guyard-Nicodeme 等，2016）。

家禽感染后可以表现出健康和无症状，但在肠道食糜中，主要在盲肠中携带大量弯曲杆菌，可高达 10^8～10^9CFU/g（Hermans 等，2011；Thibodeau 等，2015）。虽然对鸟类来说，大多数情况下弯曲杆菌感染是非致病性的，但有时它可以在家禽中引起临床疾病，增加死亡率和减少产量（Humphrey 等，2014）。在屠宰场或进一步加工过程中，鸡胴体可能被弯曲杆菌污染（Hermans 等，2011）。当人们食用未煮熟的鸡肉或受污染的鸡肉产品时会引起肠胃炎，严重程度从轻度水样腹泻到血性痢疾（CDC，2014；Allos，2015；Thibodeau 等，2015）。

由弯曲杆菌引起的大量疾病、感染的严重程度和造成的经济损失，使得有必要研究出限制其在禽中传播和通过食物链传播给人类的方法（CDC，2014）。减少或消除弯曲杆菌在胃肠道中定殖的方法包括改进卫生和生物安全措施、免疫接种、饮用水消毒和使用抗菌剂（Chaveerach 等，2004；Thibodeau 等，2015）。Gracia 等（2016）详述了弯曲杆菌试验攻毒模型，其中包括在 17 日龄时单独口服接种 10^7 CFU/mL 空肠弯曲杆菌。有报道指出，氨基酸金属螯合物（如铁与酪氨酸螯合）可以有效减少肠道中空肠弯曲杆菌的数量（Skoufos 等，2019）。使用饲料添加剂的组合，如植物生物活性物质与金属螯合物或益生菌能否可以完全有效地降低弯曲杆菌在动物链中的威胁尚待进一步研究。

四、在猪体内外的抗菌活性

植物及其提取物作为一种天然的、公认安全（GRAS）的饲料添加剂，能够保护动物健康、提高生产性能和肉品质，因此在全球养猪业中逐渐被普遍使用。关于植物及其提取物在猪营养中的使用是将其作为诱食和提高饲料的适口性（Omonijo 等，2017；

Stevanovic 等，2018）。Janz 等（2007）报道过猪表现出对一些芳香植物的偏好。例如，与添加生姜或牛至的日粮相比，添加了迷迭香和大蒜的日粮更受欢迎。此外，Jugl-Chizzola 等（2006）注意到与饲喂标准日粮的对照组相比，在日粮中添加牛至或百里香时断奶仔猪的饲料消耗量更低。一些植物，如肉桂、月桂、丁香、豆蔻和薄荷被认为对猪有刺激食欲的作用（Loo 和 Richard，1992）。

仔猪和成年猪的采食量可能受多种因素的影响，如圈舍条件和日粮组成。在一篇评估植物提取物对猪采食量影响的综述中，与对照组相比，植物提取物组平均采食量增加 9%～12%（Franz 等，2010）；另一篇综述报告增加了 3%～19%（Zeng 等，2015）。目前尚不清楚采食量的增加是改善了适口性，还是提高了生长率和体重的结果（Windisch 等，2008）。芳香植物及其提取物常常具有强烈的气味，这在一定程度上可以吸引仔猪，使它们更频繁且更大量地去尝试和采食（Nyachoti 等，2004）。当然，过浓的味道或气味也有可能会产生完全相反的效果。在一项有关食用茴香提取物的研究中发现，仔猪的采食量减少（Schone 等，2006）。此外，猪对食用低水平的百里香酚（500mg/kg）日粮没有任何偏好，而饲喂极高水平百里香酚（2 000mg/kg）的日粮会导致猪几乎完全拒绝采食（Michiels 等，2009）。

使用植物提取物作为饲料添加剂，还有一些有趣的问题，即它们在胃肠道中的活跃位置和持续时间。据报道，仔猪采食的膳食生物活性物质，如香芹酚、百里香酚、丁香酚和肉桂醛，在 2h 内就几乎完全被胃或小肠的第一部分吸收（Michiels 等，2008）。或许应开发受保护形式的植物提取物就可以延迟释放和吸收，直至它们到达肠道后部（De Lange 等，2010），但目前并没有一致的理论支持。

许多芳香和药用植物及其提取物已被作为仔猪和育肥猪的有益饲料添加剂，如牛至/止痢草提取物（Kyriakis 等，1998；Tsinas 等，1998）。在日粮中联合添加香芹酚、辣椒油树脂和肉桂醛，可以积极改善断奶仔猪的胃肠道菌群（Manzanilla 等，2004）。相同的混合日粮（添加 270mg/kg）能够改变猪的淋巴细胞水平，保护肉免受氧化，其抗氧化活性等同于在日粮中添加 90mg/kg 的 α-生育酚。

与日粮中添加牛至提取物（500mg/kg）相比，添加干的牛至叶和花（1 000mg/kg）也可以降低死亡率和减少泌乳期的淘汰、缩短配种间隔、提高活产仔猪数及减少死胎（Allan 和 Bilkei，2005）。根据另一项研究，与未饲喂牛至而生产出的培根相比，当给猪饲喂添加牛至的日粮后，其生产出的未经加工的腹部培根在贮存期间（34 周）能表现出更强的稳定性（Bauer 等，2001）。添加植物及其提取物和高水平维生素 E 在猪的平均日增重方面表现出了协同作用（Bilkei 和 Gertenbach，2001）。在母猪日粮中添加止痢草提取物（好力高——译者注）可以改善仔猪的生长性能，这可能是减轻了母猪在妊娠后期、分娩期和泌乳期所遭受的氧化应激（Tan 等，2015）。因此，以香芹酚和百里香酚为主的牛至提取物可延缓肉品的脂肪氧化速度，提高肉制品的质量和延长货架期。然而在某些情况下，也有日粮中添加牛至提取物并不能改善猪的生长性能、肉质或氧化稳定性的报道（Vichi 等，2001）。

饲用植物及其提取物可有效调节生长育肥猪的免疫功能。肠道菌群与肠道上皮免疫系统的相互作用可能与微生物共生，对动物有益，也可能会产生负面影响（Purchiaroni 等，2013）。饲用植物及其提取物可以通过影响胃肠道微生物群的增殖和定殖，或直接作为外来刺激物作用于免疫细胞，从而影响免疫反应（Manzanilla 等，2006）。在一项给断奶仔猪饲喂香芹酚、肉桂醛和辣椒油树脂的混合物试验中，空肠和回肠上皮内的淋巴细胞数量减少，而固有层中的淋巴细胞数量增加（Manzanilla 等，2006）。据报道，这些物质可以限制动物 T 细胞的活化和动员（Nofrarias 等，2006）。通过对仔猪淋巴细胞增殖率、吞噬率及 IgG、IgA、IgM、C3 和 C4 水平的测定发现，在日粮中添加植物及其提取物可影响仔猪血清免疫相关指标（Li 等，2012）。在断奶仔猪日粮中添加植物及其提取物可以增强非特异性细胞和特异性体液免疫应答（Halas 等，2011）。其他试验未能显示日粮中添加植物及其提取物对仔猪（Cho 等，2006）或育成猪（Yan 等，2010）的免疫应答（Ariza-Nieto 等，2011）及血清 IgG 水平有益处。在任何情况下，对免疫系统的影响都应该详细评估，因为与对外来物质（非危险物质）的免疫反应相比，机体对肠道细菌的免疫反应需必要的平衡。当然，我们可以尝试用其他的攻毒模型来鉴定植物及其提取物对猪免疫力的特定作用（Stevanovic 等，2018；Zhai 等，2018）。

日粮中添加 3g/kg 的商品牛至和牛至提取物（500g/kg）可提高猪的增重（特别是发育迟缓的猪），对血细胞具有明显的免疫刺激作用，这与非特异性免疫有关（Walter 和 Bilkei，2004）。此外，给断奶仔猪进行的饲用添加剂与大肠杆菌的疫苗接种（VT2e 类毒素）结合试验发现，由大肠杆菌导致的猪的死亡率降低，生长速度提高（Ken 和 Bilkei，2003）。在类似的试验中，与对照组或日粮中添加抗生素组相比，添加牛至提取物可改善仔猪的胴体重、屠宰率和胴体长度，且皮下脂肪厚度更薄（Onibala 等，2001）。给动物饲喂植物及其提取物的另一种方法是通过饮水。将主要由牛至提取物组成的液体混合物投入到断奶仔猪的饮用水中，饮用这种水的仔猪在断奶 2 周后体重增加（Van Krimpen 和 Beinnendijk，2001）。植物及其提取物的有效成分是在胃肠道中发挥作用的，因此可以影响营养物质的消化吸收，改变仔猪和成年猪的肠道菌群，尽管这种作用并不总是很明显（Moller，2001）。

体外试验表明，植物提取物与常用抗生素具有协同作用，可以增强对肠道致病菌的抗菌活性（Langeveld 等，2014）。与土霉素、氨苄青霉素、强力霉素、庆大霉素、恩诺沙星和磺胺二甲嘧啶相比，猪日粮中添加的牛至表现出对大肠杆菌具有更低的最小抑菌浓度（Docic 和 Bilkei，2003）。日粮中添加植物及其提取物对母猪也有益。一项关于哺乳母猪的试验表明，饲喂牛至提取物或金霉素的母猪，断奶至发情间隔更短，产仔率更高（Kis 和 Bilkei，2003）。类似的试验也显示，哺乳期间给母猪饲喂添加牛至提取物的日粮（1 000mg/kg），母猪表现出多项产仔优势：高产仔数、低死亡率和淘汰率、较高的产仔率等（Kovac 和 Bilkei，2003）。显然植物及其提取物可以改变猪的胃肠道菌群，可能增加有益细菌的种群数量。在日粮中添加不同植物生物活性物质增加了猪空肠（Manzanilla 等，2006）和盲肠（Castillo 等，2006）中乳酸杆菌的数量，提高了乳酸杆菌与肠杆菌的比例。另一项体外试验显示，肉桂醛对大肠菌群特别是大肠杆菌具有很强的抑制作用，而对乳酸杆菌的抑制作用不明显（Michiels 等，2008）。

研究发现，在仔猪日粮中添加牛至提取物能抑制金黄色葡萄球菌和大肠杆菌的生长（Biondi 等，1993；Elgayyar 等，2001）。Gutiérrez（2010）观察到香芹酚能显著抑制金黄色葡萄球菌（*S. aureus*）种群，并在仔猪断奶过渡期间能够稳定肠道总菌群数。其他研究表明，日粮中添加的止痢草/牛至提取物对猪的生长有促进作用（Kyriakis 等，1998，

Tsinas 等，1998）。

五、在反刍动物体内外的抗应激活性

芳香和药用植物及其提取物作为反刍动物饲料添加剂，可能是影响瘤胃发酵，提高饲料转化率和生产性能，以及改善产品质量，主要是乳和肉的质量（Benchaar 等，2009）。植物提取物能够调控瘤胃发酵（Ando 等，2003；Benchaar 等，2007b；Castillejos 等，2007）和 NH_3的产生（Wallace 等，2002），影响粗蛋白在瘤胃中的降解（Djouvinov 等，1997），并在瘤胃中展示出抗菌特性，以上特性可能使其成为反刍动物用抗生素的潜在替代品（Giannenas 等，2013a）。在过去的 20 多年里，许多研究报道了植物提取物对反刍动物消化、瘤胃发酵及氮和能量代谢的可能益处（Benchaar 等，2008，2009；Chaves 等，2008）。据报道，来自牛至、百里香和薄荷等芳香植物的提取物可以影响瘤胃细菌群落结构（Christaki 等，2012；Giannenas 等，2013a；Patra 和 Yu，2015）。酚类物质在降低厚壁菌门（Firmicutes）、梭菌类（*Clostridia*）和丁酸弧菌属（*Butyrivibrio*）的丰度方面，表现出比其他植物提取物更强的抗菌活性（Patra 和 Yu，2015）。人们对来自百里香、牛至、肉桂和柠檬等 5 种不同提取物的组合进行研究发现，组合的提取物具有抑制瘤胃发酵和降低瘤胃微生物数量的作用，降低了甲烷的产生、瘤胃中的氨及乙酸与丙酸的比例（Lin 等，2012）。Benchaar 等（2007a，2007b）报道，在肉桂叶、丁香叶、甜橙、牛至和百里香提取物中，只有香芹酚、肉桂醛、丁子香酚和百里香酚中的酚类物质具有抗菌活性，日粮发酵性能降低，挥发性脂肪酸（VFA）中的丙酸减少而丁酸增加，但这种发酵方式的改变在营养上是否对奶牛有利尚值得商榷。Macheboeuf 等（2008）发现，当使用 5mmol/L 牛至或肉桂提取物时，甲烷产量减少了 98%，但使用相同剂量的其他提取物只减少了 12%。Evans 和 Martin（2000）指出，体外添加百里香提取物（0.4g/L）可以减少高达 94%的甲烷产量。Patra 和 Yu（2012）测试了丁香、桉树、大蒜、牛至和薄荷 5 种不同的植物提取物发现，添加 1g/L 的剂量时，牛至和大蒜提取物可导致最大的甲烷减少量。日粮中添加牛至叶（250～750g/d）可降低进食后 8h 内瘤胃甲烷的产生量（Hristov 等，2013）。在类似的试验中，奶牛采食添加牛至提取物（0.2g/kg 和 1.0g/kg，以干物质计）日粮并没有产生不同的甲烷产量，但牛奶的风味得到了改善（Lejonklev 等，2016）。

Joch 等（2016）报道，体外检测的丁子香酚、香芹酚、柠檬醛、柠檬烯、1,4-桉树酚、对花蒿烯、芳樟醇、冰片乙酸酯、α-蒎烯和 β-蒎烯能够抑制反刍动物的甲烷产量。其中，只有柠檬烯、1,4-桉树酚、冰片乙酸酯和 α-蒎烯能够降低甲烷的产量，而没有影响 VFA 的产量，仅冰片乙酸酯能够降低每摩尔挥发性脂肪酸的甲烷排放量。

日粮组分在瘤胃内通过正常的微生物发酵，会造成日粮蛋白质和能量以氨态氮和甲烷形式的大量损失。日粮降解是反刍过程中微生物发酵和物理分解的综合结果（Hart 等，2008）。许多植物提取物作为瘤胃发酵调节剂已被证实具有积极作用（Molero 等，2004）。人们通过试验发现，日粮中添加植物提取物，如茴香、雪松木、肉桂、桉树和茶树的提取物均具有积极作用，即增加中间产物［维生素 A 或共轭亚油酸（CLA）］的生物氢化作用、降低终产物（C18：0）的生物氢化作用、降低氨氮浓度、增加丙酸盐的比例（Gunal 等，2014）。Cardozo 等（2006）认为，植物提取物对瘤胃发酵和日粮利用的不一致性可能受到瘤胃 pH 的影响，因为 pH 改变了游离的或非游离的提取物中的分子平衡。Ahmed 等（2014）观察到，添加 400mL/kg 和 800mL/kg 桉树、肉桂、薄荷、百里香和柠檬的混合物，对巴尔奇绵羊（Barki）的氮平衡、瘤胃 pH、短链脂肪酸或氨态氮浓度均无显著影响。Chaves 等（2008）报道，与对照组相比，饲喂 0.2g/kg（以干物质计）香芹酚或肉桂醛可以降低羔羊瘤胃的 pH，提高总挥发性脂肪酸的浓度。Santra 等（2012）检测了 32 种植物的 96 种提取物后发现，只有 29 种植物提取物（占 30.2%）可有效抑制体外甲烷生成（20%或以上的甲烷生成减少）。此外，据报道，提取溶剂的种类会影响结果，因为被试植物的乙醇提取物在降低瘤胃甲烷生成和纤毛虫原生种群方面比同一植物的甲醇提取物更有效。

一些研究表明，植物精油不会影响纤维降解，但可以通过限制淀粉分解菌和蛋白水解菌对这些底物的定殖和消化，从而降低微生物对粗蛋白质和淀粉等易消化物质的降解速度（Wallace 等，2002；Hart 等，2008）。Benchaar 等（2006，2007b）指出，给奶牛饲喂植物提取物的混合物时（750mg 或 2g），不影响干物质采食量、产奶量和乳成分。Hosoda 等（2006）用 20kg 薄荷（以干物质计）饲喂奶牛，以及 Yang 等（2007）用大蒜（5g/d）和杜松子（2g/d）饲喂奶牛均获得了相似的结论。Cardozo 等（2006）报道了给肉牛饲喂辣椒提取物对采食和瘤胃发酵特性的有益影响。相比之下，用肉桂醛和丁子香酚的混合物饲喂肉牛（Cardozo 等，2006），以及用高剂量肉桂醛饲喂奶牛（Busquet 等，2003）对采食有负面影响。Benchaar 等（2007b）发现，给奶牛饲喂植物提取物（750mg/d）后，牛奶中的脂肪酸组成没有显著差异。但当添加的该混合物高达 2g/d 时，可使乳脂中对健康有益的不饱和脂肪酸——共轭亚油酸（CLA）的百分比增加。

Bambidis 等（2005）通过小型反刍动物试验发现，用牛至叶饲喂生长期羔羊时，干物质采食量、平均日增重和饲料转化率没有差异。Kung 等（2008）发现，每天给每头奶牛提供 0.6g 的百里香酚、丁子香酚、丁香油、香兰素、愈创木酚和柠檬烯的商品混合物，可以提高干物质采食量和改善饲料转化率，这可能是由于丙酸盐摩尔比的增加。此外，Simitzis 等（2005）观察绵羊对 4 种不同植物提取物（桉树、薄荷、橙子以及牛至）的行为反应时发现，在自由选择的情况下，饲喂以上物质将导致日粮消耗量减少和采食次数增加。

植物提取物的活性成分可能通过影响超氨产生菌来改变瘤胃氮代谢，这些超氨产生菌具有使氨基酸脱氨和产生氨气的特性（Giannenas 等，2018a）。这一效应在提高植物提取物的添加水平时表现得很明显，但这种添加水平可能会影响其他瘤胃菌群并减少挥发性脂肪酸的产生量。植物提取物的另一个重要益处是对甲烷生成的抑制作用，但对于这方面的研究仍未有定论（Benchaar 等，2008；Giannenas 等，2018a）。体内外研究均表明，长期使用植物提取物可使瘤胃菌群对其产生适应性，并限制其有效性（McIntosh 等，2003；Mohammed 等，2004；Benchaar 等，2008；Giannenas 等，2018a）。体外连续培养发酵试验表明，与对照组相比，添加 7.5mg/kg 止痢草提取物（以干物质计）可以在发酵的前 6d 增加乙酸盐的含量，降低丙酸盐的比例。然而，这种对挥发性脂肪酸的影响在 7d 后减弱，研究者推测这是瘤胃微生物适应了植物精油活性成分的结果（Carnozo 等，2004）。

在反刍动物日粮中添加不同植物提取物活性物质的体内研究，有助于揭示其调控瘤胃微生物菌群的潜力，未来的研究将从调控细菌种群和发酵，以改善饲料消化率和反刍动物健康，同时降低对环境的不利影响。

六、对家兔的影响

对家兔日粮中使用植物及其提取物作为添加剂也有一些研究。研究表明，在日粮中添加姜黄（2g/kg或4g/kg）可以显著增加雄性新西兰白兔的体重，提高日粮的利用率，但降低了血清中的丙氨酸转氨酶（ALT）和碱性磷酸酶（ALP），提高了异常精子数量（Ogbuewu等，2017）。Amber等（2018）报道，在热应激条件下，低密度笼养家兔日粮里添加1%番茄红素可以获得最优的生产性能并创造最佳的经济效益。研究也发现，添加干牛至可以改善家兔的生产性能（Ayala等，2011）和健康（Pogany-Simonova等，2010），并影响胴体组成（Pogany-Simonova等，2010）。然而，也有试验并未显示出牛至提取物对家兔生长性能的改善，但增强了生的或煮熟的肌肉组织的抗氧化能力（Botsoglou等，2004；Soultos等，2009）。因此，日粮中的植物提取物可能会在肉中积聚，屠宰后会延缓黏液和异味的产生，并且在冷藏过程中会呈现出抗菌活性（Soultos等，2009；Giannenas等，2018a）。为了建立能够鉴定和定量家兔组织中低水平的植物提取物及其代谢物的新的分析方法，还需要对其进一步研究（Soultos等，2009；Giannenas等，2018a）。

七、结论

近年来，许多文献报道表明，植物及其提取物在体内外均具有抗菌、抗寄生虫、免疫调节、抗炎及抗氧化作用，这些天然成分的饲料添加剂是公认安全的。但是，我们需更多的研究，来确认日粮添加策略有明确和特定的有益效果，如改善饲料转化率或提高肠道健康水平。植物及其提取物对于动物生产性能的有效性取决于许多因素，如植物原料的变异性、提取和制备方法，实验动物的种类，植物及其提取物的添加量以及与其他饲料成分的相互作用。因此，进一步研究动物胃肠道生态系统的复杂性是有必要的。全面了解饲用芳香植物、草药产品和植物活性物质在降低动物疾病发病率方面的生物活性仍然是一个挑战。体内试验和药理研究揭示细菌、原生动物、寄生虫和宿主，动物的健康和疾病、亚临床疾病，次佳和最佳性能之间的平衡之谜，有助于将植物及其提取物作为替代药物应用于动物生产中。随着植物及其提取物在动物日粮中的应用不断增加，我们需要解决的是植物及其提取物的安全性、毒性和副作用问题，并改良和标准化植物及其提取物的提取方法，以保证产品品质一致。未来，植物及其提取物有在动物日粮和养殖中占据重要位置的潜力，也可能被认定为环境友好型生产的必需品。

（初雷，译；邵彩梅，谢正露，金立志，校）

参　考　文　献

Adam，K.，Sivropoulou，A.，Kokkini，S.，Lanaras，T.，Arsenakis，M.，1998. Antifungal activities of Origanum vulgare subsp. hirtum，Mentha spicata，Lavandula angustifolia，and Salvia fruticosa essential oils against human pathogenic fungi. J. Agric. Food Chem. 46, 1739-1745.

Ahmed, M. G., Elzarkouny, S., El-Shazly, K. A., Sallam, S., 2014. Impact of essential oils blend on methane emission, rumen fermentation characteristics and nutrient digestibility in barki sheep. J. Agric. Sci. 6, 144-156.

Akhtar, M. S., Riffat, S., 1985. Evaluation of Melia azedarach Linn. seeds (Bahain) and piperazine against Ascaridia galli infection in chickens. Pak. Vet. J. 5, 34-37.

Al-Kassie, G. A. M., 2009. Influenceof two plant extracts derived from thyne and cinnamon on broiler performance. Pak. Vet. J. 29, 169-173.

Al-Mnaser, A., Woodward, M. J., 2017. Oregano extract as an alternative to antibiotics in poultry feed. In: N8 Agrifood International Conference 2017. Food Production for the Future. Durham University, Durham, UK.

Alcicek, A., Bozkurt, M., Cabuk, M., 2003. The effect of an essential oil combination derived from selected herbs growing wild in Turkey on broiler performance. S. Afr. J. Anim. Sci. 33, 89-94.

Alekshun, M. N., Levy, S. B., 2007. Molecular mechanisms of antibacterial multidrug resistance. Cell 128, 1037-1050.

Allan, P., Bilkei, G., 2005. Oregano improves reproductive performance of sows. Theriogenology. 63, 716-721.

Allen, P. C., Lydon, J., Danforth, H. D., 1997. Effects of components of Artemisia annua on coccidia infections in chickens. Poult. Sci. 76, 1156-1163.

Allos, B. M., 2015. Campylobacter infections. In: Goldman, L., Schafer, A. I. (Eds.), Goldman's Cecil Medicine, twenty fifth ed. Elsevier Saunders, Philadelphia, PA.

Alvarez, M. V., Moreira, M. R., Ponce, A., 2012. Antiquorum sensing and antimicrobial activity of natural agents with potential usc in food. J. Food Saf. 32, 379-387.

Amber, K. H., Eid, Y. Z., Azoz, A. A., El-Gebaly, M. M., 2018. Effect of stocking density and dietary phytobiotics on growth performance in rabbit during summer season. J. Sus. Agric. Sci. 44, 13-20.

Ando, S., Nishida, T., Ishida, M., Hosoda, K., Bayaru, E., 2003. Effect of peppermint feeding on the digestibility, ruminal fermentation and protozoa. Livest. Prod. Sci. 82, 245-248.

Ariza-Nieto, C., Bandrick, M., Baidoo, S. K., Anil, L., Molitor, T. W., Hathaway, M. R., 2011. Effect of dietary supple-mentation of oregano essential oils to sows on colostrum and milk composition, growth pattern and immune status of suckling pigs. J. Anim. Sci. 89, 1079-1089.

Ayala, L., Silvana, N., Zocarrato, I., Gomez, S., 2011. Use of vulgar oregano (Origanum vulgare) as phytobiotic in fatting rabbits. Cuban J. Agric. Sci. 45, 159-161.

Bampidis, V. A., Christodoulou, V., Florou-Paneri, P., Christaki, E., S, A. B., Chatzopoulou, P. S., 2005. Effect of dietary dried oregano leaves supplementation on performance and carcass characteristics of growing lamps. Anim. Feed Sci. Technol. 121, 285-295.

Bang, K. H., Lee, D., Park, H. J., Rhee, Y., 2000. Inhibition of fungal cell wall synthesizing enzymes by trans-cinnamaldehyde. Biosci. Biotechnol. Biochem. 64, 1061-1063.

Barton, M. D., 1999. The down-side of antibiotic use in pig production: the effect of antibiotic resistance of enteric bacteria. In: Carnwell, P. D. (Ed.), Manipulating Pig Production. Australasian Pig Science Association, Victoria, Australia.

Bauer, F., Siller, D., Kleineisen, S., Luf, W., Pfannhauser, W., Fenwick, G. R., Khokhar, S. 2001. The influence of feeding sage and oregano on the oxidative stability of raw belly bacon. Biologically active phytochemicals in food: analysis metabolism, bioavailability and function. In: Proceedings of the Eurofoodchem XI Meeting, Nor-wich, UK, 386-388.

Benchaar, C., Calsamiglia, S., Chaves, A. V., Fraser, G. R., Colombatto, D., McAllister, T. A., Beauchemin, K. A., 2008. A review of plant-derived essential oils in ruminant nutrition and production. Anim. Feed Sci. Technol. 145, 209-228.

Benchaar, C., Chaves, A. V., Fraser, G. R., Beauchemin, K. A., McAllister, T. A., 2007a. Effects of essential oils and their components on in vitro rumen microbial fermentation. Can. J. Anim. Sci. 87, 413-419.

Benchaar, C., Hristov, A. N., Greathead, H., 2009. Essential oils as feed additives in ruminant nutrition. In: Steiner, T. (Ed.), Phytogenics in Animal Nutrition. Nuttingham University Press, Nottingham, UK.

Benchaar, C., Petit, H. V., Berthiaume, R., Ouellet, D. R., Chiquette, J., Chouinard, P. Y., 2007b. Effects of essential oils on digestion, ruminal fermentation, rumen microbial populations, milk production, and milk composition in dairy cows fed alfalfa silage or corn silage. J. Dairy Sci. 90, 886-897.

Benchaar, C., Petit, H. V., Berthiaume, R., Whyte, T. D., Chouinard, P. Y., 2006. Effects of addition of essential oils and monensin premix on digestion, ruminal fermentation, milk production and milk composition in dairy cows. J. Dairy Sci. 89, 4352-4364.

Bilkei, G., Gertenbach, W., 2001. Retrospective evaluation of the combined effect of high vitamin E and oregano phtogenic feed additives on the performance of "slow growing" fattening pigs. Biologische Tiermedizin. 18, 83-87.

Biondi, D., Cianci, P., Geraci, C., Ruberto, G., Piattelli, M., 1993. Antimicrobial activity and chemical composition of essential oils from Sicilian aromatic plants. Flavour Fragrance J. 8, 1.

Botsoglou, N. A., Florou-Paneri, P., Christaki, E., Giannenas, I., Spais, A. B., 2004. Performance of rabbits and oxidative stability of muscle tissues as affected by dietary supplementation with oregano essential oil. Arch. Anim. Nutr. 58, 209-218.

Bowles, B., Miller, A., 1993. Antibotulinal properties of selected aromatic and aliphatic aldehydes. J. Food Prot. 56, 788-794.

Bozkurt, M., Giannenas, I., Kucukyilmaz, K., Christaki, E., Florou-Paneri, P., 2013. An update on approaches to con-trolling coccidia in poultry using botanical extracts. Br. Poult. Sci. 54, 713-727.

Brenes, A., Roura, E., 2010. Essential oils in poultry nutrition: main effects and modes of action. Anim. Feed Sci. Tech-nol. 158, 1-14.

Busquet, M., Greathead, H., Calsamiglia, S., Ferret, A., Kamel, C., 2003. Effecto del extracto de ajo y el cinemaldehido sobre la produccion, composicion y residuos en leche en vacas de alta produccion. ITEA. 24, 756-758.

Cardozo, P. W., Calsamiglia, S., Ferret, A., Kamel, C., 2006. Effects of alfalfa extract, anise, capsicum and a mixture of cinnamaldehyde and eugenol on ruminal fermentation and protein degradation in beef heifers fed a high concentrate diet. J. Agric. Sci. 84, 2801-2808.

Carnozo, P. W., Calsamiglia, S., Ferret, A., Kamel, C., 2004. Effects of natural plant extracts on protein degradation and fermentation profile in continuous culture. J. Anim. Sci. 82, 3230-3236.

Castillejos, L., Calsamiglia, S., Ferret, A., Losa, R., 2007. Effects of dose and adaptation time of a specific blend of essential oil compounds on rumen fermentation. Anim. Feed Sci. Technol. 132, 186-201.

Castillo, M., Martin-Orue, S. M., Manzanilla, E. G., Badiola, I., Martin, M., Gasa, J.,

2006. Quantification of total bacteria, enterobacteria and lactobacilli populations in pig digesta by real-time PCR. Vet. Microbiol. 114, 165-170.

CDC, 2014. Campylobacter. Online. CDC, Centers for Disease Control and Prevention. Available: https: //www. cdc. gov/foodsafety/diseases/campylobacter/index. html.

Chan, G., Guthrie, A., Sockett, P., Wilson, J., Moddy, R., Clark, S., 2016. Economic cost-benefit analysis of the use of bacitracin methylene disalicylate in broilers affected with necrotic enteritis. J. Appl. Poult. Res. 24, 74-79.

Chang, C. L. T., Chung, C. Y., Kuo, C. H., Kuo, T. F., Yang, C. W., Yang, W. C., 2016. Beneficial effect of Bidens pilosa on body weight gain, food conversion ratio, gut bacteria and coccidiosis in chickens. PLoS One. 11, e0146141.

Chang, J., 2000. Medicinal herbs: drugs or dietary supplements? Biochem. Pharmacol. 59, 211-219.

Chapman, H. D., 1997. Biochemical, genetic, and applied aspects of drug resistance in Eimeria parasites of the fowl. Avian Pathol. 26, 221-244.

Chapman, H. D., Roberts, B., Shirley, M., Williams, R. B., 2005. Guidelines for evaluating the efficacy and safety of live anticoccidial vaccines, and obtaining approval for their use in chickens and turkeys. Avian Pathol. 34, 279-290.

Chaveerach, P., Kauzenkamp, D. A., Lipman, L. J. A., Van Knapen, F., 2004. Effect of organic acids in drinking water for young broilers on Campylobacter infection, volatile fatty acid production, gut microflora and histologial cell changes. Poult. Sci. 83, 330-334.

Chaves, A. V., Stanford, K., Gibson, L. L., McAllister, T. A., Benchaar, C., 2008. Effects of carvacrol and cinnamaldehyde on intake, rumen fermentation, growth performance, and carcass characteristics of growing lambs. Anim. Feed Sci. Technol. 145, 396-408.

Chen, A., Xu, J., Yang, C., Hong, Q., 2008. Effect of Cinnamon Extracts on Growth Performances and Excreta Urease Activitu and Nitrogen Loss in Broilers. In: Livestock Environment VIII. Curran Associates Inc, Iguassu Falls, Brazil.

Cho, J. H., Chen, Y. J., Min, B. J., Kim, H. J., Kwon, O. S., Shon, K. S., Kim, I. H., Kim, S. J., Asamer, A., 2006. Effects of essential oils supplementation on growth performance, IgG concentration and fecal noxious gas concentration of weaned pigs. Asian-Australas. J. Anim. Sci. 19, 80-85.

Christaki, E., Bonos, E., Giannenas, I., Florou-Paneri, P., 2012. Aromatic plants as a source of bioactive compounds. Agriculture. 2, 228-243.

Christaki, E., Florou-Paneri, P., Giannenas, I., Papazahariadou, M., Botsoglou, N. A., Spais, A. B., 2004. Effect of a mixture of herbal extracts on broiler chickens infected with Eimeria tenella. Anim. Res. 53, 137-144.

Conner, D. E., 1993. Naturally occurring compounds. In: Davidson, P. M., Branen, A. L. (Eds.), Antimicrobials in Foods. Dekker, New York, USA.

Conway, D., McKenzie, E., 2007. Poultry Coccidiosis: Diagnostic and Testing Procedures, third ed. Blackwell Publishing Professional, Iowa, USA.

Crouch, C. F., Andrews, S. J., Ward, R. G., Francis, M. J., 2003. Protective efficacy of a live attenuated anticoccidial vac-cine administered to 1-day-old chickens. Avian Pathol. 32, 297-304.

Dahiya, J. P., Wilkie, D. C., Van Kessel, A. G., Drew, M. D., 2006. Potential strategies for controlling necrotic enteritis in broiler chickens in post-antibiotic era. Anim. Feed Sci. Technol. 129, 60-88.

De Lange, C. F. M., Pluske, J., Gong, J., Nyachoti, C. M., 2010. Strategic use of feed ingredients and feed additives to stimulate gut health and development in young pigs. Livest. Sci. 134, 124-134.

Deans, S. G., Ritchie, G., 1987. Antibacterial properties of plant essential oils. Int. J. Food Microbiol. 5, 165-180.

Deans, S. G., Waterman, P. G., 1993. Biological activity of volatile oils. In: Hay, R. K. M., Waterman, P. G. (Eds.), Volatile.

Oil Crops: Their Biology, Biochemistry and Production. Longman Scientific and Technical, Essex, UK. Dho-Moulin, M., Fairbrother, J. M., 1999. Avian pathogenic Escherichia coli (APEC). Vet. Res. 30, 299-316.

Djouvinov, D., Pavlov, D., Ilchev, A., Enev, E., 1997. Peppermint (Mentha peperita Huds.) and basil (*Ocimum basilicum L.*) etheric oil by-products as roughages for feed feeding. Anim. Feed Sci. Technol. 68, 287-294.

Docic, M., Bilkei, G., 2003. Differences in antibiotic resistance in Escherichia coli, isolated from East-European swine herds with or without prophylactic use of antibiotics. J. Vet. Med. Series B. 50, 27-30.

Duke, J. A., 1986. CRC Handbook of Medicinal Herbs. CRC press, Florida, USA. Economou, K. D., Oreopoulou, V., Thomopoulos, C. D., 1991. Antioxidant properties of some plant extracts of the Labatae family. J. Am. Oil Chem. Soc. 68, 109-113.

Ekstrand, C., Algers, B., Thebo, P., Hooshmand-Rad, P. 1994. Rearing broilers without coccidiostats. In: Proceedings of the Eighth International Congress on Animal Hygiene. Minnesota, USA.

Elgayyar, M., Draughon, F. A., Golden, D. A., Mount, J. R., 2001. Antimicrobial activity of essential oils from plants against selected pathogenic and saprophytic microorganisms. J. Food Prot. 64, 1019-1024.

European Commission, 2018. Report for the Commission to the European Parliament and the Council on the Application of Directive2007/43/EC and its Influence on the Welfare of Chickens Kept for Meat Production, as Well as the Development of Welfare Indicators. European Commission, Brussels, Belgium.

Evans, J. D., Martin, S. A., 2000. Effects of thymol on ruminal microorganisms. Curr. Microbiol. 41, 366.

Evans, J. W., Plunkett, M., Banfield, M., 2001. Effect of an essential oil blend on coccidiosis in broiler chicks. Poult. Sci. 80 (Suppl. 1), 258.

Farag, R. S., Daw, Z., Hewed, F., El-Baroty, G., 1989. Antimicrobial activity of some Egyptian spice essential oils. J. Food Prot. 52, 665-667.

Florou-Paneri, P., Christaki, E., Giannenas, I., Papazahariadou, M., Botsoglou, N. A., Spais, A. B., 2004. Effect of dietary Olympus tea (*Sideritis scardica*) supplementation on performance of chickens challenged with Eimeria tenella. J. Anim. Feed Sci. 13, 301-311.

Franz, C., Baser, K. H. C., Windisch, W., 2010. Essential oils and aromatic plants in animal feeding - a European perspective. A review. Flavour Fragrance J. 25, 327-340.

Gaucher, M.-L., Quessy, S., Letellier, A., Arsenault, J., Boulianne, M., 2015. Impact of a drug-free program on broiler chicken growth performances, gut health, Clostridium perfringens and Campylobacter jejuni occurrences at the farm level. Poult. Sci. 94, 1791-1801.

Giannenas, I., 2008. How to use plant extracts and phytogenics in animal diets. In: Binder, E. M., Schatzmayr, G. (Eds.), World Nutrition Forum, the Future of Animal Nutrition. Nottingham

University Press，Nottingham.

Giannenas，I.，Bonos，E.，Christaki，E.，Florou-Paneri，P.，2013a. Essential oils and their applications in animal nutrition. Med. & Arom. Plant. 2，140.

Giannenas，I.，Bonos，E.，Christaki，E.，Florou-Paneri，P. 2013b. The use of probiotics in the control of avian coccidiosis. In：28th National Congress of the Hellenic Society of Animal Science（HSAS），Florina，Greece.

Giannenas，I.，Bonos，E.，Christaki，E.，Florou-Paneri，P. 2014a. The use of aromatic plant essential oils in the avian coccidiosis control. In：3rd Hellenic Congress on Productive Animals and Food Hygiene，Ioannina，Greece，76.

Giannenas，I.，Bonos，E.，Christaki，E.，Florou-Paneri，P.，2018a. Oregano：a feed additive with functional properties. In：Holban，A. M.，Grumezescu，A. M.（Eds.），Therapeutic Foods，Handbook of Food Engineering，vol. 8. Elsevier Academic Press，London，UK.

Giannenas，I.，Bonos，E.，Filliousis，G.，Stylianaki，I.，Kumar，P.，Lazari，D.，Christaki，E.，Florou-Paneri，P.，2018b. Effect of a polyherbal or an arsenic-containing feed additive on growth performance of broiler chickens，intestinal microbiota，intestinal morphology and lipid oxidation of breast and thigh meat. J. Appl. Poult. Res.

Giannenas，I.，Bonos，E.，Skoufos，I.，Tzora，A.，Stylianaki，I.，Lazari，D.，Tsinas，A.，Christaki，E.，Florou-Paneri，P.，2018c. Effect of herbal feed additives on performance parameters，intestinal microbiota，intestinal morphology and meat lipid oxidation of broiler chicken. Br. Poult. Sci. 59，545-553.

Giannenas，I.，Florou-Paneri，P.，Botsoglou，N. A.，Christaki，E.，Spais，A. B.，2005. Effect of supplementing feed with oregano and/or atocopheryl acetate on growth of broiler chickens and oxidative stability of meat. J. Anim. Feed Sci. 14，521-535.

Giannenas，I.，Florou-Paneri，P.，Papazahariadou，M.，Botsoglou，N. A.，Christaki，E.，S，A. B.，2004. Effect of diet sup-plementation with ground oregano on performance of broiler chickens challenged with Eimeria tenella. Archiv. Geflug. 68，247-252.

Giannenas，I.，Florou-Paneri，P.，Papazahariadou，M.，Christaki，E.，Botsoglou，N. A.，S，A. B.，2003. Dietary oregano essential oil supplementation on performance of broilers challenged with Eimeria tenella. Arch. Anim. Nutr. 57，99-106.

Giannenas，I.，Kyriazakis，I.，2009. Phytobased production for the control of intestinal diseases in chicken in the post antibiotic era. In：Steiner，T.（Ed.），Phytogenics in Animals Nutrition. Natural Concepts to Optimize Gut Health and Performance. Nottingham University Press，Nottingham，UK.

Giannenas，I.，Tzora，A.，Sarakatsianos，I.，Karamoutsios，A.，Skoufos，S.，2016. The effectiveness of the use of oregano and laurel essential oils in chickens' feeding. Ann. Anim. Sci. 16，779-796.

Giannenas，I. A.，Papaneophytou，C. P.，Tsalie，E.，Triantafillou，E.，Tontis，D.，Kontopidis，G. A.，2014b. The effects of benzoic acid and essential oil compounds in combination with protease on the performance of chickens. J. Anim. Feed Sci. 23，73-81.

Gracia，M. I.，Millan，C.，Sanchez，J.，Guyard-Nicodeme，M.，Mayot，J.，Carrer，Y.，Csorbai，A.，Chemaly，M.，Medel，P.，2016. Efficacy of feed additives against Campylobacter in live broilers during the entire rearing period：Part B. Poult. Sci. 95，886-892.

Gunal，M.，Ishlak，A.，Abughazaleh，A. A.，Khattab，W.，2014. Essential oils effect on rumen fermentation and byhydrogenation under in vitro conditions. Czech J. Anim. Sci. 59，450-459.

Gutierrez, O. P., 2010. Unraveling Piglet Gut Microbiota Dynamics in Response to Feed Additives. Ph. D. thesis. Wageningen University, Wageningen, NL.

Guyard-Nicodeme, M., Keita, A., Quesne, S., Amelot, M., Pezevara, T., Le Berre, B., Sanchez, J., Vesseur, P., Martin, A., Medel, P., Chemaly, M., 2016. Efficacy of feed additives against Campylobacter in live broilers during the entire rearing period. Poult. Sci. 95, 298-305.

Halas, V., Nochta, I., Pasti, Z., Szabo, C., Tothi, R., Tossenberger, J., Babinszky, L., 2011. Cellular immune response of weaned pigs fed diet supplemented with an essential oil. Agr. Conspec. Sci. 76, 279-282.

Hammer, K. A., Carson, C. F., Riley, T. V., 1999. Antimicrobial activity of essential oils and other plant extracts. J. Appl. Microbiol. 86, 985-990.

Hart, K. Z., Yanez-Ruiz, D. R., Duval, S. M., McEwan, N. R., Newbold, C. J., 2008. Plant extracts to manipulate rumen fermentation. Anim. Feed Sci. Technol. 147, 8-35.

Hauck, R., Hafez, H. M., 2008. Effect of coated plant extracts on Histomonas meleagridis and growth of bacteria in vitro. Avian Dis. 51, 880-883.

Hay, R., Waterman, P. G., 1993. Volatile Oil Crops: Their Biology, Biochemistry and Production. Longman Scientific and Technical, New York, USA.

Helander, M., Alakomi, H., Latva-Kala, K., Mattila-Sandholm, T., Pol, I., Smid, E. J., Gorris, L. G. M., Wright, A. V., 1998. Characterization of the action of selected essential oil components on Gram-negative bacteria. J. Agric. Food Chem. 46, 3590-3595.

Hermans, D., Van Deun, K., Messens, W., Martel, A., Van Immerseel, F., Haesebrouck, F., Rasschaert, G., Heyndrickx, M., Pasmans, F., 2011. Campylobacter control in poultry by current intervention measures ineffective: urgent need for intensified fundamental research. Vet. Microbiol. 152, 219-228.

Hosoda, K., Nishida, T., Park, W. Y., Eruden, B., 2006. Influence of Mentha piperita L. (peppermint) supplementation on nutrient digestibility and energy metabolism in lactating dairy cows. Asian Australas. J. Anim. Sci. 18, 1721-1726.

Hristov, A. N., Lee, C., Cassidy, T., Heyler, K., Tekippe, J. A., Varga, G. A., Cort, B., Brandt, R. C., 2013. Effect of Origanum vulgare L. leaves on rumen fermentation, production, and milkfatty acid composition in lactating cows. J. Dairy Sci. 96, 1189-1202.

Ibrir, F., Greathead, H. M. R., Forbes, J. M., 2001. The Effect of Thymol/Carvacrol on the Performance of Broiler Chickens Infected with Eimeria Acervulina (Oslo, Norway).

Ibrir, F., Greathead, H. M. R., Forbes, J. M., 2009. Effect of dietary thymol/carvacrol mixture at a range of concentrations on coccidial infection in broiler chickens. In: Proceedings of the 2nd Mediterrenean Summit of WPSA. Antalya, Turkey.

Ishida, T., Ikeda, T., Takiguchi, N., Kuroda, A., Ohtake, H., Kato, J., 2008. Inhibition of quorum sensing in Pseudo-monas aeruginosa by N-acyl cyclopentylamides. Appl. Environ. Microb. 73, 3183-3188.

Jamroz, D., Kamel, C., 2002. Plant extracts enhance broiler performance. J. Anim. Sci. 80, 41.

Jang, I. S., Ko, Y. H., Kang, S. Y., Lee, C. Y., 2007. Effect of a commercial essential oil on growth performance, digestive enzyme activity and intestinal microflora population in broiler chickens. Anim. Feed Sci. Technol. 134, 304-315.

Janssen, A. M., Scheffer, J. J., Ntezurubanza, L., Baerheim-Svendsen, A., 1989. Antimicrobial activities of some Ocimum species grown in Rwanda. J. Ethnopharmacol. 26, 57-63.

Janz, J. A. M., Morel, P. C. H., Wilkinson, B. H. P., Purchas, R. W., 2007. Preliminary investigation of the effects of low-level dietary inclusion of fragrant essential oils and oleoresins on pig performance and pork quality. Meat Sci. 75, 350-355.

Joch, M., Cermak, L., Hakl, J., Hucko, B., Duskova, D., Marounek, M., 2016. In vitro screening of essential oil active compounds for manipulation of rumen fermentation and methane mitigation. Asian-Australas. J. Anim. Sci. 29, 952-959.

Jones, F. A., 1996. Herbs-useful plants. Their role in history and today. Eur. J. Gastroenterol. Hepatol. 8, 1227e1231. Jones, G., 2002. Phytobiotic solutions. Pig Progr. 18, 2-3.

Jugl-Chizzola, Ungerhofer, E., Gabler, C., Hagmuller, W., Chizzola, R., Zitterl-Eglseer, K., Franz, C., 2006. Testing of the palatability of Thymus vulgaris L. and Origanum vulgare L. as flavouring feed additive for weaner pigs on the basis of a choice experiment. Berl. Münchener Tierärztliche Wochenschr. 119, 238-243.

Juven, B. J., Kanner, J., Sched, F., Weisslowicz, H., 1994. Factors that interact with the antibacterial action of thyme essential oil and its active constituents. J. Appl. Bacteriol. 76, 626-631.

Kant, V., Singh, P., Verma, P. K., Bais, I., Parmar, M. S., Gopal, A., Gupta, V., 2013. Anticoccidial drugs used in the poultry: an overview. Sci. Int. 1, 261-264.

Ken, C., Bilkei, G., 2003. Effects of vaccination and of a phytogenic feed additive on postweaning mortality due to Escherichia coli and on piglet performance. Vet. Rec. 153, 302-303.

Kerekes, E. B., Deak, E., Tako, M., Tserennadmid, R., Petkovits, T., Vagvolgyi, C., Krisch, J., 2013. Anti-biofilm forming and anti-quorum sensing activity of selected essential oils and their main components on food-related micro-organisms. J. Appl. Microbiol. 115, 933-942.

Kiczorowska, B., Samolinska, W., Al-Yasiry, A. R. M., Kiczorowski, P., Winiarska-Mieczan, A., 2017. The natural feed additives as immunostimulants in monogastric animal nutritionda review. Ann. Anim. Sci. 17, 605-625.

Kim, D. H., Lillehoj, H., Lee, S., Lillehoj, E., Bravo, D., 2013. Improved resistance to Eimeria acervulina infection in chickens due to dietary supplementation with garlic metabolites. Br. J. Nutr. 109, 76-88.

Kis, R. K., Bilkei, G., 2003. Effect of a phytogenic feed additive on weaning-to-eastrus interval and farrowing rate in sows. J. Swine Health Prod. 11, 296-299.

Kohler, B., 1997. Effects on Gut Microflora. Akzo Nobel, Gland, Switzerland.

Kovac, B., Bilkei, G., 2003. Oregano (*Origanum vulgare*) dietary supplementation increases the reproductive performance of sows. Folia Vet. 47, 207-209.

Kumar, M., Kumar, V., Roy, D., Kushwaha, R., Vaiswani, S., 2014. Application of herbal feed additives in animal nutritionda review. Int. J. Livest. Res. 4, 1-8.

Kung, L., Williams, P., Schmit, R. J., Hu, W., 2008. A blend of essential plant ils used as an additive to alter silage fermentation or used as a feed additive for lactating cows. J. Dairy Sci. 91, 4793-4800.

Kyriakis, S., Sarris, K., Lekkas, S., Tsinas, A., Giannakopoulos, C., Alexopoulos, C., Saoulidis, C., 1998. Control of porcine proliferative enteropathy by in-feed application origanum essential oil. In: Proceedings of 15th IPVS Congress, 106. Birmingham, UK.

Langeveld, W. T., Veldhuizen, E. J. A., Burt, S. A., 2014. Synergy between essential oil components and antibiotics: a review. Crit. Rev. Microbiol. 40, 76-94.

Lawrence, B. M., Reynolds, R. J., 1984. The botanical and chemical aspects of oregano. Perfum.

Flavor. 9, 41-51.

Lee, H. S., Ahn, Y. J., 1998. Growth-inhibiting effects of Cinnamomum cassia bark-derived materials on human intestinal bacteria. J. Agric. Food Chem. 46, 8-12.

Lee, S. H., Lillehoj, H. S., Jang, S. I., Lee, K. W., 2011. Cinnamaldehyde enhances in vitro parameters of immunity and reduces in vivo infection against avian coccidiosis. Br. J. Nutr. 106, 862-869.

Lejonklev, J., Kidmose, U., Jensen, S., Petersen, M. A., Helwing, A. L., Mortensen, G., Weisbjerg, M. R., Larsen, M. K., 2016. Short communication: effect of oregano and caraway essential oils on the production and flavor of cow milk. J. Dairy Sci. 99, 7898-7903.

Li, P., Piao, X., Ru, Y., Han, L., Xue, L., Zhang, H., 2012. Effects of adding essential oil to the diet of weaned pigs on performance, nutrient utilization, immune response and intestinal health. Asian-Australas. J. Anim. Sci. 25, 1617-1626.

Lin, B., Lu, Y., Wang, J. H., Liang, Q., Liu, J. X., 2012. The effects of combined essential oils along with fumarate on rumen fermentation and methane production in vitro. J. Anim. Feed Sci. 21, 198-210.

Liu, Y., Song, M., Che, T. M., Bravo, D., Maddox, C. W., Pettigrew, J. E., 2014. Effects of capsicum oleoresin, garlic botanical, and turmeric oleoresin on gene expression profile of ileal mucosa in weaned pigs. J. Anim. Sci. 92, 3426-3440.

Long, P. L., 1982. The Biology of Coccidia. University Park Press, Baltimore, USA.

Loo, A., Richard, H., 1992. Nature, origine et propriétés des épices et des aromates bruts. In: Richard, H. (Ed.), Épices et Aromates. Lavoisier, Paris, France.

Macheboeuf, D., Morgavi, D. P., Papon, Y., Mousset, J. L., Arturo-Schaan, M., 2008. Doseeresponse effects of essential oils on in vitro fermentation activity of the rumen microbial population. Anim. Feed Sci. Technol. 145, 335-350.

Manzanilla, E., Nofrarias, M., Anguita, M., Castillo, M., Perez, J., Martin-Orue, S. M., Kamel, C., Gasa, J., 2006. Effects of butyrate, avilamycin, and a plant extract combination on the intestinal equilibrium of early-weaned pigs. J. Anim. Sci. 84, 2743-2751.

Manzanilla, E. G., Perez, J. F., Martin, M., Kamel, C., Baucells, F., Gasa, J., 2004. Effect of plant extracts and formic acid on the intestinal equilibrium of early-weaned pigs. J. Anim. Sci. 82, 3210-3218.

McDougald, L. R., 2003. Protozoal infections. In: Saif, Y. M. (Ed.), Diseases of Poultry. Iowa State Press, Iowa, USA. McEvoy, J., 2001. Safe limits for veterinary drug residues: what do they mean? Northern Ireland Vet, 37-40.

McIntosh, F. M., Williams, P., Losa, R., Wallace, R. J., Beever, D. A., Newbold, C. J., 2003. Effects of essential oils on ruminal microorganisms and their protein metabolish. Appl. Environ. Microb. 69, 5011-5014.

Meeker, H. G., Linke, H. A., 1988. The antibacterial action of eugenol, thyme oil, and related essential oils used in dentistry. Compedium. 9, 34-35.

Michiels, J., Missotten, J., Dierick, N., Fremaut, D., Maene, P., De Smet, S., 2008. In vitro degradation and in vivo pas-sage kinetics of carvacrol, thymol, eugenol and trans-cinnamaldehyde along the gastrointestinal tract of piglets. J. Sci. Food Agric. 88, 2371-2381.

Michiels, J., Missotten, J., Fremaut, D., De Smet, S., Dierick, N. A., 2009. In vitro characterisation of the antimicrobial activity of selected essential oil components and binary combinations against the pig gut flora. Anim. Feed Sci. Technol. 151, 111-127.

Mitsch, P., Zitterl-Eglseer, K., Kohler, B., Gabler, C., Losa, R., Zimpernik, I., 2004. The effect of two different blends of essential oil components on the proliferation of Clostridium perfringens in the intestines of broiler chickens. Poult. Sci. 83, 669-675.

Mohammed, N., Ajisaka, N., Lila, Z. A., Mikuni, K., Hara, K., Kanda, S., Itabashi, H., 2004. Effect of Japanese horse-radish oil on methane production and ruminal fermentation in vitro and in steers. J. Anim. Sci. 82, 1839-1846.

Molero, R., Ibars, M., Calsamiglia, S., Ferret, A., Losa, R., 2004. Effects of a specific blend of essential oil compounds on dry matter and crude protein degradability in heifers fed diets with different forage to concentrate ratios. Anim. Feed Sci. Technol. 114, 91-104.

Moller, T., 2001. Studies on the Effect of an Oregano-Oil-Addition to Feed towards Nutrient Digestibilities, N-Balance, as Well as towards the Parameters of Microbial Activity in the Alimentary Tract of Weaned Piglets.

Muriel, N., Genevieve, F., Thierry, P., Francois, R. 2005. Efficacy study of two plant-extract formulas EMX1 and EMX2 in the prevention of E. acervulina and E. tenella coccidiosis in label chickens. J. Recherche Avicole.

Naidoo, V., McGaw, L. J., Bisschop, S. P. R., Duncan, N., Eloff, J. N., 2008. The value of plant extracts with antioxidant activity in attenuating coccidiosis in broiler chickens. Vet. Parasitol. 153, 214-219.

Nhung, N. T., Chansiripornchai, N., Carrique-Mas, J. J., 2017. Antimicrobial resistance in bacterial poultry pathogens: A Review. Front. Vet. Sci. 4, 126. https://doi.org/10.3389/fvets.2017.00126.

Nofrarias, M., Manzanilla, E., Pujols, J., Gibert, X., Majo, N., Segales, J., Gasa, J., 2006. Effects of spray-dried porcine plasma and plant extracts on intestinal morphology and on leukocyte cell subsets of weaned pigs. J. Anim. Sci. 84, 2735-2742.

NRS, 1980. The Effects on Human Health of Subtherapeutic Use of Antimicrobials in Animal Feeds. National Research Council, Washington, USA.

Nyachoti, C. M., Zijlstra, R. T., De Lange, C. F. M., Patience, J. F., 2004. Voluntary feed intake in growing-finishing pigs: a review of the main determiningfactors and potential approaches for accurate predictions. Can. J. Anim. Sci. 84, 549-566.

Ogbuewu, I. P., Okehi, M. C., Jiwuba, P. C., 2017. Effect of phytobiotic (turmeric) supplementation on semen and blood characteristics of rabbits. Comp. Clin. Pathol. 26, 817-822.

Omonijo, F. A., Ni, L., Gong, J., Wang, Q., Lahaye, L., Yang, C., 2017. Essential oils as alternatives to antibiotics in swine production. Anim. Nutr. 4, 126-136.

Onibala, J. S. I. T., Gunther, K. D., Meulen, U. T., 2001. Effects of essential oil of spices as feed additives on the growth and carcass characteristics of growing-finishing pigs. Der Tropenl. Beih. 73, 179-184.

Oviedo-Rondon, E. O., Hume, M. E., Hernandez, C., Clemente-Hernandez, S., 2006. Intestinal microbial ecology of broilers vaccinated and challenged with mixed Eimeria species, and supplemented with essential oil blends. Poult. Sci. 85, 854-860.

Oyen, L. P. A., Dung, N. X., 1999. Essential-oil plants. In: Oyen, L. P. A., Dung, N. X. (Eds.), Resources of South-East Asia. Backhuys Publishers, Kerkwerve, Netherlands.

Park, J. H., Kim, I. H., 2018. Effects of a protease and essential oils on growth performance, blood cellprofiles, nutrient retention, ileal microbiota, excreta gas emission, and breast meat quality in broiler chicks. Poult. Sci. 97, 2854-2860.

Patra, A. K., Yu, Z., 2012. Effects of essential oils on methane production and fermentation by, and abundance and diversity of, rumen microbial populations. Appl. Environ. Microb. 78, 4271-4280.

Patra, A. K., Yu, Z., 2015. Essential oils affect populations of some rumen bacteria in vitro as revealed by microarray (RumenBactArray) analysis. Front. Microbiol. 6, 297.

Pogany-Simonova, M., Chrastinova, L., Mojto, J., Laukova, A., Szaboova, R., Rafay, J., 2010. Quality of rabbit meat and phyto-additives. Czech J. Food Sci. 28, 161-167.

Purchiaroni, F., Tortora, A., Gabrielli, M., Bertucci, F., Gigante, G., Ianiro, G., Ojetti, V., Scarpellini, E., Gasbarrini, A., 2013. The role of intestinal microbiota and the immune system. Eur. Rev. Med. Pharmacol. Sci. 17, 323-333.

Rhayour, K., Bouchikhi, T., Tantaoui-Elaraki, A., Sendide, K., Remmal, A., 2003. The mechanism of bactericidal action of oregano and clove essential oils and of their phenolic major components on Escherichia coli and Bacillus subtilis. J. Essent. Oil Res. 15, 356-362.

Roofchaee, A., Irani, M., Ebrahimzadeh, M. A., Akbari, M. R., 2011. Effect of dietary oregano (*Origanum vulgare L.*) essential oil on growth performance, cecal microflora and serum antioxidant activity of broiler chickens. Afr. J. Biotechnol. 10, 6177-6183.

Sahin, O., Kassem, I. I., Shen, Z., Lin, Z., Rajashekara, G., Zhang, Q., 2015. Campylobacter in poultry and potential interventions. Avian Dis. 59, 185-200.

Santini, C., Baffoni, L., Gagia, F., Granata, M., Gasbarri, R., Di Gioia, D., Biavatti, B., 2010. Characterization of pro-biotic strains: an application as feed additives in poultry against Campylobacter jejuni. Int. J. Food Microbiol. 141, S98-S108.

Santra, A., Saikia, A., Baruah, K. K., 2012. Scope of rumen manipulation using medicinal plants to mitigate methane production. J. Pharmacogn. 3, 115-120.

Schelz, Z., Molnar, J., Hohmann, J., 2006. Antimicrobial and antiplasmid activities of essential oils. Fitoterapia. 77, 279-285.

Schilcer, H., 1985. Effects and side-effects of essential oil. In: Baerheim-Svendsen, A., Scheffer, J. J. C. (Eds.), Essential Oils and Aromatic Plants. Martinus Nijhoff/Dr. W Junk Publisher, Leiden/Dordrecht.

Schone, F., Vetter, H., Hartung, H., Bergmann, H., Biertumpfel, A., Richter, G., Muller, S., Brieitschuh, G., 2006. Effects of essential oils from fennel (*Foeniculi aetheroleum*) and caraway (*Carvi aetheroleum*) in pigs. J. Anim. Physiol. Anim. Nutr. 90, 500-510.

Shirley, M. W., 1986. New methods for the identification of species and strains of Eimeria. In: McDougald, L. R., Joyner, L. P., Long, P. L. (Eds.), Research in Avian Coccidiosis. University of Georgia, Athens, USA.

Sikkema, J., De Bont, J. A. M., Poolman, B., 1995. Mechanisms of membrane toxicity of hydrocarbons. Microbiol. Rev. 59, 201-222.

Simitzis, P. E., Feggeros, K., Bizelis, L. A., Deligeorgis, S. G., 2005. Behavioral reaction to essential oils dietary supple-mentation in sheep. Biotech. Anim. Husb. 21, 97-103.

Sivropoulou, A., Papanikolaou, E., Nikolaou, C., Kokkini, S., Lanaras, T., Arsenakis, M., 1996. Antimicrobial and cytotoxic activities of Origanum essential oils. J. Agric. Food Chem. 11, 8022-8028.

Skoufos, I., Giannenas, I., Tontis, D., Bartzanas, T., Kittas, C., Panagakis, P., Tzora, A., 2016. Effects of oregano essential oil and attapulgite on growth performance, intestinal microbiota and morphometry in broilers. S. Afr. J. Anim. Sci. 46, 77-88.

Skoufos, I., Tzora, A., Giannenas, I., Bonos, E., Tsinas, A., McCartney, E., Lester, H., Christaki, E., Florou-Paneri, P., Mahdavi, J., Soultanas, P., 2019. Evaluation of in-field efficacy of dietary ferric tyrosine on performance, intestinal health and meat quality of broiler chickens exposed to natural Campylobacter jejuni challenge. Livest. Sci. 221, 44-51.

Smits, C. H. M., Veldman, A., Verstegen, M. W. A., Beynen, A. C., 1997. Dietary carboxylmethyl cellulose with high instead of low viscosity reduces macronutrient digestion in broiler chickens. Anim. Feed Sci. Technol. 134, 304-315.

Sommer, M. O., Church, G. M., Dantas, G., 2010. The human microbiome harbors a diverse reservoir of antibiotic resistance genes. Virulence. 1, 299-303.

Soultos, N., Tzikas, Z., Christaki, E., Papageorgiou, K., Steris, V., 2009. The effect of dietary oregano essential oil on microbial growth of rabbit carcasses during refrigerated storage. Meat Sci. 81, 474-478.

Stevanovic, Z. D., Bosnjak-Neumuller, J., Pajic-Lijakovic, I., Raj, J., Vasijevic, M., 2018. Essential oils as feed additives future perspectives. Molecules. 23, 1717.

Stordeur, P., Mainil, J., 2002. Colibacillosis in Poultry. WHO, Liege, Belgium.

Szabo, M. A., Varga, G. Z., Hohmann, J., Schelz, Z., Szegedi, E., Amaral, L., Molnar, J., 2010. Inhibition of quorum-sensing signals by essential oils. Phytother Res. 24, 782-786.

Tan, C., Wei, H. K., Sun, H., Ao, J., Long, G., Jiang, S., Peng, J., 2015. Effects of dietary supplementation of oregano essential oil to sows on oxidative stress status, lactation feed intake of sows, and piglet performance. BioMed Res.

Thibodeau, A., Fravalo, P., Yergeau, E., Arsenault, J., Lahaye, L., Letellier, A., 2015. Chicken caecal microbiome modifications induced by Campylobacter jejuni colonization and by a non-antibiotic feed additive. PLoS One, 10.

Tiihonen, K., Kettunen, H., Bento, M. H. L., Saarinen, M., Lahtinen, S., Ouwehand, A., Schulze, H., Rautonen, N., 2010. The effect of feeding essential oils on broiler performance and gut microbiota. Br. Poult. Sci. 51, 381-392.

Timbermont, L., Haesebrouck, F., Ducatelle, R., Van Immerseel, F., 2011. Necrotic enteritis in broilers: an updated review on the pathogenesis. Avian Pathol. 40, 341-347.

Tsinas, A., Giannenas, I., Voidarou, C., Tzora, A., Skoufos, J., 2011. Effects of an oregano based dietary supplement on performance of broiler chickens experimentally infected with *Eimeria acervulina* and *Eimeria maxima*. J. Poult. Sci. 48, 194-200.

Tsinas, A. C., Giannakopoulos, C. G., Papasteriades, A., Alexopoulos, C., Mavromatis, J., Kyriakis, S. C., 1998. Use of origanum essential oil as growth promoter in pigs. In: Proceedings of 15th IPVS Congress, p. 221. Birmingham, UK.

Tsiouris, V., 2016. Poultry management: a useful tool for the control of necrotic enteritis in poultry. Avian Pathol. 45, 323-325.

Tsiouris, V., Georgopoulou, I., Batzios, C., Papaioannou, N., Ducatelle, R., Fortomaris, P., 2015. High stocking density as a predisposing factor for necrotic enteritis in broiler chicks. Avian Pathol. 44, 59-66.

Tzora, A., Giannenas, I., Karamoutsios, A., Papaioannou, N., Papanastasou, D., Bonos, E., Skoufos, S., Bartzanas, T., Skoufos, I., 2017. Effects of oregano, attapulgite, benzoic acid and their blend on chicken performance, intestinal microbiology and Intestinal morphology. J. Poult. Sci. 54, 218-227.

Ultee, A., Bennink, M. H. J., Moezelaar, R., 2002a. The phenolic hydroxyl group of carvacrol is essential for action against the food-borne pathogen Bacillus cereus. Appl. Environ. Microb. 68, 1561-1568.

Ultee, A., Kets, E. P. W., Alberda, M., Hoekstra, F. A., Smid, E. J., 2002b. Adaptation of the food-borne pathogen Bacillus cereus to carvacrol. Arch. Microbiol. 174, 233-238.

Van de Giessen, A., Tilburg, J., Ritmeester, W., Van de Plas, J., 1998. Reduction of Campylobacter infection in boiler flocks by application of hygiene measures. Epidemiol. Infect. 121, 57-66.

Van Immerseel, F., De Buck, J., Pasmans, F., Hyuyghebaert, G., Haesebrouck, F., Ducatelle, R., 2004. Clostridium perfringens in poultry: an emerging threat for animal and public health. Avian Pathol. 33, 537-549.

Van Krimpen, M. V., Beinnendijk, G. P., 2001. Ropadiar as alternative for antimicrobial growth promoter in diets of weanling pigs. Rapport Praktijkonderzoek Veehouderij. 205, 14.

Vekiari, S. A., Oreopoulou, V., Tzia, C., Thomopoulos, C. D., 1993. Oregano flavonoids as lipid antioxidants. J. Am. Oil Chem. Soc. 70, 483-487.

Veldman, A., Enting, H., 1996. Effects of Crina HC 737 in Feed on Broiler Performance and Digestive Physiology and Microbiology, Lelystad. CLO-institute for Animal Nutrition "De Schothorst", The Netherlands.

Vichi, S., Zitterl-Eglseer, K., Jugl, M., Franz, C., 2001. Determination of the presence of antioxidants deriving from sage and oregano extracts added to animal fat by means of assessment of the radical scavenging capacity by photochemiluminescence analysis. Nahrung-Food. 2, 101-104.

Waldenstedt, L., 2003. Effect of vaccination against coccidiosis in combination with an antibacterial oregano (Origanum vulgare) compound in organic broiler production. Acta Agr. Scand. 53, 101-109.

Wallace, R. J., McEvan, N. R., McIntosh, F. M., Teferedenge, B., Newbold, C. J., 2002. Natural products as manipulators of rumen fermentation. Asian-Australas. J. Anim. Sci. 15, 1458-1486.

Wallach, M., Smith, N. C., Petracca, M., Miller, C. M., Eckert, J., Braun, R., 1995. Eimeria maxima gametocyte antigens: potential use in a subunit maternal vaccine against coccidiosis in chickens. Vaccine. 13, 347-354.

Walter, B. M., Bilkei, G., 2004. Immunostimulatory effect of dietary oregano etheric oils on lymphocytes from growth-retarded, low-weight growing-finishing pigs and productivity. Tijdschr. Diergeneeskd. 129, 178-181.

Weber, F. J., De Bont, J. A. M., 1996. Adaptation mechanisms of microorganisms to the toxic effects of organic solvents on membranes. Biochim. Biophys. Acta, 1286, 225-245.

Williams, G., 2007. Quorum sensing, communication and cross-kingdom signalling in the bacterial world. Microbiology. 153, 3923-3938.

Williams, R. B., 1997. Laboratory test of phenolic disinfectants as oocysticides against the chicken coccidium *Eimeria tenella*. Vet. Rec. 141, 447-448.

Windisch, W., Schedle, K., Plitzner, C., Kroismayr, A., 2008. Use of phytogenic products as feed additives for swine and poultry. J. Anim. Sci. 86, E140-E148.

Yan, L., Wang, J. P., Kim, H. J., Meng, Q. W., Ao, X., Hong, S. M., Kim, I. H., 2010. Influence of essential oil supplementation and diets with different nutrient densities on growth performance, nutrient digestibility, blood characteristics, meat quality and fecal noxious gas content in grower-finisher pigs. Livest. Sci. 128, 115-122.

Yang, W. Z., Benchaar, C., Ametaj, B. N., Chaves, A. V., He, M. L., McAllister, T. A., 2007. Effects of garlic and juniper berry essential oils on ruminal fermentation and on the site and extent of digestion in lactating cows. J. Dairy Sci. 90, 5671-5681.

Yazdi, F. F., Ghalamkari, G., Toghiani, M., Modaresi, M., Landy, N., 2014. Anise seed (*Pimpinella anisum L.*) as an alternative to antibiotic growth promoters on performance, carcass traits and immune responses in broiler chicks. Asian Pac. J. Trop. Dis. 4, 447-451.

Youn, H. J., Noh, J. W., 2001. Screening of the anticoccidial effects of herb extracts against Eimeria tenella. Vet. Parasitol. 96, 257-263.

Young, R., Craig, A., 2001. The Use and Misuse of Antibiotics in UK Agriculture-Part 3. Residues of Dangerous Drugs in Intensively Produced Chicken Meat and Egg. The Soil Association, Bristol, UK.

Zeng, Z., Zhang, S., Wang, H., Piao, X., 2015. Essential oil and aromatic plants as feed additives in non-ruminant nutrition: a review. J. Anim. Sci. Biotechnol. 6, 1-10.

Zhai, H., Liu, H., Wang, S., Wu, J., Kluenter, A. M., 2018. Potential of essential oils for poultry and pigs. Anim. Nutr. 4, 179-186.

第十九章
细菌、真菌和寄生虫对抗生素或植物源天然物质的抗药性

Christos Papaneophytou[1]，*Ilias Giannenas*[2]，*Catalin Dragomir*[3]

[1]Department of Life and Health Sciences，School of Sciences and Engineering，University of Nicosia，Nicosia，Cyprus；[2]Laboratory of Nutrition，School of Veterinary Medicine，Faculty of Health Sciences，Aristotle University of Thessalonike，Thessaloniki，Greece；[3]National Research Development Institute for Animal Biology and Nutrition（INCDBNA），Balotesti，Romania

一、引言

在药物史上，最有效的药物之一就是表现出抗菌活性的药物，它们在治疗传染病中起着关键作用（Aminov，2010）。最早在 1910 年发现的抗菌药物是洒尔沸散（Salvarsan，又称砷凡纳明，一种以砷为基础成分的药物），接着在 1929 年和 1935 年分别发现了青霉素和百浪多息（Prontosil，一种磺胺类药物），由此开始了抗生素药物的研究和开发时代（Aminov，2010；Gupta 和 Birdi，2017）。到 1940 年，青霉素已成为最广泛使用的抗生素之一。至 20 世纪 70 年代末期，又有几种新型抗生素药物相继被发现，这些药物可降低由传染性微生物导致的发病率和死亡率（Kapil，2005；Tiwari 等，2013）。抗生素除了用于防治传染病之外，还可作为促生长剂而在动物养殖业中被广泛使用（Bartlett 等，2013）。人们发现，动物经过抗生素治疗后其健康状况会更好、生产性能更高、畜产品质量更好。但令人吃惊的是，为预防动物感染疾病并促进动物生长，约 80%的抗生素用于农场动物养殖中（Bartlett 等，2013；Spellberg 和 Gilbert，2014；Ventola，2015）。

据世界卫生组织（WHO）报道，尽管使用抗生素可以降低感染率和死亡率，但细菌感染仍是全球人类第二大死亡病因，原因是由抗生素使用不当而导致的病菌耐药性增加（WHO，2013）。当包括细菌、真菌和寄生虫在内的微生物进化并能抵抗用于杀死它们的药物时，就产生了耐药性。此外，在医院里，形成生物膜（Biofilm）的细菌对抗生素的耐药性日益增强，从而导致医院内获得性感染的发病率或死亡率增加（Wong 等，2015）。除医院环境外，在社区环境中也发现了对抗生素具有抗药性的微生物，这表明医院外也存在抗药性细菌（Munita 和 Arias，2016）。抗生素耐药性的发展是多种因素作用的结果（Fair 和 Tor，2014）。患者过度使用抗生素药物是导致微生物对抗生素产生耐药性的主要因素之一（Fair 和 Tor，2014），该类患者在世界各地的持续流动也导致了耐药性微生物的传播（Gupta 和 Birdi，2017）。不仅如此，动物养殖中过度使用抗生素作为促生长剂也

促进了耐药菌的产生（Tang 等，2017；Ahmad 等，2011；Silbergeld 等，2008）。

致病菌对抗生素产生的耐药性是世界范围内的一个重大公共卫生问题，由此导致患者死亡率上升、住院时间延长和医疗成本增加（Humphreys 等，2016）。由抗生素耐药性每年导致的死亡超过 70 万例（Li 等，2018），这导致欧盟和美国每年的经济损失达 15 亿欧元和 240 亿美元（Hall，2004）。

为了应对抗生素产生的耐药性问题，人们迫切需要具有抗菌性能的新化合物。众所周知，一些植物提取物具有抗细菌和抗真菌活性（Vieira-Brock 等，2017）。天然产物可能包含多种具有抗微生物活性的生物活性物质，包括植物提取物/精油、生物碱、凝集素、奎宁、多肽、黄酮、类黄酮、黄烷醇、香豆素、萜类化合物和单宁（Moloney，2016；Moore 等，2017）。在本章中，我们总结了微生物对抗菌药物产生耐药性的基本机制，并介绍了使用植物提取物对抗耐药微生物的替代方法、群体感应（QS）在抗生素耐药性发展中的重要性，以及药用植物提取物的抗群体感应特性。

二、抗生素靶向特定的细胞进程

抗生素是根据其作用的细胞成分或生化过程来分类的，当它们引起细胞死亡时，被归类为杀菌药物；而当抑制细胞生长时，被归类为抑菌药物。杀菌抗生素，可以抑制特定的细胞进程，包括核苷酸（DNA 或 RNA）合成、蛋白质合成或细胞壁合成（Kohanski 等，2010）。例如，喹诺酮类药物（如西诺沙星）和 β-内酰胺类药物（如青霉素）作为杀菌药物，通过抑制 DNA 旋转酶（一种在 DNA 复制中必不可少的酶）和细胞壁合成来完全清除传染性细菌（Andriole，2005）。抑菌抗生素包括氯霉素和克林霉素，它们通过抑制细菌蛋白的合成来延迟或阻止细菌生长，因此，病原很容易被免疫系统破坏（Pankey 和 Sabath，2004）。表 19－1 总结了使用最广泛的抗生素类别及作用靶点。

表 19－1　抗生素类别及作用靶点

抗生素类别	举例	主要靶点
RNA 合成抑制剂 RNA		
利福霉素类	利福平	RNA 聚合酶
DNA 合成抑制剂		
喹诺酮类	西诺沙星	拓扑异构酶 II 和 V
甲氧苄氨嘧啶/磺胺甲噁唑[a]	复方新诺明	THF[b] 合成
细胞壁合成抑制剂		
β-内酰胺类	青霉素	青霉素结合蛋白
糖蛋白和糖肽类	万古霉素	肽聚糖单元
脂肽类	达托霉素	细胞膜
蛋白质合成抑制剂		
氨基糖苷类	卡那霉素	30S 核糖体亚基
四环素类	替加环素	30S 核糖体亚基
大环内酯类	红霉素	50S 核糖体亚基

（续）

抗生素类别	举例	主要靶点
链阳性菌素类	奎奴普丁	50S 核糖体亚基
氯霉素类	氯霉素	50S 核糖体亚基

注：[a] 具有协同作用的两种抗菌剂结合；[b] THF，四氢叶酸。

抗生素耐药性是一种自然现象，当细菌或其他微生物接触抗生素时就会发生。抗生素会选择性地杀死对其敏感的细菌。另外，那些对抗生素有天然抗性的细菌或者已经发展出抗生素抗性机制的细菌，具有生存和繁殖的潜力。然而，过度使用及不恰当地使用抗生素（如剂量不足或抗生素类型不正确）会导致抗生素的耐药性增加（Prestinaci 等，2015）。病原菌采用多种策略来产生耐药性，包括酶降解药物、主动外排药物和改变靶点（表 19－2）（Davies 和 Davies，2010）。

表 19－2 抗生素的耐药机制

类型	作用机制
外排泵	抗生素从细菌的细胞质中被输出到细胞外环境中，在细胞内的浓度降到不足以杀死或抑制细菌生长的水平
抗生素的失活	通过特定的酶将抗生素酶修饰改性或降解为无效化合物，修饰后的抗生素不能与靶点正确结合
靶点修饰	抗生素诱导细胞靶点结构修饰包括核糖体亚基、酶、核酸和细菌细胞壁成分，抗生素不能结合修饰后的靶点
抗生素进入点的修饰/消除	细胞膜的通透性降低，抗生素无法通过细胞膜找到细胞内的靶点

细菌会对单一或多种药物表现出耐药性，其中后者称为多药耐药性（multidrug resistant-MDR）。下面将详细介绍细菌对抗抗生素最重要的机制。

• 外排泵：细菌会利用一种名为外排泵（efflux pump，EP）的转运蛋白将药物从细胞质输出到细胞外环境中，使胞内的有毒底物（包括抗生素）浓度维持在低水平（Džidić 等，2008）。这些泵在革兰氏阴性菌、革兰氏阳性菌及真核生物中都已被发现（Sun 等，2014）。细胞泵不仅可以转运单底物（如抗生素），也可以转运具有不同结构的各种化合物（包括不同种类的抗生素），后者与 MDR 相关。根据组成、能量来源、底物和跨细胞膜的区域数量，可将细菌 EP 分为 5 个超家族：ATP 结合盒（ABC）家族、多药和有毒化合物排出（MATE）家族、主要促进因子超家族（MFS）、耐药结节细胞分化（RND）超家族和小型多药耐药蛋白（SMR）家族（Piddock，2006）。EP 能够将抗生素在到达细胞内靶分子之前提取并排出到细胞外环境中。RND 超家族仅在革兰氏阴性菌中被发现，而其他 4 个超家族（即 MFS、ABC、SMR 和 MATE）的 EP 在革兰氏阴性菌和阳性菌中都存在（Handzlik 等，2013）。在细菌中，编码 EP 的基因位于染色体 DNA 或可传播的遗传组分（如质粒）上（Piddock，2006）。

• 抗生素的失活：细菌产生的酶可以通过化学修饰或药物降解使抗生素失活。灭活抗生素主要有 3 种酶：β-内酰胺酶、氨基糖苷修饰酶和氯霉素乙酰转移酶（Kapoor 等，2017）。β-内酰胺酶可水解含有酯和酰胺键的 β-内酰胺类（包括青霉素衍生物）、头孢菌素类、单环 β-内酰胺类和碳青霉烯类抗生素。氨基糖苷修饰酶会改变 2-脱氧链胺的核（氨基糖苷的关键结构特征）或糖环上不同的—OH 或—NH_2基团。氨基糖苷修饰酶分为乙酰转移酶（AAC）、核苷酸转移酶（ANT）和磷酸转移酶（APH）这三类。氯霉素乙酰转移酶在少数革兰氏阳性菌和阴性菌中表达，这类酶可以将氯霉素乙酰化，而乙酰化的氯霉素无法结合细菌的 50S 核糖体亚基（Tolmasky，2000）。

• 靶点修饰：细菌对抗抗生素的另一种机制是改变或在某些情况下取代抗生素的靶分子，这种修饰在临床菌株中非常普遍。无论其作用机制如何，几乎都对每种抗生素产生抗药性。抗生素的靶点改变通常是由某些染色体基因的自发突变引起的。例如，细菌分别通过突变 RNA 聚合酶和 DNA 旋转酶来产生对利福霉素和喹诺酮类药物的耐药性（Lambert，2005）。

• 抗生素进入点的修饰/消除：大多数抗生素的靶点位于细胞内部，因此，药物需要通过细菌细胞膜到达细胞内部。对于革兰氏阴性菌，外膜（OM）提供了一层额外的保护层，抗生素必须穿过这一保护层才能到达细胞内的靶点。疏水性和亲水性抗生素分别通过脂质介导的途径和扩散孔蛋白渗透到 OM 中。此外，OM 脂质和蛋白质组成在细菌对抗生素的敏感性中起着关键作用。细菌能够通过消除抗生素的进入端口来改变/降低 OM 的通透性，从而阻止抗生素进入细胞质中（Delcour，2009）。

• 生物膜的形成：细菌对抗抗生素的另一种机制是生物膜的形成。生物膜是由微生物积聚而成，而这个积聚过程发生在由多糖、蛋白质和 DNA 组成的聚合基质中。生物膜是自然系统中大多数微生物非常常见的一种保护生命的方式，它有助于细菌在恶劣环境中生存和生长（McDougald 等，2011）。细菌生物膜可导致慢性感染，因为它们能比漂浮的细菌（浮游生物）表现出更强的抗生素抗性（Hoyle 和 Costerton，1991）。有趣的是，生物膜的形成与几种突变和群体感应调控机制有关。此外，生物膜的存在还受到常规耐药机制的支持，包括抗生素靶分子的突变、抗生素降解酶（如 β-内酰胺酶）和上调的 EP（Hoiby 等，2010）。

细菌不仅会很快对抗生素产生耐药性，而且还会与其他细菌共享这种耐药性（Hall，2004）。在细菌耐药的各种机制中，最具威胁性的是涉及质粒和整合子上的耐药基因机制（Munita 和 Arias，2016）。这种耐药基因机制信息不仅在同一菌种的个体之间共享，而且也在不同菌种之间共享，在某些情况下，还在细菌界之间共享（Hall 和 Stokes，1993）。有趣的是，革兰氏阴性菌能够从共享库中获得抗生素抗性基因（Partridge，2011）。整合子是由高度保守的 DNA 片段组成的遗传元件，这些片段包含一个可变插入区域，编码一个甚至多个抗生素抗性基因。尽管整合子最初是从人类临床菌株中分离的，但在其他非临床环境（包括土壤和水）中也被发现（Domingues 等，2012）。更详细地讲，细菌使用遗传移动元件（例如转座子和质粒）来交换此类信息。多重抗生素耐药性在革兰氏阴性菌中非常常见。抗生素耐药性基因位于移动基因盒中，这些移动基因盒位于一种名为整合子的特殊遗传结构的特定位置。移动基因盒可整合到整合子中或从整合子中删除，或在某些情况下由整合子编码的重组酶（整合酶）在其他位置整合，从而形成抗生素不同耐药性基因阵列。现已鉴定出 40 多个基因盒，可编码对 β-内酰胺类、氨基糖苷类、甲氧苄啶、氯霉素和链霉素的抗性。当包含一个或多个抗性基因的整合子插入到一个宽宿主范围的质粒中时，抗性基因就会发生水平转移（Hall，1997）。这种整合子在革兰氏阳性菌中也被发现

（Ploy 等，2000）。

三、植物源抗菌物质

现有的药物化合物对一些产生抗生素耐药性的细菌无效，因此，人类需要新的抗菌药物来取代因抗生素耐药性上升而失效的药物（Theuretzbacher 等，2015）。现在使用的25%～50%的药物是从植物中提取的，所以制药公司的注意力转移到了药用植物上。药用植物的粗提取物中含有多种次生代谢产物，可作为药物来治疗细菌、真菌、原虫和病毒性疾病而不产生任何副作用（Chandra 等，2017；Hayek 等，2013）。具有抗菌活性的植物次生代谢产物（表 19-3）包括生物碱、酚类等（Cowan，1999）。这些代谢产物与细菌的特定蛋白质结构域结合，从而导致蛋白质相互作用而被修饰或抑制。据报道，在进化过程中，为了靶向微生物和食草动物的不同分子，次生代谢产物的结构也会相应地被修饰（Wink，2012）。

表 19-3　植物源抗菌物质

化合物分类	作用机制	资料来源
生物碱	与 DNA 结合导致细胞分裂减少和死亡	Cushnie 等（2014）
酚类		
I. 黄酮类	与细胞壁上的蛋白质相互作用，导致细胞膜破裂	Davidson 和 Naidu（2000）
II. 醌类	抑制黏附蛋白、膜结合酶并破坏细胞壁多肽	Ciocan 和 Bara（2007）
III. 单宁	抑制细胞壁转运蛋白和黏附蛋白	Haslam（1996）
IV. 香豆素	抑制 DNA 旋转酶	Luciana 等（2018）；Hutter 等（2004）
萜类	破坏细胞膜	Termentzi 等（2012）；Trombetta 等（2005）
凝集素/多肽	抑制黏附蛋白与宿主受体之间的相互作用	Zhang 和 Lewis（1997）；Lam 和 Ng（2011）
皂苷	破坏细胞膜	Patra 和 Saxena（2009）；Wina 等（2005）

具有已知或未知作用模式的植物源抗菌物质在治疗中引发了很大关注。150 年来，为了了解植物次生代谢产物的生物活性，科学家一直在收集相关信息。植物粗提物由多种成分组成，这些成分可能以不同的方式和/或在不同的位置起作用，从而有助于发挥提取物的整体活性。已有研究表明，植物提取物的抗菌活性不仅在于其杀菌能力，而且还在于它们可影响致病过程中的关键部分（Brijesh 等，2009）。此外，植物提取物可影响多种细胞进程，包括信号转导、有丝分裂、凋亡和免疫反应（Gupta 和 Birdi，2017；Mierziak 等，2014）。

如表 19-3 所示，植物提取物中生物活性物质的主要作用是破坏细菌的细胞膜，导致膜成分释放。此外，试验结果表明，特定的植物提取物（如柠檬草油）对生物膜的形成具有负面影响，且它们还作用细菌细胞中的其他靶点，进而抑制生物膜的形成（Aiemsaard 等，2011）。例如，在桃金娘（myrtle）精油和提取物中发现的亲脂性单萜类物质会影响细胞壁和细胞膜的结构，从而导致细胞内容物释放。这些化合物还会破坏膜酶活性的功能成分，如电子转移或养分吸收（Aleksic 和 Knezevic，2014）。其他影响细菌细胞膜完整性的化合物有香芹酚、对伞花烃和酚类单萜类化合物（如百里香酚）（Helander 等，1998；

Tyagi 和 Malik，2012）。

文献综述表明，植物提取物具有杀灭微生物和影响致病过程关键部分的能力。因此，细菌、真菌和病毒对植物源抗菌物质的耐药性可能降低（Gupta 和 Birdi，2017；Tyagi 和 Malik，2012）。然而，也有研究表明，细菌可能通过采取与消除普通抗生素的类似机制，而对植物源抗菌物质产生耐药性（Vadhana 等，2015）。

有人提出，不同菌株对植物源抗菌物质的耐药性是不同的。药用植物的抗菌活性具有选择性，并且可能对细菌不具有广谱性。植物源抗菌物质可以用作 MDR 菌株的替代药物。但是有些细菌对植物源抗菌物质具有天然抗性（Singh 等，2011a）。有人认为某些微生物能够对植物源抗菌物质的杀菌或抑菌活性产生后天抗性（Vadhana 等，2015）。有趣的是，肠道细菌比其他细菌对植物源抗菌物质的抵抗力更强（Vadhana 等，2015；Singh 等，2011b）。尽管几种植物提取物单独或与抗生素联合使用显示出了较强的抗菌活性，但仍有一些报道称植物源抗菌物质对某些菌株无效。例如，Singh 等（2011a）报道了在不同临床条件下从动物身上分离出对柠檬草油具有抗性的几种菌株。Fagbemi 等（2009）报道，不同的大肠杆菌、铜绿假单胞菌和弗氏志贺氏菌对未成熟的香蕉、柠檬草和姜黄表现出了抗性。Khan 等（2009）描述了从医院感染中分离出的各种细菌菌株，包括铜绿假单胞菌、大肠杆菌、白假丝酵母菌和肺炎克雷伯菌，它们都对植物源抗菌物质具有耐药性。Naik 等（2010）也指出，具有多重耐药性的铜绿假单胞菌对草油也能表现出抗性。

四、植物源的抗群体感应化合物

目前，大多数抗生素药物都以蛋白质合成（如核糖体）、核苷酸生物合成或代谢、细胞壁生物合成和其他细胞进程为靶点（Aminov，2010）。因此，需要新的靶点（或药物）来对抗耐药细菌（Payne 等，2006）。如前所述，细菌有与同类或其他种类的细菌共享对抗抗生素的能力。微生物利用小信号分子与其他细胞交流和共享信息（包括抗生素耐药性）的能力称为群体感应（QS）（Fuqua 等，1994）。QS 是一种调控基因表达的细胞间通信系统，并受细菌群体密度的影响。细菌浓度一旦达到阈值，就会释放出称为自诱导物（AI）的化学信号。这会引发信号转导级联反应，从而调节特定基因的转录，控制细菌的抗生素抗性和生物膜形成（Bouyahya 等，2017；Miller 和 Bassler，2001）。QS 中使用的信号分子分泌的浓度非常低，只有当细菌群体密度达到高值时才有效（Turan 等，2017）。值得一提的是，通过 AI 进行的细胞间通信既发生在细菌种群内部，也发生在细菌种群之间。使用 AI 的细菌往往对各种抗菌药物都产生耐药性，针对 QS 抑制策略的目标是在不使用任何抗生素的情况下抑制细菌感染。抑制 QS 的策略对细菌不会施加任何的选择压力，因此，病原菌将无法产生多药耐药性（Koh 等，2013）。

革兰氏阴性菌和阳性菌均使用 QS 通信来调节各种生物学过程，包括运动性、对抗生素的耐药性、生物膜的形成、感受态、共生、毒性、结合和孢子形成。QS-革兰氏阴性菌使用 N-酰基高丝氨酸内酯（AHL）作为自诱导物。AHL 是由 LuxI 家族的成员 AHL 合成酶参与合成的。QS 遗传元件是 QS 级联和各种控制 AHL 自诱导物合成的转录和转录后调节因子组成的一个复杂网络。已鉴定出可产生 AHL 信号分子的革兰氏阴性菌超过 70 种（Sun 等，2004；Lowery 等，2008）。革兰氏阳性菌利用修饰过的寡肽作为信号分子进行沟通（Bouyahya 等，2017）。此外，革兰氏阴性菌和阳性菌有一个共同的硼酸呋喃氧基信号分子，即所谓的“通用”QS 信号或自诱导物-2（AI-2）（Bassler 等，1997；Blair 和 Doucette，2013），AI-2 是由所有产 AI-2 细菌中的 Luxs 基因合成的。

几种同时影响动植物的病原菌都利用 QS 通信来调节自身的毒力因子。因此，中断 QS 信号具有控制致病生物感染的潜力。此外，应对耐抗生素病原菌的另一种策略是使用来自天然产物的新型抗 QS 分子来靶向它们的 QS 细胞间通信系统（Hentzer 和 Givskov，2003）。这些抗 QS 分子抑制细菌 QS 系统的现象被称为群体抑制（QQ）（Kalia，2013）。因此，制药公司的兴趣转向了一类称为“抗致病性化合物”的化合物，既不杀死细菌的分子，也不会对耐药菌株产生选择性压力（Abudoleh 和 Mahasneh，2017）。已有研究表明，抗 QS 分子化合物的使用降低了细菌致病性和生物膜的形成，同时提高了细菌对抗生素和噬菌体等抗菌药物的敏感性（Remy 等，2018）。虽然每个特定细菌使用的 QS 细胞间通信系统都是独特的，但所有的 QS 系统都有一个共同的作用机制，包括信号合成、信号积累、信号检测。因此，抗 QS 分子化合物作为 QS 的抑制剂，其作用目标应该是抑制 QS 信号的生物合成，降解、失活 QS 信号，以及抑制信号检测（Bouyahya 等，2017）。抗 QS 分子化合物以不同的作用机制起作用。例如，革兰氏阴性菌抗 QS 化合物的作用机制有以下一种或多种：①抑制 AHL 的合成；②阻止 AHL 的分泌和/或转运；③封闭 AHL；④作为 AHL 的拮抗剂；⑤抑制 AHL 受体下游的靶点（Vattem 等，2007；Mathesius 等，2003；Gao 等，2003）。几种植物提取物因为与 QS 信号所必需的分子（如 AHL）具有相似的结构，从而具有抗 QS 活性。因此，这些抗 QS 分子化合物能够通过竞争来抑制 AHL 的活性（Wu 等，2014）。此外，植物提取物还能够降解 AHL 分子的信号受体（如 LuxR/LasR）（Lyon 和 Muir，2003）。Vattem 等（2007）报道了多酚类化合物对 QS 信号的抑制作用。这些化合物利用一种联合机制抑制 QS 信号，即干扰 AHL 活性，同时能够减少细菌合成 AHL。Quave 等（2011）描述了来自 3 种药用植物［板栗（*Castanea sativa*）、黑夏至草（*Ballota nigra*）和接骨木（*Sambucus ebulus*）］的乙醇提取物对耐甲氧西林金黄色葡萄球菌（MRSA）的抗 QS 活性，这些提取物抑制了 MRSA 毒力和定殖所需因子的产生（Quave 等，2011）。研究还表明，药用植物提取物中富含没食子酸基团的多酚化合物会干扰 AHL 介导信号转导，如表没食子儿茶素没食子酸酯（epigallocatechin gallate）、鞣花酸和卡斯塔加林（一种可水解的鞣花单宁）（图 19－1）（Quave 等，2011）。在肠道中，卡斯塔加林被水解为鞣花酸，随后被代谢为尿石素 A 和尿石素 B，通过降低结肠炎病原体产生的 AHL 的水平来抑制 QS 活性（Giménez-Bastida 等，2012）。

天然产物有巨大的生化复杂性和多样性，对 QS 介质起作用的方式不同。有趣的是，被证实的抗 QS 活性的天然产物的数量正在不断增加。例如，已发现薰衣草、丁香和迷迭香的精油具有抗 QS 活性（Faleiro，2011）。此外，多种药用植物提取物已成功用作抗 QS 剂，包括派珀布雷德梅耶里（*Piper bredemeyeri*，一种木兰属植物）（Olivero 等，2011）、诃子（*Terminalia chebula*）（Huber 等，2003）、光果甘草（*Glycyrrhiza glabra*）（Bhargava 等，2015）、香蒲（*Syzygium aromaum*）(Chamdit 和 Siripermpool，2012)、榄仁树（*Terminalia catappa*）(Taganna 等，2011)、念珠状核果(*Pityrocarpa moniliformis*)、紫荆（*Bauhinia acuruana*)、无花果（*Commiphora leptophloeosos*）（Trentin Dda 等，2011）和补骨脂（*Psoralea corylilia*）（Girennavar 等，2008）。这些药用植物含有多种具有抗 QS 活性的化合物，如多酚、

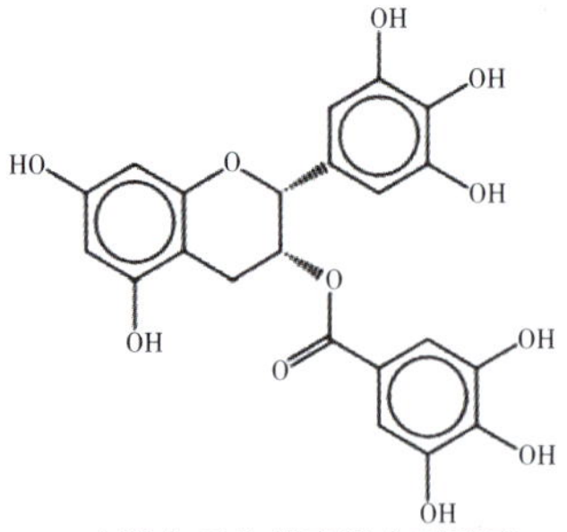

表没食子儿茶素没食子酸酯

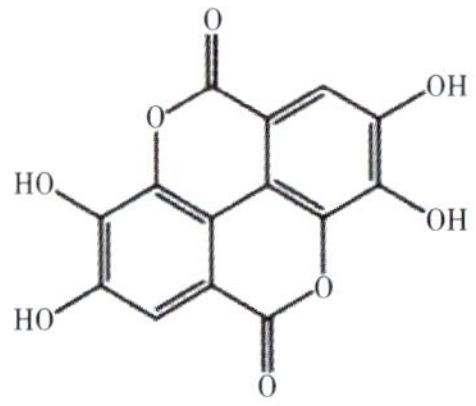

鞣花酸

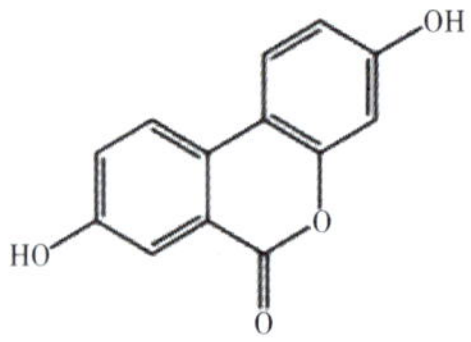

尿石素A

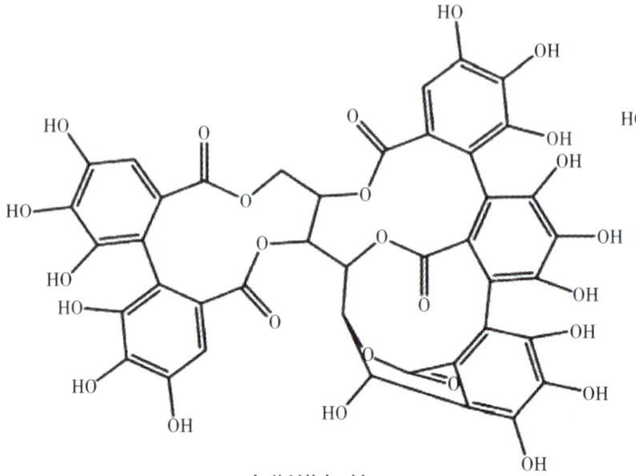

卡斯塔加林

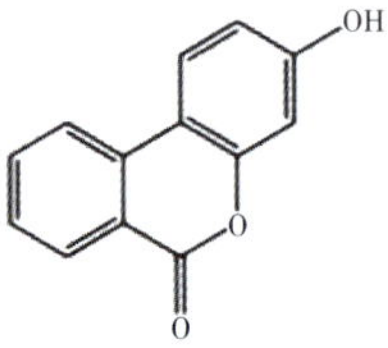

尿石素B

图 19 - 1　表没食子儿茶素没食子酸酯、鞣花酸、卡斯塔加林（一种可水解的鞣花单宁）以及尿石素 A 和尿石素 B 的化学结构。在肠道中，卡斯塔加林被水解为鞣花酸，继而代谢为尿石素 A 和尿石素 B。

类黄酮、单宁、细胞分裂素、萜类、多糖和多胺（Niu 等，2006；Amaya 等，2012；Sybiya Vasantha Packiavathy 等，2012；Packiavathy 等，2014；Chusri 等，2012；Truchado 等，2012；Vikram 等，2010）。来自药用植物［如尤利加（*Eucalyptus radiate*）、蓝桉树（*Eucalyptus globulus*）（Luís 等，2016）、柑橘（*Citrus reticulate*）（Luciardi 等，2016）和法国百里香（*Thymus vulgar*）（Myszka 等，2016）］的提取物对 QS 信号有抑制作用。其他几项研究也证实了积雪草（*Centella asiatica*）（Vasavi 等，2016）、空心泡（*Rubus rosaefolius*）（Oliveira 等，2016）、伯尔硬胡桃（*Sclerocarya birrea*）（Sarkar 等，2014）和槟榔（*Areca catechu*）（Koh 和 Tham，2011）等药用植物的有机提取物具有抗 QS 效应。茶树和迷迭香提取物的抗 QS 和抗菌活性也已有报道（Alvarez 等，2012）。

五、结论

抗生素在预防和治疗细菌感染方面起着至关重要的作用，过度使用和不当使用已经导致了细菌对抗生素产生耐药性。耐药细菌的发展是达尔文选择和生存理念的一个例子。有人认为，现有抗生素无法有效治愈传染病将会导致下一个疾病的大流行。因此，人们迫切需要新的抗生素来对抗耐药性。来自植物或植物提取物被认为是抗耐药病原菌的更好替代品。尽管人们普遍认为细菌不会对植物源抗菌物质产生耐药性，但现在的证据表明，细菌还是有可能对抗这些植物源抗菌物质的抗菌活性。由于细菌的许多活动（包括致病性和抗生素耐药性）是由 QS 细胞间信号调节的，因此相关研究应该致力于减少细菌毒力因子的产生而不是杀死细菌。使用植物提取物中的抗 QS 分子化合物可以减少细菌毒力因子产生，这证实了天然药物具有抗 QS 活性。

（黄志敏，李平，译；谢正露，校）

参　考　文　献

Abudoleh, S. M., Mahasneh, A. M., 2017. Anti-quorum sensing activity of substances isolated from Wild Berry asso-ciated bacteria. Avicenna J. Med. Biotechnol. (AJMB) 9 (1), 23-30.

Ahmad, A., Ghosh, A., Schal, C., Zurek, L., 2011. Insects in confined swine operations carry a large antibiotic resistant and potentially virulent enterococcal community. BMC Microbiol. 11 (1), 23.

Aiemsaard, J., Aiumlamai, S., Aromdee, C., Taweechaisupapong, S., Khunkitti, W., 2011. The effect of lemongrass oil and its major components on clinical isolate mastitis pathogens and their mechanisms of action on Staphylococcus aureus DMST 4745. Res. Vet. Sci. 91 (3), 31-37.

Aleksic, V., Knezevic, P., 2014. Antimicrobial and antioxidative activity of extracts and essential oils of Myrtus com-munis L. Microbiol. Res. 169 (4), 240-254.

Alvarez, M. V., Moreire, M. R., Ponce, A., 2012. Antiquorum sensing and antimicrobial activity of natural agents with potential use in food. J. Food Saf. 32 (3), 379-387.

Amaya, S., Pereira, J. A., Borkosky, S. A., Valdez, J. C., Bardon, A., Arena, M. E., 2012. Inhibition of quorum sensing in Pseudomonas aeruginosa by sesquiterpene lactones. Phytomedicine 19 (13), 1173-1177.

Aminov, R., 2010. A brief history of the antibiotic era: lessons kearned and challenges for the future. Front. Microbiol. 1, 134.

Andriole, V. T., 2005. The quinolones: past, present, and future. Clin. Infect. Dis. 41 (Suppl. 2), S113-S119.

Bartlett, J. G., Gilbert, D. N., Spellberg, B., 2013. Seven ways to preserve the miracle of antibiotics. Clin. Infect. Dis. 56 (10), 1445-1450.

Bassler, B. L., Greenberg, E. P., Stevens, A. M., 1997. Cross-species induction of luminescence in the quorum-sensing bacterium Vibrio harveyi. J. Bacteriol. 179 (12), 4043-4055.

Bhargava, N., Singh, S. P., Sharma, A., Sharma, P., Capalash, N., 2015. Attenuation of quorum sensing-mediated viru-lence of Acinetobacter baumannii by Glycyrrhiza glabraflavonoids. Future Microbiol. 10 (12), 1953-1968.

Blair, W. M., Doucette, G. J., 2013. The vibrio-harveyi bioassay used routinely to detect AI-2 quorum sensing inhibition is confounded by inconsistent normalization across marine matrices. J. Microbiol. Methods 92 (3), 250-252.

Bouyahya, A., Dakka, N., Et-Touys, A., Abrini, J., Bakri, Y., 2017. Medicinal plant products targeting quorum sensing for combating bacterial infections. Asian Pac. J. Trop. Med. 10 (8), 729-743.

Brijesh, S., Daswani, P., Tetali, P., Antia, N., Birdi, T., 2009. Studies on the antidiarrhoeal activity of Aegle marmelos unripe fruit: validating its traditional usage. BMC Complement Altern. Med. 9, 47.

Chamdit, S., Siripermpool, P., 2012. Antimicrobial effect of clove and lemongrass oils against planktonic cells and biofilms of Staphylococcus aureus. Mahidol Univ. J. Pharm. Sci. 39 (2), 28-36.

Chandra, H., Bishnoi, P., Yadav, A., Patni, B., Mishra, A. P., Nautiyal, A. R., 2017. Antimicrobial resistance and the alternative resources with special emphasis on plant-based antimicrobialsda review. Plants. 6 (2), 16.

Chusri, S., Phatthalung, P. N., Voravuthikunchai, S. P., 2012. Anti-biofilm activity of Quercus infectoria G. Olivier against methicillin-resistant Staphylococcus aureus. Lett. Appl. Microbiol. 54 (6), 511-517.

Ciocan, I. D., Bara, I. I., 2007. Plant products as antimicrobial agents. Analele Stiintifice Ale Universitătii, Alexandru Ioan Cuza. Seciunea Genetică Si Biologie Moleculară. 8 (1), 151-156.

Cowan, M. M., 1999. Plant products as antimicrobial agents. Clin. Microbiol. Rev. 12 (4), 564-582.

Cushnie, T. P., Cushnie, B., Lamb, A. J., 2014. Alkaloids: an overview of their antibacterial, antibiotic-enhancing and antivirulence activities. Int. J. Antimicrob. Agents. 44 (5), 377-386.

Davidson, P. M., Naidu, A. S., 2000. Phytophenols.. In: Natural Food Antimicrobial Systems. CRC Press, Boca Raton, 265-293.

Davies, J., Davies, D., 2010. Origins and evolution of antibiotic resistance. Microbiol. Mol. Biol. Rev. 74 (3), 417-433.

Delcour, A. H., 2009. Outer membrane permeability and antibiotic resistance. Biochim. Biophys. Acta Protein Proteonomics. 1794 (5), 808-816.

Domingues, S., da Silva, G. J., Nielsen, K. M., 2012. Integrons: vehicles and pathways for horizontal dissemination in bacteria. Mobile Genet. Elem. 2 (5), 211-223.

Džidíc, S., Šuškovíc, J., Kos, B., 2008. Antibiotic resistance mechanisms in bacteria: biochemical and genetic aspects. Food Technol. Biotechnol. 46 (1), 11-21.

Fagbemi, J., Ugoji, E., Adenipekun, T., Adelowotan, O., 2009. Evaluation of the antimicrobial properties of unripe banana (*Musa sapientum* L.), Lemon grass (*Cymbopogon citratus* S.) and turmeric (*Curcuma longa* L.) on pathogens. Afr. J. Biotechnol. 8, 1176-1182.

Fair, R. J., Tor, Y., 2014. Antibiotics and bacterial resistance in the 21st century. Perspect. Med. Chem. 6, 25-64.

Faleiro, M. L., 2011. The mode of antibacterial action of essential oils. In: Méndez-Vilas, A. (Ed.), Science against Microbial Pathogens: Communicating Current Research and Technological Advances. Formatex Research Center, Badajoz, 1143-1156.

Fuqua, W. C., Winans, S. C., Greenberg, E. P., 1994. Quorum sensing in bacteria: the LuxR-LuxI family of cell density-responsive transcriptional regulators. J. Bacteriol. 176 (2), 269-275.

Gao, M., Teplitski, M., Robinson, J. B., Bauer, W. D., 2003. Production of substances by Medicago truncatula that affect bacterial quorum sensing. Mol. Plant-Microbe Interact. 16 (9), 827-834.

Giménez-Bastida, J. A., Truchado, P., Larrosa, M., Espín, J. C., Tomás-Barberán, F. A., Allende, A., García-Conesa, M. T., 2012. Urolithins, ellagitannin metabolites produced by colon microbiota, inhibit Quorum Sensing in Yersinia enterocolitica: phenotypic response and associated molecular changes. Food Chem. 132 (3), 1465-1474.

Girennavar, B., Cepeda, M. L., Soni, K. A., Vikram, A., Jesudhasan, P., Jayaprakasha, G. K., Pillai, S. D., Patil, B. S., 2008. Grapefruit juice and its furocoumarins inhibits autoinducer signaling and biofilm formation in bacteria. Int. J. Food Microbiol. 125 (2), 204-208.

Gupta, P. D., Birdi, T. J., 2017. Development of botanicals to combat antibiotic resistance. J. Ayurveda Integr. Med. 8 (4), 266-275.

Hall, R. M., 1997. Mobile gene cassettes and integrons: moving antibiotic resistance genes in gram-negative bacteria. Ciba Found. Symp. 207, 192-202.

Hall, B. G., 2004. Predicting the evolution of antibiotic resistance genes. Nat. Rev. Microbiol. 2, 430.

Hall, R. M., Stokes, H. W., 1993. Integrons: novel DNA elements which capture genes by site-specific recombination. Genetica. 90 (2/3), 115-132.

Handzlik, J., Matys, A., Kiéc-Kononowicz, K., 2013. Recent advances in multi-drug resistance (MDR) efflux pump inhibitors of gram-positive bacteria S. aureus. Antibiotics 2 (1), 28-45.

Haslam, E., 1996. Natural polyphenols (vegetable tannins) as drugs: possible modes of action. J. Nat. Prod. 59 (2), 205-215.

Hayek, S. A., Gyawali, R., Ibrahim, S. A., 2013. Antimicrobial natural products. In: Méndez-Vilas, A. (Ed.), Microbial Pathogens and Strategies for Combating Them: Science, Technology and Education. Formatex, Badajoz, 910-921.

Helander, I. M., Alakomi, H.-L., Latva-Kala, K., Mattila-Sandholm, T., Pol, I., Smid, E., Gorris, L., Wright, A., 1998. Characterization of the action of selected essential oil components on Gram-negative bacteria. J. Agric. Food Chem. 46, 3590-3595.

Hentzer, M., Givskov, M., 2003. Pharmacological inhibition of quorum sensing for the treatment of chronic bacterial infections. J. Clin. Invest. 112 (9), 1300-1307.

Hoiby, N., Bjarnsholt, T., Givskov, M., Molin, S., Ciofu, O., 2010. Antibiotic resistance of bacterial biofilms. Int. J. Anti-microb. Agents. 35 (4), 322-332.

Hoyle, B. D., Costerton, J. W., 1991. Bacterial resistance to antibiotics: the role of biofilms. Prog. Drug Res. 37, 91-105.

Huber, B., Eberl, L., Feucht, W., Polster, J., 2003. Influence of polyphenols on bacterial biofilm formation and quorum-sensing. J. Biosci. 58 (11-12), 879-884.

Humphreys, H., Becker, K., Dohmen, P. M., Petrosillo, N., Spencer, M., van Rijen, M., Wechsler-Fordos, A., Pujol, M., Dubouix, A., Garau, J., 2016. Staphylococcus aureus and surgical site infections: benefits of screening and decolo-nization before surgery. J. Hosp. Infect. 94 (3), 295-304.

Hutter, B., Schaab, C., Albrecht, S., Borgmann, M., Brunner, N. A., Freiberg, C., Ziegelbauer, K., Rock, C. O., Ivanov, I., Loferer, H., 2004. Prediction of mechanisms of action of antibacterial compounds by gene expression profiling. Antimicrob. Agents Chemother. 48 (8), 2838-2844.

Kalia, V. C., 2013. Quorum sensing inhibitors: an overview. Biotechnol. Adv. 31 (2), 224-245.

Kapil, A., 2005. The challenge of antibiotic resistance: need to contemplate. Indian J. Med. Res. 121 (2), 83-91.

Kapoor, G., Saigal, S., Elongavan, A., 2017. Action and resistance mechanisms of antibiotics: a guide for clinicians. J. Anaesthesiol. Clin. Pharmacol. 33 (3), 300-305.

Khan, R., Islam, B., Akram, M., Shakil, S., Ahmad, A., Ali, S. M., Siddiqui, M., Khan, A. U., 2009. Antimicrobial activity offive herbal extracts against multi drug resistant (MDR) strains of bacteria and fungus of clinical origin. Molecules. 14 (2), 586-597.

Koh, K. H., Tham, F. Y., 2011. Screening of traditional Chinese medicinal plants for quorum-sensing inhibitors activity. J. Microbiol. Immunol. Infect. 44 (2), 144-148.

Koh, C.-L., Sam, C.-K., Yin, W.-F., Tan, L. Y., Krishnan, T., Chong, Y. M., Chan, K.-G., 2013. Plant-derived natural products as sources of anti-quorum sensing compounds. Sensors. 13 (5), 6217-6228.

Kohanski, M. A., Dwyer, D. J., Collins, J. J., 2010. How antibiotics kill bacteria: from targets to networks. Nat. Rev. Microbiol. 8 (6), 423-435.

Lam, S. K., Ng, T. B., 2011. Lectins: production and practical applications. Appl. Microbiol. Biotechnol. 89 (1), 45-55.

Lambert, P. A., 2005. Bacterial resistance to antibiotics: modified target sites. Adv. Drug Deliv. Rev. 57 (10), 1471-1485.

Li, L.-G., Yin, X., Zhang, T., 2018. Tracking antibiotic resistance gene pollution from different sources using machine-learning classification. Microbiome. 6, 93.

Lowery, C. A., Dickerson, T. J., Janda, K. D., 2008. Interspecies and interkingdom communication mediated by bacterial quorum sensing. Chem. Soc. Rev. 37 (7), 1337-1346.

Luciana, S., Francisco Jaime Bezerra, M., Frederico Favaro, R., Josean Fechine, T., Marcelo Sobral da, S., Jose Maria Barbosa, F., Marcus Tullius, S., 2018. Natural product inhibitors of topoisomerases: review and docking study. Curr. Protein Pept. Sci. 19 (3), 275-291.

Luciardi, M. C., Blázquez, M. A., Cartagena, E., Bardón, A., Arena, M. E., 2016. Mandarin essential oils inhibit quorum sensing and virulence factors of Pseudomonas aeruginosa. LWT e Food Sci. Technol. (Lebensmittel-Wissenschaft-Technol.). 68, 373-380.

Luís, Â., Duarte, A., Gominho, J., Domingues, F., Duarte, A. P., 2016. Chemical composition, antioxidant, antibacterial and anti-quorum sensing activities of Eucalyptus globulus and Eucalyptus radiata essential oils. Ind. Crops Prod. 79, 274-282.

Lyon, G. J., Muir, T. W., 2003. Chemical signaling among bacteria and its inhibition. Chem. Biol. 10 (11), 1007-1021.

Mathesius, U., Mulders, S., Gao, M., Teplitski, M., Caetano-Anollés, G., Rolfe, B. G., Bauer, W. D., 2003. Extensive and specific responses of a eukaryote to bacterial quorum-sensing signals. Proc. Natl. Acad. Sci. U. S. A. 100 (3), 1444-1449.

McDougald, D., Rice, S. A., Barraud, N., Steinberg, P. D., Kjelleberg, S., 2011. Should we stay or should we go: mech-anisms and ecological consequences for biofilm dispersal. Nat. Rev. Microbiol. 10 (1), 39-50.

Mierziak, J., Kostyn, K., Kulma, A., 2014. Flavonoids as important molecules of plant interactions with the environ-ment. Molecules. 19 (10), 16240-16265.

Miller, M. B., Bassler, B. L., 2001. Quorum sensing in bacteria. Annu. Rev. Microbiol. 55 (1), 165-199.

Moloney, M. G., 2016. Natural products as a source for novel antibiotics. Trends Pharmacol. Sci. 37 (8), 689-701.

Moore, B. S., Carter, G. T., Bronstrup, M., 2017. Editorial: are natural products the solution to antimicrobial resistance? Nat. Prod. Rep. 34 (7), 685-686.

Moore-Neibel, K., Gerber, C., Patel, J., Friedman, M., Ravishankar, S., 2012. Antimicrobial activity of lemongrass oil against Salmonella enterica on organic leafy greens. J. Appl. Microbiol. 112 (3), 485-492.

Munita, J. M., Arias, C. A., 2016. Mechanisms of antibiotic resistance. Microbiol. Spectr. 4 (2) https://doi.org/10.1128/microbiolspec.VMBF-0016-2015.

Myszka, K., Schmidt, M. T., Majcher, M., Juzwa, W., Olkowicz, M., Czaczyk, K., 2016. Inhibition of quorum sensing-related biofilm of *Pseudomonas fluorescens* KM121 by Thymus vulgare essential oil and its major bioactive compounds. Int. Biodeterior. Biodegrad. 114, 252-259.

Naik, M. I., Fomda, B. A., Jaykumar, E., Bhat, J. A., 2010. Antibacterial activity of lemongrass

(*Cymbopogon citratus*) oil against some selected pathogenic bacterias. Asian Pac. J. Trop. Med. 3 (7), 535-538.

Niu, C., Afre, S., Gilbert, E. S., 2006. Subinhibitory concentrations of cinnamaldehyde interfere with quorum sensing. Lett. Appl. Microbiol. 43 (5), 489-494.

Oliveira, B. D. Á., Rodrigues, A. C., Cardoso, B. M. I., Ramos, A. L. C. C., Bertoldi, M. C., Taylor, J. G., Cunha, L. R. d., Pinto, U. M., 2016. Antioxidant, antimicrobial and anti-quorum sensing activities of Rubus rosaefolius phenolic extract. Ind. Crops Prod. 84, 59-66.

Olivero, J. T. V., Pájaro, N. P. C., Stashenko, E., 2011. Antiquorum sensing activity of essential oils isolated from different species of the genus piper. Vitae. 18 (1), 77-82.

Packiavathy, I. A., Priya, S., Pandian, S. K., Ravi, A. V., 2014. Inhibition of biofilm development of uropathogens by curcumin -an anti-quorum sensing agent from *Curcuma longa*. Food Chem. 148, 453-460.

Pankey, G. A., Sabath, L. D., 2004. Clinical relevance of bacteriostatic versus bactericidal mechanisms of action in the treatment of Gram-positive bacterial infections. Clin. Infect. Dis. 38 (6), 864-870.

Partridge, S. R., 2011. Analysis of antibiotic resistance regions in Gram-negative bacteria. FEMS (Fed. Eur. Microbiol. Soc.) Microbiol. Rev. 35 (5), 820-855.

Patra, A. K., Saxena, J., 2009. The effect and mode of action of saponins on the microbial populations and fermentation in the rumen and ruminant production. Nutr. Res. Rev. 22 (2), 204-219.

Payne, D. J., Gwynn, M. N., Holmes, D. J., Pompliano, D. L., 2006. Drugs for bad bugs: confronting the challenges of antibacterial discovery. Nat. Rev. Drug Discov. 6, 29.

Piddock, L. J. V., 2006. Multidrug-resistance efflux pumpsdnot just for resistance. Nat. Rev. Microbiol. 4 (8), 629-636.

Ploy, M. C., Lambert, T., Gassama, A., Denis, F., 2000. The role of integrons in dissemination of antibiotic resistance. Ann. Biol. Clin. 58 (4), 439-444.

Poole, K., 2007. Efflux pumps as antimicrobial resistance mechanisms. Ann. Med. 39 (3), 162-176.

Prestinaci, F., Pezzotti, P., Pantosti, A., 2015. Antimicrobial resistance: a global multifaceted phenomenon. Pathog. Glob. Health. 109 (7), 309-318.

Quave, C. L., Plano, L. R. W., Bennett, B. C., 2011. Quorum sensing inhibitors for Staphylococcus aureus from Italian me-dicinal plants. Planta Med. 77 (2), 188-195.

Ramirez, M. S., Tolmasky, M. E., 2010. Aminoglycoside modifying enzymes. Drug Resist. Updates. 13 (6), 151-171.

Remy, B., Mion, S., Plener, L., Elias, M., Chabriere, E., Daude, D., 2018. Interference in bacterial quorum sensing: a biopharmaceutical perspective. Front. Pharmacol. 9, 203.

Sarkar, R., Chaudhary, S. K., Sharma, A., Yadav, K. K., Nema, N. K., Sekhoacha, M., Karmakar, S., Braga, F. C., Matsabisa, M. G., Mukherjee, P. K., Sen, T., 2014. Anti-biofilm activity of Marula e a study with the standardized bark extract. J. Ethnopharmacol. 154 (1), 170-175.

Silbergeld, E. K., Graham, J., Price, L. B., 2008. Industrial food animal production, antimicrobial resistance, and human health. Annu. Rev. Public Health. 29, 151-169.

Singh, B., Singh, V., Singh, R. K., Toppo, S., Haque, N., Ebibeni, N., 2011. Antimicrobial effect of Artemisia vulgaris essential oil. Nat. Prod.: Indian J. 7, 5-12.

Singh, B., Singh, V., Singh, R. K., Ebibeni, N., 2011. Antimicrobial activity of lemongrass (*Cymbopogon citratus*) oil against microbes of environmental, clinical and food origin. Lab. Anim. Res. 1, 228-236.

Spellberg, B., Gilbert, D. N., 2014. The future of antibiotics and resistance: a tribute to a career of leadership by John Bartlett. Clin. Infect. Dis. 59, S71-S75.

Sun, J., Daniel, R., Wagner-Döbler, I., Zeng, A.-P., 2004. Is autoinducer-2 a universal signal for interspecies commu-nication: a comparative genomic and phylogenetic analysis of the synthesis and signal transduction pathways. BMC Evol. Biol. 4 (1), 36.

Sun, J., Deng, Z., Yan, A., 2014. Bacterial multidrug efflux pumps: mechanisms, physiology and pharmacological ex-ploitations. Biochem. Biophys. Res. Commun. 453 (2), 254-267.

Sybiya Vasantha Packiavathy, I. A., Agilandeswari, P., Musthafa, K. S., Karutha Pandian, S., Veera Ravi, A., 2012. Antibiofilm and quorum sensing inhibitory potential of Cuminum cyminum and its secondary metabolite methyl eugenol against Gram negative bacterial pathogens. Food Res. Int. 45 (1), 85-92.

Taganna, J. C., Quanico, J. P., Perono, R. M. G., Amor, E. C., Rivera, W. L., 2011. Tannin-rich fraction from Terminalia cat-appa inhibits quorum sensing (QS) in Chromobacterium violaceum and the QS-controlled biofilm maturation and LasA staphylolytic activity in Pseudomonas aeruginosa. J. Ethnopharmacol. 134 (3), 865-871.

Tang, K. L., Caffrey, N. P., Nóbrega, D. B., Cork, S. C., Ronksley, P. E., Barkema, H. W., Polachek, A. J., Ganshorn, H., Sharma, N., Kellner, J. D., Ghali, W. A., 2017. Restricting the use of antibiotics in food-producing animals and its associations with antibiotic resistance in food-producing animals and human beings: a systematic review and meta-analysis. Lancet Planet Health 1 (8), 316-327.

Termentzi, A., Fokialakis, N., Skaltsounis, A. L., 2012. Natural resins and bioactive natural products as potential anti-microbial agents. Curr. Med. Chem. 19, 2292-2302.

Theuretzbacher, U., Van Bambeke, F., Cantón, R., Giske, C. G., Mouton, J. W., Nation, R. L., Paul, M., Turnidge, J. D., Kahlmeter, G., 2015. Reviving old antibiotics. J. Antimicrob. Chemother. 70 (8), 2177-2181.

Tiwari, R., Chakraborty, S., Dhama, K., Rajagunalan, S., Singh, S. V., 2013. Antibiotic resistance-an emerging health problem: causes, worries, challenges and solutions: a review. Int. J. Curr. Res. 5 (7), 1880-1892.

Tolmasky, M. E., 2000. Bacterial resistance to aminoglycosides and beta-lactams: the Tn1331 transposon paradigm. Front. Biosci. 5, D20-D29.

Trentin Dda, S., Giordani, R. B., Zimmer, K. R., da Silva, A. G., da Silva, M. V., Correia, M. T., Baumvol, I. J., Macedo, A. J., 2011. Potential of medicinal plants from the Brazilian semi-arid region (Caatinga) against Staphy-lococcus epidermidis planktonic and biofilm lifestyles. J. Ethnopharmacol. 137 (1), 327-335.

Trombetta, D., Castelli, F., Sarpietro, M. G., Venuti, V., Cristani, M., Daniele, C., Saija, A., Mazzanti, G., Bisignano, G., 2005. Mechanisms of antibacterial action of three monoterpenes. Antimicrob. Agents Chemother. 49 (6), 2474-2478.

Truchado, P., Gimenez-Bastida, J. A., Larrosa, M., Castro-Ibanez, I., Espin, J. C., Tomas-Barberan, F. A., Garcia-Conesa, M. T., Allende, A., 2012. Inhibition of quorum sensing (QS) in Yersinia enterocolitica by an orange extract rich in glycosylatedflavanones. J. Agric. Food Chem. 60 (36), 8885-8894.

Turan, N. B., Chormey, D. S., Büyükpınar, Ç., Engin, G. O., Bakirdere, S., 2017. Quorum sensing: little talks for an effec-tive bacterial coordination. Trends Anal. Chem. 91, 1-11.

Tyagi, A. K., Malik, A., 2012. Morphostructural damage in food-spoiling bacteria due to the lemon grass oil and its vapour: SEM, TEM, and AFM investigations. Evid. Based Complement Altern. Med.

Vadhana, P., Singh, B., Bharadwaj, M., Singh, S., 2015. Emergence of herbal antimicrobial drug resistance in clinical bacterial isolates. Pharm. Anal. Acta. 6 (10), 434.

Vasavi, H. S., Arun, A. B., Rekha, P. D., 2016. Anti-quorum sensing activity offlavonoid-rich fraction from Centella asi-atica L. against Pseudomonas aeruginosa PAO1. J. Microbiol. Immunol. Infect. 49 (1), 8-15.

Vattem, D. A., Mihalik, K., Crixell, S. H., McLean, R. J. C., 2007. Dietary phytochemicals as quorum sensing inhibitors. Fitoterapia. 78 (4), 302-310.

Ventola, C. L., 2015. The antibiotic resistance crisis: part 1: causes and threats. Pharm. Therapeut. 40 (4), 277-283.

Vieira-Brock, P. L., Vaughan, B. M., Vollmer, D. L., 2017. Comparison of antimicrobial activities of natural essential oils and synthetic fragrances against selected environmental pathogens. Biochim. Open 5, 8-13.

Vikram, A., Jayaprakasha, G. K., Jesudhasan, P. R., Pillai, S. D., Patil, B. S., 2010. Suppression of bacterial cell-cell signal-ling, biofilm formation and type III secretion system by citrus flavonoids. J. Appl. Microbiol. 109 (2), 515-527.

WHO World Health Organization, 2013. Mortality and Global Health Estimates (Geneva, Switzerland).

Wina, E., Muetzel, S., Becker, K., 2005. The impact of saponins or saponin-containing plant materials on ruminant productionda review. J. Agric. Food Chem. 53 (21), 8093-8105.

Wink, M., 2012. Secondary metabolites from plants inhibiting ABC transporters and reversing resistance of cancer cells and microbes to cytotoxic and antimicrobial agents. Front. Microbiol. 3 (130).

Wong, J. P., DiTullio, P., Parkinson, S., 2015. Bisphosphocins: novel antimicrobials for enhanced killing of drug-resistant and biofilm-forming bacteria. Future Microbiol. 10 (11), 1751-1758.

Wu, D., Huang, W., Duan, Q., Li, F., Cheng, H., 2014. Sodium houttuyfonate affects production of N-acyl homoserine lactone and quorum sensing-regulated genes expression in Pseudomonas aeruginosa. Front Microbiol. 5, 635.

Zhang, Y., Lewis, K., 1997. Fabatins: new antimicrobial plant peptides. FEMS Microbiol. Lett. 149 (1), 59-64.

主编简介

Panagiota Florou-Paneri 教授，营养专家和兽医师，希腊兽医学会理事。从 2007 年起，担任亚里士多德大学营养学教授，曾任畜牧生产系主任（2012—2015 年），并于 2004 年起一直担任营养实验室主任。毕业于希腊亚里士多德大学兽医学院，法国巴黎国家农业研究所（INRA）访问学者，她曾任国家药物委员会饲料添加剂分会委员（1996—2008 年）、希腊农业部有机农业和动物委员会委员（2002—2004 年）、希腊全国学术认证信息中心（NARIC）委员、“希腊及国际硕士和博士研究奖学金”国家基金会评审委员（1996—2015 年）、希腊国内大学及海外留学生转学注册考试提案人及考官（1997—2004 年）等。她也兼任多个科学学会理事、科技期刊编委会成员与审稿人，以及多个国家和国际项目的评审委员。曾主持或参加 20 多项科研项目，多次作为特邀演讲嘉宾出席国内或国际会议，并担任大会组委会成员、科学委员会成员或主席。她的研究范围包括：农副产品在动物饲养上的应用研究；使用饲料添加剂，如益生菌、益生元、酸化剂、芳香植物及其提取物、宏藻和微藻等提高饲料的营养价值。她与别人合著出版了 10 多本著作，发表了 110 篇科学研究论文及 130 篇会议文章。文章被引用超过 2 280 次，H 指数为 22。

Efterpi Christaki 教授，营养专家和兽医师。从 2012 年至今，被聘为亚里士多德大学营养学教授，曾任畜牧生产系主任（2015—2017 年）。毕业于希腊亚里士多德大学兽医学院，英国伦敦大学威尔学院客座研究员。曾任国家药物委员会饲料添加剂分会委员（1996—2008 年），兼任多个科学学会理事、科技期刊编委会成员与审稿人，以及多个国家和国际项目的评审委员。曾主持或参加 20 多项科研项目，多次作为特邀演讲嘉宾出席国内或国际会议，并担任大会组委会成员、科学委员会成员或主席。她的研究范围包括：农副产品在动物饲养上的应用研究；使用饲料添加剂，如益生菌、益生元、酸化剂、芳香植物及其提取物、宏藻和微藻等提高饲料的营养价值。她与别人合著出版了 10 本著作，发表了 105 篇科学研究论文及 130 篇会议文章。文章被引用超过 2 250 次，H 指数为 22。

Ilias Giannenas 博士、副教授，营养专家和兽医师。博士毕业于希腊亚里士多德大学兽医学院，2018 年任希腊亚里士多德大学兽医学院副教授。作为英国纽卡斯尔大学访问学者，2014 年获得欧洲家禽兽医科学学院证书。曾任塞萨利大学兽医学院（2006—2011 年）和亚里士多德大学（2012—2018 年）讲师。兼任多个科学学会理事或会员、科技期刊编委会成员与审稿人，以及多个国家和国际项目的评审委员。他作为科学试验研究的负责人，曾参加或主持 20 多项科研项目。多次作为特邀演讲嘉宾出席国内或国际会议，并担任大会组委会成员、科学委员会成员。他的研究专长是植物提取物和精油在动物营养上替代抗生素生长促进剂或作为天然抗球虫剂的使用。他与别人合著出版了近 10 本著作，发表了 62 篇科学研究论文及 60 多篇会议文章。文章被引用超过 1 400 次，H 指数为 24。

（李珊，译；金立志，校）